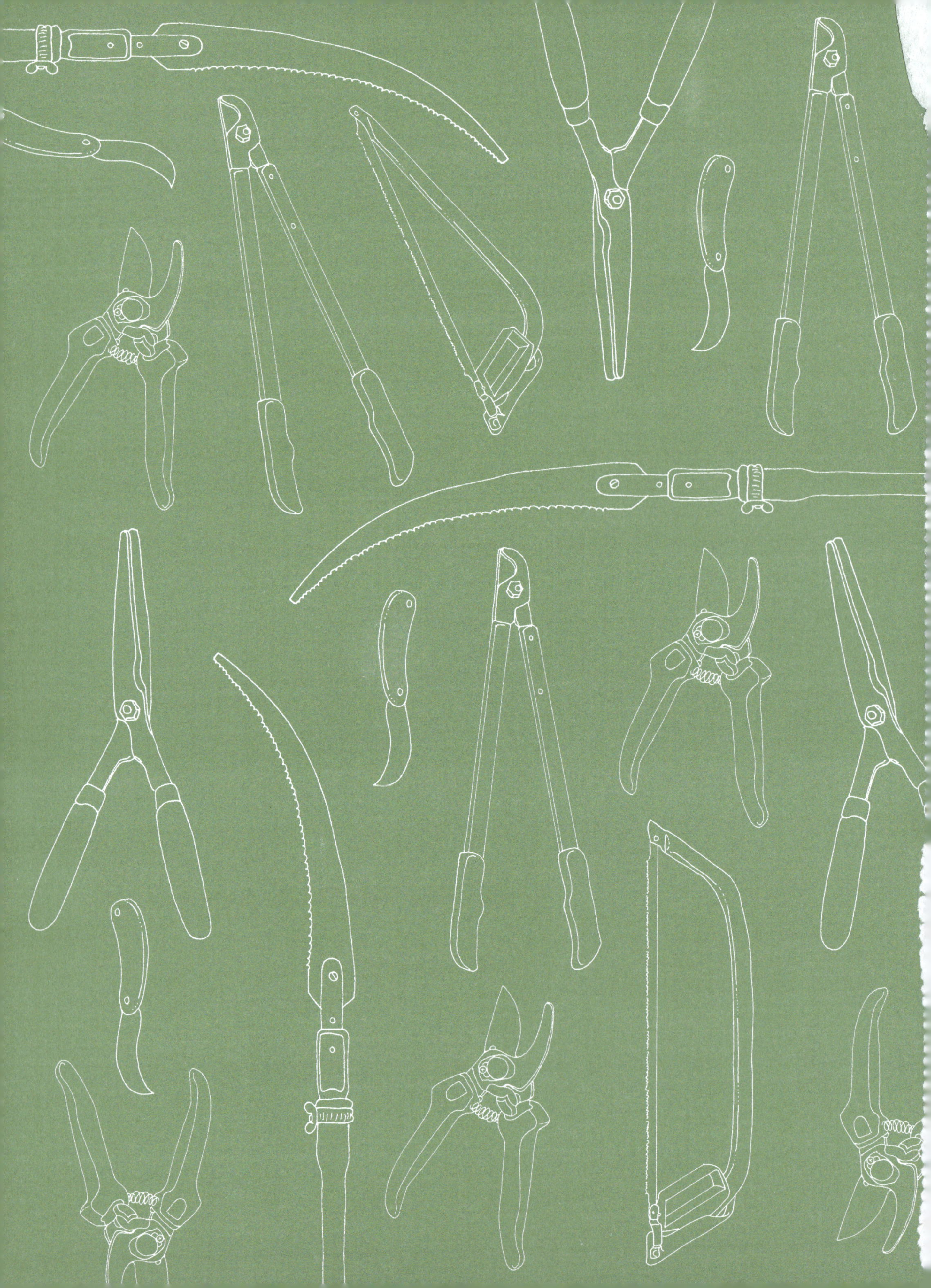

Helmut Pirc

ALLES ÜBER GEHÖLZSCHNITT

ulmer

Helmut Pirc

ALLES ÜBER GEHÖLZSCHNITT

Ziergehölz-, Obst- und Formschnitt

617 Farbfotos
492 Zeichnungen

Inhaltsverzeichnis

Schnittpraxis 56

Vorwort

Das Formieren und Erziehen von Pflanzen durch Schnitt wird von vielen Gartenbesitzern als die schwierigste aller Gartenarbeiten angesehen. Das mag wohl der Grund dafür sein, dass sich Gartenfreunde oft damit begnügen, entweder wahllos an den Pflanzen herumzuschneiden oder einfach alles radikal wegzuschneiden. Schnitt und Formgebung zählen jedoch zu den wichtigsten praktischen Fähigkeiten, die jeder Gärtner beherrschen sollte. Die Praxis zeigt uns mitunter bedauerlicherweise gerade das Gegenteil.

Dabei kann das Schneiden von Gehölzen eine der erfolgversprechendsten Gartenarbeiten sein, bedenkt man, dass sich bei sachgemäßer Ausführung die Pflanzen prächtig entfalten, üppig blühen oder mit reichem Fruchtbehang schmücken. Auch wenn das Schneiden von Gehölzen kompliziert erscheinen mag, im Grunde genommen ist es nicht wesentlich schwieriger als andere Gartenarbeiten. Voraussetzungen dafür sind neben einem gesunden Menschenverstand und aufmerksamer Beobachtung die Kenntnis einiger spezifischer Pflanzeneigenschaften, zum Beispiel wie und wo die Pflanzen wachsen, blühen und fruchten. Hat man einmal verstanden und berücksichtigt, wie die Pflanzen auf diese Eingriffe reagieren, dann werden die entsprechenden Schnittmaßnahmen auch den gewünschten Erfolg mit sich bringen.

Bevor Sie eine Pflanze schneiden, sollten Sie diese als Ganzes in Augenschein nehmen. Schneiden Sie nie ohne einen Anlass. Es gibt auch so viele gute Gründe für das Schneiden der Pflanzen.

Helmut Pirc

Botanische Grundlagen

Wie Pflanzen wachsen

Pflanzen benötigen neben angemessenen klimatischen Bedingungen vor allem Licht, Wasser und Nährstoffe, damit sie gedeihen. Bei der Photosynthese werden in den Blättern mit Hilfe des Sonnenlichts aus Wasser und Kohlendioxid Zucker und Stärke gebildet. Diese Stoffe ermöglichen es der Pflanze, Wurzeln, Triebe, Blätter, Blüten und Früchte zu entwickeln. Pflanzen wachsen dem Sonnenlicht entgegen und verzweigen sich so, dass der größtmögliche Teil der Blattfläche dem Licht zugewandt und somit eine maximale Photosyntheseleistung möglich ist. Auch die Wurzeln breiten sich so aus, dass die Standfestigkeit gewährleistet und die Aufnahme von Wasser und Nährstoffen optimiert ist.

Zu den Organen der Pflanze gehören die Wurzeln mit den Faserwurzeln, der Stängel, dessen ältere Teile verholzt und braun sind, und die Seitentriebe mit Blättern und Knospen sowie der End- oder Terminalknospe.

Alle Pflanzen bestehen aus oberirdischen Organen (den Trieben, Blättern, Blüten und Früchten) sowie unterirdischen Organen (den Wurzeln). Bei Gehölzen, also Bäumen und Sträuchern, sind die oberirdischen Pflanzenteile verholzt, bei Bäumen unterteilt man dabei noch in Stamm und Krone.

Jeder Teil der Pflanze erfüllt bestimmte Aufgaben: Aus den Blüten entwickeln sich Früchte beziehungsweise Samen, welche den Fortbestand der Art sichern. Die Blätter dienen als Kraftwerke, in denen energiereiche Reservestoffe produziert werden. Der Transport der frisch gebildeten Photosyntheseprodukte erfolgt in der Sprossachse von oben nach unten: Sie fließen in der Bastschicht von den Blättern zu den Wurzeln. Die eingelagerten Reservestoffe, Wasser und Wachstumshormone werden dagegen im Splintholz zu den Knospen und Blättern transportiert. Dieser getrennt in zwei unterschiedlichen Schichten verlaufende Transport wird als Saftstrom bezeichnet.

Während der Ruheperiode im Winter sind die Reservestoffe festgelegt. Mit Beginn der Wachstumsphase im Frühjahr werden sie mobilisiert und gemeinsam mit den Wachstumshormonen im aufsteigenden Wasserstrom zu den Orten des Bedarfs transportiert. Da dieser Transport aktiv erfolgt und der aufsteigende Saftstrom unter Druck steht, spricht man von „Saftdruck“. Schneidet man zum Beispiel im Spätwinter bei einer Birke Zweige ab, so wird die Schnittstelle tagelang „bluten“, das heißt, der unter Druck stehende Saft(strom) tritt aus.

Das Kambium ist eine Wachstumsschicht mit teilungsfähigen Zellen, das im Sprossquerschnitt im äußeren Bereich ringförmig angelegt ist. Nach innen hin bildet es das Splintholz mit den Leitbündeln. Daraus entsteht später das Kernholz, das ausschließlich Gerüst- und Stützfunktion hat. Nach außen hin gibt das Kambium neues Gewebe, die sogenannte Bastschicht, ab. Damit ist das Kambium für das Dickenwachstum der Gehölze, das besonders bei den Stämmen der Bäume zu beobachten ist, verantwortlich. Aus den älteren Bastschichten entsteht die Rinde, die Triebe und Stamm schützt. Bei Verletzung der Triebe wird die Wunde vom Kambium geheilt, indem es von den Rändern ausgehend die Wunde verschließt. Bei großen Wunden kann dieser Vorgang mitunter Jahre dauern. Auch bei der Veredlung von Pflanzen ist das Kambium besonders wichtig, da von hier aus das Verwachsen der Unterlage mit dem Edelreis erfolgt.

Die Wurzeln haben im Wesentlichen zwei Aufgaben: Sie müssen die Pflanze so im Boden verankern, dass sie auch starke Winde unbeschadet übersteht, und sie sind darüber hinaus für die Aufnahme von Wasser und Nährstoffen verantwortlich. Jeder Teil der Wurzel versorgt dabei einen bestimmten Teil des oberirdischen Triebs und wird im Ausgleich dazu von diesem mit Reservestoffen beliefert. Kränkelt ein Triebteil oder stirbt er ab, dann ist dies meist auf eine Schädigung des Wurzelsystems zurückzuführen, wie dies beispielsweise bei Grabungsarbeiten oder anderen Baumaßnahmen im Wurzelbereich geschehen kann. Eine verletzte Wurzel ist nicht mehr gegen das Eindringen von Krankheitserregern geschützt, was nicht nur die Lebensdauer der Bäume verkürzt, sondern auch eine Gefahr für die Standsicherheit darstellt.

Lebenszyklen und Reproduktion

Jede Pflanze strebt danach, sich zur vollen Reife zu entwickeln und zu reproduzieren, also für Nachkommen zu sorgen, was in der Regel durch die Bildung von Samen erfolgt. Bei einigen Pflanzen ist dieser Lebenszyklus sehr schnell, oft schon innerhalb einer Vegetationsperiode abgeschlossen, und die Pflanzen sterben dann ab. Diese Pflanzen werden als einjährig bezeichnet. Die verholzenden Pflanzen dagegen, die wie Sträucher mehrere Jahre oder wie Bäume gar jahrzehntelang blühen und fruchten, benötigen länger, um zur vollen Reife zu gelangen. Dafür haben sie den Vorteil, sich mehrfach reproduzieren zu können.

Pflanzen verfügen über die Fähigkeit, die Struktur und Funktion ihrer Zellen über einen langen Zeitraum hinweg an bestimmte Situationen anzupassen und zu modifizieren. Auf diese Weise sind sie unter geeigneten Bedingungen auch in der Lage, sich ungeschlechtlich zu vermehren. Darunter versteht man, dass sich genetisch gleichartige Nachkommen aus abgelösten Pflanzenteilen (Ausläufer, Teile von Wurzelstöcken, Stecklinge, Steckhölzer usw.) entwickeln können.

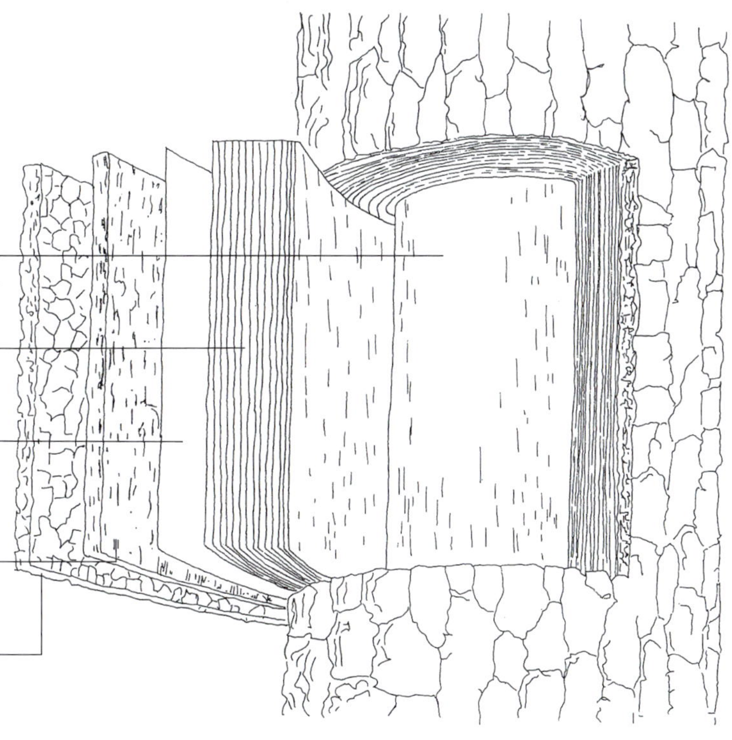

*Die einzelnen Schichten des Stammquerschnitts von innen nach außen: Das **Kernholz** ist die stützende Säule des Baums.*

*Im **Splintholz** wird das Wasser mit den Nährstoffen von den Wurzeln in die Krone transportiert.*

*Das **Kambium**, die dünne Zellschicht zwischen Rinde und Holz, besteht aus teilungsfähigem Gewebe. Hier findet das Wachstum des Stamms statt.*

*Im **Bast** werden die Assimilate von den Blättern zu den übrigen Organen transportiert.*

*Die **Borke** oder äußere Rinde besteht aus abgestorbenen Zellen und schützt den Stamm.*

Orte des Wachstums

Für das Wachstum der verholzten Pflanzen sind zwei Bereiche mit intensiver Zellvermehrung ausschlaggebend. Einerseits sind das Sprossspitzen, Seitenknospen und Wurzelspitzen, also Vegetationspunkte mit hoher Zellaktivität, die für das Streckungswachstum verantwortlich sind. Die End- oder Terminalknospe sitzt an der Spitze des Haupttriebs und dominiert gegenüber den Seitenknospen. Aus ihr entwickelt sich die Hauptachse, auch Leittrieb genannt. Die Seitenknospen werden erst dann aktiviert und beginnen Triebe auszubilden, wenn sich die Wachstumsspitze am Leittrieb ausreichend entwickelt und weit genug entfernt hat. Nur wenn die Endknospe beschädigt oder abgestorben ist, wächst der nächstgelegene Seitentrieb meist kräftig und übernimmt deren Funktion. Der zweite Bereich intensiver Zellaktivität und damit intensiven Wachstums ist das schon erwähnte Kambium.

Anpassung an winterliche Temperaturen

Damit Gehölze Jahr für Jahr unter unseren Klimabedingungen überleben können, müssen sie ein kälteresistentes Gewebe bilden, das auch den tiefen winterlichen Temperaturen widerstehen kann. Dies betrifft insbesondere die Kambium- und Bastschicht. Hier werden Substanzen eingelagert, die wie Frostschutzmittel wirken und eine Zerstörung des Gewebes bei Minusgraden verhindern. Bei sehr großer Kälte passiert es schon mal, dass besonders die jungen Triebe einiger Sträucher oder Bäume erfrieren. In der Regel regenerieren sich diese aber gut, indem die Knospen der verholzten Basis austreiben und neue Triebe entwickeln.
Eine weitere Anpassung sommergrüner Gehölze an die kalte Jahreszeit besteht darin, sich ihrer empfindlichsten Organe, der Blätter, am Ende einer Vegetationsperiode zu entledigen. Nicht vollständig winterharte Gehölze, beispielsweise viele Rosensorten, kombinieren beide Überlebensstrategien.

So schön kann es aussehen, wenn sich Gehölze für den Winter rüsten!

Triebformen, Knospen und Blütenbildung

Gehölze bauen ihr Ast- und Zweiggerüst im Laufe der Zeit sukzessive auf, so dass immer gleichzeitig diesjährige, vorjährige und mehrjährige Triebe vorhanden sind. Das Alter dieser Triebe lässt sich bei genauerer Betrachtung gut erkennen und spielt eine wesentliche Rolle beim fachlich richtig durchgeführten Schnitt. Denn die Blütenbildung erfolgt je nach Gehölzart an dies-, vor- oder mehrjährigen Trieben.

Das Triebalter

Solange ein Trieb über den Zeitraum innerhalb einer Vegetationsperiode wächst, spricht man von einem diesjährigen Trieb. Dieser ist in der Regel noch unverholzt und meist unverzweigt, kann aber bereits verzweigt sein. Ist im Herbst das Wachstum abgeschlossen und der Trieb bereits verholzt, so gilt er als einjähriger Trieb. Ab dem folgenden Frühjahr, also von Beginn des zweiten Jahres an, wird er als vorjähriger oder zweijähriger Trieb bezeichnet. Diese Bezeichnung behält er bis zum Ende des zweiten Sommers, dann besitzt er in der Regel auch schon verholzte Seitentriebe. Wachstum und Verzweigung setzen sich jedes Jahr fort, der Trieb altert. Bilden sich an Trieben, die älter als drei Jahre und verholzt sind, noch Blüten, so sagt man, dieser Strauch blüht am mehrjährigen oder alten Holz.

Alterungsprozess der Zweige am Beispiel der Forsythie: einjähiger (diesjähriger) Trieb ohne seitliche Verzweigung und ohne Blütenknospenansatz.

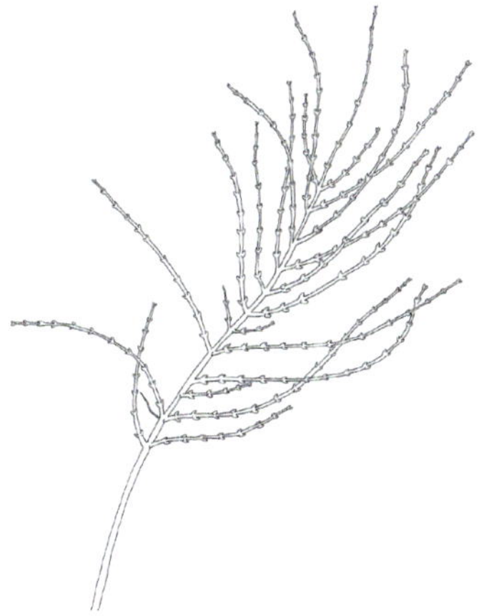

Derselbe Trieb im dritten Jahr. Am zweijährigen Trieb haben sich seitliche Verzweigungen gebildet, an denen sich neben Blattknospen nun auch Blütenknospen entwickelt haben, die im dritten Jahr blühen.

Der vierjährige Zweig beginnt bereits zu vergreisen. Die mittlerweile schwachen Zweige an den stark verzweigten Trieben blühen nur mehr schwach. Durch das Gewicht wird sich der gesamte Zweig seitwärts überneigen, an seinem Scheitelpunkt werden sich neue kräftige Jungtriebe bilden. Jetzt ist die Zeit für den Erhaltungsschnitt gekommen. Schneiden Sie den alten, schwachblühenden Teil des Zweigs bis zu einem starken Jungtrieb am Scheitelpunkt des Zweigs oder alternativ dicht am Boden heraus.

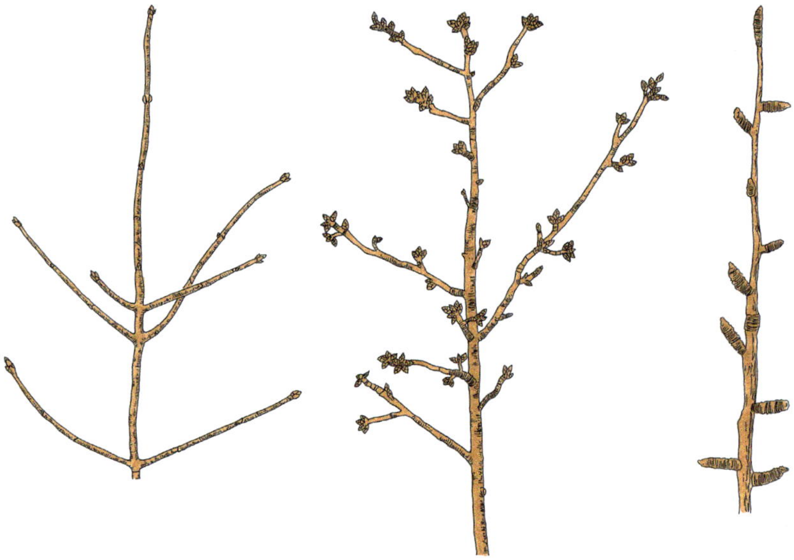

Links: Langtriebe werden vorwiegend an jungen Bäumen und Sträuchern gebildet (Acer platanoides).
Mitte: Kurztriebe entwickeln sich überwiegend an den Kronen älterer Bäume. Bei zahlreichen Arten wie zum Beispiel bei Kirschen werden Blütenknospen ausschließlich an Kurztrieben angelegt.
Rechts: Beim Ginkgo sind die Kurztriebe stark gestaucht und viele Jahre hindurch funktionsfähig.

Lang- und Kurztriebe

Gehölze, insbesondere Bäume, bilden ein sogenanntes Gerüst aus verholzten, langlebigen Stämmen und Ästen. An diesen entwickeln sich Triebe und Zweige, an denen wiederum Blätter und Blüten sitzen. Das Gerüst wird im Wesentlichen von sogenannten Langtrieben aufgebaut. Dies sind Triebe, die in der Regel ein starkes Längenwachstum aufweisen und in mehr oder weniger großen Abständen Knospen oder Seitentriebe hervorbringen. Die Bildung von Langtrieben ist insbesondere bei der Verjüngung der Sträucher erwünscht. Ist das Längenwachstum der Seitentriebe stark begrenzt, so bezeichnet man sie als Kurztriebe. Bei den meisten Gehölzarten gibt es alle Übergänge von Lang- und Kurztrieben, wobei mit zunehmendem Alter die Bildung von Kurztrieben meist zunimmt. Es gibt auch eine arttypische extreme Ausbildung von Kurztrieben. Meist entwickeln sich wie beim Ginkgo an ihnen Blätter, oft aber sitzen hier die Blütenknospen. Beispiele sind die Kurztriebe der Kornelkirsche und die Bukettriebe der Kirsche. Bei einigen Arten wie Schlehe, Weißdorn oder Sanddorn verdornen die Kurztriebe an der Spitze.

Knospenstellung

Bei sommergrünen Laubgehölzen wird die Knospenstellung im Winter recht gut sichtbar. Sind

Kurztriebe mit Blütenknospen bei der Kornelkirsche.

Kurztriebe mit Knospen beim Kuchenbaum.

Kurztriebe in Dornen endend mit Blütenknospen beim Sanddorn.

Kurztriebe: Bukettriebe bei der Kirsche.

Wechselständige Knospen bei der Linde.

Spiralig angeordnete Knospen bei der Eiche.

Gegenständige Knospen beim Gewöhnlichen und beim Chinesischen Flieder.

die Knospen abwechselnd an der linken und rechten Zweigseite angeordnet, so spricht man von wechselständig beziehungsweise zweizeilig angeordneten Knospen, wie zum Beispiel bei der Ulme. Sind sie wie bei vielen Rosengewächsen (Kirsche, Eberesche etc.) oder Eichen unregelmäßig um den Zweig angeordnet, so bezeichnet man das als spiralige Knospenstellung. Sie kommt am häufigsten vor. Eine gegenständige Knospenanordnung findet man beispielsweise bei Ahornarten, Eschen, Flieder oder Hartriegelarten. Hier sitzen sich immer zwei Knospen am Zweig gegenüber. Recht selten sind wie beim Trompetenbaum jeweils drei Knospen auf gleicher Höhe angeordnet. In diesem Fall spricht man von einer quirlständigen Knospenstellung.

Blatt- und Blütenknospen

Bei den Knospen unterscheidet man Blatt- und Blütenknospen. Blattknospen sind meist kleiner und schlank, während Blütenknospen meist größer, rundlich und dick sind. In der Regel sind die Knospen von deutlich sichtbaren Knospenschuppen in unterschiedlich großer Anzahl bedeckt. Es gibt aber auch einige Gehölzarten wie den Wolligen Schneeball oder die Kaukasische Flügelnuss, deren Knospen keine Knospenschuppen besitzen. Diese bezeichnet man dann als nackte Winterknospen.

Rechts: Nackte Winterknospen bei der Kaukasischen Flügelnuss.
Unten: Blatt- und Blütenknospen beim Wolligen Schneeball.

Blatt- und Blütenknospen bei der Zwergulme.

Blatt- und Blütenknospen bei der Kornelkirsche.

Zeitpunkt der Blütenknospenbildung

Grundsätzlich unterscheiden sich Gehölze hinsichtlich der Blütenbildung und dem Zeitpunkt der Knospenanlage, nämlich bereits im Vorjahr oder erst im Verlauf der Vegetationsperiode.

Im Herbst des Vorjahrs

Gehölze, die im Frühjahr blühen und meist sogar noch vor der Blattentfaltung, bilden ihre Blütenknospen in der Regel im Herbst des Vorjahrs. Dabei können die Blütenknospen an unterschiedlichen Stellen gebildet werden. Diese Gehölze schneidet man erst nach der Blüte.

- Bei Arten wie dem Braut-Spierstrauch und Forsythien sitzen die Blütenknospen in der Regel auf der ganzen Länge der vorjährigen Triebe. Die Blüten entwickeln sich unmittelbar aus den Blütenknospen.
- Die Blütenknospe kann an der Spitze der vorjährigen Triebe sitzen, aber auch die nächstfol-

1.

2.

3.

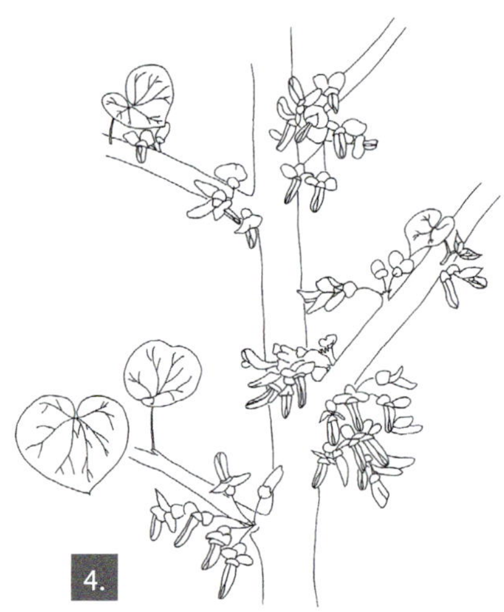

4.

Zeichnung 1: *Bei der Forsythie und vielen anderen Arten werden die Blüten an den vorjährigen (zweijährigen) Zweigen bereits im Jahr vor der Blüte auf der gesamten Zweiglänge angelegt.*
Zeichnung 2: *Auch beim Flieder entstehen die Blütenknospen bereits im Vorjahr an den Enden der Zweige.*
Zeichnung 3: *Gehölze wie die Kornelkirsche legen ihre Blütenknospen bereits im Spätsommer an Kurztrieben der zwei- und mehrjährigen Triebe an.*
Zeichnung 4: *Ausnahmsweise können sich die Blüten wie beim Judasbaum auch am alten Holz sowie am Stamm entwickeln.*

genden, darunter befindlichen Knospen können als Blütenknospen ausgebildet sein. Daraus entwickeln sich entweder, beispielsweise beim Gewöhnlichen Flieder und bei Rhododendren, direkt die Blüten oder es ist wie bei der Strauch-Pfingstrose, bei der sich zwischen einer kurzen Achse einige Blätter entwickeln.

- Die Blütenknospen entwickeln sich an Kurztrieben am vor- bis mehrjährigen Holz. In diesem Fall bleibt das blühfähige Holz meist mehrere Jahre lang erhalten. Die Blüten entstehen entweder unmittelbar aus diesen Knospen (Kornelkirsche, Magnolie, Zaubernuss, Zier-Äpfel und Zier-Kirschen) oder es sitzen wieder einige Blätter dazwischen (Berberitze).
- Die Blüten erscheinen unmittelbar aus dem Holz mehrjähriger Zweige oder sogar am Stamm. Diese als Stammblütigkeit (Kauliflorie) bezeichnete Blütenbildung tritt beim Judasbaum auf.

Im Verlauf der Vegetationsperiode

In diesem Fall entwickeln sich die Blütenanlagen an den im laufenden Jahr gebildeten, neu gewachsenen, also diesjährigen Trieben und werden unmittelbar zu Blüten. Triebwachstum und Blüten erfolgen also innerhalb einer Wachstumsperiode. In diesem Fall fördert ein kräftiger Schnitt vor dem Austrieb die Bildung zahlreicher neuer (Blüten-)Triebe.

- Blüten oder Blütenstände entwickeln sich nach Abschluss des Triebwachstums an End- oder Seitentrieben. Beispiele hierfür sind Sommerflieder, sommerblühende Spiersträucher und Rispen-Hortensien.
- Die Blüten und Blütenstände können sich auch wie beim Roseneibisch und der Bartblume während des Sommers aus den Blattachseln der diesjährigen Triebe entwickeln.
- Blüten und Blütenstände bilden sich an diesjährigen Trieben, die sich von der Basis aus alljährlich neu entwickeln. Dies ist bei den sogenannten Halbsträuchern der Fall, deren Triebe alljährlich bis knapp über dem Boden zurücktrocken oder -frieren. Bei dieser Gruppe entwickeln sich die Langtriebe also direkt von der Basis aus (basiton) neu. Sie blühen meist erst später im Sommer. Zu dieser Gruppe zählen Blauraute und Indigostrauch.

5.

6.

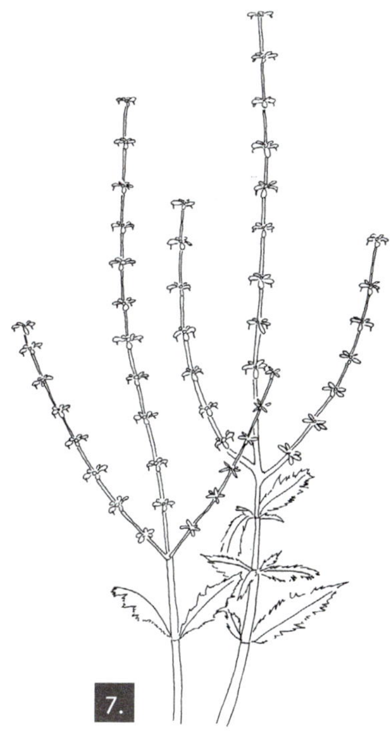

7.

Zeichnung 5: *Beim Blasenstrauch werden die Blüten ebenfalls an den diesjährigen Trieben gebildet, allerdings schon während des Wachstums und aus den Blattachseln wachsender Triebe.*
Zeichnung 6: *Beim Sommerflieder entwickeln sich die Blüten erst gegen Ende des Triebwachstums am Ende der diesjährigen Triebe.*
Zeichnung 7: *Halbsträucher wie die Blauraute frieren oft bis knapp über dem Boden zurück. Sie entfalten ihre Blüten am Ende von diesjährigen Langtrieben, die sich von der Basis der Sträucher aus jährlich neu entwickeln.*

Saftdruck und Wachstumsgesetze

Wachstumshormone und mobilisierte Reservestoffen steigen in der Pflanze mit dem Wasser immer nach oben. Dies hat zur Folge, dass das Wachstum der Triebspitzen gefördert wird. Im Laufe des Alterungsprozesses verzweigen sich die Triebspitzen immer mehr, sind nach und nach eher waagrecht gestellt und biegen sich in den folgenden Jahren aufgrund des zunehmenden Gewichtes durch Blatt- und Laubmasse immer weiter nach unten. Dies kann man besonders beim Alterungsprozess von ungeschnittenen Obstbäumen, aber auch bei zahlreichen Zierstraucharten (Hartriegel, Forsythien) beobachten. In diesem Fall kommt der nach oben strebende Anteil des Saftstroms mit den Wachstumshormonen nur noch den Knospen am Scheitelpunkt zugute, wo sich dann meist einige wenige, kräftige, neue Triebe entwickeln. Die natürliche Verjüngung überalterter Pflanzen erfolgt daher durch eine Förderung dieser Neutriebe. Zur Verjüngung schneidet man die überalterten, meist überhängenden, stark verzweigten Triebe direkt hinter den kräftig entwickelten Jungtrieben am Scheitelpunkt weg.

Orte bevorzugter Triebbildung

Je nach Stellung der Triebe werden unterschiedliche Knospen bevorzugt zum Austrieb angeregt. Man unterscheidet dabei vier verschiedene Bereiche, die gefördert werden können.

Spitzenförderung (Akrotonie)

Der nach oben strebende Saftstrom verleiht der Endknospe aufrecht wachsender Triebe eine sehr starke Triebkraft. Gleichzeitig werden die weiter unten befindlichen Knospen in ihrem Austrieb gehemmt. Darüber hinaus übt der durch die Spitzenförderung wesentlich stärker wachsende Haupttrieb (Verlängerungstrieb) auf die tiefer stehenden Triebe eine Wuchshemmung aus, die zur Basis hin immer stärker ausgeprägt ist.

Oberseitenförderung (Epitonie)

Bei waagrecht oder leicht schräg nach oben stehenden Trieben fördert der Saftdruck nicht nur die Endknospe, sondern verteilt sich gleichmäßig auf alle auf der Oberseite des Zweigs angeordneten Knospen. Der Austrieb ist jedoch deutlich schwächer und die Triebe sind wesentlich kürzer als bei der Spitzenförderung.

Das Prinzip der Akrotonie oder Spitzenförderung am Beispiel des Spitz-Ahorns. Der Endtrieb und die obersten Seitentriebe wachsen am stärksten, das Wachstum der Seitentriebe nach unten hin ist gehemmt, die Triebe werden nach und nach kürzer.

Entwickeln sich wie hier bei der Gold-. Johannisbeere die stärksten Jungtriebe auf der Oberseite schräg stehender älterer Zweige, bezeichnet man dies als Epitonie oder Oberseitenförderung.

Damit erfolgt auch eine Umstellung des vegetativen Wachstums (Bildung von Trieben und Blättern) auf die Reproduktionsphase (Bildung von Blüten und Früchten). Je flacher der Ast steht, umso stärker wirkt sich der Saftdruck auf die Oberseite aus. Die Knospen auf der Zweigunterseite unterliegen einer starken Wuchshemmung und treiben meist gar nicht aus.
Dies macht man sich bei Obstbäumen zunutze, indem man steil stehende Triebe herabbindet und so die Bildung schwächerer Triebe und schlussendlich auch die Blütenbildung fördert.

Scheitelpunktförderung (Mesotonie)

Besonders bei Obstbäumen biegen sich durch das Gewicht der Früchte die Zweige bogenförmig nach unten. Auch bei zahlreichen Ziersträuchern hängen die Triebspitzen aufgrund der starken Verzweigung und/oder reichlicher Blütenbildung nach einigen Jahren nach unten (z. B. Forsythien). Dadurch werden die Knospen am Scheitelpunkt stark gefördert und treiben am stärksten aus. Diese Triebe bieten sich als Ersatz für die nunmehr überalterten, überhängenden Triebe an. Daher schneidet man zum Verjüngen die alten Triebe bis zu kräftig entwickelten Scheiteltrieben zurück.

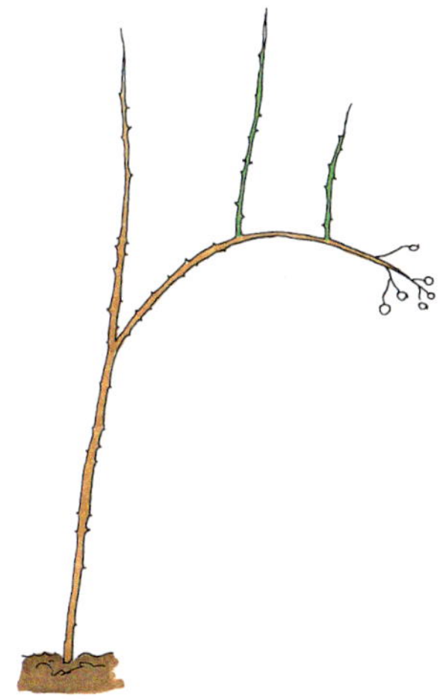

Entwickeln sich wie bei der Rose die kräftigsten Neutriebe im mittleren Teil des Strauchs sowie am Scheitelpunkt der Triebe, dann spricht man von Mesotonie oder Scheitelpunktförderung.

Basisförderung (Basitonie)

Von Basitonie spricht man, wenn sich Pflanzen durch Neutriebe von der Basis her aufbauen, verjüngen oder erneuern. Dies ist insbesondere bei Schösslingssträuchern und ausläufertreibenden Gehölzen wie der Hasel der Fall.

Verzweigungsformen bei Gehölzen

Alle Gehölze sind mehr oder minder symmetrisch aufgebaut, wobei es vereinfacht betrachtet nur drei Arten der Verzweigung gibt. Im ersten Fall werden Wuchs und Verzweigung der Spitzentriebe gefördert (Akrotonie). Dies ist bei nahezu allen jungen Gehölzen zu beobachten, später ist dies in der Regel nur noch bei Bäumen der Fall. Oder die Verzweigung erfolgt vorwiegend im mittleren Bereich eines Gehölzes (Mesotonie). Die Mehrzahl der Sträucher verzweigt sich jedoch von der Basis her (Basitonie). Diese Art der Verzweigung spielt auch bei der Verjüngung eine wichtige Rolle.
Sträucher, die sich allgemein von der Basis her erneuern, kann man grob in zwei Gruppen einteilen:

- Sträucher der ersten Gruppe bilden Triebe von der Basis ausgehend, die weitere Verzweigung erfolgt jedoch vorwiegend im

Das Beispiel der Hasel zeigt deutlich eine Triebförderung vorwiegend an der Basis des Strauchs. Man bezeichnet dies als Basitonie.

Spitzenbereich (akrotone Förderung). Als Beispiel kann die Hasel angeführt werden. Beim Erhaltungsschnitt werden einzelne ältere, nicht mehr voll blühfähige Triebe an der Basis herausgeschnitten, damit sich neue Basistriebe entwickeln können. Gleichzeitig sollte auch ein Teil der zu dicht stehenden Schösslinge entfernt werden.

- Sträucher der zweiten Gruppe bilden ebenfalls Triebe an der Basis. Diese verzweigen sich aber nicht im Spitzenbereich, sondern im mittleren Bereich (mesotone Förderung). Die ältesten Triebe neigen sich bald an der Spitze und bilden flache Bögen aus. An deren Oberseite entwickeln sich dann junge Triebe, wobei die kräftigsten im Bereich der stärksten Krümmung entstehen. Diese Art der Verzweigung ist weit verbreitet und unter anderem bei Forsythien, Wildrosen und Berberitzen zu beobachten. Für den Erhaltungsschnitt bedeutet das, dass die Triebe nicht bis zum Boden herausgeschnitten werden, sondern man diese bis auf einen im Bogen stehenden Verjüngungstrieb zurückschneidet. Erst nach mehreren Jahren, wenn die Blühfähigkeit nachlässt, werden diese Triebe an der Basis entfernt.

Bei der Hasel kann man das Prinzip der Basitonie gut beobachten. Die Sträucher verjüngen sich an der Triebbasis, während sich die alten Triebe an der Triebspitze akroton verzweigen. Das Hauptwachstum des Strauchs findet im oberen Kronenbereich statt, während die Trieberneuerung an der Basis erfolgt.

Bei der Rose erfolgt die Trieberneuerung vorwiegend aus dem mittleren Triebbereich durch die Scheitelpunktförderung. Gleichzeitig entstehen bei vielen Vertretern dieser Gruppe auch neue Triebe an der Strauchbasis.

Wuchsformen der Gehölze

Sträucher sind vieltriebige, mehr oder minder stark verzweigte Gehölze, deren Wuchshöhe aufgrund der rasch kürzer werdenden Jahrestriebe und des mehr oder minder bogigen Wachstums beschränkt ist. Ihre Vieltriebigkeit wird durch Knospen an der Strauchbasis hervorgerufen. Bäume sind dagegen hochwachsende, meist einstämmige, gelegentlich auch mehrstämmige Gehölze, die einen Stamm und eine Krone ausbilden. Die Art und Intensität des Gehölzschnitts richten sich nach der Wuchsform der Gehölze und ist auch davon abhängig, wie die jeweilige Gehölzart ihr Zweiggerüst erneuert.

Kurzlebige Klein- und Halbsträucher

Beispiele: Besenginster und Blauraute
Die Sträucher dieser Gruppe bilden schwach verzweigte Triebe, die wie beim Ginster nur wenige Jahre alt werden oder wie bei der Blauraute jedes Jahr bis zum Boden zurücktrocknen oder zurückfrieren und sich aus bodennahen Knospen erneuern. Erstere werden jedes Jahr nach der Blüte stark zurückgeschnitten, wodurch die Bildung von Blütentrieben gefördert und eine Vergreisung hinausgezögert wird. Halbsträucher wie die Blauraute treiben ohnehin von selbst erneut aus der Basis aus. Hier werden alle abgestorbenen Triebe beziehungsweise die vertrockneten Zweige des Vorjahrs knapp über dem Boden entfernt.

Ausläufertreibende Sträucher und Schösslingssträucher

Beispiele: Kerrie und Himbeere
Bei diesen Sträuchern wird kein dauerhaftes Gerüst gebildet. Vielmehr erneuert sich die Pflanze regelmäßig durch viele junge Triebe, die an der Triebbasis entstehen, oder durch Schösslinge aus dem Wurzelbereich. Kerrie und Fiederspiere zählen ebenso dazu wie Himbeere und Brom-

Die Langtriebe von Halbsträuchern wie der Blauraute regenerieren sich aus basisnahen Knospen alljährlich neu.

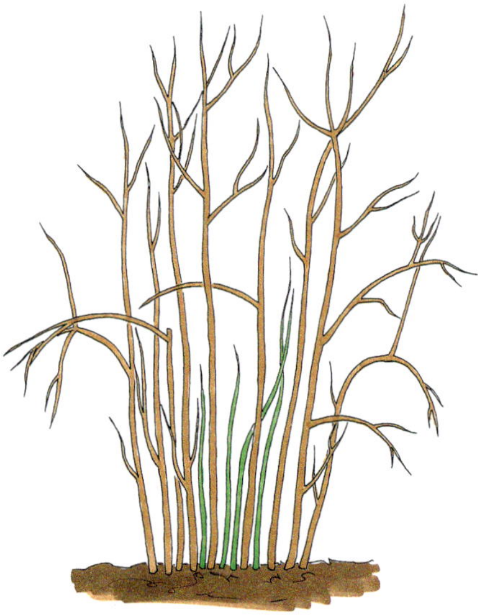

Die Kerrie verjüngt sich vorwiegend durch Ausläufer, die an der Basis des Strauchs gebildet werden.

Zweige werden mit zunehmendem Alter dicker und sind im Spitzenbereich stark verzweigt. Ohne regulierende Schnittmaßnahmen bilden sich dichte, besenartige, kaum noch blühende Zweigpartien, die sich nach und nach zu Boden senken. Gleichzeitig entstehen im oberen Bereich der Pflanze, insbesondere aber an den Scheitelpunkten der herabhängenden Äste, junge Triebe. Insgesamt werden diese Sträucher im Alter breiter als hoch. Bei ihnen ist ein regelmäßiger Schnitt notwendig, bei dem die älteren Äste an der Basis und das überalterte Gezweig im oberen Bereich des Strauchs entfernt werden. Die Erneuerung erfolgt regelmäßig durch Jungtriebe.

Kahlfüßige Sträucher wie die Deutzie bilden Jungtriebe an der Basis. Die blütentragenden Verzweigungen entstehen dagegen vorwiegend im oberen Bereich der Pflanze. Entfernen Sie abgeblühte Triebe, da diese im folgenden Jahr keine Neutriebe hervorbringen.

beere. Bei der Kerrie sind die langen, einjährigen Triebe meist unverzweigt oder nur wenig verzweigt, blühen aber bereits. Im zweiten Jahr bilden sie Seitentriebe und blühen dann meist an diesen. Nach dem Schnitt bleiben hier nur die zweijährigen Ruten stehen, ansonsten bildet sich bald ein Dickicht aus lebenden und toten Zweigen. Bei Himbeere und Brombeere bleiben nach dem Schnitt nur vorjährige Triebe übrig. Diese werden, nachdem sie gefruchtet haben, ebenfalls entfernt.

Bodenschlüssige und breit wachsende Sträucher

Beispiele: Spiersträucher, Forsythien und Sibirischer Hartriegel

Sträucher dieser Gruppe bilden ebenfalls regelmäßig Jungtriebe an der Basis. Die einzelnen Triebe des mehr oder minder schwachen Astgerüstes können mehrere Jahre alt werden. Die

Kahlfüßige Sträucher mit Basisförderung

Beispiele: Deutzie und Pfeifenstrauch

Auch die Sträucher dieser Gruppe bilden regelmäßig Jungtriebe an der Basis beziehungsweise in den bodennahen Triebabschnitten. Die Verzweigungen und blütentragenden Triebe entwickeln sich jedoch vorwiegend im oberen Bereich der Pflanze. Mit zunehmendem Alter entsteht daraus ein dichtes, wenig blühfähiges Gezweig. Die Sträucher wachsen meist breit aufrecht bis trichterförmig. Dadurch kommt es ohne entsprechende Schnittmaßnahmen langsam, aber stetig zu einer starken Verkahlung im unteren Bereich der Sträucher. Schneiden Sie daher die abgetragenen Blütentriebe regelmäßig auf starkwachsende Jungtriebe zurück, die demselben Trieb entspringen. Gleichzeitig sollten die alten Triebe in regelmäßigen Abständen an der Basis entfernt werden.

Kahlfüßige Sträucher mit geringer Basisförderung

Beispiel: Felsenbirne

Sträucher wie die Felsenbirne bauen aus wenigen (etwa vier

Bodenschlüssige Sträucher wie der Belgische Spierstrauch oder die Forsythie wachsen anfangs aufrecht und später überhängend bis ausladend. Dadurch sind sie meist genauso breit oder breiter als hoch.

bis sechs) Trieben, die direkt aus dem Boden wachsen, ein stabiles Gerüst auf. Neutriebe an der Basis werden nur in geringer Anzahl gebildet, mit zunehmendem Alter unterbleibt dies ganz. Die Gerüstäste verzweigen sich vorwiegend im oberen Bereich an den Enden. Im Gegensatz zur vorigen Gruppe bleiben bei der Felsenbirne die Blütentriebe über mehrere Jahre hindurch blühwillig. Hier ist ein vorsichtiges Auslichten in mehrjährigen Abständen anzuraten.

Bei kahlfüßigen Sträuchern mit geringer Basisförderung bauen wenige Grundtriebe die Pflanze auf. Neutriebe an der Basis werden nur in geringer Zahl, im Alter kaum mehr gebildet. Verzweigung und Blütenbildung finden in den oberen Bereichen der Pflanzen über viele Jahre hindurch statt, wie das Beispiel der Felsenbirne gut veranschaulicht.

Kahlfüßige Sträucher mit Spitzenförderung

Beispiele: Magnolie und Zaubernuss

Die Sträucher dieser Gruppe bilden ein langlebiges Gerüst aus mehreren Ästen oder einen kurzen Stamm mit einer mehrstämmigen Krone. Ältere Pflanzen regenerieren sich kaum bis gar nicht aus der Basis und dem unteren Bereich. Die Triebförderung liegt hier vorwiegend im oberen Teil des Strauchs. Die Gerüstäste verzweigen sich regelmäßig, aber niemals stark, und sind langlebig, so dass immer genügend Licht ins Innere des Strauchs gelangt. Diese Sträucher benötigen keinen Schnitt, im Gegenteil, sie entwickeln sich von Jahr zu Jahr schöner und entfalten ihre volle Schönheit erst im Alter. Wird der Strauch dennoch einmal zu dicht oder wachsen Äste nach innen, lichtet man nur vorsichtig aus.

Links: Bei Magnolie und Zaubernuss bilden wenige verzweigte Triebe ein dauerhaftes Gerüst – oft mit kurzem Stamm und mehrstämmiger Krone. Das ohnehin schwache Triebwachstum erfolgt im oberen Kronenbereich, eine Erneuerung an der Triebbasis findet kaum statt.

Baumartig wachsende Gehölze

Beispiele: Eberesche und Kuchenbaum

Bäume entwickeln einen Mitteltrieb, der aufgrund der Spitzenförderung stark nach oben strebt und sich erst dann verzweigt. Ihr Wuchsschwerpunkt liegt damit von allen Gehölzen am weitesten oben. Sie bilden ein stabiles Gerüst aus einem Stamm, manchmal auch aus mehreren Stämmen, einem Mitteltrieb und einigen Seitenästen. Die Höhe des Kronenansatzes wird vom Gärtner in der Baumschule festgelegt. Der Erziehungsschnitt fördert den gleichmäßigen Kronenaufbau, der über Jahrzehnte hindurch im Wesentlichen erhalten bleibt. Später ist ein Schnitt nicht mehr nötig. Wird die Krone zu dicht, kann ein vorsichtiger Auslichtungsschnitt durchgeführt werden. Nur bei Obstbäumen ist ein regelmäßiger Schnitt anzuraten, um das Fruchtholz stetig zu erneuern und den Fruchtertrag zu gewährleisten.

Rechts: Eberesche und Kuchenbaum sind gute Beispiele für Gehölze, die sich durch einen gut entwickelten Mitteltrieb, der sich erst spät im oberen Kronenbereich verzweigt, baumförmig entwickeln. Für einen guten Kronenaufbau ist ein fachgerechter Erziehungsschnitt notwendig.

Grundlagen des Gehölzschnitts

Werkzeug und dessen richtige Handhabung

Die Voraussetzung für fachlich einwandfreie Schnitt- und Pflegearbeiten ist entsprechendes Qualitätswerkzeug. Achten Sie darauf, dass die Schnittwerkzeuge immer scharf und sauber sind und dass Sie für jede Aufgabe das geeignete Werkzeug zur Verfügung haben.

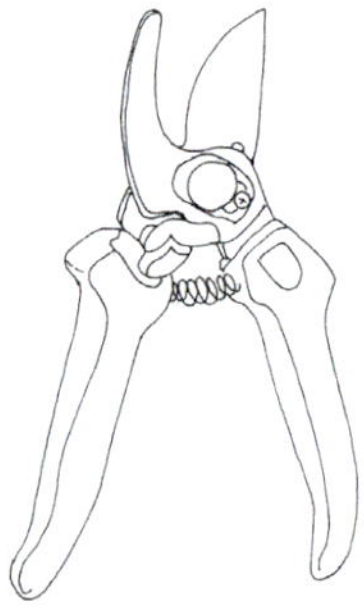

Garten- oder Baumschere: Bypassschere, die Klinge läuft seitlich am Amboss vorbei.

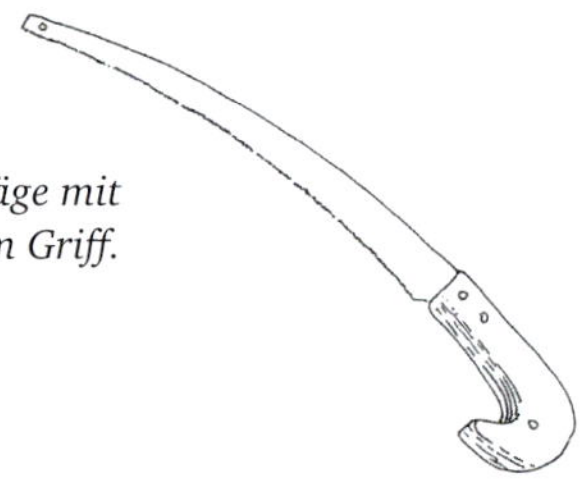

Schwertsäge mit starrem Griff.

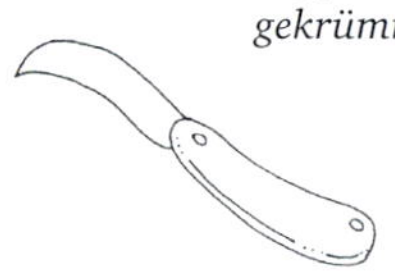

Hippe: Messer mit gekrümmter Klinge.

Schnittwerkzeuge

Die Gartenschere ist wohl das meistverwendete Schnittwerkzeug. Man kann damit nicht nur unverholzte Pflanzenteile, sondern auch holzige Triebe bis zu 1 cm Dicke problemlos entfernen. Für stärkere Äste sollten Sie auf jeden Fall eine Astschere verwenden. Schneiden Sie auf keinen Fall Draht mit der Gartenschere, da dies auf Kosten der Klingenschärfe geht und deren Lebensdauer verkürzt. Die richtige Handhabung der Gartenschere ist keine Selbstverständlichkeit. Achten Sie beim Schneiden immer darauf, dass sich die dünnere Klinge näher bei der Knospe beziehungsweise der Anwuchsstelle befindet. Ist dies nicht der Fall, dann drehen Sie die Schere leicht oder schneiden

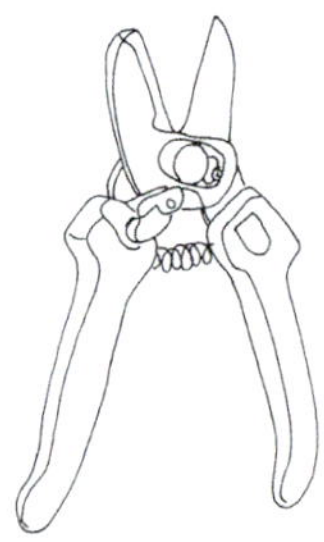

Gartenschere: Ambossschere, Klinge und Amboss stehen sich gegenüber, Quetschgefahr beim Schneiden.

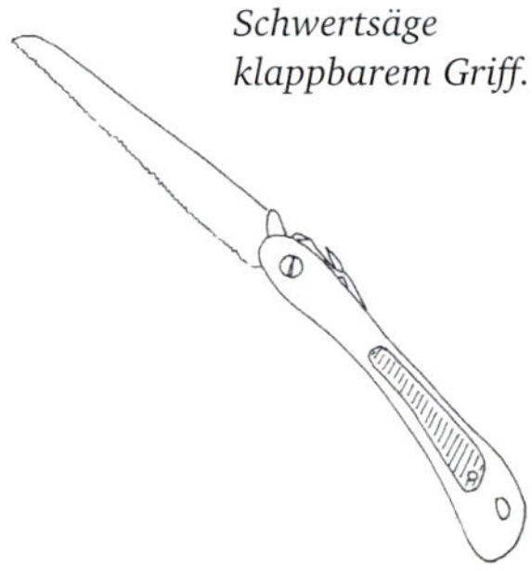

Schwertsäge klappbarem Griff.

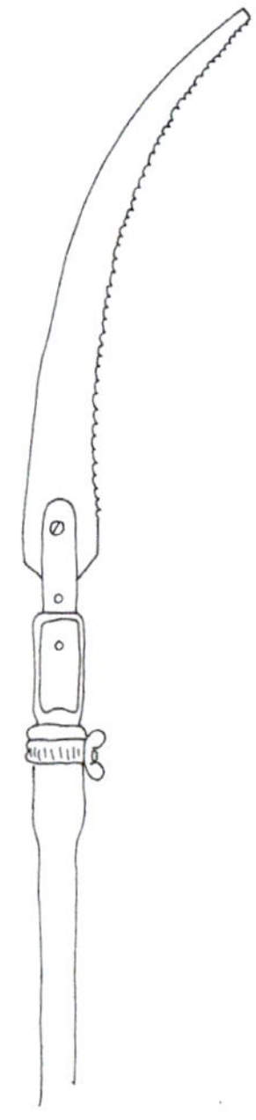

Schwertsäge mit langem Stiel.

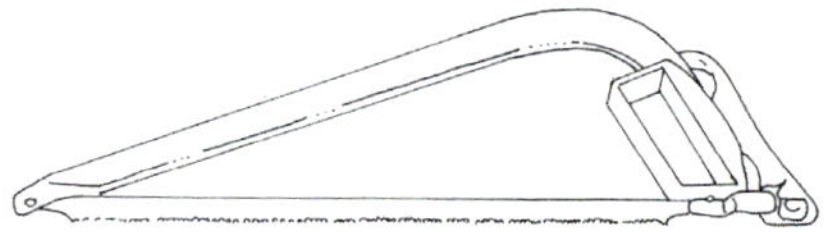

Bügelsäge.

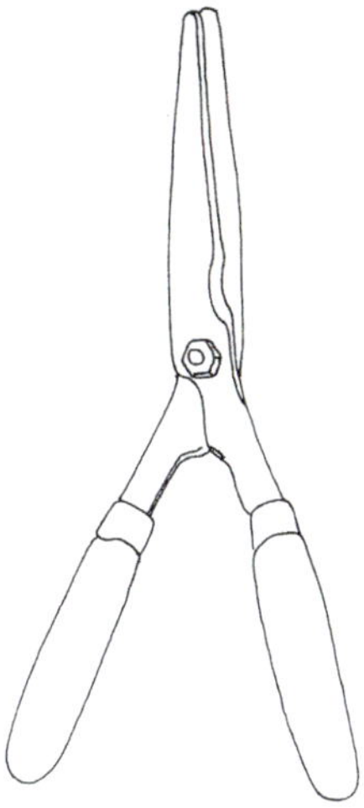

Heckenschere.

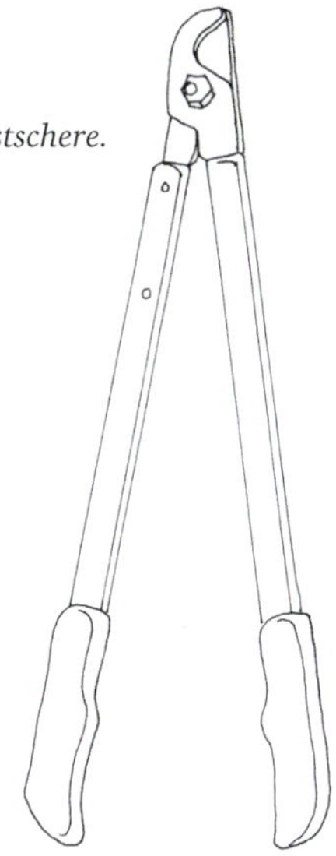

Astschere.

Große Bügelsäge.

Vorsichtsmaßnahmen bei Schnittarbeiten

Benutzen Sie elektrische Geräte wie Elektroheckenscheren, dann beachten Sie unbedingt die Sicherheitsbestimmungen dieser Geräte. Alle Geräte, die ein Stromkabel haben, sollten mit einem Unterbrechungsschalter ausgerüstet sein. Verwenden Sie die Geräte niemals bei feuchtem Wetter oder Regen. Arbeiten Sie mit Kettensägen nur nach einer ausführlichen Schulung. Tragen Sie außerdem unbedingt eine Schutzbrille sowie beim Arbeiten mit lauten Geräten auch Ohrenschützer.

Sie von der anderen Seite. Für Linkshänder gibt es eigene Modelle.

Mit der Astschere schneidet man Äste, die für Gartenscheren zu dick sind. Sie eignet sich gut dafür, dickere Strauchäste knapp über dem Boden wegzuschneiden (Auslichten) sowie Baumäste über Kopfhöhe bequem zu entfernen. Modelle mit großer, austauschbarer Klinge und schnabelförmig gebogenem Amboss sind zu bevorzugen. Die langen Griffe gewährleisten eine gute Hebelwirkung.

Für das Entfernen von Ästen ab einer Dicke von etwa 4 cm benötigt man schon eine Säge. Schwertsägen als Griffsägen mit gebogenem Sägeblatt sind besonders praktisch. Achten Sie beim Kauf darauf, dass das Sägeblatt rostfrei ist und eine scharfe Zähnung aufweist. Der Griff sollte rutschfest sein. Vorteilhaft sind Schwertsägen mit einklappbarem Sägeblatt, da man diese bequem und sicher transportieren kann. Mit Sägen dieser Art lässt sich auch das alte Holz an der Basis einer Rose bequem herausschneiden. Besonders nützlich sind kleine Klappsägen, mit denen man auch noch gut auf sehr beengtem Raum arbeiten kann. Bügelsägen wird man als Hobbygärtner kaum benötigen, außer man möchte an älteren Bäumen einen Verjüngungsschnitt durchführen. Da diese Sägen rauere Schnittstellen hinterlassen, sollte man die äußeren Wundränder mit einem Messer oder einer Hippe nachschneiden.

Bei den Messern werden Hippe und Okuliermesser verwendet. Die Hippe hat eine gekrümmte

Gartenschere zum Schneiden dünner Triebe und Zweige.

Astschere zum Entfernen dickerer Äste.

Klinge, die sich besonders zum Glätten von rauen Schnitten und ausgefransten Schnitträndern anbietet. Ziehen Sie das Messer immer mit einer gleichmäßigen Bewegung von den Schnitträndern zur Mitte hin, damit sich durch den Druck die Rinde nicht vom Holz löst. Mit dem Okuliermesser, das immer scharf geschliffen sein muss, lassen sich Rindenverletzungen auch gut ausschneiden. Es wird aber vorwiegend zum Veredeln verwendet.
Für den Hecken- sowie den Formschnitt benötigen Sie eine Heckenschere. Scheren mit gewellten Schnittkanten verhindern, dass die Triebe beim Zusammenführen der Klingen wegrutschen. Im Hausgarten wird man damit kleinere Hecken und Buchskugeln schneiden. Für lange sowie hohe, formale Hecken benötigt man schon elektrische Heckenscheren. Auch in diesem Fall sollten die Klingen von guter Qualität sein. Eine Sicherung, die die Schere stoppt, wenn man eine Hand vom Griff löst, sollte dabei selbstverständlich sein.
Daneben gibt es noch zahlreiche weitere Schnittwerkzeuge. Zum Beispiel Stangenscheren oder Stielastscheren. Sie werden ausschließlich im oberen Bereich von Bäumen und zum Einkürzen von Kletterpflanzen verwendet, die mit einer Leiter nicht mehr zu erreichen sind. Der Umgang mit diesen Werkzeugen will gelernt sein. Dies gilt auch für Stangensägen. Schließlich ist auch noch ein scharfkantiger Spaten hilfreich, mit dem man Wurzelausläufer abtrennen kann. Diese Arbeit lässt sich auch gut mit einem Kantenstecher bewältigen.

Werkzeugpflege

Alle Schnittwerkzeuge sollten mit großer Sorgfalt gereinigt werden. Säubern Sie die Schnittflächen mit einem ölgetränkten Lappen und trocknen Sie diese durch einfaches Abwischen, damit sie nicht rosten. Haben Sie krankes Pflanzenmaterial abgeschnitten, dann sollten Sie das Schnittwerkzeug unbedingt mit handelsüblichen Desinfektionsmitteln desinfizieren, um eine Übertragung von Krankheiten zu verhindern.

Handsäge zum Herausschneiden dicker Äste.

Diverse Schnittwerkzeuge.

Schnitttechnik und allgemeine Grundlagen

Der Schnitt an jungen Gehölzen dient in erster Linie dazu, ein gesundes, kräftiges und ausgeglichenes Astgerüst aufzubauen. Natürlich nimmt man damit auch Einfluss auf Größe und Form der Bäume und Sträucher und schafft die Grundlagen für den späteren Wuchs. Je früher ein Gehölz geschnitten wird, desto besser ist seine Regeneration und umso schneller verheilen die Wunden. Dies geschieht am schnellsten, wenn die entfernten Triebe noch nicht verholzt sind. Am reifen Gehölz, insbesondere an Bäumen, beschränkt sich der Schnitt meist auf das Entfernen kranker oder beschädigter Äste. Ein starker Rückschnitt, der nur dazu dienen soll, die Größe eines Baums zu beschränken, ist in der Regel nicht zielführend. Deshalb ist es wichtig, nur solche Gehölze zu pflanzen, die mit dem vorhandenen Platzangebot zurechtkommen. Auch große Äste sollten nicht herausgeschnitten werden, denn meist bringt diese Maßnahme große Probleme für den Baum mit sich. An den Schnittstellen entstehen Faulstellen, die sich langfristig bis tief in den Stamm hinein fortsetzen. Nur wenn diese Äste krank oder abgestorben sind oder der Baum verjüngt werden muss, ist diese Maßnahme gerechtfertigt. Größere Eingriffe sollten Sie in jedem Fall einem Fachmann überlassen.

Der Schnitt

Voraussetzung für ein gutes und schnelles Verheilen von Schnittwunden ist ein sauber vorgenommener Schnitt, beim dem das Pflanzengewebe und die Rinde nicht gequetscht oder aufgerissen werden. Auch die Schnittführung ist wichtig: Ein schräger, knapp über dem Auge angesetzter Schnitt verhindert, dass sich Feuchtigkeit an der Schnittstelle hält und die Ansiedlung von schädlichen Pilzen fördert. Bei Pflanzen mit wechselständigen Knospen sollte der Schnitt schräg etwa 5 mm über dem Auge erfolgen. Bei gegenständiger Knospenstellung schneidet man am besten knapp über dem Augenpaar, damit sich zwei neue gesunde Triebe entwickeln können. Schneidet man zu knapp an der Knospe, dann trocknet diese ein. Lässt man hingegen zu lange Stümpfe stehen, dann trocknen diese ebenfalls ein und werden meist von Pilzen (Rotpustelkrankheit) befallen. Ideal sind deshalb Schnitte an einer Astgabel, wobei ein Trieb vollständig entfernt wird.
Größere Schnitte am Baum dienen meist der Veränderung der Wuchsform. Diese Schnitte benötigen jedoch mehrere Jahre zum Verheilen. Sie stellen potenzielle Eintrittspforten für Pilze dar. Deshalb muss der Schnitt

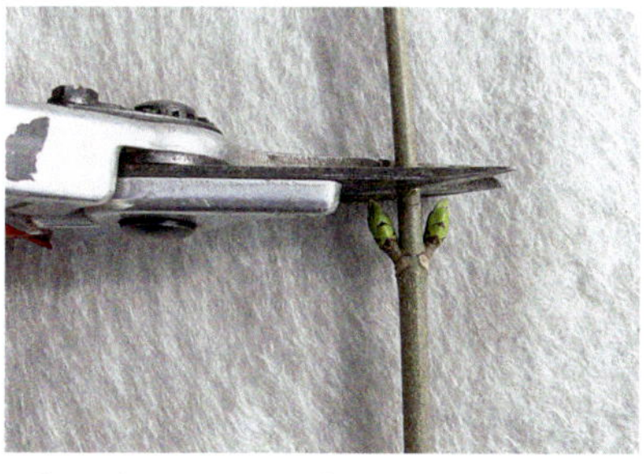

Schnitt bei gegenständigen Knospen.

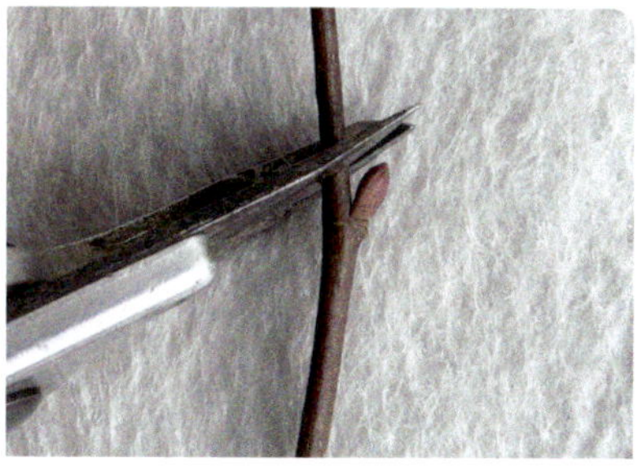

Schnitt bei wechselständigen Knospen.

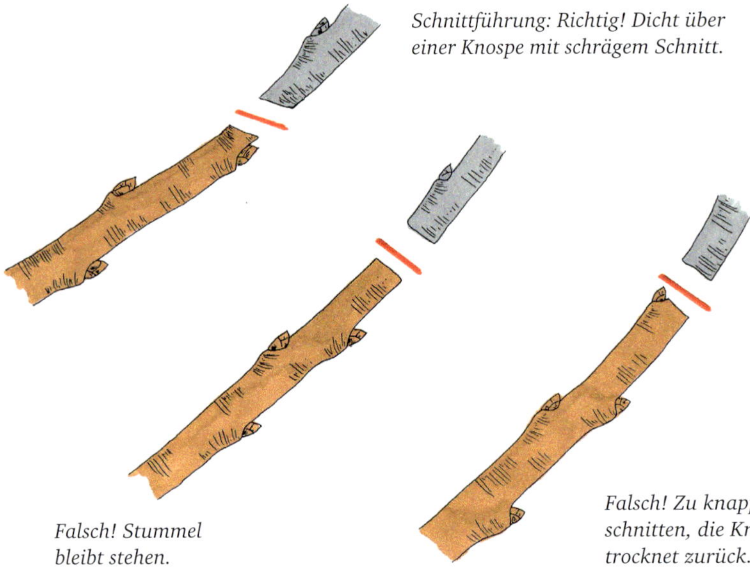

Schnittführung: Richtig! Dicht über einer Knospe mit schrägem Schnitt.

Falsch! Stummel bleibt stehen.

Falsch! Zu knapp geschnitten, die Knospe trocknet zurück.

unbedingt sauber, im richtigen Winkel und so erfolgen, dass er rasch verheilen kann. Dann wächst das Wundverschlussgewebe (Kambium) vom Rand der Wunde gleichmäßig zur Mitte und verschließt diese im Idealfall. Dafür ist es notwendig, dass man die Ränder nach den Schnittarbeiten mit einem Messer sauber glättet. Die Wunden dürfen dabei nicht vergrößert werden. Früher war es üblich, auch größere Äste direkt am Stamm (stammparallel) zu entfernen, wodurch jedoch meist große Stammwunden und irreparable Schäden am Stamm entstanden sind. Heute weiß man, dass der Astring intakt bleiben muss. Dies ist die kleine Wulst zwischen Haupt- und Seitenast, in der sich teilungsfähiges Gewebe befindet, das zur schnelleren Heilung der Wunden beiträgt. Der Astring bleibt auch beim natürlichen Absterben von Ästen bestehen. Beim Entfernen dickerer Äste sowie generell bei Bäumen sollten die Schnitte immer direkt über dem Astring erfolgen, da hier die besten Heilungschancen bestehen. Dabei ist auch darauf zu achten, dass die angeschnittenen Äste nicht abreißen, bevor sie ganz durchgeschnitten sind, und am Stamm tiefe Wunden unterhalb der beabsichtigten Schnittstelle hinterlassen. Schneiden Sie daher den Ast immer zuerst etwa 50 cm oberhalb der eigentlichen Schnittstelle von unten an. Führen Sie dann einen weiteren Schnitt von oben durch, und zwar weiter außen in etwa 5 cm Entfernung vom Unterschnitt. Der Ast wird dann durch sein Eigengewicht zu Boden fallen. Der eigentliche Schnitt erfolgt dann direkt über dem Astring.
Früher verwendete man häufig handelsübliche Wundverschlussmittel, die auf die frische Wunde aufgetragen das Eindringen von Pilzen und anderen Krankheitserregern verhindern sollten. Auf den Heilungsprozess haben diese Wundverschlussmittel neueren Forschungsergebnissen zufolge keinen Einfluss. Einerseits sind Schnittwunden niemals keimfrei, diese Mittel aber luft- und wasserdurchlässig und somit auch für Krankheitserreger leicht zu durchdringen. Auch etwaige pilztötende Eigenschaften konnten nicht nachgewiesen werden. Andererseits verhindern manche dieser Mittel, dass sich eine natürliche Schutzbarriere bildet. Abgesehen von der optischen

Rückschnitt bei einem kräftig entwickelten Jungtrieb mit der Gartenschere.

Entfernung älterer Äste bei einer Verzweigung mit gut entwickeltem Jungtrieb.

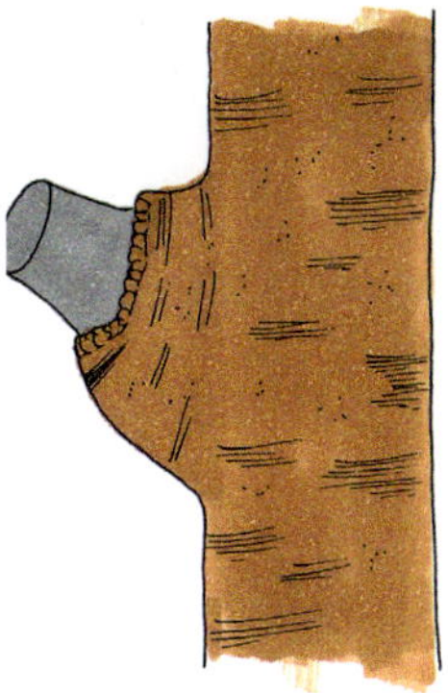

Schnitt auf Astring. Falscher Schnitt: Da hier ein Stumpf stehen gelassen wurde (Huthaken), kann sich die Wunde nicht richtig schließen.

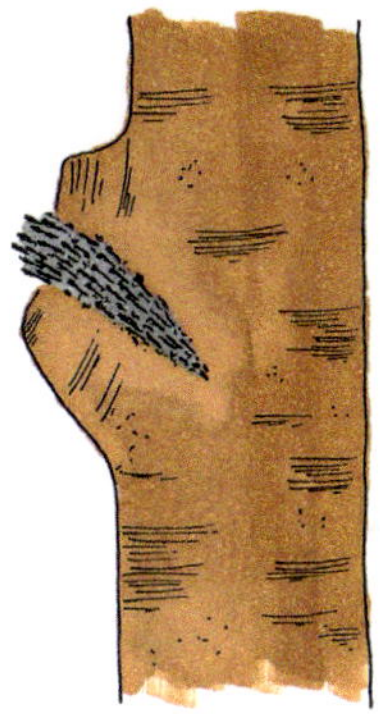

Mehrere Jahre später ist der Stumpf bis in den Hauptstamm hinein verrottet.

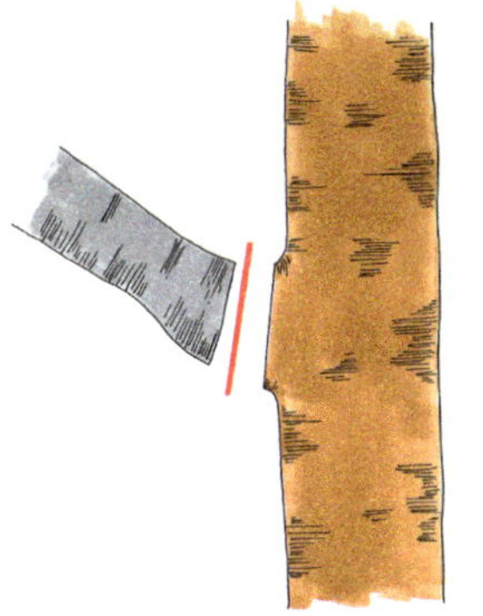

Schnitt auf Astring: Hier wurde zu nah am Stamm geschnitten und der Astring mit entfernt. In der Folge verheilt die Wunde schlecht.

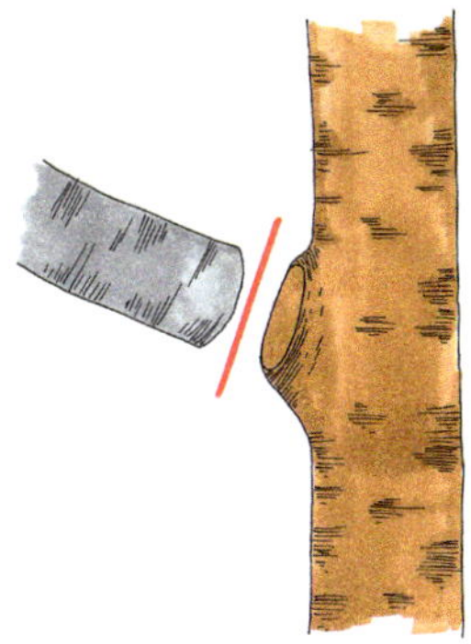

Richtige Schnittführung: Hier wurde der Astring nicht entfernt, die Wunde kann daher gut verheilen.

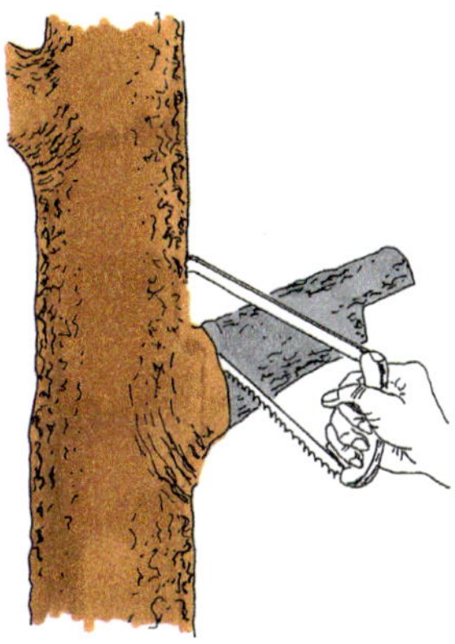

Entfernung größerer Äste: Entfernung des Aststummels mit einer Bügelsäge. Der Hauptteil des Asts wurde bereits fachgerecht entfernt.

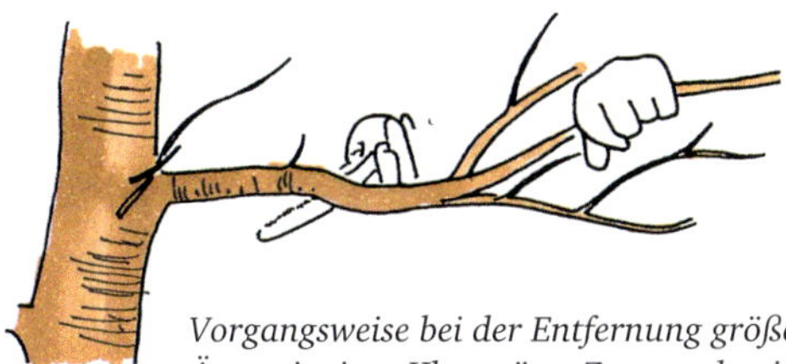

Vorgangsweise bei der Entfernung größerer Äste mit einer Klappsäge: Zuerst schneidet man den Ast stammnah an der Unterseite ein.

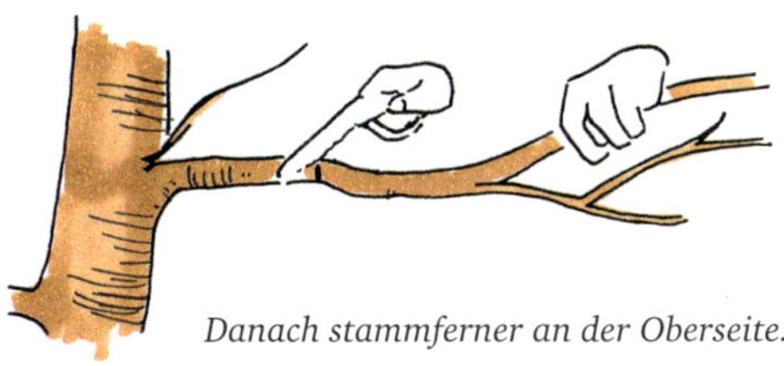

Danach stammferner an der Oberseite.

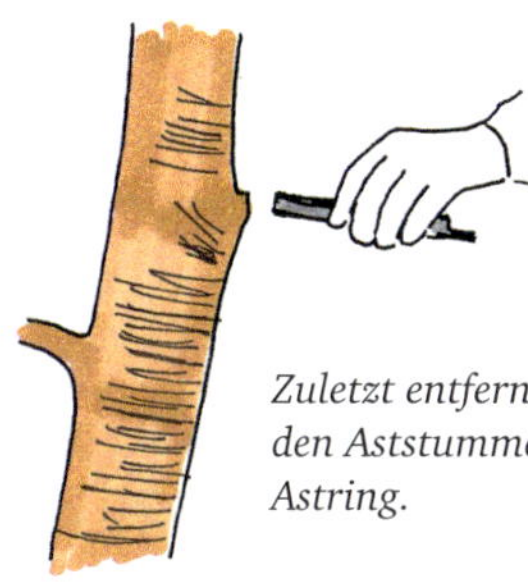

Zuletzt entfernt man den Aststummel auf Astring.

Deutlich ausgebildeter Astring nach Absterben eines Asts.

Schnitt auf Astring.

Zeichnung 1: Wirkung des Lang- und Kurzschnitts: diesjähriger Trieb am Ende der Vegetationsperiode.
Zeichnung 2: Dieser Trieb wurde im Winter nicht eingekürzt. Es entwickeln sich eine schwache Triebverlängerung und mehrere kurze Triebe an der Triebspitze.
Zeichnung 3: Der Trieb wurde im Winter etwa um ein Drittel eingekürzt. In der Folge bilden sich eine kräftige Triebverlängerung und wenige gut entwickelte Seitentriebe unterhalb des Mitteltriebs.
Zeichnung 4: Der Trieb wurde im Winter etwa um zwei Drittel eingekürzt. Es wachsen nur zwei bis drei sehr kräftig entwickelte Triebe.

Wirkung sind diese Wundverschlussmittel daher weder notwendig noch ratsam.

Schnittstärke und ihre Folgen

Die Schnittstärke reguliert den Austrieb nach dem Rückschnitt. Wird ein Trieb nicht geschnitten, so kommt es aufgrund des höheren Saftdrucks im Triebspitzenbereich genau dort zu einem stärkeren Austrieb. Hier werden sich also Seitentriebe entwickeln. Die Stärke des Austriebs nimmt zur Basis hin ab. Die im unteren Bereich liegenden Knospen treiben nicht aus.
Schneidet man den Trieb mäßig zurück, dann wird der Saftdruck unterhalb der Schnittstelle entsprechend größer. Folglich kommt es hier nun zu einer stärkeren Verzweigung, die Triebe sind kräftiger entwickelt.
Bei starkem Rückschnitt auf wenige oder eine einzige Knospe wird diese Wirkung noch verstärkt. Die Folge ist ein starker Austrieb mit wenigen kräftigen oder nur einem einzigen starken, oft unverzweigten Neutrieb. Diesen gilt es einzukürzen, damit er sich verzweigt.

Bäume stützen

Je besser ein Baum in der Jugendphase erzogen und betreut wird, umso weniger Korrekturen oder sonstige größere Eingriffe müssen Sie später vornehmen. Dazu gehört neben dem Erziehungsschnitt die Etablierung der Jungbäume am endgültigen Standort. Ein frisch gepflanzter Baum benötigt etwa zwei Jahre lang eine Stütze, die dafür sorgt, dass der Baum einen geraden, senkrechten Stamm entwickelt. Der Stamm darf keinesfalls starr abgestützt werden, sondern benötigt eine gewisse Bewegungsmöglichkeit. Nur so wird gewährleistet, dass sich der Baum mit seinen Wurzeln gut im Boden verankern kann und dem Stamm gleichzeitig Festigkeit und Elastizität verleiht. Es gibt zahlreiche Varianten, Bäume zu stützen. Am besten eignen sich zwei oder drei Baumpfähle, die bis knapp unterhalb des Kronenansatzes, jedoch nicht in die Krone hinein reichen. An diesen wird der Stamm mit elastischen Bändern so befestigt, dass er sich in Grenzen bewegen kann. Um dem jungen Baum einen möglichst großen Bewegungsspielraum zu gewähren, werden gelegentlich nur sehr kurze Baumpfähle verwendet. Achten Sie unbedingt darauf, dass es durch das Anbinden nicht zu Stammschäden kommt, wie dies besonders bei schräg gesetzten Baumpfählen oft zu beobachten ist. Wird nur ein senkrecht gesetzter Baumpfahl verwendet, muss zwischen Stamm und Pfahl ein Abstandshalter verwendet werden. Kontrollieren Sie die Bindungen unbedingt regelmäßig, damit diese bei zunehmendem Stammdurchmesser nicht einwachsen oder sonstige Stammschäden verursachen. Bei der Pflanzung von Ballenpflanzen lässt sich der Ballen mit direkt über dem Ballen angebrachten Holzbalken so befestigen, dass der Stamm völlig frei zu stehen kommt.

Fixierung eines Jungbaums mit Hilfe von Juteschnüren.

Ausgangsmaterial, Schnitt und Formierung von Jungpflanzen

Die Jungpflanzenqualität sowie die Schnittmaßnahmen der ersten Jahre wirken sich langfristig auf die Entwicklung aus. Dies gilt besonders für Bäume.

Qualität beachten

Die ersten Lebensjahre eines Baums sind ausschlaggebend, ob dieser ein kräftiges und ausgewogenes Astgerüst entwickelt, das für ein langes Leben des Baums erforderlich ist. Sie sollten sich von Anfang an darüber klar sein, welche Funktionen das Gehölz im Garten erfüllen soll. Entsprechen die Gegebenheiten des vorgesehenen Standorts (Raumangebot betreffend maximaler Höhe und Kronendurchmesser sowie Bodenverhältnisse) der ausgewählten Art? Wird diese den an sie gestellten Wünschen in Bezug auf Blüten, Früchte, Beschattung usw. auch gerecht? Nicht jede Baumart lässt sich in jeder Wuchsform heranziehen. In vielen Fällen wird ein fertiger Jungbaum gekauft. Jedoch ergibt sich oft auch die Gelegenheit, einen Baum selbst heranzuziehen. In beiden Fällen müssen einige Faktoren berücksichtigt werden, damit sich diese Pflanzen entsprechend entwickeln können. Achten Sie beim Einkauf darauf, dass Wurzeln beziehungsweise Wurzelballen oder Containergröße in einem geeigneten Verhältnis zu den oberirdischen Sprossteilen stehen. Bei kleinwüchsigen Pflanzen wie Fingerkraut, Japanischem Spierstrauch oder Johanniskraut reicht meist ein 2,5–3-l-Container. Sind die Pflanzen jedoch 1–1,5 m hoch oder größer und dazu noch mehrtriebig und mit viel Blattmasse ausgestattet, dann sollte der entsprechende Container ein Volumen von mindestens 4–5 l aufweisen. Sträucher sollten immer mehrere Triebe von der Basis heraus bilden. Bäume sollten einen geraden, gestäbten Trieb mit entsprechender Terminalknospe besitzen und keine Konkurrenztriebe oder Zwieselbildungen aufweisen. Bei einer Zwieselbildung teilt sich die Stammverlängerung in zwei gleichwertige Triebe auf, anstatt einen Haupttrieb zu bilden. Damit entsteht längerfristig eine vorprogrammierte Bruchstelle. Besonders problematisch erweist sich ein Missverhältnis zwischen Wurzelwerk und oberirdischem Wuchs. Wurzeln, die aus zu kleinen Töpfen herauswachsen, sind durch den Transport meist beschädigt oder vertrocknet und wachsen nicht gut an. Absolut inakzeptabel sind sogenannte Ringwurzeln im Container, die durch zu lange Kultur in zu kleinen Töpfen entstanden sind. Haben die Wurzeln den Container durchwurzelt, was spätestens nach einer Vegetationsperiode der Fall ist, müssen die Pflanzen umgetopft werden. Geschieht das nicht beziehungsweise zu spät, wachsen die Wurzeln ringförmig an der Topfwand entlang und behalten diese Wuchsrichtung auch später bei, wenn sie ausgepflanzt werden. Solche Pflanzen wachsen oft überhaupt nicht an. Ziersträucher werden immer häufiger als Containerpflanzen, also in Gefäßen kultiviert und angeboten. Auch wenn Sträucher meist problemloser anwachsen als Bäume, sollte auch hier das Verhältnis von Wurzelmasse zum oberirdischen Wuchs stimmen. Oft ist die Trieb- und Blattmasse in Relation zur Wurzelmasse zu groß. Achten Sie vor allem bei veredelten Gehölzen darauf, dass die Veredlungsstelle gut verwachsen und der Zuwachs kräftig ist. Es dürfen auch keine Triebe

Containerpflanze.

Wurzelnackte Pflanze.

unterhalb der Veredlungsstelle vorhanden sein. Bei wurzelnackten Pflanzen dürfen die Wurzeln nicht austrocknen.

Jungpflanzen schneiden

In einigen Fällen kann in der Jugendphase die zukünftige, mitunter von der natürlichen Form abweichende Wuchsform des Strauchs oder Baums festgelegt

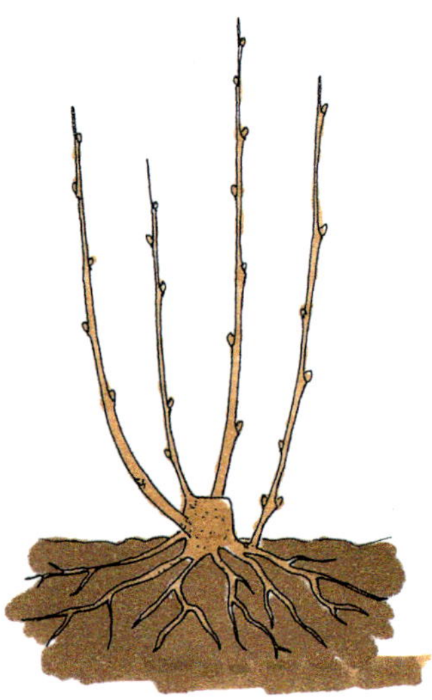

Entwicklung eines jungen Gehölzes nach einem Rückschnitt bis zum Boden: Aus den basisnahen, ruhenden Knospen entstehen mehrere Triebe, da die ganze Kraft des vorhandenen Wurzelwerks in die jungen Triebe geleitet wird.

werden. Der Grund dafür liegt in der Dominanz beziehungsweise in der Brechung der Dominanz der Terminalknospen und der Förderung von schlafenden Augen an der Strauchbasis beziehungsweise an der Basis junger Bäume. Schneidet man bei Sträuchern, zum Beispiel beim Sibirischen Hartriegel, alle Triebe im Spätwinter knapp über dem Boden ab, so entwickeln sich zahlreiche neue, kaum verzweigte und kräftig gefärbte Jungtriebe. Diesen Schnitt kann man jährlich wiederholen.

Anders ist die Situation bei mehrstämmigen Bäumen. Die mehrstämmige Wuchsform kommt bei Bäumen dadurch zustande, dass sich von Natur aus artbedingt Wurzelschösslinge bilden oder sich die Stämme bereits sehr weit unten verzweigen. Mehrstämmige Bäume lassen sich auch durch einen starken Rückschnitt junger Bäume, zum Beispiel aus zwei- bis dreijährigen Sämlingen, heranziehen. Schlangenhaut-Ahorne und Birken sind ein gutes Beispiel. Schneiden Sie dafür die jungen Pflanzen in der gewünschten Höhe entweder knapp über (mehr als 10 cm) oder in Höhe von 30–50 cm über dem Boden ab. Wählen Sie im folgenden Jahr drei bis vier Triebe für einen einheitlichen, regelmäßigen Kronenaufbau aus und entfernen Sie die übrigen an der Basis. In den folgenden Jahren entfernen Sie nur die untersten Seitentriebe und neu austreibende Schösslinge. Aber Vorsicht: Bei veredelten Bäumen ist diese Erziehungsmethode nicht anwendbar, da die Veredlungsstelle sehr tief liegt und dabei mit großer Wahrscheinlichkeit Schaden nähme.

Auswirkungen der Formierung auf Jungpflanzen

Auch bei der Formierung von Pflanzen spielt die Dominanz der Spitzenknospen (Apikaldominanz) eine Rolle. Diese ist zu bremsen und umzuleiten. Ist der Leittrieb abgebrochen oder wurde er absichtlich entfernt, geht die Dominanz der Endknospe auf tiefer liegende, oft nicht sichtbare, schlafende Knospen über, die daraufhin austreiben. Die Spitzendominanz wird auch dann gebrochen, wenn man an sich aufrecht wachsende Triebe umlenkt, indem man zum Beispiel einen Seitentrieb nach unten führt und waagrecht anbindet. Dadurch wird der Saftstrom gebremst und die ursprüngliche Absicht, nach oben zu streben, aufgegeben. Nun entwickeln sich entlang des Triebs gleichzeitig aus den vorhandenen Augen kräftige Seitentriebe, die anfangs ebenfalls in die Höhe streben, bald aber blühen und fruchten. Dies macht man sich beispielsweise bei der Erziehung von Kletterrosen und anderen Kletterpflanzen mit langen, biegsamen Trieben zunutze. Möchte man Ziersträucher als Spalier erziehen, so sollte man damit bereits bei der jungen Pflanzen begin-

Links: Erziehung zur vielstämmigen Wuchsform: Schneiden Sie den Stamm eines etwa zweijährigen Jungbaums im Winter ungefähr 10–15 cm über dem Boden zurück. Mitte: Wählen Sie ein Jahr später aus den neugebildeten Trieben drei oder vier möglichst gleiche, starkwüchsige Triebe aus und entfernen Sie die restlichen an der Basis. Rechts: Für den Aufbau der Stämme entfernen Sie im dritten Jahr jeweils nur die untersten Seitentriebe. Neuaustreibende Schösslinge werden an der Basis herausgenommen.

nen. Auch bei der Erziehung von Obstbäumen nutzt man diesen Umstand, indem man aufrecht wachsende Äste herunterbindet und damit die frühzeitige Bildung von Blüten und Früchten anregt. Besonders gut sichtbar wird dieser Erfolg bei der Erziehung von Spalierobst.

Links: Triebe erziehen: Ohne Eingriffe wachsen sowohl Leittrieb als auch Seitentriebe vorwiegend in die Höhe. Rechts: Binden Sie Seitentriebe waagrecht herunter, werden die Achselknospen dadurch zum Austreiben angeregt. In der Folge bilden sich hier meist Blütenknospen. Dies macht man sich Kletterrosen und der Erziehung von Obstbäumen zunutze.

Oben: Junge Pflanzen nach dem Rückschnitt zur Bildung mehrstämmiger Pflanzen.
Links: Waagrechtbinden der Triebe zur Stimulierung von Blütenknospen bei einer Birnenspindel.

Schnittziele

Die meisten bekannten Gartensträucher müssen, zumindest in größeren Abständen, regelmäßig geschnitten werden. Neben diesem Erziehungs-, Erhaltungs- und Verjüngungsschnitt gibt es eine Reihe weiterer Gründe, die Schnittmaßnahmen erforderlich machen. Dazu zählt das Entfernen kranker und beschädigter Triebe sowie unerwünschter Wildtriebe. Es kann auch notwendig sein, durch Schatten, Konkurrenz oder ähnliche Umstände beeinträchtigten Wuchs zu korrigieren. Daneben möchte man die Gesundheit und Lebenskraft der Pflanzen bewahren, die auch ihre Laub-, Blüten- und Fruchtwirkung voll entfalten und lange behalten sollen. Dazu müssen Sie das Blüh- und Fruchtungsverhalten kennen. Bei allen Schnittmaßnahmen sollte man die Erhaltung des natürlichen Habitus' im Auge behalten.

Gesunderhaltung

Einer der Hauptgründe für den Schnitt ist die Gesunderhaltung der Pflanzen. Um diese zu gewährleisten, müssen abgestorbene, verletzte oder kranke Zweige und Äste bis ins gesunde Holz zurückgeschnitten werden. Ein sauberer Schnitt an der richtigen Stelle verhilft der Pflanze, sich rasch zu regenerieren. Ist eine deutliche Trennlinie zwischen abgestorbenem und gesundem Holz vorhanden, dann schneiden Sie direkt darüber. Ist dieser Übergang nicht eindeutig erkennbar, so schneiden Sie bis auf eine geeignete Knospe im gesunden Holz zurück. Ebenso schneiden Sie abgerissene oder aus anderen Gründen zerstörte Triebspitzen auf eine gesunde Knospe oder auf eine Verzweigung zurück. Auch sich kreuzende und zu dicht stehende Triebe sollten rechtzeitig entfernt werden, damit Schürfwunden und ein Absterben der Triebe im Strauchinneren aufgrund von Lichtmangel verhindert werden.

Förderung der Blühwilligkeit

Ein regelmäßiger Schnitt, der auch das Ausschneiden von altem Holz beinhaltet, ist für die Entwicklung vieler Ziersträucher sowie der Rosen unerlässlich. Bei den meisten Sträuchern bildet sich die Mehrzahl der Blüten am ein- bis vierjährigen Holz. Deshalb ist es notwendig und empfehlenswert, älteres und abgetragenes blühfähiges Holz

Entfernung von Totholz beim Gewürzstrauch.

Entfernung von Totholz beim Schneeball.

Entfernung von Totholz beim Gelbholzigen Hartriegel.

zugunsten des jüngeren, blühwilligeren und besser fruchtenden zu entfernen. Dadurch hat die Pflanze auch die Möglichkeit, sich laufend zu verjüngen, ohne dass dabei der Habitus beeinträchtigt wird. Bei Gehölzen, die am einjährigen oder am diesjährigen Trieb blühen, ist ein regelmäßiger scharfer Schnitt unerlässlich, da ansonsten die Blühwilligkeit bald nachlässt und die Pflanzen frühzeitig vergreisen. Durch diesen Erhaltungsschnitt wird also ein optimales Gleichgewicht zwischen jungem und altem Holz hergestellt und über einen möglichst langen Zeitraum erhalten.

Rechts: Förderung der Blühwilligkeit durch Schnitt bei der Bartblume. Unten: Förderung der Blühwilligkeit durch Schnitt bei Rosen.

Schmuckwirkung fördern

Der scharfe Rückschnitt mancher Gehölze, um Material für Zäune (Hasel) oder zum Flechten (Weiden) zu gewinnen, hat eine lange Tradition. Man kann diese Technik auch anwenden, um eine besondere Schmuckwirkung zu erzielen. Dafür gibt es zwei Möglichkeiten: das Kappen

von Bäumen (siehe Seite 70 f.) und der Rückschnitt bis zur Basis. Voraussetzung ist, dass die vorgesehenen Sträucher einen starken Rückschnitt vertragen. Auf diese Weise kann die Entwicklung von besonders schönem Blattwerk bei bunt- oder großlaubigen Gehölzen angeregt werden. Dies wirkt sich besonders bei rotlaubigen Sorten des Perückenstrauchs oder der Blut-Hasel, aber auch bei weißpanaschierten Sorten des Eschen-Ahorns vorteilhaft aus. Nicht nur, dass die Blätter durch den kräftigen Rückschnitt größer und damit auffälliger werden, sie sind dadurch auch viel intensiver gefärbt und wachsen länger in den Sommer hinein.
Auch das Wachstum farbenprächtiger Triebe und Zweige lässt sich bei einigen Ziersträuchern durch entsprechende Schnittmaßnahmen fördern. Ältere Triebe des Sibirischen Hartriegels verlieren ihre schöne Farbe und ohne Schnitt bilden sich nur sehr wenige Neutriebe. Mit der Zeit besteht daher der überwiegende Teil der Pflanze aus altem Holz, dessen Rinde unauffällig bräunlich gefärbt ist. Deshalb sollten alle Triebe, die älter als drei Jahre sind, bodennah entfernt werden, wodurch das Wachstum neuer, attraktiv gefärbter Jungtriebe angeregt wird. Legt man ausschließlichen Wert auf schön gefärbte Jungtriebe, so können Sie alle Triebe alljährlich im Nachwinter auf ein Gerüst zurückschneiden. Beim Perückenstrauch kann man auch auf ein etwas höheres Astgerüst zurückschneiden, so dass sich

Besonders intensive Rindenfärbung der jungen Triebe beim Gelbholzigen Hartriegel durch kräftigen Schnitt.

Besonders intensive Rindenfärbung der jungen Triebe beim Tatarischen Hartriegel durch kräftigen Schnitt.

Links: Besonders intensiv ausgefärbte Blätter beim rotlaubigen Perückenstrauch durch kräftigen Schnitt. Unten: Besonders intensive Rindenfärbung der jungen Triebe bei der Sorte 'Winter Flame' des heimischen Blutroten Hartriegels durch kräftigen Schnitt.

Kopfbaum, entstanden durch regelmäßigen starken Rückschnitt der Triebe bei der Dreh-Weide (Detail).

Kopfbaum, entstanden durch regelmäßigen starken Rückschnitt der Triebe.

ein niedriger, mehrstämmiger Strauch mit kräftigen, ein- bis dreijährigen Langtrieben mit besonders schön entwickeltem Blattwerk bildet.
Schneidet man diese Triebe regelmäßig zurück, so verzichtet man auf jeden Blüten- oder Fruchtschmuck. Um das zu verhindern, können Sie jeweils nur ein Drittel der letztjährigen Triebe entfernen, so dass zwei Drittel der blühfähigen Triebe erhalten bleiben.

Bestimmten Habitus erzielen

Durch vorsichtige Schnittmaßnahmen lässt sich ein ungleichmäßiges Wachstum ausgleichen. Wichtig ist dabei, dass man schwache Triebe kräftig, starke Triebe aber nur schwach zurückschneidet, um ein ausgewogenen Wuchs zu erhalten.
Durch entsprechenden Schnitt lassen sich auch bestimmte Wuchsformen erzielen, beispielsweise Kopfweiden. Ursprünglich entstanden diese, weil man möglichst lange Weidenruten zum Flechten von Körben gewinnen wollte. Für einen Kopfbaum wird eine junge Pflanze mit einem geringeren Stammdurchmesser als 10 cm auf Höhe der beabsichtigten Stammhöhe von etwa 1,5–2 m eingekürzt. Optimal ist ein junger Baum mit bereits gut entwickelter Krone, der über den untersten Astgruppen abgeschnitten wird. Die verbleibenden Triebe werden auf 3–8 cm zurückgeschnitten, die daraus entspringenden Triebe in den folgenden Jahren entweder jedes Jahr oder aber alle zwei bis drei Jahre im Spätwinter knapp über der Austriebsstelle zurückgeschnitten. Der Stamm und der sich so bildende Kopf werden mit den Jahren immer dicker, die Schnittstellen bleiben jedoch klein und verheilen gut. Man darf den Kopf allerdings nicht verletzen, da diese Wundstelle unter Umständen nicht mehr verheilen würde und zu faulen beginnt. Ist die Krone später voll entwickelt, müssen alle an der Basis und am Stamm gebildeten Triebe entfernt werden. Auf diese Weise kann man einige an sich starkwüchsige Gehölzarten im Garten relativ klein halten. Die Höhe, in der sich der Kopfbaum entfalten soll, lässt sich beliebig wählen. Die beschriebenen Schnittmaßnahmen können auch in 50 cm oder 80 cm Höhe durchgeführt werden, je nach Wunsch und Gegebenheiten im Garten.

Kompakten, buschigen Wuchs erzeugen

Das Schnittziel kann auch darin bestehen, ein möglichst reichverzweigtes Astwerk mit dichter Belaubung zu erzeugen. Dafür bieten sich vor allem kleinblättrige immergrüne Laubgehölze sowie Nadelgehölze an. Hier möchte man im Gegensatz zum Auslichten einen möglichsten dichten und lückenlosen äußeren Blättermantel erhalten. Dies trifft für geschnittene Hecken, Baumwände und formale Elemente sowie den Figurenschnitt (Topiary) zu. Ist erst einmal das Grundgerüst aufgebaut, wird öfter und hart geschnitten, damit die vorgegebene Form bei möglichst unveränderter Größe erhalten bleibt. Dazu müssen die Pflanzen mindestens einmal, mitunter sogar zwei- bis dreimal pro Vegetationsperiode gestutzt werden. Langfristig benötigen aber auch

Dichter, buschiger Wuchs nach dem Schnitt der Forsythie.

Schnitt zur Förderung der Fruchtbildung beim Apfel.

diese Gehölze einen Verjüngungsschnitt. Das gilt besonders für Hecken, die sonst in absehbarer Zeit ihre vorgesehene Breite überschreiten.

Fruchtgewinnung

Obstbäume und Beerensträucher sollten einmal jährlich geschnitten werden, damit sie gesund bleiben, üppig blühen und eine reiche Ernte liefern. Bei Obstbäumen erfolgt der Schnitt in Zusammenwirken mit dem Formieren der Äste und Zweige. Hier gilt es, ein Gleichgewicht zwischen Wachstum und Fruchten zu erzielen beziehungsweise dieses über einen möglichst langen Zeitraum zu erhalten. So wird je nach Entwicklungsphase entweder das Wachstum oder das Blühen und Fruchten gezielt gefördert.

Schnitt zur Förderung der Fruchtbildung bei der Aprikose.

Formschnitt bei Buchs.

Formschnitt bei Buchs (Topiary).

Laufende Pflegemaßnahmen

Neben dem Entfernen kranker und abgestorbener Triebe gibt es eine Reihe weiterer kleinerer Schnittarbeiten, die man sofort erledigen sollte. Die betrifft zum Beispiel das Entfernen verwelkter Blüten, etwa bei Rosen oder immergrünen Rhododendren. Dadurch wird nicht nur das Aussehen dieser Sträucher verbessert, sondern den Pflanzen steht auch mehr Energie für das Wachstum und eine mögliche weitere Blütenbildung zur Verfügung, da die Samenbildung verhindert wird.

Vor allem bei Sorten mit panaschiertem Laub kommt es oft zu sogenannten Rückmutationen. Dabei werden einzelne Triebe mit reingrünen Blättern gebildet. Die weißpanaschierten oder mehrfarbigen Blätter enthalten weniger Chlorophyll und wachsen damit schwächer als die reingrünen. Der grünblättrige Anteil wird daher bald dominieren und den panaschierte Teil, also die Sorte, innerhalb weniger Jahre überwachsen, falls man nicht rechtzeitig eingreift. Weißpanaschierter Sibirischer Hartriegel, Weißpanaschierter Liguster und ähnliche Gehölze sind dafür besonders anfällig.

Ein Eingreifen wird auch dann erforderlich, wenn an veredelten Gehölzen Wildtriebe auftreten. Meist erkennt man diese an den abweichenden Blättern sowie am starken Wuchs. Sie bilden sich unterhalb der Veredlungsstelle und wachsen immer direkt neben der veredelten Pflanze aus dem Boden. Nur bei Kronenveredlungen können Wildtriebe auch unterhalb der Krone am Stamm entstehen. Alle Wildtriebe müssen gründlich an der Entstehungsstelle entfernt werden, am besten, solange sie noch jung sind.

Die meisten Sträucher entwickeln sich aus einem oder meh-

Rechts: Entfernen starktriebiger Zweige (Rückmutationen) bei der Zuckerhut-Fichte.
Rechts unten: Entfernen grünblättriger Zweige (Rückmutationen) beim Buntlaubigen Eschen-Ahorn.

Entfernen abgeblühter Blütenstände beim Flieder.

Entfernen abgeblühter Blütenstände beim Rhododendron.

Ganz links: Entfernen von Unterlagentrieben am Stamm der Grannen-Kirsche. Links: Bildung unerwünschter Wurzelausläufern (Unterlage) beim Flieder.

reren aus der Basis entspringenden Trieben und verzweigen sich dann nach und nach, so dass im Laufe der Zeit eine breit aufrechte bis ausladende Pflanze mit schmaler Strauchbasis entsteht. Es gibt aber auch viele Gehölze, die in mehr oder minder großer Entfernung von der Ausgangspflanze Wurzelausläufer entwickeln und einen schönen, geschlossenen Pflanzenbestand bilden, wie das Beispiel der Strauch-Rosskastanie zeigt. Beim Flieder sind Wurzelausläufer ebenfalls bekannt und auch erwünscht, sofern es sich um wurzelechte, also durch Stecklinge oder in vitro vermehrte Pflanzen oder die Wildform handelt. Treten jedoch bei veredelten Fliedersorten derartige Wurzelausläufer auf, so sind diese unerwünscht und müssen entfernt werden, da es sich hier um Unterlagenausläufer handelt.

Schnittmaßnahmen, die man vermeiden sollte

Bestimmte Schnittmaßnahmen erfolgen manchmal als letzter Ausweg und sind dann in der Regel weder fachlich vertretbar noch langfristig zielführend. Nicht selten kommt es vor, dass Gehölze stark geschnitten werden müssen, da der ihnen zugedachte Platz nicht mehr ausreicht, sie zu nahe am Haus gepflanzt wurden oder sie für den zur Verfügung stehenden Raum viel zu starkwüchsig sind. Hier mit einem kräftigen Rückschnitt Abhilfe schaffen zu wollen, wird nicht gelingen, denn ein starker Schnitt verursacht wiederum einen noch stärkeren Zuwachs, womit das Problem nur hinausgeschoben wird.

Bei Obstbäumen kommt es gelegentlich vor, dass man beim Kauf nicht auf die Unterlage geachtet hat. So kann es passieren, dass die begehrte Sorte nicht auf eine schwachwüchsige, sondern auf eine starkwüchsige Unterlage veredelt wurde und dieser Baum im Garten dann plötzlich viel zu groß wird. Auch in diesem Fall wird ein starker Rückschnitt nicht zum erwünschten Ziel führen.

Mitunter werden an Gehölzen, insbesondere auch an Obstgehölzen, falsche oder unsachgemäße Schnittmaßnahmen durchgeführt, wobei diese Bäume oft stark verstümmelt werden und kaum mehr blühen und fruchten. Derartig geschnittene Bäume lassen sich zwar wieder in eine entsprechende Form bringen, dazu sind aber Korrekturschnitte notwendig, die sich meist über mehrere Jahre erstrecken.

Bildung erwünschter Wurzelausläufer bei der Strauch-Rosskastanie.

Bildung von Wurzelausläufern beim Blutroten Hartriegel.

Vom Pflanzschnitt zum Verjüngungsschnitt

Von der Pflanzung bis zum Alter durchläuft eine Pflanze sehr unterschiedliche Entwicklungsstadien, die verschiedene Schnittmaßnahmen notwendig machen.

Pflanzschnitt

Ob und wie Sie Ihr Gehölz bei der Pflanzung schneiden müssen, hängt davon ab, welche Pflanzware Sie verwenden. Denn die Maßnahmen unterscheiden sich bei wurzelnackten, Container- und Ballenpflanzen.

Bei wurzelnackten Pflanzen

Man kann wurzelnackte Gehölze während der Ruheperiode im Herbst und Frühjahr pflanzen. Diese Pflanzen wurden in der Baumschule gerodet, wobei ein Teil der Feinwurzeln verloren gegangen ist. Damit die Wurzeln nach dem Pflanzen wieder genügend Feinwurzeln entwickeln, müssen die restlichen Wurzeln eingekürzt und verletzte Wurzeln bis in den gesunden Teil zurückgeschnitten werden. Gleichzeitig werden die oberirdischen Pflanzenteile stark eingekürzt. Kräftige Triebe schneidet man etwa um ein Drittel, schwächere etwa um die Hälfte zurück. Schwache, nach innen weisende sowie verkümmerte und kranke Triebe werden ganz entfernt. Der Pflanzschnitt bei Zier-Kirschen und Zier-Äpfeln erfolgt ähnlich wie der Pflanzschnitt der Obstbäume. Dabei werden die Seitentriebe bis auf eine Ebene zurückgeschnitten, der Mitteltrieb bleibt 20–30 cm länger. Durch diesen Schnitt wird die Verdunstung während des Austriebs im Frühjahr herabgesetzt und die Pflanzen können dadurch leichter anwachsen.

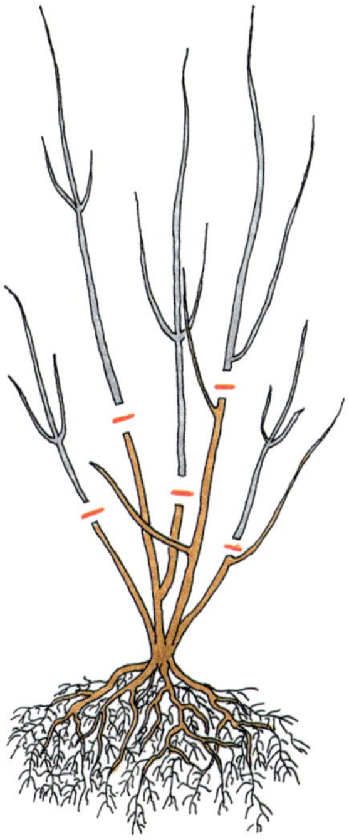

Beim Pflanzschnitt wurzelnackter Sträucher müssen die oberirdischen Pflanzenteile um ein bis zwei Drittel eingekürzt werden.

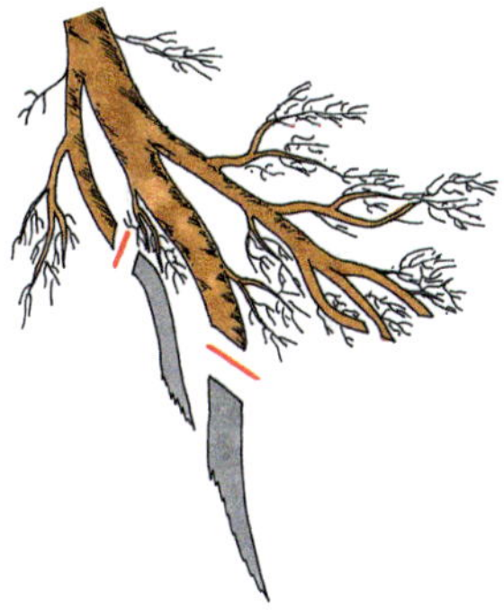

Beim Pflanzen wurzelnackter Gehölze müssen auch die Wurzeln entsprechend eingekürzt werden. Dabei sollten die Schnittstellen möglichst klein gehalten werden. Hier wurde falsch, da schräg geschnitten. Die Schnittflächen sind zu groß.

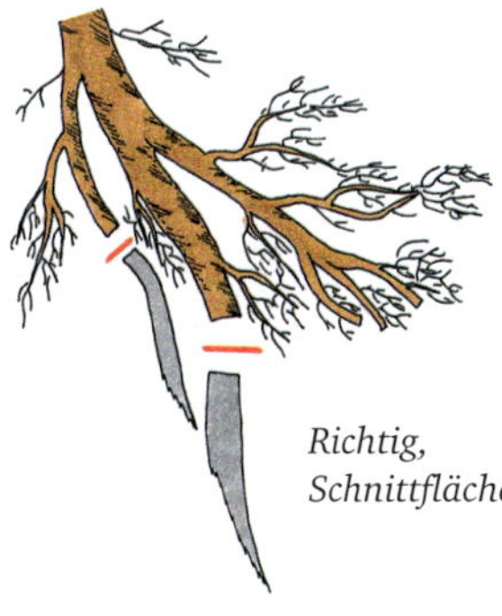

Richtig, Schnittflächen klein.

Pflanzschnitt bei wurzelnackten Sträuchern.

Bei Containerpflanzen

Gehölze, die im Container oder mit Topfballen kultiviert wurden, können das ganze Jahr hindurch gepflanzt werden. Allerdings sind die Sommermonate Juli und August weniger günstig, da der Wasserbedarf während dieser Zeit sehr hoch ist und Wassermangel zu Anwuchsschwierigkeiten führen kann. Beim Pflanzen von Containerpflanzen werden keine Wurzeln entfernt. Lockern Sie den Wurzelballen nur vorsichtig. Schwache und quer in den Strauch wachsende Triebe werden entfernt, die kräftigen Langtriebe bleiben unbeschnitten. In der Regel wachsen Containerpflanzen gut an.

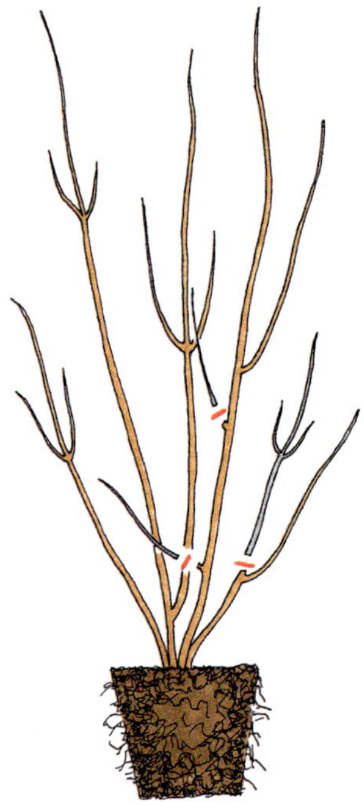

Bei Containerpflanzen ist kein Pflanzschnitt notwendig. Ein geringfügiges Auslichten ist aber anzuraten. Der Wurzelballen sollte gelockert werden.

Bei Ballenpflanzen

Bei Pflanzen, die mit einem Erdballen geliefert werden, erübrigt sich in der Regel der Pflanzschnitt. Bei Gehölzen wie Fächer-Ahorn, Zaubernuss und Magnolien würde jede größere Schnittmaßnahme den Habitus unweigerlich zerstören. Der Pflanzschnitt beschränkt sich hier auf das vorsichtige Auslichten und Entfernen abgetrockneter oder etwas zu dicht stehender Zweige. Bei Pflanzen, die nur aus wenigen dicken, starken Trieben aufgebaut sind, wie der Angelikabaum und der Essigbaum, sollte man so wenig wie möglich wegschneiden. Eventuell werden schwache oder schlecht entwickelte Seitentriebe zurückgeschnitten. Sind sie jedoch kaum verzweigt, so können Sie die Triebe ebenfalls einkürzen.

Erziehungs- und Aufbauschnitt

In den ersten ein bis zwei Jahren nach der Pflanzung wird das Astgerüst des Strauchs aufgebaut.

Pflanzschnitt bei Containerpflanzen am Beispiel des Ranunkelstrauchs: vor dem Schnitt.

Pflanzschnitt bei Containerpflanzen am Beispiel des Ranunkelstrauchs: nach dem Schnitt.

Vorbildlich durchgeführter Erziehungsschnitt bei einem Japanischen Schneeball.

Links: Bei zwei- bis dreijährigen Sträuchern, die als wurzelnackte Pflanzen verkauft werden, ist ein Pflanzschnitt notwendig. Die Abbildung zeigt einen etwa dreijährigen Strauch des Gelbholzigen Hartriegels vor dem Pflanzschnitt.
Rechts: Derselbe Hartriegel nach dem Pflanzschnitt.

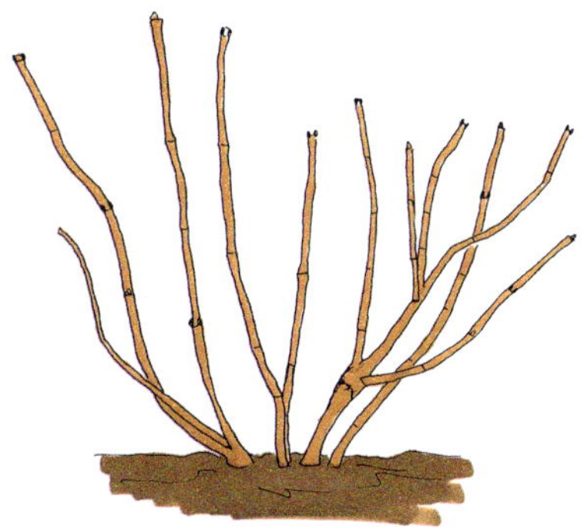

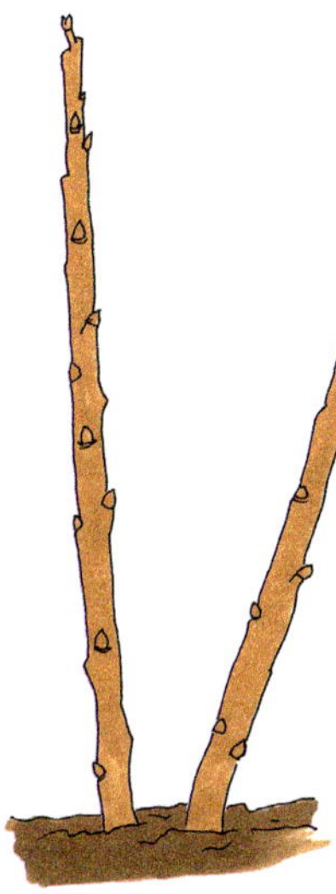

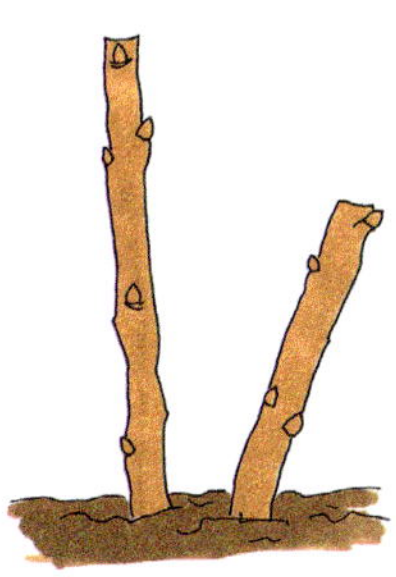

Oben: Bei dicktriebigen Gehölzen wie dem Angelikabaum ist ein vorsichtiger Pflanzschnitt ebenfalls empfehlenswert, hier: vor dem Pflanzschnitt.
Unten: Nach durchgeführtem Pflanzschnitt.

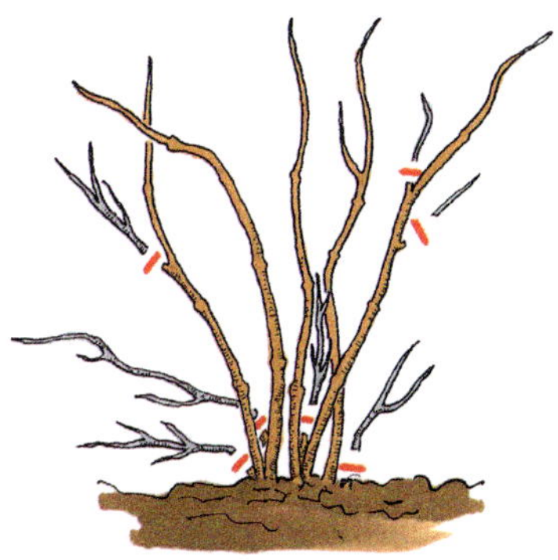

Erziehungsschnitt am Beispiel der Deutzie: Beim Pflanzschnitt werden die schwachen, überzähligen und zu dicht stehenden Triebe entfernt und zu lange Triebe eingekürzt.

Im Folgejahr werden wieder die schwachen, bodennahen Triebe sowie die bereits vergreisten, ältesten Triebe entfernt und unverzweigte Triebe eingekürzt.

Schneiden Sie schwache und ins Innere wachsende Triebe heraus und kürzen Sie die Triebspitzen ein, damit sich diese verzweigen. Bei kurzlebigen Sträuchern entfernt man bereits ab dem vierten Jahr einige der ältesten Triebe, die durch Jungtriebe aus dem Strauchinneren ersetzt werden. Bei den übrigen Sträuchern mit dauerhaftem Gerüst werden nur überzählige Bodentriebe entfernt und ein geringfügiger Korrekturschnitt durchgeführt, wenn die Pflanzen nicht regelmäßig aufgebaut sind. Bei langlebigen Gehölzen wie zum Beispiel Obstbäumen kann dieser Erziehungsschnitt mitunter bis zu zehn Jahre dauern.

Erhaltungs- und Pflegeschnitt

Hat die Pflanze das Adultstadium und somit die gewünschte Größe erreicht und blüht und fruchtet sie nun regelmäßig, so ist es an der Zeit, die Vitalität der Blüten- und Fruchtbildung zu bewahren, die mittlerweile optimale Struktur zu erhalten und gleichzeitig einer etwaigen Größenzunahme vorzubeugen. Nun werden abgeblühte und vergreisende Triebe entfernt und durch junge Triebe im Astbereich oder aus dem bodennahen Bereich ersetzt. Gehölze mit kurzlebigen Trieben werden dabei jährlich, solche mit langlebigem Astgerüst in mehrjährigem Turnus geschnitten beziehungsweise ausgelichtet. Dadurch wird der Alterungsprozess verzögert, da der Schnitt eine stetige Erneuerung der Pflanze anregt.

Im dritten Jahr haben sich im oberen Bereich bereits Blütenstände gebildet. Nun erfolgt der Übergang zum Erhaltungsschnitt. Die abgeblühten Triebe werden an Verzweigungen mit kräftigen Jungtrieben herausgeschnitten.

Links: Bartblume vor dem Erhaltungsschnitt.
Unten: Bartblume nach durchgeführtem Erhaltungsschnitt.

Ganz links: Forsythie vor dem Erhaltungsschnitt.
Links: Forsythie nach durchgeführtem Erhaltungsschnitt.

Verjüngungsschnitt

Wurde der Erhaltungs- und Pflegeschnitt längere Zeit nicht durchgeführt, dann altert das Gehölz artabhängig mehr oder weniger schnell. Dabei verzweigen sich die Triebe insbesondere im oberen Bereich und senken sich sukzessive nach unten. Durch das dichte Astwerk entsteht zunehmend ein Lichtmangel im Inneren der Pflanze, wodurch dieser Bereich stark verkahlt. Auch eine Erneuerung durch Bodentriebe bleibt dann aus und die Pflanze bildet nur noch spärlich Blütenknospen. Nun hilft nur noch ein Verjüngungsschnitt. Dieser wird erheblich stärker ausfallen als alle bisher genannten Schnittmaßnahmen; er revitalisiert das Gehölz. Dabei werden überalterte Triebe an der Basis entfernt und dicht verzweigtes Astwerk ausgedünnt. Im äußersten Fall werden die verbliebenen starken Triebe etwa 50–60 cm über dem Boden zurückgeschnitten. Bei einigen Arten wie dem Goldregen ist ein derartiger Verjüngungsschnitt jedoch nicht zielführend.

1.

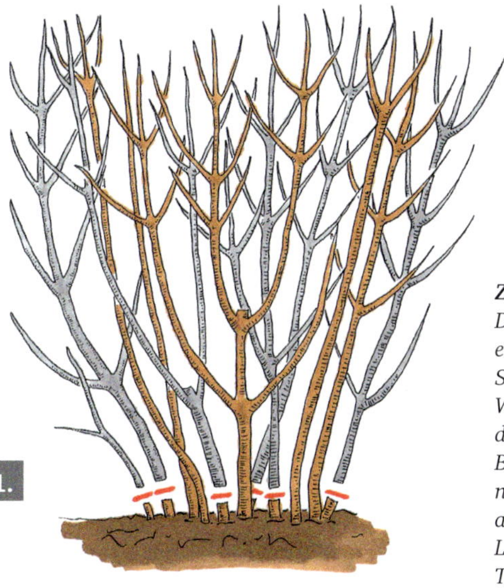

2.

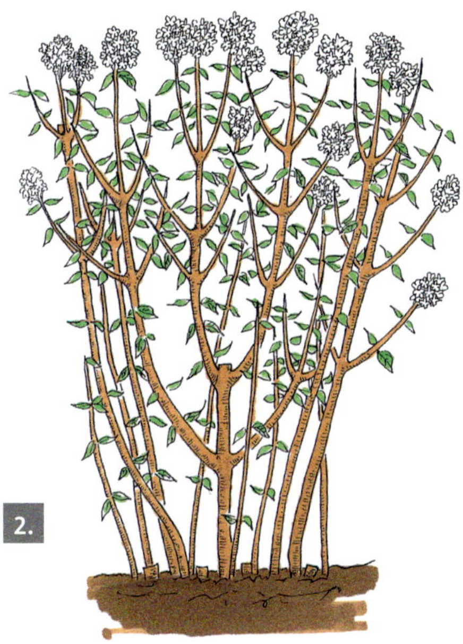

3.

Zeichnung 1: *Am Beispiel der Deutzie wird der Verjüngungsschnitt einer überalterten Pflanze vorgestellt. Schneiden Sie im Spätherbst oder Winter die Hälfte oder ein Drittel der ältesten, dicken und kaum mehr Blütenholz bildenden Triebe bodennah heraus. Entfernen Sie ebenfalls alle schwachen Triebe an der Basis. Lassen Sie die kräftigen jungen Triebe stehen.*
Zeichnung 2: *Im folgenden Jahr werden die restlichen Triebe blühen. An der Strauchbasis bilden sich neue Triebe. Nach der Blüte können Sie an den verbliebenen Trieben einen Erhaltungsschnitt durchführen, der jedoch nicht unbedingt erforderlich ist, da Sie den Verjüngungsschnitt ohnehin im Spätherbst fortsetzen müssen.*
Zeichnung 3: *Zwischen Spätherbst und Winterende wird nun der Verjüngungsschnitt vervollständigt. Entfernen Sie dazu die restlichen alten Triebe, die beim vorjährigen Schnitt belassen wurden. Nun sollte die Pflanze vorwiegend aus jungen Trieben aufgebaut sein und wieder reich blühen.*

Aufbauschnitt nach dem Verjüngen

Wurde der Verjüngungsschnitt nicht allzu extrem durchgeführt, so ist eine Regeneration über mehrere Jahre hinweg möglich. Dabei werden nach und nach alle alten Triebe entfernt und durch Neutriebe ersetzt. Nach einem radikalen Verjüngungsschnitt bilden sich an den verbliebenen Trieben meist sehr starke, dichte oder steil stehende Neutriebe. Diese müssen bis auf wenige Triebe, die das neue Astgerüst aufbauen sollen, ausgelichtet werden. Unter Umständen (abhängig von der Gehölzart) wird man einige der verbliebenen Triebe entspitzen, damit sie sich wieder verzweigen. Haben sich neue Bodentriebe gebildet, dann belassen Sie diese, wenn sie genügend Abstand zu den vorhanden alten aufweisen und sich entsprechend entwickeln können. Sollten die überalterten Triebe keine Neutriebe mehr bilden, so werden diese ganz entfernt

Bodnant-Schneeball vor dem Verjüngungsschnitt.

Bodnant-Schneeball nach durchgeführtem Verjüngungsschnitt.

1.

2.

Zeichnung 1: *Verjüngungsschnitt und folgender Aufbauschnitt am Beispiel des Flieders: Stark überalterte Sträucher vertragen einen drastischen Verjüngungsschnitt. Dazu werden alle Haupttriebe etwa bis auf 60 cm über dem Boden eingekürzt, schwache Triebe werden entfernt.*
Zeichnung 2: *Im Spätsommer oder Herbst des Folgejahrs lassen Sie pro Haupttrieb nur zwei bis drei der kräftigsten, am besten platzierten Triebe stehen. Die restlichen werden entfernt.*

Auslichtungsschnitt als Aufbauschnitt nach dem Verjüngen eines Fliederstrauchs.

und die Pflanze komplett durch Jungtriebe neu aufgebaut. Dies kann aber nur über einen längeren Zeitraum, also über mehrere Jahre hinweg erfolgen.

Schnittmethoden und ihre Auswirkungen

Es gibt verschiedene Methoden, Sträucher zu schneiden. Jede Methode führt zu einem anderen Ergebnis, oder umgekehrt betrachtet: Mit einem gezielten Schnitt können Sie dessen Auswirkungen genau steuern. Allgemein gilt: Je zeitiger im Frühjahr und je mehr Sie schneiden, umso kräftiger wird der Neuaustrieb ausfallen. Allerdings beeinflussen besondere Eigenheiten der Gehölzart und die Art des Schnitts das Ergebnis beträchtlich. Dies soll im Folgenden erläutert werden.

Einkürzen

Oft werden fälschlicherweise vor allem die vor- oder letztjährigen Triebe im oberen Bereich und an den Seiten der Sträucher bis auf wenige Knospen eingekürzt. Bei vielen Ziergehölzen, aber auch bei einigen Obstarten sind es jedoch vor allem diese Triebe, an denen die Blüten gebildet werden. Mit dem Einkürzen werden daher in vielen Fällen alle Blütentriebe entfernt, so dass die Pflanzen dann gar nicht beziehungsweise nur mehr geringfügig blühen. Mit diesem Schnitt erfolgt auch keine Verjüngung, da die alten Triebe unbeschnitten bleiben.
Die eingekürzten Triebe werden zu einem starken Wachstum angeregt. Der an sich vorhandene hohe Saftdruck, der eigentlich den Haupttrieb, also die Triebspitze, zu einem starken Wachstum befähigt, verteilt sich nun auf mehrere Knospen am Ende des abgeschnittenen Triebs. Dadurch kommt es zu einem kräftigen Austrieb nicht nur einer Knospe, sondern von mehreren, die sich zu etwa gleich starken Trieben entwickeln. Das Ergebnis ist ein nicht erwünschter besenartiger Wuchs. Führt man diesen Schnitt über mehrere Jahre hinweg durch, dann entwickelt die Pflanze im äußeren Bereich einen dicht verzweigten Saum. Die Bereiche darunter beginnen jedoch rasch zu verkahlen. An der Basis werden die Triebe immer dicker und wirken steif und unschön.
Einjährige Triebe werden nur bei der Pflanzung von Gehölzen sowie beim Aufbau der Gerüstäste bei der Erziehung von Obstbäumen eingekürzt. Vorjährige Triebe werden in der Regel nicht eingekürzt, sondern gar nicht geschnitten oder ganz entfernt.
Das Einkürzen zählt nur in wenigen Fällen zu den regulären Schnittmaßnahmen. Bei Sommerblühern wie Bartblume und Sommerflieder, die am diesjährigen Trieb blühen, ist es der notwendige Erhaltungsschnitt, der im Frühjahr vor den Austrieb durchzuführen ist. Auch beim Mandelbäumchen, der Zwerg-Mandel oder der Drüsen-Kirsche wird diese Schnittmethode grundsätzlich angewendet. Jedoch erfolgt der Schnitt hier erst nach der Blüte im Frühjahr, da

Ganz links: Einkürzen der Triebspitzen als falsche Schnittmaßnahme bei Obstbäumen. Links: Einkürzen der Triebspitzen als falsche Schnittmaßnahme beim Flieder.

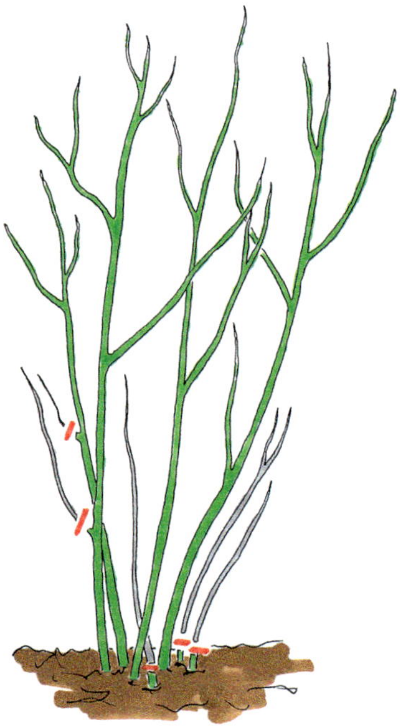

Nur die schwachen Triebe werden beim Auslichten einer jungen Kerrie bodennah entfernt.

diese Ziersträucher am vorjährigen Trieb blühen.
Im weiteren Sinne sind auch der Heckenschnitt sowie der Schnitt an Formgehölzen als Einkürzen zu bezeichnen. Hier wird der Schnitt sogar zwei- bis dreimal pro Vegetationsperiode mit der Heckenschere durchgeführt. In diesen Fällen ist ein dichtes Blattwerk im äußeren Saumbereich der Pflanzen erwünscht und die Blütenbildung ohne Bedeutung.

Auslichten

Beim Auslichten werden im Gegensatz zum Einkürzen ganze Triebe, manchmal auch der Haupttrieb, der sich aus ein- bis vierjährigen Trieben zusammensetzt, knapp oberhalb einer Verzweigungsstelle entfernt. Dadurch wird nicht nur die Größe des Gehölzes verringert, sondern ein tiefer liegender Seitenast übernimmt nun die Funktion des entfernten Triebs. Dieser Schnitt wird deshalb auch gelegentlich als Umlenken bezeichnet. Auf lange Sicht gesehen führt dies zu einer stetigen Verjüngung des Strauchs aus dem Inneren heraus. Durch das Herausschneiden älterer Äste oder Teile davon verteilt sich nun der Saftdruck auf die verbliebenen Triebe, die ihrerseits mit einem verstärkten, durch den Schnitt aber gelenkten Austrieb reagieren. Es entstehen weniger Neutriebe als beim Einkürzen. Diese sind dafür jedoch wüchsiger, verzweigen sich und sind außerdem in der Lage, auch noch rechtzeitig Blütenknospen für das folgende Jahr anzulegen. Die Verjüngung findet nicht nur im Saumbereich beziehungsweise in Inneren des Gehölzes statt.

Ein starker Rückschnitt ist bei der Drüsen-Kirsche (Prunus glandulosa 'Alboplena') unmittelbar nach der Blüte notwendig.

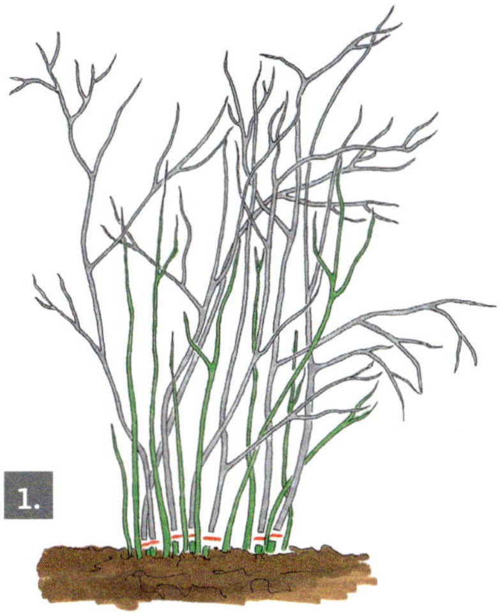

1.

Auslichten nach der Blüte beim Pfeifenstrauch.

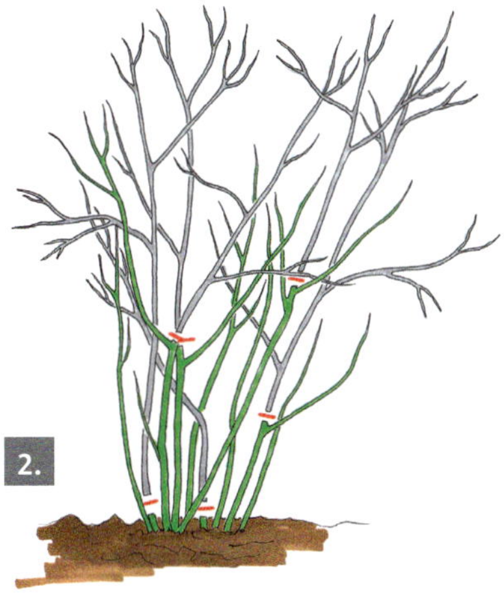

2.

Zeichnung 1: *Beim Erhaltungsschnitt wird die Kerrie ebenfalls ausgelichtet, indem die alten, abgetragenen dreijährigen Triebe an der Basis entfernt werden. Die zweijährigen bleiben ungeschnitten.*
Zeichnung 2: *Alternative Schnittmöglichkeit bei der Kerrie: Schneiden Sie nur die bereits an der Basis braunen Triebe knapp über dem Boden heraus. Ein Teil der dreijährigen Triebe hat unterhalb der Blütenstände einen oder zwei kräftige Seitentriebe gebildet. Schneiden Sie die abgeblühten Triebe bis zu diesen Verzweigungen heraus. Nach einem weiteren Jahr müssen diese Triebe dann unbedingt bodennah entfernt werden.*
Zeichnung 3: *Entfernen Sie bei einer gut entwickelten Felsenbirne im Zuge des Auslichtungsschnitts drei bis fünf der ältesten Triebe an der Basis oder bei kräftig entwickelten Seitentrieben, so dass das Strauchinnere wieder gut belichtet wird.*
Zeichnung 4: *Dieselbe Pflanze nach durchgeführtem Auslichtungsschnitt.*

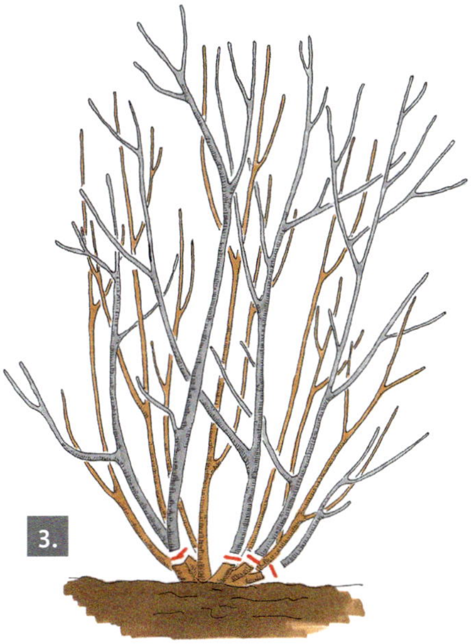

3.

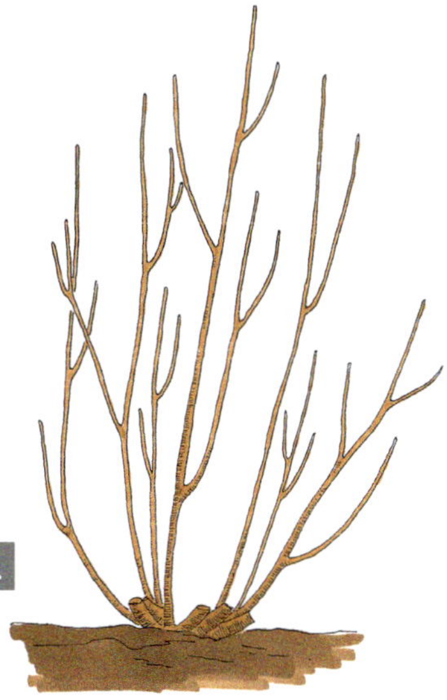

4.

Bei Sträuchern, die sich von der Basis aus gut regenerieren (zum Beispiel Forsythien) werden nun einzelne Triebe an der Basis entfernt und durch die bereits vorhandenen jungen Neutriebe ersetzt.

Das Auslichten ist die fachgerechte Schnittmethode bei der Durchführung des Erhaltungsschnitts. Dabei wird der Habitus erhalten und obwohl oft sehr viele Triebe herausgeschnitten werden, nimmt man dies kaum wahr. Das Gehölz sieht lediglich wesentlich lockerer aus. Das angestrebte Ziel, ein Gleichgewicht zwischen Zuwachs und Blühwilligkeit zu erzielen, wird mit dem Auslichten optimal erreicht.

Schnittfehler und ihre Korrektur

Ein häufiger Fehler beim Gehölzschnitt ist das Einkürzen, wenn dies bei Sträuchern unabhängig von Art und Sorte durchgeführt wird. Der dadurch resultierende Besenwuchs sieht nicht nur unschön aus. Die Pflanzen blühen in der Regel auch kaum und verkahlen stark an der Basis.
Das Korrigieren derart geschnittener Sträucher ist zwar möglich, dazu sind aber mehrere Schritte nötig, die mehrere Jahre in Anspruch nehmen. Ist der Strauch noch durch mehrere dicke Triebe aufgebaut, entfernen Sie zuerst einen oder zwei der am stärksten vergreisten Triebe. Schneiden Sie gleichzeitig jeweils ein Viertel bis ein Drittel der verbliebenen besenartig entwickelten Triebe bei tiefer liegenden Verzweigungen heraus. Die übrigen Triebe mit besenartigem Wuchs an den Triebspitzen kürzen Sie nicht ein. Entfernen Sie von den dichtstehenden vorjährigen Trieben alle bis auf einen oder zwei an ihren Entstehungsstellen und kürzen Sie die verbleibenden nicht. Lassen Sie auch die jungen Triebe, die sich aus der Strauchbasis entwickeln, ungekürzt stehen. Sie dienen in den nächsten Jahren zur Unterstützung oder zum neuen Aufbau des Strauchs. Geht man so in den folgenden drei bis vier Jahren vor und ersetzt sukzessive die alten Äste durch junge, dann erhält der Strauch wieder seine typische, natürliche Wuchsform.
Weitere Fehler, die Gartenbesitzer oft machen, sind das Zurückschneiden der Sträucher mit einer Heckenschere und das gerade Abschneiden der Pflanzen wie bei einer Hecke, um sie niedrig zu halten. Mit diesem Schnitt wird jedoch der gegenteilige Effekt erzielt, da dadurch der Habitus völlig zerstört sowie die Bildung von Blütentrieben verhindert wird. Gleichzeitig reagieren die Sträucher mit einem noch stärkeren Austrieb. Einige Arten wie der Goldregen vertragen diesen Schnitt überhaupt nicht und sterben ab.
Der radikale Rückschnitt der Pflanzen bis knapp über dem Boden ist ein weiterer häufiger Fehler. Dies geschieht entweder, weil die Pflanzen nie geschnitten wurden, deshalb überaltert sind und nun verjüngt werden sollen. Oder die Pflanzen sind einfach zu groß geworden. Bei diesem Rückschnitt werden alle Triebe

1.

2.

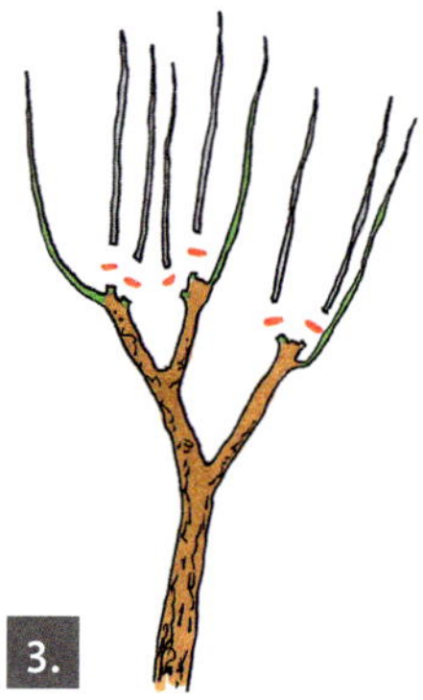

3.

Zeichnung 1: *Werden immer wieder nur die Triebspitzen eingekürzt, entwickelt sich der Strauch besenartig. Das Einkürzen, wie hier gezeigt, ist deshalb eine falsche Schnittmaßnahme.*
Zeichnung 2: *Um bei einem besenartig wachsenden Strauch wieder einen akzeptablen Habitus zu erhalten, muss dieser über einen Zeitraum von zwei bis drei Jahren erneuert werden. Entfernen Sie einige ältere Triebe an einer tiefer liegenden Verzweigung, damit wieder Licht in die Strauchmitte gelangt.*
Zeichnung 3: *Entfernen Sie dann alle besenartig gewachsenen einjährigen Trieben bis auf einige kräftige, gut platzierte.*

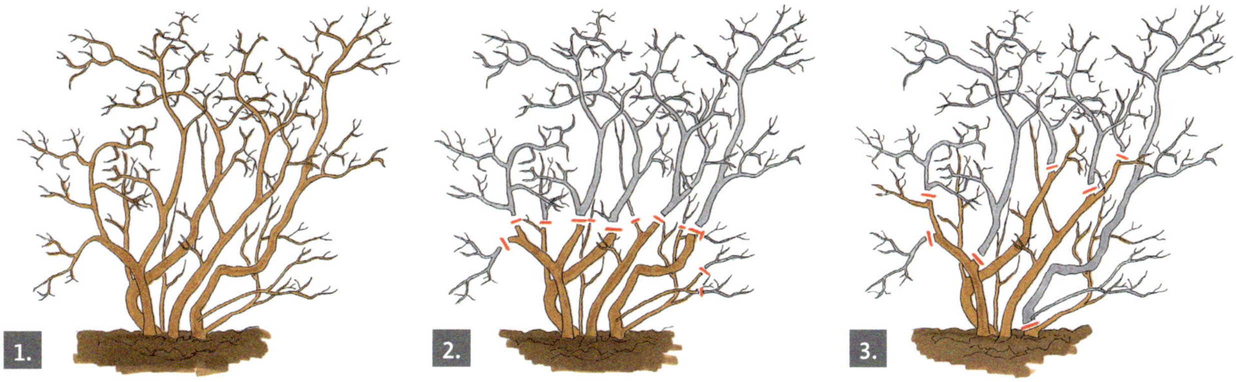

Zeichnung 1: *So sieht ein vernachlässigter Strauch aus, wie er oft in Gärten anzutreffen ist.*
Zeichnung 2: *Aus Unkenntnis wird ein derartig vernachlässigter Strauch oft gerade wie eine Hecke abgeschnitten oder radikal bis auf den Boden zurückgeschnitten. Beides ist falsch.*
Zeichnung 3: *Mögliche Alternative zum radikalen Rückschnitt: Kürzen Sie möglichst die alten Triebe bei tiefer liegenden Verzweigungen so ein, dass der Habitus des Strauchs einigermaßen erhalten bleibt oder sich aus den gekürzten Trieben wieder leicht aufbauen lässt. Kürzen Sie an den verbliebenen Trieben alle langen Seitentriebe auf kurzes, möglichst junges Seitenholz ein. Lassen Sie die jungen Triebe an der Strauchbasis ungeschnitten, sie werden in einigen Jahren den Strauch neu aufbauen.*

auf 20–50 cm über dem Boden zurückgeschnitten, die jungen Triebe, sofern vorhanden, meist ganz entfernt. Abgesehen davon, dass manche Pflanzen diese Rosskur überhaupt nicht vertragen, verursacht eine solche Behandlung den Gehölzen großen Stress. Die Pflanzen müssen nun unterhalb der Schnittstelle die schlafenden Augen aktivieren. Der dann folgende junge Austrieb aus den dicken, alten Triebstücken gerät wegen des hohen Saftdrucks ziemlich unter Stress. Mitunter brechen diese Triebe sogar bei Wind aus. Weiterhin kommt es nur zu einer mangelhaften Verjüngung, da die jungen Triebe wieder aus den überalterten, zurückgeschnittenen Trieben austreiben, das Altholz also an der Basis bestehen bleibt.
Ein Korrekturschnitt so geschnittener Gehölzen ist kaum möglich. Die Alternative zum oben dargestellten unsachgemäßen Schnitt ist ein fachgerechter Verjüngungsschnitt. Bei dieser Gelegenheit können die Gehölze gleichzeitig beträchtlich verkleinert werden. Dazu werden die ältesten zwei bis drei Äste bodennah entfernt. Die jungen, an der Strauchbasis gebildeten Triebe bleiben weitgehend unbeschnitten. Die übrigen verbliebenen alten Triebe werden auf eine darunter befindliche Verzweigung eingekürzt, wobei nach Möglichkeit die jüngeren, nach außen gerichteten Triebe erhalten bleiben sollen. Diese Schritte werden in den folgenden zwei bis drei Jahren wiederholt, bis alle überalterten Triebe durch neue, kräftige Jungtriebe ersetzt sind. Auf diese Weise können die meisten Ziersträucher verjüngt und deren Größe reduziert werden. Ein radikaler Verjüngungsschnitt sollte nur in Ausnahmefällen durchgeführt werden und ist nur bei wenigen Gehölzen mit stark basitoner Verzweigung (zum Beispiel bei der Hasel) erfolgreich.

Bei diesem Ahorn wurde die Krone falsch eingekürzt, so dass besenartige Auswüchse entstanden sind.

Schnittpraxis

Laubbäume schneiden

Ziergehölze werden in Bäume und Sträucher eingeteilt. Sträucher sind von der Basis an verzweigte, vieltriebige Pflanzen, die ihr Höhenwachstum bald einstellen. Sie werden auch nicht sehr alt. Bäume hingegen besitzen einen Stamm und eine ausgeprägte Krone, können in unseren Breiten etwa 25–40 m hoch, selten sogar höher werden und dabei ein Alter von 100–200, in Ausnahmefällen sogar bis 1000 Jahren erreichen.
Im Garten stellen Bäume das Gerüst dar. Sie bilden Räume, bieten Schutz und dienen als strukturierendes Element für die übrigen Pflanzen. Große oder großkronige Bäume bleiben vorwiegend Parkanlagen und parkähnlichen Gärten vorbehalten, im Hausgarten wird man sich mit kleineren Baumarten begnügen. Deshalb wird bei den hier beschriebenen Schnittmaßnahmen auch auf diese Arten ein besonderes Augenmerk gelegt.
Bäume entfalten ihre volle Schönheit erst mit zunehmendem Alter. Bringt man ihnen bereits in der Jugend die gebührende Sorgfalt entgegen, sind später kaum Schnittmaßnahmen erforderlich. Wichtig sind vor allem die richtige Artenwahl für den gewünschten Standort, qualitativ gute Jungpflanzen und ein entsprechender Erziehungsschnitt in den ersten Standjahren.

Auswahl der Baumart

Bäume benötigen etwa 10–15 Jahre, bis sie ihre typische Wuchsform entwickeln, sie wachsen dann aber ihrer Art entsprechend natürlich weiter. Machen Sie sich deshalb schon beim Kauf des Baums Gedanken, wie groß dieser in 20–30 Jahren sein wird. Damit ersparen Sie sich später nicht nur teure Schnittmaßnahmen. Ein Baum, der ausschließlich aus Platzgründen geschnitten werden muss, verliert meist seine schöne charakteristische Wuchsform und wird auch auf Jahrzehnte hinaus ein Problem darstellen. Dies gilt insbesondere für Nadelbäume, die im

Wuchsformen bei Bäumen.

Kugelbaum.

Säulenförmiger Habitus (Fastigiata-Form).

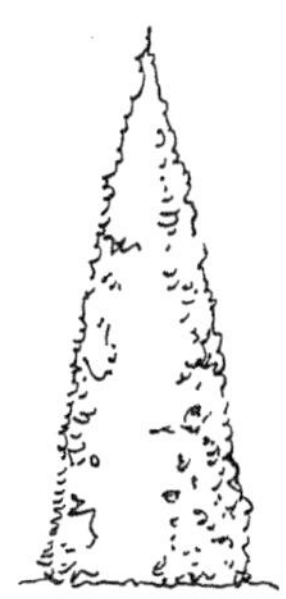

Kegelförmiger Wuchs.

Hängeform (Pendula-Form).

Natürlich entwickelte lockere Kronenform.

Alter sehr groß werden können, einen Schnitt aber nur schlecht bis gar nicht vertragen. Wählen Sie deshalb langsamwüchsige, kleiner bleibende Arten aus. Bäume können sehr unterschiedliche Wuchsformen haben. Wählen Sie die zu Ihrem Standort passende Wuchsform aus. Das kann einmal eine schmale Säulenform sein, ein anderes Mal wird ein Stammbusch oder ein Hochstamm mit Hohlkrone Ihren Vorstellungen entsprechen und den Standortbedingungen besser gerecht werden.

Jungpflanzenqualität

Die Qualität der jungen Pflanzen sowie der Erziehungsschnitt sind Aspekte, die für die spätere Entwicklung der Bäume von grundlegender Bedeutung sind. Meist werden ohnehin fertige Jungbäume aus der Baumschule gepflanzt. Diese haben einen entsprechenden Erziehungsschnitt schon hinter sich und sind optimal aufgebaut. Bei drei bis vier Jahre alten Bäumen kann ein Missverhältnis zwischen Wurzelwerk und oberirdischem Wuchs auftreten. Dies kann passieren, wenn die Pflanzen nicht rechtzeitig umgetopft wurden und sich im Container Ringwurzeln bilden oder die Wurzeln aus dem Topf herauswachsen. Möglicherweise ist der Stamm nicht gerade gewachsen, weil er nicht aufgebunden wurde, oder es haben sich Konkurrenztriebe zum Leittrieb gebildet, die nicht rechtzeitig entfernt wurden. Verzichten Sie besser auf solche Jungpflanzen. Achten Sie beim Transport von wurzelnackten Bäumen unbedingt darauf, dass die Wurzeln nicht austrocknen. Das Ausgraben und Verpflanzen stellt für die Pflanzen ohnehin einen Schock dar. Trocknen dann noch die Wurzeln aus, kann das dazu führen, dass die frisch gepflanzten Bäume absterben, bevor sie Gelegenheit hatten, neue Wurzeln zu bilden und anzuwachsen.

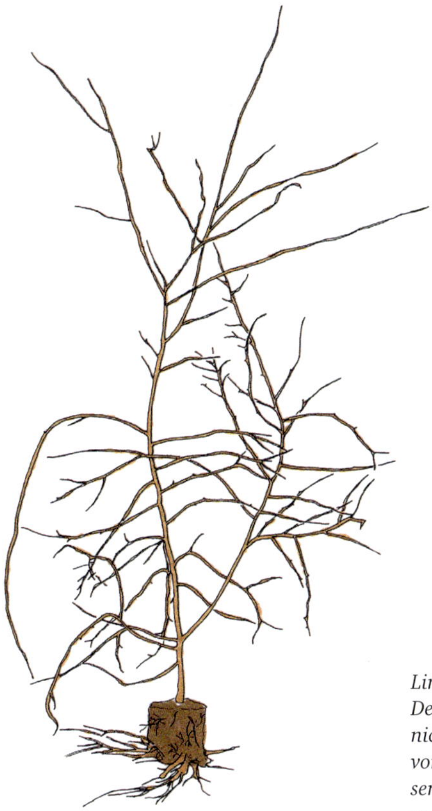

Links: Schlecht entwickelter Jungbaum: Der Leittrieb ist schwach entwickelt und nicht ausgeprägt. Es sind Konkurrenztriebe vorhanden. Der Stamm ist schief gewachsen, da der Baum ohne Stütze herangezogen wurde. Die Wurzeln sind aus dem Topf herausgewachsen, da dieser im Verhältnis zu klein ist.
Oben: Gut entwickelte junge Pflanze mit geradem Leittrieb, gut verteilten Seitentrieben, astfreiem Stamm und gesundem Wurzelballen. Das Verhältnis zwischen Wurzelmasse und oberirdischen Pflanzenteilen ist ausgewogen.

Schnitt am jungen Gehölz

Wurzelnackte junge Bäume benötigen einen Pflanzschnitt. Dabei werden sowohl die Wurzeln leicht eingekürzt als auch vertrocknete und verletzte Teile entfernt. Die oberirdischen Pflanzenteile müssen ebenfalls eingekürzt werden, da ein Teil der Wurzelmasse beim Roden verloren gegangen ist. Der Leittrieb wird geringfügig auf eine kräftig entwickelte Knospe, die Seitentriebe, die später das Astgerüst bilden, werden etwa um die Hälfte ihrer Länge eingekürzt. Zu schwache und zu steil stehende sowie konkurrierende Leittriebe werden entfernt. Ist der Leittrieb beschädigt oder gebrochen, wird ein Ersatztrieb als Leittrieb herabgezogen. Dieser muss gestäbt und aufgebunden werden. Dieser Schnitt wird auch bei jungen Containerpflanzen durchgeführt, bei denen allerdings der Wurzelschnitt entfällt. Generell benötigen frisch gepflanzte Bäume einen oder je nach Bindungsart auch zwei bis drei Baumpfähle, welche dem Jungbaum während der Anwuchsphase Halt geben. Das Anbinden muss so erfolgen, dass sich der Baum leicht bewegen kann und damit ein sicheres Einwurzeln bei gleichzeitig guter Verankerung im Boden ermöglicht wird.

Bei der Erziehung von Bäumen mit Leittrieb muss der Konkurrenztrieb entfernt werden.

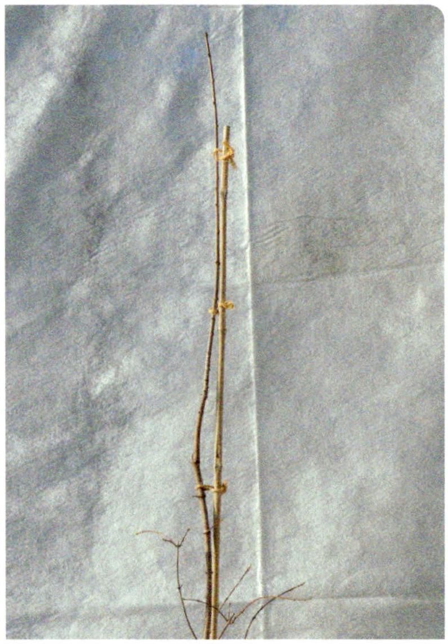

Derselbe Baum nach Feistellung des Leittriebs.

Erziehungsschnitt

Einige grundlegende Schnittmaßnahmen in den ersten zwei bis drei Jahren sind für alle Baumformen, egal ob Stammbusch, Halb- oder Hochstämme, gleich. Entfernen Sie zu steil stehende Seitenäste, da diese garantierte Sollbruchstellen für den erwachsenen Baum darstellen. Entfernen Sie ebenfalls alle schwachen, beschädigten oder kranken Triebe sowie zu dicht stehende, ungünstig platzierte und in die Krone hineinwachsende Äste. Seitentriebe, die mit dem Leittrieb in Konkurrenz treten könnten, müssen ebenfalls rechtzeitig entfernt werden. Schließlich sollte sich der Leittrieb immer ohne Konkurrenz von Seitentrieben entwickeln können.

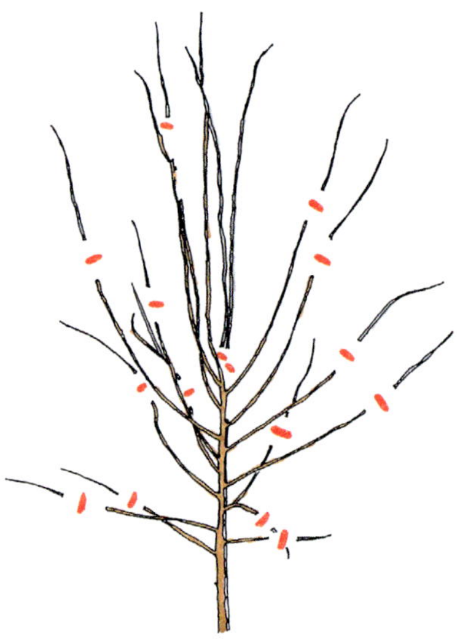

Korrekturschnitt an einer jungen Krone: Konkurrierende Leittriebe werden entfernt, die kräftigen Seitentriebe um ein Drittel oder die Hälfte eingekürzt und die schwachen Triebe entfernt.

Stammbüsche

Viele sommergrüne Baumarten entwickeln von Natur aus einen starken Haupt- oder Leittrieb, der in regelmäßigen Abschnitten – meist von Bodenhöhe an bis knapp unterhalb der Triebspitze verteilt – Seitenäste trägt. Beispiele hierfür sind Birke, Amberbaum und Tulpenbaum. Bei diesen Bäumen wird der Leittrieb bei der Pflanzung nicht eingekürzt, es sei denn, er ist beschädigt. Gelegentlich bilden sich bei Jungpflanzen dieser Arten kräftige Basistriebe, die im Spätherbst entfernt werden müssen. Soll sich aus ihnen ein mehrstämmiger verzweigter Baum entwickeln, dann lassen Sie diese Triebe stehen. Sehr steil aufgerichtete Äste im oberen Kronenbereich können zu Konkurrenten des Leittriebs heranwachsen und diese schwächen. Entfernen Sie diese deshalb. Manchmal bilden sich im Spitzenbereich des Haupttriebs Büschel kleiner Triebe. In so einem Fall wird sich kein kräftiger Leittrieb entwickeln, da diese Triebe dem Leittrieb zu viel Wuchskraft entziehen. Schneiden Sie dann am besten auf eine darunterliegende kräftige Knospe oder einen Seitentrieb unterhalb des Triebbüschels zurück. Erziehen Sie diesen Seitentrieb anschließend als Ersatzleittrieb, indem Sie ihn stäben und entsprechend aufbinden.
Die Seitentriebe müssen bei Stammbüschen nicht zurückgeschnitten werden. Kürzen oder entfernen Sie diese nur, wenn sie zu starkwüchsig sind und zu nahe am Leittrieb sitzen, da sie sonst mit diesem in Konkurrenz treten. Das Auslichten der Stammbüsche erfolgt im Spätherbst, wobei der artspezifisch

Papier-Birke als Stammbusch.

Zeichnung 1: Erziehung eines Stammbusches: Der frisch gepflanzte junge Baum wurde vorbildlich an einem kurzen Stützpfahl angebunden.
Zeichnung 2: Am Ende des ersten Jahrs werden nur die schlecht platzierten und beschädigten Seitentriebe entfernt.
Zeichnung 3: Überprüfen Sie im Frühjahr und Sommer des zweiten Jahrs laufend die Befestigung und locken Sie sie nötigenfalls.
Zeichnung 4: Im Spätherbst des zweiten Jahrs werden alle schwachen Seitentriebe an der Basis sowie krankes oder totes Holz entfernt.
Zeichnung 5: Entfernen Sie im dritten Frühjahr den Stützpfahl. Eventuell mit dem Leittrieb konkurrierende Triebe werden herausgeschnitten.
Zeichnung 6: Am Ende des dritten Jahrs werden alle schlecht platzierten und schwachen Triebe entfernt. Die Krone sollte nun eine ausgewogene Form aufweisen.
Zeichnung 7: Schneiden Sie in den folgenden Jahren wiederum im Spätherbst oder zeitigen Frühjahr die untersten Seitenäste bis zur gewünschten Höhe heraus.

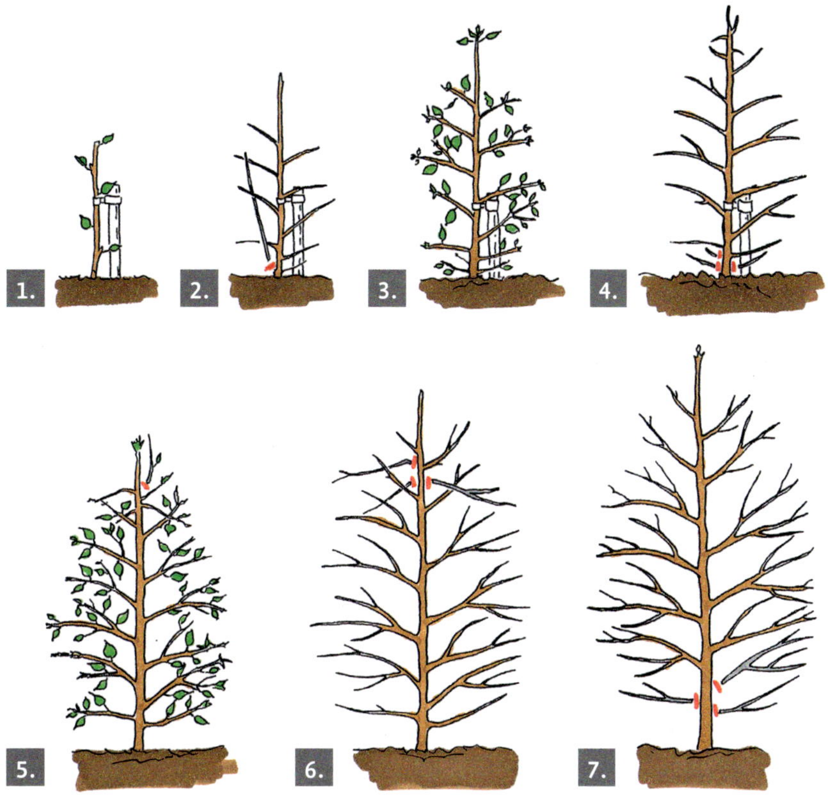

gewünschte Abstand zwischen den Ästen hergestellt wird. Entfernen Sie ab dem vierten Standjahr die untersten Seitenäste bis auf die Stammhöhe, die astfrei bleiben soll.

Hochstämme

Hochstämme werden gerne verwendet, da sie durch den geringeren Standraum auch in kleineren Gärten noch gut unterzubringen sind. Sie lassen mehr Bewegungsfreiheit als Stammbüsche zu und können außerdem mit blühenden krautigen Pflanzen und Sträuchern unterpflanzt werden.
Von Stammbüschen unterscheiden sich Hochstämme dadurch, dass sie einen astfreien Stamm von mindestens 180 cm Höhe aufweisen und die Krone mit einem durchgehenden Mitteltrieb zur Stammverlängerung ausgestattet ist. Bei Hochstämmen mit Hohlkrone bauen ab dieser Höhe mehrere gleichrangige Hauptäste die Krone auf, ein Mitteltrieb ist in diesem Fall nicht vorhanden. Viele Hochstämme entwickeln von Natur aus ihre typische Wuchsform, weil das untere Astwerk abstirbt, sobald es von den höheren Seitenzweigen zu sehr beschattet wird. Man kann diesen Vorgang unterstützen, indem man die unteren Seitenzweige am Stamm in mehreren Etappen entfernt.

Beim Hochstamm liegt der Kronenansatz in 180–200 cm Höhe.

Hochstamm mit Mittelleittrieb

Hier zielt die Formgebung darauf ab, den Stamm als durchgehenden Mittelleittrieb bis in die Krone hinauf zu fördern. Dies ist vor allem bei der Anzucht von Straßenbäumen unerlässlich, aber auch Bäume wie Ahorn, Eberesche oder Linde werden für die Verwendung im Garten als Hochstämme erzogen. Im ersten Jahr nach dem Auspflanzen entfernen Sie im oberen Drittel des Baums nur die beschädigten, abgestorbenen oder schlecht platzierten Triebe. Die Zweige im mittleren Teil des Baums kürzen Sie um die Hälfte, die Zweige im unteren Drittel entfernen Sie ganz. Schneiden Sie in den darauf folgenden zwei Jahren wieder im oberen Drittel nur kranke, beschädigte und ungünstig platzierte Triebe aus. Kürzen Sie die Zweige im mittleren Drittel um zwei Drittel ein und entfernen Sie die im Vorjahr eingekürzten Zweige ganz. Im vierten Jahr entfernen Sie nun alle Seitentriebe bis zu der von Ihnen gewünschten Stammhöhe und Sie schneiden auch die sich kreuzenden oder reibenden Triebe aus der Krone heraus.

Hochstamm mit Hohlkrone
Zier-Äpfel und Zier-Kirschen werden meist als Hochstämme mit Hohlkrone erzogen. Oft handelt es sich dabei auch um Kronenveredlungen, bei denen der Stamm von der Unterlage und die Krone von der Edelsorte gebildet werden. Gehen Sie in den ersten zwei bis drei Jahren wie beim Hochstamm mit Mittelleittrieb vor. Beim Winterschnitt etwa im dritten oder vierten Jahr entfernen Sie dann den Leittrieb oberhalb von drei bis fünf Seitentrieben, die später einmal die Krone aufbauen sollen. Kürzen Sie die in der oberen Hälfte des später astfrei bleibenden Stamms befindlichen Seitenzweige auf 10–15 cm Länge ein und lassen Sie diese für ein weiteres Jahr stehen. Sie dienen der Stammverstärkung. Den Neuaustrieb im unteren Stammbereich entfernen Sie ganz. Schneiden Sie im nächsten Winter die im Vorjahr eingekürzten Triebe ebenso wie den Neuaustrieb im unteren Stammbereich weg. Nach oben

Grannen-Kirsche 'Kanzan' als Hochstamm mit Hohlkrone.

Hochstämme von Zier-Kirschen im Baumschulquartier.

strebende Leitäste sowie stark wachsende Äste, die das Erscheinungsbild beeinträchtigen, entfernen Sie ebenfalls oder kürzen diese auf nach außen wachsende Knospen ein.

Hochstamm mit Hängekrone

Man unterscheidet zwei Formen von Hochstämmen mit hängender Krone. Die natürlich wachsenden Hängeformen, zum Beispiel Trauer-Weide oder Hänge-Birke, bilden zunächst von alleine oder mit Hilfe eines Stützpfahls einen senkrecht nach oben strebenden Leittrieb aus. Später verzweigen sie sich bogenförmig. Diese Triebe hängen herab oder wachsen direkt zu Boden. Den weiterhin aufrecht wachsenden Haupttrieb dürfen Sie auf keinen Fall abschneiden, da dieser als Stammverlängerung dient. Dadurch wachsen die Bäume noch weiter in die Höhe, die weiter

1.

2.

3.

4.

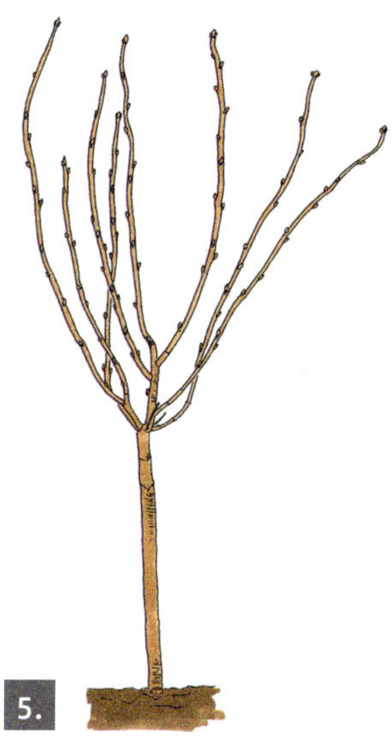

5.

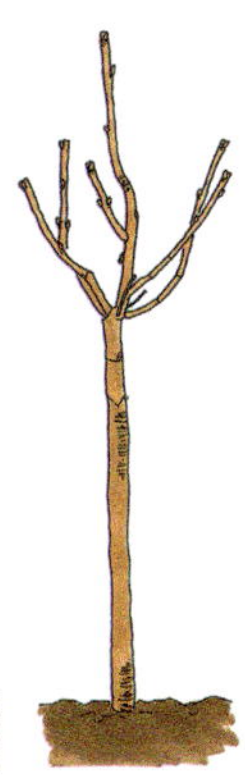

6.

Zeichnung 1: *Pflanzschnitt bei Hochstamm mit Hohlkrone: Der Mittel- oder Leittrieb wird 30–50 cm über den obersten Seitenästen eingekürzt.*
Zeichnung 2: *Aufbauschnitt: Durch den Rückschnitt des Leittriebs entwickelt sich nun die Hohlkrone ohne weitere Schnittmaßnahmen.*
Zeichnung 3: *Nach dem vierten Standjahr ist die Krone gut, aber etwas zu dicht entwickelt. Lichten Sie diese nun aus, indem Sie alle kräftigen, aufrecht wachsenden Triebe entfernen und zu dicht stehende Zweige herausschneiden. Die Krone soll nun aus drei bis fünf kräftigen Gerüsttrieben mit guter Verzweigung aufgebaut sein.*
Zeichnung 4: *In den Folgejahren schneiden Sie zu dicht stehende Triebe aus der Krone heraus. Entfernen Sie alle Triebe, die sich am Stamm entwickelt haben.*
Zeichnung 5: *Die Krone dieser Hochstammveredlung der Grannen-Kirsche muss beim Pflanzen stark zurückgeschnitten werden.*
Zeichnung 6: *Derselbe Baum nach dem Pflanzschnitt. Die Seitentriebe wurden auf eine Ebene zurückgeschnitten, der Mitteltrieb bleibt etwa um 30 cm länger. Erst durch diesen Schnitt wird der Baum gut anwachsen und sich gut entwickeln.*

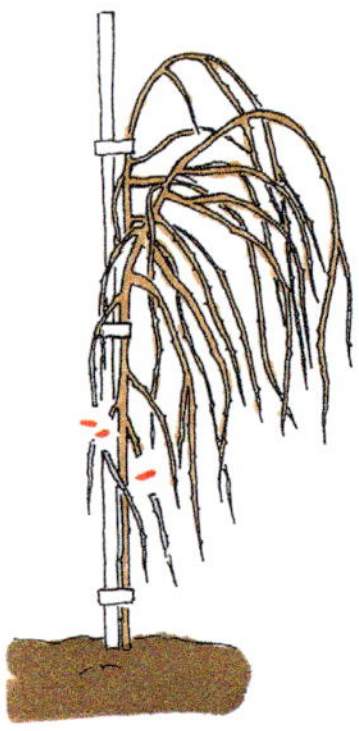

Erziehung einer Hängeform am Beispiel Birke: Der Leittrieb muss regelmäßig an einem Pfahl aufgebunden werden, solange er noch biegsam ist. Die unteren Äste am Stamm werden entfernt.

Ist der Baumpfahl zu kurz, muss eine Verlängerung angebracht und der Leittrieb weiterhin aufgebunden werden. Die Triebe im unteren Stammbereich werden nun sukzessive entfernt, bis die gewünschte astfreie Stammhöhe erreicht ist.

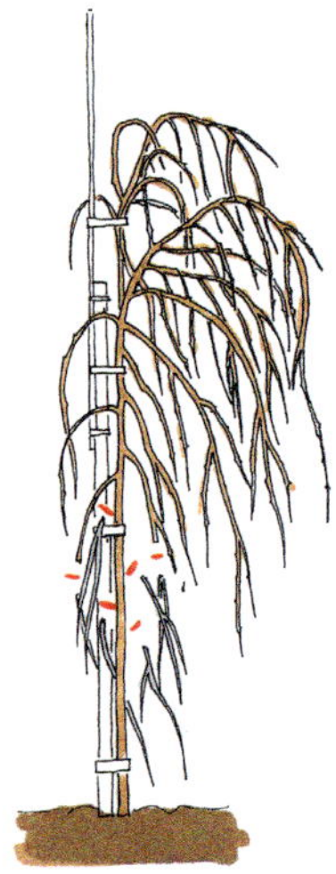

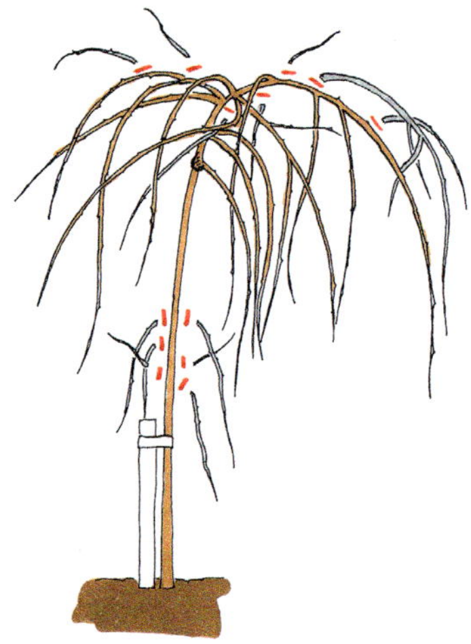

Bei dieser Hochstammveredlung einer Hängeform darf der Baumpfahl nicht in die Krone hineinreichen. Entfernen Sie nur die kräftigen, nach oben wachsenden Triebe. Auch die am Stamm entwickelten Triebe müssen entfernt werden, da diese bei Hochstammveredlungen immer von der Unterlage stammen.

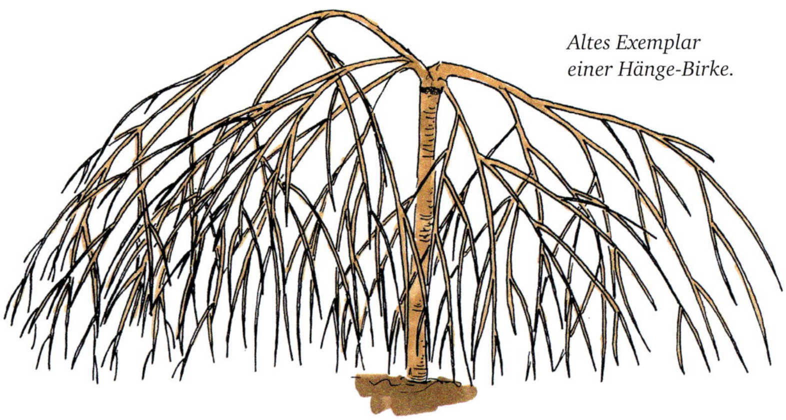

Altes Exemplar einer Hänge-Birke.

Hängeform einer Zier-Kirsche auf Stamm veredelt.

oben entwickelten Triebe neigen sich wiederum bogenförmig nach unten, verzweigen sich und hängen schließlich kaskadenartig herab.

Die zweite Gruppe umfasst Hochstammveredlungen. Beispiele hierfür sind die Hängeform der Kätzchen-Weide und die Hänge-Esche. Bei diesen wird auf einen astfreien Stamm einer aufrecht wachsenden Art eine niederliegende oder überhängende Sorte in Kronenhöhe veredelt. Die Triebe der Edelsorte wachsen zunächst waagrecht in die Breite und dann überhängend zu Boden. Alle Triebe, die sich direkt am Stamm entwickeln, müssen sofort entfernt werden. Die in der Krone zu dicht stehenden Triebe kann man am besten durch Ausgeizen entfernen, solange sie noch unverholzt sind. Zu dicht stehende Triebe sterben mit der Zeit ab und sollten ebenfalls regelmäßig entfernt werden. Mit zunehmendem Alter des Baums wachsen die Triebe bis zum Boden. Kürzen Sie einzelne bei einem kräftig entwickelten Auge oder einem Seitentrieb ein.

Mehrstämmige Bäume

Es gibt einige Gehölzarten, die von Natur aus Wurzelschösslinge bilden oder sich sehr weit unten im Stammbereich verzweigen. Eine mehrstämmige Wuchsform kann man auch durch den starken Rückschnitt eines jungen Baums künstlich herbeiführen, allerdings sind nicht alle Baumarten für diese Methode geeignet. Veredelte Bäume kommen dafür überhaupt nicht in Frage. Um einen mehrstämmigen Wuchs zu erzielen, schneidet man einen zweijährigen Baum im Spätwinter etwa 10–15 cm über dem Boden glatt ab. Die an der Basis vorhandenen schlafenden Augen werden dadurch stimuliert und treiben aus. Wählen Sie im folgenden Winter nun drei bis vier möglichst gleiche, starkwüchsige Triebe aus und entfernen Sie die restlichen an der Basis. Entfernen Sie im dritten Jahr und den Folgejahren nach dem Rückschnitt die untersten Seitentriebe der verbliebenen Stämme und beseitigen Sie die neu austreibenden Schösslinge wieder an der Basis. Auf diese Weise erhalten Sie zum Beispiel bei Birken oder Schlangenhaut-Ahornen malerische mehrstämmige Bäume mit attraktiven Rindenbildern.

Links: Erziehung zur vielstämmigen Wuchsform: Schneiden Sie den Stamm eines etwa zweijährigen Jungbaums etwa 10–15 cm über dem Boden im Winter zurück.
Mitte: Wählen Sie ein Jahr später aus den neugebildeten Trieben drei oder vier möglichst gleiche, starkwüchsige Triebe aus und entfernen Sie die restlichen an der Basis.
Rechts: Für den Aufbau der Stämme entfernen Sie im dritten Jahr jeweils nur die untersten Seitentriebe. Neuausgetriebene Schösslinge schneiden Sie an der Basis ab.

Auch der Kuchenbaum ist meist in seiner malerischen, mehrstämmigen Form anzutreffen.

Dieser Taschentuchbaum ist ein außerordentlich attraktiver mehrstämmiger Baum.

Erhaltungsschnitt

Wurde bei Bäumen der Erziehungsschnitt ordnungsgemäß durchgeführt, so sind später am reifen, voll entwickelten Baum in der Regel keine größeren Schnittmaßnahmen mehr nötig. Allerdings ist eine regelmäßige Kontrolle und Pflege der Krone auch weiterhin von Vorteil. Der Hobbygärtner sollte allerdings nur jene Arbeiten selber ausführen, die er gefahrlos bewältigen kann. Schnittmaßnahmen, die hohe Leitern und motorbetriebene Baumsägen erfordern, sowie Schnittmaßnahmen in der Nähe von Stromleitungen und Baumfällungen sollten unbedingt dem Fachmann überlassen werden. Es gibt jedoch eine Reihe kleinerer Pflegearbeiten, die jeder Gartenbesitzer selbst erledigen kann.

Beim Entfernen von Ästen muss der Astring erhalten bleiben.

Sommergrüne Bäume schneidet man am besten während der Ruhezeit. Alternativ bietet sich die Zeit vom Spätsommer bis Frühherbst an, da zu diesem Zeitpunkt die Wunden besser verheilen und es zu keinem Neuaustrieb kommt. Bei Ahornen, Birken und großen Hainbuchen tritt ein starker Saftfluss auf, wenn man sie im Spätwinter oder zu Frühlingsbeginn schneidet. Da sich dieser Saftstrom nicht stoppen lässt und ein zu großer Saftverlust dem Baum schaden kann, schneidet man diese Arten besser im Sommer im belaubten Zustand oder im Spätherbst. Kirschen werden ebenfalls besser im Sommer geschnitten, da dadurch die Gefahr für Monilia-Infektionen wesentlich geringer ist. Schneiden Sie immergrüne Laubbäume möglichst spät im Frühling zu Beginn des Austriebs, damit der neue Austrieb nicht von Spätfrösten zerstört wird.

Anheben der Baumkrone

Beim Erziehungs- und Aufbauschnitt von Hochstämmen werden alle Seitenäste des Stamms bis auf eine Höhe von 180 cm entfernt. Ist dies jedoch unterblieben, dann sitzt die Krone des

Gute Vernarbung nach dem Abschneiden eines Asts bei dieser Eiche.

Beim Entfernen so großer Äste ist bei der Rot-Buche keine Verheilung oder Vernarbung möglich.

Baums zu tief, was später zu Problemen führen kann: Sie kann beispielsweise die Sicht im unteren Stammbereich versperren oder die tief ansetzende Krone wirft zu viel Schatten. Entfernt man die tiefer liegenden Äste erst jetzt, entstehen einerseits große Schnittwunden, die der Baum unter Umständen schlecht verkraftet. Andererseits nimmt man dem Baum damit auch einen wesentlichen Teil seiner Blattmasse. Ist im Zuge dieser Erziehung das Entfernen größerer Äste unumgänglich, so sollte dies schrittweise erfolgen. Dabei erfolgt der erste Schnitt etwa 30 cm vom Stamm entfernt, wobei der zu entfernende Ast auf der Unterseite etwa bis zu einem Drittel eingeschnitten wird. Etwa 2–3 cm weiter nach außen erfolgt dann der zweite Schnitt von oben. Durch diese Vorgehensweise wird verhindert, dass die Rinde beim Abtrennen des Astes reißt und größere Wunden verursacht. Schneiden Sie anschließend den verbliebenen Rest, wieder mit einem Unterschnitt beginnend, mit einem schrägen Schnitt entlang des Astrings ab. Dieser darf dabei nicht verletzt werden. Diese Schnittmaßnahmen können sowohl im Spätsommer als auch im Winter durchgeführt werden.

Oben: An der Basis von Lindenbäumen entwickeln sich oft zahlreiche Adventivsprosse. Unten: Bei dieser Grannen-Kirsche hat die Unterlage unterhalb der Veredlungsstelle bereits stark durchgetrieben.

Entfernen von Adventivsprossen, Wildtrieben und Wurzelausläufern

Nach größeren Schnittmaßnahmen am Stamm oder an starken Ästen sowie nach Verwundungen bilden sich oft zahlreiche Sprosse aus den Adventivknospen. Diese Triebe sind nur schwach mit dem Baum verbunden und sollten gründlich entfernt werden, solange sie belaubt sind. Dies kann bei Bedarf auch im Winter erfolgen. Können sich diese Adventivtriebe

zu großen Ästen weiterentwickeln, stellen sie für den Baum immer eine Gefahr dar, da sie auch bei geringeren Belastungen wie Wind- oder Schneedruck leicht ausbrechen. Besonders ältere Linden tendieren dazu, Adventivsprosse an der Basis zu bilden. Auch diese sollten regelmäßig entfernt werden.
Ist der Baum kronenveredelt, entwickeln sich häufig Wildtriebe im Wurzelbereich oder am Stamm unterhalb der Veredlungsstelle. Diese Wildtriebe schwächen den veredelten Baum und da sie in der Regel wesentlich starkwüchsiger sind, können sie so überhandnehmen, dass die veredelte Sorte mitunter verkümmert oder abstirbt. Entfernen Sie diese Wildtriebe daher gründlich an ihrer Entstehungsstelle. Wenn Sie diese nur abschneiden, bilden sich meist noch mehr Wildtriebe. Manche Arten wie Zitter-Pappel, Robinie oder Feld-Ulme neigen dazu, Wurzelschösslinge (Ausläufer) zu bilden. Pappeln treiben Schösslinge, wenn ihre Wurzeln verletzt werden. Diese Schösslinge stellen für den Baum kein Problem dar, wohl aber für den Gartenbesitzer, da sie sehr lästig werden können. Entfernen Sie diese, wo sie austreiben, oder pflanzen Sie solche Arten mit Neigung zur Ausläuferbildung besser erst gar nicht.

Nach dem Entfernen größerer Äste am Stamm treiben oft sehr viele Adventivaugen an den Rändern der Stammwunde aus. Diese sollten während der Winterruhe sorgfältig entfernt werden.

Totholz und abgestorbene Triebe sollten entfernt werden.

Abgestorbenes und krankes Holz entfernen

Pflanzen besitzen einen natürlichen Abwehrmechanismus, um sich von totem Holz zu trennen. Durch Verletzungen, Krankheiten, Lichtmangel oder einfach aus Altersgründen beschädigte Äste können sich nicht mehr regenerieren. Hier bildet der Baum von sich aus bald eine natürliche Barriere zwischen gesundem und krankem Holz. Dies erfolgt meist an der Basis der Äste im stammnahen Bereich. Hat sich das kranke Gewebe noch nicht bis in den Stamm hinein fortgesetzt, dann stirbt der kranke Teil infolge des Nahrungsentzugs ab und wird später schließlich abgeworfen. Abgestorbenes Holz birgt für den Baum ein Gesundheitsrisiko, da hier eine durch Pilze verursachte Verrottung einsetzt. Schneiden Sie daher das abgestorbene Holz vollständig bis in das gesunde Holz oder – falls nötig – bis zum Astring zurück. Erkrankt ein großer Ast bis zum Stamm, schneiden Sie auch diesen wie einen gesunden Ast ab. Versuchen Sie keinesfalls, eventuell totes Holz aus dem gesunden Stamm herauszuschneiden. Damit verletzen Sie die Barriere zum gesunden Teil und ermöglichen es damit den Pilzen, weiter in den gesunden Stamm vorzudringen. Bei erkrankten oder beschädigten Ästen in stammferneren Kronenteilen ist normalerweise keine Trennlinie zwischen erkranktem und gesundem Holz festzustellen. Schneiden Sie deshalb immer so weit in das gesunde Holz zurück, dass keine Krankheitsanzeichen mehr sichtbar sind.

Wipfeldürre

An alten Bäumen sowie Bäumen an ungünstigen Standorten kann man häufig eine Wipfeldürre beobachten. Dabei ragen abgestorbene, vertrocknete Äste oberhalb der Krone heraus. Die Gründe für diesen Zustand können vielfältig sein. Sie liegen aber immer im Wurzelbereich des Baums. Mögliche Ursachen sind eine plötzliche Grundwasserabsenkung oder eine bei Bauarbeiten verursachte Bodenverdichtung. Manchmal treten derartige Störungen erst fünf bis sechs Jahre nach den Eingriffen im Wurzelbereich zutage. In diesem Fall sollte das Totholz bis zum gesunden Holz herausgeschnitten werden. Derartig geschädigte Bäume werden nicht gleich absterben. Ein vorsichtiger Verjüngungsschnitt bringt hier für die nächsten Jahre Abhilfe.

Stammverletzungen und Verlust der Rinde

Ab und zu treten Verletzungen an Stamm und Rinde auf. Diese können durch Wildverbiss, Abreißen der Äste durch Schneedruck, mutwillige Zerstörung oder bei alten Bäumen auch durch Blitzschlag verursacht sein. In so einem Fall ist es immer günstiger, die verletzten Teile zu entfernen. Ist die Rinde stark geschädigt, so ist es besser, den Ast oder jungen Stamm unterhalb der verletzten Stelle bei einem geeigneten Ersatztrieb einzukürzen. Ist die Rinde abgeschlagen oder zerschlissen, dann sollten Sie den verletzten Rindenteil freilegen, damit die Wunde austrocknen und Wundgewebe bilden kann. Bei schweren Rindenschäden, die mehr als die Hälfte oder zwei Drittel des Stammumfangs ausmachen, wird sich der Baum nicht mehr regenerieren können und ist besser auszutauschen.

Rückmutationen

Es gibt auch von einigen Baumarten Sorten mit gelb- oder weißpanaschierten Blättern, beispielsweise den Weißbunten Eschen-Ahorn oder die Sorte 'Drummondii' des Spitz-Ahorns. Bringen diese Bäume wieder reingrüne Triebe hervor, dann müssen Sie diese Rückmutationen sofort an ihrer Entstehungsstelle entfernen, da sie wesentlich wüchsiger als die panaschierte Sorte sind und diese bald verdrängen würden. Treten solche Rückmutationen bei Sorten mit ungewöhnlich gelappten oder geschlitzten Blättern auf, dann müssen diese ebenfalls sofort entfernt werden.

Mitunter entstehen an Ästen sogenannte Hexenbesen. Das sind Gebilde, die aus einem Dickicht anfangs lebender, später toter Zweige bestehen und durch Insekten- oder Pilzbefall ausgelöst wurden. Diese Hexenbesen sind harmlos, sehen aber unschön aus. Entfernen Sie diese daher und erziehen Sie einen Ersatztrieb unterhalb des betroffenen Pflanzenteils.

Besondere Schnitt- und Pflegemaßnahmen

Es gibt noch eine Reihe weiterer Schnitt- und Pflegemaßnahmen, die – bedingt durch äußere

Rechts: Die grünblättrigen Triebe bei diesem weißpanaschierten Eschen-Ahorn müssen an ihrer Entstehungsstelle herausgeschnitten werden.
Unten links: Das Totholz im Wipfelbereich sollte bis zum gesunden Holz herausgeschnitten werden.
Unten rechts: Frostrisse an junger rotblühender Rosskastanie.

Einflüsse – notwendig werden. Andere dienen dazu, besondere Wuchsformen zu erzielen.

Hohlräume und ausgehöhlte Stämme

Hohlräume im Stamm entstehen, wenn dort altes, krankes oder beschädigtes Gewebe abstirbt und verrottet. Bäume mit solchen Schäden sind in der Regel aber vital und gesund. Sind die Schäden nicht zu groß, stellen sie für den Baum kein allzu großes Risiko dar. Diese Hohlstellen dürfen keinesfalls mit Materialen wie Ziegelsteinen oder Beton aufgefüllt werden. Versuchen Sie auch nicht, das abgestorbene Material bis ins gesunde Holz herauszukratzen. Sie beschädigen den Stamm damit nur noch mehr. Reichen diese Fäulnis- und Hohlstellen jedoch in den Wurzelbereich hinein, dann besteht dringender Handlungsbedarf, da dann die Standfestigkeit des Baums gefährdet ist.

Nach dem Kappen eines Baums wird der Stamm immer faulen.

Bäume kappen

Das Kappen großer Ästen sowie des Haupttriebs war eine Zeitlang üblich, um zu groß gewordene Bäume in ihrem Volumen zu reduzieren. Damit wurden und werden teilweise auch heute noch große Bäume schwer zugerichtet. In fast 100 % aller Fälle führt das Kappen zu schweren Schäden und zum sicheren Faulen des Stamminneren. Nach außen hin bauen derartig geköpfte Bäume wieder eine scheinbar ganz normale Krone auf. Tatsächlich ist der Austrieb aber nur schwach mit dem Stamm verbunden und bricht oft aus. Deshalb sollten derartige Schnittmaßnahmen unbedingt unterbleiben.

Durch Blitzschlag verursachte Schäden manifestieren sich meist erst Monate später. Hier sollten Sie unbedingt einen Fachmann hinzuziehen. Hohle Stämme eines lebenden Baums müssen nicht unbedingt instabil sein, denn meist wird das gesunde Holz durch eine natürliche Barriere vom verrotteten Kernholz geschützt. Standfestigkeit und Gesundheit sollten aber regelmäßig von einem Fachmann kontrolliert werden.

Rechts: Hohle Stämme dürfen nicht zubetoniert werden.
Unten: Trotz des ausgehöhlten Stamms war dieser Baum noch viele Jahrzehnte vital.

Bäume entwipfeln

Einige Baumarten vertragen einen regelmäßigen starken Rückschnitt sehr gut und reagieren darauf mit einem kräftigen neuen Austrieb. Das Entwipfeln zählt zu den ältesten gärtnerischen Schnittmaßnahmen überhaupt. So hat man früher Bäume für Futterzwecke „geschneitelt" oder auf diese Weise Weidenruten für die Korbflechterei gewonnen. Heute möchte man mit dieser Maßnahme einem begrenzten Platzangebot begegnen. Andererseits werden Bäume entwipfelt, um Schmuckeffekte zu erzielen. Dort, wo das Pflanzangebot sehr eingeschränkt ist und man trotzdem Bäume pflanzen möchte, verwendet man als Spalier gezogene Linden, die in der Baumschule mittels Schnitt- und Bindemaßnahmen so erzogen wurden, dass sie sich nur in eine Richtung vertikal entfalten können. Damit dies auch langfristig funktioniert, müssen jedes Jahr im Winter oder zeitigen Frühjahr alle im Vorjahr neugewachsenen Triebe bis auf das Gerüst auf Astring zurückgeschnitten werden. Ähnlich verfährt man mit Linden und Platanen, gelegentlich auch Rosskastanien, die dachförmig erzogen wurden. Als weitere Möglichkeit zur Standraumbegrenzung werden manchmal auch Linden und Platanen auf ein Gerüst von wenigen starken Ästen zurückgeschnitten. Auch hier müssen spätestens alle zwei bis drei Jahre alle neugewachsenen Triebe an ihrer Entstehungsstelle auf Astring zurückgeschnitten werden. Dadurch entstehen sehr charakteristische kopfartige Verstümmelungen, in der Regel jedoch keine großen Wunden an den Schnittstellen. Daher schadet dies den Bäumen auch nicht. Diese Bäume sehen jedoch immer etwas eigenartig aus, da sie keinen natürlichen Habitus entwickeln können. Eine weitere Variante, bei der Bäume bewusst geköpft werden, sind Kopfweiden. Heutzutage steht bei Weiden aber eher die Zierwirkung im Vordergrund, auch wenn man durch diese Maßnahme ebenfalls ihre Größe in Schach halten möchte. Das Rindenfarbspektrum dieser Weiden reicht vom intensiven Gelb über Scharlachrot bis zu einem dunklen Purpur, wobei sich einige auch mit schön gedrehten Zweigen schmücken. Lassen Sie die Weide zunächst einige Jahre wachsen, bis sich ein kräftiger Stamm entwickelt hat. Dieser wird dann in der gewünschten Höhe gekappt. Da der Baum noch relativ jung ist, kommt es zu einem guten Wundverschluss. Es werden viele Adventivknospen gebildet, aus denen sich rasch kräftige, gut gefärbte und gut entwickelte Jahrestriebe entwickeln. Schneiden Sie diese in jedem Spätwinter bis zum Astring zurück, so dass der Baum jedes Jahr aufs Neue seine schön gefärbten oder typisch gedrehten, kräftigen Triebe entwickelt. Mit zunehmendem Alter wird der Stamm immer dicker und die Zahl der neugebildeten Triebe immer höher.

Bei der Rosen-Akazie (*Robinia hispida* 'Macrophylla'), einer veredelten, sehr brüchigen Akaziensorte, kann man ähnlich wie bei den Weiden vorgehen. Schneidet man alljährlich vor dem Austrieb alle Vorjahrestriebe auf kurze Stummel zurück, dann entwickeln sich kräftige neue Triebe, die sogar im selben Jahr noch ihre prächtigen Blüten hervorbringen.

Verjüngungsschnitt bei formal geschnittenen Rosskastanien.

Koniferen schneiden

Nadelgehölze oder Koniferen benötigen keine besonderen Schnittmaßnahmen. Sie werden in der Baumschule ausschließlich in Gefäßen kultiviert, wobei größere Exemplare mit Ballen gehandelt werden. Daher erübrigt sich ein Pflanzschnitt. Allerdings muss man bei Containerpflanzen auf eine gute Wurzelentwicklung achten. Sie dürfen keinesfalls ein zu stark verflochtenes Wurzelwerk oder gar ringförmig im Topf verlaufende Wurzeln aufweisen. Derartige Pflanzen werden kein kräftiges Wurzelwerk ausbilden, so dass die Verankerung nur ungenügend und der Wuchs nur schwach sein werden. Auch bei Nadelgehölzen – insbesondere bei den starkwüchsigen, baumförmig wachsenden Arten und Sorten – gilt es, den Standort gut zu wählen. Denn Schnittmaßnahmen an ausgewachsenen Koniferen sollten unbedingt unterbleiben. Ihr natürlicher Habitus würde sehr darunter leiden.

Nadelgehölze werden ausschließlich als Ballenware oder im Container angeboten.

Pflanz- und Aufbauschnitt

Nadelgehölze benötigen keinen Pflanzschnitt. Bei wenigen veredelten Nadelbäumen wie Tannen, Fichten und Kiefern kann es vorkommen, dass die Pflanzen nur sehr zögerlich einen Leittrieb aufbauen. Dann wurden die Edelreiser vermutlich waagrecht wachsenden Seitentrieben entnommen. In diesem Fall muss man die Pflanze durch Stäben des Leittriebs dazu zwingen, aufrecht zu wachsen. Schnittmaßnahmen sind allerdings auch hierbei nicht notwendig. Kiefern kann man als junge Bäume zu dichterem Wuchs beziehungsweise dichterer Verzweigung anregen, wenn man jedes zweite Jahr die langgestreckten Knospen vor der Entfaltung der Nadeln jeweils um zwei Drittel einkürzt. Wacholder, insbesondere die breitwüchsigen Strauchwacholder, lassen sich durch Schnittmaßnahmen in der Jugendphase gut formieren.

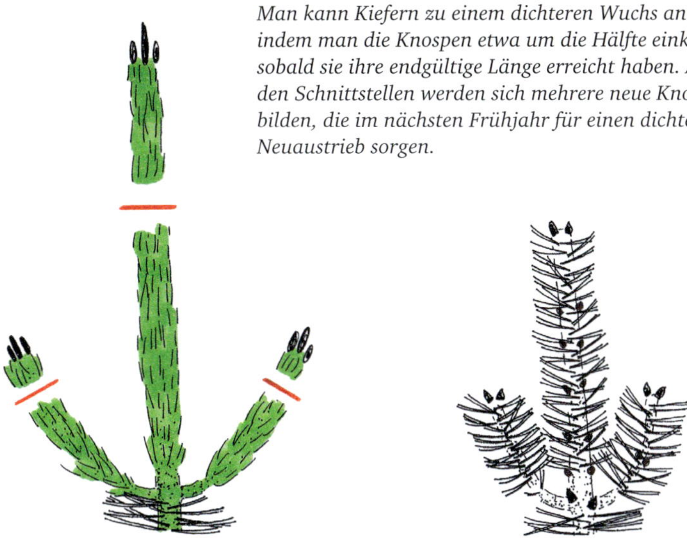

Man kann Kiefern zu einem dichteren Wuchs anregen, indem man die Knospen etwa um die Hälfte einkürzt, sobald sie ihre endgültige Länge erreicht haben. An den Schnittstellen werden sich mehrere neue Knospen bilden, die im nächsten Frühjahr für einen dichten Neuaustrieb sorgen.

Erhaltungsschnitt

Dieser beschränkt sich weitgehend auf das Entfernen abgestorbener und kranker Triebe. Sollte bei Säulenformen durch Schneedruck im Winter die Wuchsform leiden, so kann man herausragende und gebogene Triebe mit einer dicken Schnur wieder in Form bringen. Ist der Leittrieb beschädigt, können Sie einen Ersatztrieb für den abgebrochenen Leittrieb durch Aufbinden und Freistellen heranziehen. Schnittmaßnahmen an großen beziehungsweise ausgewachsenen Koniferen werden den Habitus immer beeinträchtigen. Allerdings wird ein sorgfältig durchgeführter, leichter Auslichtungsschnitt von zahlreichen Vertretern der Zypressengewächse wie Thujen, Scheinzypressen und Leylandzypressen vertragen (siehe Seite 235 ff.). Auch die meisten Wacholderarten regenerieren sich nach einem kräftigen Auslichtungsschnitt noch zufriedenstellend. Ebenso lassen sich zahlreiche Vertreter der Sumpfzypressengewächse, beispielsweise Küstenmammutbaum, Sicheltanne und Sumpfzypresse, vorsichtig auslichten.

Bei Kleinkoniferen erübrigt sich meist ein Pflegeschnitt.

Eine sinnvolle Schnittmaßnahme besteht darin, das im Laufe der Zeit in der dichten Krone abgestorbene Zweigmaterial zu entfernen. Dieses sieht nicht nur unschön aus, sondern kann durch die vermehrte Anlagerung von Schnee im Winter zu Bruchschäden führen. Unter Umständen ist hier auch ein vorsichtiges Auslichten angebracht. Nadelbäume schneidet man am besten im Spätherbst oder frühen Winter.

Verjüngungsschnitt

Die Eibe ist die einzige Nadelgehölzart, die auch einen stärkeren Rückschnitt beziehungsweise Verjüngungsschnitt verträgt. Dies hat insbesondere bei der Verjüngung von Hecken eine praktische Bedeutung. Bei allen anderen in Mitteleuropa heimischen Nadelbaumarten wie Fichten, Tannen und Kiefern führt ein Verjüngungsschnitt zum Absterben der Pflanzen. Die einzige (Not-)Maßnahme ist das Entfernen von abgestorbenen Ästen und Zweigen, wobei aber mit einer Regeneration nicht mehr zu rechnen ist.

Klein- und Zwergkoniferen

Als Klein- oder Zwergkoniferen bezeichnet man Arten und Sorten, die eine Wuchshöhe von

maximal 2 m erreichen. Die meisten Pflanzen dieser Kategorie bleiben aber wesentlich niedriger. Es handelt sich hierbei um kleinwüchsige Koniferen wie die Zwerg-Kiefer und deren Auslesen, niederliegende, dicht wachsende oder aufstrebende Formen. Einige sind durch eine spontane Mutation entstanden, bei der sich aus einer Knospe durch eine genetische Veränderung eine von der übrigen Pflanze in Wuchs oder Blattfarbe abweichende, genetisch veränderte Pflanze entwickelt hat. Zwergkoniferen werden vegetativ durch Veredlung (Zwerg-Kiefern, -Tannen und -Eiben) oder Stecklinge (Zwerg-Scheinzypressen, -Thujen und einige Zwerg-Fichten etc.) vermehrt. Bei diesen langsamwachsenden Gehölzen sind weder ein Pflanz- noch ein Erhaltungsschnitt erforderlich.
Manchmal kommt es aber zu Rückmutationen, wobei einzelne Triebe wieder die ursprüngliche Wuchsform der Ausgangsart annehmen und dann sehr starkwüchsig sind. Diese Triebe stören das Gleichgewicht und überwachsen die kleinwüchsige Sorte relativ schnell. Sie sind deshalb nach deren Auftreten sofort und restlos an der Entstehungsstelle zu entfernen.
Sterben Triebe – besonders an der Basis – ab, sind meist benachbarte Pflanzen die Ursache, die dem Strauch Licht und Raum nehmen. Entfernen Sie die betroffenen Triebe. Leider findet hier keine Regeneration statt, so dass unschöne Kahlstellen zurückbleiben. Ein Verjüngungsschnitt ist bei Zwergkoniferen nicht möglich.

Die starken Triebe bei dieser Zuckerhut-Fichte sind durch Rückmutation entstanden und sollten sofort entfernt werden.

Diese Zwergform einer Berg-Kiefer wurde nicht geschnitten. Theoretisch könnte der Austrieb im Frühjahr mit einer Heckenschere leicht eingekürzt werden.

Ziergehölze schneiden

Zu den hier beschriebenen Ziergehölzen zählen sowohl sommergrüne als auch immergrüne Gehölze, die vorwiegend strauchartig wachsen, sich in manchen Fällen aber auch zu kleineren Bäumen entwickeln können.

Sommergrüne Ziergehölze

Die sommergrünen Ziergehölze sind zahlenmäßig am häufigsten in unseren Gärten vertreten. Sie blühen und fruchten zu unterschiedlichen Zeiten und an verschiedenen Stellen. Daher ist es nicht verwunderlich, dass die Schnittmaßnahmen genau auf die jeweilige Art abgestimmt sein müssen. Man kann die Arten jedoch vier verschiedenen Schnittgruppen zuordnen, für die bestimmte Schnittmaßnahmen gelten.

Gruppe 1: Ziergehölze, die kaum geschnitten werden müssen

Ausgewachsene Ziergehölze dieser Gruppe benötigen in der Regel keinen oder nur einen geringfügigen Schnitt. Sie weisen von Natur aus ein ausgewogenes Verzweigungsmuster auf und entwickeln ohne besondere Eingriffe einen locker aufgebauten, lichtdurchlässigen Habitus. Sie sind an der Basis meist nur wenig verzweigt oder bilden einen sehr kurzen Stamm, um sich erst dann zu verzweigen. Der Zuwachs erfolgt vorwiegend im Bereich der Triebspitzen (Triebspitzenförderung), ein Auslichten oder Ausdünnen erübrigt sich deshalb weitgehend. Zu dieser Gruppe zählen vor allem zahlreiche sogenannte „exquisitere“ Gehölze wie Magnolien, Zaubernuss und Fächer-Ahorn.

Pflanz-, Aufbau- und Erziehungsschnitt

Die meisten Vertreter dieser Gruppe werden im Container kultiviert, sind in der Jugendphase eher langsamwüchsig und benötigen in der Regel keinen Pflanzschnitt. Nur schwache sowie sich kreuzende Triebe sollten entfernt werden. Ein mäßiger Korrekturschnitt im Frühjahr kann von Vorteil sein, wenn Seitentriebe zu eng beieinander stehen oder einzelne Triebe zu stark entwickelt sind.

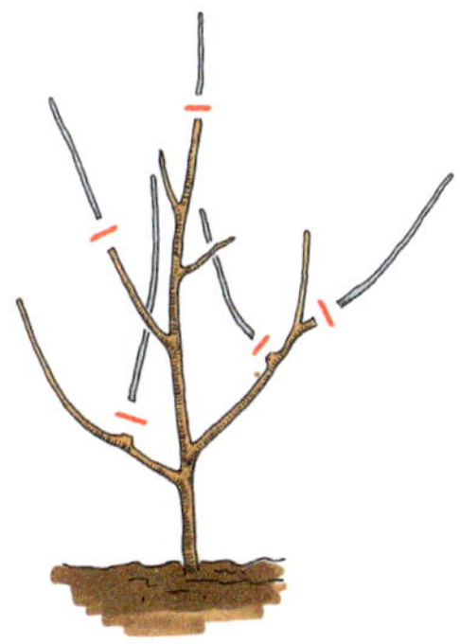

Pflanzschnitt: Es sind nur geringe Korrekturen notwendig.

Erziehungsschnitt: Die Magnolie wächst sehr locker, der Zuwachs bleibt ohnehin nur gering. Nur sich reibende und in die Krone hineinwachsende Zweige werden entfernt oder eingekürzt.

Erhaltungsschnitt: Gehölze wie die Magnolie wachsen von Natur aus optimal. Nun sind nur noch kleinere Korrekturschnitte notwendig, wenn sich zum Beispiel vereinzelt starkwüchsige Triebe entwickeln, die eingekürzt werden sollten.

Erhaltungsschnitt bei erwachsenen Pflanzen

Etwa ab dem dritten Jahr, wenn die Pflanzen bereits gut eingewurzelt sind und einen Zuwachs aufweisen, beschränken sich die Schnittmaßnahmen darauf, totes und krankes Holz sowie schwache Triebe zu entfernen. Gelegentlich entwickeln sich an der Basis vereinzelte starkwüchsige Triebe. Diese können, sofern es der Habitus erlaubt, als Ersatztriebe belassen werden. Hat das Gehölz aber ohnehin schon eine optimale Wuchsform erreicht, so wird man diese Triebe an der Basis entfernen, um zu verhindern, dass das Astgerüst später zu dicht wird. Vorsicht ist aber bei veredelten Pflanzen (zum Beispiel Zaubernuss) geboten, wenn hier Triebe an der Basis aus dem Wurzelbereich entstehen. Hierbei handelt es sich mit großer Wahrscheinlichkeit um die Unterlage, die durchgetrieben hat. Diese Triebe müssen freigelegt und direkt an der Entstehungsstelle säuberlich entfernt werden.

Verjüngungsschnitt

Sind die Gehölze dieser Schnittgruppe zu groß beziehungsweise schon älter geworden, dann ist ein Verjüngungsschnitt in der Regel nicht zielführend, da diese an der Basis nicht mehr austreiben und sich deshalb nicht verjüngen können.

Gruppe 2: Ziergehölze, die nach der Blüte geschnitten werden

In dieser Gruppe finden sich zahlreiche Gartensträucher, die im Frühjahr oder Frühsommer blühen. Die Blütenknospen sitzen entweder direkt an den Zweigen, die in Vorjahr gebildet wurden (zum Beispiel Forsythie, Chinesischer Flieder, einige Schneeballarten), oder sie entwickeln sich am Ende stark verkürzter Triebe, die diesen Zweigen entspringen (zum Beispiel Deutzie, Pfeifenstrauch und Kolkwitzie). Lässt man diese Sträucher ungeschnitten, so bilden sie zahlreiche querstehende Triebe und

Magnolien benötigen keinen Schnitt, um. so schön blühen zu können.

nach vielen Jahren ein unübersichtliches Gewirr von ineinanderwachsenden Verzweigungen. Ungeschnittene Sträucher vergreisen mit zunehmendem Alter. Sie blühen dann nur noch spärlich und beginnen, an der Basis und im Inneren des Strauchs zu verkahlen.

Damit diese Situation erst gar nicht eintritt, sollte zumindest ein Teil der abgeblühten Triebe sofort nach dem Abblühen auf Ersatztriebe zurückgeschnitten werden. In manchen Fällen wird man die abgeblühten Triebe sogar an der Basis entfernen. Durch das jährliche vorsichtige Auslichten abgeblühter Triebe wird die Bildung von Ersatztrieben gefördert, die ihrerseits wiederum im darauf folgenden Jahr blühen. Durch den regelmäßig durchgeführten Auslichtungsschnitt werden die Sträucher laufend verjüngt. Sie behalten dadurch auch ihre arttypische Wuchsform, bleiben kompakt im Wuchs und blühen alljährlich zuverlässig. Entscheidend ist, dass dieser Schnitt unmittelbar nach der Blüte erfolgt, damit die neugebildeten Triebe noch genügend Zeit zur Entwicklung, zum Ausreifen und Bildung neuer Blütenknospen haben.

Pflanz-, Aufbau- und Erziehungsschnitt

Die Mehrzahl der Gehölze dieser Schnittgruppe wird wurzelnackt oder im Container angeboten. Bei wurzelnackten Pflanzen werden die Wurzel und die Triebe eingekürzt, bei Containerpflanzen nur der Wurzelballen vorsichtig gelockert sowie zu schwache, geknickte oder kranke Triebe entfernt.

Der Aufbauschnitt erfolgt teilweise bereits in der Baumschule sowie während des ersten Jahres nach dem Auspflanzen im Garten. Ziel ist es, ein ausgewogenes Astgerüst für die folgenden Jahre zu schaffen. Sind die Pflanzen beim Kauf schon etwas größer, müssen Sie die Haupttriebe nur geringfügig einkürzen, etwa um 15–20 cm, jedenfalls auf eine kräftige, gut entwickelte Knospe oder ein Knospenpaar. Sollten die Pflanzen bereits im ersten Jahr Blüten entwickeln, so werden die bereits abgeblühten Triebe gleich nach der Blüte bis auf starke Triebe zurückgeschnitten (siehe Erhaltungsschnitt). Im Herbst entfernt man dann schwache und ungünstig platzierte Triebe. Falls Form und Habitus der Pflanze nicht ausgewogen sind, wird man nun den Korrekturschnitt durchführen.

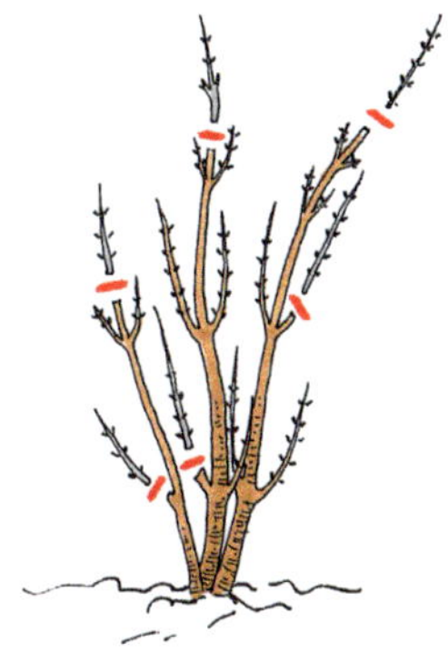

Bei Sträuchern wie der Forsythie werden beim Pflanzen alle schwachen Triebe entfernt und die kräftigen eingekürzt.

Beim Erziehungs- oder Aufbauschnitt werden wieder alle schwachen sowie zu dicht stehenden, kräftigen Triebe entfernt. Die kräftig entwickelten Triebe werden ebenfalls wieder um ein Drittel eingekürzt, damit sich die Sträucher schon im unteren Bereich gut verzweigen und später nicht verkahlen.

Hat sich die Pflanze einmal etabliert, erfolgt der Erhaltungsschnitt, der bei vielen Sträuchern nach der Blüte durchgeführt wird. Wird dies versäumt, kann man die Sträucher auch im Spätwinter schneiden. Entfernen Sie alle Triebe mit abgeblühten Blütenständen und kürzen Sie einige der älteren Triebe bei einem kräftig entwickelten jungen Trieb ein. Ab dem vierten Jahr werden auch regelmäßig einige der ältesten Triebe bodennah entfernt.

Erhaltungs- und Verjüngungsschnitt

Ab dem zweiten Jahr nach der Pflanzung tritt bei diesen Gehölzen in der Regel ein starker Wachstumsschub auf. Bei vielen Pflanzen entwickeln sich unterhalb des nun blühenden Holzes bereits neue, starke Triebe. Meist sind die Triebe, die sich am weitesten unten befinden, dabei am kräftigsten. Lassen Sie diese stehen, da sie sich nach dem Schnitt der abgeblühten Triebe als Ersatztriebe anbieten. Dieser Rückschnitt erfolgt nun regelmäßig Jahr für Jahr nach dem Abblühen. Der Schnittzeitpunkt ist von der jeweiligen Gehölzart abhängig. Eine Forsythie schneidet man bereits im April, einen Falschen Jasmin erst im Juni. Bei älteren Pflanzen reicht der nach der Blüte erfolgende Rückschnitt auf Ersatztriebe nicht aus. Der reichste Blütenflor wird in der Regel an den Seitentrieben des zwei-, drei- und vierjährigen Holzes gebildet. Außerdem werden die Pflanzen mit zunehmendem Alter immer dichter und irgendwann zu dicht. Deshalb wird nun in regelmäßigen Abständen bis zu einem Viertel des alten Holzes (mit Abweichungen abhängig von der Gehölzart) an der Basis entfernt.

Abweichende Schnittmaßnahmen

Garten-Hortensien blühen normalerweise auch ohne oder mit nur geringem Schnitt recht schön. Sie blühen zwar spät, aber anders als bei den sogenannten Sommer- und Herbstblühern bilden sich die Knospen, aus denen die Blütentriebe entstehen, bereits in der vorangegangenen Vegetationsperiode. Das Dilemma: Schneidet man diese Pflanzen im Frühjahr zu stark, so entwickeln sie im selben Jahr kaum noch Blüten. Anderseits bilden aber ungeschnittene, ältere Pflanzen meist viele dünne Triebe, die ebenfalls nicht besonders gut blühen. Es ist deshalb sinnvoll, einen Teil des älteren Holzes zu entfernen. Die daraufhin starkwüchsigen Ersatztriebe blühen dann in der folgenden Vegetationsperiode. Wichtig ist, dass sie sich gut entfalten können, also frei und luftig stehen. Die abgeblühten Blütenstände könnte man theoretisch schon nach dem Abblühen entfernen. Dies ist aber nicht sinnvoll, da die vertrockneten Blütenstände einen guten Winterschutz für die darunterliegenden, kräftigen Knospen darstellen. Außerdem sind die abgeblühten Blüten- beziehungsweise Fruchtstände den Winter über sehr zierend. Schneiden Sie die alten Blütenstände daher erst im Frühjahr auf starke Knospenpaare zurück.

Besen- und Edelginster verkahlen in der Regel bald an der Basis, da sie meist nicht geschnitten werden. Ein Rückschnitt auf das alte Holz ist dann aber nicht zielführend, da sich die Pflanzen nicht mehr regenerieren. Es ist deshalb ratsam, mit dem Verjün-

Schneebälle werden nach der Blüte ausgelichtet.

Bei Garten-Hortensien werden vor dem Austrieb im Frühjahr nur die alten Fruchtstände entfernt.

1.

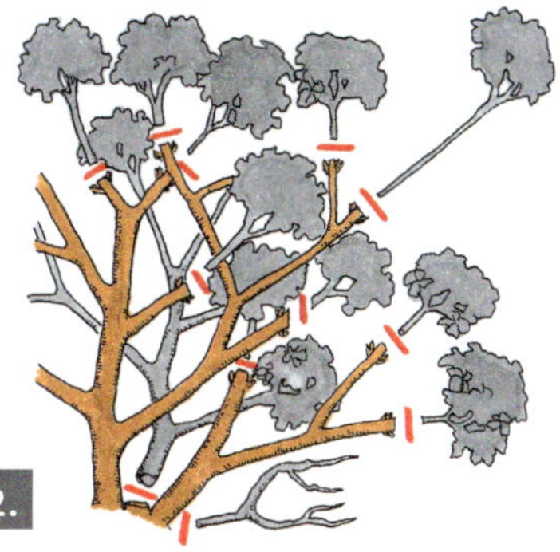

2.

3.

Zeichnung 1: Erhaltungsschnitt bei Garten-Hortensien: Entfernen Sie die abgetrockneten Fruchtstände erst im Spätwinter. Sie dienen als Winterschutz für die darunter liegenden Blütenknospen. Schneiden Sie auch einige der alten, wenig Blütenholz tragenden Triebe bodennah heraus.
Zeichnung 2: Bei Garten-Hortensien werden vor dem Austrieb im Frühjahr nur die alten Fruchtstände ausgeschnitten. Die alten Blütenstände werden knapp über einem kräftig entwickelten Augenpaar entfernt.
Zeichnung 3: Austrieb und Blütenbildung nach dem vorhin dargestellten Schnitt.
Zeichnung 4: Beim Mandelbäumchen ist ein Einkürzen der vorjährigen, abgeblühten Triebe notwendig, damit sich kräftige neue Triebe mit reichem Blütenbesatz für das nächste Jahr bilden. Alle Triebe werden nach der Blüte im April bis auf wenige Augen eingekürzt.
Zeichnung 5: Auch beim Edelginster und anderen frühblühenden Ginsterarten werden alle abgeblühten Triebe gleich nach der Blüte um etwa die Hälfte bis zwei Drittel eingekürzt. Es bilden sich im selben Jahr noch ausreichend Blütentriebe für das nächste Jahr. Unterlässt man diesen Schnitt, verkahlen die Pflanzen innerhalb weniger Jahre.

4.

5.

gungsschnitt bereits im ersten Jahr zu beginnen. Schneiden Sie dazu die abgeblühten Triebe alljährlich unmittelbar nach der Blüte im Früh- bis Hochsommer auf junge, kräftige Triebe an der Strauchbasis zurück. Erfolgt dieser Schnitt von Anfang an, lässt sich ein Verkahlen an der Basis weitgehend verhindern oder zumindest auf Jahre hinaus verzögern.

Die Triebe des Edelginsters werden nach der Blüte um zwei Drittel eingekürzt.

Gruppe 3: Ziergehölze, die vor dem Austrieb stark geschnitten werden

Zu dieser Schnittgruppe gehören zwei verschiedene Pflanzengruppen: Die eine umfasst mehr oder minder starkwüchsige Sträucher wie Sommerflieder, die ein dauerhaftes, verholzendes Gerüst aufbauen. Daneben sind die Vertreter der Halbsträucher zu nennen, die kaum oder lediglich ein sehr schwaches Astwerk ausbilden, wie etwa die Blauraute oder die winterharten Fuchsien. Diese Gehölze blühen im Sommer oder Herbst an jungen Trieben, die sich erst im Laufe des Jahres gebildet haben. Sie werden zu Beginn des Frühjahrs scharf zurückgeschnitten, damit sich viele neue Triebe bilden, die ihrerseits dann im Sommer oder Herbst mit reichem Blütenschmuck aufwarten. Dieser scharfe Rückschnitt ist aus zwei Gründen notwendig: Erstens blühen diese Arten nur an den Triebspitzen. Darüber hinaus werden die Blüten mit zunehmendem Pflanzenalter immer kleiner, der Blütenflor immer geringer. Zweitens sind die Vertreter dieser Gruppe kurzlebig und beginnen ohne die entsprechenden Schnittmaßnahmen bereits nach wenigen Jahren zu vergreisen. Hier ersetzt also der notwendige jährliche Schnitt zumindest teilweise auch den Verjungungsschnitt. Damit sich diese Gehölze optimal entwickeln können, sollten genügend Nährstoffe zur Verfügung stehen und sie sollten mit entsprechender Feuchtigkeit versorgt werden. Durch das Aufbringen einer Mulchschicht zur Schnittzeit können Sie darüber hinaus günstige Wachstumsbedingungen schaffen.

Pflanz- und Aufbauschnitt

Da es sich bei diesen Ziergehölzen vielfach um wärmeliebende, mitunter auch etwas frostempfindliche Spätsommerblüher handelt, sollten sie nach Möglichkeit im Frühjahr und nicht im Herbst gepflanzt werden. In den meisten Fällen erfolgt die Pflanzenanzucht bereits in der Baumschule ausschließlich im Container, da sich diese Gehölze nur sehr schwer wurzelnackt verpflanzen lassen. Dadurch erübrigt sich meist der Schnitt der Wurzeln. Bei mittelstark und stark

Die vorjährigen Triebe des Schmetterlingsstrauchs werden im Frühjahr vor dem Austrieb bis auf wenige Zentimeter auf das Gerüst zurückgeschnitten.

Links: Beim Pflanzschnitt werden die Triebe zu Beginn des Frühjahrs stark zurückgeschnitten, damit ein kräftiges, gut verzweigtes Gerüst aufgebaut wird.
Mitte: Ist das Gerüst des Strauchs einmal aufgebaut, werden jedes Jahr alle vorjährigen abgeblühten Triebe bis auf wenige Augen beziehungsweise wenige Zentimeter eingekürzt.
Rechts: Bei entwickelten Sträuchern werden im zeitigen Frühjahr alle Triebe mit der Gartenschere eingekürzt. Bei alten Sträuchern müssen Sie sicherlich einzelne ältere Äste mit der Astschere aus dem tiefer liegenden Gerüst entfernen.

wachsenden Pflanzen wie Sommerflieder und Rispen-Hortensie kürzt man die Triebe etwa um drei Viertel ein. Bei Halbsträuchern wie der Blauraute müssen die Triebe hingegen auf ein kräftiges Knospenpaar wenige Zentimeter oberhalb des Bodens eingekürzt werden. Die Mehrzahl dieser Gehölze blüht trotzdem bereits im ersten Sommer.

Erhaltungsschnitt und Verjüngungsschnitt

Bei mittelstark bis stark wachsenden Gehölzen wie dem Sommerflieder wird man im Laufe der Jahre ein dauerhaftes Astgerüst aufbauen. Der jährliche Schnitt sollte im zeitigen Frühjahr erfolgen. Dadurch haben die Pflanzen genügend Zeit, bis zum Sommer kräftige Triebe mit entsprechenden Blütenzweigen zu bilden. Ist das dauerhafte Astgerüst einmal aufgebaut, was in der Regel nach drei bis vier Standjahren der Fall ist, wird der vorjährige Trieb jährlich bis auf wenige Augenpaare auf das Astgerüst zurückgeschnitten. Wird bei ausgewachsenen Pflanzen das Astgerüst zu dicht, dann sollte man beim jährlichen Schnitt auch altes beziehungsweise älteres Holz herausschneiden.

Bei den Halbsträuchern wie der Blauraute werden die Triebe alljährlich bis knapp über dem Boden auf das nur sehr schwach ausgebildete Astgerüst zurückgeschnitten.

Ein Verjüngungsschnitt wie bei den vorher beschriebenen Gruppen ist hier nicht sinnvoll beziehungsweise möglich, wenn die Jahre davor kein Erhaltungsschnitt durchgeführt wurde. Bei einem regelmäßig erfolgten Erhaltungsschnitt wird hingegen gleichzeitig sukzessiv verjüngt.

Bei Halbsträuchern wie der Blauraute werden alle Triebe im späten Frühjahr vor dem Austrieb bis knapp über dem Boden zurückgeschnitten.

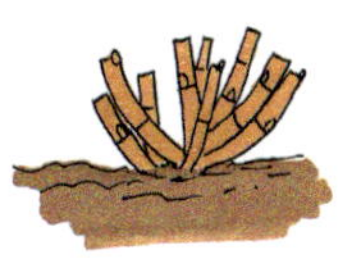

Links: Bei etablierten Sträuchern wie dieser Rispen-Hortensie wird das Gerüst erhalten. Die Blütenrispen bilden sich endständig an den diesjährigen Trieben. Rechts: Derselbe Strauch nach dem Einkürzen der vorjährigen Triebe auf kurze Zapfen im späten Frühjahr.

Unten: Japanischer Spierstrauch nach dem kräftigen Rückschnitt. Rechts: Daraus entwickeln sich bis zum Sommer kräftige Triebe mit endständigen Blütenrispen.

Gruppe 4: Ziergehölze, deren Rindenfärbung oder Laubwirkung durch den Schnitt erhöht wird

Schneidet man im Frühjahr Ziergehölze mit schönen, farbigen Trieben stark zurück, so bilden sie Jahr für Jahr neue, besonders intensiv gefärbte Triebe, die im Winter einen sehr hohen Zierwert aufweisen. Bei diesen Arten verliert sich die schöne Rindenfärbung meist bereits im zweiten Jahr. Der Sibirische und der Gelbholzige Hartriegel zählen ebenso zu dieser Gruppe wie die Reif-Weide.

Bei Gehölzen, die wegen ihrer attraktiven Belaubung angepflanzt werden, kann durch entsprechende Schnittmaßnahmen die Wirkung der Blätter stark erhöht werden. Schneidet man die Triebe im Frühjahr scharf zurück und sorgt gleichzeitig für eine gute Nährstoffversorgung, dann entwickeln sich wesentlich größere, mitunter auch besser ausgefärbte Blätter. Dies gilt besonders für rot- und buntlaubige Sorten diverser Gehölzarten wie dem Rotblättrigen Schwarzen Holunder und dem Perückenstrauch sowie für einige Sorten mit geschlitzten Blättern wie dem Geschlitztblättrigen Roten oder Schwarzen Holunder. Die meisten Gehölze dieser Schnittgruppe blühen am einjährigen Holz, weshalb man wegen des scharfen Schnitts im Frühjahr auf Blüten verzichten muss. Dies wird aber durch den Blatt- oder Rindenschmuck wettgemacht.

Pflanz- und Aufbauschnitt

Bei dieser Gruppe muss man besonders gut darauf achten, wie sich die Pflanzen entwickeln. Einige wie der Sibirische Hartriegel verjüngen sich aus der Basis,

Beim rotblättrigen Perückenstrauch werden alle vorjährigen Triebe im Spätwinter stark zurückgeschnitten, damit sich kräftige Jungtriebe mit gut entwickelten Blättern bilden.

Damit bei der Dreh-Weide die Triebe schön ausgefärbt bleiben, müssen die Pflanzen regelmäßig stark zurückgeschnitten werden.

1.

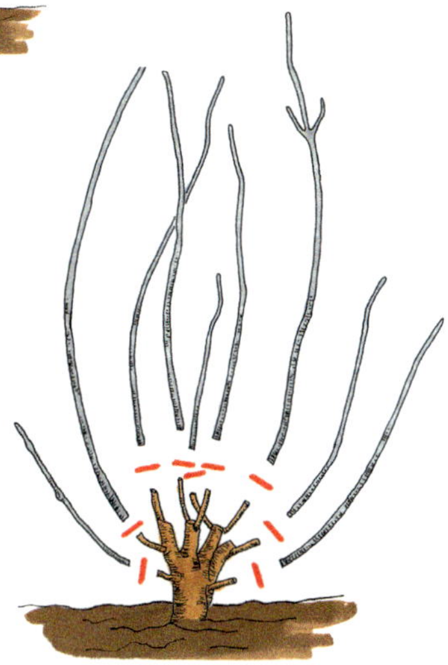

2.

wobei in diesem Fall die kräftig gefärbten Triebe die Zierde darstellen. Bei anderen wie beim Rotblättrigen Perückenstrauch soll der Austrieb von einem verholzten Grundgerüst aus erfolgen. Hier ist dann vor allem eine besondere Laubwirkung erwünscht.

Bei Gehölzen wie dem Sibirischen Hartriegel schneidet man alle Triebe auf etwa 8–10 cm zurück. Im Laufe der Jahre entsteht ein niedriges Holzgerüst oder ein Stumpf. Beim Aufbau des Astgerüsts des Perückenstrauches belässt man drei bis vier Triebe, die auf eine Länge von etwa 30–50 cm zurückgeschnitten werden.

Erhaltungsschnitt

Sträucher wie die Tibetische oder die Tangutische Himbeere bilden kein Astgerüst aus, die Vorjahrestriebe werden im zeitigen Frühjahr bodennah entfernt. Beim

Zeichnung 1: *Um besonders schön entwickelte Triebe mit großen, kräftig gefärbten Blättern oder gut ausgefärbten Trieben zu erhalten, werden beim Hartriegel alle vorjährigen Triebe bis auf wenige Augen auf das Gerüst eingekürzt.*
Zeichnung 2: *Dieser Schnitt wird alljährlich durchgeführt, da nur die einjährigen Triebe besonders schön gefärbt sind. Entfernen Sie mit der Astschere zum Verjüngen gelegentlich auch einen älteren Trieb an der Basis.*
Zeichnung 3: *Ähnlich wie beim Hartriegel werden beim Aufbauschnitt des Perückenstrauchs alle Triebe scharf eingekürzt.*
Zeichnung 4: *Kürzen Sie auch beim etablierten Strauch alle vorjährigen Triebe bis auf kurze Stummel mit wenigen Augen ein. Auf diese Weise werden sich kräftige Triebe mit schönen großen, gut ausgefärbten Blättern entwickeln.*

3.

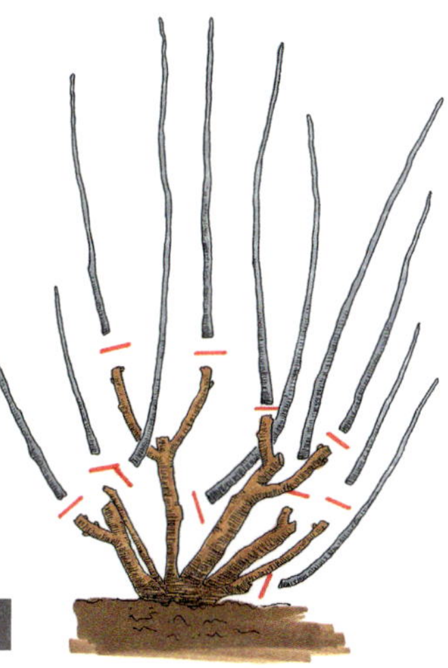

4.

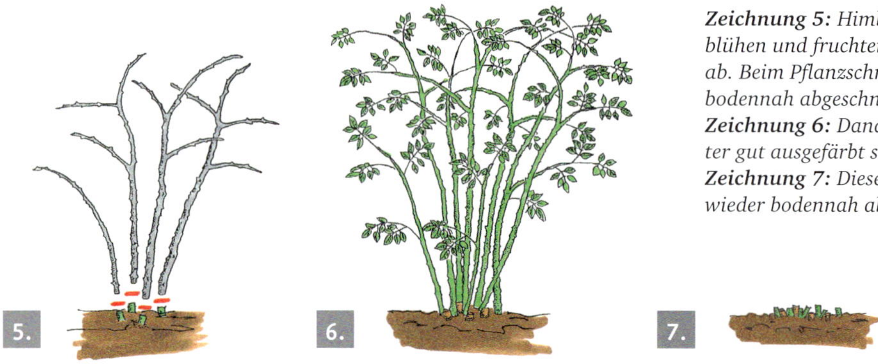

Zeichnung 5: Himbeeren wachsen im ersten Jahr und blühen und fruchten im zweiten. Dann sterben die Triebe ab. Beim Pflanzschnitt werden alle vorjährigen Triebe bodennah abgeschnitten.
Zeichnung 6: Danach entwickeln sich Triebe, die im Winter gut ausgefärbt sind.
Zeichnung 7: Diese werden dann im folgenden Frühjahr wieder bodennah abgeschnitten.

Sibirischen Hartriegel und den meisten anderen Sträuchern, die nur ein sehr niedriges Astgerüst entwickeln, werden die Vorjahrestriebe bis fast zum Astgerüst zurückgenommen. Bei jenen Gehölzen aber, die wegen ihres dekorativen Laubs angepflanzt werden, wird man weniger drastisch vorgehen. Den Rotblättrigen Perückenstrauch schneidet man auf wenige Augen etwa 3–5 cm entfernt vom Astgerüst zurück. Bei buntlaubigen oder geschlitztblättrigen Holundersorten sollte in einem Jahr etwa die Hälfte der Triebe bis zum Gerüst zurückgenommen werden, der Rest sollte nur leicht eingekürzt werden. Im darauf folgenden Frühjahr empfiehlt es sich dann, all jene Triebe, die im Vorjahr nur wenig gekürzt wurden, bis knapp auf das Grundgerüst zurückzuschneiden.

Damit die Triebe des Hartriegels (Cornus alba 'Elegantissima') kräftig rot gefärbt bleiben, sollte er regelmäßig verjüngt werden.

Die verschiedenen Schnittgruppen der sommergrünen Ziergehölze

Schnittgruppe 1			
Acer, strauchförmig wachsende Ahorne	*Cornus sanguinea*, Blutroter Hartriegel	*Halesia*, Schneeglöckchenbaum	*Paeonia suffruticosa*, Strauch-Pfingstrose
Aesculus parviflora, Strauch-Rosskastanie	*Corylopsis*, Scheinhasel	*Hamamelis*, Zaubernuss	*Prunus cerasifera*, Kirschpflaume, Myrabolane
Amelanchier, Felsenbirne	*Corylus*, Hasel	*Heptacodium*, Sieben-Söhne-des-Himmels-Strauch	*Prunus × eminens*, Mittlere Weichsel
Aralia, Angelikabaum	*Cotinus*, Perückenstrauch	*Hippophae*, Sanddorn	*Prunus fruticosa*, Steppen-Kirsche
Broussonetia, Papiermaulbeerbaum	*Daphne*, Seidelbast	*Hydrangea aspera*, Raue Hortensie	*Prunus subhirtella* in Sorten, Higan-Kirsche
Callicarpa, Schönfrucht	*Davidia*, Taubenbaum	*Hydrangea villosa*, Samt-Hortensie	*Prunus tomentosa*, Japanische Mandel-Kirsche
Calycanthus, Gewürzstrauch	*Decaisnea*, Blauschote	*Hydrangea quercifolia*, Eichenblättrige Hortensie	*Ptelea*, Lederstrauch
Caragana, Erbsenstrauch	*Disanthus*, Doppelblüte	*Ilex verticillata*, Amerikanische Winterbeere	*Rhus*, Essigbaum
Chaenomeles, Zierquitte, Scheinquitte	*Elaeagnus*, Ölweide	*Laburnocytisus*, Geißkleegoldregen	*Salix hastata* 'Werhahnii', Spieß-Weide 'Werhahnii'
Chimonanthus, Winterblüte	*Enkianthus*, Prachtglocke	*Laburnum*, Goldregen	*Salix helvetica*, Schweizer Gebirgs-Weide
Chionanthus, Schneeflockenstrauch	*Euonymus*, Pfaffenhütchen, Spindelstrauch	*Ligustrum*, Liguster	*Salix lanata*, Woll-Weide
Clerodendron, Losbaum	*Exochorda*, Radspiere	*Lonicera maackii*, Maacks Heckenkirsche	*Stachyurus*, Schweifähre
Clethra, Zimterle	*Fontanesia*, Fontanesie	*Lycium*, Bocksdorn	*Staphylea*, Pimpernuss
Colutea, Blasenstrauch	*Fothergilla*, Federbuschstrauch	*Magnolia*, Magnolie	*Syringa*, Flieder
Cornus controversa, Riesen-Hartriegel	*Frangula*, Faulbaum	*Malus*, Zier-Apfel	*Viburnum plicatum*, Japanischer Schneeball
Cornus florida, Blumen-Hartriegel	*Genista lydia*, Lydischer Ginster	*Paeonia delavayi*, Delavays Strauch-Pfingstrose	
Cornus kousa, Japanischer Blumen-Hartriegel	*Genista pilosa*, Behaarter Ginster	*Paeonia lutea*, Gelbe Pfingstrose	
Cornus mas, Kornelkirsche	*Genista radiata*, Strahlen-Ginster	*Paeonia rockii*, Gefleckte Strauch-Pfingstrose	

Schnittgruppe 1: Ausgewachsene Ziergehölze dieser Gruppe benötigen in der Regel keinen oder nur einen geringfügigen Schnitt. Sie weisen von Natur aus ein ausgewogenes Verzweigungsmuster auf und entwickeln ohne besondere Eingriffe einen locker aufgebauten, lichtdurchlässigen Habitus. Sie sind an der Basis meist nur wenig verzweigt oder bilden einen sehr kurzen Stamm, um sich erst dann zu verzweigen. Der Zuwachs erfolgt vorwiegend im Bereich der Triebspitzen.

Schnittgruppe 2			
Abelia mosanensis, Koreanische Abelie	*Kerria*, Ranunkelstrauch	*Ribes aureum*, Gold-Johannisbeere	*Spiraea nipponica*, Nippon-Spierstrauch
Abeliophyllum, Schneeforsythie	*Kolkwitzia*, Kolkwitzie	*Ribes sanguineum*, Blut-Johannisbeere	*Spiraea thunbergii*, Thunbergs Spierstrauch
Aronia, Apfelbeere	*Lonicera*, strauchförmig wachsende Heckenkirschen	*Rubus cockburnianus*, Tangutische Brombeere	*Spiraea × vanhouttei*, Belgischer Spierstauch
Berberis, sommergrüne Berberitzen	*Philadelphus*, Pfeifenstrauch, Falscher Jasmin	*Salix caprea*, Sal-Weide	*Stephanandra*, Kranzspiere
Buddleja alternifolia, Schmalblättriger Sommerflieder	*Physocarpus*, Blasenspiere	*Salix elaeagnos*, Lavendel-Weide	*Symphoricarpos*, Schneebeere
Cornus alba, Tatarischer, Sibirischer oder Weißer Hartriegel	*Prunus glandulosa*, Drüsen-Kirsche	*Salix matsudana* 'Tortuosa', Korkenzieher-Weide	*Tamarix*, Tamariske
Cotoneaster, Zwergmispel	*Prunus tenella*, Zwerg-Mandel	*Salix purpurea*, Purpur-Weide	*Viburnum × bodnantense*, Bodnant-Schneeball
Cytisus × praecox, Elfenbein-Ginster	*Prunus triloba*, Mandelbäumchen	*Salix × sepulcralis* 'Erythroflexuosa', Dreh-Weide	*Viburnum × carlcephalum*, Großblumiger Duft-Schneeball
Cytisus scoparius, Besenginster	*Rhododendron*-Hybriden, sommergrüne großblumige Azaleen	*Salix udensis* 'Sekka', Japanische Drachen-Weide	*Viburnum carlesii*, Koreanischer Duft-Schneeball
Deutzia, Deutzie, Maiblumenstrauch	*Rhododendron luteum*, sommergrüne großblumige Azaleen	*Salix viminalis*, Korb-Weide	*Viburnum farreri*, Duftender Schneeball
Dipelta, Doppelschild	*Rhododendron molle*, sommergrüne großblumige Azaleen	*Sambucus*, Holunder	*Viburnum lantana*, Wolliger Schneeball
Forsythia × intermedia, Garten-Forsythie, Zwerg-Forsythie	*Rhododendron molle* subsp. *japonicum*, sommergrüne großblumige Azaleen	*Spiraea × arguta*, Braut-Spierstrauch,	*Viburnum opulus*, Gewöhnlicher Schneeball
Hippocrepis, Kronwicke	*Rhodotypos*, Scheinkerrie	*Spiraea × billardii*, Billards Spierstrauch	*Viburnum sargentii*, Sargents Schneeball
Jasminum nudiflorum, Winter-Jasmin	*Ribes alpinum*, Alpen-Johannisbeere	*Spiraea × cinerea*, Aschgrauer Spierstrauch	*Weigelia*, Weigelie

Schnittgruppe 2: In dieser Gruppe finden sich zahlreiche Gartensträucher, die im Frühjahr oder Frühsommer blühen und nach der Blüte geschnitten werden. Die Blütenknospen sitzen entweder direkt an den Zweigen, die im Vorjahr gebildet wurden, oder sie entwickeln sich am Ende stark verkürzter Triebe, die diesen Zweigen entspringen. Durch den regelmäßig durchgeführten Auslichtungsschnitt werden die Sträucher laufend verjüngt.

Schnittgruppe 3			
Buddleja davidii, Schmetterlingsstrauch	*Genista tinctoria*, Färber-Ginster	*Lespedeza*, Buschklee	*Spiraea densiflora*, Dichtblütiger Spierstrauch
Caryopteris, Bartblume	*Hibiscus*, Roseneibisch	*Leycesteria*, Leycesterie	*Spiraea decumbens*, Niederliegender Spierstrauch
Ceanothus, Säckelblume	*Hydrangea arborescens*, Wald-Hortensie	*Perovskia*, Blauraute	*Spiraea japonica*, Japanischer Spierstrauch
Cephalanthus, Knopfbusch	*Hydrangea macrophylla*, Garten-Hortensie	*Potentilla*, Fingerstrauch	*Spiraea prunifolia*, Pflaumen-Spierstrauch
Cytisus nigricans, Schwarzschoten-Ginster	*Hydrangea paniculata*, Rispen-Hortensie	*Salix caprea* 'Kilmarnock' 'Weeping Sally', Hängeform der Kätzchen-Weide	*Vitex*, Mönchspfeffer
Diervilla, Buschgeißblatt	*Hydrangea serrata*, Gesägte Hortensie	*Sorbaria*, Fiederspiere	
Elsholtzia, Kammminze	*Hypericum*, Johanniskraut	*Spartium*, Binsenginster	
Fuchsia magellanica, Scharlach-Fuchsie	*Indigofera*, Indigostrauch	*Spiraea betulifolia*, Birkenblättriger Spierstrauch	

Schnittgruppe 3: Hierzu zählen alle Ziergehölze, die vor dem Austrieb stark geschnitten werden. Zu dieser Schnittgruppe gehören starkwüchsige Sträucher wie Sommerflieder, aber auch Halbsträucher wie die Blauraute und die winterharten Fuchsien.

Schnittgruppe 4			
Berberis thunbergii 'Atropurpurea', Rotlaubige Berberitze	*Cotinus coggygria* 'Royal Purple', Rotlaubiger Perückenstrauch	*Salix daphnoides*, Reif-Weide	*Sambucus nigra*, buntlaubige Sorten des Schwarzen Holunders
Colutea, Blasenstrauch	*Physocarpus opulifolius* 'Diabolo', Teufelsspiere	*Salix matsudana* 'Tortuosa', Korkenzieher-Weide	*Spiraea japonica* in Sorten, Japanischer Spierstrauch
Cornus alba 'Sibirica', Sibirischer Hartriegel	*Rubus cockburnianus*, Tangutische Brombeere	*Salix purpurea* 'Nana', Purpur-Weide 'Nana'	
Cornus sericea subsp. *sericea* 'Flaviramea', Gelbholziger Hartriegel	*Rubus odoratus*, Zimt-Himbeere	*Salix × sepulcralis* 'Erythroflexuosa', Dreh-Weide	
Corylus maxima 'Purpurea', Rotlaubige Lamberts Hasel	*Salix elaeagnos* 'Angustifolia', Lavendel-Weide 'Angustifolia'	*Salix udensis* 'Sekka', Japanische Drachen-Weide	

Schnittgruppe 4: In dieser Gruppe findet man Ziergehölze, deren Rindenfärbung oder Laubwirkung durch den Schnitt erhöht wird.

Schnitt der sommergrünen Ziergehölze von A bis Z

Ziergehölze sind das Gerüst des Gartens und prägen diesen durch ihre Blüten, Früchte, Blätter sowie ihre Wuchsform. Damit sie ihre volle Schönheit auch langfristig entfalten, benötigen viele von ihnen entsprechende Schnittmaßnahmen. Aufgrund der Vielfältigkeit der Ziergehölze und deren Wuchseigenschaften fallen diese Schnittmaßnahmen sehr unterschiedlich aus.

Blütenstände der Abelie am diesjährigen Trieb.

Abelia; Abelie

Koreanische Abelie
Abelia mosanensis
Sommergrüner, etwa 1,5–2 m hoher, breit aufrecht wachsender Strauch mit mesotoner und basitoner Verzweigung, etwas unregelmäßigem Wuchs und abstehenden bis überhängenden Zweigen. Die weiß bis zartrosafarbenen Blüten entwickeln sich in etwa 4–5 cm breiten Blütenständen endständig an Kurztrieben entlang der vorjährigen Zweige.

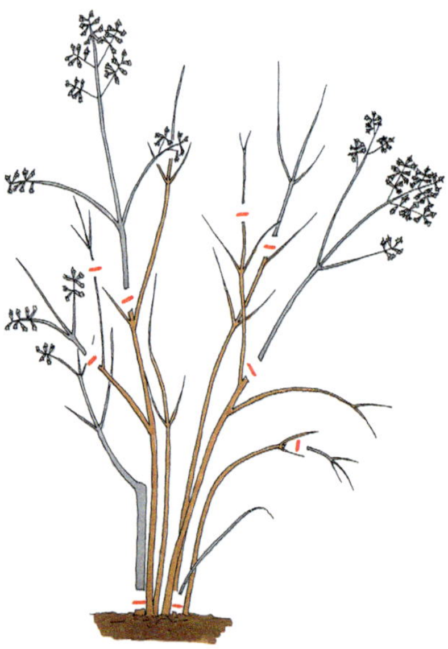

Kürzen Sie bei der Abelie nach der Blüte die vorjährigen abgeblühten Zweige bis zum nächsten kräftigen Jungtrieb ein. Bei etablierten Sträuchern ist ein vorsichtiges Auslichten empfehlenswert.

Erziehungsschnitt: Junge Pflanzen stark zurückschneiden, damit sie sich von der Basis aus gut verzweigen und ein kräftiges Gerüst aufbauen. Im folgenden Frühjahr alle schwachen und verletzten Zweige entfernen, die restlichen Triebe um ein Drittel einkürzen.
Erhaltungsschnitt: Nach der Blüte Ende Mai die vorjährigen, blütentragenden Zweige um ein Drittel einkürzen. Weitere Schnittmaßnahmen beschränken sich auf ein vorsichtiges Auslichten nach der Blüte, indem man altes Holz auf kräftige junge Triebe zurücknimmt.
Verjüngungsschnitt: Im Spätwinter alle stark überalterten Triebe an der Basis herausschneiden, die jüngeren Triebe auf kräftig entwickelte Verzweigungen zurückschneiden. Die Pflanzen regenerieren sich nach einem Verjüngungsschnitt verhältnismäßig gut.

Abeliophyllum; Schneeforsythie

Schneeforsythie
Abeliophyllum distichum
Zierlicher, kaum 1,5 m hoher Strauch mit lockerem Wuchs, der an den vorjährigen Zweigen im Frühling weiße bis weißrosafarbene Blüten trägt.
Erziehungsschnitt: Junge Pflanzen stark zurückschneiden, damit sie sich von der Basis aus gut verzweigen und ein kräftiges Gerüst aufbauen. Im folgenden Frühjahr alle schwachen und verletzten Zweige entfernen, die restlichen Triebe um ein Drittel einkürzen.
Erhaltungsschnitt: Nach der Blüte im April die vorjährigen, blütentragenden Zweige um ein Drittel einkürzen. Weitere

Schnittmaßnahmen beschränken sich auf ein vorsichtiges Auslichten nach der Blüte, indem man altes Holz auf kräftige junge Triebe zurücknimmt.
Verjüngungsschnitt: Überalterte Pflanzen regenerieren sich nur unbefriedigend. Rechtzeitig alte Triebe auf kräftige, junge Triebe ableiten.

Acer; Ahorn

Die in unseren Breiten verwendeten strauchförmig wachsenden Ahornarten sind sommergrün. Sie zeichnen sich durch dekoratives Laub, prächtige Herbstfärbung und teilweise interessante Rindenzeichnung aus. Bei den meisten Ahornarten verheilen Wunden nur langsam, so dass die Gefahr eines Pilzbefalls sehr groß ist. Viele Arten bluten darüber hinaus, wenn man sie im Winter oder Vorfrühling schneidet. Ist eine Korrektur der Wuchsform notwendig, so sollten diese Schnittmaßnahmen daher unbedingt im Spätsommer oder Anfang Herbst erfolgen.

Grossers Ahorn *Acer davidii* subsp. *grosseri*
Dieser Schlangenhaut-Ahorn wächst zu einem breit trichterförmigen, mehrstämmigen Großstrauch oder kurzstämmigen Kleinbaum von 5–8 m Höhe heran. Auffallend sind seine 6–15 cm langen, deutlich drei- bis fünflappigen Blätter und die prachtvolle orangefarbene bis karminrote Herbstfärbung.
Erziehungsschnitt: Ein Pflanzschnitt ist nicht notwendig. Entfernen Sie nur beschädigte oder überlange Triebe. Um das attraktive Rindenbild bei Schlangenhaut-Ahornen frühzeitig ins rechte Bild zu rücken, kann man sie zu mehrstämmigen Großsträuchern erziehen. Dabei werden bei Jungpflanzen der Mitteltrieb auf etwa 50 cm zurückgeschnitten und die verbliebenen Seitentriebe entspitzt. Im zweiten Jahr werden frostgeschädigte und dürre Triebe entfernt und schwache Seitentriebe eingekürzt. Im dritten Jahr entfernt man dann die unteren Seitentriebe und nach innen wachsende Triebe, damit die Rinde freigestellt wird und zur Geltung kommt.
Erhaltungsschnitt: Ein weiterer Schnitt ist nicht notwendig, da die Pflanzen auch ohne Eingriff eine optimale Wuchsform entwickeln. Schneiden Sie nur totes Holz sowie abgetrocknete oder beschädigte Zweige heraus.
Verjüngungsschnitt: Ein Verjüngungsschnitt ist nicht möglich.

Davids Ahorn *Acer davidii* subsp. *davidii*, Rotnerviger Ahorn *Acer rufinerve*, Roter Schlangenhaut-Ahorn *Acer capillipes*, Streifen-Ahorn *Acer pensylvanicum*
Weitere, Grossers Ahorn sehr ähnliche Großsträucher aus der Gruppe der Schlangenhaut-Ahorne mit geringfügigen Unterschieden.
Schnittmaßnahmen: Siehe *Acer davidii* subsp. *grosseri.*

Fächer-Ahorn *Acer palmatum*
Großstrauch oder kleiner malerischer, meist mehrstämmiger Baum mit rundlicher Krone und 5–7 m Wuchshöhe. Zeichnet sich durch zierliche, fünf- bis sieben-(bis neun)lappige Blätter aus, die

Die Schneeforsythie blüht entlang vorjähriger Zweige.

Der mehrstämmige Grossers Ahorn benötigt keine weiteren Schnittmaßnahmen.

oft bis über die Blattmitte eingeschnitten sind. Es gibt zahlreiche Sorten mit unterschiedlichen Blattformen, Blattfärbungen und Wuchsformen.

Erziehungsschnitt: Junge Pflanzen werden in den Aufzuchtbetrieben meist im Container kultiviert, weshalb ein Pflanzschnitt in der Regel nicht erforderlich ist. Kürzen Sie nur überlange, nicht verzweigte Triebe auf die Hälfte ein und entfernen Sie beschädigte Zweige. Ein weiterer Erziehungsschnitt beschränkt sich auf das Einkürzen der Triebe bei einseitig wachsenden Pflanzen. Etwaige Korrekturen der Wuchsform sollten bereits an Jungpflanzen durchgeführt werden. Der Fächer-Ahorn benötigt auch dann keinen Korrekturschnitt, wenn er dicht verzweigt ist.

Erhaltungsschnitt: Ein Erhaltungsschnitt ist ebenfalls hinfällig. Entfernen Sie nur trockene und beschädigte Zweige vor dem Austrieb. Sollte Zweig-Monilia auftreten, dann schneiden Sie die befallenen Triebe sofort bis ins gesunde Holz heraus und desinfizieren Sie das verwendete Werkzeug anschließend, damit Sie die Krankheit nicht auf andere Pflanzen übertragen. Wird ein Korrekturschnitt der Krone oder ein Schnitt aus Platzgründen notwendig, dann lichten Sie nach Möglichkeit sehr vorsichtig aus. Führen Sie diese Arbeiten im Spätsommer oder Frühherbst durch.

Verjüngungsschnitt: Ein Verjüngungsschnitt ist beim Fächer-Ahorn nicht zielführend.

Japanischer Ahorn *Acer japonicum*

Der Japanische Ahorn ist ähnlich wie der Fächer-Ahorn ein Großstrauch bis kleiner Baum von 2–4 m Wuchshöhe. Er unterscheidet sich von diesem vor allem durch die größeren, bis 14 cm breiten, eher rundlichen Blätter.

Schnittmaßnahmen: Siehe *Acer palmatum.*

Shirasawas Ahorn *Acer shirasawanum*

Diese Art unterscheidet sich vom Fächer-Ahorn geringfügig durch die rundlichen, neun- bis elflappigen Blätter, die etwas spitzer ausgezogenen Blattlappen und die aufrecht stehenden Blütenstände. Wegen ihres gelblichen bis frischgrünen Laubs wird vorwiegend die Sorte 'Aureum' verwendet.

Schnittmaßnahmen: Siehe *Acer palmatum.*

Feuer-Ahorn *Acer tataricum* subsp. *ginnala*

Malerischer, breit ausladender, mehrstämmiger Großstrauch bis kleiner Baum von 5–7 m Wuchshöhe mit dreilappigen Blättern und leuchtend feuerroter Herbstfärbung.

Erziehungsschnitt: Junge Pflanzen weisen mitunter einen etwas ungleichen Wuchs auf. Korrigieren Sie diesen, indem Sie im Spätsommer die schwachen Triebe stark und die stärkeren Triebe nur auf das notwendige Maß einkürzen.

Möchten Sie ein einstämmige Bäumchen erziehen, dann binden Sie den Leit- oder Haupttrieb auf und kürzen diesen nur geringfügig ein. Alle seitlichen Verzweigungen werden stark

Links: Gut entwickelter kleiner Baum des Fächer-Ahorns. Schnittmaßnahmen sind nur notwendig, wenn das Raumangebot eingeschränkt ist.
Unten: Dieser attraktive, gelbgrün belaubte, kleine Ahorn entwickelt sich ohne Eingriffe optimal.

Links: Die Mehrstämmigkeit dieses Feuer-Ahorns wurde durch das Zusammenpflanzen von drei Jungpflanzen bewirkt. Dies ist an der unterschiedlichen Herbstfärbung der einzelnen Stämmlinge gut erkennbar.
Unten: Die Strauch-Rosskastanie entwickelt sich mit Hilfe ihrer Ausläufer zu einem stattlichen, breitwachsenden Strauch.
Ganz unten: Die zahlreichen, dichtstehenden Ausläufer an der Strauchbasis sind bei dieser Strauch-Rosskastanie deutlich zu erkennen.

gekürzt. Wiederholen Sie diesen Schnitt während der nächsten drei bis vier Jahre und belassen Sie dann in etwa 1,5–1,8 m Höhe für die Krone vier bis fünf kräftige Triebe in entsprechender Stellung.
Erhaltungsschnitt: Gelegentlich sind leichte Korrekturschnitte der Wuchsform notwendig. Bei Hochstämmen entfernen Sie den Austrieb unterhalb des Kronenansatzes regelmäßig.
Verjüngungsschnitt: Ist nicht erfolgversprechend.

Aesculus; Rosskastanie

Strauch-Rosskastanie
Aesculus parviflora

Sehr dekorative, ausläufertreibende Sträucher von 2–3 m Wuchshöhe mit auffälligen weißen, endständigen Blütenrispen im Sommer. Die Triebe sind nur wenig verzweigt, von der Basis aus erfolgt eine gute Regeneration durch starke Ausläuferbildung.
Erziehungsschnitt: Nur kranke und beschädigte Triebe entfernen.
Erhaltungsschnitt: Schnittmaßnahmen sind nicht notwendig, es sei denn, die Ausläuferbildung ist so stark, dass der Ausbreitung der Pflanze Einhalt geboten werden muss. Eventuell sollte man ein vorsichtiges Auslichten zu dichter Bestände vornehmen. Diese Schnittmaßnahmen sollten im Winter erfolgen.
Verjüngungsschnitt: In der Regel nicht erforderlich. Schneidet man alle alten Triebe heraus, so regeneriert sich der Bestand innerhalb der folgenden zwei Jahre durch die neugewachsenen Wurzelausläufer.

Freistehender Solitärstrauch der Kupfer-Felsenbirne mit gut entwickelter Strauchbasis.

Amelanchier; Felsenbirne

Locker aufgebaute, mittelhohe bis hohe Sträucher mit attraktiven weißen Blütenrispen vor dem Laubaustrieb, schwarzblau bereiften Früchten im Juli sowie meist leuchtend roter Herbstfärbung.

Kupfer-Felsenbirne
Amelanchier lamarckii

Große, sommergrüne Sträucher oder kleine Bäume mit weißen Blütenrispen vor dem Laubaustrieb im April bis Mai, bronzefarbenem Laubaustrieb (die Blattunterseiten sind beim Austrieb seidig behaart), kleinen schwarzblauen Früchten im Sommer und schöner orangefarbener bis leuchtend roter Herbstfärbung.
Erziehungsschnitt: Nach dem Pflanzen werden alle Triebe um zwei Drittel eingekürzt. Bei jungen Pflanzen alle schwachen und verletzten Zweige entfernen, damit sie sich von der Basis aus gut verzweigen und ein kräftiges Gerüst aufbauen. Im folgenden Frühjahr kann man die jungen Pflanzen leicht ausdünnen, damit sich eine lockere Vasenform entwickelt.
Erhaltungsschnitt: Bei älteren Exemplaren mit zu dicht stehenden Trieben schneidet man einzelne direkt bis zum Boden zurück, damit sich Neutriebe aus der Basis heraus entwickeln können. Stärkere Schnittmaßnahmen sollten im Winter durchgeführt werden, geringfügiges Auslichten kann nach der Blüte erfolgen. Die Kupfer-Felsenbirne lässt sich auch als Hochstamm mit Hohlkrone und offenem, gleichmäßigem Astgerüst und entsprechenden Seitentrieben erziehen. In diesem Fall ist es wichtig, dass Sie die sich rund um den Stamm bildenden Ausläufer entfernen.
Verjüngungsschnitt: Schneidet man die Felsenbirne über Jahre hindurch nicht, dann bildet sie unter Umständen ein Dickicht von dünnen, ineinandergewachsenen Trieben. In diesem Fall kann man alle Triebe bis zur Basis zurückschneiden. Im Sommer müssen dann etwa ein Drittel, vor allem die schwachen und dünnen Triebe entfernt werden, damit sich der Strauch wieder gut entwickelt.

Erhaltungsschnitt bei einer gut entwickelten Felsenbirne: Entfernen Sie dazu drei bis fünf der ältesten Triebe an der Basis oder kürzen Sie kräftig entwickelte Seitentriebe ein, so dass das Strauchinnere wieder gut belichtet ist.

Kahle Felsenbirne
Amelanchier laevis

Ähnelt der Kupfer-Felsenbirne, hat jedoch kahle Blattunterseiten.
Schnittmaßnahmen: Siehe *Amelanchier lamarckii.*

Gewöhnliche Felsenbirne
Amelanchier ovalis

Heimischer, 2–3 m hoher, meist breitwüchsiger, locker aufgebauter Strauch mit weißen Blütentrauben im April/Mai. Die Blätter sind deutlich graufilzig.
Schnittmaßnahmen: Kaum notwendig, nur beschädigte Triebe herausschneiden, sonst wie *Amelanchier lamarckii.*

Ährige Felsenbirne
Amelanchier spicata

Etwas steif aufrecht wachsender Strauch ähnlich der Gewöhnlichen Felsenbirne, jedoch straff aufrecht und 4–6 m hoch wachsend.
Schnittmaßnahmen: Kaum notwendig, nur beschädigte Triebe herausschneiden, sonst wie *Amelanchier lamarckii.*

Der Wuchs der Ährigen Felsenbirne ist straff aufrecht, Schnittmaßnahmen außer einem gelegentlichen Auslichten erübrigen sich.

Aralia; Angelikabaum

Japanischer Angelikabaum
Aralia elata

Wenig verzweigte Sträucher mit dicken, steifen, bestachelten Trieben und sehr großen, doppelt gefiederten Blättern. Über den Blättern stehen im Sommer große Blütenstände mit zahlreichen kleinen, weißen Einzel-

Bei dicktriebigen Gehölzen wie dem Angelikabaum ist ein vorsichtiger Pflanzschnitt empfehlenswert. Links: Vor dem Pflanzschnitt, rechts: nach dem Pflanzschnitt.

blüten, im Herbst entwickeln sich lockere Fruchtstände mit vielen kleinen, schwarzen Beeren. Die großen Sträucher bilden wenige Ausläufer.

Erziehungsschnitt: Beim Pflanzen kann man die Triebe um ein Drittel einkürzen, damit die Bildung von neuen Schösslingen an der Basis angeregt wird.

Erhaltungsschnitt: Die jungen Triebe benötigen keinerlei Schnitt. Entfernen Sie nur abgestorbene, kranke oder beschädigte Pflanzenteile. Achtung: Der Angelikabaum treibt sehr spät aus, diese Tatsache nicht mit Frostschäden verwechseln! Auch später sind Schnittmaßnahmen nicht notwendig.

Verjüngungsschnitt: Werden die Pflanzen zu groß, kann man die alten, dicken Triebe zurückschneiden, eine Regeneration erfolgt über Sprosse, die aus der Wurzel austreiben.

Aronia; Apfelbeere

Schwarze Apfelbeere
Aronia melanocarpa

Die mit der Eberesche verwandten Apfelbeeren sind sommergrüne, mittelgroße Sträucher mit Ausläuferbildung. Sie blühen im Mai in weißen Doldentrauben am Ende der vorjährigen Triebe. Schöne Herbstfärbung und schwarze Beeren ab August/September. Wird der Strauch nicht geschnitten, dann bringt er im Inneren nur wenige neue Triebe hervor, breitet sich dafür aber mit Wurzelausläufern aus.

Erziehungsschnitt: Nach dem Pflanzen alle schwachen und verletzten Zweige entfernen, damit sie sich von der Basis aus gut verzweigen und ein kräftiges Gerüst aufbauen.

Erhaltungsschnitt: Als Schnittmaßnahme ist ein Auslichten vor dem Austrieb oder nach der Blüte im Frühjahr zu empfehlen, bei dem etwa ein Drittel der alten Äste bis zu gut entwickelten Knospen oder an der Basis entfernt wird. Auch dünne und

Rechts: Detail der Strauchbasis mit geringer Ausläuferbildung.
Unten: Der Japanische Angelikabaum regeneriert sich an der Basis durch laufend neugebildete Ausläufer.

Bei entwickelten Sträuchern des Angelikabaums sind kaum Schnittmaßnahmen notwendig. Entfernen Sie gelegentlich einen der ältesten Triebe, lassen Sie die Ausläufer unbeschnitten.

Ein vorsichtiges Auslichten der Apfelbeere ist nach der Blüte empfehlenswert.

kranke Triebe sollten regelmäßig herausgenommen werden. Gleichzeitig werden die Ausläufer rund um die Pflanze entfernt, damit sie sich nicht allzu stark ausbreitet.
Verjüngungsschnitt: Apfelbeeren reagieren auf starken Rückschnitt meist mit schwachem oder fehlendem Austrieb. In diesem Fall ist es günstiger, die vergreisten alten Pflanzen durch junge, gesunde zu ersetzen.

Berberis; Berberitze, Sauerdorn

Mittelhohe Sträucher mit überhängenden Trieben, gelben Blütenrispen entlang der vorjährigen Triebe und meist dreiteiligen Nebenblattdornen. Anspruchslose und anpassungsfähige Sträucher, die meist als Gruppen- oder Heckenpflanzen verwendet werden.

Thunbergs Berberitze
Berberis thunbergii

Sommergrüne, 1,5–2,5 m hohe und ebenso breite, dornige, dichttriebige Sträucher mit mesotoner Verzweigung. Hängende, gelbe Blütentrauben und rote, fleischige Beeren. Natürlich gewachsene Sträucher zeichnen sich durch dichten Wuchs und ausladende, überhängende Zweige aus. Die Blätter sind ganzrandig. Die Blütenrispen entwickeln sich am Ende von Kurztrieben entlang der vorjährigen Zweige. Damit dies auch längerfristig so bleibt, müssen die Sträucher regelmäßig im Winter bis Spätwinter stark ausgelichtet werden. Neben der grünlaubigen Form gibt es auch mehrere gelb- und rotblättrige Sorten sowie Zwergformen.
Erziehungsschnitt: Junge Pflanzen sollten stark zurückgeschnitten werden, damit sie sich zu gesunden, kräftigen Pflanzen entwickeln. Entfernen Sie nach dem Pflanzen alle schwachen oder verletzten Triebe bodennah und kürzen Sie die restlichen Triebe etwa um ein Drittel ein, damit sie sich von der Basis ausgehend verzweigen.
Erhaltungsschnitt: Schneiden Sie etwa ein Fünftel der alten Triebe vor dem Austrieb im Frühjahr an der Basis oder bis zu einen tiefer sitzenden Trieb heraus. Allzu starke Langtriebe lassen sich auch im Sommer einkürzen. Nach der Blüte im Mai kann man die blütentragenden Zweige auf einen kräftigen Trieb oder auf gut entwickelte Knospen zurückschneiden. Zwar erntfernen Sie so auch die Fruchttriebe, allerdings wird der Blütenreichtum im darauf folgenden Jahr umso reicher ausfallen. Berberitzen werden gerne als Heckenpflanzen verwendet und sollten in diesem Fall mit der Heckenschere gestutzt werden. Schneidet man rot- oder gelblaubige Sorten jedes Jahr auf ein niedrigeres Gerüst zurück, so bringt der Zuwachs größere Blätter und eine intensivere Laubfarbe hervor. Zwergformen wie ‘Atropurpurea Nana’ oder ‘Bagatelle’ benötigen keinen Schnitt.
Verjüngungsschnitt: Berberitzen neigen dazu, sehr dicht zu werden, wobei sich die Triebe im

Die Schwarze Apfelbeere sollte regelmäßig vorsichtig ausgelichtet werden.

Kürzen Sie etwa ein Fünftel der Berberitzentriebe an der Basis oder auf einen tiefer sitzenden, kräftigen Jungtrieb ein. Diesen Schnitt können Sie im Spätwinter oder nach der Blüte durchführen.

Inneren zunehmend schwächer entwickeln und dann absterben. Um dies zu verhindern, sollten sie in Abständen von fünf bis sieben Jahren verjüngt werden. Entfernen Sie dazu alle schwachen und abgestorbenen Triebe und schneiden Sie die restlichen gesunden Triebe auf eine Länge von 30 cm zurück.

Große Blut-Berberitze
***Berberis × ottawensis* 'Superba'**
Starkwüchsiger, 3–4 m hoher Strauch, ähnlich Thunbergs Berberitze, leicht unterscheidbar durch den stärkeren Wuchs und die größeren Blätter mit teils gezähnten Blatträndern. Die Blätter sind dunkelrot und metallisch glänzend.
Schnittmaßnahmen: Siehe *Berberis thunbergii.*

Koreanische Berberitze
Berberis koreana
Wächst ähnlich wie Thunbergs Berberitze, wird größer, unterscheidet sich von dieser durch elegant ausladende und überhängende Zweige mit großen Blüten- beziehungsweise Fruchtrispen.
Schnittmaßnahmen: Siehe Seite 347.

Links: Diese Koreanische Berberitze benötigt bereits einen kräftigen Auslichtungsschnitt, damit das Innere sowie die Strauchbasis nicht verkahlen.
Unten links: Thunbergs Berberitze im Spätwinter vor dem Auslichtungsschnitt.
Unten rechts: Thunbergs Berberitze im Spätwinter nach erfolgtem Auslichtungsschnitt.

Broussonetia; Papiermaulbeerbaum

Papiermaulbeerbaum
Broussonetia papyrifera
Hoher, breit ausladender Strauch oder mehrstämmiger kleiner Baum mit weich behaarten, bei jungen Pflanzen gelappten Blättern. Wenig auffällige, kätzchen-

Bei diesem mehrstämmig entwickelten Papiermaulbeerbaum sind nur vertrocknete Zweige und Totholz zu entfernen.

artige männliche und kugelige, grünliche, weibliche Blütenstände im Mai.
Erziehungsschnitt: Nach dem Pflanzen schwache und beschädigte Triebe entfernen, die kräftigen Triebe um ein Drittel einkürzen. Sollten bei jungen Pflanzen starke Frostschäden auftreten, kann man die Pflanzen vor dem Austrieb im Spätwinter kräftig zurückschneiden.
Erhaltungsschnitt: Wird der Papiermaulbeerbaum als Großstrauch gezogen, sind nur kleinere Wuchskorrekturen notwendig. Falls Frostschäden aufgetreten sind, die beschädigten Triebe ausschneiden. Bei der Verwendung als einstämmigen Baum etwaige Wurzelausläufer sowie Austriebe am Stamm bis zum Kronenansatz entfernen.
Verjüngungsschnitt: Ist beim Papiermaulbeerbaum nicht sinnvoll, da der Habitus dabei zerstört wird.

Buddleja; Sommerflieder

Schmalblättriger Sommerflieder
Buddleja alternifolia

Eleganter, breit ausladender, sommergrüner Strauch mit kaskadenartig überhängenden Trieben. Hellviolette, duftende Blütenbüschel entwickeln sich im Frühsommer am vorjährigen Trieb. Im mittleren Bereich der vorjährigen Triebe entstehen vereinzelt beblätterte Langtriebe, die erst im folgenden Jahr blühen. Nach Möglichkeit sollte man die Pflanze sich natürlich entwickeln lassen.
Erziehungsschnitt: Beschädigte und schwache Triebe entfernen, die kräftigen Triebe um ein Drittel einkürzen. Bei jungen Pflanzen mit Blütentrieben diese nach der Blüte Ende Juni bis auf die

Schmalblättriger Sommerflieder zur Blütezeit.

Junge Containerpflanze vor dem Erziehungs- beziehungsweise Pflanzschnitt.

Junge Containerpflanze nach erfolgtem Erziehungs- beziehungsweise Pflanzschnitt.

1.

Zeichnung 1: Schneiden Sie beim Schmalblättrigen Sommerflieder im Juni nach der Blüte alle abgetragenen Zweige bis zu den aufrecht wachsenden diesjährigen Neutrieben zurück.
Zeichnung 2: Erhaltungsschnitt des Schmalblättrigen Sommerflieders nach der Blüte im Juni im Detail.
Zeichnung 3: Erhaltungsschnitt beim Schmetterlingsstrauch im Detail.
Zeichnung 4: Erhaltungsschnitt des Schmetterlingsstrauchs im Spätwinter: Alle Triebe werden bis auf das Gerüst zurückgeschnitten.
Zeichnung 5: Vom vorjährigen Trieb bleiben nur kurze Stummel mit zahlreichen Knospen stehen (Detail).

bereits entwickelten diesjährigen Triebe zurückschneiden, diese zum Aufbau eines kräftigen Gerüsts ebenfalls einkürzen.
Erhaltungsschnitt: Ein Auslichtungsschnitt nach der Blüte im Juni wird vertragen. Man schneidet dazu die abgeblühten vorjährigen Triebe auf gesunde Knospen oder blattlose, inzwischen neugebildete Triebe zurück. Es ist möglich, einzelne alte Triebe bis zu kräftigen Jungtrieben im Strauchinneren zurückzunehmen.
Verjüngungsschnitt: Bei vernachlässigten Sträuchern kann ein Verjüngungsschnitt durchgeführt werden. Dieser geht allerdings auf Kosten der Blüte im Folgejahr.

2.

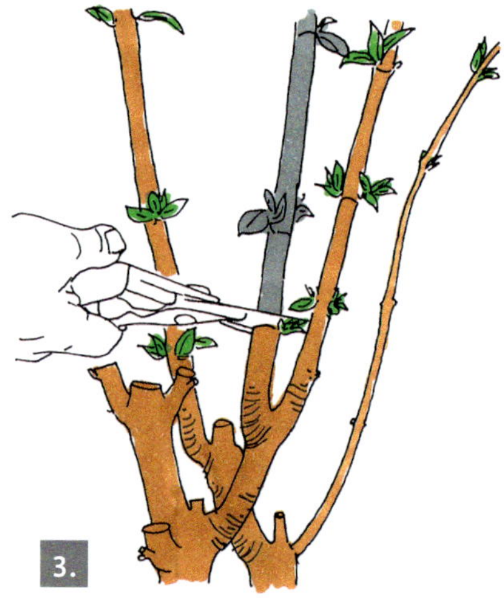

3.

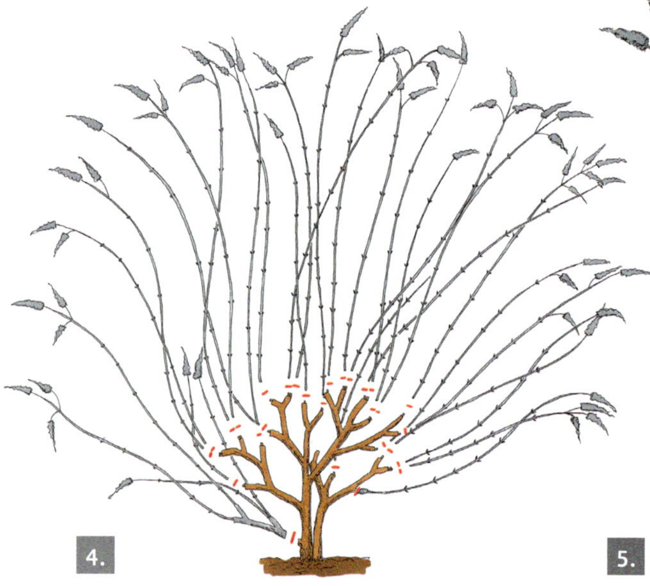

4.

5.

Schmetterlingsstrauch
Buddleja davidii
Im Sommer blühender, breit aufrecht bis breit vasenförmig wachsender Strauch mittlerer Größe mit leicht überhängenden Zweigen. Trägt am Ende der diesjährigen Zweige von Juli bis September Blütenrispen. Es gibt zahlreiche Sorten in verschiedenen Farben. Lockt zahllose Tagfalter an. Wird der Schmetterlingsstrauch nicht geschnitten, neigt er dazu, ein Gewirr lebender, abgestorbener und kaum noch blühender Zweige zu tra-

Schmetterlingsstrauch vor und nach dem Schnitt im zeitigen Frühjahr.

Schmetterlingsstrauch nach erfolgtem Schnitt im zeitigen Frühjahr.

gen, die Strauchbasis verkahlt dann zunehmend. Die Pflanze sät sich leicht von selbst aus und neigt zum Verwildern.
Erziehungsschnitt: Entfernen Sie im ersten Jahr alle schwachen Triebe und kürzen Sie die Hauptäste ein, damit sich ein Gerüst ab etwa 40–50 cm über dem Boden aufbaut. Man kann in den folgenden ein bis zwei Jahren im Frühjahr den Jahreszuwachs auf etwa 10–15 cm zurückschneiden.
Erhaltungsschnitt: Die ersten abgeblühten Blütenstände kann man gleich entfernen, um die Blüten an den nachfolgenden seitlichen Verzeigungen zu fördern. Dies ist aber nicht unbedingt notwendig. Im Herbst kann man die Triebspitzen etwas einkürzen. Im zeitigen Frühjahr wird nun alljährlich der vorjährige Wuchs scharf auf das Gerüst zurückgeschnitten, so dass jeweils nur zwei oder drei Augenpaare übrigbleiben. Während sich die Pflanze nun weiterentwickelt, werden mit einer Astschere oder Säge noch alle abgestorbenen oder nicht austreibenden alten Teile des Gerüsts entfernt.
Verjüngungsschnitt: Sind die Sträucher bereits zu groß oder werden sie zu dicht, dann kann man auch ins alte Holz zurückschneiden. Der Schmetterlingsstrauch wird immer im selben Jahr noch am Ende der neugebildeten Triebe im Sommer blühen. Stark überalterte Pflanzen sollten besser ausgetauscht werden.

Callicarpa; Schönfrucht, Liebesperlenstrauch

Schönfrucht, Liebesperlenstrauch *Callicarpa bodinieri*
Mittelgroße, sommergrüne, anfangs schmal aufrecht wachsende Sträucher mit hell lilafarbenen Blüten in den Blattachseln im Juni und auffällig violetten Früchten im Herbst und Winter. Es gibt auch eine weiß fruchtende Sorte (*Callicarpa japonica* 'Leucocarpa'). Bei stark fruchtenden Sträuchern neigen sich die Triebe waagrecht beziehungsweise hängen leicht über. Die Schönfrucht benötigt in den ersten Jahren keinen Schnitt.
Erziehungsschnitt: Junge Pflanzen benötigen einen scharfen Rückschnitt, damit sie sich von der Basis aus buschig verzweigen. Bevor die Pflanzen im Frühjahr zu wachsen beginnen, sollten alle schwachen und beschädigten Triebe entfernt werden.

Dieser Erhaltungsschnitt sollte beim Schmetterlingsstrauch alljährlich durchgeführt werden. Dabei werden die vorjährigen Triebe bis auf kurze Stummel auf das Gerüst zurückgeschnitten.

Die restlichen Triebe auf drei bis fünf Augenpaare über dem Boden zurückschneiden.
Erhaltungsschnitt: In der Regel reicht die Verjüngung aus, die man durch das Schneiden von Fruchtzweigen beziehungsweise das Entfernen unter dem Fruchtgewicht abgebrochener Zweige erreicht. Zweige, die im Vorjahr gefruchtet haben, sollen im Frühjahr vor dem Austrieb etwa um die Hälfte eingekürzt werden. Eine weitere Möglichkeit besteht darin, alljährlich einige der ältesten Triebe bis zum Boden zu

entfernen. Üblicherweise wird die Schönfrucht nur nach starken Frostschäden zurückgeschnitten. Dies kann im Vorfrühling geschehen. Dabei werden alle Triebe bis auf den Boden zurückgeschnitten. Die Pflanzen regenerieren sich gut, blühen und fruchten dann allerdings erst im Folgejahr wieder.

Verjüngungsschnitt: Werden die Pflanzen über längere Zeit nicht geschnitten, entwickeln sie mit zunehmendem Alter ein Dickicht mit geringerem Blüten- und Fruchtansatz, obendrein werden sie anfälliger für Krankheiten und Schädlinge. Zur Verjüngung belässt man vier bis fünf Triebe und schneidet alle übrigen 5–10 cm über dem Boden zurück. Im darauf folgenden Jahr schneiden Sie wieder alle schwachen sowie die vom Vorjahr verbliebenen vier bis fünf alten Triebe bodennah ab.

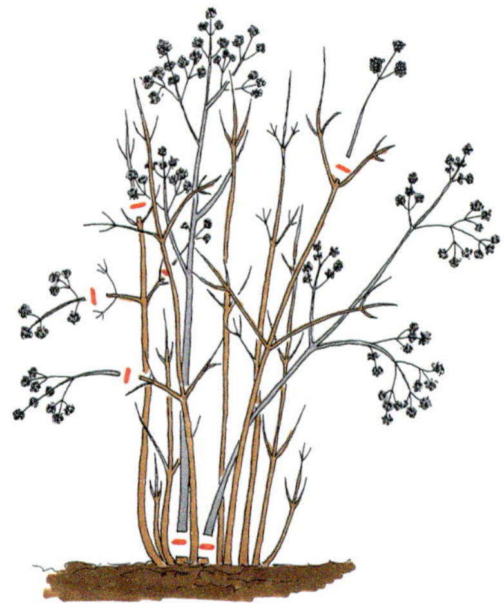

Kürzen Sie die Zweige der Schönfrucht, die im Vorjahr gefruchtet haben, im Spätwinter um die Hälfte ein. Sie können in mehrjährigen Abständen auch jeweils die ältesten Triebe knapp über dem Boden herausschneiden.

Oben: Gut entwickelter Strauch der Schönfrucht vor dem Auslichtungsschnitt.
Rechts: Gut entwickelter Strauch der Schönfrucht nach erfolgtem Auslichtungsschnitt.
Ganz rechts oben: Ältere, abgetragene Äste werden bei einem jungen, kräftigen Trieb entfernt.
Ganz rechts unten: In mehrjährigen Abständen sollten jeweils die ältesten Äste an der Basis herausgeschnitten werden.

Bei diesem Gewürzstrauch müssen nur abgetrocknete Zweige entfernt werden. Lichten Sie ihn auch gelegentlich aus.

Calycanthus; Gewürzstrauch

Echter Gewürzstrauch
Calycanthus floridus

Gewürzsträucher sind etwa 1–2,5 m hohe, etwas sparrig wachsende, aromatisch duftende Sträucher. Die dunkelrotbraunen, 4–5 cm großen, an den Enden kurzer Seitentriebe sitzenden Blüten entfalten sich von Juni bis Juli und duften insbesondere in den Abendstunden sehr intensiv. Die Blätter behalten ihre Behaarung auch im Sommer.

Erziehungsschnitt: Junge Pflanzen stark zurückschneiden, damit sie sich von der Basis aus gut verzweigen und ein kräftiges Gerüst aufbauen. Im folgenden Frühjahr alle schwachen und verletzten Zweige entfernen, die restlichen Triebe um ein Drittel einkürzen.

Erhaltungsschnitt: Der Erhaltungsschnitt beschränkt sich meist auf das Herausschneiden abgetrockneter, abgestorbener oder geschädigter Triebe. Gelegentliches vorsichtiges Auslichten ist von Vorteil. Dazu entfernt man im Frühjahr vor dem Austrieb bis zu einem Drittel der alten Triebe.

Verjüngungsschnitt: Ein starker Rückschnitt im Frühjahr ist möglich, da sich die Pflanze durch zahlreiche neue Basaltriebe regelmäßig erneuert.

Nelkenpfeffer
Calycanthus fertilis

Ähnelt dem Echten Gewürzstrauch, unterscheidet sich von diesem nur durch die später fehlende Behaarung der Blätter.

Schnittmaßnahmen: Siehe *Calycanthus floridus.*

Westlicher Gewürzstrauch
Calycanthus occidentalis

Dieser wächst etwas stärker und auch mehr in die Breite, unterscheidet sich durch glänzende, zugespitzte Blätter und größere Blüten vom Echten Gewürzstrauch.

Schnittmaßnahmen: Siehe *Calycanthus floridus.*

Caragana; Erbsenstrauch

Gewöhnlicher Erbsenstrauch
Caragana arborescens

Sommergrüne, meist straff bis breit aufrecht wachsende Sträucher bis 4 m Höhe mit zierlichen, gefiederten, frischgrünen Blättern. Die gelben Schmetterlingsblüten entwickeln sich im Mai an kurzen Trieben, die aus den vorjährigen Trieben entspringen.

Erziehungsschnitt: Junge Pflanzen vertragen einen scharfen Rückschnitt, damit sie sich von der Basis aus buschig verzweigen. Im Frühjahr sollten alle schwachen und beschädigten Triebe entfernt werden. Die restlichen Triebe um ein Drittel einkürzen.

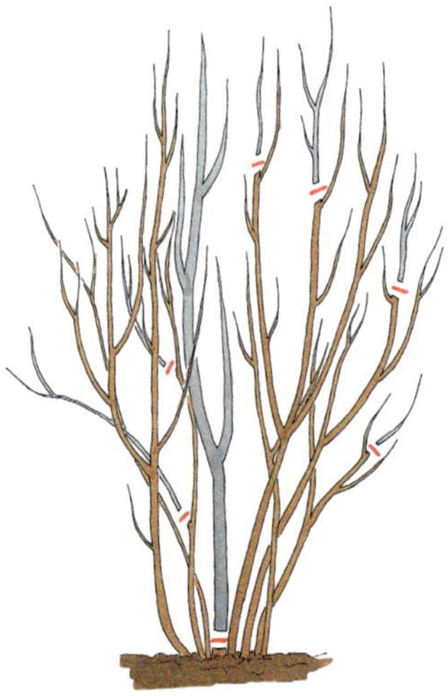

Kürzen Sie beim Erbsenstrauch einzelne Triebe vor dem Austrieb ein und entfernen Sie gelegentlich einen der älteren Triebe an der Basis.

Erhaltungsschnitt: Schnittmaßnahmen sind nicht nötig, ein Rückschnitt aus Platzgründen im Spätwinter wird vertragen. Um den Strauch im Wuchs etwas zu hemmen, kann man im Spätwinter einzelne Triebe einkürzen oder an der Basis entfernen. Der Habitus sollte dabei nicht beeinträchtigt werden.

Verjüngungsschnitt: Sind die Pflanzen noch verhältnismäßig jung und wüchsig, so kann man sie stark verjüngen, indem man alle schwachen und beschädigten Triebe bodennah entfernt und die gesunden, kräftigen Triebe 30–50 cm über dem Boden abschneidet. Überalterte und vergreiste Pflanzen regenerieren sich nicht oder nur sehr zaghaft.

Caryopteris; Bartblume

Clandon-Bartblume
Caryopteris × clandonensis

Niedrige, sommergrüne Sträucher mit blaugrünem Laub und leuchtend blauen Blüten in den Blattachseln der oberen Blätter an diesjährigen Trieben vom Spätsommer bis in den Herbst.
Erziehungsschnitt: Nach dem Pflanzen im Frühjahr schwache und beschädigte Triebe entfernen, alle gesunden Triebe bis auf wenige Augenpaare einkürzen.
Erhaltungsschnitt: Bartblumen werden jedes Jahr im Frühjahr vor dem Austrieb scharf auf ein niedriges Gerüst zurückgeschnitten. Dabei verbleiben nur wenige Augen des vorjährigen Triebs. Die vorjährigen Triebe frieren ohnehin im Winter zurück.
Trotz des kräftigen Rückschnitts blühen die Pflanzen im Sommer zuverlässig. Gleichzeitig bewirkt der Rückschnitt eine laufende Verjüngung der Bartblumen, die ohne diesen kurzlebig sind und sehr rasch überaltern würden.
Verjüngungsschnitt: Wurden Bartblumen mehrere Jahre nicht geschnitten, so verkahlen und

Pflanzschnitt bei einer jungen Clandon-Bartblume.

Links: Dieser Erbsenstrauch wurde vor einigen Jahren gerade abgeschnitten (eingekürzt) und hat sich wieder gut regeneriert.
Oben: Da ohne Rücksicht auf Augen oder Verzweigungen geschnitten wurde, sind die Schnittstellen auch nach Jahren teilweise noch zurückgetrocknet.

Links: Clandon-Bartblume vor dem Erhaltungsschnitt im zeitigen Frühjahr. Rechts: Clandon-Bartblume nach erfolgtem Erhaltungsschnitt im zeitigen Frühjahr: Alle vorjährigen Triebe wurden bis auf wenige Knospen auf das Gerüst zurückgeschnitten.

vergreisen sie innerhalb weniger Jahre. Ein stärkerer Rückschnitt auf die bereits dicken Basistriebe ist nur bedingt zielführend, da diese nur zögerlich austreiben und die Pflanzen keine gute Wuchsform mehr aufbauen können. Da Bartblumen Halbsträucher und damit eher kurzlebig sind, ist es besser, stark vernachlässigte Sträucher durch junge Pflanzen zu ersetzen.

Links: Kürzen Sie bei der Bartblume alljährlich vor dem Austrieb im zeitigen Frühjahr alle vorjährigen Triebe bis auf wenige Zentimeter auf das Gerüst ein. Rechts: Auf dem kurzen Stummel sitzen ausreichend Knospen für einen kräftigen Neuaustrieb (Detail).

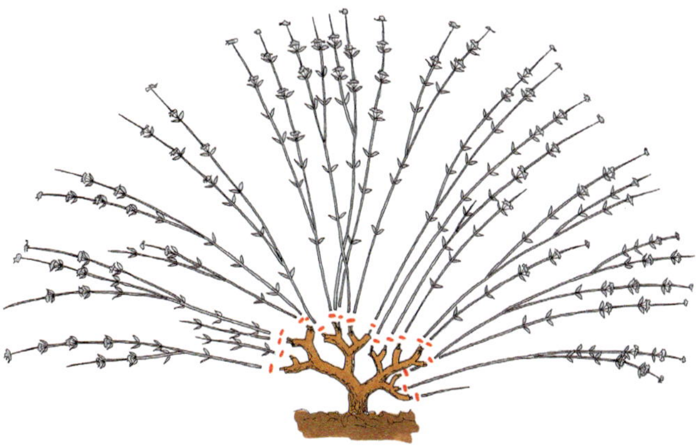

Ceanothus; Säckelblume

Hybrid-Säckelblume *Ceanothus* × *pallidus*, Französische Hybrid-Säckelblume *Ceanothus* × *delilianus*
Sommergrüne, attraktive, bis 1,5 m hohe Sträucher, die im Frühsommer und Herbst am Ende diesjähriger Triebe ihre blauen, mitunter auch rosafarbenen Blüten entfalten. Sie benötigen einen geschützten, doch sonnigen Standort und einen durchlässigen, gut mit Nährstoffen versorgten Boden. Wird die Säckelblume nicht geschnitten, so beginnt sie bald zu verkahlen und fällt auseinander.

Erziehungsschnitt: Es sollte ein Aufbauschnitt erfolgen, bis sich ein geeignetes Grundgerüst etabliert hat. Dazu kürzt man bei jungen Pflanzen alle Grundtriebe im Frühjahr bis zu zwei Drittel ein, im zweiten Frühjahr werden die Grundtriebe nochmals um ein Drittel oder die Hälfte eingekürzt, Seitentriebe auf etwa 20 cm zurückgeschnitten.

Erhaltungsschnitt: Ab dem dritten Jahr werden alle vorjährigen Triebe im zeitigen Frühjahr auf wenige Knospen zurückgeschnitten, zu dichtes und bereits wenig produktives Holz wird ganz entfernt. Es ist auch möglich, nach dem ersten Blütenflor im Juni die abgeblühten Blütenstände zu entfernen. Dadurch wird ein weiterer Durchtrieb angeregt und die Pflanze bringt im Herbst noch

Junge Säckelblume vor dem Erziehungs- beziehungsweise Erhaltungsschnitt im zeitigen Frühjahr.

Junge Säckelblume nach dem Erziehungs- beziehungsweise Erhaltungsschnitt im zeitigen Frühjahr.

eine kräftige zweite Blüte hervor. **Verjüngungsschnitt:** Sollten die Sträucher überaltert sein oder einmal stark zurückfrieren, so wird ein starker Rückschnitt erforderlich. Dieser wird vertragen. Zu diesem Zweck werden vor dem Austrieb im Frühjahr alle Triebe bis auf das starke Gerüst zurückgeschnitten.

Gut entwickelte und richtig geschnittene Säckelblume zur Blütezeit im Sommer.

Oben: Die Säckelblume trägt ihre Blüten am Ende diesjähriger Triebe. Schneiden Sie deshalb vor dem Austrieb im zeitigen Frühjahr alle vorjährigen, abgetragenen Zweige bis auf wenige Zentimeter auf das ältere Gerüst zurück. Unten: Detail zum Rückschnitt.

Cephalanthus; Knopfbusch

Knopfbusch *Cephalanthus occidentalis*
Sommergrüner, kleiner Strauch mit hübschen, weißen Blütenköpfchen am diesjährigen Trieb im Juli und August.
Erziehungsschnitt: Nach dem Pflanzen im Frühjahr werden schwache und beschädigte Triebe entfernt und alle gesunden Triebe bis auf wenige Augenpaare eingekürzt.
Erhaltungsschnitt: Die abgeblühten Triebe trocknen im Winter meist zurück. Schwache und frostgeschädigte Triebe entfernen. Ein regelmäßig durchgeführter Rückschnitt der vorjährigen Triebe vor dem Austrieb im Frühjahr auf etwa 20–30 cm über dem Boden fördert die Bildung zahlreicher neuer Blütentriebe.
Verjüngungsschnitt: Ist bei älteren, vernachlässigten Pflanzen nicht erfolgreich. Diese sollten besser durch junge Pflanzen ersetzt werden.

Chaenomeles; Zierquitte, Scheinquitte

Chinesische Scheinquitte *Chaenomeles speciosa*, Zierquitte *Chaenomeles* × *superba*
Etwas sparrig wachsende, dicht verzweigte Sträucher bis 2 m Wuchshöhe. Sie blühen im zeitigen Frühjahr meist vor dem Laubaustrieb direkt an den vorjährigen Trieben, die sich auch an älteren Ästen im Inneren des Strauchs entwickeln. Im Herbst bringen sie große, quittenähnliche Früchte hervor.
Erziehungsschnitt: Nach dem Pflanzen alle schwachen und

Oben links: Auch der Knopfbusch blüht am Ende diesjähriger Triebe. Kürzen Sie alle abgetragenen vorjährigen Triebe bis auf wenige Knospen ein.
Oben rechts: Detail zum Rückschnitt.

Der Knopfbusch in voller Blüte.

beschädigten Triebe entfernen. Die verbliebenen Triebe werden auf die Hälfte oder zwei Drittel zurückgeschnitten. Im Folgejahr kürzen Sie im Frühjahr alle Zweige, die keine Blütenknospen tragen, zumindest um die Hälfte ein. Aus der Basis entspringende Triebe entfernen Sie ebenfalls.

Erhaltungsschnitt: Die Pflanzen wachsen und blühen auch ohne Schnitt recht gut. Mit zunehmendem Alter werden sie aber zu dicht und die Blühwilligkeit lässt nach. Deshalb sollte man sie nach der Blüte im April oder Mai vorsichtig auslichten. Dabei werden vor allem sich kreuzende sowie einzelne alte Triebe, die nur noch wenige Blüten hervorbringen, an der Strauchbasis entfernt. Kürzt man die neuen Seitentriebe auf fünf bis sechs Blätter ein, so bringt dies einen wesentlich reicheren Blütenflor im darauf folgenden Jahr.

Verjüngungsschnitt: Alte, vergreiste Pflanzen sprechen gut auf einen Verjüngungsschnitt an. Dieser sollte aber über einen Zeitraum von etwa zwei bis drei Jahren erfolgen. Man schneidet etwa ein Drittel der Triebe auf

Die Zierquitte blüht entlang der älteren Triebe im Stauchinneren.

Zeichnung 1: *Entfernen Sie bei der Zierquitte im Spätwinter alle schwachen und beschädigten Triebe. Obwohl ein Schnitt hier nicht unbedingt erforderlich ist, sollte man die Pflanzen gelegentlich nach der Blüte vorsichtig auslichten.*

Zeichnung 2: *Ungeschnitten entwickeln sich die Seitentriebe wie hier dargestellt nur zu beblätterten Zweigen. Wurden diese jedoch im Spätsommer des Vorjahrs eingekürzt, entstehen statt der beblätterten Zweige kurze, dicht mit Blütenknospen besetzte Triebe.*

Zeichnung 3: *Sie können auch die Seitentriebe auf fünf bis sechs Blätter einkürzen. Damit erhöhen Sie den Blütenreichtum beträchtlich. Das ist besonders dann interessant, wenn die Zierquitte als Spalier gezogen wird.*

15–20 cm über dem Boden zurück. In den folgenden zwei Jahren entfernt man das zweite und dritte Drittel der alten Triebe auf dieselbe Weise, bis sich die Pflanze vollständig verjüngt hat.

Japanische Scheinquitte
Chaenomeles japonica
Diese Scheinquitte unterscheidet sich von den vorigen durch den schwächeren Wuchs (1–1,5 m) und die ziegelroten bis orangefarbenen Blüten. Auch die Fruchtsorte 'Cido' zählt zu dieser Art.
Schnittmaßnahmen: Siehe Seite 347.

Chimonanthus; Winterblüte

Chinesische Winterblüte
Chimonanthus praecox
Die Winterblüte ist ein sommergrüner, mittelgroßer, im Spätwinter blühender Strauch mit leicht nach Vanille duftenden Blüten. Die Pflanze blüht erst ab dem fünften Jahr. Sie benötigt einen geschützten, warmen Standort und einen gut durchlässigen, mäßig nährstoffreichen Boden. Die Verzweigung erfolgt vorwiegend im Spitzenbereich, ist aber auch an älteren Trieben noch ausreichend.
Erziehungsschnitt: Nach dem Pflanzen schwache und beschädigte Triebe entfernen, restliche Triebe nur wenig einkürzen. In den folgenden Jahren die noch jungen Pflanzen nicht schneiden, damit sich blühfähiges Holz entwickeln kann.
Erhaltungsschnitt: Ist der Strauch gut entwickelt, sind kaum Schnittmaßnahmen notwendig. Eventuell abgetrocknete Triebe entfernen. Schlecht platzierte Triebe sollte man im Winter an der Basis wegschneiden. Falls nötig, im Vorfrühling nach der Blüte geringfügig auslichten und ältere Triebe um etwa 30 cm einkürzen. Möchten Sie eher kompakte Pflanzen heranziehen, die nicht allzu groß werden sollen, können Sie nach dem Verblühen im März/April alle abgeblühten Seitentriebe auf vier bis sechs Blätter beziehungsweise Blattknospen einkürzen und die Triebverlängerung nur entspitzen.

Ein geringfügiges Auslichten beziehungsweise leichtes Einkürzen abgeblühter Zweige im März veranlasst die Winterblüte zur verstärkten Bildung einjähriger Blütentriebe.

Verjüngungsschnitt: Ist die Winterblüte an der Strauchbasis bereits verkahlt und auch sonst nicht optimal entwickelt, dann kann man einen Verjüngungsschnitt durchführen. Dieser sollte sich allerdings über zwei Jahre erstrecken. Man kürzt einen Teil der alten Triebe auf etwa 60–80 cm über dem Boden ein und schneidet die restlichen nur geringfügig. Im darauf folgenden Jahr behandelt man die noch verblieben alten Triebe ebenso. Die jungen neugebildeten Triebe können Sie zwecks besserer Verzweigung leicht einkürzen. Damit ist ein gut aufgebauter Strauch für die nächsten Jahre gewährleistet. Nach einem Verjüngungsschnitt braucht die Winterblüte noch zwei bis drei Jahre, bis sie wieder üppig blüht.

Chionanthus; Schneeflockenstrauch

Virginischer Schneeflockenstrauch *Chionanthus virginicus*, Chinesischer Schneeflockenstrauch *Chionanthus retusus*
2–3 m (*Chionanthus retusus*) beziehungsweise 4–6 m (*Chionanthus virginicus*) hoher, locker aufgebauter Strauch mit mäßiger Verzweigung und 10–20 cm langen, überhängenden, end-

Detail eines Zweigs der Winterblüte mit Blättern und Blütenknospen im Herbst.

ständigen, weißen, duftenden Blütenrispen im Mai bis Juni. Die Blütenrispen sitzen am Ende kurzer diesjähriger Triebe, die sich entlang der vorjährigen Triebe entwickelt haben.
Erziehungsschnitt: Nach dem Pflanzen nur beschädigte und schwache Triebe entfernen.
Erhaltungsschnitt: Nicht notwendig, die Pflanze verzweigt sich von Natur aus optimal. Die Pflanzen vergreisen in der Regel nicht so schnell.
Verjüngungsschnitt: Ein Auslichten durch Entnahme älterer Triebe ist möglich, ein Verjüngungsschnitt wird nicht gut vertragen. Oftmals ist der Schneeflockenstrauch auf die Blumen-Esche als Unterlage veredelt. In diesem Fall sind die Pflanzen kurzlebig.

Clerodendrum; Losbaum

Japanischer Losbaum
Clerodendrum trichotomum

Sommergrüner, baumartiger Strauch mit großen, herzförmigen Blättern, 3–4 m hoch, ausläufertreibend. Mitunter als kurzstämmiger Baum kultiviert. Die 3 cm großen, weißen, duftenden Blüten sind zu etwa 20 cm breiten Blütenständen achselständig an den Triebspitzen vereint.
Sie entfalten sich im August bis September. Die stahlblauen, auf sternförmig ausgebreiteten roten Kelchen sitzenden, beerenartigen Steinfrüchte sind überaus dekorativ.
Erziehungsschnitt: Am besten erzieht man die jungen Pflanzen mit einem einzelnen, astfreien, jungen Stamm und kürzt dessen Leittrieb auf 1–1,5 m ein. Für den Kronenaufbau wählt man fünf bis sechs gut platzierte Seitentriebe aus. Eventuell schon vorhandene Ausläufer sollte man entfernen oder zur Vermehrung verwenden. Man kann die jungen Pflanzen auch ohne Schnitt belassen. Dann entwickelt sich ein vieltriebiger, breit ausladender, malerischer Strauch, der viel Platz benötigt.
Erhaltungsschnitt: Es ist kein regelmäßiger Schnitt erforderlich. Vertrocknete, beschädigte und eventuell erfrorene Triebe sowie Ausläufer, sofern diese nicht erwünscht sind, entfernen.
Verjüngungsschnitt: Ist nicht zielführend. Allerdings können sich strauchförmig wachsende Exemplare durch Ausläufer regenerieren.

Unten: Die Zimterle blüht am Ende kurzer diesjähriger Seitentriebe, die sich aus den obersten Knospen der vorjährigen Triebe entwickeln.
Rechts oben: Der Schneeflockenstrauch blüht am Ende kurzer Seitentriebe.
Rechts unten: Der Losbaum entwickelt zahlreiche Fruchtstände am Ende diesjähriger Triebe.

Der Blasenstrauch blüht an den Enden diesjähriger Triebe.

Clethra; Scheineller, Zimterle

Erlenblättrige Zimterle
Clethra alnifolia
Etwa 1,5–2 m hoher, dichttriebiger, ausläufertreibender Strauch mit duftenden, weißen, 5–10 cm langen, aufrechten Blütentrauben, die sich am Ende der diesjährigen Zweige aus den obersten Blattachseln entwickeln.
Erziehungsschnitt: Beschädigte und kranke Triebe nach dem Pflanzen entfernen. Die verbliebenen Triebe um ein Drittel einkürzen.
Erhaltungsschnitt: Beschränkt sich auf das Abschneiden der abgetragenen Blütentriebe vor dem Austrieb im Frühjahr. Wenn die Pflanzen im Laufe der Jahre zu dicht werden, kann man alle zwei bis drei Jahre ein Drittel der alten Triebe im Spätwinter an der Basis herausschneiden.
Verjüngungsschnitt: Sind die Pflanzen schon überaltert und blühfaul, ist ein starker Verjüngungsschnitt bedingt erfolgreich.

Colutea; Blasenstrauch

Gewöhnlicher Blasenstrauch
Colutea arborescens
2–4 m hoher, breit aufrechter, locker aufgebauter, schnellwachsender Strauch mit Fiederblättern und langgestielten, gelben Blütentrauben an den diesjährigen Trieben von Mai bis August.
Erziehungsschnitt: Nach dem Pflanzen alle Triebe um ein Drittel einkürzen, trockene und beschädigte Triebe entfernen.
Erhaltungsschnitt: Ist in der Regel nicht notwendig. Sie können aber alle langen Triebe im Frühjahr vor dem Austrieb einkürzen. Damit bleibt der Strauch gleichzeitig etwas kleiner. Sie können den Blasenstrauch aber auch – ähnlich wie den Sibirischen Hartriegel – jedes Jahr vor dem Austrieb auf ein niedriges Gerüst zurückschneiden. Dadurch wird der Blühbeginn verzögert und die Pflanzen kommen erst im Sommer zur Blüte. Darüber hinaus kann er auch mit einem kurzen Stamm als Hochstämmchen erzogen werden.
Verjüngungsschnitt: Werden die Sträucher regelmäßig zurückgeschnitten, dann regenerieren sie sich gut. Überalterte Pflanzen hingegen regenerieren sich nach einem Verjüngungsschnitt nicht mehr zufriedenstellend, da der Blasenstrauch ein sehr kurzlebiges Gehölz ist.

Cornus; Hartriegel, Kornelkirsche

Sibirischer Hartriegel *Cornus alba* in Sorten, Gelbholziger Hartriegel *Cornus sericea* subsp. *sericea* 'Flaviramea'
Die strauchförmigen Vertreter dieser Hartriegelsorten werden hauptsächlich wegen der roten, gelben oder grünen Färbung ihrer Zweige angepflanzt. Es sind reichverzweigte, mittelhohe Sträucher mit mesotoner Verzweigung und weißen Blütenständen im Mai/Juni am Ende kurzer Seitentriebe vorjähriger Triebe. Im Herbst schmücken sie sich mit weißlichen bis blassbläulichen Früchten.
Erziehungsschnitt: Junge Pflanzen stark zurückschneiden, damit sie sich von der Basis aus gut verzweigen und ein kräftiges Gerüst

Gelbholziger Hartriegel im Container nach dem Pflanzschnitt.

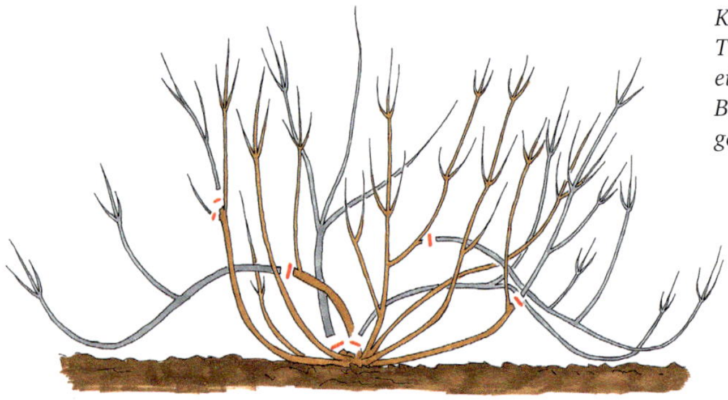

Kürzen Sie beim Sibirischen Hartriegel die älteren Triebe bis zu einem kräftig entwickelten Jungtrieb ein und schneiden Sie einzelne alte Triebe an der Basis heraus, um eine ständige Verjüngung zu gewährleisten.

aufbauen. Im folgenden Frühjahr alle schwachen und verletzten Zweige entfernen, die restlichen Triebe um ein Drittel einkürzen.

Erhaltungsschnitt: Wurde der Strauch wegen der Blüten, Früchte oder der farbigen Belaubung gepflanzt, so sollte er sich ohne Rückschnitt entwickeln können. Schneiden Sie alljährlich nur die alten Triebe vorerst bis zu einem kräftigen Jungtrieb an den Scheitelpunkten der Bögen, später an der Basis heraus. Bei vernachlässigten Sträuchern schneiden Sie das alte Holz in der Mitte heraus und lassen nach Möglichkeit die jungen Triebe unbeschnitten. Sorten, die wegen der im Winter zierenden Triebe gepflanzt wurden, benötigen einen regelmäßigen starken Schnitt, damit sich möglichst zahlreiche Jungtriebe mit kräftig gefärbter Rinde entwickeln. Man lässt diese

Wenn Sie besonderen Wert auf schön gefärbte Triebe im Herbst und Winter legen, dann schneiden Sie alljährlich im zeitigen Frühjahr die vorjährigen Triebe bis auf wenige Augen auf das Gerüst zurück, so dass bis zum Sommer jeweils wieder nur einjährige Triebe vorhanden sind. Hier werden die Schnittmaßnahmen bei einer jungen Pflanze gezeigt.

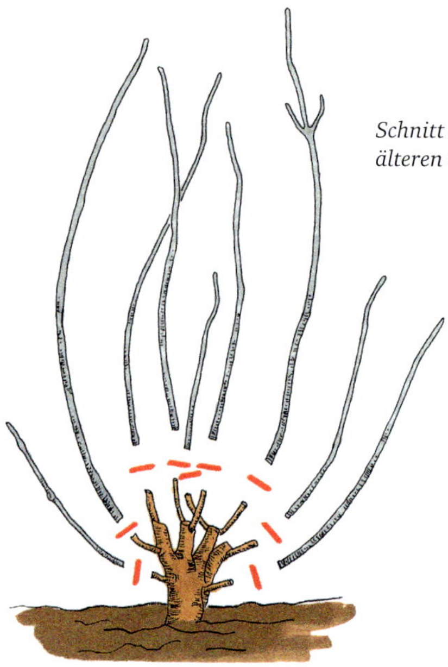

Schnitt an einem etablierten älteren Strauch.

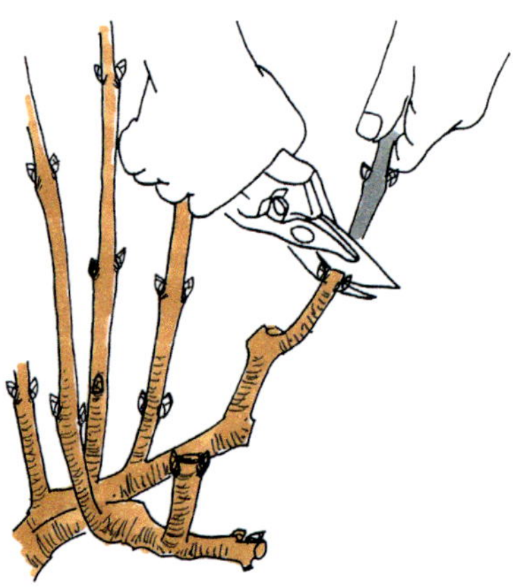

Schneiden Sie Triebe nahe dem Astgerüst über einem Knospenpaar zurück, um die Pflanze zu verjüngen.

Winteraspekt beim Sibirischen Hartriegel: Durch den Rück- beziehungsweise Erziehungsschnitt haben sich zahlreiche junge, gut ausgefärbte Triebe entwickelt.

Etwa siebenjähriger Gelbholziger Hartriegel vor dem Auslichtungsschnitt.

Etwa siebenjähriger Gelbholziger Hartriegel nach erfolgtem kräftigen Auslichtungsschnitt.

Pflanzen im ersten Jahr ohne Schnitt wachsen, schneidet zu Beginn des nächsten Jahres im zeitigen Frühjahr alle Triebe etwa 5–10 cm über dem Boden ab. Anschließend werden alljährlich alle Triebe auf zwei bis drei Augen des Vorjahrstriebs eingekürzt. Bei dieser Schnittmethode verzichtet man natürlich auf Blüten und Früchte.

Verjüngungsschnitt: Ältere Pflanzen entwickeln im Strauchinneren dicke und teils abgestorbene, dünne Triebe. Die Pflanzen lassen sich gut verjüngen, indem man die alten, dicken Triebe bis zu kräftigen bodennahen Jungtrieben oder 30–50 cm über dem Boden zurücknimmt. Junge, aus der Basis entspringende Triebe sollten um zwei Drittel eingekürzt werden.

Blutroter Hartriegel
Cornus sanguinea

Mittelstark verzweigter Strauch von 3–4 m Wuchshöhe, gelegentlich auch zu einem kleinen Baum heranwachsend. Regeneriert sich vorwiegend im äußeren Kronenbereich, aber auch aus basisnahen Trieben, wodurch langfristig ohne Schnitt ein dickichtartiger Strauch entsteht. Die weißlichen Blüten sitzen endständig an kurzen Trieben am Ende der vorjährigen Zweige. Sie sind in dichten, 4–5 cm breiten Trugdolden vereint. Dunkelrote, meist unterseits grünliche Zweige und schwarzblaue Früchte sind weitere Merkmale dieses Hartriegels.

Erziehungsschnitt: Junge Pflanzen vor dem Austrieb im Frühjahr stark zurückschneiden, damit sie sich von der Basis aus gut verzweigen und ein kräftiges Gerüst aufbauen. Im folgenden Frühjahr alle schwachen und verletzten Zweige entfernen, die restlichen Triebe um ein Drittel einkürzen.

Erhaltungsschnitt: In den folgenden Jahren ist kein Schnitt erforderlich. Vertrocknete und schwache sowie die Wuchsform störende Zweige vor dem Austrieb entfernen. In späteren Jahren ist ein leichter Auslichtungsschnitt in regelmäßigen Abständen von Vorteil, damit die Pflanzen nicht überaltern. Dabei werden alte Triebe entweder auf junge, kräftig entwickelte eingekürzt oder bodennah entfernt. Einen Teil der Triebe kann man bis zu kräftigen Verzweigungen zurücknehmen, damit Licht ins Strauchinnere gelangt.

Verjüngungsschnitt: Bei unregelmäßigem Wuchs oder älteren Pflanzen ist ein Verjüngungsschnitt durchaus empfehlenswert. Dazu schneidet man im

Die alten Triebe des Hartriegels verlieren ihre schöne Rindenfärbung. Sie sollten herausgeschnitten und durch junge, gut gefärbte Triebe ersetzt werden.

Bei diesem älteren Blutroten Hartriegel 'Midwinter Fire' sollte bereits ein Auslichtungsschnitt durchgeführt werden.

Spätwinter vor dem Austrieb die alten, dicken Triebe auf das Gerüst zurück, kürzt die verbliebenen jüngeren Triebe um zwei Drittel ein. Da sich der Hartriegel kräftig erneuert, ist ein weiterer Korrekturschnitt (Auslichten) notwendig.

Kornelkirsche *Cornus mas*

Großer, meist mehrstämmiger Strauch oder Kleinbaum. Blüht vor dem Laubaustrieb im Februar und März am alten Holz in 2 cm breiten, goldgelben Blütendolden. Daraus entwickeln sich bis zum Spätsommer 1–3 cm lange, olivenähnliche, leuchtend rote Früchte mit saftreichem, säuerlich schmeckendem Fruchtfleisch. Es gibt mehrere großfrüchtige Fruchtsorten. Das Triebwachstum erfolgt sowohl an den äußeren Zweigen als auch an der Basis.

Erziehungsschnitt: Junge Pflanzen vor dem Austrieb im Frühjahr stark zurückschneiden, damit sie sich von der Basis aus gut verzweigen und ein kräftiges Gerüst aufbauen. Im folgenden Frühjahr alle schwachen und verletzten Zweige entfernen. Wenn Halb- oder Hochstämme erzogen werden sollen, müssen vor dem Austrieb alle basisnahen Triebe entfernt und der Leittrieb um zwei Drittel eingekürzt werden. Der neue kräftige Austrieb kann nun zu einem Halb- oder Hochstamm weiterkultiviert werden.

Erhaltungsschnitt: In den folgenden Jahren ist bei den Sträuchern außer einem eventuell notwendigem Korrekturschnitt kein Schnitt erforderlich. Bei baumförmig kultivierten Kornelkirschen ist der Austrieb unterhalb der gewünschten Kronenhöhe regelmäßig zu entfernen. Lichten Sie etwas ältere Pflanzen vorsichtig aus, indem Sie einzelne Triebe bis zu gesunden, kräftigen Verzweigungen zurücknehmen. Bei der Verwendung als Heckenpflanze ist ein Schnitt mit der Heckenschere vor dem Aus-

Junger Kornelkirschbaum mit guter Verzweigung und reicher Blütenbildung.

trieb im Frühjahr und ein zweiter Schnitt etwa Ende Juni empfehlenswert.

Verjüngungsschnitt: Bei unregelmäßigem Wuchs oder älteren Pflanzen ist ein Verjüngungsschnitt durchaus empfehlenswert. Dazu schneidet man im Spätwinter vor dem Austrieb die alten, dicken Triebe auf das Gerüst zurück und kürzt die verbliebenen jüngeren Triebe um zwei Drittel ein. Kornelkirschen regenerieren sich auch im höheren Alter nach einem Verjüngungsschnitt noch recht gut.

Blumen-Hartriegel *Cornus florida*, Japanischer Blumen-Hartriegel *Cornus kousa*

Prächtige kleine Blütenbäume, deren unscheinbare kugelige Blütenstände von jeweils vier auffälligen, weißen oder rosafarbenen Hochblättern umgeben sind. Die Blütenknospen für das folgende Jahr (Blütezeit *Cornus florida* im Mai, *Cornus kousa* im Juni) werden bereits im Herbst an den vorjährigen Zweigen gebildet. Der Triebzuwachs erfolgt vorwiegend im äußeren Kronenbereich. *Cornus florida* entwickelt eine lockere, natürliche Krone. *Cornus kousa* unterscheidet sich durch fast waagrechte bis nach oben gerichtete, nahezu flächige Triebe, an deren Oberseite die Blütenstände dicht an dicht sitzen. Beide Arten zeichnen sich durch ihre prächtige rote Herbstfärbung aus. Sie benötigen einen kalkarmen Standort mit gut nährstoffversorgtem Boden.

Erziehungsschnitt: Nach dem Pflanzen schwache und beschädigte Triebe entfernen. Da sich diese Arten am besten baumförmig entwickeln, sollte man einen kurzen Hauptstamm auf etwa 60–90 cm Höhe entasten. Danach nur noch den Wuchs störende Triebe entfernen.

Erhaltungsschnitt: Es ist kein Erhaltungsschnitt notwendig. Nach der Blüte im Mai bis Juni nur totes und abgetrocknetes Holz entfernen. Dabei das meist optimal verzweigte blühfähige Holz nicht beschädigen.

Bereits im Herbst sind beim Blumen-Hartriegel die gut entwickelten Blütenknospen für das nächste Frühjahr deutlich sichtbar.

Etwa 20-jähriger Kornelkirschbaum nach vorsichtigem Auslichtungs- beziehungsweise Verjüngungsschnitt.

Blüte des Blumen-Hartriegels im Mai: Die Blütenstände sitzen am Ende der vorjährigen Triebe.

Verjüngungsschnitt: Diese Hartriegel vertragen keinen harten Rückschnitt, deshalb erübrigt sich ein Verjüngungsschnitt.

Riesen-Hartriegel, Pagoden-Hartriegel *Cornus controversa*
Etagenförmiger Kronenaufbau mit 10–18 cm breiten, weißen Trugdolden von Mai bis Juni. Sonst wie *Cornus kousa.*
Schnittmaßnahmen: Siehe *Cornus florida.*

Corylopsis; Scheinhasel

Armblütige Scheinhasel *Corylopsis pauciflora*, Ährige Scheinhasel *Corylopsis spicata*
Sommergrüne, bis 2 m hohe, dicht verzweigte Sträucher, deren am vorjährigen Holz entspringende hängende, gelbe Blütenkätzchen sich bereits im März entfalten. Es sind von Natur aus sehr regelmäßig wachsende Sträucher, deren Habitus durch falsche Schnittmaßnahmen leicht Schaden nehmen kann.
Erziehungsschnitt: Nach dem Pflanzen nur schwache und beschädigte Triebe entfernen. Baut sich von selbst optimal auf.
Erhaltungsschnitt: Kein Erhaltungsschnitt notwendig. Sollten die Sträucher zu groß werden, dann beschränken sich die Schnittmaßnahmen auf das Entfernen einzelner alter Triebe an der Basis. Dies kann im Frühjahr nach der Blüte erfolgen.
Verjüngungsschnitt: Nach starkem Rückschnitt treiben die Pflanzen zwar wieder aus. Eine optimale Wuchsform erlangen derartig verjüngte Sträucher jedoch meist nicht mehr.

Corylus; Hasel, Haselnuss

Gewöhnliche Hasel *Corylus avellana*, Korkenzieher-Hasel *Corylus avellana* 'Contorta', Große Hasel, Lamberts Hasel *Corylus maxima*
Sommergrüne, bis 6 m hohe, vielstämmige Großsträucher mit geringen Standortansprüchen. Die Blütenkätzchen öffnen sich im Spätwinter oder im sehr zeitigen Frühjahr. Es gibt auch Sorten mit gedrehten Zweigen und buntem Laub. Haselsträucher regenerieren sich sowohl im Kronenbereich als auch basiton.
Erziehungsschnitt: Junge Sträucher entwickeln sich ohne besondere Schnittmaßnahmen optimal. Eventuell schwache Triebe entfernen. Bei der Korkenzieher-Hasel auf bodennahe Triebe der

Rechts: Der Japanische Blumen-Hartriegel baut sich auch ohne Schnittmaßnahmen vorbildlich auf.

Haselsträucher verjüngen sich an der Triebbasis, während sich die alten Triebe an der Triebspitze akroton verzweigen. Schneiden Sie jedes Jahr einige der alten Triebe heraus, mitunter sogar an der Basis, damit sich langfristig ein Gleichgewicht zwischen jungen und alten Trieben einstellt.

Diese Armblütige Scheinhasel benötigt keinen Schnitt, aber ein gelegentliches Auslichten der Strauchbasis fördert die Bildung junger, blühfreudiger Triebe.

Die Ährige Scheinhasel benötigt keinen Schnitt, aber auch hier fördert ein gelegentliches Herausschneiden einzelner Triebe die Bildung junger, blühfreudiger Triebe.

Unterlage achten. Diese müssen an der Entstehungsstelle entfernt werden.

Erhaltungsschnitt: Die mehrstämmigen Haselsträucher sollen sich natürlich entwickeln, dabei aber nicht zu groß werden. Darüber hinaus sollte das Gleichgewicht zwischen jungem und reifem Wuchs langfristig erhalten bleiben. Dazu entfernt man jedes Jahr im Spätwinter einige wenige ältere Triebe. Mitunter kann man einen einzelnen Grundtrieb sogar bis zur Basis einkürzen.

Rotlaubige Sorten der Lamberts Hasel können regelmäßig vor dem Austrieb im Spätwinter stark zurückgeschnitten werden, damit sich des Laub besonders gut entwickelt und intensiv ausfärbt. Junge, starkwüchsige Triebe bilden wesentlich größere Blätter mit intensiverer Färbung aus.

Bei der Korkenzieher-Hasel sind keine Schnittmaßnahmen notwendig. Die Entnahme von kurzen Zweigstücken für Dekorationszwecke ist möglich, vorausgesetzt, der Habitus wird dadurch nicht gestört und die Pflanzen sind wüchsig und gut mit Nährstoffen versorgt. In den meisten Fällen treibt aber bei dieser Sorte die Unterlage (*Corylus avellana*) in regelmäßigen Abständen durch. Diese Unterlagentriebe sind unbedingt an der Stelle ihrer Entstehung zu entfernen. Nicht bodennah abschneiden, denn dadurch wird die Unterlage zu noch stärkerem Wuchs angeregt und verdrängt langfristig die Sorte mit den gedrehten Zweigen. Gelegentlich wird die Korkenzieher-Hasel auch als Hochstammveredlung angeboten, wobei als Unterlage die Baum-Hasel (*Corylus colurna*) verwendet wird. Hier ist ein Durchtrieb der Unterlage kaum zu beobachten.

Verjüngungsschnitt: Müssen die Sträucher verjüngt werden, können Sie im Spätwinter alle Triebe bis zur Basis zurückschneiden. Innerhalb von etwa drei Jahren baut sich die Pflanze neu auf, wobei man aber bei derart verjüngten Pflanzen kräftig auslich-

Strauchbasis einer Gewöhnlichen Hasel: Hier sollte bereits mit einem Auslichtungsschnitt begonnen werden.

Bei dieser Blut-Hasel ist das Totholz zu entfernen.

Die grünen Triebe sind bei dieser Blut-Hasel entweder durch Rückmutation entstanden oder es hat sich ein grünlaubiger Sämling an der Strauchbasis entwickelt. In beiden Fällen ist der grünlaubige Anteil der Pflanze gründlich zu entfernen.

Bei dieser Korkenzieher-Hasel wachsen die Triebe der Unterlage bereits über die Pflanze hinaus und müssen an der Entstehungsstelle gründlich entfernt werden.

Ganz links: Haselsträucher lassen sich auch gut verjüngen. Dazu schneidet man alle Triebe bis knapp über der Basis zurück. Die Strünke dürfen nicht beschädigt werden.
Links: Lichten Sie den neuen Austrieb aus, indem Sie einen Teil der neuen Triebe bodennah entfernen und die übrigen unbeschnitten lassen. Diese werden den Strauch neu aufbauen.

Nach einem starken Verjüngungsschnitt hat sich dieser Haselstrauch wieder gut entwickelt.

ten muss. Die schwachen und dünnen Triebe werden dabei bodennah entfernt. In England werden Haselsträucher traditionell in siebenjährigem Zyklus auf diese Weise zurückgeschnitten. Eine Verjüngung von stark vergreisten Korkenzieher-Haseln ist nicht zielführend, da diese Pflanzen im Alter schon sehr geschwächt sind und aus dem alten Holz kaum mehr austreiben.

Cotinus; Perückenstrauch

Sommergrüne Sträucher oder auch kleine Bäume bis 5 m, die wegen des Laubs, der Fruchtstände und der attraktiven Herbstfärbung gepflanzt werden.

Europäischer Perückenstrauch *Cotinus coggygria*

Der aus dem Mittelmeergebiet stammende Perückenstrauch ist wärmeliebend. Seine buntlaubigen Sorten werden gerne als Farbakzente im Garten verwendet.

Erziehungsschnitt: Nach dem Pflanzen nur schwache und beschädigte Triebe entfernen. Kürzen Sie nur unregelmäßigen Wuchs ein. Die Pflanze baut sich von selbst optimal auf.

Erhaltungsschnitt: Wenn der Strauch wegen der Blüte und Fruchtstände gepflanzt wurde, ist kein Erhaltungsschnitt notwendig. Entfernen Sie nur vertrocknete oder beschädigte Triebe. Sollten die Sträucher zu groß werden, dann ist ein kräftiger Auslichtungsschnitt im Spätwinter durchaus möglich.
Wenn Sie jedoch auf den Blattschmuck besonderen Wert legen, wie beispielsweise bei den dunkelpurpur- und gelblaubigen Sorten der Fall, dann bauen Sie ein Gerüst aus drei bis fünf kräftigen Trieben auf und kürzen diese auf 60–90 cm ein. Schneiden Sie

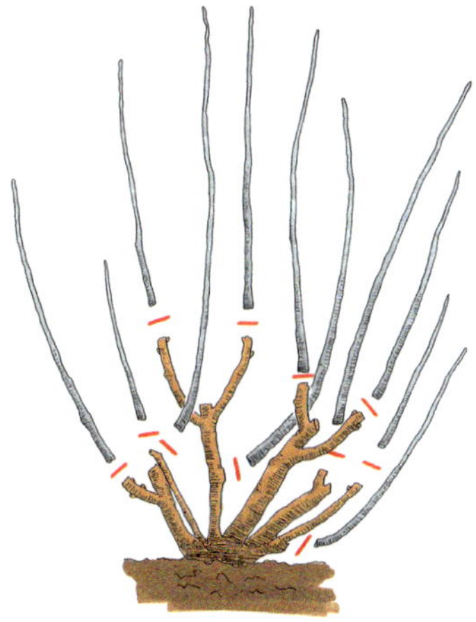

Wenn Sie den Perückenstrauch ohne besondere Schnittmaßnahmen wachsen lassen, wird er meist von alleine eine gute Wuchsform annehmen. Um zu verhindern, dass die Pflanzen zu groß werden, sollten Sie diese aber in mehrjährigen Abständen wie hier dargestellt vorsichtig auslichten.

Rechts: Dieser Perückenstrauch hat nach scharfem Rückschnitt kräftige Jahrestriebe mit großen Blättern entwickelt.
Unten, Detail: Aus der zurückgeschnittenen Pflanze haben sich zahlreiche kräftige Neutriebe entwickelt.

dann alljährlich im Spätwinter den vorjährigen Zuwachs um drei Viertel zurück.
Verjüngungsschnitt: Wurde die Pflanze regelmäßig geschnitten, dann lässt sie sich auch gut verjüngen. Überalterte Pflanzen reagieren auf einen starken Rückschnitt nicht mehr mit dem erwünschten kräftigen Neuaustrieb.

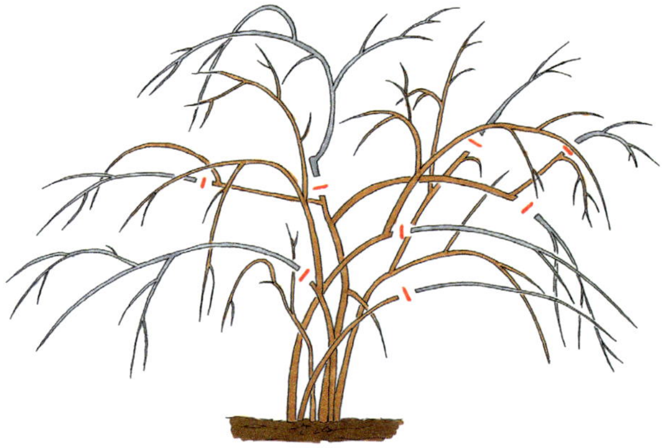

Zwergmispeln benötigen in etwa zwei- bis dreijährigen Abständen einen Auslichtungsschnitt, damit sie langfristig gut blühen und fruchten.

Cotoneaster; Felsenmispel, Zwergmispel

Diels Zwergmispel *Cotoneaster dielsianus*, Vielblütige Zwergmispel *Cotoneaster multiflorus*
Sommergrüne, locker aufgebaute, mäßig verzweigte Sträucher mittlerer Wuchshöhe mit weißen Blüten im Mai und roten Früchten im Spätsommer. Diese Zwergmispeln benötigen wenig Schnitt.
Erziehungsschnitt: Nach dem Pflanzen sollen alle schwachen und beschädigten Triebe entfernt werden. Alle kräftigen Triebe kann man auf etwa 20 cm einkürzen. Sie sollen ein kräftiges, mehrstämmiges Gerüst für den Strauch aufbauen. Nach dem Austrieb entfernt man alle sich kreuzenden und schwachen Triebe.

Ein Jahr nach dem Auslichtungsschnitt. hat sich diese Diels Zwergmispel gut regeneriert. Die Schnittstellen sind noch gut sichtbar.

Erhaltungsschnitt: Haben sich die Sträucher einmal etabliert, dann benötigen sie nur wenige Schnittmaßnahmen. Abgebrochene und abgestorbene Zweige müssen natürlich ausgeschnitten werden. Eventuell zu dicht wachsende und sich kreuzende Triebe zurücknehmen. Lassen Blühwilligkeit und Fruchtansatz einzelner Triebe nach, so entfernt man diese an der Basis. Damit die Sträucher nicht zu groß werden, sollte man sie in regelmäßigen Abständen (etwa alle zwei bis drei Jahre) im Spätwinter auslichten, indem man ältere Triebe bis auf tiefer stehende jüngere Seitenzweige zurückschneidet.
Werden diese Zwergmispeln in einer freiwachsenden Hecke verwendet, sollten sie regelmäßig ausgelichtet werden, indem man einzelne ältere Triebe auf jüngere, kräftig entwickelte Triebe beziehungsweise bis zur Basis zurückschneidet.
Verjüngungsschnitt: Überalterte Pflanzen lassen sich nur schwer verjüngen. Sind diese noch einigermaßen wüchsig, aber an der Strauchbasis bereits stark verkahlt, dann sollte man sie verjüngen. In diesem Fall schneidet man im Winter oder vor dem Austrieb etwa die Hälfte der dicken Triebe auf 50–60 cm zurück. Die restlichen werden nur leicht eingekürzt. Im darauf folgenden Winter werden die verbliebenen Triebe ebenso zurückgenommen. Der neue Austrieb, der meist sehr kräftig erfolgt, sollte ausgedünnt werden, damit sich wieder eine harmonische Wuchsform entwickeln kann.

Cytisus; Besenginster, Geißklee

Schwarzwerdender Geißklee *Cytisus nigricans*
Kleiner, kugelig wachsender Rutenstrauch mit goldgelben, endständigen Blütenrispen am diesjährigen Trieb von Juni bis Juli. Der Schwarzwerdende Geißklee ist relativ kurzlebig, wächst locker aufrecht und wird mit der Zeit sehr staksig, wenn er nicht regelmäßig geschnitten wird.
Erziehungsschnitt: Nach dem Pflanzen im Frühjahr sollen die jungen Sträucher um zwei Drittel zurückgeschnitten werden, damit sie sich vieltriebig entwickeln können.
Erhaltungsschnitt: Die Sträucher müssen jedes Jahr im Frühjahr vor dem Austrieb ähnlich wie die Bartblume auf ein niedriges Gerüst stark zurückgeschnitten werden, so dass vom vorjährigen Trieb nur wenige Knospen übrigbleiben. Dann

entwickelt sich ein vieltriebiger, kugeliger Strauch mit zahlreichen Blütentrieben und reicher Blüte im Sommer.
Verjüngungsschnitt: Ein Verjüngungsschnitt bei überalterten Pflanzen ist nicht zielführend. Besser ist es, überalterte Pflanzen durch junge zu ersetzen.

Besenginster *Cytisus scoparius*, Edelginster *Cytisus-scoparius-Hybriden*, Elfenbein-Ginster *Cytisus × praecox*
Aufrechte, kurzlebige Rutensträucher, die im späten Frühjahr am vorjährigen Holz blühen. Lässt man sie ungeschnitten, verkahlen die Sträucher an der Basis und werden staksig beziehungsweise fallen auseinander. Diese Ginsterarten benötigen kalkarme Standorte und erleiden oft Winterschäden.
Erziehungsschnitt: Nach dem Pflanzen schwache und beschädigte Triebe entfernen. Im selben Jahr nach der Blüte im Mai alle Triebe unbedingt um zwei Drittel einkürzen. Die Pflanzen treiben neu, nunmehr wesentlich dichter durch und blühen an diesen Trieben im folgenden Jahr.
Erhaltungsschnitt: Vor dem Austrieb im Frühjahr allenfalls aufgetretene Winterschäden entfernen. Bei reifen Pflanzen schneidet man ein bis zwei Drittel der vorjährigen Triebe weg, sobald diese abgeblüht sind (Ende Mai bis Juni), oder kürzt sie auf einen Trieb unterhalb der verwelkten Blüten ein. Es muss unbedingt noch junges Holz vorhanden bleiben! Dadurch bilden sich zahlreiche neue, kräftige Ruten, die im folgenden Jahr wieder blühen. Der jährliche Schnitt hemmt die Samenbildung. Gleichzeitig wird

Blühender Besenginster.

Links oben: Schwarzwerdender Geißklee vor dem Erhaltungsschnitt im zeitigen Frühjahr.
Links unten: Schwarzwerdender Geißklee nach dem Erhaltungsschnitt im zeitigen Frühjahr.
Unten: Der Schwarzwerdende Geißklee blüht in endständigen Blütenrispen am Ende diesjähriger Triebe.

Besenginster schneidet man gleich nach der Blüte. Kürzen Sie die abgeblühten Zweige Ende Mai um etwa zwei Drittel ein. Achten Sie darauf, dass noch genügend junges Holz vorhanden ist, da der Ginster aus altem Holz nicht mehr austreibt.

dadurch der Strauch verjüngt und die Vergreisung der ohnehin kurzlebigen Pflanzen hinausgezögert.
Verjüngungsschnitt: Bei einem Rückschnitt ins alte Holz treiben diese nicht mehr aus. Überalterte Pflanzen durch junge ersetzen. Kriechende Arten wie der Duftende Kriechginster (*Cytisus* × *beanii*) und Zwergformen wie der Zwerg-Elfenbein-Ginster (*Cytisus* × *kewensis*) benötigen keinen Schnitt.

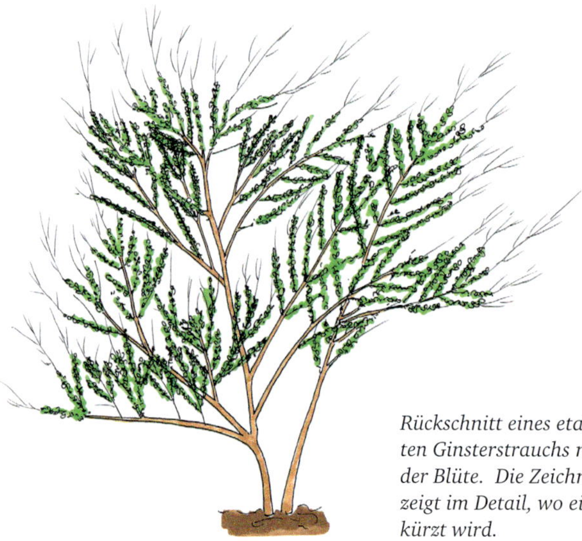

Rückschnitt eines etablierten Ginsterstrauchs nach der Blüte. Die Zeichnung zeigt im Detail, wo eingekürzt wird.

Nach dem Schnitt.

Beim Seidelbast sind keinerlei Schnittmaßnahmen erforderlich.

Daphne; Seidelbast

Gewöhnlicher Seidelbast
Daphne mezereum
Bis 1,5 m hohe, mäßig dicht verzweigte, stark giftige Sträucher mit rosafarbenen, intensiv duftenden Blüten entlang der vorjährigen Zweige im Februar/März.
Erziehungsschnitt: Kein Pflanzschnitt notwendig, nur schlecht platzierte Triebe sollte man entfernen.
Erhaltungsschnitt: Ist nicht erforderlich.
Verjüngungsschnitt: Nicht zielführend, da sich die Pflanzen

Malerisch hängen die Blüten an den Unterseiten des Taschentuchbaums. Entfernen Sie nur totes Holz und abgestorbene Äste.

nach starken Schnittmaßnahmen nicht mehr regenerieren.

Burkwoods Seidelbast 'Sommerset' *Daphne × burkwoodii* 'Sommerset'
Bis 1 m hoher, dicht verzweigter, sommergrüner, in milden Lagen wintergrüner Strauch mit weißlich bis rosafarbenen, endständigen Blütenbüscheln im Mai/Juni.
Erziehungsschnitt: Kein Pflanzschnitt notwendig, nur schlecht platzierte Triebe sollte man entfernen.
Erhaltungsschnitt: Ist nicht erforderlich.
Verjüngungsschnitt: Nicht zielführend, da sich die Pflanzen nach starken Schnittmaßnahmen nicht mehr regenerieren.

Davidia; Taubenbaum, Taschentuchbaum

Taschentuchbaum, Taubenbaum *Davidia involucrata*
Großstrauch oder kleiner bis mittelgroßer Baum mit lindenähnlichen Blättern und dekorativen Blütenständen im Mai. Die etwa 2 cm großen, rundlichen Blütenköpfchen werden von zwei ungleich großen, auffälligen, weißen Hochblättern eingehüllt. Ist in der Jugend frostgefährdet, erleidet auch später mitunter Frostschäden.
Erziehungsschnitt: Wenn man mehrstämmige Sträucher erziehen möchte, kann man den Leittrieb stark einkürzen, damit sich die Pflanzen knapp über der Basis verzweigen. Bei der Erziehung von Hochstämmen entfernen Sie die Konkurrenztriebe des Leittriebs und schneiden in den folgenden fünf bis sechs Jahren die seitlichen Verzweigungen bis zur gewünschten Stammhöhe von etwa 2–3 m sukzessive weg. Dabei werden die Seitenäste durch Einkürzen im ersten und Rückschnitt bis zum Stamm im nächsten Jahr entfernt. Diese Schnittmaßnahmen sind von Herbst bis zum zeitigen Frühjahr durchführbar.
Erhaltungsschnitt: Ist nicht notwendig, beschränkt sich auf das Entfernen ungünstig stehender sowie frostgeschädigter Triebe.
Verjüngungsschnitt: Obwohl sich der Taubenbaum auch nach stärkeren Frostschaden aus - dickeren Ästen gut regeneriert, ist ein Verjüngungsschnitt nicht möglich, da mit diesem der Habitus auf lange Sicht zerstört würde.

Decaisnea; Blauschote

Blauschote *Decaisnea fargesii*
Straff aufrechter, wenig verzweigter, 3–4 m hoher Strauch

Bei der Blauschote entfernen Sie nur geschädigte Triebe sowie eventuell aufgetretene Spätfrostschäden.

mit 50–80 cm großen Fiederblättern. Die grünlichen, in lockeren, hängenden Trauben angeordneten Blüten erscheinen im Juni am Ende der dicken, aufrechten Triebe. Daraus entwickeln sich bohnenartige, etwa 10 cm lange, kobaltblaue Spaltfrüchte. Die Blauschote ist spätfrostgefährdet.

Erziehungsschnitt: Junge Pflanzen müssen nicht geschnitten werden.

Erhaltungsschnitt: Bei reifen Pflanzen schneiden Sie schwache Triebe auf ein kräftiges Auge zurück oder entfernen diese ganz. Sind Spätfrostschäden aufgetreten, schneiden Sie die beschädigten Triebe im Frühsommer auf kräftige, gesunde Triebe zurück.

Verjüngungsschnitt: Überalterte Pflanzen regenerieren sich nach einem Verjüngungsschnitt nicht mehr zufriedenstellend.

Deutzia; Deutzie, Maiblumenstrauch

Raue Deutzie *Deutzia scabra*, Hybrid-Deutzien *Deutzia × hybrida*, *Deutzia × magnifica*
Sommergrüne, mittelgroße, meist straff aufrecht wachsende Sträucher mit weißen oder rosafarbenen Blüten, die sich im Juni an den neuen Trieben des vorjährigen Holzes öffnen. Starker

Bei der Pflanzung der Deutzie werden alle kräftigen Jungtriebe stark eingekürzt, damit sich der Strauch wie hier gezeigt verzweigt.

Links: Deutzie vor dem Erziehungs- beziehungsweise Pflanzschnitt nach der Blüte.
Oben: Deutzie nach dem Erziehungs- beziehungsweise Pflanzschnitt nach der Blüte.

Beim Erhaltungsschnitt werden die abgeblühten Triebe gleich nach der Blüte auf tiefer liegende, kräftige Jungtriebe zurückgenommen.

Schneiden Sie bei der Deutzie Ende Juni alle abgeblühten Triebe auf junge Triebe zurück. Entfernen Sie auch regelmäßig ältere Triebe an der Basis der Sträucher.

Deutzie vor dem Erhaltungs- und Auslichtungsschnitt im Spätwinter.

Deutzie nach dem Erhaltungs- und Auslichtungsschnitt im Spätwinter.

basitoner Austrieb, aber auch mesotone Verzweigung. Robuste Sträucher, die im Alter an der Basis stark verkahlen. Durch den Schnitt soll ein buschiger Wuchs erreicht und die Bildung von blühfähigem Holz angeregt werden.

Erziehungsschnitt: Beim Pflanzschnitt kürzen Sie die Triebe etwa um ein Drittel ein und entfernen schwache und beschädigte Triebe.

Erhaltungsschnitt: In den Folgejahren entfernen Sie die abgeblühten Triebe. Dazu schneiden Sie die Pflanze Ende Juni auf junge Triebe unter dem abgeblühten Holz zurück. Später werden auch regelmäßig die älteren Äste bis zum Boden oder auf kräftige, tiefere Äste zurückgeschnitten.

Verjüngungsschnitt: Zur Verjüngung, die im Spätwinter erfolgen kann, entfernen Sie die alten Triebe an der Basis und kürzen die restlichen ein. Sie vertragen auch einen scharfen Rückschnitt zur Verjüngung.

Rechts oben: Erhaltungs- und Auslichtungsschnitt bei einer etablierten Deutzie nach der Blüte: Strauch zur Blütezeit, Zustand vor dem Schnitt.
Rechts unten: Dieselbe etablierte Deutzie nach dem Erhaltungs- und Auslichtungsschnitt nach der Blüte.
Links: Verjüngungsschnitt einer überalterten Deutzie: Schneiden Sie im Spätherbst oder Winter ein Drittel oder die Hälfte der ältesten, dicken und kaum mehr Blütenholz bildenden Triebe bodennah heraus. Entfernen Sie ebenfalls alle schwachen Triebe an der Basis und lassen Sie die kräftigen jungen Triebe stehen.

Buschgeißblatt nach dem Erhaltungsschnitt im zeitigen Frühjahr.

Habitus des blühenden Buschgeißblatts im Sommer.

Zierliche Deutzie *Deutzia gracilis*, Lemoines Deutzie *Deutzia* × *lemoinei*, Rosa Deutzie *Deutzia* × *rosea*, Kalmienblütige Deutzie *Deutzia* × *kalmiiflora*
Diese schwachwüchsigen, bis 1,5 m hohen Deutzien blühen meist schon im Mai und wachsen nicht so straff aufrecht wie ihre starkwüchsigen Verwandten. Dennoch sollte der Schnitt den buschigen Wuchs dieser eher breit aufrecht bis locker übergeneigten Sträucher fördern.
Erziehungsschnitt: Beim Pflanzschnitt kürzen Sie die Triebe etwa um ein Drittel ein und entfernen schwache und beschädigte Triebe.
Erhaltungsschnitt: In den Folgejahren entfernen Sie die abgeblühten Triebe. Dazu schneiden Sie die Pflanze nach dem Abblühen auf junge Triebe unter dem abgeblühten Holz zurück. Schneiden Sie regelmäßig in ein- bis zweijährigem Turnus einzelne ältere Triebe an der Basis heraus, damit die Bildung von neuen blütentragenden Ersatztrieben aus der Strauchbasis angeregt wird.
Verjüngungsschnitt: Zur Verjüngung, die im Spätwinter erfolgen kann, entfernen Sie die alten Triebe an der Basis und kürzen die restlichen ein. Diese Deutzien vertragen auch einen scharfen Rückschnitt, benötigen dann aber ein weiteres Jahr, bis sie wieder blühen.

Diervilla; Buschgeißblatt

Buschgeißblatt *Diervilla* × *splendens*, Stielloses Buschgeißblatt *Diervilla sessilifolia*
Kaum 1 m hohe, ausläuferbildende, sommergrüne Sträucher, die mit den Weigelien verwandt und diesen etwas ähnlich sind. Sie blühen von Juni bis August. Ihre kleinen, gelben Blüten sitzen an den Enden der diesjährigen Triebe.
Erziehungsschnitt: Kürzen Sie alle Triebe auf eine Länge von etwa 15–20 cm ein. Entfernen Sie schwache und beschädigte Triebe ganz.
Erhaltungsschnitt: Um einen dichten Wuchs mit kräftigen Trieben und reizvoll bronzefarbene Blättern anzuregen, schneiden Sie am besten vor dem Austrieb im Spätwinter alle vorjährigen Triebe auf ein Augenpaar etwa 30 cm über dem Boden zurück.
Verjüngungsschnitt: Vernachlässigte Pflanzen schneiden Sie bis knapp über dem Boden zurück. Sie regenerieren sich in der Regel gut.

Kürzen Sie beim Buschgeißblatt im Spätwinter in einer Höhe von etwa 30 cm alle vorjährigen Triebe (siehe Detail) auf wenige Augenpaare ein. Die Pflanze wird dann kräftig austreiben und dicht wachsen.

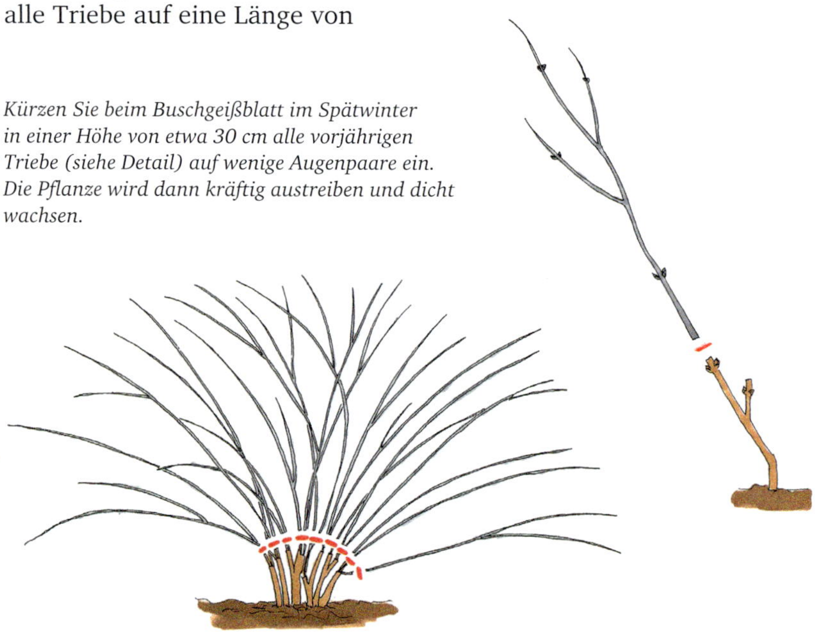

Dipelta; Doppelschild

Doppelschild *Dipelta floribunda*
Mittelgroßer, der Kolkwitzie ähnlicher Strauch mit hübschen, gelblich rosafarbenen Blüten im Juni. Die natürliche Wuchsform ist aufrecht bis leicht überhängend. Das Doppelschild bildet wesentlich weniger Bodentriebe als die Kolkwitzie aus und verjüngt sich deshalb eher im äußeren Zweigbereich. An alten Trieben schält sich die Borke auffällig.
Erziehungsschnitt: Entfernen Sie nach dem Pflanzen die schwachen und beschädigten Triebe und kürzen Sie die übrigen um ein Drittel ein.
Erhaltungsschnitt: Dieser Strauch blüht an den Neutrieben, die sich am vorjährigen Trieb entwickeln. Sollen die auffälligen Früchte ausreifen, dann schneiden Sie nach der Blüte nur zu dicht stehende und weit herausragende Triebe zurück. Ansonsten können Sie das abgetragene Blütenholz ebenfalls bis zu kräftig entwickelten, jungen Trieben zurückschneiden. Verjüngt sich auch aus der Basis mit kräftigen Neutrieben. Als Schnittmaßnahme sollte man deshalb regelmäßig einzelne Triebe an der Basis entfernen.
Verjüngungsschnitt: Wenn die Pflanzen noch nicht zu überaltert und die dicken Basistriebe noch nicht ganz verkahlt sind, dann schneiden Sie die gut entwickelten Triebe auf etwa 50–60 cm über dem Boden zurück und entfernen die schwachen und dünnen Triebe.

Disanthus; Doppelblüte

Doppelblüte
Disanthus cercidifolius
Kaum 1,5–2 m hoher, locker verzweigter Strauch mit Blättern, die denen des Kuchenbaums ähneln. Als Vertreter der Zaubernussgewächse trägt er seine eher unscheinbaren Blüten in achselständigen Köpfchen. Der Zierwert der Doppelblüte liegt jedoch in ihrer prächtigen, leuchtend orangefarbenen bis karminroten Herbstfärbung. Sie benötigt einen kalkfreien, mäßig feuchten Boden, damit sie sich richtig entfalten kann.
Erziehungsschnitt: Entfernen Sie nur beschädigte und ungünstig stehende Triebe. Sonst sind keine Schnittmaßnahmen notwendig.
Erhaltungsschnitt: Da sich die Doppelblüte von Natur aus optimal verzweigt, erübrigt sich ein Erhaltungsschnitt. Schneiden Sie nur beschädigte und eventuell abgetrocknete Triebe heraus.
Verjüngungsschnitt: Wie bei allen Vertretern der Zaubernussgewächse ist ein Verjüngungsschnitt auch bei der Doppelblüte nicht erfolgreich.

Elaeagnus; Ölweide

Schmalblättrige Ölweide
Elaeagnus angustifolia
Starkwüchsiger, sommergrüner, dornenbewehrter, ausläufertreibender Großstrauch oder Kleinbaum bis 7 m Höhe mit auffallend silbrigen Blättern. Die

Bei diesem locker aufgebauten Strauch eines Doppelschilds (Dipelta) ist ein vorsichtiger Auslichtungsschnitt empfehlenswert.

intensiv nach Honig duftenden, gelben Blüten entfalten sich Ende Mai bis Anfang Juni. Sie stehen einzeln, zu zweit oder dritt in den Blattachseln der diesjährigen Triebe. Olivenähnliche Früchte zieren den Strauch im Herbst.
Erziehungsschnitt: Für die Erziehung als Großstrauch werden beim Pflanzschnitt die Triebe eingekürzt, damit sich ein gut verzweigter, mehrstämmiger Strauch entwickeln kann. Man kann diese Ölweide auch als Hochstamm erziehen. In diesem Fall entfernen Sie die Seitentriebe bis auf eine Höhe von etwa 1,5 m.
Erhaltungsschnitt: Die Ölweide ist zwar gut schnittverträglich, aber sobald der Strauch einmal die gewünschte Wuchsform erreicht hat, ist kein Schnitt mehr notwendig. Schneiden Sie eventuell sich kreuzende, reibende oder zu dicht stehende Triebe heraus.
Verjüngungsschnitt: Die Schmalblättrige Ölweide verträgt einen scharfen Verjüngungsschnitt sehr gut. Auf diese Weise lassen sich sowohl zu groß gewachsene Sträucher in ihrem Ausbreitungsdrang hemmen als auch die Krone von Hochstämmen sehr kompakt und ausgewogen halten, falls dies erwünscht ist.

Doldige Ölweide
Elaeagnus umbellata
Bis 4 m hoher, sommergrüner, sparrig wachsender Strauch mit unterseits silbrigen Blättern und kugeligen, 6–8 mm dicken, rötlichen Früchten.
Schnittmaßnahmen: Siehe *Elaeagnus angustifolia.*

Silber-Ölweide
Elaeagnus commutata
Stark ausläufertreibender und kolonienbildender, unbewehrter, sommergrüner Strauch mit beiderseits silbrigen Blättern, gelblichen Blüten und olivenähnlichen Früchten.
Schnittmaßnahmen: Siehe *Elaeagnus angustifolia.*

Elsholtzia; Kammminze

Chinesische Kammminze
Elsholtzia stauntonii
Bis 1 m hoher Strauch mit duftendem Laub und aufrechten, rosafarbenen Blütenrispen am Ende diesjähriger Triebe von Septem-

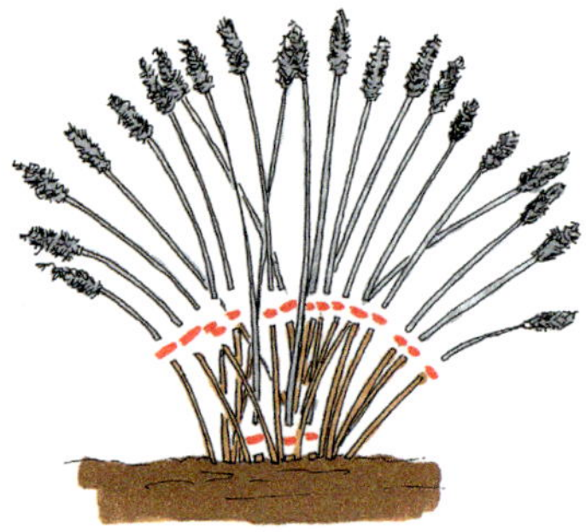

Die Kammminze blüht im Spätherbst am Ende diesjähriger Triebe. Kürzen Sie daher vor dem Austrieb im Frühjahr alle vorjährigen Triebe bis auf wenige Augenpaare auf das ältere Gerüst ein.

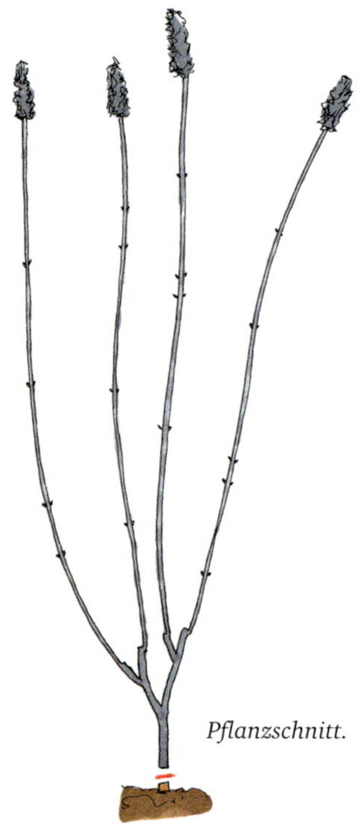

Pflanzschnitt.

Bei der Schmalblättrigen Ölweide sind keine besonderen Schnittmaßnahmen notwendig.

Detail des Erhaltungsschnitts.

ber bis Oktober. Die Triebe verholzen unter mitteleuropäischen Klimabedingungen kaum und trocknen im Winter meist stark zurück.
Erziehungsschnitt: Schneiden Sie nach dem Einpflanzen die Triebe auf 10–15 cm zurück, damit sich die Pflanze von der Basis ausgehend buschig entwickelt.
Erhaltungsschnitt: Der oberirdische Wuchs trocknet im Winter in der Regel bis knapp über dem Boden zurück. Behandeln Sie die Kammminze deshalb wie einen Halbstrauch und schneiden Sie alle Triebe jedes Frühjahr auf ein niedriges Gerüst von etwa 15–20 cm über dem Boden zurück. Dadurch erfolgt gleichzeitig eine Verjüngung des relativ kurzlebigen Strauchs.
Verjüngungsschnitt: Wurden die Pflanzen regelmäßig kräftig zurückgeschnitten, erfolgte damit auch gleichzeitig eine Verjüngung der Sträucher. Stark überalterte, nie zurückgeschnittene Kammminzen regenerieren sich nach einem harten Verjüngungsschnitt nicht mehr.

Die Triebe der Kammminze werden im Frühjahr auf etwa 20 cm eingekürzt.

Enkianthus; Prachtglocke

Glockige Prachtglocke
Enkianthus campanulatus

Sommergrüner, straff aufrecht und meist nicht größer als 2–3 m werdender Strauch mit lockerer, meist quirlständiger Verzweigung. Die hellrosafarbenen Blüten mit auffälligen lachsfarbenen Adern sind in hängenden Trugdolden angeordnet und entfalten sich im Mai. Sie entspringen am Ende der vorjährigen Triebe gemeinsam mit den wirtelartig gehäuften Blattbüscheln. Die Prachtglocke benötigt saure Böden und zeichnet sich durch ihre besonders prächtige Herbstfärbung aus.
Erziehungsschnitt: Entfernen Sie nur schwache und beschädigte Triebe.
Erhaltungsschnitt: Es sind keine besonderen Schnittmaßnahmen notwendig. Sollten die Basis des Strauchs verkahlt oder Korrekturen der Wuchsform nötig sein, wird ein Schnitt gut vertragen. Dieser kann entweder im Spätwinter oder nach der Blüte durchgeführt werden.
Verjüngungsschnitt: Auch stark vergreiste Sträucher lassen sich noch gut verjüngen. Entfernen Sie dazu im Spätwinter alle schwachen, beschädigten oder vertrockneten Triebe an der Basis und kürzen Sie alle kräftigen Triebe leicht versetzt auf 50–70 cm ein. Der Strauch benötigt ein bis zwei Jahre, bis er wieder den typischen Wuchs aufweist und blüht.

Euonymus; Spindelstrauch, Pfaffenhütchen

Gewöhnliches Pfaffenhütchen
Euonymus europaeus

Sommergrüner, 2–4 m hoher, sparrig verzweigter Strauch, gelegentlich auch baumförmig,

Die Glockige Prachtglocke benötigt keine besonderen Schnittmaßnahmen.

dann bis 6 m hoch wachsend. Die unscheinbaren, grünlich gelben Blüten erscheinen im Mai, während die rosa bis rot gefärbten, auffälligen Früchte und das rote Herbstlaub den Spindelstrauch im Herbst schmücken. Anfällig für Blatt- und Schmierläuse.
Erziehungsschnitt: Schneiden Sie schwache und beschädigte Triebe an der Basis heraus und kürzen Sie die kräftigen Triebe um ein Drittel ein.
Erhaltungsschnitt: Schneiden Sie schwache und kranke Triebe heraus. Ansonsten sind keine Schnittmaßnahmen notwendig. Sind die Sträucher einmal gut entwickelt und werden dann zu dicht, entfernen Sie im Spätwinter die älteren Triebe an der Basis, damit sich das Innere des Strauchs verjüngen kann.
Verjüngungsschnitt: Auch bei älteren Pflanzen ist ein Verjüngungsschnitt möglich, der im Spätwinter durchgeführt werden sollte. Schneiden Sie dazu alle kräftigen Triebe auf ein Gerüst von 50–70 cm zurück und entfernen Sie die schwachen und beschädigten Triebe an der Basis.

Flachstieliger Spindelstrauch *Euonymus planipes*

Ähnelt dem Gewöhnlichen Pfaffenhütchen, doch etwas weniger sparrig und 3–4 m hoch wachsend. Durch die leuchtend karminroten, stark geflügelten, langgestielten Früchte, die in großer Anzahl gebildet werden, vom Gewöhnlichen Pfaffenhütchen leicht zu unterscheiden.
Schnittmaßnahmen: Siehe *Euonymus europaeus.*

Flügel-Spindelstrauch, Korkflügelstrauch *Euonymus alatus*

Sommergrüner, 2–3 m hoher, breit ausladender Strauch, dessen Zweige mit vier abwechselnd stehenden, flügelartigen Korkleisten versehen sind. Wegen seiner brillanten, leuchtend karminroten Herbstfärbung ein besonders auffallender Strauch.

Oben links: Wird das Gewöhnliche Pfaffenhütchen zu dicht oder zu groß, kann es problemlos ausgelichtet oder verjüngt werden.
Oben rechts: Der locker aufgebaute Flachstielige Spindelstrauch benötigt in der Regel keinen Schnitt.
Rechts: Wird der Flügel-Spindelstrauch zu groß, lässt er sich durch einen vorsichtigen Auslichtungsschnitt unter Kontrolle halten.

Erziehungsschnitt: Beim Pflanzschnitt nur schwache und beschädigte Triebe entfernen. Es ist kein weiterer Erziehungsschnitt notwendig.
Erhaltungsschnitt: Der Korkflügelstrauch entwickelt sich ohne Schnittmaßnahmen optimal. Wird die Pflanze im Laufe der Jahre zu groß, dann kürzen Sie im Spätwinter oder – falls dies notwendig erscheint – im Frühsommer etwa jeden dritten Trieb bei einer Verzweigung im Inneren des Strauchs ein.
Verjüngungsschnitt: Ist im Spätwinter möglich, aber der Strauch benötigt dann zwei bis drei Jahre, bis sich die typische Wuchsform wieder einstellt.

Exochorda; Radspiere, Blumenspiere

Chinesische Radspiere
Exochorda racemosa
Dicht verzweigter, 3–4 m hoher, trichterförmig wachsender, sommergrüner Großstrauch mit verkehrt eiförmigen Blättern und überreichem Blütenschmuck. Die aus bis zu zehn etwa 4 cm breiten, blendend weißen Einzelblüten zusammengesetzten Trauben entwickeln sich im Mai endständig an kurzen, beblätterten, diesjährigen Trieben, die aus den vorjährigen Trieben entspringen. Benötigt tiefgründigen, sauren bis neutralen Boden, ist kalkmeidend.
Erziehungsschnitt: Schneiden Sie nach dem Pflanzen die schwachen Triebe heraus. Kürzen Sie bei jungen Pflanzen die Triebe etwas ein, damit sich ein kräftiges, gut verzweigtes Astgerüst aufbaut. Daneben sind keine weiteren Schnittmaßnahmen zur Erziehung erforderlich.
Erhaltungsschnitt: Die Radspiere entwickelt sich in den Folgejahren auch ohne Schnittmaßnahmen günstig und blüht reich. Um einer Überalterung vorzubeugen, schneiden Sie nach der Blüte die abgeblühten Triebe auf gut entwickelte Knospen zurück und entfernen Sie schwache und zu dicht stehende Triebe.
Verjüngungsschnitt: Wurde die Radspiere nie geschnitten und sind die Basaltriebe schon sehr dick, dann ist ein Verjüngungsschnitt nicht mehr möglich. Regelmäßig ausgelichtete Sträucher hingegen können zahlreiche Basaltriebe hervorbringen. Ist dies der Fall, dann entfernen Sie im Spätwinter alle alten Triebe an der Basis und bauen den Strauch mit den jungen, kräftigen Trieben neu auf, die aus der Strauchbasis entspringen.

Radspiere 'The Bride'
***Exochorda × macrantha* 'The Bride'**
Locker aufrecht wachsender, sommergrüner, etwa 1,5 m hoher Strauch mit stark überhängenden Zweigen. Sonst wie *Exochorda racemosa.*
Schnittmaßnahmen: Siehe *Exochorda racemosa.*

Die Radspiere benötigt nach erfolgtem Aufbau keine weiteren Schnittmaßnahmen.

Fontanesia; Fontanesie

Glattrandige Fontanesie
Fontanesia phillyreoides* var. *fortunei
Straff aufrechter, bis 3 m hoher, sommergrüner Strauch mit lanzettlichen Blättern, weißlichen Blüten im Mai und 6–8 mm großen, ulmenähnlichen Früchten.
Erziehungsschnitt: Entfernen Sie nach der Pflanzung alle schwachen und beschädigten Triebe und schneiden Sie die restlichen um zwei Drittel zurück. Im Spätwinter des Folgejahrs können Sie die kräftigen, jungen Triebe nochmals um die Hälfte einkürzen, damit sich die Pflanze vom Boden aus gut verzweigt.
Erhaltungsschnitt: Ein weiterer Schnitt ist nicht unbedingt erforderlich. Schneiden Sie aber alle zwei bis drei Jahre im Spätwinter oder Frühsommer etwa ein Drittel der Zweige auf kräftig entwickelte, junge Triebe im Strauchinneren zurück, damit sich die Pflanze auch von innen heraus laufend erneuern kann.
Verjüngungsschnitt: Bei stark vergreisten Pflanzen entfernen Sie im Spätwinter alle schwachen, beschädigten oder abgetrockneten Zweige und schneiden die Pflanze auf ein Astgerüst zwischen 50 und 70 cm zurück.

Obwohl kein Schnitt erforderlich ist, lässt sich die Fontanesie gut verjüngen.

Forsythia; Goldglöckchen, Forsythie

Garten-Forsythie
Forsythia × intermedia

Sommergrüne, mittelgroße, etwa 2–3 m hohe, durch die mesotone Verzweigung oft breit ausladende Sträucher mit leuchtend gelben Blüten vor dem Laubaustrieb ab März. Die Blüten erscheinen an den einjährigen sowie an den Verzweigungen des zwei- und dreijährigen Holzes. Lässt man Forsythien über lange Zeit ungeschnitten, so bilden sie nach oben hin lange, kräftige Triebe. Die Mitte verzweigt sich zunehmend und wird dadurch dichter. An der Basis verkahlen die Pflanzen. Die Blüten befinden sich nur noch am äußersten Rand und die Blühwilligkeit lässt stark nach.

Erziehungsschnitt: Schneiden Sie nach dem Pflanzen schwache und beschädigte Triebe ganz weg und kürzen Sie die kräftigen, gesunden Triebe um die Hälfte oder zwei Drittel ein. Nach dem Pflanzschnitt sollten sich die Sträucher etwa zwei Jahre ungehindert entwickeln können.

Erhaltungsschnitt: Schneiden Sie nach der Blüte im März alle abgeblühten Zweige bis zur Hälfte oder zumindest bis zu einer kräftigen Knospe oder einem kräftigen, jungen, nach oben wachsenden Trieb zurück. In den Folgejahren sollte die Mitte regelmäßig ausgelichtet werden. Schneiden Sie zu diesem Zweck einige der ältesten Triebe auf kräftige junge Triebe zurück. Später entfernen Sie auch nach und nach die alten Grundtriebe an der Basis. Die Schnittmaßnahmen werden im Frühjahr unmittelbar nach der Blüte durchgeführt.

Da die Forsythie an den einjährigen sowie an den Seitentrieben des zwei- und dreijährigen Holzes blüht und sich im mittleren Bereich gut verzweigt, blüht sie auch als geschnittene Hecke beziehungsweise als formiertes Gehölz recht gut. Wird sie an der Mauer als Spalier gezogen, dann entwickelt sie ein kräftiges Astgerüst. In diesem Fall sollte man die abgeblühten Triebe auf zwei Augen über dem Gerüst zurückschneiden.

Verjüngungsschnitt: Alte Forsythien bilden ein dichtes Gestrüpp von dünnen, schwachen und blattlosen, langen Zweigen, die kaum mehr blühen. Dermaßen

Erziehungsschnitt einer jungen Forsythie.

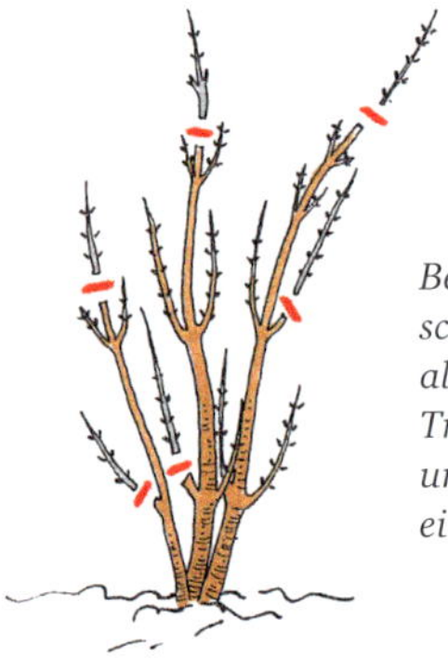

Beim Pflanzschnitt werden alle schwachen Triebe entfernt und die kräftigen eingekürzt.

Beim Erziehungs- oder Aufbauschnitt werden alle schwachen sowie zu dicht stehenden kräftigen Triebe entfernt. Kürzen Sie die kräftig entwickelten Triebe um ein Drittel ein, damit sich die Sträucher schon im unteren Bereich gut verzweigen und später nicht verkahlen.

Beim Erhaltungsschnitt werden alle abgeblühten Triebe nach der Blüte Ende März um die Hälfte, zumindest aber bis zu einer kräftigen Knospe oder einem kräftigen Jungtrieb zurückgeschnitten.

vernachlässigte Pflanzen lassen sich durch einen Verjüngungsschnitt wieder regenerieren. Dieser sollte nach Möglichkeit auf zwei bis drei Jahre verteilt werden. Der Verjüngungsschnitt wird im Winter oder zeitigen Frühjahr durchgeführt. Lassen Sie vier oder fünf kräftige Triebe stehen und schneiden Sie alle übrigen wenige Zentimeter über dem Boden ab. Im folgenden Spätwinter entfernen Sie vor dem Austrieb dann alle dünnen und schwach entwickelten Triebe und schneiden auch die aus dem Vorjahr verbliebenen vier bis fünf alten Triebe knapp über dem Boden heraus. Schneidet man alle starken Triebe gleichzeitig auf 50–60 cm zurück, dann muss der Strauch in den Folgenjahren aus den kräftigen Austrieben neu aufgebaut werden.

Zwerg-Forsythien *Forsythia* 'Arnolds Dwarf', 'Boucle d'Or', 'Happy Centennial', 'Marée d'Or', 'Melée d'Or', 'Bronxensis'
Diese schwachwüchsigen Forsythiensorten werden kaum größer als 60–100 cm.
Erziehungsschnitt: Bei diesen Sorten ist nur ein geringfügiger Pflanzschnitt nötig, der im Wesentlichen darin besteht, schwache und beschädigte Triebe zu entfernen.
Erhaltungsschnitt: Diese Forsythien entwickeln sehr kurze Internodien und verzweigen sich deshalb sehr dicht. Ein Erhaltungsschnitt im eigentlichen Sinne ist über Jahre hinweg nicht notwendig. Kürzen Sie aber trotzdem jedes zweite oder dritte Jahr jeweils nach der Blüte einige Triebe um ein Drittel ein, um die Vergreisung dieser eher kurzlebigen Pflanzen hinauszuzögern.
Verjüngungsschnitt: Ein Verjüngungsschnitt ist dann möglich, wenn die Pflanzen von Zeit zu Zeit ausgelichtet wurden. Schneiden Sie alle dicken Triebe an der Basis heraus und kürzen Sie die etwas jüngeren Triebe auf die Hälfte ein. Pflanzen, die schon vergreist sind, vorher aber nie geschnitten wurden, regenerieren sich auch nach kräftigem Schnitt nicht mehr ausreichend.

Fothergilla; Federbuschstrauch

Großer Federbuschstrauch *Fothergilla major*
Sommergrüner, 1,5–3 m hoher Strauch mit zahlreichen, dichtstehenden, aufrechten Grundtrieben. Seine attraktiven Blüten

Rechts: Auch ein Formschnitt ist bei Forsythien möglich. Ganz rechts: Eine stark überalterte Forsythie wurde stark verjüngt. Die Abbildung zeigt diese Pflanze zwei Jahre später.

Die Blüten des Federbuschstrauchs entwickeln sich aus den am Ende vorjähriger Triebe sitzenden Knospen. Ein Schnitt ist nicht erforderlich.

entfalten sich aus den Endknospen der vorjährigen Triebe gleichzeitig mit den Blättern im Mai. Die weißen, nach Honig duftenden Blüten sind in 3–6 cm langen, aufrechten Ähren zusammengefasst und bestehen ausschließlich aus den stark vergrößerten Staubblättern. Der Federbuschstrauch wird insbesondere wegen seiner leuchtend orangeroten bis roten Herbstfärbung verwendet. Als kalkmeidende Art benötigt er einen sauren bis neutralen Boden.
Erziehungsschnitt: Ist beim Federbuschstrauch nicht erforderlich.
Erhaltungsschnitt: Die Sträucher bauen sich ohne Eingriffe sehr harmonisch auf. Schneiden Sie daher so wenig wie möglich. Müssen dennoch unbedingt Triebe entfernt werden, dann kürzen Sie diese auf junge, kräftige Triebe ein.
Verjüngungsschnitt: Auch ein Verjüngungsschnitt sollte unbedingt unterbleiben, da sich die Pflanzen nur langsam und unbefriedigend erholen.

Frangula; Faulbaum

Gewöhnlicher Faulbaum
Frangula alnus

Schmal aufrechter, bis 6 m hoher Strauch oder kleiner Baum mit nackten Winterknospen und deutlich sichtbaren Korkwarzen an den Zweigen. Unscheinbare Blüten in achselständigen Büscheln von Mai bis Juli und 7–8 mm große, schwarzviolette Früchte. Wächst bevorzugt auf leicht vernässten Böden. Die Sorte 'Asplenifolia' weist farnartige, feine Blätter und einen zierlichen Habitus auf.
Erziehungsschnitt: Kürzen Sie beim Pflanzen die Triebe um etwa ein Drittel ein.
Erhaltungsschnitt: Entfernen Sie nur beschädigte Triebe und kürzen Sie lediglich solche Triebe ein, die den regelmäßigen Habitus stören. Ein gelegentlich durchgeführter Auslichtungsschnitt wirkt sich positiv aus, denn dadurch verjüngt sich die Pflanze sukzessive.
Verjüngungsschnitt: Wenn die Pflanzen regelmäßig ausgelichtet wurden, regenerieren sie sich nach einem Verjüngungsschnitt noch zufriedenstellend. Überalterte Pflanzen regenerieren sich hingegen nur schlecht.

Fuchsia; Fuchsie

Scharlach-Fuchsie
Fuchsia magellanica

Kleine, sommergrüne, breitbuschige, aufrechte Sträucher, die in Mitteleuropa kaum 1 m hoch werden. Die glöckchenartigen, roten bis purpurnen Blüten entfalten sich am diesjährigen

In unseren Breiten friert die Fuchsie bis knapp über dem Boden zurück. Schneiden Sie deshalb vor dem Austrieb alle zurückgetrockneten Triebe bis auf wenige Zentimeter über dem Boden (siehe Detail) zurück. Sie wird sich aus den basisnahen, geschützt überwinterten Knospen regenerieren.

Der Faulbaum entwickelt sich meist ohne Schnittmaßnahme optimal.

Trieb vom Sommer bis zu den ersten Frösten. Sie benötigen einen halbschattigen, geschützten Standort und sind nur in klimatisch begünstigten Gegenden im Freien zu verwenden. In der Regel frieren sie im Winter stark zurück und benötigen einen Winterschutz.

Erziehungsschnitt: Entfernen Sie nach der Pflanzung alle schwachen und beschädigten Triebe und kürzen Sie die restlichen Triebe um zwei Drittel ein, damit sie sich aus der Basis mit vielen Trieben erneuern. Schneiden Sie auch junge Pflanzen vor dem Austrieb stark zurück, damit sie buschig austreiben.

Erhaltungsschnitt: Sofern nicht schon im Spätherbst erfolgt, schneidet man im zeitigen Frühjahr alle alten, ohnehin meist vertrockneten Zweige aus dem Vorjahr auf ein niedriges, verholztes Gerüst von etwa 30 cm zurück. Sind die Triebe tiefer geschädigt, schneidet man bis ins gesunde Holz. Die bereits austreibenden Knospen müssen dabei geschont werden. Kürzen Sie alle Seitentriebe auf ein kräftiges Augenpaar ein. Die Pflanzen regenerieren sich recht gut und blühen den ganzen Sommer hindurch unermüdlich.

Verjüngungsschnitt: Wenn man Fuchsien über Jahre hinweg nicht schneidet, bilden sie eine Unzahl von schwachen, dünnen Zweigen, die kaum mehr blühen. Außerdem verkahlen sie an der Strauchbasis. Schneiden Sie vor dem Austrieb alle Triebe auf 5–7 cm über dem Boden zurück und entfernen Sie im Sommer dann die schwächsten Triebe, damit die Sträucher nicht zu dicht werden.

Genista; Ginster

Färber-Ginster *Genista tinctoria*
Zierlicher, etwa 0,8 m hoher Rutenstrauch, der am Ende der diesjährigen Triebe von Juni bis Juli reichverzweigte Blütenstände mit leuchtend gelben Blüten trägt. Benötigt sonnige Standorte und bevorzugt neutrale Böden.

Erziehungsschnitt: Schneiden Sie die jungen Sträucher nach dem Pflanzen im Frühjahr um zwei Drittel zurück, damit sie sich vieltriebig entwickeln. Nach dem Aufbau eines etwas kräftigeren Gerüsts sollten alle vorjährigen Triebe vor dem Austrieb im Frühjahr auf etwa 10 cm zurückgeschnitten werden.

Erhaltungsschnitt: Kürzen Sie die Sträucher jedes Jahr im Frühjahr vor dem Austrieb stark ein. Schneiden Sie alle vorjährigen Triebe auf etwa 10 cm

Färber-Ginster vor dem Erhaltungsschnitt.

Färber-Ginster nach dem Erhaltungsschnitt.

Links: Diese Scharlach-Fuchsien haben sich aus den basisnahen Knospen vollständig regeneriert.
Unten: Alle vertrockneten und zurückgefrorenen Triebe werden bis knapp über dem Boden zurückgeschnitten.

Der Berg-Schneeglöckchenbaum entwickelt sich ohne Schnittmaßnahmen gut.

lange Triebstücke zurück. Das Gerüst selbst bleibt unbeschnitten. So kann sich ein vieltriebiger Strauch mit zahlreichen Blütentrieben und reicher Blüte im Frühsommer entwickeln.
Verjüngungsschnitt: Ein Verjüngungsschnitt bei überalterten Pflanzen ist nicht zielführend. Besser ist es, überalterte Pflanzen durch junge zu ersetzen.

Lydischer Ginster *Genista lydia*, Behaarter Ginster *Genista pilosa*, Strahlen-Ginster *Genista radiata*
Der Lydische Ginster ist ein niedriger, breitwüchsiger Zwergstrauch mit bogig überhängenden Trieben und goldgelben Blüten im Mai/Juni. Der Behaarte Ginster, ein niederliegender Zwergstrauch mit aufrechten, bis 15 cm langen Blütentrauben, blüht im Mai/Juni. Der Strahlen-Ginster, ein buschig aufrecht wachsender Kleinstrauch mit strahlig ausgebreiteten, achselständigen Kurztrieben und gelben, endständigen Blütenköpfchen, blüht ebenfalls im Mai/Juni.
Schnittmaßnahmen: Alle genannten Ginsterarten benötigen weder einen Erziehungs- noch einen Erhaltungsschnitt. Einen starken Rückschnitt vertragen sie ohnehin nicht.

Halesia; Schneeglöckchenbaum

Carolina-Schneeglöckchenbaum *Halesia carolina*, Berg-Schneeglöckchenbaum *Halesia monticola*
Bis 6 m (*Halesia carolina*) beziehungsweise 10 m (*Halesia monticola*) hoher, locker aufgebauter Strauch bis kleiner Baum mit überaus attraktiven Blüten. Die weißen, glockenförmigen Blüten entspringen kurz vor dem Laubaustrieb Ende April bis Mai in Büscheln aus zwei bis fünf Einzelblüten am vorjährigen Holz. Die länglichen Steinfrüchte sind an den vier flügelartigen Rippen leicht zu erkennen. Sie bleiben den Winter über an den Sträuchern. Benötigt unbedingt einen humosen, gut durchlässigen, leicht sauren Gartenboden bei gleichbleibender Feuchtigkeit.
Erziehungsschnitt: Entfernen Sie nur schwache und beschädigte, sich kreuzende oder reibende Triebe.
Erhaltungsschnitt: Die Sträucher bauen sich ohne Eingriffe nahezu optimal auf. Schneiden Sie nur abgetrocknete oder zurückgefrorene Triebe heraus.
Verjüngungsschnitt: Sollte möglichst vermieden werden. Ist ein Einkürzen des Baumes aus Platzgründen notwendig, dann schneiden Sie ihn nur ganz vorsichtig zurück. Der Schneeglöckchenbaum regeneriert sich einigermaßen gut, wenn man ihn nicht zu stark verjüngt und nur auf junge, kräftige Triebe zurücknimmt. Ein zu starker Rückschnitt würde den schönen Habitus der Pflanze völlig zerstören.

Hamamelis; Zaubernuss

Hybrid-Zaubernuss *Hamamelis × intermedia*, Japanische Zaubernuss *Hamamelis japonica*, Chinesische Zaubernuss *Hamamelis mollis*
Sommergrüne, 3–4 m hohe, trichterförmig bis breit ausladend wachsende Sträucher mit lockerer Verzweigung. Die vierzähligen, angenehm duftenden, gelben, orangefarbenen oder roten Blüten sitzen in kurzgestielten Köpfchen an den vorjährigen Trieben und entfalten sich von Januar bis März. Diese attraktiven Solitärsträucher werden wegen ihres gefälligen Wuchses und der prachtvollen Herbstfärbung sehr häufig in Gärten angepflanzt. Zaubernüsse benötigen einen humosen, gut durchfeuchteten, durchlässigen,

neutralen bis leicht sauren Boden.
Erziehungsschnitt: Entfernen Sie lediglich schwache und beschädigte Triebe. Sollte die junge Pflanze leicht durch Winterfrost geschädigt sein, dann entfernen Sie im Vorfrühling nur die beschädigten Zweige. Die Pflanze wächst ohne weitere Erziehungsmaßnahmen zu ihrer optimalen Wuchsform heran.
Erhaltungsschnitt: Ist nicht notwendig. Beschränken Sie die Schnittmaßnahmen auf ein Minimum. Sollen Triebe unbedingt entfernt werden, nehmen Sie diese auf den jungen Wuchs zurück. Die meisten Sorten sind auf die aus Amerika stammende, ausläufertreibende Virginische Zaubernuss (*Hamamelis virginiana*) veredelt. Es kommt recht häufig vor, dass diese wesentlich stärkerwüchsige Veredlungsunterlage durchtreibt und bald dominiert. Sie können sie leicht an der abweichenden Blattform erkennen. Entfernen Sie diese Ausläufer sorgfältig an der Entstehungsstelle, der Strauchbasis.
Verjüngungsschnitt: Eine Verjüngung ist schwer durchzuführen. Schneiden Sie sich kreuzende und schwache Triebe heraus und nehmen Sie, wenn unbedingt notwendig, die alten Triebe sukzessive und vorsichtig auf junges Holz zurück. Stark verkahlte Triebe regenerieren sich nicht mehr, wenn man diese stark einkürzt.

Heptacodium; Sieben-Söhne-des-Himmels-Strauch

Sieben-Söhne-des-Himmels-Strauch *Heptacodium jasminoides*
Sommergrüner, 3–5 m hoher, breitwüchsiger Strauch mit attraktiven, stark duftenden Blütenrispen, die sich am Ende diesjähriger Triebe von August bis Oktober entfalten. Auffällige, purpurfarbene Fruchtstände zieren den Strauch im Spätherbst.
Erziehungsschnitt: Schwache und beschädigte Triebe entfernen. Die kräftigen, jungen Triebe etwa um die Hälfte einkürzen, damit sich ein kräftiges Gerüst aufbauen kann.
Erhaltungsschnitt: Sich kreuzende und reibende Zweige entfernen. Der Strauch entwickelt sich auch ohne Schnittmaßnahmen und blüht und fruchtet zufriedenstellend. Da dieser Strauch jedoch sehr starkwüchsig ist, sollte man trotzdem Schnittmaßnahmen vornehmen, um einem später eventuell notwendigen Verjüngungsschnitt vorzubeugen. Kürzen Sie im Spätwinter alle abgeblühten beziehungs-

Der herbstblühende Sieben-Söhne-des-Himmels-Strauch benötigt nur geringe Korrekturschnitte während der Entwicklung.

Junger, optimal aufgebauter und leicht geschnittener Sieben-Söhne-des-Himmels-Strauch.

Oben: Vorsicht ist bei Veredlungen geboten: Oft treibt die starkwüchsige Unterlage (Virginische Zaubernuss) durch. Man erkennt sie an den unterschiedlichen Blättern. Links: Bei der Zaubernuss entfernt man nur sich kreuzende oder überlange Triebe.

weise fruchtenden vorjährigen Triebe um zwei Drittel ein und entfernen Sie schwaches und zu dichtes Zweigwerk.

Verjüngungsschnitt: Dieser Strauch regeneriert sich recht gut. Schneiden Sie im Spätwinter alle kräftigen Triebe auf das bereits stark verholzte Gerüst zurück. Die Pflanze wird kräftige Neutriebe bilden. Kürzen Sie diese im Frühsommer nochmals ein, damit sich wieder ein einigermaßen harmonischer Wuchs einstellt.

Hibiscus; Roseneibisch

Echter Roseneibisch
Hibiscus syriacus

Sommergrüner, etwa 2 m hoher und 1,5 m breiter, mitunter straff aufrecht wachsender Strauch mit großen, attraktiven, malvenähnlichen Einzelblüten, die sich entlang der diesjährigen Triebe entfalten. An den großen, eiförmigen Fruchtkapseln kann man die Pflanzen auch im Winter leicht erkennen. Der Roseneibisch wird gelegentlich auch als Kleinbaum kultiviert und im Stadtbereich verwendet. In der Jugend ist er etwas frostgefährdet und benötigt auch später einen warmen Standort in voller Sonne, damit er sich gut entwickelt und reich blüht.

Erziehungsschnitt: Entfernen Sie nach dem Pflanzen alle schwachen und verletzten Triebe. Die jungen Pflanzen müssen auch in den folgenden Jahren stark zurückgeschnitten werden, damit die Verzweigung an der Basis gefördert wird.

Bei der Erziehung von Stämmchen oder Hochstämmen braucht man viel Geduld, denn diese benötigen mehrere Jahre, bis sie fertig entwickelt sind. Kürzen Sie nach dem Pflanzen die Verzweigungen der noch jungen Pflanze auf zwei bis drei Knospen ein und lassen Sie den Hauptstamm ungeschnitten, wenn dieser gut entwickelt ist. Kürzen Sie in den folgenden Jahren etwa im Februar wiederum alle seitlichen Verzweigungen auf eine Knospe und den Leittrieb auf fünf bis sechs Knospen ein. Hat der Stamm nach einigen Jahren die gewünschte Höhe erreicht, dann bauen Sie aus den stärksten Ästen die Krone auf, indem Sie diese Triebe auf wenige Knospen einkürzen, die Stammverlängerung kappen und alle seitlich am Stamm wachsenden Zweige nun ganz entfernen.

Erhaltungsschnitt: Hat sich der Habitus des Strauchs einmal zufriedenstellend entwickelt, dann schneiden Sie nur schwache und abgetrocknete Triebe weg. Dünne Triebe kürzen Sie bis auf wenige Knospen ein. Wächst der Roseneibisch mit zunehmendem Alter etwas unregelmäßig oder einseitig, dann entfernen Sie die unerwünschten Triebe entweder an der Basis oder setzen Sie diese auf geeignete junge Triebe zurück.

Man kann den Blütenansatz noch beträchtlich erhöhen, indem man jedes Jahr im Spätwinter alle vorjährigen fruchttragenden Triebe um ein Drittel einkürzt. Dadurch wird der Strauch allerdings et-

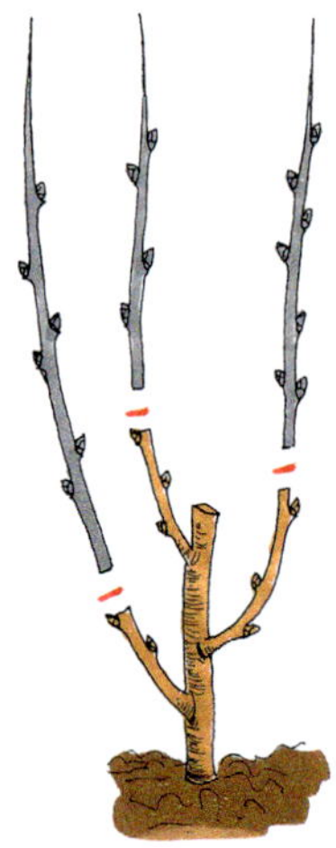

Pflanzschnitt beim Roseneibisch: Alle Triebe werden bis auf wenige Knospen eingekürzt, damit sich der Strauch von der Basis an verzweigt.

Containerpflanze vor ….

… und nach dem Pflanzschnitt.

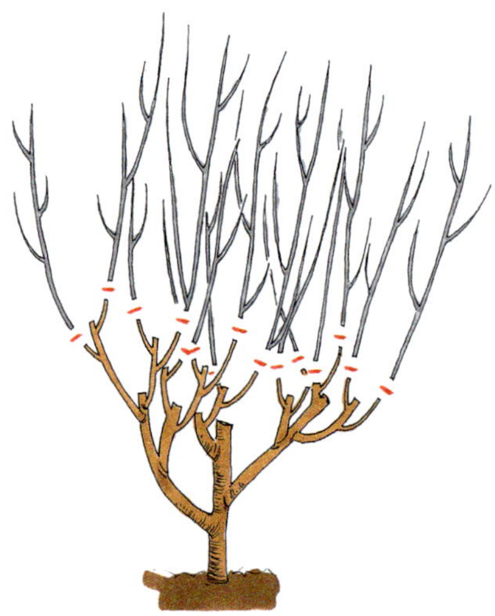

Beim Erziehungs- oder Aufbauschnitt des Roseneibischs werden im zeitigen Frühjahr alle vorjährigen Triebe auf wenige Zentimeter eingekürzt.

Roseneibisch nach dem Erhaltungsschnitt im zeitigen Frühjahr: Alle vorjährigen Triebe wurden auf vier bis sechs Augen eingekürzt, der Strauch geringfügig ausgelichtet.

was dichter. Dem kann man mit einem regelmäßig durchgeführten, leichten Auslichtungsschnitt entgegenwirken.
Bei entwickelten Hochstämmen oder Stämmchen können Sie in den Folgejahren die Krone frei wachsen lassen oder auch wie bei einer Kopfweide verfahren, indem Sie alljährlich etwa im Februar alle vorjährigen Triebe bis auf wenige Knospen auf das kräftige Astgerüst zurückschneiden.
Verjüngungsschnitt: Wenn sich der Strauch einseitig entwickelt hat oder zu groß geworden ist, kann ein Verjüngungsschnitt Abhilfe schaffen. Entfernen Sie die überalterten sowie alle abgestorbene Triebe und kürzen Sie die verbleibenden um zwei Drittel ein.

Rechts: Die Strauch-Kronwicke entfaltet ihre Blüten am diesjährigen Trieb.
Unten: Roseneibisch; Detail der vorjährigen Triebe nach dem Schnitt.
Unten rechts, Detail der Triebe: Die Fruchtstände werden entfernt, die vorjährigen Triebe auf wenige Augen eingekürzt.

Hippocrepis; Hufeisenklee, Kronwicke

Strauch-Kronwicke, Strauchiger Hufeisenklee *Hippocrepis emerus*, Syn.: *Coronilla emerus*
Aufrecht bis breit wachsender Strauch von 1–2 m Höhe und paarweise angeordneten gelben Schmetterlingsblüten im Mai mit dem Laubaustrieb.
Erziehungsschnitt: Nach dem Pflanzen im Frühjahr abgestorbene und beschädigte Triebe entfernen, zwecks besserer Verzweigung die übrigen Triebe stark zurückschneiden.
Erhaltungsschnitt: Entfernen der alten Triebe an der Basis vor dem Austrieb im Frühjahr. Man kann auch alle Triebe im zeitigen

Frühjahr zurückschneiden. Die Pflanzen blühen dann erst etwas später.
Verjüngungsschnitt: Bei dieser kurzlebigen Strauchart ist ein Verjüngungsschnitt nicht zielführend.

Hippophae; Sanddorn

Gewöhnlicher Sanddorn *Hippophae rhamnoides*

Sommergrüne, oft sparrig und unregelmäßig wachsende Großsträucher (siehe Foto Seite 349), mitunter auch kleine Bäume mit einer Wuchshöhe von 3–6 m. Die dornigen Kurztriebe, seine orangefarbenen Früchte und die starke Ausläuferbildung sind weitere Merkmale des Sanddorns. Die Pflanzen sind zweihäusig. Ihre unscheinbaren Blüten sitzen am vorjährigen Trieb und entfalten sich im März/April. Der Sanddorn ist lichthungrig, benötigt gut dränierte, kiesige oder nährstoffarme, sandige Böden und wächst auf sauren Standorten ebenso wie auf Kalkböden.
Erziehungsschnitt: Beim Pflanzschnitt schwache und beschädigte Triebe entfernen. Kürzen Sie die restlichen Triebe um ein Drittel ein. Ein weiterer Erziehungsschnitt erübrigt sich.
Erhaltungsschnitt: Wird die Pflanze zu dicht oder zu groß, führen Sie einen Auslichtungsschnitt durch. Schneiden Sie dazu größere Äste bei günstigen Verzweigungen heraus oder entfernen diese an der Basis. Entfernen Sie rechtzeitig und regelmäßig unerwünschte Wurzelausläufer.
Wird der Sanddorn als Fruchtstrauch genutzt, so schneiden Sie die fruchtenden Zweige knapp über dem Astgerüst ab, damit Sie die Früchte leichter ernten können. Dadurch wird die Pflanze angeregt, im folgenden Jahr kräftige neue Triebe zu bilden, die allerdings erst im übernächsten Jahr wieder fruchten. So können Sie die Fruchtzweige im zweijährigen Turnus abernten.
Verjüngungsschnitt: Zu große oder überalterte Sträucher lassen sich gut verjüngen. Entfernen Sie alle schwachen, beschädigten und zu dicht stehenden Triebe und schneiden Sie etwa fünf bis sechs Triebe auf 50–60 cm über dem Boden zurück. Dieser kräftige Verjüngungsschnitt hat eine verstärkte Ausläuferbildung zur Folge.

Hydrangea; Hortensie

Garten-Hortensie *Hydrangea macrophylla*, Gesägte Hortensie *Hydrangea serrata*

Sommergrüne, bis 1,3 m hohe, breitbuschige Sträucher mit flachen (Lacecap-Hortensien) oder ballförmigen Blütenständen. Sie blühen in Abhängigkeit von der Sorte von Juni/Juli bis August/September in Rosa, Rot, Violett, Blau oder Weiß. Die Blütenstände entwickeln sich aus Knospen der vorjährigen Triebe.
Erziehungsschnitt: Junge Pflanzen sollen geschnitten werden, damit sie sich buschig und

Pflanzschnitt beim Sanddorn.

Die Früchte des Sanddorns entwickeln sich am vorjährigen Trieb. Sollen die Sträucher jedes Jahr fruchten, dann sollten sie regelmäßig ausgelichtet werden.

Bei der Garten-Hortensie werden im zeitigen Frühjahr nur die Fruchtstände sowie die alten Triebe an der Basis entfernt.

Pflanzschnitt bei der Rispen-Hortensie.

vieltriebig entwickeln. Entfernen Sie nach dem Pflanzen alle schwachen und beschädigten Triebe, die restlichen kürzen Sie um ein Drittel ein, damit sie sich von der Basis aus gut verzweigen.

Erhaltungsschnitt bei der Garten-Hortensie: Entfernen Sie die abgetrockneten Fruchtstände erst im Spätwinter. Sie dienen als Winterschutz für die darunter liegenden Blütenknospen. Schneiden Sie auch einige der alten, wenig Blütenholz tragenden Triebe bodennah heraus.

Erhaltungsschnitt: Hortensien müssen regelmäßig geschnitten werden, damit sie auch weiterhin reichlich blühen. Alte Triebe müssen entfernt werden, weil sie ansonsten mit den jungen, blütentragenden in Konkurrenz treten. In den kühleren Regionen Mitteleuropas ist es günstiger, die Blütenstände beziehungsweise die trockenen Fruchtstände den Winter über an den Sträuchern zu belassen und sie erst im Frühjahr abzuschneiden. Denn sie schützen die darunter befindlichen Knospen, in welchen sich bereits die Blütenanlagen für die kommenden Saison befinden, vor Winterfrösten. Schneiden Sie im Frühjahr die Fruchtstände mit etwa einem Drittel der Triebe knapp oberhalb gut ausgebildeter Knospen zurück. Entfernen Sie dünne sowie sich kreuzende Triebe ganz.

Verjüngungsschnitt: Sind die Sträucher bereits sehr alt und nur noch dicke, vergreiste Triebe vorhanden, ist ein Verjüngungsschnitt nicht mehr erfolgversprechend. Sind zumindest noch einige junge, kräftige Triebe vorhanden, dann entfernen Sie alle alten Triebe und kürzen die jungen um zwei Drittel ihrer Länge vor dem Austrieb im Frühjahr ein. Vernachlässigte oder frostgeschädigte Pflanzen kann man im Frühjahr bis zur Basis zurückschneiden. In beiden Fällen blühen die Sträucher erst wieder im darauf folgenden Jahr.

Rispen-Hortensie
Hydrangea paniculata

Sommergrüne, 1–2 m hohe, stark gabelig verzweigte Sträucher mit weißen, bis 30 cm langen, breit kegelförmigen Blütenrispen von Juli bis September. Im Verblühen verfärben sie sich intensiv rosa. Die Blütenstände sitzen endständig an den diesjährigen Trieben. Die Pflanzen benötigen für ein gutes Gedeihen einen ausreichend nährstoffreichen, durchlässigen, feuchten Boden mit pH-Werten im neutralen bis leicht sauren Bereich.

Erziehungsschnitt: Entfernen Sie nach den Pflanzen alle schwachen und beschädigten Triebe. Belassen Sie drei bis fünf kräftige Triebe und kürzen diese auf 25–50 cm ein. Im folgenden Frühjahr schneiden Sie wiederum die vorjährigen Triebe auf etwa zwei bis drei Knospenpaare

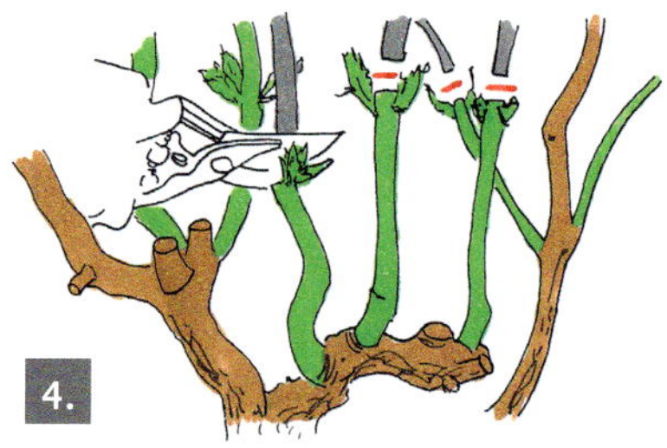

Zeichnung 1: *Bei etablierten Rispen-Hortensien bleibt das Gerüst erhalten, die Blütenrispen werden endständig an den diesjährigen Trieben gebildet.*
Zeichnung 2: *Derselbe Strauch nach dem Einkürzen der vorjährigen Triebe auf kurze Zapfen im späten Frühjahr.*
Zeichnung 3: *Die Zeichnung zeigt das ältere Gerüst (braun) und die vorjährigen Triebe (grün) der Rispen-Hortensie.*
Zeichnung 4: *Detail zum Rückschnitt: Die vorjährigen Triebe werden oberhalb eines Knospenpaares nahe am Gerüst eingekürzt.*

oder kürzen Sie diese Triebe einfach auf 10 cm ein.

Erhaltungsschnitt: Rispen-Hortensien blühen auch ohne Schnittmaßnahmen regelmäßig. Man kann den Blütenreichtum aber wesentlich erhöhen und die Pflanzen um viele Jahre länger im reichblühenden, darüber hinaus gesunden Zustand erhalten, wenn man alljährlich einen Erhaltungsschnitt durchführt. Schneiden Sie im zeitigen Frühjahr alle vorjährigen Triebe auf ein verholztes Gerüst zurück, lassen Sie aber von den vorjährigen Trieben zwei bis drei Augenpaare stehen. Entfernen Sie gleichzeitig totes Holz.

Verjüngungsschnitt: Bei vernachlässigten Pflanzen schneiden Sie kräftiger in das alte, verholzte Gerüst zurück, damit die Pflanzen angeregt werden, sich aus tiefer liegenden Knospen zu regenerieren.

Oben: Beim Erhaltungsschnitt der Rispen-Hortensie werden die vorjährigen Triebe im zeitigen Frühjahr bis auf etwa 10 cm auf das Gerüst zurückgeschnitten.
Links: Austrieb und Blüte im Sommer nach dem Frühjahrsschnitt.

Wald-Hortensie
Hydrangea arborescens

Sommergrüne, breitbuschig sowie aufrecht wachsende Sträucher mit zahlreichen Grundtrieben, die bis 1,5 m hoch werden können. Von Juni bis August bilden sie an diesjährigen Trieben sehr große, flachkugelige Blütenstände, die zuerst grünlich, später rahmweiß gefärbt sind und aus sehr dicht gedrängt sitzenden, sterilen Blüten bestehen.

Erziehungsschnitt: Entfernen Sie nach dem Pflanzen alle schwachen und beschädigten Triebe, belassen Sie drei bis fünf kräftige Triebe und kürzen diese auf 25–50 cm ein. Im folgenden Frühjahr schneiden Sie wiederum die vorjährigen Triebe auf etwa zwei bis drei Knospenpaare oder kürzen Sie diese Triebe einfach auf 10 cm ein.

Erhaltungsschnitt: Wald-Hortensien blühen auch ohne Schnittmaßnahmen regelmäßig. Man kann den Blütenreichtum aber wesentlich erhöhen und die Pflanzen um viele Jahre länger im reichblühenden, darüber hinaus gesunden Zustand erhalten, wenn man alljährlich einen Erhaltungsschnitt durchführt. Kürzen Sie dazu im zeitigen Frühjahr alle abgeblühten vorjährigen Triebe um etwa die Hälfte ein und entfernen Sie überalterte und tote Triebe an der Basis.

Verjüngungsschnitt: Bei vernachlässigten Pflanzen schneiden Sie kräftiger in das alte, ohnehin nur schwach verholzte Gerüst zurück. Sie können auch alle Triebe etwa 10–15 cm über dem Boden abschneiden, in der Regel regeneriert sich die Wald-Hortensie wieder gut.

Eichenblättrige Hortensie
Hydrangea quercifolia

Starkwüchsiger, breit aufrechter Strauch mit großen, etwas derben, der Rot-Eiche ähnlichen Blätter mit prächtiger roter Herbstfärbung. Die großen, endständig an diesjährigen Trieben sitzenden, rispenartigen Blütenstände entfalten sich von Juli bis August. Sie sind im Vergleich zur Rispen-Hortensie weniger auffällig. Im Verblühen verfärben sich die sterilen Blüten rosa. Dieser Strauch benötigt einen halbschattigen, geschützten Standort und neutrale bis saure Bodenverhältnisse.

Erziehungsschnitt: Entfernen Sie nach den Pflanzen alle schwachen und beschädigten Triebe. Belassen Sie drei bis fünf kräftige Triebe und kürzen diese auf 25–50 cm ein.

Erhaltungsschnitt: Ist nicht unbedingt notwendig. Sie können aber im zeitigen Frühjahr alle vorjährigen Triebe um ein Drittel einkürzen. Totes Holz sollten Sie immer entfernen, damit keine Krankheitsherde entstehen.

Oben: Wald-Hortensie vor dem Schnitt.
Links: Wald-Hortensie nach dem Schnitt im zeitigen Frühjahr.

Verjüngungsschnitt: Bei vernachlässigten Pflanzen schneiden Sie kräftiger in das alte, verholzte Gerüst zurück, damit die Pflanzen angeregt werden, sich aus tiefer liegenden Knospen zu regenerieren. Stark vergreiste Sträucher regenerieren sich nicht mehr gut.

Raue Hortensie, Samt-Hortensie *Hydrangea aspera* mit Unterarten subsp. *sargentiana* und subsp. *strigosa* sowie der Villosa-Gruppe
Ausläufertreibende, bis 2,5 m hohe Sträucher mit dicken, etwas steifen, wenig verzweigten und meist zottig behaarten Trieben. Die am Ende der aufrechten Triebe sitzenden, großen Blätter sind ebenfalls samtig bis rau behaart. Über den Blattwirteln sitzen 15–20 cm breite Blütenrispen mit helllila bis hellvioletten Innenblüten und weißen Randblüten, die sich von Ende Juli bis Mitte September entfalten. Um entsprechend gedeihen zu können, benötigen diese Hortensien einen durchlässigen, mäßig feuchten, nahrhaften, sauren bis neutralen Boden sowie einen halbschattigen, luftfeuchten, geschützten Standort.
Erziehungsschnitt: Entfernen Sie nur schwache und beschädigte Triebe. Weitere Erziehungsmaßnahmen sind nicht notwendig.
Erhaltungsschnitt: Beschränkt sich aus das Entfernen abgestorbener oder zurückgetrockneter Triebe. Raue Hortensien entwickeln sich am schönsten, wenn man sie in Ruhe wachsen lässt.
Verjüngungsschnitt: Die Hortensien diese Gruppe vertragen keinen scharfen Verjüngungsschnitt. Schneiden Sie gelegentlich einzelne alte Triebe an der Basis heraus oder kürzen Sie diese bis zu einem kräftigen jun-

Rechts: Blüten der Rauen Hortensie. Unten: Basis der wenig verzweigten Rauen Hortensie nach vorsichtigem Auslichtungsschnitt.

gen Neutrieb ein. Die Sträucher verjüngen sich sukzessive durch Ausläufer an der Basis und werden mit zunehmendem Alter immer schöner und prächtiger.

Hypericum; Johanniskraut

Großblumiges Johanniskraut 'Hidcote' *Hypericum* 'Hidcote'
0,8–1,5 m hoher und breiter, oft wintergrüner Strauch mit aufrechten Grundtrieben und bogig übergeneigten Triebenden. Seine leuchtend gelben, bis 7 cm großen Schalenblüten sitzen zu mehreren am Ende der diesjährigen Triebe und entfalten sich nach und nach von Mitte Juli bis Ende September.
Erziehungsschnitt: Entfernen Sie alle schwachen und beschädigten Triebe. Kürzen Sie die verbleibenden Triebe auf etwa 10–15 cm über dem Boden ein.
Erhaltungsschnitt: Schneiden Sie alle Triebe auf etwa 10–15 cm über dem Boden zurück, denn meist sind die nicht ganz verholzten Triebe über den Winter ohnehin abgetrocknet. Entfernen Sie alle dünnen und zu dicht stehenden Triebe ganz.
Verjüngungsschnitt: Auch alte und vernachlässigte Pflanzen reagieren auf scharfen Rückschnitt vor dem Austrieb im zeitigen Frühjahr recht gut. Schneiden Sie einfach alle Triebe knapp über dem Boden ab.

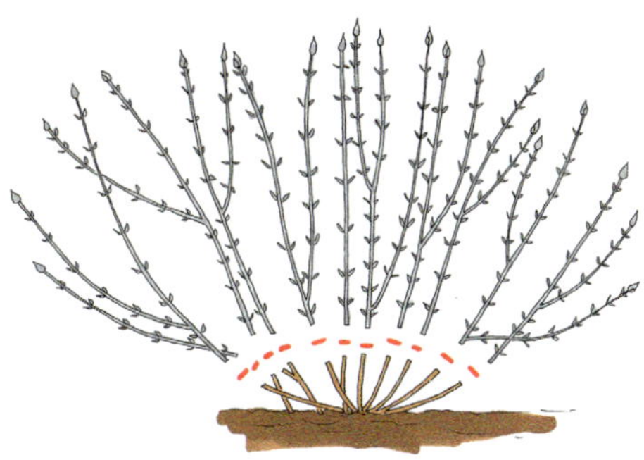

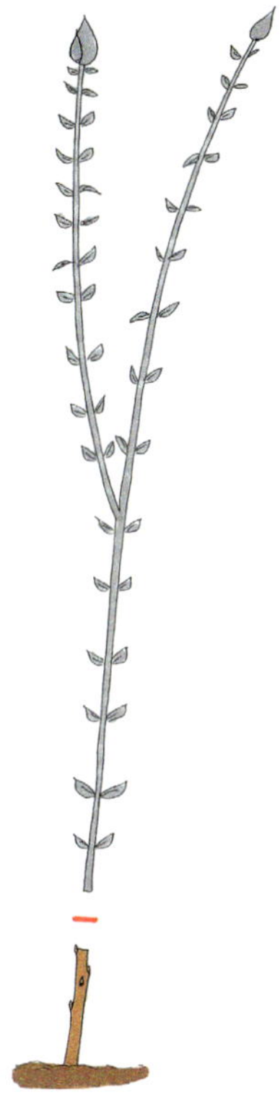

Schneiden Sie beim Großblumigen Johanniskraut vor dem Austrieb im Frühjahr alle Triebe um etwa zwei Drittel knapp über einem Augenpaar (siehe Detail) zurück.

Forrests Johanniskraut *Hypericum forrestii*, Bastard-Johanniskraut *Hypericum × moserianum*, Kouytchense-Johanniskraut *Hypericum kouytchense*, Hookers Johanniskraut *Hypericum hookerianum*
Diese Johanniskräuter sind dem Großblumigen Johanniskraut sehr ähnlich und unterscheiden sich im Wesentlichen durch die Blütengröße und Anzahl der Blüten pro Blütenstand.
Schnittmaßnahmen: Siehe *Hypericum* 'Hidcote'.

Mannsblut *Hypericum androsaemum*, Duftloses Johanniskraut in Sorten *Hypericum × inodorum*, Stinkendes Johanniskraut *Hypericum hircinum*
Diese Johanniskräuter wachsen ähnlich wie das Großblumige Johanniskraut. Sie unterscheiden sich aber durch die Blütengröße, welche nur 1,5–3 cm beträgt, sowie durch die Anzahl der Blüten pro Blütenstand, die bei diesen Arten etwa 3–15 und mehr betragen.
Schnittmaßnahmen: Siehe *Hypericum* 'Hidcote'.

Links: Junger Johanniskrautstrauch in voller Blüte.
Mitte: Bei älteren Johanniskrautsträuchern werden etwa zwei Drittel der Vorjahrestriebe entfernt.
Rechts: Älterer Johanniskrautstrauch nach erfolgtem Erhaltungsschnitt im zeitigen Frühjahr.

Großblütiges Johanniskraut
Hypericum calycinum
Wintergrüner, durch Ausläufer teppichbildender Halbstrauch beziehungsweise Bodendecker, der etwa 30 cm hoch wächst und in kalten Wintern zurückfriert. Von Juli bis September produziert dieses Johanniskraut an diesjährigen Trieben ununterbrochen etwa 5–7 cm große, goldgelbe Schalenblüten mit weit herausragenden Staubblättern.
Erziehungsschnitt: Entfernen Sie beim Pflanzen nur beschädigte Triebe.
Erhaltungsschnitt: Schneiden Sie alljährlich im Februar alle Triebe knapp über dem Boden ab. Die Pflanzen erneuern sich von der Basis beziehungsweise durch Wurzelausläufer recht gut. Der Rückschnitt bringt auch den Vorteil mit sich, dass gleichzeitig alle durch Winterfrost geschädigten Blätter und Triebe entfernt werden. Das Zurückschneiden dieses bodendeckenden Strauchs kann mit der Heckenschere oder bei größeren Flächen auch mit einem Rasentrimmer oder Luftkissenmäher erfolgen.
Verjüngungsschnitt: Siehe Erhaltungsschnitt.

Dichtblütiges Johanniskraut *Hypericum densiflorum*, Kalms Johanniskraut *Hypericum kalmianum*
Die Sorten dieser Arten sind noch wenig bekannt. Sie wachsen zu etwa 0,5–1,0 m hohen Sträuchern heran und sind durch schmal lanzettliche Blätter sowie 2–3 cm große Blüten in dichten Büscheln am Ende der diesjährigen Triebe im Juli und August leicht zu erkennen. Sie benötigen sonnige bis leicht beschattete Standorte und bevorzugen mäßig feuchte, durchlässige, saure bis neutrale Böden.
Erziehungsschnitt: Entfernen Sie alle schwachen und beschädigten Triebe. Kürzen Sie die verbleibenden Triebe auf etwa 10–15 cm über dem Boden ein.
Erhaltungsschnitt: Kürzen Sie alle vorjährigen Triebe um ein Drittel ein. Entfernen Sie abgetrocknete oder beschädigte Triebe.
Verjüngungsschnitt: Vernachlässigte oder stark zurückgefrorene Pflanzen regenerieren sich nach scharfem Rückschnitt nicht so gut wie ihre großblumigen Verwandten, insbesondere wenn die Bodenverhältnisse nicht optimal sind.

Ilex; Winterbeere

Amerikanische Winterbeere
Ilex verticillata
In unseren Breiten selten höher als 1,5–2 m werdender, aufrechter Strauch mit sparrig abstehenden Zweigen und Neigung zur Ausläuferbildung. Aus den weißen, in den Blattachseln sitzenden Blüten an den diesjährigen Trieben entwickeln sich bis zum Herbst leuchtend rote, gelegentlich auch orangefarbene oder gelbe Beeren, die bis zum Winter an den Sträuchern haften. Benötigen humose, feuchte bis nasse Böden mit einem pH-Wert zwischen 4,5 und 5,5. Die Pflanzen sind zweihäusig.
Erziehungsschnitt: Entfernen Sie nur schwache und beschädigte Triebe.
Erhaltungsschnitt: Es ist kein Erhaltungsschnitt notwendig. Durch die Entnahme von fruchtenden Zweigen im Herbst wird der Strauch sukzessive verjüngt. Schneiden Sie eventuell bei älteren Pflanzen gelegentlich einen der alten Triebe bodennah heraus.
Verjüngungsschnitt: Wenn bei alten Sträuchern genügend Wurzelausläufer beziehungsweise noch junge Triebe vorhanden sind, schneiden Sie die alten Triebe bodennah ab oder kürzen Sie diese auf kräftige junge Triebe ein. Entfernen Sie alle schwachen und ungünstig stehenden Triebe.

Indigofera; Indigostrauch

Himalaja-Indigostrauch
Indigofera heterantha
Mittelgroßer, vieltriebiger Strauch mit etwas überhängenden Zweigen, Fiederblättern und purpurrosafarbenen Blüten, die in endständigen Trauben in den Blattachseln der diesjährigen Triebe von Juli bis September stehen. Der kurzlebige Strauch ist nur im warmen Klimagebieten ausreichend winterhart, friert oft stark zurück.
Erziehungsschnitt: Junge Pflanzen fast bis zur Basis zurückschneiden, damit sie buschig und vieltriebig austreiben.
Erhaltungsschnitt: Kürzen Sie die meist durch Winterfröste geschädigten Sträucher bis dicht über dem Boden auf ein verholztes Gerüst ein.
Verjüngungsschnitt: Sind die Pflanzen stark vernachlässigt und die Bodentriebe schon dick und alt, dann hilft ein starker Rückschnitt bis zum Boden auch nicht mehr. Besser die Pflanzen durch junge ersetzen.

Jasminum; Jasmin

Winter-Jasmin
Jasminum nudiflorum
Anfangs aufrecht, bald aber niederliegend und bodendeckend wachsender Strauch, der sich wegen seiner stark überhängenden Triebe optimal für die Begrünung von Mauerkanten oder Böschungen anbietet. Als Spreizklimmer wird er auch oft zur Berankung von Gerüsten und

Die Winterbeere wird durch die sukzessive Entnahme von fruchtenden Zweigen regelmäßig verjüngt.

Mauern verwendet. Bereits ab Dezember und dann bis in den März hinein entfalten sich die gelben, den Forsythien etwas ähnlichen Blüten an den kantigen, grünen, im Vorjahr gebildeten Trieben. Der anspruchslose Strauch entwickelt an den Bodentrieben Wurzeln, wodurch ganze Kolonien entstehen können. Der Standort sollte nicht allzu windexponiert sein.

Erziehungsschnitt: Damit sich die Pflanzen von Anfang an buschig und kräftig entwickeln, kürzen Sie im Frühjahr nach der Pflanzung alle Triebe um zwei Drittel ein, schwache und beschädigte Triebe entfernen Sie ganz.

Erhaltungsschnitt: Alle beschädigten oder abgefrorenen Triebe sollten entfernt werden. Schneiden Sie nach der Blüte im März die abgeblühten Triebe um etwa ein Drittel auf günstige Verzweigungen zurück, entfernen Sie hin und wieder auch einen alten Trieb der Basis oberhalb von gut entwickelten Knospen oder jungen, kräftigen Trieben. Soll der Winter-Jasmin nicht allzu groß und dicht werden, dann beginnen Sie rechtzeitig mit dem stärkeren Auslichten älterer Triebe.

Verjüngungsschnitt: Sind die

Die abgeblühten Triebe des Winter-Jasmins werden im März etwa um ein Drittel auf günstig stehende Verzweigungen zurückgenommen.

Schneiden Sie Winter-Jasmin nach der Blüte im März etwa um ein Drittel auf günstig stehende Verzweigungen zurück. Entfernen Sie rechtzeitig einzelne ältere Triebe an der Strauchbasis.

Rechts oben: Etablierter Ranunkelstrauch vor dem Erhaltungsschnitt. Rechts unten: Etablierter Ranunkelstrauch nach dem Erhaltungsschnitt im zeitigen Frühjahr.

Pflanzen stark vernachlässigt oder wurden sie über viele Jahre hindurch nicht geschnitten, dann schneiden Sie etwa im März nach der Blüte alle kräftigen Triebe auf etwa 50–60 cm zurück und entfernen alle dünnen und dichtstehenden Zweige. Die Sträucher werden sich gut regenerieren, Sie müssen dann lediglich darauf achten, dass sie sich nur aus den kräftigen Neutrieben aufbauen. Diese werden im folgenden Jahr bereits wieder (zumindest teilweise) blühen.

Kerria; Kerrie, Ranunkelstrauch

Ranunkelstrauch, Kerrie
Kerria japonica

Sommergrüner, mittelhoher, ausläuferbildender Strauch mit grünen, rutenförmigen, teils überhängenden, wenig verzweigten Grundtrieben. Im Alter werden durch Ausläuferbildung oft dichte Horste gebildet. Meist wird die gefülltblühende Sorte 'Pleniflora' gepflanzt, die etwas aufrechter wächst. Der Ranunkelstrauch blüht von Ende April bis Mai/Juni am vorjährigen Trieb und bringt im Sommer meist eine schwache Nachblüte.

Erziehungsschnitt: Entfernen Sie nach dem Pflanzen alle schwachen und beschädigten Triebe. Die kräftigen, meist noch unverzweigten Triebe belassen Sie, denn diese blühen bereits im Jahr der Pflanzung. Schneiden Sie nach der Blüte die abgeblühten Zweige bis zu einer kräftigen Verzweigung oder einem jungen Trieb nahe der Basis zurück.

Erhaltungsschnitt: Es gibt zwei Möglichkeiten, dieses Gehölz zu schneiden. Entweder man kürzt die abgeblühten vorjährigen Triebe nach der Blüte auf einen kräftigen neuen Seitentrieb ein und schneidet das zweijährige abgeblühte Holz an der Basis heraus. In diesem Fall kommen im Folgejahr sowohl verzweigte,

Ranunkelstrauch: Junge Containerpflanze vor dem Pflanz- und Erziehungsschnitt.

Ranunkelstrauch: Junge Containerpflanze nach dem Pflanz- und Erziehungsschnitt.

zweijährige als auch unverzweigte, vorjährige Triebe zur Blüte. Oder Sie schneiden nach dem Abblühen alle abgeblühten Triebe an der Basis heraus und belassen nur die neuen, mittlerweile nachgewachsenen, jungen, diesjährigen Triebe. Diese werden dann im nächsten Jahr blühen und nach der Blüte entfernt. Um die Wüchsigkeit der Pflanzen zu erhalten, schneiden Sie bei dichttriebigen Sträuchern im Frühjahr bis zu einem Drittel der Triebe heraus. Kürzen Sie die jungen Triebe nicht ein, denn sie bringen im Folgejahr die meisten Blüten. Panaschierte Formen treiben oft mit grünen Zweigen durch. Diese müssen an der Entstehungsstelle entfernt werden, da sie ansonsten bald überhandnehmen.

Verjüngungsschnitt: Die Pflanze lässt sich auch gut verjüngen, indem man im Frühjahr alle Triebe bodennah entfernt. Zurückgetrocknete oder zurückgefrorene Triebspitzen schneiden Sie ebenfalls im Frühjahr heraus beziehungsweise kürzen Sie diese ein. Bei zu starker, unerwünschter Ausläuferbildung stechen Sie Ruten mit dem Spaten ab. Diese können bei Bedarf zur Vermehrung genutzt werden.

Kolkwitzia; Kolkwitzie

Kolkwitzie *Kolkwitzia amabilis*
Mittelgroßer, 2–3 m hoher und ebenso breiter, sommergrüner Strauch mit elegant überhängenden Blütenzweigen. Die am vorjährigen Holz sitzenden, in Doldentrauben angeordneten rosafarbenen Blüten mit orangefarbenem Schlund entfalten sich von Ende Mai bis Juni. Man kann die Kolkwitzie leicht anhand der borstig behaarten Blütenstiele und Kelche von der Weigelie unterscheiden. Entwickelte Pflanzen bilden meist Ausläufer und kräftige Triebe aus der Basis, wodurch die Sträucher sehr dicht werden können.

Erziehungsschnitt: Entfernen Sie nach der Pflanzung nur schwache und beschädigte Triebe. Darüber hinaus sollten junge Pflanzen nicht geschnitten werden, da sie nur so ihren natürlichen Wuchs mit den überhängenden Trieben entwickeln.

1.

2.

3.

4.

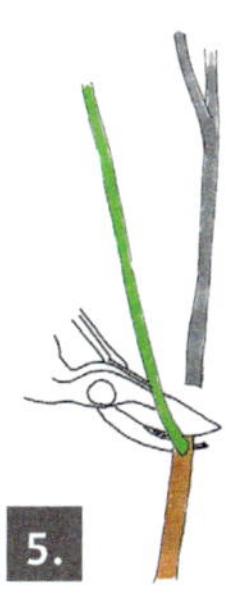

5.

Zeichnung 1: *Die Kerrie wird im Zuge des Erhaltungsschnitts ausgelichtet, indem man vor dem Austrieb im Frühjahr die alten, abgetragenen dreijährigen Triebe an der Basis entfernt. Die vorjährigen (zweijährigen) Triebe blühen im Frühjahr und bleiben deshalb ungeschnitten.*
Zeichnung 2: *Alternative Schnittmöglichkeit bei der Kerrie: Schneiden Sie nur die bereits an der Basis braunen Triebe knapp über dem Boden heraus. Ein Teil der dreijährigen Triebe hat unterhalb der Blütenstände einen oder zwei kräftige Seitentriebe gebildet. Schneiden Sie die abgeblühten Triebe bis zu diesen Verzweigungen heraus. Nach einem weiteren Jahr müssen diese Triebe dann unbedingt bodennah entfernt werden.*
Zeichnung 3: *Kräftiger Verjüngungsschnitt einer überalterten Kerrie nach der Blüte: Nur wenige vorjährige Triebe mit diesjährigem Zuwachs wurden erhalten, alle anderen Triebe bodennah entfernt.*
Zeichnung 4: *Diesjähriger Trieb mit Blättern.*
Zeichnung 5: *Hier wird zeigt, wo der vorjährige, bereits abgeblühte Trieb auf einen diesjährigen jungen Trieb abgeleitet wird.*

Erhaltungsschnitt: Erst bei älteren Pflanzen sollte man nach und nach vorsichtig auslichten. Dies erfolgt in der Regel nach der Blüte im Frühsommer. Schneiden Sie dabei jedes Jahr zwei bis drei der ältesten Triebe an der Basis heraus oder nehmen Sie diese auf einen tieferen Seitentrieb zurück.
Verjüngungsschnitt: Ein Verjüngungsschnitt im Spätwinter ist ebenfalls möglich. Lassen Sie dabei nur fünf bis sieben junge, kräftige, aufrechte Triebe stehen. Kürzen Sie diese um ein Drittel ein und entfernen Sie alle übrigen.

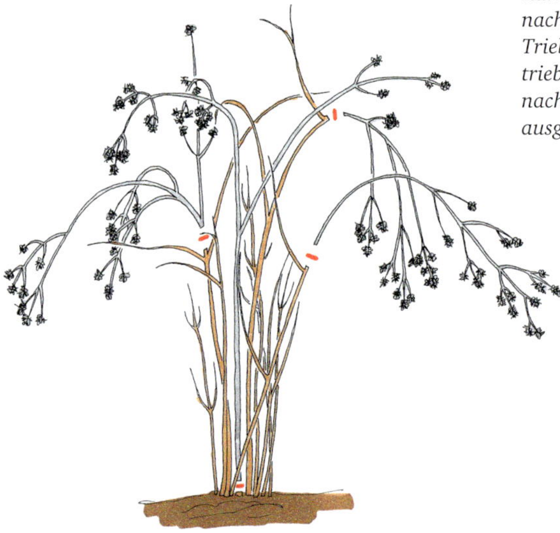

Kürzen Sie bei der Kolkwitzie nach der Blüte die abgeblühten Triebe bis zu einem jungen Neutrieb ein. Ältere Pflanzen sollten nach und nach an der Basis ausgelichtet werden.

Links: Gut entwickelte, ältere Kolkwitzie zur Blütezeit (vor dem Schnitt).
Unten links: Gut entwickelte, ältere Kolkwitzie nach dem Erhaltungs- oder Auslichtungsschnitt Ende Juni.
Unten rechts: Dichte, vieltriebige Basis der Kolkwitzie im Winter.

+Laburnocytisus; Geißkleegoldregen

Geißkleegoldregen
+Laburnocytisus adamii

Bei diesem Gehölz bilden zwei genetisch verschiedene Gewebe (*Laburnum anagyroides* und *Cytisus purpureus*) eine einzige Pflanze, die zur gleichen Zeit drei verschiedene Blütentypen trägt: gelbe Goldregenblüten, Zweige mit purpurfarbenen Blüten des Geißklees und hellpurpurne bis trüb rosafarbene Blütentrauben, die zwar wie Goldregenblüten geformt sind, aber eine Mischfarbe aus beiden Arten aufweisen.
Schnittmaßnahmen: Siehe *Laburnum × watereri* 'Vossii'. Entfernen Sie zu kräftig wachsen-

de Triebe im Kroneninneren, da diese ausschließlich Gewebe des reinen Goldregens enthalten und die Goldregentriebe im Laufe der Zeit die Hybride unterdrücken könnten.

Beim Geißkleegoldregen entwickeln sich verschiedenartige Blütenstände.

Laburnum; Goldregen

Gewöhnlicher Goldregen *Laburnum anagyroides*

Sommergrüner, 5–7 m hoher, anfangs meist schmal aufrecht, später breit trichterförmig wachsender Großstrauch, mitunter auch kleiner Baum mit locker ausgebreiteten, überhängenden Seitenästen. Auffällige dreizählige Blättchen und leuchtend gelbe, hängende Blütentrauben in verschwenderischer Fülle schmücken diesen Strauch im Mai. Alle Pflanzenteile sind giftig. Goldregen wächst in der Jugend rasch, ist allerdings auch kurzlebig. Solange die Pflanzen jung sind, sprechen sie auf einen Erziehungsschnitt gut an. Wichtig ist, dass die Pflanzen möglichst jung gekauft und an den endgültigen Standort gepflanzt werden. Ein späteres Verpflanzen vertragen sie nicht.

Erziehungsschnitt: Wenn Sie Containerware pflanzen, dann entfernen Sie nur beschädigtes Holz. Der Erziehungsschnitt wird nun davon abhängig sein, ob Sie einen mehrstämmigen Strauch oder einen Hochstamm erziehen möchten. Ein Hochstamm ist von Vorteil, da dadurch die hängenden Blütentrauben wesentlich besser zur Geltung kommen.

Bei der Erziehung zum Strauch entfernen Sie nur dünne und beschädigte Triebe. Damit sich der Strauch an der Basis besser verzweigt, können Sie die kräftigen Triebe eventuell um ein Drittel einkürzen.

Bei der Erziehung zum Hochstamm fördern Sie den Leittrieb und kürzen dafür die Seitentriebe ein. Ziel sollte sein, etwa im dritten Jahr einen astfreien Stamm von ungefähr 1,5 m Höhe sowie ein gut verteiltes Astgerüst zu erziehen. Schneiden Sie später noch größere Äste heraus, so entwickeln sich an dieser Stelle keine Neutriebe mehr und es entstehen Lücken im Kronenaufbau.

Um einen Laubengang zu erziehen, pflanzen Sie ein- bis zweijährige Pflanzen in zwei Reihen in Abständen von 2–3 m entlang des vorgesehen Gerüsts. Im Wesentlichen erfolgt der Erziehungsschnitt dann ähnlich wie bei der Erziehung zum Hochstamm. Der Unterschied besteht darin, dass die Triebe zu Beginn der Wachstumsperiode über den Rahmen des Bogens gebunden werden müssen, solange das Holz noch biegsam ist. Sind keine entsprechenden Seitentriebe vorhanden, dann entspitzen

Etablierte Goldregensträucher benötigen außer dem Entfernen von krankem und totem Holz keinen Schnitt.

Goldregen an einer Pergola.

Sie den Leittrieb. Die weiteren Schnittmaßnahmen sind dieselben wie bei der Erziehung zum Hochstamm.
Erhaltungsschnitt: Etablierte und gut geformte Exemplare sollten nicht mehr beschnitten werden. Entfernen Sie im Spätsommer am Ende der Wachstumsperiode bei Bedarf abgestorbene und schlecht platzierte Triebe. Um den Blütenreichtum zu fördern, können Sie eventuell die diesjährigen Triebe im Spätsommer auf wenige Knospen einkürzen. Dies führt vermehrt zur Bildung blühender Kurztriebe. Bei Goldregen-Laubengängen beschränkt sich der Erhaltungsschnitt auf das Entfernen schlecht platzierter Zweige, das Fördern von Ersatztrieben zum Füllen entstandener Lücken und das Einkürzen der restlichen Triebe auf zwei bis drei Augen bis zum Astgerüst.
Verjüngungsschnitt: Eine Verjüngung alter Exemplare ist nicht möglich, da sich die Pflanzen nach kräftigem Rückschnitt nicht mehr regenerieren, sondern sukzessive absterben. Am besten tauscht man überalterte Sträucher aus und ersetzt diese durch junge, kräftig wachsende Pflanzen.

Alpen-Goldregen
Laburnum alpinum

Der Alpen-Goldregen ist dem Gewöhnlichen Goldregen sehr ähnlich, jedoch ist die Einzelblüte etwas kleiner, während die Blüten im Gegensatz zum Gewöhnlichen Goldregen stark duften.
Schnittmaßnahmen: Siehe *Laburnum anagyroides*

Hybrid-Goldregen 'Vossii'
Laburnum × watereri 'Vossii'

Die Sorte 'Vossii' wird oft als Stammbusch oder Hochstamm verkauft. Sie unterscheidet sich von der vorher beschrieben Art vor allem durch die bis zu 50 cm langen Blütentrauben.
Schnittmaßnahmen: Die Schnittmaßnahmen sind dieselben wie bei *Laburnum anagyroides*. Darüber hinaus muss man, wie bei anderen Veredlungen auch, Schösslinge aus dem Wurzelbereich sowie unterhalb der Veredlungsstelle befindliche Knospen entfernen.

Lespedeza; Buschklee

Thunbergs Buschklee
Lespedeza thunbergii

Halbstrauch mit bis zu 2 m langen, zunächst aufsteigenden, dann bogig überhängenden Trieben und dreizähligen Blättchen. Die endständigen, bis 80 cm langen, purpurrosafarbenen Blütenrispen entfalten sich erst spät im Jahr von September bis zum

Der Goldregen regeneriert sich nach einem Verjüngungsschnitt ins alte Holz nicht mehr, die zurückgeschnittenen Äste sterben ab.

Habitus des Buschklees im Spätsommer.

Frost. In Mitteleuropa friert der Buschklee im Winter normalerweise bis knapp über dem Boden zurück.

Erziehungsschnitt: Schneiden Sie beim Pflanzen im Frühjahr die Triebe etwa 10–15 cm über dem Boden zurück und entfernen Sie beschädigte und abgestorbene Zweige ganz. Sonst sind keine weiteren Schnittmaßnahmen notwendig.

Erhaltungsschnitt: Da die Pflanzen ohnehin regelmäßig bis knapp über dem Boden zurücktrocknen oder zurückfrieren, erübrigt sich ein spezieller Erhaltungsschnitt. Schneiden Sie alle vorjährigen, vertrockneten Triebe bis auf wenige Zentimeter über dem Boden zurück. Als Winterschutz empfiehlt es sich, den Wurzelbereich im Herbst zu mulchen.

Buschklee nach dem Erhaltungsschnitt im zeitigen Frühjahr.

Verjüngungsschnitt: Überalterte Pflanzen regenerieren sich auch nach scharfem Rückschnitt nicht mehr. Ersetzen Sie diese besser durch kräftig entwickelte Jungpflanzen.

Leycesteria; Leycesterie

Schöne Leycesterie
Leycesteria formosa

Bedingt winterharte, sommergrüne, 1–2 m hohe, horstbildende Sträucher mit hohlen Zweigen und überhängenden Blütentrauben mit purpurvioletten Tragblättern und weißlich bis purpurnen Kronblättern an diesjährigen Trieben. Leycesterien benötigen einen geschützten, sonnigen Standort.

Erziehungsschnitt: Entfernen Sie beschädigte, tote sowie schwache Triebe ganz.

Erhaltungsschnitt: Dünnen Sie die horstbildende Pflanze jährlich aus, indem Sie alte und schwache Triebe dicht über dem Boden herausschneiden. Wenn die Pflanzen im Winter stark gelitten haben, können Sie diese auch bis knapp über dem Boden abschneiden.

Verjüngungsschnitt: Vernachlässigte Pflanzen verjüngen Sie, indem Sie alle Triebe auf etwa 10–15 cm über dem Boden einkürzen und danach mit einem organischen Dünger, beispielsweise gut verrottetem Kompost, düngen.

Ligustrum; Liguster, Rainweide

Gewöhnlicher Liguster
Ligustrum vulgare

2–5 m hoher und im Alter fast ebenso breiter, dicht verzweigter Strauch mit sommer- bis wintergrünen Blättern. Die endständigen, rahmweißen, duftenden Blütenrispen entfalten sich im Juni/Juli. Vom Herbst bis zum Winter schmücken sich die Sträucher mit erbsengroßen, schwarz glänzenden Früchten. Der Liguster ist sehr anpassungsfähig und schnittverträglich und damit für geschnittene sowie Formhecken gut geeignet.

Erziehungsschnitt: Beim Pflanzen der wurzelnackten Sträucher im Herbst oder Frühjahr kürzen Sie sowohl die Wurzeln als auch die oberirdischen Triebe stark ein. In den Folgejahren ist ein Einkürzen der Triebe vor dem Austrieb im Frühjahr etwa um die Hälfte günstig, wenn die Pflanzen nicht gut verzweigt sind.

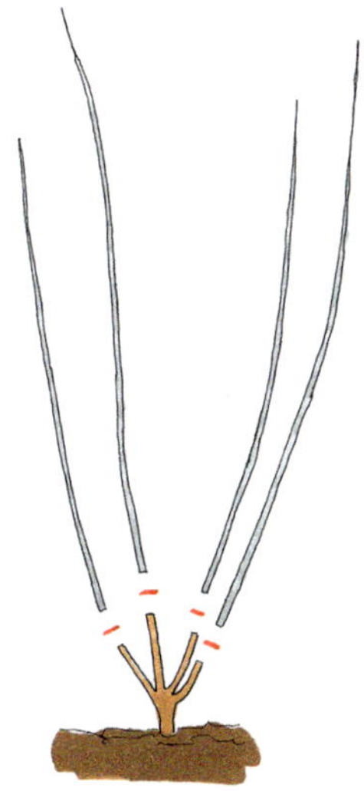

Beim Pflanzschnitt schneidet man alle Triebe des wurzelnackten Strauchs um zwei Drittel zurück.

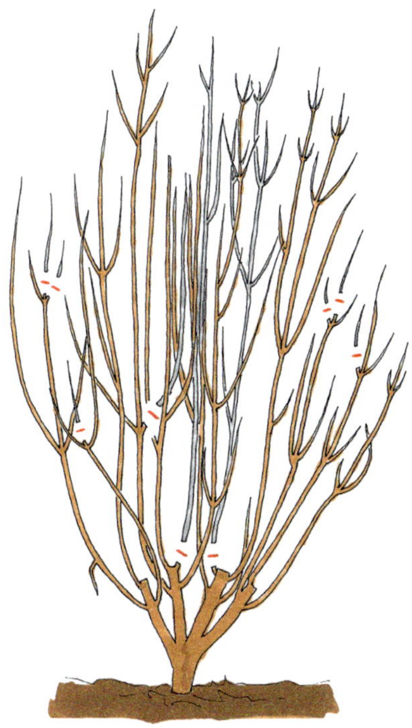

Bei einem etablierten Liguster sind kaum Schnittmaßnahmen notwendig. Beginnen Sie jedoch rechtzeitig damit, im zeitigen Frühjahr einzelne ältere Triebe bis zu kräftigen Verzweigungen zurückzuschneiden.

Kürzen Sie bei der Anlage einer Ligusterhecke die Pflanzen auf etwa 30 cm über dem Boden ein. In den folgenden zwei bis drei Jahren schneiden Sie etwa die Hälfte der vorjähren Triebe zurück, damit sich die Pflanzen von der Basis an dicht verzweigen.
Erhaltungsschnitt: Freiwachsende Sträucher und Solitärpflanzen benötigen in der Regel keinen weiteren Erhaltungsschnitt. Entfernen Sie – falls nötig – durch Schneedruck beschädigte oder abgetrocknete Triebe. Sollen die Sträucher jedoch nicht zu ihrer natürlichen Größe heranwachsen, dann kürzen Sie im Frühjahr vor dem Austrieb zumindest einen Teil der älteren Triebe bis zu kräftigen Verzweigungen ein.
Hecken und formierte Sträucher schneiden Sie zweimal pro Saison. Der erste Schnitt sollte nach dem ersten Triebabschluss am Ende des Frühjahrs (etwa Mai/Juni), der zweite gegen Ende des Sommers (August/September) erfolgen.

Verjüngungsschnitt: Alte und vernachlässigte Pflanzen lassen sich gut verjüngen. Schneiden Sie im Spätwinter vor dem Austrieb alle Triebe auf 50–70 cm zurück. Entfernen Sie alle schwachen und sich kreuzenden Triebe ganz, düngen und wässern Sie die Pflanzen ausreichend. Sorten des Gewöhnlichen Ligusters behandeln Sie wie die Art. Beim Zwerg-Liguster (*Ligustrum vulgare* 'Lodense') erübrigt sich ein Schnitt, ein Verjüngungsschnitt wird allerdings gut vertragen.

Wintergrüner Liguster
Ligustrum ovalifolium

Dem Gewöhnlichen Liguster ähnliche Art mit etwas straffer aufrechtem Wuchs, größeren, wintergrünen, in kalten Regionen nur sommergrünen Blättern. Dieser Liguster ist etwas frostempfindlich und kann in ungünstigen Lagen oder strengen Wintern zurückfrieren.
Schnittmaßnahmen: Siehe *Ligustrum vulgare*. Bei Sorten mit panaschiertem Laub müssen Sie zurückmutierte, ausschließlich grüne Triebe sofort entfernen.

Rechts: Entwicklung des Wintergrünen Ligusters nach alljährlich durchgeführtem starkem Rückschnitt.

Links: Entwicklung des Ligusters nach kräftigem Verjüngungsschnitt.
Unten: Der Zwerg-Liguster benötigt für viele Jahre keinen Schnitt.

Lonicera; Heckenkirsche, Geißblatt

Rote Heckenkirsche *Lonicera xylosteum*

Sommergrüner, breit aufrechter, reichverzweigter, 2–3 m hoher Strauch. Paarweise angeordnete, duftende, weißliche, im Verblühen gelbliche Blüten von Mai bis Juni am zweijährigen Holz. Im Sommer paarweise angeordnete rote oder orangefarbene Früchte. Anspruchsloser Füll- und Deckstrauch, der gut schnittverträglich ist.

Erziehungsschnitt: Entfernen Sie nach dem Pflanzen beschädigte Triebe und kürzen Sie die verbleibenden kräftigen Triebe um ein Drittel ein. Kürzen Sie in den folgenden Jahren im Frühsommer einzelne Triebe, die sehr starkwüchsig sind, um ein Drittel ein, damit die Wuchsform ausgewogen bleibt.

Erhaltungsschnitt: Schneiden Sie Mitte des Sommers nach der Blüte alte und schwache Triebe regelmäßig bis zum Boden heraus, damit sich die Pflanzen von der Basis aus erneuern können. Kürzen Sie ein weiteres Drittel der abgeblühten Zweige auf kräftig entwickelte, junge, aufrecht wachsende Triebe ein. Der Habitus sollte dabei erhalten bleiben.

Verjüngungsschnitt: Ein radikaler Verjüngungsschnitt ist nicht zielführend, aber ein Zurückschneiden auf tiefer liegende Gerüstäste ist möglich. Schneiden Sie dazu im Spätwinter alle dünnen, beschädigten und sich kreuzenden Triebe an der Basis heraus und kürzen Sie die restlichen auf 50–70 cm ein.

Rote Heckenkirsche 'Clavey's Dwarf' *Lonicera × xylosteoides* 'Clavey's Dwarf'

Blätter, Blüten und Früchte ähneln denen der Roten Heckenkirsche, der Strauch wächst aber rundlich und kompakt und wird etwa 1,8 m hoch und breit.

Schnittmaßnahmen: Beim Pflanzen die schwachen und beschädigten Triebe entfernen, die restlichen um ein Drittel einkürzen. Da der Strauch ohnehin dicht und kompakt wächst, sind keine weiteren Schnittmaßnahmen notwendig. Verjüngungsschnitt wie bei der Roten Heckenkirsche.

Tataren-Heckenkirsche *Lonicera tatarica*

Anfangs straff aufrecht, später dicht und buschig verzweigter, sommergrüner Strauch, der 3–4 m hoch wird. Unterscheidet sich von *Lonicera xylosteum* durch die schmaleren, mitunter lanzettlichen, glänzenden Blätter. Die etwa 2 cm großen, rosafarbenen, gelblich weißen oder roten Blüten entfalten sich in großer Fülle von Mai bis Juni.

Schnittmaßnahmen: Siehe *Lonicera xylosteum.*

Wintergrünes Duft-Geißblatt, Purpus Heckenkirsche *Lonicera × purpusii*

Das Wintergrüne Duft-Geißblatt wächst zu einem dicht verzweigten, 2–3 m hohen Strauch

Rechts: Rote Heckenkirsche nach kräftigem Auslichtungsschnitt.
Ganz rechts oben: Diese Tataren-Heckenkirsche entwickelt sich nach dem Auslichtungsschnitt im Spätwinter sehr gut.
Ganz rechts: Das Wintergrüne Duft-Geißblatt wurde ein Jahr zuvor stark ausgelichtet und verjüngt. Es hat sich wieder gut regeneriert.

heran. Es ist gut an den bis zu 9 cm großen, wintergrünen, glänzenden Blättern zu erkennen. In strengen Wintern beziehungsweise ungünstigen Lagen bleibt der Strauch jedoch sommergrün. Seine paarweise angeordneten, rahmweißen, stark nach Zitrone duftenden Blüten erscheinen bereits ab Dezember. Der Strauch blüht abhängig von der Wetterlage bis Februar/März. Anschließend fällt der Strauch wegen seiner zahlreichen, leuchtend roten Doppelbeeren auf.
Schnittmaßnahmen: Siehe *Lonicera xylosteum,* der Strauch wird ebenso ausgelichtet, allerdings nicht im Sommer, sondern nach der Blüte im späten Frühjahr (März oder April).

Maacks Heckenkirsche
Lonicera maackii

Diese Heckenkirsche wächst zu einem 4–5 m hohen und ebenso breiten Großstrauch heran. Sie blüht im Juni, die rahmweißen Blüten sind ebenfalls paarweise angeordnet. Im Herbst schmückt sie sich mit leuchtend roten Beeren. Diesen Strauch sollte man seine natürliche Wuchsform entwickeln lassen und so wenig wie möglich schneiden.
Erziehungsschnitt: Entfernen Sie nach dem Pflanzen alle schwachen und beschädigten Triebe. Kürzen Sie die verbliebenen kräftigen Triebe um ein Drittel ein.
Erhaltungsschnitt: Der Strauch baut sich von selbst sehr regelmäßig auf, weshalb ein weiterer Schnitt nicht erforderlich ist. Schneiden Sie eventuell sich kreuzende oder im Winter abgebrochene Triebe heraus. Sollte der vorgesehene Platz für den großen Strauch nicht ausreichen, dann wird ein vorsichtiger, frühzeitig beginnender und regelmäßig durchgeführter Auslichtungsschnitt gut vertragen.
Verjüngungsschnitt: Überalterte Sträucher lassen sich zwar verjüngen, aber es dauert viele Jahre und mehrfache Korrekturschnitte, bis der Strauch wieder eine annehmbare Wuchsform aufweist. Schneiden Sie, falls es unbedingt notwendig ist, alle schwachen Triebe heraus und kürzen Sie die restlichen Triebe auf ein Gerüst von etwa 1,5–2 m ein.

Lycium; Bocksdorn

Gewöhnlicher Bocksdorn
Lycium barbarum

Bis 3,5 m hohe, dickichtartige, sommergrüne Sträucher mit langen, dünnen und meist überhängenden, dornigen Zweigen und lanzettlichen, blaugrünen Blättern. Die etwa 1 cm großen, trichterförmigen, purpurnen Blüten erscheinen von Mai bis September. Der Strauch wuchert stark durch Wurzelausläufer.
Erziehungsschnitt: Schneiden Sie beim Pflanzen alle Triebe auf etwa 30 cm über dem Boden zurück.
Erhaltungsschnitt: In den ersten Jahren können Sie im Spätwinter überlange Triebe einkürzen und totes Holz herausschneiden. Später wird dies nicht mehr gut möglich sein.
Verjüngungsschnitt: Schneiden Sie etwa alle drei bis vier Jahre im Winter alle Triebe bis zur Basis zurück.

Magnolia; Magnolie

Die in unseren Gärten verwendeten Magnolienarten und -sorten sind vorwiegend Großsträucher bis kleine Bäume, die wegen ihrer attraktiven Blüten und ihres anmutigen Habitus' angepflanzt werden. Sie bevorzugen sonnige bis leicht beschattete Standorte und neutrale bis leicht saure Bodenverhältnisse. Die schöne Wuchsform entwickelt sich in der Regel ohne Schnittmaßnahmen, eine Verjüngung ist in den meisten Fällen nicht erfolgreich.

Tulpen-Magnolie
Magnolia × soulangeana

Mehrstämmiger Großstrauch oder kurzstämmiger, kleiner Baum mit 3–5 m Wuchshöhe. Die Krone ist in der Jugend noch pyramidal mit locker aufsteigenden Ästen, im Alter wird sie breit rundlich mit ausladenden, oft sehr malerisch bis zum Boden gesenkten Ästen. Die spektakulären, großen, tulpenähnlichen, weißen oder rosafarbenen Blüten erscheinen vor dem Laubaustrieb im April. Schnittmaßnahmen

Hat sich der Bocksdorn einmal so entwickelt, kann als Schnittmaßnahme nur der bodennahe Rückschnitt empfohlen werden.

sind ausschließlich im Sommer durchzuführen, da die Pflanzen an den Schnittstellen im Frühjahr und Frühsommer stark bluten und Schnittmaßnahmen im Winter eine erhöhte Anfälligkeit für das Triebsterben verursachen.
Erziehungsschnitt: Junge Pflanzen benötigen kaum einen Erziehungsschnitt. Entfernen Sie vor dem Austrieb im Frühjahr nur schwache und beschädigte Triebe beziehungsweise solche, die in die Krone hineinwachsen. Bei der Erziehung als Baum entfernen Sie nach und nach im Laufe der Jahre die tiefer liegenden Seitenäste bis auf die gewünschte Stammhöhe ganz.
Erhaltungsschnitt: Magnolien benötigen keinen regelmäßigen Erhaltungsschnitt. Die durchzuführenden Schnittmaßnahmen beschränken sich auf das Einkürzen zu stark wachsender oder schlecht platzierter Einzeltriebe auf eine darunter befindliche, kräftige Verzweigung sowie auf das Entfernen abgebrochener Zweige. Auch Triebe mit Knospen, die sich nicht geöffnet haben, sollten Sie auf eine darunterliegende, kräftig entwickelte Knospe zurückschneiden. Haben die Sträucher sehr reich geblüht, erfolgt meist auch eine starke Samenproduktion. Diese kann man verhindern, indem man die welken Blüten sofort entfernt.
Verjüngungsschnitt: Je älter Magnolien werden, umso geringer wird der Zuwachs. Die Pflanzen nehmen nur sehr langsam an Größe zu. Das Holz älterer Magnolien ist etwas brüchig, was bei starkem Wind gelegentlich zum Herausbrechen von Ästen führen kann. Ist ein Verjüngungsschnitt unerlässlich, weil zum Beispiel die Wuchsform durch benachbarte Gehölze zu stark beeinträchtigt oder der Habitus durch Windbruch zerstört wurde, sollte dieser äußerst umsichtig und über eine Zeitspanne von mindestens drei bis vier Jahren erfolgen. Bei mehrstämmigen Exemplaren kürzen Sie maximal ein Viertel der Äste auf etwa 1 m über dem Boden ein. Verfahren Sie mit den anderen in den darauf folgenden Jahren ebenso. Reduzieren Sie gleichzeitig alle zu dicht wachsenden, neuen Triebe auf einige wenige, die das neue Astgerüst aufbauen sollen.

Kobushi-Magnolie
Magnolia kobus

Baumförmig wachsende, 5–8 m hohe Magnolie mit etwa 10 cm großen, weißen, sternförmigen Blüten vor dem Laubaustrieb im April. Verträgt auch etwas kalkhaltigere Böden. Samenvermehrte Pflanzen blühen frühestens ab dem 7. Standjahr. Bis zur ersten Blüte können aber auch bis zu 15 oder 20 Jahre vergehen. Vege-

Rechts oben: Die Magnolie benötigt keinen Schnitt.
Rechts: Auch die Kobushi-Magnolie wird sich ohne Schnittmaßnahmen prächtig entwickeln.

Links: Die Hybrid-Magnolie 'Susan'. baut sich von Natur aus optimal auf.

tativ vermehrte (veredelte) Pflanzen blühen etwa ab dem 10. Jahr.
Schnittmaßnahmen: Siehe *Magnolia × soulangeana,* insbesondere die baumförmig kultivierte Wuchsform.

Purpur-Magnolie 'Nigra'
***Magnolia liliiflora* 'Nigra'**
Breit aufrechter, bis 4 m hoher, mehrstämmiger Großstrauch mit schmal vasenförmigen, 10–12 cm großen, rubinroten Blüten. Unterscheidet sich von der Tulpen-Magnolie auch durch die wesentlich längere Blütezeit von Ende April bis Mai und die Nachblüte in bereits belaubtem Zustand im Juni. Diese Art ist widerstandsfähiger und frosthärter als die Tulpen-Magnolie.
Schnittmaßnahmen: Siehe *Magnolia × soulangeana.*

Hybrid-Magnolie 'Susan'
***Magnolia* 'Susan'**
Ist im Aussehen der Purpur-Magnolie sehr ähnlich, wächst jedoch etwas dichter und blüht wesentlich reicher.
Schnittmaßnahmen: Siehe *Magnolia × soulangeana.*

Loebners Magnolie
Magnolia × loebneri
Breit aufrechter, stark verzweigter und meist mehrstämmiger Großstrauch mit Wuchshöhen zwischen 4–6 m. Vor dem Laubaustrieb im April schmückt sich diese Magnolie mit einer Fülle leuchtend rosafarbener ('Leonard Messel') oder reinweißer ('Merill'), sternförmiger, bis zu 12 cm großer Blüten. Diese Magnolie ist frosthärter als die Tulpen-Magnolie.
Schnittmaßnahmen: Siehe *Magnolia × soulangeana.*

Stern-Magnolie
Magnolia stellata
Dicht verzweigter, breitbuschiger Strauch von 2–3 m Höhe und Breite. Trägt vor dem Laubaustrieb ab Anfang April reinweiße, sternförmige Blüten, die denen der nahe verwandten Kobushi-Magnolie ähneln. Es gibt aber auch reinrosa blühende Sorten.
Schnittmaßnahmen: Siehe *Magnolia × soulangeana.*

Siebolds Magnolie
Magnolia sieboldii
Breit aufrechter, 2,5–4 m hoher Großstrauch mit großen, breit elliptischen Blättern. Diese Magnolie entfaltet ihre attraktiven, nickenden, schalenförmigen, reinweißen Blüten mit leuchtend scharlachroten Staubblättern erst im Juni/Juli.
Schnittmaßnahmen: Siehe *Magnolia × soulangeana.*

Auch die Stern-Magnolie kommt ohne Schnittmaßnahmen aus.

Rechts: Die junge Loebners Magnolie entwickelt sich ohne weiteres Zutun. Unten: Diese Siebolds Magnolie steht etwas zu dicht bei den Rhododendren. Obwohl sie nicht geschnitten werden muss, verträgt sie einen Korrekturschnitt zur Verkleinerung gut.

Malus; Zier-Apfel

Sommergrüne, kleine bis mittelgroße Bäume, die vor allem aufgrund ihrer schönen Blüte im Mai, der Belaubung und des attraktiven Fruchtschmucks häufig in Gärten und Parks gepflanzt werden. Die Blütenfarbe reicht dabei von Reinweiß über Rosa bis Dunkelweinrot. Im Herbst färben sich die Früchte gelb, orangerot oder dunkelrot. Zier-Äpfel werden in den Baumschulen als Sträucher, Hochstämme und Stammbüsche angeboten. Neben Arten und Hybriden mit der normalen, baumförmigen Wuchsform gibt es auch Hängeformen, Sorten mit vasenförmiger Wuchsform sowie mehrere Zwergformen.

Auslichtungs- und Verjüngungsschnitt bei einem etwa 35-jährigen Zier-Apfel.

Wildformen und Hybriden
***Malus floribunda*, *M. sargentii*, *M. sieboldii*, *M. tschonoskii* und zahlreiche Sorten wie 'John Downie', 'Professor Sprenger', 'Royalty' etc.**

Erziehungsschnitt: Bei Hochstämmen und Stammbüschen erfolgte der Erziehungsschnitt bereits in der Baumschule. Sträucher kann man zu mehrstämmigen Exemplaren heranziehen. In diesem Fall entfernen Sie nach der Pflanzung nur beschädigte, sich kreuzende und schwache Triebe. Falls sich bereits ein Leittrieb entwickelt hat, kann man diese Exemplare auch zu Hochstämmen erziehen. Entfernen Sie wieder alle beschädigten und schwachen Triebe, kürzen Sie die verbliebene Triebe um die Hälfte ein, lassen Sie den Leittrieb aber etwas länger als die umgebenden Äste. Die seitlichen, schwächeren Triebe kürzen Sie auf etwa 10 cm ein, damit die Bildung neuer Triebe angeregt wird.

Erhaltungsschnitt: Wenn die Erziehung zum Stammbusch oder Hochstamm nach etwa fünf Jahren abgeschlossen ist, benötigen Zier-Äpfel kaum mehr Schnittmaßnahmen. Entfernen Sie nur beschädigte Triebe. Sind Korrekturen notwendig oder ist die Krone zu dicht geworden, dann entfernen Sie diese Triebe im Sommer. Bei älteren Pflanzen können sogenannte Wasserrei-

Zier-Apfel 'Calocarpa' als Hochstamm.

ser auftreten. Entfernen Sie diese ganz. Durch den Sommerschnitt wird verhindert, dass die Pflanzen erneut stark durchtreiben. Eine wichtige Pflege- beziehungsweise Schnittmaßnahme ist bei veredelten Pflanzen das Entfernen etwaiger Austriebe der Unterlage sowie bei Hochstämmen das Entfernen der Austriebe entlang des Stamms unterhalb des Kronenansatzes.

Verjüngungsschnitt: Wenn Zier-Äpfel sehr lange nicht ausgelichtet wurden, entwickelt sich mit zunehmendem Alter eine dichte Krone mit dünnen, schwachen Trieben und geringem Blütenansatz. Entfernen Sie im Spätsommer vor allem die dünnen, schwachen Triebe aus dem Inneren der Krone. Kürzen Sie die äußeren Äste nur wenig bis gar nicht ein. Eventuell wird im Folgejahr noch ein mäßiger Korrekturschnitt notwendig sein.

Paeonia; Pfingstrose

Strauch-Pfingstrose
Paeonia × suffruticosa

Aufrechter, etwa 1–1,5 m hoher und ebenso breiter, meist wenig verzweigter Strauch mit dicken, etwas steif wirkenden Trieben und doppelt gefiederten Blättern. Diese attraktiven Blütensträucher entfalten ihre großen, endständigen Blüten in Reinweiß über Rosa bis Dunkelviolett. Sie können einfach bis stark gefüllt sein. Die Blüten neuerer Hybriden sind auch prächtig gelb bis gelborange gefärbt. Bei den Strauch-Pfingstrosen handelt es sich um langlebige Sträucher, die mineralische, nährstoffreiche, mäßig trockene Böden bevorzugen. Meist sind sie veredelt. Ein späteres Verpflanzen vertragen Strauch-Pfingstrosen nicht gut.

Erziehungsschnitt: Strauch-Pfingstrosen sollten so gepflanzt werden, dass die Veredlungsstelle wenige Zentimeter unter der Erdoberfläche liegt. So wird die darauf veredelte Sorte im Laufe der Zeit eigene Wurzeln bilden. Ein Pflanzschnitt ist nicht notwendig. Auch ein Erziehungsschnitt erübrigt sich. Entfernen Sie eventuell abgetrocknete oder sehr schwache Triebe.

Erhaltungsschnitt: Der Erhaltungsschnitt beschränkt sich im Wesentlichen auf das Einkürzen der Triebspitzen mit den abgeblühten Blüten auf ein gut ent-

Strauch-Pfingstrose nach dem Pflanz- und Erziehungsschnitt.

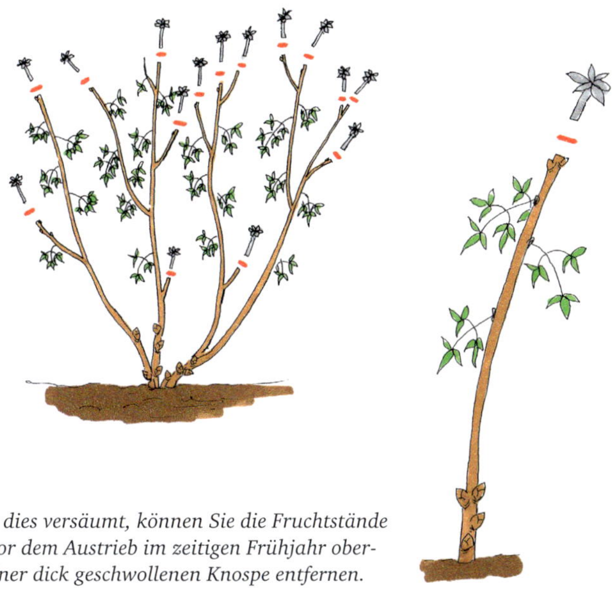

Strauch-Pfingstrosen müssen kaum geschnitten werden. Entfernen Sie jedoch gleich nach der Blüte die abgeblühten Blütenstände beim nächsten, darunter liegenden, gut entwickelten Blatt.

Wurde dies versäumt, können Sie die Fruchtstände auch vor dem Austrieb im zeitigen Frühjahr oberhalb einer dick geschwollenen Knospe entfernen.

Strauch-Pfingstrose zu Blütezeit.

Erhaltungsschnitt bei älterer Strauch-Pfingstrose: An der Basis haben sich zahlreiche junge Triebe gebildet. Diese sollten zugunsten vergreister Triebe gefördert werden.

Ältere Strauch-Pfingstrose nach dem Erhaltungsschnitt.

Ganz links: Strauch-Pfingstrosen können sehr alt werden. Allerdings vergreisen sie meist im oberen Drittel. In der Regel sitzen an der Strauchbasis mehr oder minder gut entwickelte Adventivknospen.
Links: Schneiden Sie verkahlte Triebe im zeitigen Frühjahr auf diese Knospen zurück. Sie werden sich bestens regenerieren.

wickeltes Blatt oder eine gut entwickelte Knospe im Sommer. Ältere Zweige können lang und dürr werden. Diese sowie altes Holz kürzen Sie bis zu einer kräftigen Knospe nahe der Strauchbasis ein.
Verjüngungsschnitt: Nach Möglichkeit sollte man bei Strauch-Pfingstrosen einen stärkeren Rückschnitt vermeiden. Sind die Triebe der Sträucher im unteren, basisnahen Bereich bereits stark verkahlt, so kann man alle Triebe nach der Blüte etwa Ende Mai ungefähr 30–40 cm über dem Boden abschneiden. Wichtig dabei ist allerdings, dass Sie die Triebe immer oberhalb einer gut entwickelten Knospe abschneiden. Sie können diesen Rückschnitt auch im Herbst nach dem Laubfall durchführen. Dies hat den Vorteil, dass man die Knospen nun wesentlich besser sieht und gezielter schneiden kann.

Delavays Strauch-Pfingstrose *Paeonia delavayi*
Ausläufertreibender Strauch mit fiederartig zerteilten Blättern und 5–9 cm breiten, becherförmigen, nickenden, dunkelkarminroten Blüten.
Schnittmaßnahmen: Siehe *Paeonia suffruticosa.*

Gelbe Pfingstrose *Paeonia lutea*
Bis 1,5 m hoher, wenige Ausläufer treibender Strauch mit doppelt dreizählig gefiederten Blättern und 5–10 cm breiten, nickenden, gelben Blüten.
Schnittmaßnahmen: Siehe *Paeonia suffruticosa.*

Gefleckte Strauch-Pfingstrose *Paeonia rockii*
Bis 2,5 m hoher, locker aufgebauter Strauch mit bis zu 40 cm langen, zwei- bis dreifach gefiederten Blättern und großen, weißen Blüten mit auffallend schwarzrotem Basalfleck.
Schnittmaßnahmen: Siehe *Paeonia suffruticosa.*

Perovskia; Perovskie, Blauraute

Silber-Perovskie, Blauraute *Perovskia atriplicifolia*
Bis 1 m hohe, aufrechte, vieltriebige, aber wenig verzweigte, aromatisch duftende Halbsträucher mit fiederförmigen, graufilzigen Blättern. An den Enden der diesjährigen Triebe entwickeln sich von Mitte Juli bis Ende Oktober Ähren mit zahlreichen violettblauen, kleinen Blüten. Für ein gutes Gedeihen benötigt die Blauraute einen durchlässigen Boden sowie einen warmen, sonnigen Standort. Die oberirdi-

Bei Halbsträuchern wie der Blauraute werden alle Triebe im späten Frühjahr vor dem Austrieb bis knapp über dem Boden zurückgeschnitten (links). Daraus entwickeln sich dann wieder blühwillige Halbsträucher (rechts).

schen Pflanzenteile sterben im Winter ab. Die Pflanzen regenerieren sich im folgenden Frühjahr aus der verholzenden Basis.
Erziehungsschnitt: Schneiden Sie nach dem Pflanzen im Frühjahr alle vorjährigen Triebe auf 5–10 cm über der Basis zurück. In den Folgejahren kürzen Sie dann vor dem Austrieb im Frühjahr wieder alle vorjährigen Triebe bis auf wenige Knospen ein, so dass sich langsam ein leicht verholztes Gerüst aufbaut.
Erhaltungsschnitt: Kürzen Sie alljährlich im Frühjahr vor dem Austrieb alle vorjährigen Triebe bis auf drei bis vier Knospen ein. Schneiden Sie bei älteren Pflanzen auch jene alten Teile des Gerüsts heraus, die im vergangenen Jahr keine neuen Triebe mehr entwickelt haben.
Verjüngungsschnitt: Sträucher, die nie geschnitten wurden, sind sehr kurzlebig. Schneiden Sie das alte Holz, das keine Triebe mehr aus der Basis entwickelt, heraus und kürzen Sie alle übrigen vorjährigen Triebe auf drei bis vier Knospen ein. Überalterte Pflanzen regenerieren sich nur schlecht. Ersetzen Sie diese besser durch junge.

Junge Blauraute treibt im Frühsommer kräftig aus.

Blühende Blauraute im Spätsommer.

Junge Blauraute nach dem Erziehungs- und Erhaltungsschnitt im späten Frühjahr.

Philadelphus; Pfeifenstrauch, Falscher Jasmin

Gewöhnlicher Pfeifenstrauch, Falscher Jasmin
Philadelphus coronarius
Mittelgroße bis große, 3–4 m hohe, sommergrüne Sträucher mit einfachen oder gefüllten, duftenden weißen Blüten im Juni. Die Blüten sitzen am Ende kurzer, beblätterter Triebe, die sich seitlich an vorjährigen Trieben entwickeln. Es werden aus der Basis stets neue Triebe gebildet (Basitonie), die sich in der Folge mesoton verzweigen. Sie blühen etwa vier Jahre lang. Danach werden die Triebe zu dicht und die Blühwilligkeit lässt stark nach, weshalb bei diesen Sträuchern ein regelmäßiger Auslichtungsschnitt durchzuführen ist.
Erziehungsschnitt: Entfernen Sie nach dem Pflanzen alle schwachen und beschädigten Triebe und kürzen Sie die restlichen etwa um die Hälfte ein, um die Bildung neuer Triebe an der Strauchbasis anzuregen.
Erhaltungsschnitt: Der junge Wuchs soll gefördert werden. Beachten Sie aber dabei, dass der Strauch seine ausgewogene Wuchsform behält. Im Sommer schneiden Sie im Juli nach der Blüte etwa ein Viertel der alten Triebe bis zum Boden ab oder kürzen sie auf einen kürzeren, jungen Neutrieb ein. Werden die Sträucher zu breit, dann entfernen Sie diese Triebe ebenfalls an der Basis und fördern damit die aus der Basis wachsenden Neutriebe. Die abgeblühten Triebe kürzen Sie auf eine darunterliegende, kräftige Verzweigung ein. Das fördert die Bildung kräftiger Blütentriebe für das folgende Jahr. Dünnen Sie den zu dichten Wuchs regelmäßig aus, um die Blühkraft zu erhalten.
Bei gelbblättrigen und weißpanaschierten Sorten können Sie die Laubwirkung wesentlich erhöhen, indem Sie die Pflanzen regelmäßig im zeitigen Frühjahr vor dem Austrieb stärker zurückschneiden. Kürzen Sie dazu die vorjährigen Triebe auf tiefer liegende Verzweigungen oder auf gut entwickelte Knospen ein. Dieser Schnitt geht allerdings auf Kosten der Blüte.
Verjüngungsschnitt: Ein kräftiger Verjüngungsschnitt wird vertragen. Schneiden Sie in diesem Fall vor dem Austrieb im Winter oder zeitigen Frühjahr alle alten und die zu dicht stehenden jüngeren Triebe bis zum Boden heraus und kürzen Sie die etwa vier bis sechs verbleibenden, kräftig entwickelten,

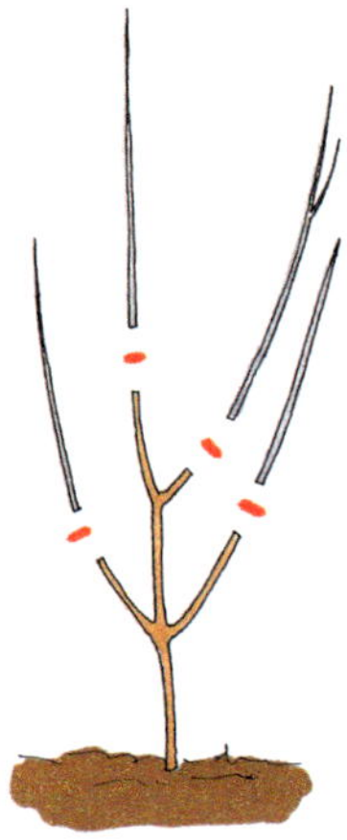

Kürzen Sie beim Pflanzen alle Triebe des Pfeifenstrauchs um zwei Drittel ein, damit sich bereits die junge Pflanze gut verzweigt.

Kürzen Sie nach der Blüte Ende Juni alle abgeblühten Triebe auf darunter liegende, kräftige Verzweigungen oder kräftige Jungtriebe ein. Entfernen Sie auch regelmäßig einzelne ältere Triebe an der Strauchbasis.

Containerpflanze vor dem Pflanzschnitt.

Containerpflanze nach dem Pflanzschnitt.

jüngeren Triebe zumindest um ein Viertel oder die Hälfte ein. Im folgenden Jahr entfernen Sie dann die restlichen alten Triebe an der Basis und bauen mit den jungen Trieben ein neues Astgerüst auf.

Virginischer Pfeifenstrauch
Philadelphus × virginalis
Wie *Philadelphus coronarius,* aber mit dichtgefüllten, bis 5 cm breiten, weißen, duftenden Blüten in dichten Trauben von Juni bis Juli.
Schnittmaßnahmen: Siehe *Philadelphus coronarius.*

Großblütiger Pfeifenstrauch
Philadelphus inodorus* var. *grandiflorus
Wie *Philadelphus coronarius,* aber mit bis zu 5 cm breiten, weißen, duftlosen Blüten mit gelben Staubgefäßen im Juni.
Schnittmaßnahmen: Siehe *Philadelphus coronarius.*

Pfeifensträucher der Lemoinei-Gruppe ('Lemoinei', 'Erectus', 'Silberregen', 'Avalanche', 'Dame Blanche', 'Snowgoose', 'Manteau d'Hermine') und der Purpureomaculatus-Gruppe ('Purpureomaculatus', 'Belle Etoile', 'Beauclerk')
Die Vertreter dieser Gruppen wachsen deutlich schwächer als *Philadelphus coronarius* und werden je nach Sorte 1,5–2 m hoch. Einige Sorten zeichnen sich durch einen locker überhängenden Wuchs aus. Ihre Blüten sind rahmweiß und wie bei *Philadelphus coronarius* stark duftend. Die Sorten der Purpureomaculatus-Gruppe zeichnen sich durch sehr große Blüten mit purpurroter Mitte aus.
Schnittmaßnahmen: Ein regelmäßig durchgeführter, vorsichtiger Auslichtungsschnitt fördert die Bildung blühwilliger Neutriebe. Kürzen Sie die abgeblühten Triebe bis zur nächsten Verzweigung ein und schneiden Sie in mehrjährigen Abständen einzelne alte Triebe an der Basis heraus.

Kleinblättriger Pfeifenstrauch
Philadelphus microphyllus
Kleiner, bis 1 m großer, verzweigter, dichttriebiger Strauch mit vielen zierlichen, dünnen Trieben und ebenso zierlichen, weißen, stark duftenden Blüten im Juni. Es ist kaum ein Schnitt nötig. Entfernen Sie nur unregelmäßig oder stark herauswachsende Zweige. Ist der Strauch zu dicht, lichten Sie ihn nach der Blüte vorsichtig aus, indem Sie einige Triebe an der Basis herausschneiden. Ein Verjüngungsschnitt kann im Frühjahr vor dem Austrieb durchgeführt werden. Schneiden Sie in diesem Fall alle Triebe auf etwa 30–40 cm über dem Boden zurück.

Physocarpus; Blasenspiere

Schneeball-Blasenspiere
Physocarpus opulifolius
Blasenspieren entwickeln sich zu 2–3 m hohen, breit aufrechten Sträuchern mit überhängenden

Oben: Falscher Jasmin Ende Juni nach kräftigem Auslichtungs- und Verjüngungsschnitt.
Mitte: Basis des älteren Strauchs vor dem Auslichten, Winter.
Unten: Basis eines jüngeren Strauchs nach dem Auslichten, Winter.

Zweigen und rundlichen, meist fünflappigen Blättern. Ihre weißen bis blassrosafarbenen Blüten sitzen in aufrechten, vielblütigen, breiten Trugdolden an der Oberseite der vorjährigen Triebe. Sie entfalten sich Ende Mai bis Juni. Sehr auffällig präsentieren sich auch ihre zu Fruchtständen vereinten, blasig aufgetriebenen Früchte im Spätsommer.

Erziehungsschnitt: Schneiden Sie nach dem Pflanzen alle schwachen und beschädigten Triebe ganz weg und kürzen Sie die kräftigen, gesunden Triebe um die Hälfte oder zwei Drittel ein. Nach dem Pflanzschnitt sollten sich die Sträucher ungehindert entwickeln können.

Erhaltungsschnitt: Schneiden Sie nach der Blüte im Juli alle abgeblühten Zweige bis zur Hälfte oder zumindest bis zu einer kräftigen Knospe oder einem kräftigen, jungen, nach oben wachsenden Trieb zurück. In den Folgejahren sollte die Mitte regelmäßig ausgelichtet werden. Schneiden Sie dazu einige der ältesten Triebe auf kräftige, junge Triebe zurück. Später entfernen Sie auch nach und nach die alten Grundtriebe an der Basis. Diese Schnittmaßnahmen können Sie im Sommer nach der Blüte oder vor dem Austrieb im Frühjahr durchführen, dann verzichten Sie allerdings auf die Blüte im Frühsommer.

Bei gelblaubigen (zum Beispiel 'Dart's Gold') und rotlaubigen Sorten (Teufelsspiere 'Diabolo') können Sie die Laubwirkung wesentlich erhöhen, wenn Sie die Pflanzen regelmäßig im zeitigen Frühjahr vor dem Austrieb stärker zurückschneiden. Kürzen Sie dazu die vorjährigen Triebe auf tiefer liegende Verzweigungen oder auf gut entwickelte Knospen ein. Mit diesem Schnitt verzichten Sie dann aber auf einen Großteil des Blüten- und Fruchtschmucks im Frühsommer.

Verjüngungsschnitt: Alte Blasenspieren wachsen und blühen nur noch an den äußeren Triebspitzen und verkahlen an der Basis. Vernachlässigte Pflanzen lassen sich durch einen Verjüngungsschnitt wieder regenerieren. Verteilen Sie den Verjüngungsschnitt nach Möglichkeit auf zwei bis drei Jahre. Der geeignete Zeitpunkt dafür ist der Winter oder das zeitige Frühjahr. Lassen Sie vier oder fünf kräftige Triebe stehen und kürzen Sie diese um die Hälfte ein. Schneiden Sie alle übrigen wenige Zentimeter über dem Boden

Oben links: Vergreiste Pflanze der Blasenspiere vor dem Schnitt, Mitte Juni.
Oben rechts: Vergreiste Pflanze nach kräftigem Auslichtungs- und Verjüngungsschnitt Mitte Juni, aufgenommen Ende August.
Links: Der grüne Austrieb muss bei der rotlaubigen Sorte der Blasenspiere an der Entstehungsstelle entfernt werden.

ab. Der Strauch wird sich gut regenerieren und kräftige neue Triebe bilden, die im nächsten Frühsommer wieder blühen. Entfernen Sie im folgenden Spätwinter vor dem Austrieb alle dünnen und schwach entwickelten Triebe und kürzen Sie überlange Triebe um die Hälfte ein. Es ist auch möglich, alle starken Triebe gleichzeitig auf 50–60 cm zurückzuschneiden. Allerdings muss man dann den Strauch in den Folgejahren aus den kräftigen Austrieben neu aufbauen.

Potentilla; Fingerstrauch, Fingerkraut

Gewöhnlicher Fingerstrauch *Potentilla fruticosa*

1–1,5 m hohe Sträucher mit dichtem, rundlichem Habitus und drei- bis siebenzähligen Blättchen. Die zahlreichen, 2–4 cm großen, gelben, weißen und bei Sorten auch orangefarbenen bis roten Schalenblüten sitzen in dichten, end- oder seitenständigen Blütenständen. Die Blütezeit erstreckt sich von Mai bis September. Fingersträucher bevorzugen einen durchlässigen, mäßig feuchten und leicht sauren bis leicht alkalischen Boden und einen vollsonnigen Standort. Ohne Schnitt neigen die Sträucher dazu, viele alte, verzweigte und schlecht blühende Zweige anzusammeln. Durch regelmäßigen Schnitt behalten die Sträucher ihre optimale Form und Blühwilligkeit.

Erziehungsschnitt: Entfernen Sie bei der Pflanzung alle schwachen und beschädigten Triebe und kürzen Sie die restlichen Triebe um die Hälfte ein.

Erhaltungsschnitt: Schneiden Sie vor dem Austrieb im Frühjahr jeweils die ältesten Triebe bis zur Basis heraus und entfernen Sie auch den schwachen Wuchs. Sie können die abgeblühten Triebspitzen nach der Blüte auch etwas einkürzen und damit einen neuen Austrieb für einen weiteren Blütenflor anregen.

Verjüngungsschnitt: Sehr stark überalterte Sträucher mit nur wenigen, stark verholzten Trieben lassen sich nicht mehr zufriedenstellend verjüngen. Ersetzen Sie diese besser durch junge Pflanzen. Bestehen die überalterten Pflanzen aus vielen dünnen, teils kahlen und nur mehr wenig blühenden Trieben, dann kürzen Sie alle etwas stärkeren Triebe im Spätwinter auf 10–15 cm über dem Boden ein und entfernen alle dünnen und schwachen Triebe ganz. Die Pflanzen blühen in diesem Jahr nicht mehr, sondern erst in der folgenden Saison.

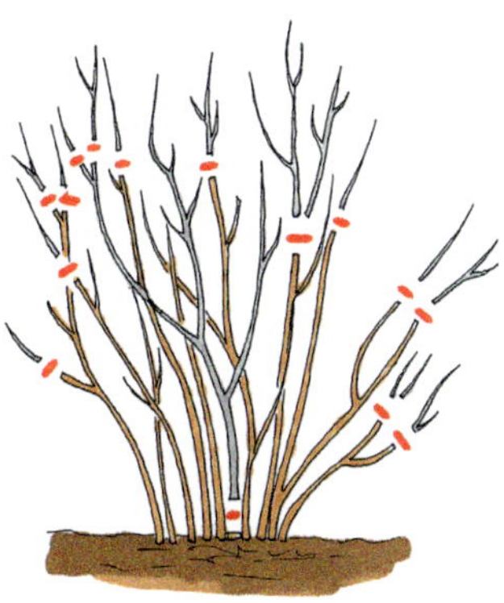

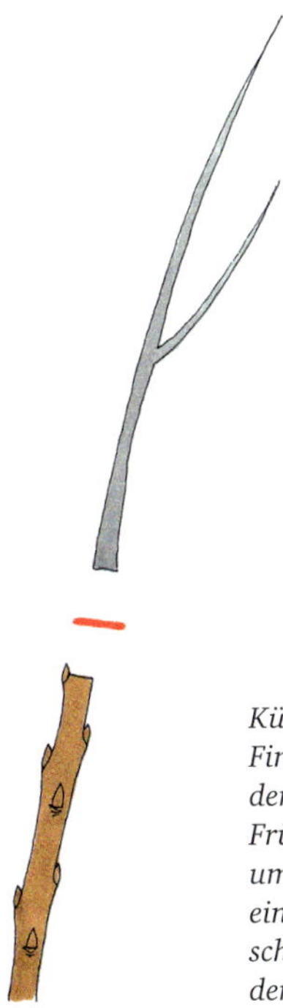

Kürzen Sie beim Fingerstrauch vor dem Austrieb im Frühjahr die Triebe um etwa ein Drittel ein. Entfernen Sie schwaches Holz an der Basis.

Prunus; Zier-Kirsche, Mandelbäumchen

Die Gruppe der Zier-Kirschen ist äußerst umfangreich und vielgestaltig. Sie umfasst Kleinsträucher, Großsträucher, Kleinbäume sowie mittelgroße Bäume. Alle Vertreter schmücken sich zumeist im April vor dem Laubaustrieb mit einer verschwenderischen Fülle an weißen oder rosafarbenen, einfachen oder stark gefüllten Blüten. Diese bilden sich an den vorjährigen oder den Verzweigungen älterer Triebe. Sie bevorzugen tiefgründige, kalkhaltige Böden und sonnige Standorte. Schnittmaßnahmen sollten, zumindest bei den Großsträuchern und baumförmig wachsenden Arten und Sorten, in der Jugendphase abgeschlossen sein. Im Alter reagieren diese Pflanzen auf starke Eingriffe mit schlecht verheilenden Schnittwunden und mangelnder Regeneration. Formierungs- und Erziehungsmaßnahmen müssen daher bei noch jungen Pflanzen im Rahmen des Erziehungsschnitts abgeschlossen sein. Schnittwunden sollten so klein wie möglich gehalten werden. Die notwendigen Schnittmaßnahmen sollten

Fingerstrauch nach dem Erhaltungsschnitt im zeitigen Frühjahr.

im Sommer im belaubten Zustand durchgeführt werden, damit sich die Wunden möglichst bald schließen. Zier-Kirschen weisen manchmal Gummifluss auf. Da die meisten Sorten der Zier-Kirschen veredelt sind, sollte man unbedingt auf Wurzelschösslinge und Stammaustriebe der Unterlage bei Kronenveredlungen achten.

Kirschpflaume, Myrabolane *Prunus cerasifera*

Breit aufrecht wachsender Großstrauch bis Kleinbaum von 5–8 m Wuchshöhe mit buschiger Krone, relativ dünnem Astwerk und einer Fülle von kleinen, einfachen, weißen Blüten am vorjährigen Holz vor dem Laubaustrieb von Ende März bis Mitte April. Im Sommer entwickeln sich gelbe, blaue oder rötliche, 2–3 cm große, kugelige, zwetschenähnliche Früchte. Die Kirschpflaume wird als Strauch oder Hochstamm in den Baumschulen angeboten. Die Sträucher werden oft für hohe, dichte Hecken verwendet. Sie benötigt keine Schnittmaßnahmen. Es gibt mehrere Sorten mit rötlichen bis schwarzroten Blättern und rosafarbenen Blüten.

Erziehungsschnitt: Entfernen Sie bei der Pflanzung schwache und beschädigte Triebe. Kürzen Sie die restlichen um ein Drittel ein. Möchten Sie einen Hochstamm erziehen, dann fördern Sie den Mittelleittrieb. Der Kronenansatz sollte nicht unter 1,5 m liegen. Entfernen Sie daher bis zu dieser Höhe sukzessive alle Triebe, die sich am Stamm bilden. Waagrechte Äste bringen oft starkwüchsige senkrechte Äste hervor. Kürzen Sie diese um zwei Drittel oder entfernen Sie diese ganz, denn sie können zu Konkurrenztrieben zum Leittrieb werden.

Soll die Kirschpflaume für Hecken verwendet werden, pflanzen Sie junge Sträucher im Herbst oder Frühjahr und kürzen Sie diese um ein Drittel ein. Entspitzen Sie die Leittriebe im Sommer, um eine optimale Verzweigung zu erhalten. Kürzen Sie die Leittriebe auch in den folgenden Jahren im Sommer jeweils um ein Drittel ihre Länge ein, bis die vorgesehene Höhe erreicht ist.

Erhaltungsschnitt: Die Kirschpflaume entwickelt sich weiterhin ohne Schnittmaßnahmen recht gut. Beschränken Sie diese deshalb auf das unbedingt Notwendige, da ansonsten der Habitus stark leidet und die Bildung unerwünschten Wasserreiser angeregt wird. Schneiden Sie ausschließlich beschädigte oder kranke Zweige heraus. Etablierte Blütenhecken schneiden Sie am besten nach der Blüte im späten Frühjahr.

Verjüngungsschnitt: Ältere Pflanzen sprechen auf starken Schnitt oder eine Verjüngung nicht gut an.

Higan-Kirsche *Prunus subhirtella* in verschiedenen Sorten wie 'Autumnalis', 'Fukubana', 'Hally Jolivette', 'Accolade' etc. und verwandte Strauchkirschen

Zier-Kirschen dieser Gruppe können strauchförmig erzogen werden und wachsen dann etwa 2,5–4 m hoch. Meist werden sie aber als Halb- oder Hochstämme kultiviert. Sie zeichnen sich durch einen überaus reichen Blütenflor zwischen Ende März und Ende April aus. Die Blüten können einfach sein, meist handelt es sich aber um leicht gefüllt blühende Sorten mit weißlichen, rosafarbenen oder lilarosafarbenen Blüten. Diese Arten und deren Sorten sind in der Regel auf die Vogel-Kirsche (*Prunus avium*), eine starkwüchsige Unterlage, veredelt. Achten Sie deshalb besonders auf den gelegentlich auftretenden Durchtrieb der Unterlage.

Schnittmaßnahmen: Siehe *Prunus cerasifera*. Darüber hinaus beschränkt sich der Erhaltungsschnitt auf das Entfernen von Unterlagentrieben und Stammaustrieben an der Unterlage.

Bei diesem alten Exemplar der Kirschpflaume ist kein Schnitt mehr möglich.

Die junge, mehrstämmige Higan-Kirsche 'Accolade' entwickelt sich ohne Schnittmaßnahmen gut.

Zwerg-Mandel ***Prunus tenella***
Stark ausläufertreibender, aufrecht wachsender Kleinstrauch bis 1,5 m Wuchshöhe mit lanzettlichen Blättern und einfachen, reinrosafarbenen Blüten, die sich entlang des vorjährigen Triebs vor oder mit dem Laubaustrieb im April entfalten. Im Sommer entwickeln sich daraus mandelähnliche Früchte. Die Zwerg-Mandel wird sowohl wurzelecht als auch veredelt beziehungsweise als Hochstämmchen angeboten. Die Pflanzen sind gut schnittverträglich. Sie vertragen Sommerhitze und trockene Standorte gut.
Erziehungsschnitt: Beim Einpflanzen ist kein Pflanzschnitt notwendig. Schneiden Sie bei wurzelechten Pflanzen nach der Blüte etwa Ende April alle Triebe ungefähr 10–15 cm über dem Boden zurück. Bei veredelten Pflanzen sowie bei Stämmchen kürzen Sie die Triebe auf 10–15 cm über der Veredlungsstelle ein. Sie treiben dann sehr kräftig aus und blühen im folgenden Frühjahr reichlich an diesen Trieben.
Erhaltungsschnitt: Hier muss man wieder zwischen den veredelten und den wurzelechten Pflanzen unterscheiden. Wurzelechte Pflanzen müsste man eigentlich nicht schneiden. Sie entwickeln sich auch ohne Schnitt sehr gut. Da die Wurzelausläufer sehr stark wuchern können, beschränken sich die Maßnahmen auf das Eingrenzen der unerwünschten Ausbreitung. Sie können aber im Frühjahr sofort nach dem Abblühen alle Triebe etwa 10–15 cm über dem Boden abschneiden. Dann entwickeln sich unverzweigte, bis 1 m hohe und sehr reich blühende Sträucher. Diese Schnittmaßnahme sollte Sie auch dann alle paar Jahre durchführen, wenn Sie die Sträucher sonst nicht regelmäßig schneiden.
Veredelte Zwerg-Mandeln sollten unbedingt regelmäßig geschnitten werden. Diese sind meist auf die viel stärkerwüchsige Kirschpflaume veredelt. Dies führt zwar zu einem stärkeren Wachstum in den ersten Jahren. Dafür beginnen diese Pflanzen ohne Schnittmaßnahmen frühzeitig zu vergreisen. Abgesehen davon wird die Unterlage immer wieder durchtreiben. Kürzen Sie also all-

Oben: Nach dem Rückschnitt der Zwerg-Mandel nach der Blüte (Ende April) bis knapp über dem Boden haben sich bis zum Sommer wieder zahlreiche neue Triebe von der Basis aus gebildet.
Links: Die jungen Vorjahrestriebe sind von der Basis bis zur Spitze mit Blüten besetzt.

jährlich nach dem Abblühen alle Triebe auf etwa 15–20 cm ein und entfernen Sie Durchtriebe der Unterlage und Wurzelschösslinge gründlich.

Verjüngungsschnitt: Wurzelechte Pflanzen reagieren auf einen Verjüngungsschnitt mit einem kräftigen neuen Austrieb. Sind veredelte Pflanzen einmal vergreist, dann hilft auch ein Verjüngungsschnitt nicht mehr, da sich die Pflanzen nur schlecht und unvollständig regenerieren.

Mandelbäumchen *Prunus triloba*

Breitbuschiger, aufrechter Kleinstrauch mit 1,5–2 m Wuchshöhe, dreilappigen Blättern und stark gefüllten, rosafarbenen Blüten entlang des vorjährigen Triebs vor dem Laubaustrieb von April bis Anfang Mai. Das Mandelbäumchen wird sowohl wurzelecht als auch veredelt beziehungsweise als Hochstämmchen angeboten. Es muss regelmäßig geschnitten werden. Der Standort sollte sonnig, der Boden mäßig nährstoffreich und feucht sein. Veredelte Pflanzen sind im Vergleich zu wurzelechten deutlich kurzlebiger.

Erziehungsschnitt: Kürzen Sie beim Pflanzen im Frühjahr alle kräftigen Triebe zumindest um die Hälfte ein. Das Mandelbäumchen blüht dann allerdings im ersten Jahr noch nicht, bringt aber einen deutlich stärkeren Zuwachs für das folgende Jahr. Sie können die ohnehin meist im Container kultivierten Pflanzen auch ohne Pflanzschnitt setzen und nach der Blüte Ende April den ersten kräftigen Rückschnitt durchführen. In den folgenden Jahren kürzen Sie alle vorjährigen Triebe gleich nach der Blüte bis auf etwa 10 cm über dem Gerüst ein. Wiederholen Sie diesen Schnitt in den folgenden zwei bis drei Jahren, bis das Gerüst entsprechend aufgebaut ist.

Erhaltungsschnitt: Unabhängig davon, ob die Sträucher veredelt oder wurzelecht sind, kürzen Sie alle abgeblühten Triebe Ende

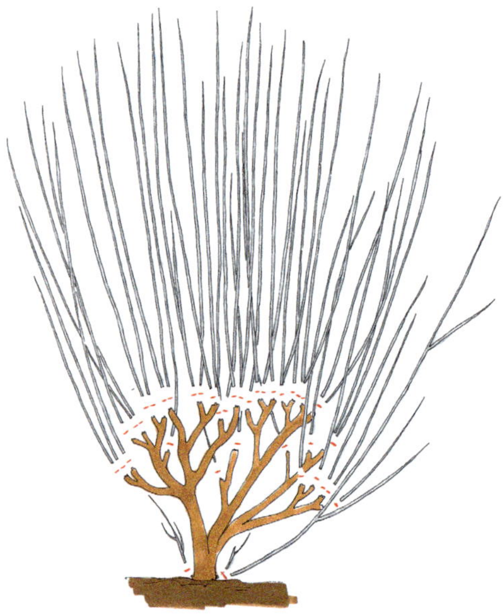

Kürzen Sie beim Mandelbäumchen gleich nach der Blüte alle abgeblühten Vorjahrestriebe bis auf 10 cm über dem Gerüst ein (siehe Detail). Entfernen Sie etwaige Ausläufer an der Basis, da diese vermutlich (bei Veredlungen sicher) von der Unterlage stammen.

Mandelbäumchen zur Blütezeit im April.

Mandelbäumchen nach dem Erhaltungsschnitt Ende April.

April bis etwa 10 cm über das Gerüst ein. Entfernen Sie Triebe, die durch Zweig-Monilia beschädigt sind.
Verjüngungsschnitt: Aufgrund der Kurzlebigkeit des Mandelbäumchens ist bei stark überalterten Pflanzen, insbesondere bei veredelten Exemplaren, ein Verjüngungsschnitt nicht mehr zielführend. Ersetzen Sie diese besser durch junge, vitale Pflanzen.

Drüsen-Kirsche *Prunus glandulosa*

Diese kaum 1,5 m hohe, zumeist gefüllt blühende Strauchkirsche ist dem Mandelbäumchen sehr ähnlich, unterscheidet sich von diesem aber durch die einfachen Blätter und die weißen, etwas kleineren, dichtgefüllten Blütenröschen.
Schnittmaßnahmen: Siehe *Prunus triloba.*

Japanische Mandel-Kirsche verträgt einen kräftigen Auslichtungsschnitt nach der Blüte.

Japanische Mandel-Kirsche *Prunus tomentosa*

Dieser mittelhohe, mehrstämmige Strauch wächst bis zu einer Höhe von etwa 2,5 m heran. Man erkennt ihn an den deutlich filzigen Trieben und Blättern. Seine zahlreichen, weißen, bei Sorten ('Orient') auch rosafarbenen Blüten öffnen sich bereits Ende März. Etwa Anfang Juli reifen seine kleinen, süßsäuerlich schmeckenden, essbaren Früchte. Die Pflanzen sind kurzlebig und nach etwa 10–15 Jahren erschöpft, weshalb ein regelmäßiger Schnitt anzuraten ist. Als Veredlungsunterlagen werden meist Zwetschen-Unterlagen verwendet.
Erziehungsschnitt: Der Pflanzschnitt beschränkt sich auf das Entspitzen der meist eintriebigen Kirsche nach dem Pflanzen im Frühjahr. Das Stämmchen sollte sich etwa in 50–60 cm Höhe verzweigen, damit die Schnittmaßnahmen und die Fruchternte leichter durchzuführen sind. In den folgenden Jahren sind noch keine Schnittmaßnahmen notwendig.
Erhaltungsschnitt: Dieser besteht darin, die Pflanzen in einem möglichst blüh- und ertragreichen Stadium zu erhalten. Kürzen Sie nach dem Abblühen im April/Mai etwa ein Drittel der Triebe jeweils um zwei Drittel ein. Die restlichen Triebe lassen Sie unbeschnitten. Sollte Zweig-Monilia aufgetreten sein, entfernen Sie die befallenen Triebe komplett. Trotz dieser Schnittmaßnahmen werden sich im Inneren der Krone noch genügend „Naschfrüchte" entwickeln.
Verjüngungsschnitt: Stark überalterte Sträucher der kurzlebigen Mandel-Kirsche lassen sich nicht mehr verjüngen. Beginnen Sie frühzeitig damit, regelmäßig einzelne Äste bis zum alten Holz herauszuschneiden, und ersetzen Sie diese durch junge Neutriebe aus dem Inneren der Krone.

Steppen-Kirsche *Prunus fruticosa*, Mittlere Weichsel *Prunus × eminens*

Stark ausläufertreibende und kolonienbildende Sträucher mit locker überhängenden, dünnen Trieben. Sie blühen an den vorjährigen Trieben. Die kleinen, weißen Blüten entfalten sich vor oder mit dem Laubaustrieb Anfang Mai. Die Sträucher sind kurzlebig, so dass ungeschnittene Sträucher nach etwa 10–15 Jahren vergreisen und in manchen Jahren etwas anfällig für Zweig-Monilia sind. Inzwischen werden veredelte Sorten als Halb- und Hochstämme angeboten, die deutlich langlebiger sind. Steppen-Kirsche und Mittlere Weichsel bevorzugen sonnige Standorte und mäßig trockene, kalkhaltige Böden.
Erziehungsschnitt: Wurzelechte Sträucher schneidet man am besten nach dem Pflanzen stark zurück, damit sie sich von der Basis an gut verzweigen. Bei veredelten Pflanzen entfernen Sie nur dünne und beschädigte Triebe.

Sie können die Triebe der Hochstämme in den ersten zwei bis drei Jahren nach dem Verblühen um zwei Drittel einkürzen, damit sich eine dichte, gesunde Krone entwickelt.

Erhaltungsschnitt: Bei veredelten Hochstämmen ist kein weiterer Schnitt nötig. Niedrige Sträucher sollten jedoch regelmäßig ausgelichtet werden. Kürzen Sie jeweils nach der Blüte ein Drittel der Triebe auf ein Drittel ihrer Länge ein und entspitzen Sie die übrigen. Von Zweig-Monilia befallene Triebe entfernen Sie ganz.

Die Kugelform der Steppen-Kirsche (*Prunus fruticosa* 'Globosa') benötigt keinen Schnitt. Der typische kompakte, kugelförmige Kronenaufbau entwickelt sich von selbst, sobald die Bäume aus dem Baumschulquartier in den Verkauf kommen.

Verjüngungsschnitt: Überalterte Pflanzen bilden nur noch lange, dünne und wenig blühende Triebe. Steppen-Kirsche und Mittlere Weichsel reagieren auf einen kräftigen Rückschnitt gut. Dieser sollte nach der Blüte oder aber vor dem Austrieb im Frühjahr erfolgen. Im zweiten Fall entfällt dann allerdings die Blüte für die laufende Saison. Kürzen Sie alle kräftigen Triebe auf etwa 50–60 cm von der Basis oder dem Kronengerüst ausgehend ein und entfernen Sie alle schwachen, dünnen und beschädigten Triebe.

Links: Selektion der Steppen-Kirsche zur Blütezeit, ein Rückschnitt nach der Blüte ist möglich.
Unten: Kugelform der Steppen-Kirsche im Herbst, sie benötigt keinen Schnitt.

Ptelea; Kleeulme, Lederstrauch

Dreiblättriger Lederstrauch
Ptelea trifoliata
3–5 m hoher, locker aufgebauter Großstrauch oder kleiner Baum mit rundlicher, buschiger Krone. Seine dreizähligen Blätter erinnern ein wenig an die des Goldregens, sind aber größer, zierlicher und duften aromatisch. Die gelblich weißen, unscheinbaren

Blütenrispen sitzen endständig an kurzen Seitentrieben und entfalten sich im Juni. Auffällig präsentieren sich die Früchte: ulmenähnliche, geflügelte Nüsschen, die oft bis spät in den Winter hinein am Strauch bleiben.
Erziehungsschnitt: Entfernen Sie nach der Pflanzung nur schwache und beschädigte Triebe. Ein weiterer Erziehungsschnitt ist nicht erforderlich.
Erhaltungsschnitt: Dieser Schnitt beschränkt sich auf das Entfernen beschädigter oder abgebrochener Zweige.
Verjüngungsschnitt: Ein scharfer Rückschnitt wird gut vertragen, aber beim Aufbau der Krone muss man dann etwas korrigierend eingreifen.

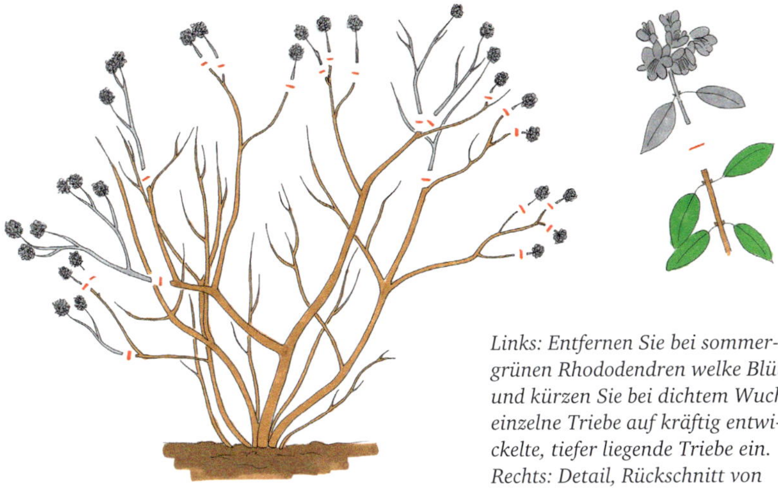

Links: Entfernen Sie bei sommergrünen Rhododendren welke Blüten und kürzen Sie bei dichtem Wuchs einzelne Triebe auf kräftig entwickelte, tiefer liegende Triebe ein. Rechts: Detail, Rückschnitt von Trieben mit abgeblühten Blütenständen.

Rhododendron; Alpenrosen, Azaleen, Rhododendren

Sommergrüne großblumige Azaleen *Rhododendron molle*, *Rhododendron molle* subsp. *japonicum*, *Rhododendron luteum*, Rhododendron-Hybriden etc.
Sommergrüne, 1,5–2 m hohe, locker aufgebaute Sträucher mit prächtigen, großen Blütenständen. Die überwältigende Farbenpracht und der gewaltige Blütenreichtum dieser Azaleen sind kaum zu überbieten, sie blühen vor oder mit dem Laubaustrieb im Mai. Die Blütenfarben reichen von Weiß über Hellgelb bis zu Dunkelgelb, Orange und ungemein vielen orangenroten und roten Farbtöne. Im Oktober/November treten sie mit ihrer prächtigen, leuchtend roten Herbstfärbung nochmals in den Vordergrund. Schnittmaßnahmen sind normalerweise nicht unbedingt erforderlich, aber ein gelegentliches Auslichten ist vorteilhaft. Damit sie gut gedeihen, benötigen sie einen sauren, mäßig nährstoffreichen, feuchten Boden und lichten Schatten. Auf Staunässe reagieren Azaleen sehr empfindlich.
Erziehungsschnitt: Schneiden Sie die jungen Pflanzen leicht zurück. Kürzen Sie die Triebe etwa um ein Drittel ein, damit sich die Sträucher von der Basis an gut verzweigen. Sehr stark entwickelte Triebe schneiden Sie um die Hälfte zurück, damit der Wuchs ausgewogen bleibt. In den folgenden Jahren sind Schnittmaßnahmen kaum notwendig.
Erhaltungsschnitt: Entfernen Sie vor allem verwelkte Blüten, damit keine Früchte angesetzt werden. Dies lässt sich einfach bewerkstelligen, indem man sie

Links: Die locker aufgebauten Sträucher des sommergrünen Rhododendrons benötigen keinen Schnitt. Ein Auslichtungs- und Verjüngungsschnitt wird aber gut vertragen.

Unten: Den Lederstrauch erkennt man leicht an den dreiteiligen Blättern und den ulmenähnlichen Früchten. Er benötigt keinen Schnitt.

mit den Fingern herausbricht. Bei zu dichtem Wuchs kürzen Sie nach der Blüte im Frühsommer einzelne Triebe auf kräftig entwickelte Verzweigungen ein. Entfernen Sie vor dem Austrieb im Frühjahr regelmäßig krankes und beschädigtes Holz.
Verjüngungsschnitt: Ein starker Verjüngungsschnitt wird von Azaleen sehr gut vertragen. Kürzen Sie im Frühjahr alle alten Triebe auf etwa 50–60 cm über dem Boden ein, lassen Sie die jungen Triebe aber ungeschnitten. Lichten Sie die Sträucher im Spätsommer oder folgenden Frühjahr aus. Kürzen Sie zu dicht stehende Triebe ein oder entfernen Sie diese.

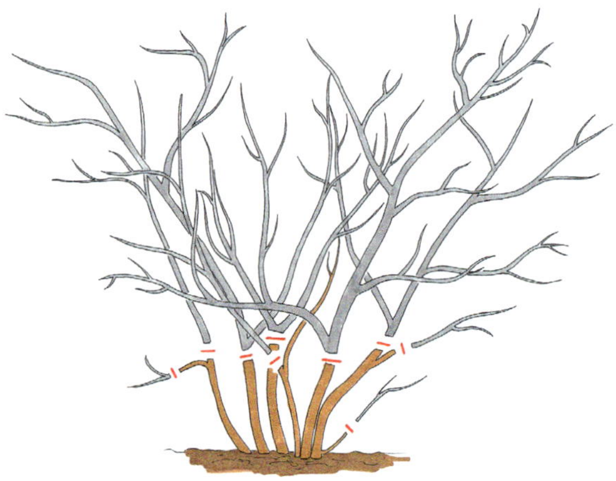

Auch sommergrüne Rhododendren vertragen einen Verjüngungsschnitt gut. Kürzen Sie alle älteren kräftigen Triebe auf etwa 50–60 cm über dem Boden ein, lassen die jungen Triebe aber unbeschnitten.

Rhodotypos; Scheinkerrie

Scheinkerrie
Rhododtypos scandens

Breit aufrechter, locker verzweigter Strauch, der bis zu 2 m hoch und ebenso breit wird. Sein Name verweist auf die kerrienähnlichen Blätter. Er unterscheidet sich von der Kerrie aber durch seine vierzähligen, weißen Blüten von Mai bis Juni und die schwarzen, glänzenden, lange am Strauch haftenden Früchte. Dieser robuste Strauch zeichnet sich durch ein hohes Ausschlagvermögen aus.
Erziehungsschnitt: Schneiden Sie nach dem Pflanzen alle kräftigen Triebe um ein Drittel zurück und entfernen Sie schwache und beschädigte Triebe. Weitere Schnittmaßnahmen sind kaum notwendig.
Erhaltungsschnitt: Kürzen Sie zumindest in mehrjährigen Abständen etwa ein Drittel der Triebe um zwei Drittel bei einer kräftigen Verzweigung ein, so dass sich die Pflanze von innen heraus erneuern kann.
Verjüngungsschnitt: Scheinkerrien lassen sich gut verjüngen. Kürzen Sie alle kräftigen Triebe auf etwa 50–60 cm über dem Boden ein. Entfernen Sie alle schwachen und abgetragenen Triebe. Lichten Sie im Spätsommer oder folgendem Frühjahr zu dichten Wuchs aus.

Rhus; Essigbaum, Sumach

Essigbaum, Kolben-Sumach
Rhus typhina

Ausläufertreibender, breit aufrechter, meist mehrstämmiger und locker verzweigter Großstrauch, gelegentlich auch einstämmiger Kleinbaum bis 6 m Höhe mit etwas steifen, dicken, geweihartigen Trieben. Seine bis zu 60 cm langen, gefiederten bis farnartig geschlitzten Blätter färben sich im Herbst prächtig leuchtend orange bis feuerrot. Die endständigen, grünlichen Blütenrispen entfalten sich im Juni/Juli. Daraus entwickeln sich bis zum Herbst dicke, kolbenartige, rot gefärbte Fruchtstände, die den Winter über am Baum bleiben. Der Essigbaum ist anspruchslos und gedeiht auch auf trockenen Böden noch sehr gut.
Erziehungsschnitt: Hochstämme sollten sich natürlich entwickeln können und benötigen keinen Schnitt. Sträucher kürzen Sie nach dem Pflanzen ein wenig ein, damit sie sich von der Basis

An der Strauchbasis bereits leicht vergreiste Scheinkerrie.

aus mehrstämmig entwickeln.
Erhaltungsschnitt: Hochstämme benötigen weiterhin keinen Schnitt. Entfernen Sie nur abgebrochene Zweige und solche, die einen einseitigen Wuchs fördern. Sträucher brauchen ebenfalls keinen Schnitt. Entfernen Sie aber rechtzeitig im Frühjahr vor dem Austrieb unerwünschte Ausläufer. Sollte die Pflanze zu groß werden, dann schneiden Sie einen Teil der Triebe vor dem Austrieb an der Basis heraus. Sie haben besonders bei der geschlitztblättrigen 'Dissectum'-Form auch die Möglichkeit, alle Triebe im Frühjahr vor dem Austrieb auf ein niedriges Astgerüst oder auf 10–15 cm über dem Boden zurückzuschneiden. Dadurch werden die Blätter wesentlich größer und wirken zur Zeit der Herbstfärbung noch prächtiger. Ein harter Schnitt auf das verholzte Gerüst kann auch bei Hochstämmen durchgeführt werden.
Verjüngungsschnitt: Der Essigbaum verträgt auch einen Verjüngungsschnitt sehr gut. Schneiden Sie im Spätwinter alle Triebe bis zum Boden zurück und dünnen Sie später den zu dichten Wuchs einfach aus.

Scharlach-Sumach *Rhus glabra*

Dieser Strauch bleibt etwas kleiner als der Essigbaum, ist diesem aber sehr ähnlich. Er unterscheidet sich von diesem durch die glatten Triebe.
Schnittmaßnahmen: Siehe *Rhus typhina.*

Ribes; Johannisbeere, Stachelbeere

Blut-Johannisbeere *Ribes sanguineum*

Breit aufrechter, mäßig stark verzweigter, bis 2 m hoher Strauch mit drei- bis fünflappigen Blättern. Die rosafarbenen bis roten, selten auch weißen Blütentrauben erscheinen vor der Laubentwicklung Mitte April bis Mai an den vorjährigen Trieben. Die Pflanzen benötigen einen mäßig feuchten, nährstoffreichen Boden. Die Blut-Johannisbeere wird gelegentlich auch als Heckenpflanze verwendet.

Oben: Schnittmaßnahmen beim Essigbaum beschränken sich auf das Entfernen unerwünschter Wurzelausläufer.
Rechts: Blühende Blut-Johannisbeere.

Erziehungsschnitt: Entfernen Sie beim Pflanzen alle schwachen und beschädigten Triebe und kürzen Sie die restlichen um ein Drittel ein.
Erhaltungsschnitt: In den ersten zwei bis drei Jahren ist ein Schnitt noch nicht unbedingt erforderlich. Schneiden Sie ab dem dritten Jahr jeweils nach der Blüte Ende des Frühjahrs etwa ein Drittel der ältesten Triebe bis zum Boden heraus und lassen die restlichen ungeschnitten. Dadurch wird der freiwachsende Strauch sukzessive größer und behält dabei jedoch seine Blühwilligkeit. Heckenpflanzen werden auf dieselbe Weise behandelt. Sie können auch nach der Blüte alle vorjährigen, abgeblühten Triebe auf darunter befindliche, gut entwickelte Seitentriebe oder Knospen einkürzen. Dann gibt es im folgenden Jahr ausschließlich lange, bis zur Triebbasis mit Blüten besetzte Zweige. Auch in diesem

1.

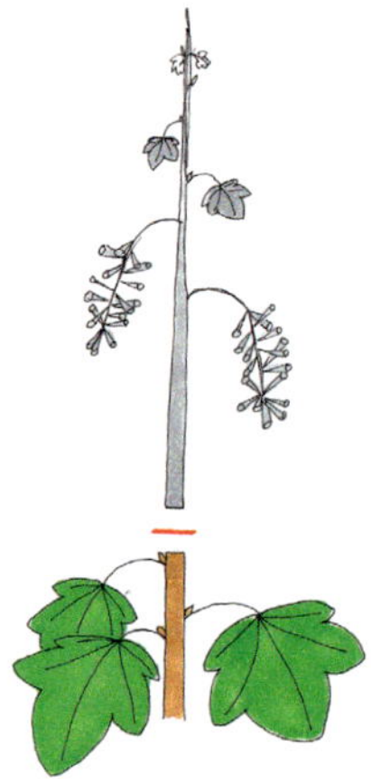

2.

Zeichnung 1: Schneiden Sie nach der Blüte bei der Blut-Johannisbeere alle vorjährigen abgeblühten Triebe auf kräftig entwickelte Seitentriebe darunter zurück (siehe Detail Zeichnung 4). Entfernen Sie jeweils die ältesten Triebe an der Strauchbasis.
***Zeichnung 2:** Detail.*
***Zeichnung 3:** Nach dem kräftigen Rückschnitt nach der Blüte haben sich zahlreiche junge, unverzweigte Neutriebe gebildet, die im folgenden Frühjahr blühen werden.*
***Zeichnung 4:** Das Detail zeigt, wo die älteren Triebe eingekürzt werden sollten.*

3.

4.

Fall müssen Sie von Zeit zu Zeit einzelne alte Triebe an der Basis herausschneiden.
Verjüngungsschnitt: Vernachlässigte Sträucher lassen sich durch einen scharfen Rückschnitt aller Triebe bis knapp über dem Boden gut verjüngen. Überalterte Pflanzen regenerieren sich dagegen nur schlecht.

Gold-Johannisbeere
Ribes aureum

Anspruchsloser, bis 2 m hoher, aufrecht wachsender Füll- und Deckstrauch mit gelben Blütenrispen am vorjährigen Trieb im April/Mai.

Schnittmaßnahmen: Siehe *Ribes sanguineum*.

Alpen-Johannisbeere
Ribes alpinum

Die meist nur 1–1,5 m hohe, anfangs straff aufrecht wachsende Alpen-Johannisbeere kann man an den kleinen Blättern und den aufrechten, grünlichen Blütenrispen im April/Mai leicht erkennen. Sie wird meist als Füll- und Deckstrauch, aber auch für niedrige Hecken verwendet. Sie zeichnet sich durch gute Schnittverträglichkeit aus, ist aber eher kurzlebig.
Erziehungsschnitt: Schneiden Sie alle Triebe nach dem Pflanzen um zwei Drittel zurück.
Erhaltungsschnitt: Ohne Schnitt entwickeln sich die Pflanzen über mehrere Jahre hindurch recht gut. Dann beginnen sie aber, sehr dicht zu werden und verkahlen bald an der Basis. Lichten Sie einzelne Sträucher regelmäßig wie die Blut-Johannisbeere aus. Damit die Sträucher länger jung und dichttriebig bleiben, benötigen sie einen regelmäßigen Erhaltungsschnitt. Kürzen Sie die Pflanzen sowohl bei der Verwendung als Flächen- oder Gruppenpflanzung als auch bei der Verwendung als Hecke am besten mit einer Heckenschere vor dem Austrieb im Frühjahr etwa um ein Drittel oder die Hälfte ein.

Die Alpen-Johannisbeere ist gut schnittverträglich.

Damit die bereiften Triebe der Tangutischen Himbeere zur Geltung kommen, schneiden Sie nach der Blüte alle abgeblühten Triebe an der Strauchbasis heraus und lassen die diesjährigen Triebe stehen.

Verjüngungsschnitt: Vernachlässigte Pflanzen lassen sich durch einen kräftigen Rückschnitt bis knapp über dem Boden verjüngen.

Rubus; Himbeere, Brombeere

Tangutische Himbeere *Rubus cockburnianus*

Dieser 2–2,5 m hohe, aufrecht wachsende, ausläuferbildende Strauch mit bogig überhängenden Zweigen wird wegen seiner bläulich-weißlich bereiften Triebe gepflanzt. Er hat gefiederte Blätter und rosapurpurne Blüten in gestreckten, endständigen Rispen im Mai/Juni.
Erziehungsschnitt: Schneiden Sie beim Pflanzen alle Triebe bis knapp über dem Boden zurück. Im folgenden Winter wirken die nun gebildeten Triebe besonders attraktiv. Lassen Sie diese Triebe noch bis zum Sommer bis zur Blüte stehen und schneiden Sie diese nach der Blüte bodennah ab. Lassen Sie aber die jungen Triebe ungeschnitten.
Erhaltungsschnitt: Schneiden Sie nach der Blüte im Sommer die abgeblühten, vorjährigen Triebe an der Strauchbasis heraus und lassen Sie die diesjährigen Triebe ungeschnitten.
Verjüngungsschnitt: Wenn die Sträucher lange Zeit nicht geschnitten wurden und vernachlässigt sind, schneiden Sie alle Triebe bodennah ab. Die Pflanzen werden sich gut regenerieren.

Zimt-Himbeere *Rubus odoratus*

1,5–2 m hoher, ausläufertreibender Strauch mit bis zu 25 cm großen, drei- bis fünflappigen Blättern, die beiderseits behaart sind. Von Juni bis August entfalten sich 3–5 cm große, purpurne Einzelblüten in vielblütig angeordneten Rispen. Sie benötigen einen halbschattigen Standort und frischen bis feuchten, neutralen bis alkalischen Boden.
Erziehungsschnitt: Entfernen Sie schwache und beschädigte Triebe nach der Pflanzung.
Erhaltungsschnitt: Da sich dieser Strauch bei günstigen Standortverhältnissen durch viele Wurzelausläufer stark ausbreiten kann, sollten Sie die unerwünschten rechtzeitig entfernen. Schneiden Sie jeweils vor dem Austrieb die ältesten Triebe bodennah heraus.
Verjüngungsschnitt: Wenn die Pflanzen zu stark wuchern, überaltert sind und nur mehr schwach blühende Triebe bilden, schneiden Sie alle Triebe bodennah ab. Der Strauch wird sich durch neugebildete Wurzelausläufer gut regenerieren. Dünnen Sie zu dichten Wuchs im Frühsommer aus.

Salix; Weide

Man kann die große Gruppe der Weiden in verschiedene Wuchsgruppen einteilen, die auch unterschiedliche Schnitt- und Pflegemaßnahmen erfordern.

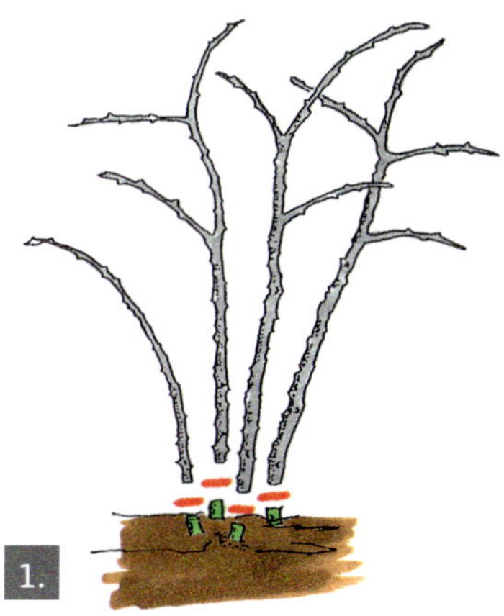

1.

2.

3.

Zeichnung 1: *Himbeeren wachsen im ersten Jahr und blühen und fruchten im zweiten. Dann sterben die Triebe ab. Beim Pflanzschnitt werden alle vorjährigen Triebe bodennah abgeschnitten.*
Zeichnung 2: *Danach entwickeln sich Triebe, die im Winter gut ausgefärbt sind.*
Zeichnung 3: *Diese werden im folgenden Frühjahr wieder bodennah abgeschnitten.*

Kleinstrauch- und Zwergweiden wie Schweizer Gebirgs-Weide *Salix helvetica*, Woll-Weide *Salix lanata*, Spieß-Weide 'Werhahnii' *Salix hastata* 'Werhahnii'
Diese schwachwüchsigen Weiden, die maximal 1,5 m groß werden, verwendet man vorzugsweise für Steingärten, Tröge etc.
Erziehungsschnitt: Sie benötigen keinen Pflanzschnitt.
Erhaltungsschnitt: Der Erhaltungsschnitt beschränkt sich auf das gelegentliche Entfernen einzelner älterer Triebe.
Verjüngungsschnitt: Solange die Sträucher noch nicht überaltert sind, kann man sie knapp über dem Boden auf das verholzte Gerüst zurückschneiden. Stark vergreiste Zwergweiden, die von Natur aus eher kurzlebig sind, regenerieren sich nach einem starken Verjüngungsschnitt nicht mehr zufriedenstellend.

Strauchweiden wie Lavendel-Weide 'Angustifolia' *Salix elaeagnos* 'Angustifolia' und Purpur-Weide 'Nana' *Salix purpurea* 'Nana'
Sie werden bis 3 m hoch. Man pflanzt diese meist in kleinen Gruppen oder lässt damit kleinere Flächen oder Böschungen zuwachsen.
Erziehungsschnitt: Kürzen Sie die Sträucher beim Pflanzen um zwei Drittel ein.
Erhaltungsschnitt: Diese Arten lässt man am besten zwei bis drei Jahre wachsen und schneidet sie dann nach der Blüte im Frühjahr knapp über dem Boden auf etwa 15–20 cm zurück. Werden sie vor dem Austrieb geschnitten, muss man auf die Blüte verzichten.
Verjüngungsschnitt: Der in mehrjährigen Abständen durchgeführte Erhaltungsschnitt entspricht einem Verjüngungsschnitt.

Starkwüchsige Großstrauchweiden wie Lavendel-Weide *Salix elaeagnos*, Purpur-Weide *Salix purpurea*, Korb-Weide *Salix viminalis*, Reif-Weide *Salix daphnoides*
Großsträucher bis 6 m, die auch zu kleinen Bäumen heranwachsen können. Sie werden meist als Einzelsträucher oder -bäume verwendet sowie in der freien Landschaft zur Begrünung von Fluss- und Seeufern eingesetzt.
Erziehungsschnitt: Bei diesen Weiden ist ein Pflanzschnitt emp-

Die blühenden Triebe dieser Zwergweide sind Vorjahrestriebe.

Nach dem Schnitt.

Auf Stämmchen gezogene Zwergweiden werden nach der Blüte – und falls die Blüte keine Rolle spielt, vor dem Austrieb im zeitigen Frühjahr – bis auf wenige Knospen des Vorjahrestriebs auf das Gerüst zurückgeschnitten. Die Zeichnung zeigt die Pflanze vor dem Schnitt.

fehlenswert. Schneiden Sie die jungen Sträucher um zwei Drittel zurück.

Erhaltungsschnitt: Man lässt diese Arten natürlich wachsen, entfernt eventuell sich kreuzende oder die Wuchsform störende Äste. Werden die Sträucher zu groß, kürzen Sie die kräftig wachsenden Triebe auf tiefer liegende Verzweigungen ein. Führen Sie diese Schnittmaßnahmen im späten Frühjahr nach der Blüte durch, damit die Pflanzen nicht mehr so stark weiterwachsen.

Verjüngungsschnitt: Bei diesen Arten ist ein starker Verjüngungsschnitt gut möglich. Die Pflanzen regenerieren sich gut. Schneiden Sie vor dem Austrieb alle Äste und Zweige auf das verholzte Gerüst auf eine Höhe von 1,5–2 m zurück.

Sal-Weide, Kätzchen-Weide *Salix caprea* und Sorten

Sal-Weiden und deren Sorten wachsen zu Großsträuchern oder kleinen Bäumen von 5–8 m heran. Sie sind raschwüchsig. Die Hauptäste wachsen oft breit aufrecht und etwas sparrig, die unteren Äste meist leicht hängend. Sie werden wegen ihrer bis zu 5 cm großen, grausilbrigen oder gelben Kätzchen vor dem Laubaustrieb im März/April gepflanzt.

Erziehungsschnitt: Kürzen Sie nach dem Pflanzen die kräftigen Triebe um ein Drittel ein. Entfernen Sie die schlecht entwickelten und beschädigten Triebe. Abhängig davon, ob Sie nun einen Hochstamm oder einen mehrstämmigen Strauch mit kurzem Stamm erziehen möchten, ziehen Sie den Stamm bis auf eine Höhe von etwa 1,5 m oder 50–60 cm und kürzen dann den Leit- oder Haupttrieb auf dieser Höhe ein. Von dieser Höhe an wird sich dann die Krone aufbauen. Achten Sie darauf, dass sie sich möglichst gleichmäßig entwickeln.

Erhaltungsschnitt: Die Pflanzen müssen nun nicht mehr unbedingt geschnitten werden. Durch die Entnahme von Blütenzweigen tritt eine leichte Verjüngung ein. Bevor die Pflanzen aber zu groß werden, kürzen Sie einen Teil der äußeren Äste auf weiter darunterliegende Verzweigungen ein. Achten Sie aber darauf, dass der schöne Habitus nicht zerstört wird.

Verjüngungsschnitt: Die Sal-Weide verträgt eine Verjüngungsschnitt gut. Kürzen Sie am besten kurz nach dem Abblühen alle kräftigen Äste um zwei Drittel auf das verholzte Astgerüst ein. Schneiden Sie alle dünnen Triebe ganz weg. Achten Sie auch in diesem Fall darauf, dass sich der Habitus nach dem Austrieb wieder gut aufbaut. Ein Korrekturschnitt im Frühsommer wird in diesem Fall von Vorteil sein.

Unten: Sollen sich bei der Reif-Weide möglichst viele bereifte Triebe bilden, müssen die alten Triebe alljährlich im Spätwinter zurückgeschnitten werden.
Rechts: Bei der Sal-Weide blühen nur die vorjährigen Triebe, die sich am ein- und mehrjährigen Holz bilden. Durch die Entnahme von Blütenzweigen erfolgt eine stetige Verjüngung.

Schneiden Sie dabei zu dichten Wuchs und ungünstig verteilte Äste heraus.

Hängeformen der Kätzchen-Weiden *Salix caprea* 'Pendula', Syn.: 'Weeping Sally', *Salix caprea* 'Kilmarnock'

Hochstämmig veredelte, kleinkronige Bäume mit bis zum Boden herabhängenden Zweigen. Im März/April zieren dichtstehende, goldgelbe Blütenkätzchen die Sorte 'Kilmarnock' (männliche Form) sowie die etwas weniger attraktive Sorte 'Weeping Sally' (weibliche Form). Die Pflanzen sind in der Regel in Kronenhöhe veredelt. Werden diese Weiden nicht regelmäßig geschnitten, vergreisen sie sehr schnell. Gelegentlich sterben die Pflanzen nach dem Blühen plötzlich ab (Schlagtreffen). Dafür ist ein Pilz verantwortlich, dessen Sporen durch die Blüten eindringen und dann die Leitungs-

bahnen verstopft. Die Pflanzen vertrocknen dann innerhalb kürzester Zeit.
Erziehungsschnitt: Ein Pflanzschnitt ist nicht notwendig, da die Pflanzen meist im Container gehandelt werden. Beginnen Sie mit dem Schnitt, nachdem die Bäume abgeblüht sind. Entfernen Sie alle schwachen Triebe und kürzen Sie die verbleibenden um zwei Drittel ein, damit sich ein kräftiges, gut verzweigtes Astgerüst entwickeln kann.
Erhaltungsschnitt: Ziel des Erhaltungsschnitts ist es, die Wuchsform und die Blühwilligkeit der Pflanzen zu erhalten. Dazu entfernen Sie alljährlich nach dem Abblühen etwa die Hälfte der Triebe, damit der neue Zuwachs einen locker verzweigten Vorhang aus Zweigen bildet, die bis zum Ende der Vegetationsperiode bis zum Boden reichen sollten. Dünnen Sie zuerst die Zweige aus der Krone aus, damit die Wuchsform (Regenschirmform) betont wird. Lichten Sie die äußersten Seitentriebe aus und kürzen Sie die verbleibenden Triebe auf ein nach außen weisendes Auge um die Hälfte ein. Entfernen Sie auch regelmäßig unterhalb der Veredlungsstelle gewachsene Austriebe und Schösslinge.
Verjüngungsschnitt: Bei vernachlässigten Pflanzen entfernen Sie nach dem Abblühen alle dünnen Triebe und schneiden Sie die restlichen bis knapp über der Veredlungsstelle zurück.

Dreh-Weide *Salix* × *sepucralis* 'Erythroflexuosa'

Mittlerweile werden in Baumschulen und Gartencentern mehrere Sorten dieser Weidengruppe angeboten, die sich vor allem durch die Färbung der Triebe unterscheiden. Allen gemeinsam ist ihr etwas eigenwilliger, breit aufrechter Wuchs von 3–6 m Höhe mit überhängenden Zweigen und den mehr oder minder stark gedrehten Zweigen. Zweige und Rinde sind goldgelb, orange oder rötlich gefärbt. Diese Weiden benötigen einen gelegentlichen Auslichtungsschnitt, damit die Färbung, die vorwiegend an jungen Trieben besonders schön ausgeprägt ist, erhalten bleibt.
Erziehungsschnitt: Entfernen Sie beim Pflanzen alle dünnen und schwachen Triebe und kürzen Sie die verbleibenden kräftigen um zwei Drittel ein, damit sich die Pflanzen von der Basis an gut verzweigen.
Erhaltungsschnitt: In den nächsten Jahren ist kein Schnitt notwendig. Entfernen Sie nur abgetrocknete und tote Zweige. Schneiden Sie auch jene Triebe heraus, die den Habitus stören. Diese Zweige dienen als exquisiter Vasenschmuck. Beginnen Sie nach etwa drei bis vier Jahren mit einem leichten Auslichtungsschnitt, indem Sie vor dem Austrieb oder im Sommer jeweils einige Triebe auf darunter befindliche Verzweigungen oder kräftige Knospen einkürzen. Das Schnittgut ergibt wiederum einen attraktiven Vasenschmuck. Weitere Schnittmaßnahmen sind nur dann notwendig, wenn die Weiden nicht allzu groß werden dürfen. Sollen die Pflanzen nur 2–3 m hoch und nicht allzu breit werden, dann schneiden Sie einfach im Spätwinter vor dem Aus-

Bei der Gelbholzigen Weide werden die vorjährigen Triebe beim Pflanz- und Erziehungsschnitt auf das Gerüst zurückgeschnitten.

Hängeform der Kätzchen-Weide 'Kilmarnock' vor dem Schnitt.

Dieselbe Weide nach kräftigem Rückschnitt der abgeblühten Triebe (Detail).

Gelbholzige Weide nach dem Pflanz- und Erziehungsschnitt im zeitigen Frühjahr.

trieb alle Triebe auf das verholzte Gerüst auf etwa 50–60 cm über dem Boden zurück. Auf diese Weise erhalten Sie für viele Jahre junge, kräftig entwickelte, sehr attraktive Solitärpflanzen.
Verjüngungsschnitt: Dreh-Weiden sprechen auf einen Verjüngungsschnitt gut an. Entfernen Sie alle dünnen Triebe sowie abgestorbenes Holz und kürzen Sie die kräftigen Äste auf etwa 50–60 cm vom Stamm entfernt oder bei mehrstämmigen Exemplaren auf das dicke Astgerüst ein. Innerhalb einer Saison wird sich das Astgerüst wieder entsprechend gut mit jungen Trieben garnieren.

Links: Die Gelbe Dreh-Weide präsentiert ihre buntgefärbte Rinde an den jungen vorjährigen Trieben.
Oben: Gelbe Dreh-Weide nach dem Erziehungs- und Erhaltungsschnitt.

Korkenzieher-Weide
***Salix matsudana* 'Tortuosa'**

Ist der Dreh-Weide sehr ähnlich, wächst aber baumförmig, viel stärker und hat dickere, derbere Äste.
Schnittmaßnahmen: Siehe *Salix × sepulcralis* 'Erythroflexuosa'.

Japanische Drachen-Weide
***Salix udensis* 'Sekka'**

Diese 3–4 m hoch und meist etwas breiter wachsende, dichttriebige Strauchweide zeichnet sich durch die rotbraunen, gewundenen und teilweise gedrehten, auffallend flachen Triebe aus. Die bis zu 5 cm breiten, „verbänderten" Triebe sind dicht mit Blütenkätzchen besetzt.
Schnittmaßnahmen: Abgesehen von Pflanzschnitt benötigt diese Weide kaum Schnittmaßnahmen. Die Entnahme von Zweigen für Dekorationszwecke sorgt für eine geringfügige Verjüngung. Die Drachen-Weide braucht sehr viel Platz, sollte ungehindert wachsen können und ist deshalb für den kleineren Garten ungeeignet.
Alle Weiden, die man wegen ihrer farbigen oder gedrehten Zweige pflanzt, werden ähnlich wie die buntlaubigen Hartriegel und der Perückenstrauch alljährlich im Spätwinter behandelt. Man schneidet alle vorjährigen Triebe auf wenige Knospen zurück.

Sambucus; Holunder

Schwarzer Holunder
Sambucus nigra

Heimischer, breitbuschiger und locker aufrecht wachsender Großstrauch oder kleiner, kurzstämmiger Baum von 3–6 m Wuchshöhe mit breit rundlicher Krone und überhängenden Zweigen. Blüten und Früchte sind zierend, daneben gibt es noch zahlreiche Sorten mit farbigem und geschlitztem Laub sowie Fruchtsorten. Ein regelmäßig durchgeführter, harter Schnitt verbessert die Wirkung bei Sorten mit farbigem Laub. Fruchtsorten benötigen ebenfalls einen Schnitt. Hier müssen aber die zweijährigen Triebe gefördert werden. Ohne Schnittmaßnahmen wachsen die meist vielstämmig kultivierten Sträucher in die Höhe und verkahlen an der Basis.
Erziehungsschnitt: Entfernen Sie bei der Pflanzung alle schwachen Triebe und kürzen Sie drei bis vier kräftige Triebe um ein Drittel oder die Hälfte ein. Lassen Sie die Pflanzen ein Jahr ohne Schnitt wachsen. Kürzen Sie im folgenden Winter jene Triebe, die einen harmonischen Aufbau stören, und fördern Sie das kräftige Astgerüst. Entfernen Sie bei Hochstämmen außerdem bereits im Spätwinter vor dem Austrieb alle Ausläufer an der Basis.
Erhaltungsschnitt: Wenn Sie die Strauchform erhalten wollen und die Pflanzen nicht zu groß werden beziehungsweise an der Basis nicht verkahlen sollen, dann kürzen Sie im Spätwinter die abgetragenen Fruchttriebe auf kräftige, junge Verzweigungen ein. Sind die Sträucher bereits etwas älter, dann schneiden Sie in den folgenden Jahren zusätzlich jeweils zwei bis drei Triebe an der Basis heraus, damit sich dort junge Triebe entwickeln können. Achten Sie bei panaschierten und buntlaubigen Sorten wie 'Marginata', 'Aurea', 'Black Beauty'

sowie bei Sorten mit geschlitzten Blättern wie 'Laciniata' und 'Black Lace' darauf, dass die Sträucher möglichst viele ein- und zweijährige Triebe entwickeln, da diese die größten Blätter mit der besten Ausfärbung aufweisen. Schneiden Sie vor Beginn der Wachstumsperiode ältere Triebe bis zum Boden zurück und kürzen Sie die anderen

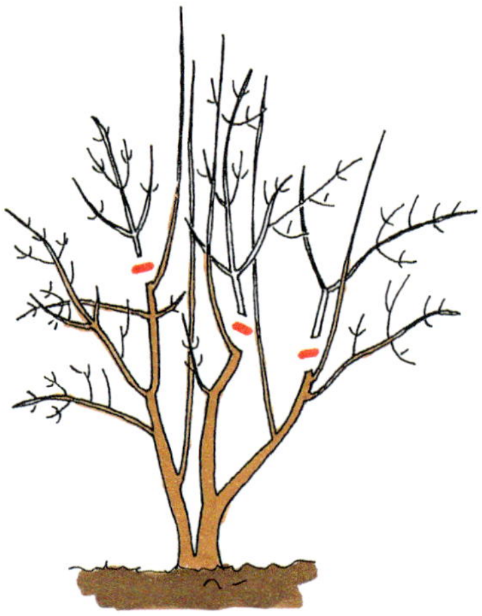

Holunder lichtet man entweder im zeitigen Frühjahr vor dem Austrieb oder nach der Blüte aus. Legen Sie jedoch bei buntlaubigen Sorten auf die Blattwirkung Wert, dann schneiden Sie die Vorjahrestriebe auf das kräftig entwickelte Gerüst zurück.

Der Geschlitztblättrige Schwarze Holunder 'Black Lace' vor dem Pflanzschnitt.

Der Geschlitztblättrige Schwarze Holunder 'Black Lace' nach dem Pflanzschnitt.

etwa um die Hälfte ein. Dünne sowie zu dicht stehende Triebe entfernen Sie ebenfalls. Entfernen Sie bei Hochstämmen und Bäumen regelmäßig die Ausläufer an der Basis.

Verjüngungsschnitt: Der Holunder spricht auf einen Verjüngungsschnitt gut an. Schneiden Sie überalterte Pflanzen im Spätwinter kräftig zurück. Dünnen Sie dann aber zu dichten Wuchs später im Sommer aus. Zu Beginn der folgenden Wachstumsperiode wird ein Korrekturschnitt notwendig sein. Entfernen Sie zu dicht stehende sowie dünne Triebe und kürzen Sie die besonders langen bis zur Hälfte ein.

Dieser bereits baumförmig entwickelte Geschlitztblättrige Holunder benötigt einen kräftigen Auslichtungsschnitt, damit er nicht vergreist.

Sorbaria; Fiederspiere

Sibirische Fiederspiere
Sorbaria sorbifolia

1,5–2,5 m hoher, ausläufertreibender Strauch mit bis zu 25 cm langen Fiederblättern und endständigen, aufrechten, 10–20 cm langen, cremeweißen Blütenrispen im Juni/Juli. Anspruchsloser Strauch, toleriert alle mäßig trockenen bis feuchten Bodenarten.

Erziehungsschnitt: Entfernen Sie nach dem Pflanzen schwache und beschädigte Triebe und kürzen Sie die übrigen um etwa ein Drittel bis zu einer kräftig entwickelten Knospe ein.

Erhaltungsschnitt: Kürzen Sie vor dem Austrieb im zeitigen Frühjahr die zurückgetrockneten, endständigen Fruchtstände bis zu einer darunter befindlichen, kräftigen Knospe ein. Entfernen Sie alle unerwünschten Ausläufer.

Verjüngungsschnitt: Vernachlässigte Sträucher vertragen

1.

Sibirische Fiederspiere nach dem Erhaltungsschnitt.

2.

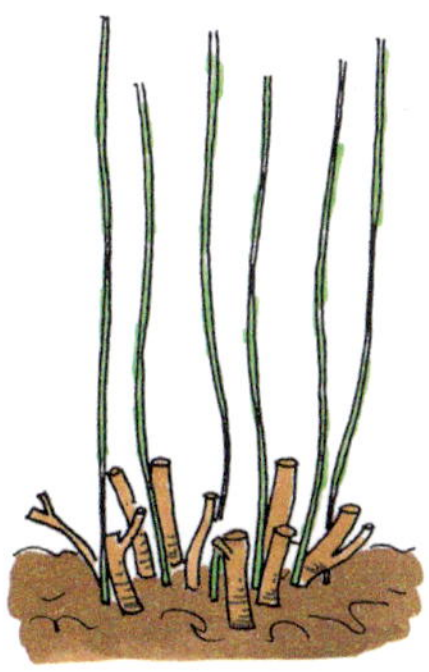

3.

***Zeichnung 1:** Fiederspiere vor dem Schnitt.*
***Zeichnung 2:** Bei der Fiederspiere kann man im zeitigen Frühjahr alle älteren Triebe bis knapp über dem Boden zurückschneiden.*
***Zeichnung 3:** Oder belassen Sie die jungen Vorjahrestriebe. Alternativ entfernt man nur die älteren Triebe bodennah und kürzt die jüngeren Triebe bis zu einer gut entwickelten Knospe unterhalb der vertrockneten Fruchtstände ein.*

einen starken Rückschnitt im Spätwinter gut. Schneiden Sie dazu alle Triebe bis knapp über dem Boden zurück. Die Pflanzen regenerieren sich aus Knospen an der leicht verholzten Basis und durch Ausläufer.

Spartium; Pfriemenginster, Binsenginster

Binsenginster *Spartium junceum* Wärmeliebender, 2–3 m hoher, breitbuschiger Strauch mit grünen, binsenartigen Trieben und unscheinbaren, kurzlebigen, bis 3 cm langen Blättchen. Die leuchtend gelben, etwa 2,5 cm großen Schmetterlingsblüten entwickeln sich endständig an den jungen, diesjährigen Trieben von Mai bis August. Ohne Schnittmaßnahmen verkahlen die Sträucher an der Basis und werden kopflastig.

Erziehungsschnitt: Ein Pflanzschnitt ist nicht notwendig, da der Binsenginster ausschließlich als Containerpflanze gehandelt wird. Entfernen Sie nur abgetrocknete und beschädigte Triebe. Schneiden Sie dann in den nächsten beiden Jahren vor dem Austrieb die Grundtriebe jeweils um die Hälfte zurück, damit sich die Pflanzen vieltriebig aufbauen.
Erhaltungsschnitt: Schneiden Sie vor dem Austrieb den vorjährigen Wuchs alle zwei bis drei Jahre auf 2,5–3 cm über dem alten Holz zurück.

Der vorjährige Wuchs des Binsenginsters sollte alle zwei bis drei Jahre kurz vor dem Austrieb stärker zurückgeschnitten werden.

Verjüngungsschnitt: Sind die Sträucher einmal verkahlt, kann man sie verjüngen. Da sie sich aber nicht mehr optimal entwickeln werden, sollten Sie stark vernachlässigte und überaltere Pflanzen besser austauschen.

Spiraea; Spierstrauch

Spiersträucher gehören wegen ihres lockeren bis überhängenden Wuchses und der überreichen Blütenfülle zu den bekanntesten und am weitesten verbreiteten Ziersträuchern unserer Gärten. Man kann sie in zwei Gruppen teilen. Die erste Gruppe umfasst die höher wachsenden, frühblühenden Sträucher wie Braut-Spierstrauch, Belgischer Spierstrauch und Thunbergs Spierstrauch, die etwa ab Anfang April an den vorjährigen Trieben blühen und nach der Blüte ausgelichtet werden. Die Vertreter der zweiten Gruppe, beispielsweise Japanischer Spierstrauch und Birkenblättriger Spierstrauch, sind zumeist Klein- und Zwergsträucher und blühen etwa ab Juni am diesjährigen Trieb. Sie werden vor dem Austrieb zurückgeschnitten. Die meisten Arten vertragen einen regelmäßigen Rückschnitt gut. Dadurch wird auch ihre Blühwilligkeit gefördert und erhalten.

Belgischer Spierstrauch
Spiraea × vanhouttei

2–2,5 m hoher, breitbuschiger, kräftig und aufrecht wachsender, dichttriebiger Strauch, dessen Zweige im Alter bogig überhängen. Die zahlreichen weißen Blüten entfalten sich auf der ganzen Länge der vorjährigen Triebe in dichten, halbrunden Doldentrauben im Mai. Die Pflanzen stellen keine besonderen Ansprüche an Boden und Klima und werden als Einzelpflanze sowie für Gruppen- und Heckenpflanzungen verwendet.

Erziehungsschnitt: Entfernen Sie nach dem Pflanzen im Frühjahr dünne und beschädigte Triebe. Kürzen Sie die restlichen um zwei Drittel ein. Bei der Verwendung von Containerpflanzen lichten Sie diese bei der Pflanzung nur vorsichtig aus. Schneiden Sie an den jungen Pflanzen alle verblühten Triebe auf kräftige Augen zurück und entfernen Sie alle schwachen Triebe komplett.

Erhaltungsschnitt: Bei etablierten älteren Pflanzen kürzen Sie nach der Blüte die abgeblühten Triebe etwa um die Hälfte ein und entfernen zusätzlich etwa ein Viertel der Triebe an der Basis. Sträucher in gemischten Pflanzengruppen und freiwachsende Spireenhecken werden

Blühender Belgischer Spierstrauch im Mai.

Wird der Belgische Spierstrauch nicht als Heckenpflanze verwendet, kürzt man die abgeblühten Triebe etwa um die Hälfte ein und entfernt etwa ein Viertel der Triebe an der Basis.

gleichermaßen behandelt, Formhecken schneiden Sie nach der Blüte mit einer Heckenschere.
Verjüngungsschnitt: Obwohl diese Spireen gut schnittverträglich sind, sollte man beim Verjüngungsschnitt etwas vorsichtiger vorgehen. Vernachlässigte Pflanzen regenerieren sich nach scharfem Rückschnitt auf etwa 50–60 cm recht gut, überalterte dagegen nur mehr mäßig. Lassen Sie bei vernachlässigten Pflanzen wenige alte Triebe stehen und kürzen Sie diese nur ein. Die übrigen entfernen Sie knapp über dem Boden.

Nippon-Spierstrauch
Spiraea nipponica

Dieser dem Belgischen Spierstrauch sehr ähnliche Strauch wirkt etwas steifer und unterscheidet sich von diesem durch verkehrt-eiförmige Blätter und die etwa zwei bis drei Wochen spätere Blüte.
Schnittmaßnahmen: Siehe *Spiraea × vanhouttei.* Die schwachwüchsigen, 1–1,5 m hohen und meist in größeren Gruppen oder flächig verwendeten Sorten ('Flächenfüller' und 'Halvard's Silver') benötigen nicht unbedingt einen regelmäßigen Schnitt. Wenn sie als Einzelpflanzen verwendet werden, sollte man die abgeblühten

Unten links: Nippon-Spierstrauch vor dem Auslichtungsschnitt.
Unten rechts: Nippon-Spierstrauch nach dem Auslichtungsschnitt im Spätwinter.
Rechts: Nippon-Spierstrauch nach dem Erhaltungsschnitt.

Triebe nach der Blüte etwa um die Hälfte oder bis zu kräftigen Verzweigungen einkürzen.

Braut-Spierstrauch
Spiraea × arguta
Zierlicher, dünntriebiger, bis 2 m hoher Strauch mit schmal lanzettlichen Blättchen und reinweißen Blüten in vielblütigen Trugdolden entlang etwa zwei Drittel der vorjährigen Zweige. Dieser Spierstrauch blüht bereits vor dem Laubaustrieb im April.
Schnittmaßnahmen: Siehe *Spiraea × vanhouttei.*

Pflaumen-Spierstrauch
Spiraea prunifolia
Bis 2 m hoher, aufrechter, etwas sparrig wirkender Strauch mit dünnen Trieben und elliptischen, frischgrünen Blättchen. Dieser Spierstrauch schmückt sich ab Anfang April mit dichtgefüllten, bis 1 cm breiten, weißen Einzelblüten in sitzenden Dolden an den vorjährigen Trieben. Er benötigt normalen Gartenboden, mäßig anspruchsvoll.
Schnittmaßnahmen: Siehe *Spiraea × vanhouttei.*

weist bei hohem Kalkgehalt Chlorose auf und friert in strengen Wintern leicht zurück.
Schnittmaßnahmen: Siehe *Spiraea × vanhouttei.* Da diese Art aber wesentlich schwächer wächst, sind die Schnittmaßnahmen entsprechend vorsichtiger durchzuführen.

Japanischer Spierstrauch
Spiraea japonica
0,5–0,8 m, bei einigen Sorten mitunter bis 1,2 m hoher, dichttriebiger Kleinstrauch mit meist rosafarbenen Blüten am diesjäh-

Die Abbildung zeigt den richtigen Schnitt des Aschgrauen Spierstrauchs.

Kürzen Sie die abgeblühten Triebe bei kräftig entwickelten Jungtrieben an der Trieboberseite ein.

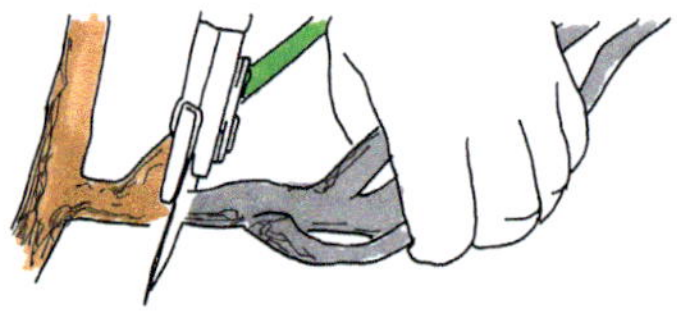

Verjüngung älterer Triebe.

Aschgrauer Spierstrauch
Spiraea × cinerea
Dieser Spierstrauch ist dem Braut-Spierstrauch sehr ähnlich. Es gibt auch Sorten, die noch schwächer wachsen und zierlicher sind ('Grefsheim').
Schnittmaßnahmen: Siehe *Spiraea × vanhouttei.*

Thunbergs Spierstrauch
Spiraea thunbergii
Von diesem Spierstrauch wird mit 'Fujino Pink' eine besonders attraktive, rosa blühende Sorte angeboten. Sie wächst breit aufrecht, hat lanzettliche Blätter und schmückt sich ab Anfang April mit verhältnismäßig großen Blütendolden entlang der vorjährigen Triebe. Dieser Strauch ist

Beim Aschgrauen Spierstrauch sollten nach dem Verblühen die Blütentriebe bis zu den jungen Neutrieben eingekürzt werden.

rigen Trieb. Die etwa 5–15 cm breiten, an Langtrieben sitzenden, endständigen Trugdolden sind zumeist rosa, seltener weiß gefärbt und öffnen sich von Juli bis August. Es gibt zahlreiche Sorten, die sich in Wuchshöhe und Blütenfarbe unterscheiden.

Erziehungsschnitt: Schneiden Sie beim Pflanzen alle schwachen Triebe heraus und kürzen Sie die verbleibenden kräftigen Triebe auf ein 10–15 cm hohes Gerüst ein.

Erhaltungsschnitt: Bei den stärkerwüchsigen Sorten kürzen Sie vor dem Austrieb im zeitigen Frühjahr alle vorjährigen Triebe auf zwei bis vier Knospen über dem verholzten Gerüst ein. Die schwachwachsenden Sorten können Sie bereits nach der Blüte im Spätsommer schneiden. Entfernen Sie dabei nur die abgeblühten Blütenstände. Damit erübrigen sich weitere Schnittmaßnahmen im folgenden Frühjahr. Sorten mit farbigem Laubaustrieb (zum Beispiel 'Hubert Gold', 'Golden Princess', 'Firelight') schneiden Sie regelmäßig im Vorfrühling vor dem Austrieb stark auf ein niedriges Gerüst zurück. Dadurch entwickeln sich viele diesjährige Triebe mit entsprechend guter Blattausfärbung.

Verjüngungsschnitt: Wird der Erhaltungsschnitt regelmäßig durchgeführt, dann erübrigt sich ein zusätzlicher Verjüngungsschnitt. Überalterte Sträucher haben viel abgestorbenes Holz an der Basis angesammelt. Sie regenerieren sich nach einem scharfen Rückschnitt nicht mehr zufriedenstellend.

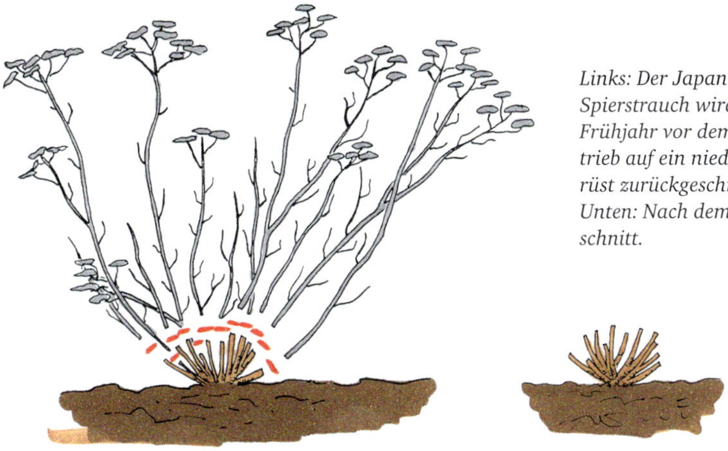

Links: Der Japanische Spierstrauch wird im Frühjahr vor dem Austrieb auf ein niedriges Gerüst zurückgeschnitten. Unten: Nach dem Rückschnitt.

Rechts: Japanischer Spierstrauch in Blüte. Unten links: Japanischer Spierstrauch nach dem Rückschnitt im zeitigen Frühjahr. Unten rechts: Bunter Austrieb bei einigen Sorten des Japanischen Spierstrauchs nach kräftigem Rückschnitt im zeitigen Frühjahr.

Birkenblättriger Spierstrauch *Spiraea betulifolia*, Dichtblütiger Spierstrauch *Spiraea densiflora*, Niederliegender Spierstrauch *Spiraea decumbens*
Diese Arten sind in ihrem Wuchs- und Blühverhalten dem Japanischen Spierstrauch ähnlich. Der Niederliegende Spierstrauch treibt allerdings Ausläufer, der Birkenblättrige Spierstrauch weist eine leuchtend orangefarbene bis weinrote Herbstfärbung auf. Die Blüten sind weiß bis rosa gefärbt.
Schnittmaßnahmen: Siehe *Spiraea japonica.*

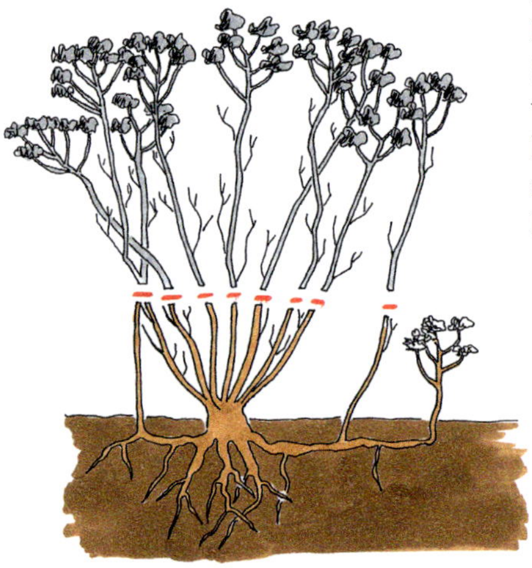

Den niedrigen Niederliegenden Spierstrauch kann man auch mit der Heckenschere auf ein Gerüst zurückschneiden.

Billards Spierstrauch *Spiraea × billardii*
Stark ausläufertreibende, aufrecht wachsende, 1,5–2 m hohe, dichtbuschige Sträucher, die sich an geeigneten Standorten dickichtartig ausbreiten. Die purpurrosafarbenen, bis zu 20 cm langen, dichten, schmal kegelförmigen Blütenrispen öffnen sich von Juni bis Juli. Der Strauch ist gut frosthart, bevorzugt aber kalkarme, feuchte Standorte. Ein jährlicher Rückschnitt fördert die Gesundheit und das Wachstum neuer, blühender Triebe.
Erziehungsschnitt: Schneiden Sie bei Pflanzen alle Triebe bis dicht über dem Boden zurück.
Erhaltungsschnitt: Entfernen Sie bei etablierten Sträuchern vor dem Austrieb im zeitigen Frühjahr schwache Triebe und schneiden Sie altes Holz bis zum Boden heraus. Etwa ein Drittel der verbleibenden vorjährigen Triebe kürzen Sie bis auf wenige Knospen ein. Im Sommer entfernen Sie welke, abgeblühte Blütenstände.
Verjüngungsschnitt: Stark überalterte Pflanzen regenerieren sich nach kräftigem Rückschnitt nicht besonders gut. Pflanzen Sie besser junge Wurzelausläufer nach, die Sie beim Pflanzen bis dicht über dem Boden einkürzen.

Stachyurus; Perlschweif, Schweifähre

Japanischer Perlschweif *Stachyurus praecox*
Mittelgroßer, 2–3 m hoher, locker aufgebauter Strauch mit schlanken, abstehenden Zweigen. Die Pflanze ist besonders interessant, da sich ihre etwa 5–8 cm langen, gelben Blütentrauben bereits im

Oben: Das Auslichten der alten Triebe sowie das Einkürzen der Triebe sind geeignete Schnittmaßnahmen bei diesem Spierstrauch. Links: Herbstaspekt beim Birkenblättrigen Spierstrauch.

Herbst bilden und sich von März bis Anfang April vor dem Laubaustrieb entfalten.
Erziehungsschnitt: Entfernen Sie nur schwache und beschädigte Triebe.
Erhaltungsschnitt: Der Perlschweif verlangt keinen regelmäßigen Schnitt.
Verjüngungsschnitt: Im Bedarfsfall kann ein vorsichtiger Verjüngungsschnitt erfolgen. Schneiden Sie nach der Blüte im Frühjahr einige alte Triebe an der Basis heraus und kürzen Sie die verbliebenen langen Triebe um etwa ein Drittel bei einer Verzweigung ein.

Chinesischer Perlschweif
Stachyurus chinensis

Dieser Strauch ist dem Japanischen Perlschweif sehr ähnlich, blüht aber etwa zwei Wochen später.
Schnittmaßnahmen: Siehe *Stachyurus praecox.*

Staphylea; Pimpernuss

Gewöhnliche Pimpernuss
Staphylea pinnata

3–5 m hoher, aufrechter Strauch mit straff aufrechten Grundtrieben, wenig verzweigt, im Alter breit ausladend, insgesamt langsam wachsend. Die weißlichen, rosa überlaufenen Blüten sind in 5–12 cm langen, gestielten, hängenden Rispen angeordnet und entfalten sich im Mai/Juni. Auffallend sind die blasig aufgetriebenen Früchte, die bis zum Spätherbst an den Sträuchern haften.
Erziehungsschnitt: Ist nicht notwendig.
Erhaltungsschnitt: Beschränkt sich auf das Entfernen beschädigter und eventuell zu dicht stehender Triebe. In späteren Jahren kommt das Herausschneiden einzelner alter Triebe an der Basis hinzu.

Der Chinesische Perlschweif benötigt keinen Schnitt. Nur vertrocknete und beschädigte Triebe werden herausgeschnitten.

Verjüngungsschnitt: Die Pimpernuss reagiert auf kräftigen Rückschnitt mit sehr schwachem Austrieb. Es ist zielführender, überalterte Pflanzen zu ersetzen.

Kolchische Pimpernuss
Staphylea colchica

Ist der Gewöhnlichen Pimpernuss sehr ähnlich, blüht aber gelblich weiß.
Schnittmaßnahmen: Siehe *Staphylea pinnata.*

Stephanandra; Kranzspiere

Kleine Kranzspiere
Stephanandra incisa

Breitbuschiger, dichttriebiger Kleinstrauch, bis 1,5 m hoch. Die dreilappigen Blätter weisen eine orange-braunrote Herbstfärbung auf, während die weißen Blütenrispen von Juni bis Juli wenig auffällig sind. Die Kranzspiere benötigt kalkarmen Boden.
Erziehungsschnitt: Entfernen Sie bei der Pflanzung beschädigte und schwache Triebe. Kürzen Sie die kräftigen Triebe um ein Drittel ein.
Erhaltungsschnitt: Schneiden Sie im Sommer nach der Blüte ein Viertel der alten Triebe an der Basis heraus und kürzen Sie

Auch die heimische Pimpernuss entwickelt sich ohne Schnittmaßnahmen zufriedenstellend.

Zeichnung 1: *Schneiden Sie nach der Blüte die abgeblühten Triebe der Kranzspiere auf tiefer liegende, jüngere Triebe zurück.*
Zeichnung 2: *Es ist aber auch ein Rückschnitt bis knapp über dem Boden möglich.*

1.

2.

die verbleibenden abgeblühten Triebe auf kräftig entwickelte Seitentriebe ein.
Verjüngungsschnitt: Die Kranzspiere regeneriert sich nach einem kräftigen Verjüngungsschnitt vor dem Austrieb im zeitigen Frühjahr. Allerdings blühen die Sträucher dann erst wieder im nächsten Jahr.

Zwerg-Kranzspiere 'Crispa' *Stephanandra incisa* 'Crispa'

Unterscheidet sich von der Art durch die dem Boden aufliegenden, dicht verzweigten Triebe und den nestförmigen Wuchs, wird kaum 0,8 m hoch und bis 1,5 m breit. Wird als bodendeckendes Gehölz verwendet.
Schnittmaßnahmen: Siehe *Stephanandra incisa.*

Man kann bei der Zwerg-Kranzspiere, sofern sie nicht als Bodendecker verwendet wird, alljährlich etwa ein Viertel der Triebe nach der Blüte herausschneiden.

Symphoricarpos; Schneebeere, Korallenbeere

Gewöhnliche Schneebeere *Symphoricarpos albus*

Buschiger, breit aufrecht wachsender, dicht verzweigter Strauch mit bis zu 2 m Wuchshöhe, dünnen und oft überhängenden Zweigen, breitet sich durch Ausläufer stark aus. Der Strauch trägt von Juni bis September unscheinbare, glockenförmige Blüten und bis weit in den Winter hinein weiße, kugelige, schwammig aufgetriebene, leicht giftige Beeren. Die Sträucher sind sehr robust und anpassungsfähig sowie salzverträglich. Sie werden meist als Füll- oder Deckpflanzen beziehungsweise in Gruppenpflanzungen verwendet.
Erziehungsschnitt: Kürzen Sie beim Pflanzen alle Triebe auf 30 cm Länge ein.
Erhaltungsschnitt: Die Sträucher wachsen auch ohne Schnitt zufriedenstellend. Man kann ihrem Ausbreitungsdrang entgegenwirken, indem man unerwünschte Ausläufer rechtzeitig entfernt. Sie können die Sträucher auch auslichten, indem Sie regelmäßig im Spätwinter vor dem Austrieb ein Drittel der Triebe bodennah herausschneiden.
Verjüngungsschnitt: Schneebeeren regenerieren sich nach kräftigem Rückschnitt sehr gut durch die Bildung neuer Wurzelausläufer und durch den Austrieb aus der verholzten Triebbasis. Schneiden Sie vor dem Austrieb alle alten Triebe bodennah heraus. Lassen Sie einige junge Triebe unbeschnitten.

Doorenbos' Korallenbeere *Symphoricarpos × doorenbosii*

Diese Hybriden wachsen ähnlich wie die Gewöhnliche Schneebeere, allerdings bilden sie weiße, rosa überlaufene bis rosafarbene Früchte.
Schnittmaßnahmen: Siehe *Symphoricarpos albus.*

Ein Auslichtungsschnitt bei der Schneebeere im Spätwinter fördert die Bildung reichfruchtender Triebe.

Kürzen Sie bei der Schneebeere im zeitigen Frühjahr alle Triebe um die Hälfte ein. Entfernen Sie regelmäßig einen Teil der Triebe an der Basis.

Austrieb der Korallenbeere nach kräftigem Rückschnitt.

Junge Pflanzung der Bastard-Korallenbeere.

Korallenbeere
Symphoricarpos orbiculatus
Selten höher als 1–1,5 m, straff aufrecht wachsende Sträucher, die durch ihre zahlreichen Ausläufer dickichtartige Bestände bilden. Entlang der Unterseite ihrer dünnen, locker überhängenden Zweige entwickeln sich flachkugelige, rubinrote, 3–6 mm große Früchte in etagenförmiger Anordnung.

Schnittmaßnahmen: Siehe *Symphoricarpos albus.*

Bastard-Korallenbeere
Symphoricarpos × chenaultii
Anfangs aufrechter, dichtbuschiger Strauch bis 1,5 m Wuchshöhe mit zierlichen, bogig überhängenden Zweigen, breitet sich später durch die dem Boden aufliegenden, sich bewurzelnden Triebe stark aus. Die zahlreichen kugeligen, lilarosafarbenen Früchte haben großen Zierwert. Die Sträucher besitzen ein hohes Ausschlagvermögen. Die Sorte 'Hancock' unterscheidet sich durch den niedrigeren Wuchs und die raschere Ausbreitung, da ihre Zweige eher dem Boden aufliegen und sich so schneller bewurzeln.
Schnittmaßnahmen: Siehe *Symphoricarpos albus.*

Ein Auslichtungsschnitt im Spätwinter fördert bei Dorenboos' Korallenbeere die Bildung reichfruchtender Triebe.

Syringa; Flieder

Die verschiedenen Flieder sind gut winterharte, anspruchslose Sträucher, die wegen ihrer attraktiven, stark duftenden Blüten im Mai/Juni sehr häufig in Gärten und Parks gepflanzt werden. Bezüglich der Schnittmaßnahmen kann man sie in zwei Gruppen teilen: die starkwüchsigen Großsträucher, zu welchen der Gewöhnliche Flieder zählt, und die mittelhohen bis Kleinsträucher mit der Zwergform des Duft-Flieders als Beispiel.

Gewöhnlicher Flieder
Syringa vulgaris
Breit aufrechter, etwas steiftriebiger, mehrstämmiger Großstrauch oder kleiner Baum von 4–6 m Wuchshöhe, der stark Ausläufer treibt. Die violetten,

bei Sorten auch weißen, rosafarbenen und purpurroten, mitunter zweifarbigen Blütenrispen sitzen endständig, meist paarweise an der Spitze der vorjährigen Triebe und öffnen sich in der ersten Maihälfte. Bei den Schnittmaßnahmen muss man beachten, ob die Sträucher aus Veredlungen hervorgegangen sind oder ob es sich um wurzelechte Pflanzen handelt.

Erziehungsschnitt: Entfernen Sie schwache und beschädigte Triebe und kürzen Sie die Spitzen der kräftigen Triebe um ein Drittel ein, damit sich die Pflanzen von der Basis an buschig aufbauen und sich eine ausgewogene Wuchsform entwickeln kann. Im Pflanzjahr blühen die Sträucher dann noch nicht.

Erhaltungsschnitt: Der Gewöhnliche Flieder muss nicht unbedingt geschnitten werden. Er wird über viele Jahre hindurch reichlich blühen, wenn Sie regelmäßig einzelne blühende Zweige als Vasenschmuck abschneiden. Allerdings beginnen die Sträucher nach längerer Zeit etwas zu vergreisen und sind dann nur mühsam zu verjüngen. Der Erhaltungsschnitt beim Flieder wird nach der Blüte im Mai/Juni durchgeführt. Entfernen Sie die verwelkten Blüten behutsam, da zu diesem Zeitpunkt an den Enden der Neutriebe bereits die Blütenknospen für das nächste Jahr gebildet werden. Sobald die Pflanzen voll entwickelt sind, ist es sinnvoll, jedes Jahr nach der Blüte im Sommer einige Triebe etwas tiefer bei kräftigen Verzweigungen herauszuschneiden, damit das Innere der Sträucher aufgrund von Lichtmangel nicht verkahlt. Bei der Wildform sowie bei wurzelecht durch Stecklinge oder In-vitro-Vermehrung entstandenen Pflanzen stellen Wurzelausläufer kein Problem dar, da sie wie die Sträucher blühen. Bei Fliederhochstämmen sind Wurzelausläufer natürlich nicht erwünscht. Beim veredelten Flieder müssen Bodentriebe, Wurzelausläufer und Austriebe unterhalb der Veredlungsstelle sofort entfernt werden, da es sich dabei um die Unterlage (die Wildform

Unten: Fliederstämmchen zur Blütezeit.
Rechts: Fliederstämmchen nach dem Erhaltung- und Pflegeschnitt.
Ganz rechts: Bei diesem weißblühenden Flieder wächst die Unterlage im Hintergrund bereits stärker als die Sorte selbst und sollte unbedingt entfernt werden.

Der Gewöhnliche Flieder als Sichtschutz.

Nach dem Verjüngungsschnitt haben sich bei diesem Flieder unterhalb der Schnittstelle zahlreiche Jungtriebe gebildet.

Bei diesem Zwergfliederstämmchen überwächst die Unterlage (Gewöhnlicher Flieder) bereits das Stämmchen und muss unverzüglich entfernt werden.

des Gewöhnlichen Flieders) handelt.

Verjüngungsschnitt: Der Gewöhnliche Flieder reagiert auf einen scharfen Verjüngungsschnitt recht gut, doch sollte dieser auf zwei bis drei Jahre verteilt werden (siehe auch Verjüngungsschnitt, Seite 49 ff.). Kürzen Sie im Spätwinter alle Grundtriebe auf 30–60 cm über dem Boden ein. Diese werden zahlreiche neue Triebe bilden. Entfernen Sie diese bis auf zwei bis drei im Sommer und lassen Sie die übrigen unbeschnitten. Die Pflanzen werden frühestens in zwei bis drei Jahren erstmals wieder blühen. Besser wäre es, den Verjüngungsschnitt von vorneherein auf zwei bis drei Jahre zu verteilen, indem man zu Beginn nur ein Drittel oder die Hälfte der Triebe wie oben beschrieben behandelt und die übrigen erst im folgenden Jahr verjüngt.

Bei Fliederhochstämmen gehen Sie wie bei den Sträuchern vor. Achten Sie aber zusätzlich darauf, dass sich weder an der Basis noch am Stamm unterhalb der Krone Unterlagentriebe entwickeln. Entfernen Sie diese an deren Entstehungsstelle.

Entfernen Sie beim Flieder gleich nach der Blüte die abgeblühten Blütenstände (siehe Detail), verletzen Sie dabei aber nicht die darunter befindlichen, bereits entwickelten jungen Triebe.

Juni-Flieder, Syringa-Preston-Hybriden *Syringa × prestoniae*
Leider wenig bekannter Formenkreis sehr winterharter, spät- und reichblühender Fliedersorten mit lockerem, breit aufrechtem Wuchs. Die 3–4 m hohen Sträucher tragen Ende Mai bis Juni große, rosafarbene, purpurne oder weißliche, locker verzweigte und meist etwas überhängende Blütenrispen. Sie sind eher kalkmeidend und bevorzugen leicht saure bis neutrale Böden.
Schnittmaßnahmen: Siehe *Syringa vulgaris.*

Wildflieder wie Zottiger Flieder *Syringa villosa*, Filziger Flieder *Syringa tomentella*, Bogen-Flieder *Syringa reflexa*, Ungarischer Flieder *Syringa josikea* und deren Hybriden
Der Zottige Flieder ist ein 3–4 m hoher aufrechter Strauch mit dicken Zweigen und rosalila Blüten in 10–25 cm langen kompakten Rispen, der Filzige Flieder ein bis zu 3 m hoher, schlanker Strauch mit außen blasslilarosafarbenen, innen weißen, duftenden Blüten in 6–10 cm langen, breiten lockeren Rispen, der Bogen-Flieder ein 3–4 m hoher Strauch mit endständigen,10–25 cm langen, überhängenden, walzenförmigen Blütenrispen und der Ungarische Flieder ein steif wirkender, aufrecht wachsender, 3–5 m hoher Strauch mit 10–18 cm langen, aufrechten lilapurpurnen Blütenrispen von Ende Mai bis Anfang Juni.
Schnittmaßnahmen: Siehe *Syringa vulgaris.*

Chinesischer Flieder *Syringa × chinensis*
Breitbuschiger, eher dicht wachsender Strauch, 2–4 m hoch, 2–3 m breit, mit bogig überhängenden, dünnen Zweigen. Im Mai entfalten sich die stark duftenden, lilarosa- oder rosafarbenen Blütenrispen in großer Fülle entlang der obersten 20–40 cm an den Zweigenden. Dieser Flieder ist sehr anpassungsfähig, bevorzugt sonnige, warme Lagen und ist vielseitig verwendbar.
Schnittmaßnahmen: Siehe *Syringa vulgaris.* Kürzen Sie aber bei dieser Art die abgeblühten Triebe etwa um ein Drittel ein und schneiden Sie gelegentlich auch einzelne alte Triebe an der Basis heraus.

Kleinblättriger Flieder *Syringa microphylla*
Zierlicher, breitbuschig locker aufrecht wachsender Kleinstrauch oder mittelgroßer Strauch von 1,5–2 m Wuchshöhe, der im Alter oft breiter als hoch ist. Dieser schwachwüchsige Flieder blüht im Mai helllilarosa. Seine duftenden, 10–20 cm langen Blüten-

Der Chinesische Flieder entwickelt sich ohne Schnitt gut, verträgt aber auch ein vorsichtiges Auslichten.

Links oben: Alter, bereits mehrfach ausgelichteter Ungarischer Flieder.
Links unten: Alter, bereits mehrfach ausgelichteter Ungarischer Flieder: Das Detail der Strauchbasis zeigt die Schnittstellen der herausgeschnittenen Starktriebe.

rispen entfalten sich endständig am vorjährigen Trieb. Oft gibt es eine schwächere Nachblüte bis in den Herbst hinein.
Erziehungsschnitt: Kürzen Sie beim Pflanzen die Triebe um ein Drittel ein, falls diese nicht kräftig und gut entwickelt sind.
Erhaltungsschnitt: Ein Erhaltungsschnitt erübrigt sich in den ersten Jahren nach der Pflanzung. Etablierte Sträucher lichten Sie regelmäßig nach der Blüte vorsichtig aus, kürzen Sie dabei einzelne Triebe bei kräftigen Verzweigungen ein.
Verjüngungsschnitt: Dieser ist zwar möglich, stark überalterte Pflanzen regenerieren sich aber nur sehr schlecht beziehungsweise benötigen einige Jahre, bis sie wieder einen ansprechenden Wuchs aufweisen. Es ist daher besser, derartig überalterte Pflanzen auszutauschen.

Der Zwerg-Duft-Flieder 'Palibin' kommt ohne Schnitt gut aus, die abgebildete Pflanze ist etwa 20 Jahre alt.

Zwerg-Flieder 'Josée' *Syringa* 'Josée'

Bis 2 m hoher, dicht verzweigter, kompakt wachsender, reichblühender Strauch mit violettpurpurnen Knospen und rosafarbenen Blüten in zahlreichen kleinen Blütenrispen Ende Mai bis Juni.
Schnittmaßnahmen: Siehe *Syringa microphylla.*

Ausladender Flieder 'Miss Kim' *Syringa patula* 'Miss Kim'

Dichtbuschiger, bis 2 m hoher, langsam und gedrungen wachsender Strauch mit purpurvioletten, im Verblühen lilaweißlichen, duftenden Blüten von Ende Mai bis Anfang Juni. Dieser kleine Flieder ist für Gärten hervorragend geeignet und bislang noch wenig bekannt.
Schnittmaßnahmen: Siehe *Syringa microphylla.*

Ausladender Flieder in voller Blüte.

Meyers Flieder *Syringa meyeri*

Dieser schwachwüchsige, kleine Flieder ist der Fliederhybride 'Josée' sehr ähnlich, besitzt aber etwas kleinere, dunkelviolette Blüten.
Schnittmaßnahmen: Siehe *Syringa microphylla.*

Zwergform von Meyers Flieder 'Palibin' *Syringa meyeri* 'Palibin'

Diese Sorte wächst noch wesentlich kompakter, wird kaum 1 m hoch und breit, blüht bereits als junge Pflanze und benötigt keine Schnittmaßnahmen. Oft wird dieser zwergwüchsige Flieder als Stämmchen kultiviert. Als Unterlage wird dabei der Gewöhnliche Flieder verwendet. In diesem

Fall ist es unerlässlich, alle mit Sicherheit auftretenden Unterlagentriebe sowie die sich an den Stämmchen unterhalb der Veredlungsstelle entwickelnden Austriebe regelmäßig zu entfernen.

Tamarix; Tamariske

Tamarisken sind sommergrüne Großsträucher oder kleine Bäume mit kleinen, schuppenförmigen Blättern und rosafarbenen Blüten, sehr anspruchslos und anpassungsfähig.

Kleinblütige Tamariske
Tamarix parviflora

Locker aufgebauter, breitbuschiger Großstrauch oder kleiner Baum bis 4 m Höhe mit dünnen, weich überhängenden, rotbraunen Zweigen. Wegen ihrer sommergrünen, kleinen, schuppenartigen, frischgrünen Blättchen wirken Tamariskensträucher sehr zierlich. Die vierzähligen, rosafarbenen Blüten sitzen in 2–4 cm langen Trauben seitlich entlang der vorjährigen Zweige und öffnen sich von März bis April.
Erziehungsschnitt: Damit Tamarisken zu kompakten Sträuchern heranwachsen, schneiden Sie beim Pflanzen und auch im Folgejahr alle Triebe um die Hälfte zurück.
Erhaltungsschnitt: Sind die Pflanzen gut entwickelt, dann entfernen Sie alle schwachen Triebe und kürzen die verblühten Triebe im Mai auf kräftige Seitentriebe ein.
Verjüngungsschnitt: Alte und überwachsene Tamarisken lassen sich sehr gut verjüngen. Schneiden Sie auch starke, verholzte Triebe auf das verholzte Gerüst zurück, damit sich die verkahlten Stellen von innen heraus wieder begrünen. Bei sehr starkem Rückschnitt ins alte Holz kann es vorkommen, dass die Blüte ein Jahr ausbleibt.

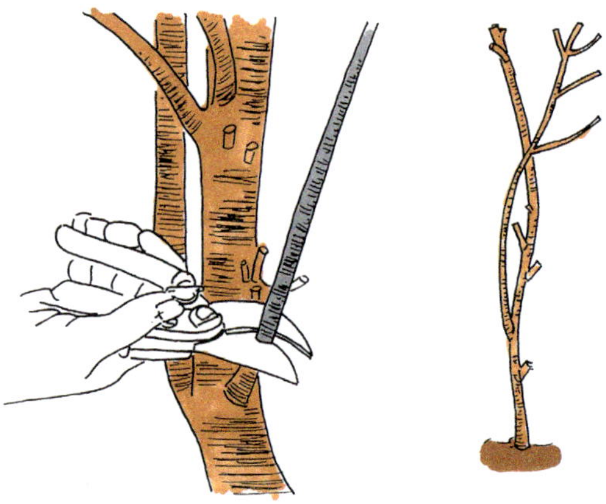

Schneiden Sie die abgeblühten Triebe der Kleinblütigen Tamariske im Frühjahr gleich nach der Blüte stark auf das etablierte Gerüst (siehe Detail) zurück.

Detail der stark verjüngten Tamariske, aufgenommen im August.

Kaspische Tamariske
Tamarix ramosissima

Im Gegensatz zur Kleinblütigen Tamariske wächst die Kaspische Tamariske mit etwas steifen Grundtrieben eher sparrig und breit aufrecht. Ihre Zweige sind weniger überhängend und die Sträucher nicht so breit ausladend. Die fünfzähligen, rosafarbenen Blüten sitzen in 3–6 cm langen Trauben im oberen Bereich der diesjährigen Triebe und entfalten sich im Sommer von Juli bis September.
Schnittmaßnahmen: Siehe *Tamarix parviflora*. Im Gegensatz zu dieser wird die Kaspische Tamariske jedoch nicht nach der Blüte, sondern vor dem Austrieb im Vorfrühling geschnitten.

Viburnum; Schneeball

Sommer- und immergrüne Sträucher recht unterschiedlicher Größe und Form. Einige sind schöne Solitärsträucher, andere Arten pflanzt man besser in Gruppen. Ihre Blütenstände sind weiß oder rosa gefärbt, einige sind wie Bälle geformt, während andere aus Schirmrispen mit sterilen Randblüten bestehen. Manche Arten weisen auch einen attraktiven Fruchtschmuck sowie eine schöne Herbstfärbung auf. Die meisten Arten bringen an der Basis neue Triebe hervor. Die richtige Schnittmethode hängt vom Zweck der Pflanzung ab.

Gewöhnlicher Schneeball
Viburnum opulus

Breit ausladender, unregelmäßig aufgebauter Großstrauch bis 4 m

Die Kaspische Tamariske blüht im Sommer am Ende der diesjährigen Triebe.

Höhe. Im Alter sind die Zweige etwas überhängend. Im Mai/Juni entfalten sich die weißen, 8–10 cm breiten, tellerförmigen Schirmrispen mit auffälligen sterilen Randblüten. Bei der Sorte 'Roseum' sind alle Blüten steril, die Blütenstände ballförmig entwickelt. Der Gewöhnliche Schneeball weist eine schöne weinrote Herbstfärbung auf.

Erziehungsschnitt: Entfernen Sie nach dem Pflanzen alle schwachen und beschädigten Triebe. Kürzen Sie die restlichen um ein Drittel ein.

Erhaltungsschnitt: Die Sträucher sollen sich in den ersten Jahren ohne Schnittmaßnahmen entwickeln können. Damit die Pflanzen blühwillig bleiben und dabei nicht zu groß werden, schneiden Sie bei gut entwickelten Sträuchern am besten alle zwei bis drei Jahre jeweils nach der Blüte ein bis zwei Triebe an der Basis heraus und kürzen ein weiteres Drittel auf eine kräftige Verzweigung ein. Die kompakt wachsende Sorte 'Compactum' benötigt in der Regel keinen Schnitt, baut sich optimal auf und blüht und fruchtet dabei ungemein reichlich.

Verjüngungsschnitt: Der Gewöhnliche Schneeball regeneriert sich nach einem kräftigen Rückschnitt recht gut. Schneiden Sie im Spätwinter alle kräftigen Triebe auf ein Gerüst von 50–70 cm zurück und entfernen Sie alle schwachen und die stark überalterten Triebe an der Basis.

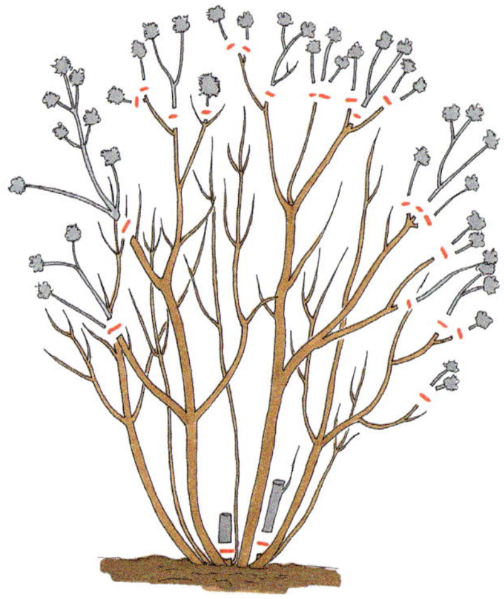

Der Erhaltungsschnitt beschränkt sich beim Schneeball auf ein geringfügiges Auslichten, das in zwei- bis dreijährigem Turnus durchgeführt werden sollte.

Junger, optimal aufgebauter Schneeball.

Der etwa 30-jährige Schneeball hat sich nach einem über mehrere Jahre verteilten Verjüngungsschnitt wieder gut regeneriert.

Durch den starken Neuaustrieb wird es notwendig sein, entsprechende Korrekturschnitte im Sommer beziehungsweise im folgenden Spätwinter durchzuführen, damit sich erneut eine akzeptable regelmäßige Wuchsform aufbaut. Besser wäre es, den Verjüngungsschnitt auf zwei bis drei Jahre zu verteilen.

Sargents Schneeball
Viburnum sargentii
Dieser Schneeball ist dem Gewöhnlichen Schneeball sehr ähnlich. Es gibt Sorten mit rötlich braunem Laubaustrieb.
Schnittmaßnahmen: Siehe *Viburnum opulus.*

Wolliger Schneeball
Viburnum lantana
Der heimische Wollige Schneeball ist im Wuchs dem Gewöhnlichen Schneeball ähnlich, unterscheidet sich aber durch seine graufilzigen, ungelappten Blätter und die weniger auffälligen Blüten.
Schnittmaßnahmen: Siehe *Viburnum opulus.*

Bodnant-Schneeball
Viburnum × bodnantense
Mittelhoher, dichtbuschiger, von der Basis an vieltriebiger Strauch bis etwa 2,5 m Höhe. Treibt wenige Ausläufer im unmittelbaren Bereich der Strauchbasis. Die in der Knospe tiefrosafarbenen, im Aufblühen weißlich rosafarbenen, stark duftenden Blüten öffnen sich bei günstiger Witterung bereits ab November, der Hauptflor von Februar bis März. Die Blüten sitzen in 5–7 cm breiten, dichten Büscheln am Ende der vorjährigen Triebe.
Erziehungsschnitt: Ein Pflanzschnitt ist in der Regel nicht erforderlich. Entfernen Sie beschädigte und schwache Triebe. Lassen Sie die Sträucher die nächsten drei bis vier Jahre wachsen.
Erhaltungsschnitt: Dieser Schneeball entwickelt sehr viele Triebe aus der Basis heraus. Schneiden Sie bei gut entwickelten Pflanzen direkt nach der Blüte im zeitigen Frühjahr bis zu einem Fünftel der Triebe an der Basis heraus. Entfernen Sie alte, nicht mehr blühfreudige und zu dichte stehende Triebe. Lassen Sie die übrigen unbeschnitten, da Sie sonst durch den Blütenflor für das nächste Jahr beeinträchtigen würden.
Verjüngungsschnitt: Entfernen Sie alle alten Triebe an der Basis. Lassen Sie einige junge, gut entwickelte Triebe stehen. Nach dem neuen Austrieb sollten Sie zu dicht stehende Triebe entfernen. Die Sträucher werden erst wieder in ein bis zwei Jahren reich blühen. Sie können den Verjüngungsschnitt auch auf zwei bis drei Jahre verteilen und jeweils nur einen Teil der alten Triebe an der Basis herausnehmen.

Duftender Schneeball
Viburnum farreri
Ähnelt dem Bodnant-Schneeball, aber mit helleren Blüten.
Schnittmaßnahmen: Siehe *Viburnum × bodnantense.*

Großblumiger Duft-Schneeball
Viburnum × carlcephalum
Mittelgroßer, 2–2,5 m hoher und ebenso breiter, locker aufgebauter Strauch mit stumpfgrünen Blättern und an den Zweigen endständig sitzenden, stark duftenden, bis 13 cm großen Blütenständen. Die in der Knospe rosafarbenen, im Aufblühen weißen Blüten entfalten sich von Anfang bis Ende Mai. Wächst auf allen normalen Gartenböden.
Schnittmaßnahmen: Wenn nötig, leichter Auslichtungs-

Containerpflanze des Bodnant-Schneeballs nach dem Pflanzschnitt.

Junger, optimal aufgebauter Bodnant-Schneeball.

Gut aufgebauter Strauch, hier sollte bereits vorsichtig ausgelichtet werden.

Blühender Großblumiger Duft-Schneeball, ein vorsichtiger Auslichtungsschnitt nach der Blüte ist empfehlenswert.

schnitt nach der Blüte, sonst wie *Viburnum opulus.*

Koreanischer Duft-Schneeball *Viburnum carlesii*

Ähnelt dem Großblumigen Duft-Schneeball, bleibt mit 1–1,5 m deutlich kleiner, auch die Blütenstände sind kleiner. Er blüht früher ab Ende April bis Anfang Mai.
Schnittmaßnahmen: Wenn nötig, leichter Auslichtungsschnitt nach der Blüte, sonst wie *Viburnum opulus.*

Japanischer Schneeball *Viburnum plicatum*

Malerischer, außerordentlich reich blühender Schneeball mit breit ausladendem Wuchs und etagenförmig angeordneten Ästen. Wird etwa 2–3 m hoch und breit. Die cremeweißen, bis zu 15 cm breiten Schirmrispen werden von einem Kranz steriler Blüten umgeben. Sie öffnen sich von Mai bis Anfang Juni. Es gibt zahlreiche Sorten, darunter kompakt wachsende Formen ('Summer Snowflake', 'Watanabe', 'Pink Beauty') und solche mit schneeballartigen, kugeligen Blütenständen (*Viburnum plicatum, Viburnum plicatum* fo. *tomentosum* 'Sterile'). Sie entwickeln sich ohne besondere Schnittmaßnahmen optimal.
Erziehungsschnitt: Kein Pflanz- und Erziehungsschnitt nötig. Entfernen Sie nur beschädigte Triebe.
Erhaltungsschnitt: Schneiden Sie so wenig wie möglich, um den schönen Habitus nicht zu beeinträchtigen. In der Mitte des Strauchs bilden sich aufrechte Triebe, die sich etagenförmig verzweigen und im folgenden Jahr bereits Blüten tragen. Entfernen Sie waagrechte Triebe nur, wenn Sie ältere, beschädigte oder unproduktive Zweige ersetzen wollen.
Verjüngungsschnitt: Wenn die Sträucher noch vital und nicht überaltert sind, können Sie vor dem Austrieb im Spätwinter einen Verjüngungsschnitt wagen. Schneiden Sie alle Triebe auf ein Gerüst von etwa 50–80 cm zurück. Entfernen Sie schwache und alte Triebe ganz. Der Strauch benötigt dann allerdings zwei bis drei Jahre, bis er wieder die typische breit ausladende Wuchsform annimmt.

Der Japanische Schneeball wurde bisher nicht geschnitten. Ein leichter Auslichtungsschnitt wäre angebracht, um einer Verkahlung vorzubeugen.

Dieser attraktive kleine Japanische Schneeball benötigt keinen Schnitt.

Vitex; Keuschbaum, Mönchspfeffer

Mönchspfeffer
Vitex agnus-castus
Bis 3 m hoher, locker aufgebauter Strauch mit dünnen Trieben und handförmig geteilten Blättern. An den Enden der diesjährigen Triebe entwickeln sich von Juli bis September blaue bis weißliche oder weißlich rosafarbene Blüten in bis zu 30 cm langen, rispenartigen Scheinwirteln. Der Mönchspfeffer benötigt einen sonnigen, warmen Standort sowie einen durchlässigen Boden.
Erziehungsschnitt: Kein Pflanzschnitt notwendig. Schneiden Sie vor dem Austrieb die vorjährigen abgeblühten Triebe bis auf wenige Knospen auf das ältere Gerüst zurück.
Erhaltungsschnitt: Kürzen Sie im zeitigen Frühjahr vor dem Austrieb alle vorjährigen, abgeblühten Triebe bis auf 10–15 cm auf das alte Gerüst ein. Schneiden Sie einzelne Triebe bis zu einer kräftigen Verzweigung oder einem gut entwickelten Kurztrieb zurück.
Verjüngungsschnitt: Wurden die Sträucher regelmäßig geschnitten, dann ist ein Verjüngungsschnitt ins ältere Holz noch möglich. Stark vernachlässigte oder überalterte Pflanzen regenerieren sich nicht mehr. Ersetzen Sie diese besser.

Weigela; Weigelie

Liebliche Weigelie *Weigela florida* sowie *Weigela*-Hybriden in Sorten
Mittelhoher, im Alter breit überhängender Strauch von 2–3 m Höhe. Die weißen, rosafarbenen oder roten Blüten erscheinen im Sommer von Mai bis August am vorjährigen Trieb. Alle Pflanzen vertragen einen Schnitt gut und benötigen diesen auch, damit die Blühwilligkeit langfristig erhalten bleibt. Die Sträucher brauchen einen normalen Gartenboden und stellen keine besonderen Standortansprüche.
Erziehungsschnitt: Entfernen Sie beim Pflanzen nur schwach entwickelte und beschädigte Triebe. Die jungen Sträucher benötigen keine bis geringe Schnittmaßnahmen.
Erhaltungsschnitt: Bei etablierten Sträuchern schneiden Sie nach der Blüte die abgeblühten

Oben links: Mönchspfeffer vor dem Erhaltungsschnitt. Oben rechts: Detailaufnahme nach dem Schnitt: Alle vorjährigen Triebe wurden bis auf etwa 10 cm über dem Gerüst eingekürzt. Unten links: Zwerg-Weigelie nach dem Pflanzschnitt (Containerpflanze). Unten rechts: Blütenrispen des Möchpfeffers sitzen am Ende der neuen Triebe im Sommer (nach dem Frühjahrsschnitt wie oben).

Bei der Weigelie sollten alle abgeblühten Triebe nach der Blüte auf tiefer liegende, kräftige Jungtriebe zurückgeschnitten werden (siehe Detail).

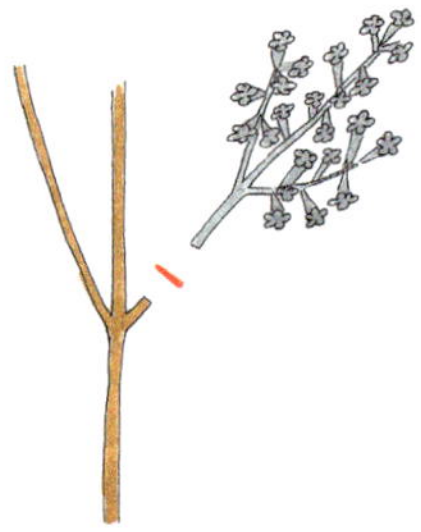

Das Detail zeigt, wo der Rückschnitt bei der Weigelie durchgeführt werden sollte.

Triebe auf kräftige Triebe unterhalb der abgeblühten Zweige zurück. Damit das Verhältnis von jungen und reiferen Trieben ausgewogen bleibt, schneiden Sie den einen oder anderen älteren Trieb an der Basis heraus und kürzen Sie überlange Triebe ein. Kürzen Sie bei Sorten mit panaschierten oder roten Blättern die Triebe etwas kräftiger ein, so dass sich kräftige neue Triebe mit optimal gefärbten Blättern entwickeln können.

Bei den Zwergformen kürzen Sie ebenfalls die abgetragenen Blütenzweige auf darunter befindliche kräftige Verzweigungen ein.

Verjüngungsschnitt: Weigelien lassen sich gut verjüngen. Schneiden Sie alle Triebe bis zur Basis heraus, dünnen Sie den neuen dichten Wuchs im Sommer aus.

Unten links: Ältere, bereits leicht vergreiste Weigelie. Rechts: Dieselbe Weigelie nach kräftigem Verjüngungsschnitt. Unten rechts: Dieselbe Weigelie ein Jahr nach dem Verjüngungsschnitt.

Immergrüne Ziergehölze

Die meisten immergrünen Ziergehölze müssen in der Regel nur wenig geschnitten oder erzogen werden. Sofern sie optimale Bedingungen vorfinden, entwickeln sie von Natur aus einen buschigen und regelmäßigen Habitus. Deshalb ist es auch sehr wichtig, schon bei der Pflanzung einen geeigneten Standort auszuwählen. Dies betrifft nicht nur das Raumangebot, sondern auch die Standortbedingungen. Günstig sind lichtschattige Standorte, zum Beispiel unter lichtkronigen Bäumen. Immergrüne Ziergehölze sind unter mitteleuropäischen Bedingungen nicht an vollsonnige, freie Standorte angepasst und können unter diesen Bedingungen oft Blattverbrennungen und Trockenschäden erleiden sowie im Winter durch Frosttrocknis geschädigt werden.

Pflanz- und Aufbauschnitt

Dieser Schnitt entfällt bei den meisten immergrünen Ziergehölzen, da diese immer im Container oder als Ballenware kultiviert und gehandelt werden. Beim Pflanzen müssen eventuell beim Transport beschädigte Triebe zurückgenommen oder abgebrochene Zweige entfernt werden. Sind sie nicht gut gewachsen, kann jetzt ein vorsichtiger Korrekturschnitt durchgeführt werden, um das nötige Gleichgewicht herzustellen. Ist bei baumartigen Gehölzen der Leittrieb zu schwach ausgebildet, kann man diesen um 5–10 cm einkürzen. Damit fördert man die Entwicklung von Seitentrieben und kann den obersten zu einem neuen, kräftigen Leittrieb heranziehen.

Erhaltungsschnitt

Der Erhaltungsschnitt beschränkt sich hier weitgehend auf das Entfernen von krankem, beschädigtem oder totem Holz sowie das Herausschneiden von sich kreuzenden Trieben. Ist abzusehen, dass einzelne stark wachsende Triebe in naher Zukunft den Habitus stören oder es dadurch zu einseitigem Wuchs kommt, sind diese Triebe ebenfalls einzukürzen oder zu entfernen. Unbedingt notwendige Schnittmaßnahmen können zu jeder Jahreszeit durchgeführt werden. Schnittmaßnahmen, die das Wachstum anregen, dürfen hingegen nur in der zweiten Frühlingshälfte erfolgen, da ein früherer Schnitt einen vorzeitigen Austrieb verursachen kann und damit die Gefahr von Frostschäden, insbesondere von Spätfrostschäden, erhöht. Ein Schnitt im Sommer führt dazu, dass die Pflanzen zwar noch durchtreiben, das Wachstum aber nicht mehr rechtzeitig abschließen. Diese schlecht ausgereiften Triebe erfrieren dann leicht im Winter. Die Produktion von Samen kostet die Pflanze viel Energie, die sie besser in die Bildung neuer Triebe sowie in die Anlage neuer Blütenknospen stecken sollte. Deshalb sollten Sie bei reichblühenden Gehölzen wie Rhododendren die abgeblühten Blütenstände entfernen.

Links: Wintergrüne Ölweide nach dem Erziehungs- und Korrekturschnitt.
Mitte: Frostschaden nach strengem Winter bei der Wintergrünen Ölweide: Nur die Blätter, nicht die Triebe sind geschädigt.
Rechts: Frostschaden nach strengem Winter bei der immergrünen Lorbeer-Kirsche: Nur die Blätter und einige Triebspitzen, aber nicht die Triebe sind geschädigt.

Erhaltungs- und Verjüngungsschnitt beim Catawba-Rhododendron.

Auslichtungs- und Verjüngungsschnitt beim Catawba-Rhododendron mit der Säge: Man könnte hier auch kurze Stummel stehen lassen, da sich an diesen neue Triebe bilden.

Haben immergrüne Laubgehölze einmal eine bestimmte Größe erreicht und ist abzusehen, dass in naher Zukunft aus Platzgründen ein stärkerer Rückschnitt fällig wird, sollte man rechtzeitig einschreiten. Ein kräftiger Auslichtungsschnitt, womöglich auf zwei bis drei Jahre verteilt, hält die Pflanze in Form und verjüngt sie von innen heraus, ohne dass dabei der Habitus zerstört wird.

Verjüngungsschnitt und darauf folgender Aufbauschnitt

Obwohl ein Verjüngungsschnitt von zahlreichen immergrünen Ziergehölzen vertragen wird, sollte dieser nach Möglichkeit nur in unausweichlichen Fällen erfolgen. In jedem Fall geht mit diesem Schnitt der Verlust der Wuchsform einher, die dann in mühevoller Arbeit über mehrere Jahre hinweg wieder neu aufgebaut werden muss. Gehölze wie die Lorbeerkirsche kann man auf wenige dicke, verholzte Triebe zurücksetzen. Diese treiben nach einiger Zeit wieder aus. Dies gilt auch für die starkwüchsigen Rhododendren. Allerdings muss man den neuen Austrieb bis auf wenige kräftige Triebe ausdünnen, die das neue Gerüst aufbauen. Nach zwei bis drei Jahren sind die Pflanzen soweit regeneriert, dass ihr Wuchs harmonisch ist und sie wieder blühen.

Stark verjüngte Berberitzenmahonie.

Schnitt der immergrünen Ziergehölze von A bis Z

Im Vergleich zu den sommergrünen Ziergehölzen kommen die meisten immergrünen Ziergehölze mit relativ wenigen Schnittmaßnahmen aus. Diese beschränken sich vorwiegend auf einen Erziehungsschnitt. Nur wenn die Pflanzen für den vorgesehen Raum zu groß werden oder unregelmäßigen Wuchs aufweisen, ist ein Korrekturschnitt notwendig. Unter günstigen Standortbedingungen entwickeln sich immergrüne Ziergehölze zumeist von Natur aus optimal.

Diese Abelie friert meist bis knapp über dem Boden zurück und benötigt einen Winterschutz.

Abelia; Abelie

Feintriebige Sträucher mit kleinen, halbimmergrünen bis immergrünen Blättern und Blütenständen mit ein bis drei Glöckchenblüten. Unermüdliche Blütensträucher von Juli bis in den Oktober hinein. Die Pflanzen sind unter mitteleuropäischen Klimaverhältnissen frostempfindlich. Die Koreanische Abelie ist sommergrün (siehe Seite 88).

Großblütige Abelie *Abelia × grandiflora*

Halbimmergrüner, dichtbuschiger Strauch mit zierlich überhängenden Trieben, glänzenden Blättern und einer Fülle bis zu 2 cm großer, rosaweißer Blüten den ganzen Sommer über. Die Pflanzen benötigen einen Winterschutz. Dazu den Wurzelbereich und die Basis der Pflanze mit Laub mulchen.

Erziehungsschnitt: Nach dem Pflanzen werden schwache Triebe entfernt und überlange eingekürzt. Abgesehen davon sind keine Schnittmaßnahmen notwendig.

Erhaltungsschnitt: Da diese zierlichen Sträucher im Winter meist stark zurückfrieren, muss man vor dem Austrieb im Frühjahr alle vertrockneten und durch Frost beschädigten Triebe entfernen. Die Pflanzen regenerieren sich aber bald ausreichend. Durch diesen alljährlich durchgeführten Schnitt erübrigen sich im Wesentlichen weitere Schnittmaßnahmen. In zwei- bis dreijährigen Abständen kann man die älteren, dickeren Triebe an der Basis entfernen.

Verjüngungsschnitt: Stark vernachlässigte Pflanzen regenerieren sich nicht mehr gut. Sind die Triebe aber an der Basis bereits sehr stark verholzt und dick, kann man diese bis knapp über dem Boden zurückschneiden. Besser wäre allerdings, diese Pflanzen durch junge, kräftige zu ersetzen.

Rosa Abelie *Abelia* 'Edward Goucher'

Diese Sorte ist der vorigen Abelie sehr ähnlich. Allerdings schmückt sich diese Hybride mit lavendelrosafarbenen Blüten.

Schnittmaßnahmen: Siehe *Abelia × grandiflora*.

Aucuba; Aukube

Japanische Aukube, Orangenkirsche *Aucuba japonica*

Immergrüner, breitbuschiger und dicktriebiger Strauch, der 1,5–2 m hoch werden kann und bis zu 20 cm lange, ledrige, ovale oder elliptische bis lanzettliche Blätter trägt. Die Pflanzen sind zweihäusig, die Blüten eher unauffällig, aber die leuchtend roten, kornelkirschähnlichen Früchte stellen bis weit in das folgende Frühjahr hinein eine Zierde dar. Die Pflanzen halten Kälteperioden von −10 °C gut aus. Bei tieferen Temperaturen kommt es jedoch zu starken Frostschäden. Die Blätter werden braun, aber bereits nach kurzer Zeit regenerieren sich die Sträucher wieder. Die Pflanzen benötigen unbedingt einen leicht beschatteten, vor direkter Wintersonne geschützten Standort. Sie vertragen auch noch den tiefen Schatten unter großen Gehölzen. Allerdings verlieren die panaschierten Sorten dann ihre intensive Färbung. Es gibt zahlreiche Sorten mit teils stark abweichenden Blattmerkmalen.

Erziehungsschnitt: Schneiden Sie den vorjährigen Zuwachs nach dem Pflanzen im ersten Frühjahr um ein Drittel zurück, damit sich die Pflanzen gut verzweigen und zu buschigen Sträuchern entwickeln. In den folgenden Jahren benötigen sie nur noch einen leichten Korrekturschnitt, damit die gewünschte Form erreicht wird. Dieser Schnitt sollte im späten Frühjahr erfolgen, wenn keine Spätfröste mehr zu erwarten sind.

Kürzen Sie die Triebe der Aukube bei der Pflanzung um ein Drittel ein.

Droht die Aukube zu groß zu werden, sollten Sie rechtzeitig mit einem Auslichtungsschnitt beginnen. Kürzen Sie etwa Mitte April einzelne Triebe mit der Gartenschere um ein Drittel oder die Hälfte bei einer günstigen Verzweigung ein, so dass sich der Strauch von innen heraus erneuern kann.

Erhaltungsschnitt: Sollten Winterschäden an den Pflanzen aufgetreten sein, entfernen Sie die betroffenen Partien. Kräftig wachsende, zu lange, oft rutenähnliche Triebe, die das Aussehen der Pflanze beeinträchtigen, kürzen Sie stark ein. Alle durch Überalterung oder Trockenheit absterbenden Triebe schneiden Sie auf kräftige, gesunde Knospen an der Basis zurück. Aukuben sollten prinzipiell immer mit der Gartenschere und nicht mit einer Heckenschere geschnitten werden, da die großen Blätter sonst beschädigt werden, was sehr unschön aussieht. Treten bei panaschierten Pflanzen reingrüne Triebe auf, entfernen Sie diese sofort, da sie kräftiger wachsen und die Sorte mit der Zeit verdrängen.

Verjüngungsschnitt: Überalterte Pflanzen kann man schrittweise verjüngen. Man wird die Sträucher auch neu aufbauen, wenn diese vorwiegend nur mehr dünne, verkahlte Triebe aufweisen. Dazu schneidet man etwa ein Drittel der alten Triebe ungefähr 15–20 cm oberhalb der Basis heraus, entfernt alle dünnen und schwachen Triebe und kürzt die restlichen zwei Drittel ein. Im folgenden Jahr belässt man die neuen Triebe und schneidet die im Vorjahr nur eingekürzten Triebe ebenfalls auf 15–20 cm über dem Boden heraus.

Berberis; Berberitze, Sauerdorn

Von den immergrünen Berberitzen gibt es sowohl dichttriebige, kompakt wachsende Kleinsträucher als auch mittelhohe Sträucher bis zu 3 m Wuchshöhe. Diese Berberitzen tragen meist kleine, stark gezähnte, derb ledrige Blätter und bis zu 4 cm lange Blattdornen. Ihre im Mai erscheinenden, gelben Blüten können je nach Art einzeln oder in kleinen Gruppen auftreten. Immergrüne Berberitzen zählen zu den anpassungsfähigen Gehölzen, sind robust, gut winterhart und gut schnittverträglich.

Julianes Berberitze
Berberis julianae

Breit aufrechter Wuchs bis 2,5 m, dichttriebig, mit langen Nebenblattdornen und bis zu 10 cm langen, lanzettlichen, glänzenden

Zu groß gewachsene Aukuben vertragen einen Auslichtungsschnitt gut.

Blättern. Sie blüht von Mai bis Juni in kleinen, gelben Büscheln. Sehr anspruchslos und robust.
Erziehungsschnitt: Nach dem Pflanzen entfernt man schwache und dünne sowie beschädigte Triebe. Zu lange, kräftige Triebe kürzen Sie ein. Im folgenden Jahr haben sich zahlreiche neue, kräftige Triebe entwickelt. Lassen Sie diese stehen und entfernen Sie die alten Triebe, die sich im Vergleich zu den neuen nur schlecht entwickelt haben, komplett.
Erhaltungsschnitt: In den ersten Jahren benötigen die Pflanzen keinen Schnitt. Nach einigen Jahren sollte man aber mit einem mäßigen Auslichtungsschnitt beginnen, da ansonsten Schnittmaßnahmen später wegen des dichten Wuchses nur sehr schwierig durchzuführen sind. Schneiden Sie jeweils vor dem Austrieb im Frühjahr oder nach der Blüte im Juni ein Drittel der älteren Triebe an der Basis heraus. Kürzen Sie im Sommer einige abgeblühte Triebe bis auf ein kräftiges Augenpaar ein. Diese werden im folgenden Jahr wieder Blütentriebe entwickeln.
Verjüngungsschnitt: Berberitzen lassen sich auch verjüngen. Schneiden Sie dazu im Spätwinter alle Äste auf ein Gerüst von etwa 50–80 cm zurück und entfernen Sie ein Drittel der Äste sowie alle schwachen und abgestorbenen Triebe ganz. Die Pflanzen regenerieren sich sehr schnell. Allerdings blühen sie erst im folgenden Jahr wieder.

Lanzen-Berberitze *Berberis gagnepainii* var. *lanceifolia*
Mittelhoher Strauch ähnlich Julianes Berberitze, jedoch zierlicher, weniger dicht und später mit überhängenden Zweigspitzen. Die immergrünen Blätter sind schmal lanzettlich und bis zu 10 cm lang.

Julianes Berberitze sollte regelmäßig ausgelichtet werden, damit sie nicht zu dicht wächst. Auch ein kräftiger Verjüngungsschnitt wird gut vertragen.

Schnittmaßnahmen: Siehe *Berberis julianae.*

Berberis × *frikartii* in Sorten
Ähnelt Julianes Berberitze, aber schwächer im Wuchs, werden je nach Sorte nur 1,2–2 m hoch und breit und tragen kleinere Blätter.
Schnittmaßnahmen: Nicht erforderlich, ein Verjüngungsschnitt auf 30–50 cm über dem Boden wird vertragen.

Warzige Berberitze *Berberis verruculosa*
Langsam und dicht wachsender Kleinstrauch bis 1,5 m Höhe und Breite. Die 1–2 cm großen, dunkelgrünen Blätter sind unterseits bläulich grün, die 1–2 cm langen, dreiteiligen Dornen sehr auffällig. Diese Berberitze blüht im Mai mit großen, goldgelben Einzelblüten. Eine sehr robuste immergrüne Berberitze mit vielseitigen Verwendungsmöglichkeiten, auch für Tröge und Gruppenpflanzungen.
Schnittmaßnahmen: Sind nicht notwendig, ein Verjüngungsschnitt wird vertragen.

Schneeige Berberitze *Berberis candidula*
Dicht geschlossener, halbkugeliger Kleinstrauch von etwa 1 m

Immergrüne Berberitzen sollten regelmäßig ausgelichtet werden, damit sie nicht zu dicht werden und im Strauchinneren verkahlen. Kürzen Sie einige Triebe jeweils um die Hälfte bis zu einer Verzweigung mit kräftigen jungen Trieben ein. Entfernen Sie von Zeit zu Zeit auch einzelne ältere Triebe an der Basis.

Höhe und 1,5 m Breite. Diese Art unterscheidet sich von der Warzigen Berberitze durch die kleineren, am Rand eingerollten und unterseits schneeweißen Blätter.
Schnittmaßnahmen: Siehe *Berberis verruculosa*.

Buxus; Buchs

Immergrüne Sträucher oder kleine Bäume mit gegenständig angeordneten, ledrigen, zierlichen, eirunden Blättern. Die Pflanzen sind sehr gut schnittverträglich, eine Verjüngung ins alte Holz ist möglich. Buchs in zahlreichen Sorten lässt sich vielfältig verwenden: als kleine Kübelpflanze, Heckenpflanze, geschnittenes Formgehölz (siehe Seite 239 ff.) bis hin zu kleinen Bäumen in Parks.

Buchs: Junge Containerpflanze vor dem Pflanz- beziehungsweise Korrekturschnitt.

Junge Containerpflanze nach erfolgtem Pflanz- beziehungsweise Korrekturschnitt.

Gewöhnlicher Buchsbaum
Buxus sempervirens

Dicht verzweigter Strauch bis kleiner Baum von 5–7 m Höhe, im Alter mit überhängenden Zweigen. Die ledrigen, 1,2–2,3 cm großen Blätter sind ungezähnt, oberseits glänzend grün, unterseits heller gefärbt. Anspruchsloses Gehölz für sonnige bis schattige Standorte. Es gibt zahlreiche Sorten, die sich in Wuchsform, Blatt und Wuchsgröße sehr stark voneinander unterscheiden. Die schwachwüchsigen Zwergsorten wie der Einfassungsbuchs ('Suffruticosa') und 'Blauer Heinz' benötigen keinen Schnitt.
Erziehungsschnitt: Wächst Buchsbaum ungeformt als Strauch, muss er kaum bis wenig geschnitten werden. Kürzen Sie aber überlange Triebe, die aus der Krone herauswachsen, ein.
Erhaltungsschnitt: Soll der Strauch nicht allzu groß werden, kürzen Sie die Triebe entweder vor dem Austrieb im Frühjahr, besser aber schon Mitte bis Ende des Sommers ein. Abgesehen davon werden bei freiwachsenden Buchsbäumen kaum Schnittmaßnahmen anfallen. Beschädigte oder kranke Zweige entfernt man im Rahmen des Pflegeschnitts, sobald diese auftreten. Der Erhaltungsschnitt bei Formgehölzen und Hecken ist in den entsprechenden Kapiteln beschrieben (siehe Seite 239 ff. und Seite 226 ff.).
Verjüngungsschnitt: Der Buchsbaum gehört zu den wenigen Arten, die sich auch als alte Pflanzen noch gut verjüngen lassen. Sie vertragen einen Rückschnitt ins alte Holz noch recht gut, auch wenn sie zwei bis drei Jahre benötigen, um sich wieder zu regenerieren. Das Verjüngen muss allerdings stufenweise erfolgen. Schneiden Sie dazu im Spätwinter etwa ein Drittel oder die Hälfte der Triebe ins alte Holz zurück und kürzen Sie die restlichen um etwa ein Drittel ein. Nun können die schlafenden Knospen am alten Holz austreiben. Im folgenden Frühjahr schneidet man dann die noch vorhandenen alten Äste ins alte Holz zurück. Innerhalb von weiteren zwei bis drei Jahren lässt sich dann wieder der natürliche

Die grünlaubigen Triebe (Rückmutationen) bei diesem Buchs müssen sofort entfernt werden.

Habitus der Pflanze aufbauen. Zum Verjüngungsschnitt bei Hecken siehe Seite 231.

Kleinblättriger Buchsbaum *Buxus microphylla*

Bis 1 m hoher, feinzweigiger, kompakt wachsender Kleinstrauch mit 1–1,7 cm langen, lanzettlich eiförmig bis verkehrt eiförmigen Blättern.
Schnittmaßnahmen: Siehe *Buxus sempervirens.*

Cotoneaster; Immergrüne Zwergmispel

Hier eignen sich beispielsweise folgende Arten und deren Sorten: *C. salicifolius, C. × watereri* und *C. dammeri*. Bei allen immergrünen Zwergmispeln ist darauf zu achten, dass sie feuerbrandanfällig sind.
Schnittmaßnahmen: Wie bei den sommergrünen Arten, siehe Seite 118.

Elaeagnus; Ölweide

Innerhalb der Gattung der Ölweiden gibt es neben den sommergrünen auch einige immergrüne Arten. Sie sind in Mitteleuropa sehr wärmebedürftig und können im Winter gelegentlich stark zurückfrieren.

Wintergrüne Ölweide *Elaeagnus × ebbingei*

Wintergrüner, in milden Zonen immergrüner dichter, breit aufrecht wachsender Strauch von 1,2–2,5 m Wuchshöhe. Die jungen Triebe sind bräunlich beschuppt, die Blätter dunkelgrün glänzend oder metallisch seegrün und silbrig beschuppt. Diese Ölweide bringt im Herbst duftende Blüten aus den Blattachseln hervor. Es werden mehrere Sorten mit panaschierten Blättern angeboten. Diese wärmeliebenden Sträucher benötigen einen geschützten Standort und Winterschutz.
Erziehungsschnitt: Keine besonderen Schnittmaßnahmen notwendig. Entfernen Sie beschädigte Triebe und kürzen Sie überlange Triebe, die den Wuchs beeinträchtigen, ein. Man kann allerdings, wenn die jungen Pflanzen nicht gut verzweigt sein sollten, die Hauptäste nach dem Pflanzen etwa Anfang März um ein Drittel einkürzen, damit sie buschiger wachsen.
Erhaltungsschnitt: Abgesehen von der Beseitigung beschädigter oder zurückgefrorener Triebe nach dem Winter sind keine Schnittmaßnahmen notwendig. Unter mitteleuropäischen Klimabedingungen erfrieren die Blätter im Winter oft und werden danach abgeworfen. Normalerweise treiben die Triebe aber wieder aus, da nur die Blätter erfroren sind. Achtung: Schneiden Sie vertrocknete Triebe erst dann zurück, wenn diese im Frühjahr nicht mehr austreiben. Kürzen Sie im Spätsommer überlange Triebe ein. Bei panaschierten Sorten kommt es zur Bildung von Zweigen mit reingrünen Blättern, entfernen Sie diese komplett. Man kann in etwa dreijährigen Abständen vor dem Austrieb im Frühjahr einen vorsichtigen Auslichtungsschnitt durchführen. Damit verhindert man längerfristig ein Verkahlen der Sträucher an der Basis.
Verjüngungsschnitt: Die Wintergrüne Ölweide und ihre Sorten lassen sich gut verjüngen. Kürzen Sie dazu im März alle kräftigen Triebe auf ein Gerüst von 60–100 cm ein. Entfernen Sie die schwachen und ungünstig stehenden Triebe ganz. Bei zu frühzeitigem Rückschnitt treiben die Pflanzen früh aus, so dass der Neuaustrieb Spätfrösten zum

Nachdem diese Hecke teilweise entfernt wurde, hat der Buchs die verkahlten Stellen an der geöffneten Flanke wieder gut regeneriert.

Die stark herausragenden Triebe (Rückmutationen) bei dieser Buchs-Zwergform müssen sofort entfernt werden.

Junge Wintergrüne Ölweide nach dem Erziehungs- oder Korrekturschnitt.

Opfer fallen könnte. Zum Aufbau des typischen Habitus' lichten Sie die Pflanzen im Sommer aus, indem Sie zu dicht wachsende und schwache Triebe entfernen und unregelmäßigen Wuchs einkürzen.

Dornige Ölweide
Elaeagnus pungens
2–3 m großer, immergrüner Strauch mit abstehenden, dornigen Zweigen. Aussehen und Standortansprüche ähneln *Elaeagnus × ebbingei.*
Schnittmaßnahmen: Siehe *Elaeagnus × ebbingei.*

Erica (Calluna, Daboecia); Heide, Glocken-Heide, Erika

Die in Mitteleuropa ausreichend winterharten Arten der Gattung Erica sind etwa 0,2–0,5 m hohe, meist etwas breiter oder flächig wachsende, immergrüne Sträucher. Hauptmerkmale sind ihre dünnen, nadelförmigen Blätter, die meist quirlständig angeordnet sind, sowie die kleinen, glockigen, einzeln oder in mehrblütigen Trauben oder Rispen sitzenden Blüten. Sie zählen wegen der frühen Blüte und den geringen Ansprüchen zu den beliebtesten Gartenpflanzen und werden wegen ihres mattenförmigen Wuchses zur flächigen Bepflanzung in Heide-, Stein- und Naturgärten verwendet.

Schnee-Heide *Erica carnea*
Niedriger, dichte Teppiche bildender, immergrüner Zwergstrauch mit niederliegend-aufstrebenden Trieben und rosafarbenen, glockigen Einzelblüten, die zu 3–10 cm langen, endständigen Trauben zusammengefasst sind. Die Knospen werden im Sommer angelegt und überwintern ohne Knospenschutz. Die ersten Blüten können sich bereits im Spätherbst öffnen, wobei die Hauptblütezeit allerdings etwa Mitte Januar beginnt und bis in den April hinein dauert. Die Pflanzen sind anpassungsfähig, vertragen aber keine Bodenverdichtung und Staunässe. Ihre Wurzeln sind mit Bodenpilzen vergesellschaftet. Es gibt zahlreiche Sorten mit weißen, rosafarbenen und purpurroten Blüten sowie solche mit attraktiver Laubfärbung im Winter.
Erziehungsschnitt: Nicht erforderlich.
Erhaltungsschnitt: Durch einen jährlichen oder zumindest in Abständen von zwei bis vier Jahren durchgeführten Schnitt nach der Blüte im Frühjahr erhalten die Pflanzen einen kompakten, rundlichen Habitus und blühen umso reicher im folgenden Spätwinter/Frühjahr. Dazu werden die Triebe bis direkt unter die verblühten Blütenstände zurückgeschnitten, ein Teil des vorjährigen Triebs muss dabei erhalten bleiben. Die Schnee-Heide treibt aus dem alten Holz schlecht aus.
Verjüngungsschnitt: Ein Verjüngungsschnitt ist bei der Schnee-Heide nicht erfolgversprechend. Vergreiste Pflanzen sollte man unbedingt durch neue, kräftig entwickelte Jungware ersetzen.

Grau-Heide *Erica cinerea*, Glocken-Heide *Erica tetralix*, Cornwall-Heide *Erica vagans*, Besenheide *Calluna vulgaris*, Irische Glanzheide *Daboecia cantabrica*
Die genannten Heidearten werden hier als Gruppe zusammengefasst, da sie in Aussehen, Blüte und Wuchseigenschaften der Schnee-Heide ähnlich sind, im Gegensatz zu ihr aber im Som-

Schnittmaßnahmen bei Heidekräutern
Meist werden diese immergrünen Kleinsträucher gemeinsam mit Stauden produziert und gehandelt. Deshalb werden sie oft blühend in Töpfen angeboten und so gepflanzt. Damit erübrigt sich ein Pflanzschnitt. Die Pflegemaßnahme beim im Sommer und Herbst blühenden Heidekraut besteht aus einem im Frühjahr regelmäßig durchgeführten Rückschnitt, da diese Arten und ihre Sorten ansonsten verkahlen und ihre Blühwilligkeit stark nachlässt.

Die Schnee-Heide sollte zumindest in größeren Abständen nach der Blüte leicht geschnitten werden.

mer und Herbst blühen. Sie benötigen als Moorbeetpflanzen unbedingt saure Böden.
Schnittmaßnahmen: Diese Arten sollten jeweils im Frühjahr zurückgeschnitten werden, wobei man die Blütenstände entfernt, aber nicht ins alte Holz hinein schneidet. Der Schnitt kann mit einer Gartenschere, Baumschere oder mit der Heckenschere erfolgen.

Der Kletternde Spindelstrauch lässt sich kräftig zurückschneiden oder auslichten.

Euonymus; Spindelstrauch

Neben den sommergrünen Spindelsträuchern gibt es auch immergrüne Arten, von denen vor allem der Kletternde Spindelstrauch häufig verwendet wird.

Kürzen Sie die Spitzen des Kletternden Spindelstrauchs vor dem Austrieb oberhalb einer neuen Verzweigung um etwa ein Drittel ein.

Kletternder Spindelstrauch *Euonymus fortunei*

Mit Hilfe von Haftwurzeln 3–5 m hoch kletternder oder dem Boden aufliegender Kleinstrauch von etwa 50 cm Höhe mit dünnen Trieben und immergrünen Blättern. Die Winterfärbung der Blätter ist oft tiefpurpurn. Es gibt zahlreiche Sorten mit panaschierten Blättern.
Erziehungsschnitt: Ein Erziehungsschnitt ist nur dann notwendig, wenn man dichtbuschige Sträucher erziehen möchte. In diesem Fall kann man bei jungen Pflanzen im Frühjahr alle Triebe um zwei Drittel einkürzen. Sie können die Triebe auch an Mauern oder anderen grob strukturierten Oberflächen wie zum Beispiel an Säulen hochbinden, damit die Pflanzen mit Hilfe ihrer sprossbürtigen Wurzeln zum Klettern angeregt werden.
Erhaltungsschnitt: Sind im Winter Frostschäden aufgetreten, entfernen Sie die betroffenen Partien im Frühjahr. Zumindest alle zwei bis drei Jahre sollten Sie den Kletternden Spindelstrauch im Frühjahr kräftig auslichten, indem Sie etwa jeden dritten Trieb um zwei Drittel einkürzen. Schneiden Sie besonders lange Triebe ebenfalls zurück. Werden die Pflanzen flächig verwendet, können Sie sie auch mit der Heckenschere einkürzen. Sorten mit panaschiertem Laub bilden oft reingrün belaubte Triebe. Entfernen Sie diese sofort. Der Kletternde Spindelstrauch lässt sich durch Schnittmaßnahmen willig formieren.
Verjüngungsschnitt: Warten Sie mit dem Schnitt dieser Pflanzen nicht so lange, bis sie vergreist sind. Ältere, bereits stark verholzte Pflanzen regenerieren sich nur noch sehr schlecht.

Hedera; Efeu

Am Boden kriechende oder mit sprossbürtigen Haftwurzeln kletternde, immergrüne Sträucher. Die wechselständigen Blätter sind in der Jugend beziehungsweise im Alter unterschiedlich geformt. Die Pflanzen bevorzugen ein wintermildes Klima, nährstoffreichen Boden und einen halbschattigen Standort.

Gewöhnlicher Efeu *Hedera helix*

Kriechender oder mit Hilfe von sprossbürtigen Haftwurzeln bis 20 m hoch kletternder Strauch. Die Jugendform wird als Bodendecker für halbschattige bis schattige Lagen verwendet. Im Gegensatz dazu bildet die Altersform ('Arborescens') keine sprossbürtigen Wurzeln mehr aus. Sie wächst zu einem 1,5–2 m hohen und ebenso breiten Strauch mit auffallend dicken Trieben heran. Diese Form blüht im Herbst, ihre Früchte reifen im April des folgenden Jahres. Es gibt auch panaschierte Sorten, die allerdings meist etwas sonnenempfindlicher sind.

Erziehungsschnitt: Dieser erübrigt sich beim Efeu. Sie können aber die langen, unverzweigten Triebe einkürzen, damit sich die Pflanzen früher und besser verzweigen.

Erhaltungsschnitt: Hat sich der Efeu einmal etabliert, dann sind kaum mehr Schnittmaßnahmen notwendig. Soll er auf Mauern oder Zäune hinaufklettern, dann binden Sie die Haupttriebe entsprechend auf. Bei der Altersform kann es durch nassen, schweren Schnee zu Astbrüchen kommen. Entfernen Sie beschädigte und abgebrochene Triebe ganz. Bei panaschierten Sorten sind Rückschläge in die grüne Form möglich. Diese Triebe sollten entfernt werden.

Verjüngungsschnitt: Als Bodendecker verwendeter Efeu kann nicht verjüngt werden. Die strauchförmige Altersform regeneriert sich ebenfalls nur sehr träge, wenn man sie zu stark bis ins alte Holz zurückschneidet. Auf Bäume hinaufwachsende Pflanzen bilden oft lange, dicht verzweigte Seitentriebe, die schwer an den Stämmen herunterhängen. Diese Triebe lassen sich stark bis knapp vor ihrer Entstehungsstelle an den dicken, an den Baumstämmen anliegenden Trieben zurückschneiden. Auch bei der Verwendung als Sichtschutzpflanzen an Zäunen sollte man die weit abstehenden Zweige bis knapp vor deren Ansatzstelle zurücknehmen.

Kolchischer Efeu *Hedera colchica*

Dieser Efeu unterscheidet sich vom Gewöhnlichen Efeu durch größere Blätter und eine etwas abweichende Blattform.

Schnittmaßnahmen: Siehe *Hedera helix.*

Ilex; Stechpalme, Hülse

Immergrüne Sträucher oder Bäume bis 10 m Wuchshöhe, mit oft stark gezähnten Blatträndern. Die Stechpalmen bevorzugen halbschattige bis schattige Standorte in luftfeuchten, windgeschützten Lagen. Sie schmücken sich bis spät in den Winter hinein mit leuchtend roten Beeren. Da die Stechpalme zweihäusig ist, werden männliche und weibliche Pflanzen benötigt, wenn man auf Früchte Wert legt. Panaschierte Sorten von *Ilex aquifolium* und *Ilex × altaclerensis* haben eine weiße, gelbe oder goldfarbene Zeichnung entlang der Blattränder oder einen unregelmäßigen Farbfleck in der Blattmitte. Hier kommt es oft zu Rückmutationen, die unmittelbar nach dem Auftreten entfernt werden sollten.

Gewöhnliche Stechpalme, Hülse *Ilex aquifolium*

Immergrüner, dichter, aufrecht wachsender Strauch oder Baum von 6–10 (–15) m Höhe mit breit eiförmiger Krone. Die jungen Zweige sind grün, manchmal auch purpurn gefärbt. Die wechselständig angeordneten Blätter sind am Rande ungleichmäßig wellig und dornig gezähnt. Bei älteren Pflanzen können die Blattränder auch unbedornt und glatt sein. Es gibt zahlreiche Sorten mit unterschiedlichen Wuchseigenschaften und abweichenden Blattformen sowie panaschierte Sorten. Damit die Stechpalme

Die Altersform des Efeus benötigt keinen Schnitt.

Efeu wächst gerne in Dachrinnen hinein. Diese Triebe müssen rechtzeitig entfernt werden.

Auch eine alte, behutsam verjüngte Stechpalme kann sich wieder so schön aufbauen.

gut gedeiht, benötigt sie einen leicht beschatteten Standort, mäßige Luftfeuchtigkeit und leicht saure bis leicht alkalische Böden.

Erziehungsschnitt: Junge Stechpalmen sind oft sehr wüchsig und bilden häufig konkurrierende Leittriebe. Oft sind diese nicht ausgereift und frieren im Winter zurück. Um einen Baum zu erziehen, sollten Sie an Jungpflanzen einige Schnittmaßnahmen vornehmen. Entfernen Sie nach dem Pflanzen alle verletzten Triebe sowie die Konkurrenztriebe und kürzen Sie die Seitentriebe um etwa 5 cm ein, damit sie sich verzweigen.

Erhaltungsschnitt: Schneiden Sie durch Frost geschädigte Triebe im Frühjahr auf das gesunde Holz zurück. Die übrigen Schnittmaßnahmen sollten von Sommermitte bis Spätsommer durchgeführt werden, wenn die Blätter bereits fest und glänzend sind. Um den von Natur aus pyramidenförmigen Kronenaufbau zu fördern, kürzen Sie alle stark wachsenden Triebe, die aus der Krone herausschauen, etwa um die Hälfte ein. Entfernen Sie konkurrierende Leittriebe. Damit die Krone dichter wird, können Sie die Seitentriebe in den ersten Jahren um etwa 5–10 cm einkürzen und damit eine bessere Verzweigung erzielen. Bei der Sorte 'Pendula' erziehen Sie einen astfreien Stamm, der etwa ein Drittel der Gesamthöhe des jungen Baums ausmachen sollte. Kommt es bei panaschierten Sorten zu Rückmutationen, entfernen Sie die grünlaubigen Triebe ganz.

Verjüngungsschnitt: Bei der Stechpalme und ihren Sorten ist ein Verjüngungsschnitt nicht angebracht. Sind die Sträucher oder Bäume schon älter und in keinem optimalen Zustand, dann werden die Triebe dünn und sind meist nur an der Spitze belaubt. Die Pflanzen tendieren dann zum Verkahlen an der

Alte Stechpalme vor dem Auslichtungsschnitt.

Alte Stechpalme nach vorsichtig durchgeführtem Auslichtungsschnitt.

Basis. In diesem Fall bringt ein kräftiger Auslichtungsschnitt und ein Einkürzen der vorhandenen Triebe vor dem Austrieb im März Abhilfe.

Großblättrige Stechpalme
Ilex × altaclerensis
Die Sorten dieser Hybride unterscheiden sich von der Gewöhnlichen Stechpalme durch größere, breitere Blätter sowie den etwas stärkeren Wuchs. Es werden zahlreiche gelb- und weißpanaschierte Sorten angeboten.
Schnittmaßnahmen: Siehe *Ilex aquifolium.*

Meserves Stechpalme
Ilex × meserveae
Dichttriebiger, breit aufrechter Strauch mit dunkelviolettbraunen Trieben und oft blaugrünen, glänzenden Blättern. Es gibt männliche und weibliche Sorten, die oft als Heckenpflanzen verwendet werden.
Schnittmaßnahmen: Siehe *Ilex aquifolium.*

Japanische Stechpalme
Ilex crenata
Immergrüner, 2–3 m hoher, anfangs aufrecht wachsender, später breit ausladender Strauch mit kleinen, glänzend grünen Blättern. Die Blätter sehen denen des Buchsbaums sehr ähnlich, sind am Rand aber gezähnt. Es gibt zahlreiche Sorten mit abweichender Blattform sowie panaschierte Sorten. Diese Stechpalmen sind mäßig anspruchsvolle Sträucher, die kalkfreie, mäßig feuchte, gut mit Nährstoffen versorgte Böden und halbschattige Standorte benötigen. Verdichtete Bögen und Staunässe werden nicht vertragen.
Schnittmaßnahmen: Da diese Sträucher von Natur aus kompakt aufgebaut sind, brauchen sie kaum einen Schnitt. Japanische Stechpalmen sind jedoch sehr kleinlaubig und gut schnittverträglich, so dass sie sich gut formieren lassen und für Form- und Figurenschnitte verwendet werden.

Links oben: Bei der Breitblättrigen Lorbeerrose sind nur die abgeblühten Blütenstände zu entfernen.
Links unten: Bei dieser panaschierten Stechpalme muss der gesamte grünblättrige Anteil herausgeschnitten werden.
Oben: Erhaltungsschnitt beim Lavendel.

Kalmia; Berglorbeer, Lorbeerrose

Immergrüne, mit Rhododendren verwandte Sträucher mit derb ledrigen Blättern und auffälligen weißen, rosafarbenen oder roten, breit glockigen Blüten in end- oder seitenständigen Blütenständen.

Breitblättrige Lorbeerrose
Kalmia latifolia
Breitbuschiger, dicht aufrecht wachsender Strauch, 1,5–3 m groß, mit lorbeerblattähnlichen Blättern. Ende Mai bis Juni entfalten sich die zartrosafarbenen bis kräftig rot gefärbten, endständigen Blütentrauben. Die Breitblättrige Lorbeerrose benötigt saure Böden mit guter Nährstoffversorgung und leicht beschattete Standorte und muss kaum geschnitten werden.
Schnittmaßnahmen: Zu groß gewordene Pflanzen kann man über zwei oder drei Jahre leicht verjüngen, indem man jeweils ein Drittel der Triebe bis ins alte Holz zurückschneidet. Eine weitere Pflegemaßnahme besteht im Entfernen welker Blüten.

Schmalblättrige Lorbeerrose
Kalmia angustifolia
Ausläufertreibende, immergrüne, kleine Sträucher von 0,6–1 m Wuchshöhe mit länglich lanzettlichen Blättern. Die tiefrosafarbenen bis roten, etwa 1 cm breiten, schüsselförmigen Blüten erscheinen von Juni bis Juli in Büscheln an den Triebenden.
Schnittmaßnahmen: Siehe *Kalmia latifolia.*

Lavandula; Lavendel

Echter Lavendel

Lavandula angustifolia

Winterharte bis bedingt winterharte, kleine Halbsträucher mit aromatisch duftenden, meist blaugrünen Blättern und malven- bis purpurfarbenen Blüten im Sommer. Wird meist gemeinsam mit Stauden im Baumschulsortiment angeboten. Benötigt vollsonnige Lagen, wird oft für niedrige Hecken und Einfassungen verwendet.

Erziehungsschnitt: Schneiden Sie junge Pflanzen stark zurück, um einen buschigen Wuchs anzuregen.

Erhaltungsschnitt: Entfernen Sie im Herbst nur die vertrockneten Blüten (falls Sie diese nicht ohnehin schon geerntet haben) und lassen Sie den Rest als Winterschutz stehen. Schneiden Sie dann im Frühjahr, wenn keine starken Fröste mehr zu erwarten sind, alle vorjährigen Triebe bis auf wenige Zentimeter zurück. Entfernen Sie auch alle im Winter durch Frost oder Schneedruck beschädigten Triebe. Lavendel ist von Natur aus sehr kurzlebig. Die Pflanzen vergreisen sehr schnell, weshalb ein regelmäßig durchgeführter Erhaltungsschnitt unbedingt erforderlich ist.

Verjüngungsschnitt: Überalterte Pflanzen treiben aus den verholzten Trieben nahe der Strauchbasis nicht mehr oder nicht mehr zufriedenstellend aus. Ersetzen Sie alte Pflanzen daher besser durch junge, kräftige.

Damit der Lavendel in Form bleibt, kürzen Sie alle verblühten Blütenstände ein, lassen aber 2–5 cm des letztjährigen Triebs stehen.

Ligustrum; Liguster, Rainweide

Neben den sommergrünen Arten gibt es mit Auslesen des Gewöhnlichen Ligusters und des Wintergrünen Ligusters auch wintergrüne Vertreter dieser Gattung. Diese Arten und Sorten behalten ihre Blätter zumindest teilweise den Winter über, in ungünstigen Lagen verhalten sie sich wie sommergrüne Ziergehölze.

Wintergrüner Liguster

Ligustrum ovalifolium

Ähnelt dem Gewöhnlichen Liguster, aber mit größeren, bis 7 cm langen Blättern. Es gibt auch panaschierte Formen.

Schnittmaßnahmen: Siehe *Ligustrum vulgare* (Seite 151 f.).

Bei den panaschierten Formen kommt es oft zu Rückschlägen in die grünlaubige Form. Entfernen Sie diese Triebe rechtzeitig.

Lonicera; Heckenkirsche, Geißblatt

Ähnlich wie beim Liguster gibt es auch bei der Heckenkirsche neben sommergrünen einige wintergrüne Arten. Diese werden im Wesentlichen wie die sommergrünen Vertreter behandelt. Abweichend in ihrer Wuchsform und Verwendung ist die Immergrüne Strauch-Heckenkirsche.

Immergrüne Strauch-Heckenkirsche, Glänzende Heckenkirsche

Lonicera nitida

Immergrüner, reichverzweigter, 1–1,5 m hoher Strauch mit anfangs purpurnen Trieben. Die Seitenzweige sind waagrecht oder bogig abstehend und sehr feingliedrig, die länglichen, zweizeilig angeordneten Blätter matt bis schwach glänzend. Der Strauch stellt keine besonderen Ansprüche an die Bodenverhältnisse, benötigt aber eher halbschattige, etwas geschützte Lagen. In strengen Wintern kann

Kürzen Sie die Spitzen der Glänzenden Heckenkirsche vor dem Austrieb oberhalb einer neuen Verzweigung um etwa ein Drittel ein.

er bis zum Boden zurückfrieren, regeneriert sich aber im Normalfall wieder. Diese Heckenkirsche wird gerne als Bodendecker oder für niedrige Anpflanzungen verwendet.
Erziehungsschnitt: Diese Sträucher werden meist als schwache Jungware angeboten. Schneiden Sie diese nach dem Auspflanzen kräftig zurück, damit sie sich dicht und buschig verzweigen.
Erhaltungsschnitt: Entfernen Sie nach dem Winter alle vertrockneten und beschädigten Zweige. Sind die Pflanzen noch nicht dicht genug, dann schneiden Sie diese nochmals kräftig zurück. Ansonsten ist ein leichter Auslichtungsschnitt vor dem Austrieb ratsam, damit die Pflanzen an der Basis nicht zu schnell verkahlen.
Verjüngungsschnitt: Die Immergrüne Strauch-Heckenkirsche verträgt einen Verjüngungsschnitt ins alte Holz noch recht gut. Diesen führen Sie am besten im zeitigen Frühjahr vor dem Austrieb durch, indem Sie alle Triebe bis auf ein Gerüst von etwa 20–30 cm zurückschneiden.

Mahonia; Mahonie

Von der Mahonie gibt es zwei Gruppen mit recht unterschiedlicher Wuchsform. Die amerikanischen Vertreter sind Kleinsträucher, teils mit Ausläuferbildung, die asiatischen Verwandten sind mittelhohe Sträucher bis 3 m Wuchshöhe. Sie schmücken sich mit gelben Blüten und schwarzen, hellblau bereiften Früchten. Mahonien benötigen nur geringe Schnitt- und Pflegemaßnahmen.

Gewöhnliche Mahonie
Mahonia aquifolium

Aufrechter, vieltriebiger Strauch bis 1 m Wuchshöhe und -breite. Seine glänzenden, wechselständig gefiederten Blätter setzen sich aus 5–13 Fiederblättchen zusammen. Deren Ränder sind gewellt und mit Stachelzähnen besetzt, im Winter nehmen sie oft eine intensiv violettbraune Färbung an. Die gelben Blüten erscheinen im April/Mai, die schwarzen, blau bereiften Früchte bleiben oft lange haften.
Erziehungsschnitt: Um einen dichten, buschigen Strauch zu erhalten, schneiden Sie nach dem Einpflanzen im Frühjahr die verholzten, älteren Triebe bis zum niedrigsten Blattpaar oder zu gut entwickelten Knospen etwa 15–20 cm über dem Boden zurück.
Erhaltungsschnitt: Weitere Schnittmaßnahmen sind nicht unbedingt erforderlich. Schneiden Sie aber in mehrjährigen Abständen im Frühjahr nach der Blüte die alten, stärker verholzten Triebe auf tiefer liegende Knospen oder Blätter zurück, um ein Vergreisen zu verhindern. Sollten Blätter im Winter erfroren oder vertrocknet sein, brauchen Sie nichts zu tun. Entfernen Sie die Triebe nur dann, wenn sie auch beschädigt sind.
Verjüngungsschnitt: Mahonien reagieren auf einen starken Verjüngungsschnitt meist mit einem kräftigen Neuaustrieb. Schneiden Sie vor dem Austrieb im Frühjahr schwache und vergreiste Triebe knapp über der Basis heraus. Die übrigen kürzen Sie auf kräftige Knospen oder untere Blattpaare ein. Die Pflanzen sollten sich bald wieder regenerieren.

Japanische Mahonie
Mahonia japonica

Bis 2 m hoher, aufrechter Strauch mit wenigen, nur geringfügig verzweigten Basistrieben und

Links: Bei dieser Mahonie sollten die verkahlten Triebe herausgeschnitten werden. Unten: Nach starkem Frostschaden kann die Immergrüne Strauch-Heckenkirsche stark verjüngt werden.

einem Blattwirtel aus 30–50 cm langen Blättern am Ende der Triebe. Die Blätter setzen sich aus 9–14 Fiederblättchen zusammen, deren Größe von 4–12 cm variieren kann. Sehr auffällig präsentieren sich die schwefelgelben, stark duftenden, 10–20 cm langen, lockeren bis nickenden Blütentrauben, die sich bereits im Februar bis April, manchmal bei sehr milder Witterung auch schon im Spätherbst entfalten. Im Sommer schmücken sich die Mahonien mit großen, auffälligen Trauben blauschwarzer, bläulich bereifter Früchte.

Erziehungsschnitt: Entfernen Sie nur vertrocknete oder durch Frost beschädigte Triebe vor dem Austrieb im Frühjahr. Um eine bessere Verzweigung zu erreichen, können Sie zumindest einen Teil der Triebe auf kräftig entwickelte Knospen oder gut entwickelte Blattpaare zurückschneiden.

Erhaltungsschnitt: Dieser beschränkt sich auf das Entfernen abgestorbener oder vertrockneter Pflanzenteile im Frühjahr. Um ein Vergreisen an der Basis zu verhindern, kürzen Sie einige Triebe bis auf das unterste Blattpaar ein, damit die darunterliegenden, schlafenden Knospen zum Austreiben angeregt werden. Dieser Schnitt sollte nach der Blüte erfolgen. Damit verzichtet man in diesem Jahr zwar auf die Früchte, verbessert aber die Voraussetzung für das Blühen und Fruchten im nächsten Jahr deutlich.

Verjüngungsschnitt: Die Japanische Mahonie tendiert dazu, im Alter die unteren Blätter abzuwerfen, so dass die Triebe mit der Zeit an der Basis und im unteren Bereich stark verkahlen und die Pflanzen selbst unattraktiv werden. Man kann derartig vergreiste Pflanzen noch verjüngen, indem man alle schwachen Triebe an der Basis entfernt und die kräftigen einkürzt. Schneiden Sie dazu spät im Frühjahr alle kräftigen Triebe auf ein Gerüst von 40–60 cm zurück. Die Pflanzen werden sich nur langsam regenerieren, aber dies ist die einzige Möglichkeit, die Pflanzen wieder neu aufzubauen und attraktiver erscheinen zu lassen.

Beales Mahonie *Mahonia bealei*
Ist der Japanischen Mahonie sehr ähnlich, unterscheidet sich vor allem durch die breiteren Fiederblättchen und deren geringerer Anzahl pro Blatt.

Schnittmaßnahmen: Siehe *Mahonia japonica.*

Hybrid-Mahonien 'Charity' und 'Wintersun' *Mahonia × media* 'Charity' und 'Wintersun'
Ähneln der Japanischen Mahonie, aber durch die Einkreuzung von *Mahonia lomariifolia* sind sie stärkerwüchsig, haben größere Blätter und eine größere Anzahl an Fiederblättchen. Sie blühen bereits ab Januar, bei mildem Herbstwetter sogar schon im Frühwinter.

Schnittmaßnahmen: Siehe *Mahonia japonica.*

Osmanthus; Duftblüte

Große, immergrüne Sträucher mit gegenständigen, ledrigen Blättern, meist achselständigen, duftenden Blüten und blauschwarzen, bereiften Steinfrüchten. Diese Sträucher sind nur für warme, geschützte Lagen geeignet. Nur wenige Arten sind in Mitteleuropa ausreichend winterhart.

Stachelblättrige Duftblüte *Osmanthus heterophyllus*
Dicht verzweigter, 2–4 m hoher Strauch mit glatten Trieben. Die Blätter jüngerer Pflanzen sind derb ledrig, bis 6 cm lang, mit dorniger Spitze und weisen beiderseits an den Blatträndern ein bis vier dornige Zähne auf, während die älterer Pflanzen oft ganzrandig sind. Der Artzusatz *heterophyllus* bezieht sich auf dieses Phänomen. Diese Duftblüte öffnet ihre weißen, duftenden Blüten im September/Oktober.

Beales sowie die Japanische Mahonie benötigen einen vor Wintersonne geschützten Standort. Sie lassen sich, falls notwendig, gut verjüngen.

Die Stachelblättrige Duftblüte verträgt einen Auslichtungsschnitt ebenfalls gut.

Erziehungsschnitt: Um einen regelmäßig aufgebauten Strauch zu erhalten, formieren Sie die frisch gepflanzten Sträucher leicht und kürzen Sie überlange Triebe ein.
Erhaltungsschnitt: Sollten Frostschäden aufgetreten sein, entfernen Sie diese bis ins gesunde Holz. In den nächsten Jahren ist kein Schnitt notwendig. Erst wenn die Pflanzen älter werden, sollten Sie mit einem regelmäßigen, aber vorsichtigen Auslichtungsschnitt beginnen. Kürzen Sie dazu ältere Triebe bei kräftigen Verzweigungen ein.
Verjüngungsschnitt: Schneiden Sie überalterte, vergreiste Pflanzen im Frühjahr vor dem Austrieb auf ein Gerüst von 0,6–1,2 m bis ins alte Holz zurück. Die Pflanzen werden sich gut regenerieren, vorausgesetzt, der Boden ist gut mit Nährstoffen versorgt und mäßig feucht. Bei einem derartig starken Verjüngungsschnitt sind in den folgenden zwei Jahren weitere Korrekturschnitte notwendig.

Schnittmaßnahmen bei der Lorbeer-Glanzmispel beschränken sich auf das Entfernen abgestorbener Triebe.

Delavays Duftblüte
Osmanthus delavayi
Bis 2 m hoher Strauch, ähnelt der Stachelblättrigen Duftblüte, aber mit undeutlich gezähnten Blatträndern und weißen, duftenden Blüten, die sich im April/Mai entfalten.
Schnittmaßnahmen: Siehe *Osmanthus heterophyllus.*

Photinia; Glanzmispel

Diese Gattung war früher als *Stranvaesia* bekannt, heißt aktuell jedoch *Photinia*.

Lorbeer-Glanzmispel
Photinia davidiana
Immergrüner, 2–3 m hoher und ebenso breiter Strauch mit länglich lanzettlichen Blättern. Ein Teil der älteren Blätter verfärbt sich im Herbst orangefarben bis rot, weshalb die Pflanze auch als Funkenblatt bezeichnet wird. Die weißen Blüten sind in etwa 8 cm breiten Trugdolden angeordnet und öffnen sich im Mai. Die leuchtend roten, 7–8 mm dicken, apfelartigen Früchte bleiben oft bis zum Frühjahr an den Sträuchern haften.
Erziehungsschnitt: Kürzen Sie die allzu langen Triebe ein.
Erhaltungsschnitt: Außer geringen Korrekturen an der Wuchsform sowie dem Entfernen beschädigter Triebe ist kein Schnitt erforderlich. Später ist es günstig, jeweils einzelne Triebe einzukürzen beziehungsweise die Sträucher vorsichtig auszulichten, damit sie regelmäßig verjüngt und so vor Vergreisung geschützt werden.
Verjüngungsschnitt: Vernachlässigte Sträucher lassen sich durch einen vorsichtigen Auslichtungsschnitt vor dem Austrieb über mehrere Jahre hindurch verjüngen. Überalterte Pflanzen hingegen regenerieren sich nicht mehr zufriedenstellend.

Pieris; Lavendelheide

Immergrüne Sträucher mit dicht gedrängten, im Austrieb oft lebhaft rot gefärbten Blättern und Blüten in endständigen, 5–15 cm langen Rispen im Frühjahr.

Japanische Lavendelheide
Pieris japonica

Bis 3 m hoher, breit aufrechter, dichttriebiger Strauch. Die im Austrieb oft lebhaft rot gefärbten, länglich lanzettlichen Blätter stehen gehäuft an den Zweigenden. Die weißen Blüten entfalten sich in 12–15 cm langen, lockeren, nickenden, überhängenden Blütenrispen im April/Mai. Es gibt zahlreiche Sorten, darunter auch weißpanaschierte. Alle Lavendelheiden benötigen saure Böden (Moorbeetpflanzen) und halbschattige Standorte.
Erziehungsschnitt: Wie bei vielen anderen immergrünen Sträuchern ist auch bei der Lavendelheide ein Erziehungsschnitt kaum erforderlich. Entfernen Sie nur beschädigte und vertrocknete Triebe.
Erhaltungsschnitt: Entfernen Sie im Frühjahr den frostgeschädigten Wuchs und später regelmäßig die abgeblühten Blütenstände. Abgesehen davon sind keine weiteren Schnittmaßnahmen notwendig.
Verjüngungsschnitt: Vernachlässigte Pflanzen lassen sich gut verjüngen. Schneiden Sie zu diesem Zweck die Triebe auf ein tiefer liegendes Gerüst zurück. Sogar ein Rückschnitt ins alte Holz wird noch gut vertragen.

Vielblütige Lavendelheide
Pieris floribunda

Diese Art ist das amerikanische Gegenstück zur Japanischen Lavendelheide. Sie unterscheidet sich von dieser durch den etwas schwächeren Wuchs und die weißen, etwas kleineren, in aufrechten Rispen angeordneten Blüten.
Schnittmaßnahmen: Siehe *Pieris japonica*.

Prunus; Lorbeer-Kirsche

Lorbeer-Kirschen sind immergrüne Sträucher oder kleine Bäume mit sehr variablen Wuchsformen. Sie können 2–6 m hoch, mitunter sogar noch höher werden. Sie tragen auffällig große, ledrige Blätter und blühen mit weißen, aufrechten Blütentrauben von Mai bis Juni. Um Frostschäden zu vermeiden, sollte man Lorbeer-Kirschen bevorzugt auf leicht beschatteten Standorten verwenden. Insgesamt sind sie gut schnittverträglich.

Lorbeer-Kirsche, Kirschlorbeer
Prunus laurocerasus

Die Lorbeer-Kirsche wird in zahlreichen Sorten angeboten, deren Wuchsformen und Wuchsgrößen sehr stark variieren. Zumeist wachsen die verwendeten Sorten zu mittelhohen Sträuchern von 1,5–3 m Höhe und 1–2,5 m Breite heran. Sie entfalten ihre weißen Blüten in aufrecht stehenden, dichten, 5–12 cm langen Trauben im Mai. Daraus entwickeln sich im Spätsommer eiförmige, etwa 6–8 mm große, schwarze Früchte. Die Lorbeer-Kirsche ist anpassungsfähig, benötigt aber einen vor Wintersonne leicht geschützten Standort. Schwachwüchsige Sorten wie ‘Mount Vernon’ müssen in der Regel nicht geschnitten werden.
Erziehungsschnitt: Damit sich die jungen Pflanzen zu dichten, buschigen Exemplaren entwickeln, schneiden Sie die Triebe der frisch gepflanzten Sträucher um etwa ein Drittel zurück. So verzweigen sie sich von vornherein gut von der Basis her.
Erhaltungsschnitt: Entfernen Sie im Frühjahr vor dem Austrieb alle beschädigten Triebe. Man kann den Strauch dann ohne weitere Schnittmaßnahmen für einige Jahre wachsen lassen. Kürzen Sie nur überlange Triebe um die Hälfte ein. Haben Sie jedoch eine starkwüchsige Sorte gepflanzt, für die der vorgesehene Platz möglicherweise nicht ausreicht, dann sollten Sie bald mit dem Erhaltungsschnitt beginnen, damit die Pflanze nicht zu groß

Außer dem Entfernen der Fruchtstände sind bei der Lavendelheide keine Schnittmaßnahmen erforderlich.

Links: Ältere Lorbeer-Kirsche nach leichtem Auslichtungsschnitt. Oben: Unterschiedliche Frostempfindlichkeit bei verschiedenen Sorten der Lorbeer-Kirsche.

wird. Schneiden Sie dazu nach der Blüte alle abgeblühten Triebe auf eine kräftig entwickelte Knospe zurück. Die Pflanzen treiben dann nochmals kräftig durch und die neugebildeten Triebe blühen im nächsten Jahr. Alternativ können Sie diesen Schnitt auch im späten Frühjahr durchführen, wenn keine strengen Spätfröste mehr zu erwarten sind, was aber zum Teil auf Kosten des Blütenreichtums geht.

Verjüngungsschnitt: Wurden die Sträucher längere Zeit nicht geschnitten oder vernachlässigt, bilden sie oft lange Triebe, die im unteren Bereich verkahlen. Die Pflanzen verkahlen auch im Inneren, wenn man sie nicht regelmäßig auslichtet, da die Blätter dann aufgrund des dort herrschenden Lichtmangels abgeworfen werden. Lorbeer-Kirschen haben die Fähigkeit, sich nach einem kräftigen Verjüngungsschnitt gut zu regenerieren. Schneiden Sie im späten Frühjahr die kräftigen Triebe auf ein 30–50 cm hohes Gerüst über dem Boden zurück. Entfernen Sie alle schwachen und unerwünschten Triebe ganz. Um den Strauch neu aufzubauen, ist in den folgenden zwei bis drei Jahren ein Korrekturschnitt notwendig (siehe Seite 49 ff.).

1.

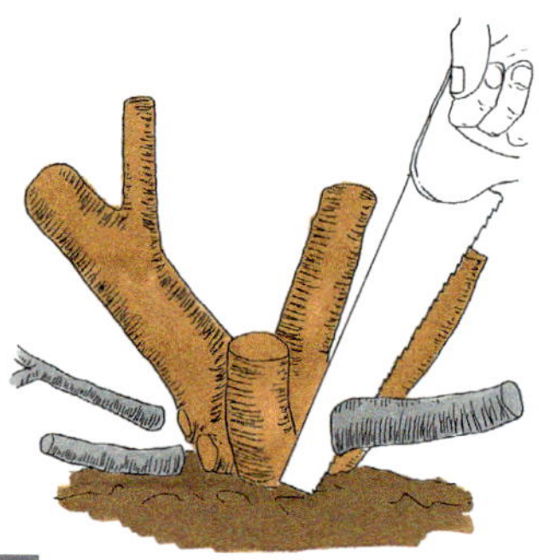

2.

3.

***Zeichnung 1:** Schneiden Sie bei überalterten oder zu groß gewordenen Lorbeer-Kirschen die Haupttriebe auf 50–60 cm zurück.*
***Zeichnung 2:** Entfernen Sie schwache Triebe und schlecht platzierte Stummel ganz.*
***Zeichnung 3:** Die stark verjüngte Lorbeer-Kirsche hat bis zum nächsten Jahr pro Ast zahlreiche junge Triebe gebildet. Lassen Sie an jedem zurückgeschnitten Ast nur die zwei bis drei kräftigsten Triebe stehen. Die restlichen entfernen Sie Mitte des folgenden Frühjahrs.*

Pyracantha; Feuerdorn

Aufrechter, dichtbuschig und sparrig verzweigter, dorniger Strauch von 2–4 m Wuchshöhe. Die weißen Blüten, die in dichten Schirmrispen entlang der mehrjährigen Triebe an Kurztrieben gebildet werden, öffnen sich im Juni. Der überaus auffällige Fruchtschmuck besteht aus leuchtend roten, orangefarbenen oder gelben Beeren, die bis spät in den Winter hinein an den Sträuchern verbleiben. Der

Feuerdorn ist wärmeliebend, etwas frostempfindlich, gut anpassungsfähig und gut schnittverträglich. Leider ist er jedoch anfällig für Feuerbrand.

Feuerdorn-Hybriden *Pyracantha* in Sorten

Die Sorten unterscheiden sich vor allem in Fruchtfarbe und Wuchsform von der reinen Art.
Erziehungsschnitt: Entfernen Sie nach dem Pflanzen alle beschädigten oder kranken Triebe und kürzen Sie auch besonders stark wachsende Triebe ein, damit sich diese besser verzweigen.
Erhaltungsschnitt: Bei freiwachsenden Pflanzen ist kaum ein Schnitt notwendig. Kürzen Sie schlecht platzierte und überlange Triebe ein. Wollen Sie die Sträucher in einer bestimmten Form oder Größe erhalten, dann schneiden Sie jedes Jahr einige Triebe bis zu kräftigen Verzweigungen zurück.
In manchen Jahren mit sehr kalten Wintern können nicht nur die Blätter, sondern auch die Triebe stark zurückfrieren. In diesem Fall schneiden Sie die abgestorbenen Triebe bis ins gesunde Holz zurück, sie werden sich wieder gut regenerieren. Bei Sträuchern, die an Wänden oder an Gerüsten gezogen wurden, kürzen Sie die herausstehenden Triebe ein und schneiden die abgetragenen Fruchttriebe weg.
Verjüngungsschnitt: Vernachlässigte, alte Pflanzen beginnen, an der Basis zu verkahlen und nur noch dünne, wenig blühende und fruchtende Triebe zu bilden. In diesem Fall ist es sinnvoll, die Pflanzen einem Verjüngungsschnitt zu unterziehen. Schneiden Sie im Spätwinter oder zeitigen Frühjahr alle kräftigen Triebe auf 30–50 cm über dem Boden zurück. Alle schwachen und überzähligen Triebe entfernen Sie. In der Folge werden die Pflanzen stark austreiben, weshalb Sie diesen Austrieb unbedingt nach etwa zwei bis drei Monaten ausdünnen sollten und nur die kräftigsten Triebe belassen. Danach muss der Strauch wieder neu aufgebaut werden.

Quercus; Eiche

Neben den sommergrünen gibt es auch wintergrüne Eichen, von denen in Mitteleuropa allerdings nur wenige ausreichend frosthart sind.

Wintergrüne Eiche 'Pseudoturneri' *Quercus × hispanica* 'Pseudoturneri'

Hoher Strauch oder kleiner Baum bis 6 m Höhe mit breitovaler bis runder Krone und kurzem Stamm. Sehr langsam wachsend. Die schmalen, 7–10 cm langen, ledrigen Blätter bleiben meist bis zum Neuaustrieb im nächsten Frühjahr am Baum. Nur in sehr strengen Wintern werden sie braun und fallen früher ab.
Schnittmaßnahmen: Es sind kaum Schnittmaßnahmen notwendig. Wird eine Baumform mit Stamm und Krone angestrebt, dann entfernen Sie konkurrierende Leittriebe und erziehen Sie einen astfreien Stamm.

Rhododendron; Rhododendron

Es gibt mehr als 100 gärtnerisch kultivierte Rhododendronarten und ein Vielfaches an Sorten, die sich vor allem in Wuchsform, Größe und Blütenfarbe unterscheiden. Ihre Blüten sind meist zu doldenartigen Blütenständen zusammengefasst, die Einzelblüte ist breit glockig bis trichterförmig. Sehr variabel sind auch

Zu groß gewachsener Feuerdorn, teils vergreist, vor dem Erhaltungsschnitt.

Derselbe Strauch, ein Jahr nach einem kräftigen Auslichtungs- und Verjüngungsschnitt.

die Blütenfarben, oft sind die Kronblätter mit dunkleren Flecken versehen. Rhododendren sind sogenannte Moorbeetpflanzen, die saure Bodenverhältnisse benötigen. Der Boden sollte mäßig feucht und gut mit Nährstoffen versorgt, der Standort leicht beschattet sein. Windexponierte Lagen sind zu vermeiden. Rhododendren reagieren sehr empfindlich auf Staunässe und Bodenverdichtungen. Am Beispiel der immergrünen Art *Rhododendron catawbiense* und dessen Hybriden werden die Schnittmaßnahmen erläutert.

Catawba-Rhododendron *Rhododendron catawbiense* und Großblumige Hybriden (Rhododendron-Hybriden)

Immergrüne, 2–4 m hohe Sträucher mit dichter Verzweigung und 6–15 cm großen Blättern. Die Art blüht im Mai/Juni lila-purpurn mit 15–20 Blüten pro Blütenstand, die Hybriden schmücken sich mit weißen, rosafarbenen bis lila Blüten.
Erziehungsschnitt: Junge Pflanzen aus der Baumschule sind in der Regel optimal aufgebaut, so dass ein Erziehungsschnitt entfallen kann. Entfernen Sie die abgeblühten Blütenstände. Dies fördert den Blütenansatz für das nächste Jahr.
Erhaltungsschnitt: Diese Rhododendren benötigen in den folgenden Jahren keinen Schnitt. Brechen Sie jedoch die abgeblühten Blütenstände aus. Eventuell vertrocknete Triebspitzen oder solche, an denen sich die Blüten nicht geöffnet haben, schneiden Sie ins gesunde Holz beziehungsweise bis zu den nächsten gut entwickelten Blättern zurück. Sollten einzelne Triebe braun werden, so entfernen Sie diese ganz und reinigen oder desinfizieren Sie anschließend das verwendete Werkzeug gründlich. Wachsen einzelne Triebe zu kräftig und beeinträchtigen die Wuchsform, dann kürzen Sie diese etwa auf die Hälfte ein.
Verjüngungsschnitt: Wenn im Alter das Wachstum nachlässt und die Sträucher lückig werden, wird es Zeit für einen Verjüngungsschnitt. Kürzen Sie dazu im zeitigen Frühjahr die ältesten Triebe (etwa ein Drittel) bis weit in das alte Holz hinein bei einer Verzweigung ein. Lassen Sie aber einen Zapfen von wenigen Zentimetern stehen. Diese Triebe wer-

Bei zu groß gewordenen oder im Inneren verkahlten immergrünen Rhododendren schneidet man die längsten Triebe im Strauchinneren bei einer Verzweigung oder auf etwa 5 cm lange Zapfen zurück. Entfernen Sie etwa ein Drittel der Krone auf diese Weise.

Mäßig ausgelichteter Catawba-Rhododendron.

Der verjüngte Rhododendron hat neu durchgetrieben, die Triebe sind wieder gut belaubt, Blätter und Triebe kräftig entwickelt. Der Strauch wird im folgenden Jahr wieder reich blühen.

den mit jungem, kräftigem Austrieb reagieren. Wiederholen Sie diese Schnittmaßnahmen auch in den folgenden zwei Jahren, bis der Strauch von der Basis ausgehend neu aufgebaut ist. Diese Maßnahmen sind nur in Kombination mit einer entsprechenden Bodenverbesserung (Auffüllen mit Moorerde und Düngung mit sauren Düngern) und ausreichender Bewässerung möglich. Bei extrem überalterten Pflanzen ist ein Verjüngungsschnitt nicht mehr zielführend.

Yakushima-Rhododendron *Rhododendron yakushimanum* und Hybriden
Dichtkugelig wachsende, immergrüne Sträucher bis 1 m Höhe, sehr reicher Blütenschmuck im Mai. Die Sorten dieser Gruppe erkennt man an den silbergraufilzigen Blattunterseiten. Die Blüten sind weiß, zartrosa oder lila gefärbt.
Schnittmaßnahmen: Brechen Sie die abgeblühten Blütenstände aus. Weitere Schnittmaßnahmen sind nicht erforderlich.

Skimmia; Skimmie

Die Skimmie ist ein kleiner, bis 1 m großer, vieltriebiger, dicht verzweigter, aufrechter Strauch mit immergrünen, ledrigen Blättern. Die Blütenknospen werden schon im Herbst gebildet, die weißen, in 5–10 cm langen, auf-

Rechts: Großblumige Rhododendron-Hybriden regenerieren sich nach einem starken Verjüngungsschnitt recht gut.
Ganz rechts: Am Naturstandort werden Catawba-Rhododendren bodennah zurückgeschnitten. Diese regenerieren sich wieder problemlos innerhalb weniger Jahre.
Unten: Die Rhododendron-Yakushimanum-Hybriden benötigen keinerlei Schnittmaßnahmen, um so üppig zu blühen.

rechten Rispen angeordneten Blüten öffnen sich im Mai. Da die Pflanzen zweihäusig sind, fruchten weibliche Pflanzen nur, wenn männliche Pflanzen mit angepflanzt werden. Die intensiv rot gefärbten, etwa 1 cm dicken Früchte werden in großer Anzahl gebildet und bleiben den ganzen Winter über an den Sträuchern. Skimmien benötigen kalkfreie Standorte und mäßig feuchte, nährstoffreiche Böden. Sie vertragen auch noch tiefen Schatten unter Bäumen.

Japanische Skimmie
Skimmia japonica
Diese Skimmie wird etwa 1,3 m hoch und breit.
Erziehungsschnitt: Ist bei Skimmien nicht erforderlich.
Erhaltungsschnitt: Diese kompakt wachsenden Sträucher benötigen auch keinen Erhaltungsschnitt. Sollten einzelne Triebe zu starkwüchsig sein und den Habitus beeinträchtigen, dann entfernen Sie diese nach der Blüte.
Verjüngungsschnitt: Etwas vernachlässigte Pflanzen vertragen einen Verjüngungsschnitt gut. Dieser sollte im späten Frühjahr vor dem Austrieb erfolgen, wobei alle Triebe etwa 20–30 cm über dem Boden abgeschnitten werden. Diese Sträucher blühen erst im folgenden Jahr wieder. Ältere Pflanzen regenerieren sich schlecht und sollten durch kräftig entwickelte, junge Pflanzen ersetzt werden.

Vaccinium; Heidelbeere, Preiselbeere

Innerhalb dieser Gruppe gibt es sommergrüne und immergrüne Arten, meist sind es Klein- oder Zwergsträucher.

Preiselbeere
Vaccinium vitis-idaea
Immergrüner, 10–30 cm hoher, dicht wachsender Strauch, dessen aufrechte Triebe einer kriechenden Grundachse entspringen (Ausläufer). Die elliptischen Blätter sind etwa 1–2,5 cm lang. Die weißen, rosa überlaufenen Blüten sind in vielblütigen, hängenden Trauben zusammengefasst und erscheinen von Mai bis September. Die kugeligen, rot glänzenden, 5–10 mm großen Früchte schmecken sehr säuerlich und sind essbar. Preiselbeerpflanzen benötigen frische bis feuchte, saure Bodenbedingungen.
Schnittmaßnahmen: Keine erforderlich.

Viburnum; Schneeball

Auch innerhalb der Gattung der Schneebälle gibt es sommergrüne und immergrüne Vertreter, die je nach Art zu kleinen, mittelhohen oder großen Sträuchern heranwachsen. Alle Arten sind reichblühende Sträucher, von denen viele zusätzlich mit reichem Fruchtschmuck aufwarten können. Hier werden nur die immergrünen Arten behandelt, die sommergrünen Arten finden Sie auf den Seiten 194-198.

Skimmien benötigen keinen Schnitt, vertragen diesen aber, wenn es notwendig sein sollte.

Der Prager Schneeball kommt ohne weiteres mehrere Jahre ohne Schnitt aus, verträgt aber einen Auslichtungsschnitt gut.

Austrieb nach Verjüngungsschnitt.

Prager Schneeball
Viburnum × pragense
Mittelhoher, etwas unregelmäßig wachsender und locker verzweigter Strauch von 2–3 m Höhe, dessen Triebe im Alter leicht überhängen. Die elliptischen, immergrünen Blätter werden bis 12 cm lang und sind oberseits glänzend, unterseits weißlich grün. Im Mai/Juni entfaltet der Prager Schneeball seine cremeweißen, flachen Schirmrispen. Dieser Strauch ist sehr anpassungsfähig, frosthart, für sonnige bis halbschattige Standorte geeignet und gut schnittverträglich.
Erziehungsschnitt: Kürzen Sie nach dem Pflanzen kräftig entwickelte Triebe, die die Wuchsform beeinträchtigen, ein.
Erhaltungsschnitt: Obwohl keine weiteren Schnittmaßnahmen notwendig sind, ist es sinnvoll, rechtzeitig mit einem vorsichtigen Auslichtungsschnitt zu beginnen. Kürzen Sie hierzu zumindest alle zwei bis drei Jahre nach der Blüte oder vor dem Austrieb ein Drittel der Äste bei näher an der Basis liegenden Verzweigungen ein, ohne dabei den Habitus des Strauchs zu beeinträchtigen.
Verjüngungsschnitt: Auch ältere Pflanzen lassen sich noch recht erfolgreich verjüngen. Kürzen Sie alle kräftigen Triebe im Frühjahr auf ein Gerüst von 60–100 cm über dem Boden ein. Entfernen Sie alle schwachen und ungünstig platzierten Triebe. Die alten Stämme treiben wieder aus, benötigen allerdings weitere ein bis zwei Jahre, bis sie sich wieder regeneriert haben. Auf diese Weise lassen sich auch Hecken des Prager Schneeballs gut verjüngen.

Austrieb an den alten Trieben nach Verjüngungsschnitt.

Runzelblättriger Schneeball
Viburnum rhytidophyllum
Dieser etwas steif wirkende, breitbuschige Großstrauch wird etwa 3–5 m hoch und ebenso breit. Im Alter sind die Äste weit auseinanderstrebend und bogig überhängend. Die oberseits dunkelgrünen, matt glänzenden Blätter sind unterseits dicht braunfilzig behaart. Ende Mai bis Juni erscheinen die etwa 20 cm breiten, flachen Schirmrispen mit cremeweißen Blüten. Im August schmücken sich die Sträucher mit anfangs leuchtend roten, später schwarzen Beeren. Anspruchsloser und anpassungsfähiger Strauch für sonnige bis halbschattige Standorte.
Erziehungsschnitt: Weist der Schneeball nach der Pflanzung keinen optimalen Habitus auf, dann sind geringe Korrekturschnitte ratsam. Tragen Sie dabei jedoch nicht nur aus Schnittschutzgründen Handschuhe, da die behaarten Blätter allergische Reaktionen der Haut hervorrufen können.

Unten: Der Runzelblättrige Schneeball sollte sich entfalten können.
Ganz unten: Auslichtungs- und Verjüngungsschnitt bei einem alten Runzelblättrigen Schneeball.

Erhaltungsschnitt: Schneiden Sie eventuell beschädigte Triebe heraus. In den ersten Jahren ist kein Schnitt notwendig. Damit die Sträucher an der Basis nicht verkahlen, sollten Sie nach etwa sechs bis acht Jahren mit einem vorsichtigen Auslichtungsschnitt beginnen. Kürzen Sie dazu nach der Blüte im Frühsommer mit einer Astschere einzelne Triebe bei günstig gelegenen Verzweigungen oberhalb der Basis ein.
Verjüngungsschnitt: Ein Verjüngungsschnitt ist bei diesem Schneeball zwar möglich, man sollte damit aber nicht zu lange warten. Alte und stark vergreiste Pflanzen regenerieren sich nur schlecht. Zur Verjüngung kürzen Sie vor dem Austrieb im Frühjahr etwa ein Drittel der kräftig entwickelten Triebe auf ein Gerüst von etwa 60–80 cm über dem Boden ein. Die übrigen kürzen Sie um etwa ein Drittel ihrer Länge ein. Gehen Sie mit den verbliebenen Trieben in den folgenden Jahren gleichermaßen vor. Nach etwa drei bis vier Jahren können Sie auf diese Weise wieder zu kräftig wachsenden Sträuchern kommen. Vernachlässigte, aber noch nicht zu alte Pflanzen können zur Verjüngung auf ein Gerüst von 40–60 cm zurückgeschnitten werden.

Davids Schneeball
Viburnum davidii
Der immergrüne Davids Schneeball ist ein ausläufertreibender Kleinstrauch von etwa 50–100 cm Höhe. Er ist an seinem markanten Blättern mit den parallel verlaufenden Blattadern und den weißlich rosafarbenen Blütendolden leicht zu erkennen. Die stahlblau gefärbten, länglich runden, bis 6 mm langen Früchte leuchten im Herbst. Attraktiver, mäßig anspruchsvoller Strauch für kalkarme, mäßig feuchte und nährstoffreiche Standorte in halbschattigen Lagen.
Schnittmaßnahmen: Keine.

Burkwoods Schneeball
Viburnum × burkwoodii
Immergrüner oder wintergrüner, locker aufgebauter Strauch, 2–3,5 m groß, oberseits glänzende Blätter. Die stark duftenden, weißen, in flachen, ballförmigen Blütenständen angeordneten Blüten sitzen am Ende vorjähriger Triebe. Sie entfalten sich von April bis Mai.
Schnittmaßnahmen: Wenn nötig, leichter Auslichtungsschnitt

Dieses Exemplar von Burkwoods Schneeball zeigt bereits eine leichte Verkahlung an der Strauchbasis.

nach der Blüte, sonst wie *Viburnum opulus* (siehe Seite 194 f.).

Vinca; Immergrün

Immergrüne, kriechende Halbsträucher mit aufrechten Blütentrieben, die vorwiegend als Bodendecker verwendet werden. Ihre Triebe bewurzeln sich, wenn sie am Boden aufliegen. Während verschiedener Zeiträume im Jahr produzieren sie weiße, blaue oder purpurfarbene Blüten.

Kleines Immergrün *Vinca minor*

Teppichbildender, immergrüner Halbstrauch mit langen, niederliegenden, wurzelnden Trieben. Wird kaum höher als 30 cm. Blüht im Mai, mit beachtlicher Nachblüte bis in den September.
Erziehungsschnitt: Ein Pflanzschnitt ist nicht notwendig. Sie können aber alle Triebe knapp über dem Boden zurückschneiden, um einen dichteren, mehrtriebigen Wuchs zu erzeugen.
Erhaltungsschnitt: Kürzen Sie jährlich den zu starken Wuchs. Sind die Pflanzen bereits sehr dicht, dann schneiden Sie alle Triebe wenige Zentimeter über dem Boden zurück.
Verjüngungsschnitt: Dieser entspricht dem Rückschnitt knapp über dem Boden, wenn die Pflanzen zu dicht und an der Basis verkahlt sind. Die Pflanzen regenerieren sich aus bodennahen Knospen.

Großes Immergrün *Vinca major*

Ähnelt dem Kleinblättrigen Immergrün, wird mit 40 cm aber etwas größer und hat auch größere Blätter. Ist nicht überall ausreichend frosthart und friert in strengen Wintern zurück. Regeneriert sich aber nach bodennahem Rückschnitt wieder gut.
Schnittmaßnahmen: Siehe *Vinca minor*.

Oben: Beim heimischen Immergrün sind keine Schnittmaßnahmen notwendig.

Rechts: Bei diesem Schneeball treibt bereits die Unterlage durch. Sie muss unbedingt im Wurzelbereich entfernt werden.

Hecken schneiden

Hecken sind wichtige Gestaltungselemente, die nicht nur den Charakter eines Gartens prägen, sondern auch einen praktischen Nutzen haben. Die verschiedenen Funktionen einer Hecke sind allgemein bekannt. Sie grenzen ab, vermitteln Schutz und verbergen Unschönes, um nur einige der positiven Aspekte zu nennen. Darüber hinaus bieten sie Schutz für Tiere und dienen ihnen als Nahrungsquelle und Rückzugsort.

Auswahl der Heckenpflanzen

Zunächst sollten Sie sich überlegen, wie hoch Ihre Hecke werden soll oder darf. Möchten Sie möglichst schnell einen funktionsfähigen Sichtschutz erhalten oder soll der Garten rasch zuwachsen, dann bieten sich raschwüchsige Arten wie die Hainbuche oder die Leylandzypresse an. Bei diesen Arten ist aber gleichzeitig ein hoher Schnittaufwand vorprogrammiert, da sie auch dann noch genauso schnell weiterwachsen, wenn sie ihre Aufgabe schon erfüllen. Daher müssen sie unter Umständen mehrmals im Sommer geschnitten werden. Eibenhecken werden zwar genauso hoch, brauchen dafür aber viel länger. Bei ihnen fällt später ein wesentlich geringerer Schnittaufwand an.

Außerdem sollten Sie sich entscheiden, ob Sie eine sommergrüne oder eine immergrüne Hecke haben möchten. Bei den immergrünen Gehölzen können Sie sich dann noch zwischen Laubgehölzen und Koniferen entscheiden.

Das nächste Auswahlkriterium betrifft Art und Aussehen der gewünschten Hecke. Soll sie eher streng formal sein oder bevorzugen Sie einen lockeren, natürlichen Wuchs? Soll die Hecke auch Blüten und Früchte hervorbringen oder soll sie den Garten wie eine grüne Wand abschließen? Sind diese Fragen geklärt, dann können Sie sich noch zwischen kleinerer Halbfertigware oder größeren Solitärpflanzen entscheiden. Sommergrüne Laubgehölze werden sowohl wurzelnackt als auch als Ballenware angeboten. Immergrüne Laubgehölze und Nadelgehölze bekommt man hingegen nur als Containerware oder Ballenpflanzen. All diese Entscheidungen beeinflussen neben der Kostenfrage den Pflanz- und Aufbauschnitt ganz wesentlich.

Streng geschnittene Eibenformhecke.

Locker wachsende Spireenhecke.

Einteilung der Hecken nach der Höhe

Hecken lassen sich nach ihrer Höhe in drei Gruppen einteilen. Für niedrige Einfassungshecken kommen Pflanzen wie der Einfassungsbuchs (*Buxus sempervirens* 'Suffruticosa') oder einige Halbsträucher in Frage, die sehr klein- und feinlaubig sowie schwach wachsend sind. Die meisten Gartenhecken sind zwischen 1,5 m und etwa 2 m hoch. Für diesen Zweck eignen sich sowohl typische Heckensträucher wie Liguster als auch baumförmig wachsende Gehölze wie Hainbuchen. Relativ selten findet man in Hausgärten Baumhecken aus Linden und Buchen, die zu hohen Baumwänden geformt sind. Diese sieht man eher in großen Parks oder historischen Gärten.

Einteilung nach Wuchsform der Hecken

Man kann Hecken auch danach einteilen, wie sie geschnitten werden. Am häufigsten werden Hecken mit strengem Formschnitt verwendet. Die dafür geeigneten Pflanzen müssen eine geschlossene Wuchsform aufweisen und sehr schnittverträglich sein. Die Schnittziele sind hier ein dichter Wuchs von der Basis bis zur Spitze sowie klare Konturen. Die Hecke muss an der Basis immer breiter sein und sich nach oben hin verjüngen, da sie sonst an der Basis aufgrund von Lichtmangel bald verkahlen würde. Man kann sie sowohl mit einfachen als auch elektrisch betriebenen Heckenscheren schneiden. Daneben gibt es auch Hecken, die zwar in Form geschnitten werden, allerdings nicht so streng, wie das bei echten Formhecken der Fall ist. Hierfür eignen sich zahlreiche immergrüne Gehölze wie Lorbeer-Kirschen oder Aukuben. Ihr Aufbau entspricht zwar im Wesentlichen dem einer formalen Hecke, aber die Sträucher diese Gruppe besitzen relativ große Blätter. Solche Hecken lassen sich nicht mit einer Heckenschere schneiden,

Rechts: Baumwände aus Rot-Buchen.
Unten: Einfassungsbuchs.

da sich die beschnittenen Blätter sonst braun färben und die ganze Hecke verunstalten. Kürzen Sie diese Sträucher ausschließlich mit einer Baumschere ein, damit ihre natürliche Schönheit erhalten bleibt.
Schließlich gibt es noch freiwachsende Hecken, die aus einzelnen, sich natürlich entwickelnden Gehölzen aufgebaut sind. Schnittzeitpunkt und -maßnahmen richten sich hier nach den Erfordernissen der jeweils verwendeten Pflanzenart. Darüber hinaus werden bei diesen Hecken nur die schlecht platzierten Triebe mit einer Baumschere entfernt und die Hecken jedes Jahr so weit eingekürzt, dass Form und Größe über einen längeren Zeitraum erhalten bleiben.

Schnittart, -häufigkeit und -zeitpunkt

Schnittart und -zeitpunkt hängen bei Hecken wesentlich von der gewählten Pflanzenart ab. Kleinlaubige und feintriebige Gehölzarten sind vorzuziehen, da bei ihnen durch die Schnittmaßnahmen keine größeren Lücken entstehen. Auch würden mit der Heckenschere angeschnittene große Blätter verbräunen und sehr unschön aussehen. Durch einen regelmäßigen Schnitt lassen sich aber auch von Natur aus weniger dichte Arten mit größeren Blättern zu einer dichten Blätterwand formieren. Innerhalb der Gruppe der Nadelbäume gibt es unterschiedlich gut geeignete Arten, sei es, weil sie ein feines Astwerk besitzen oder weil sie mehr oder weniger gut schnittverträglich sind.
Die Schnitthäufigkeit ist von der jeweils verwendeten Pflanzenart abhängig. Die meisten formalen Hecken aus sommergrünen Laubgehölzen werden zweimal im Jahr geschnitten. Der erste Schnitt erfolgt in der Ruheperiode vor dem Laubaustrieb in Frühjahr. Schneiden Sie aber nicht, wenn noch Fröste mit Temperaturen unter −5 °C zu erwarten sind. Der zweite Schnitt sollte in der Regel etwa gegen Ende Juni durchgeführt werden, da die Pflanzen dann noch einmal kräftig durchtreiben. Beachten Sie in diesem Zusammenhang auch die Naturschutzgesetze und nehmen Sie Rücksicht auf in den Hecken brütende Vögel. Ein normaler Heckenschnitt wird dabei in der Regel kein Problem darstellen. Vermeiden Sie in der Brutsaison aber einen massiven Rückschnitt oder gar das Roden.
Immergrüne Laubgehölze und Nadelgehölze schneidet man das erste Mal im späten Frühjahr, damit eventuell auftretende Spätfröste den Neuaustrieb nicht zerstören. Der zweite Schnitt erfolgt hier wesentlich später als bei den sommergrünen Gehölzen, und zwar im Spätsommer. Diese Gehölze schließen das Wachstum zeitiger ab und treiben dann nicht mehr durch. Ein zu früh angesetzter Schnitt im Sommer würde einen erneuten Austrieb anregen, der nicht mehr ausreift und möglicherweise den winterlichen Frösten zum Opfer fällt. Eiben- und Buchsbaumhecken, vor allem solche aus schmal aufrecht, kompakt wachsenden Heckensorten, benötigen nur einen einzigen Schnitt, der im Sommer durchgeführt wird.

Formhecken

Formhecken lassen sich nach der verwendeten Gehölzart in drei Gruppen einteilen, für die unterschiedliche Schnittmaßnahmen erforderlich sind. Zur ersten Gruppe zählen alle sommer- oder immergrünen Sträucher, die

Streng geschnittene Eibenhecke.

Hecke aus Lorbeer-Kirschen.

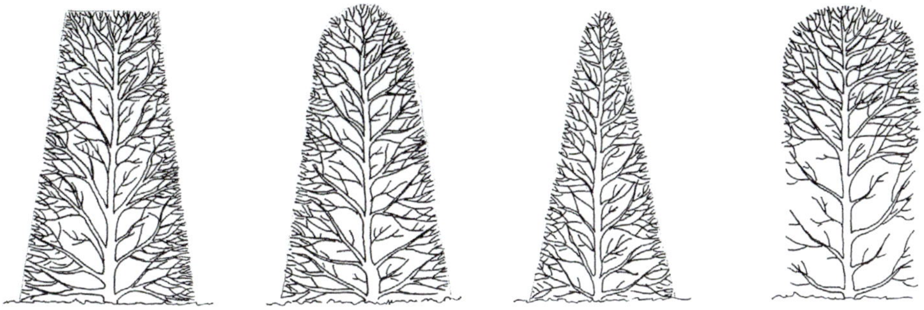

Es gibt zahlreiche Möglichkeiten, Hecken in Form zu schneiden. Wichtig ist dabei, dass die Hecke unten immer breiter sein muss als oben, da sie sonst – wie rechts zu sehen – verkahlt.

sich von Natur aus mehr- oder dichttriebig entwickeln. In der zweiten Gruppe finden sich die baumförmig wachsenden Laubgehölze, während die Koniferen zur dritten Gruppe zusammengefasst werden.

Sommer- und immergrüne Sträucher

Für Formhecken geeignete Sträucher entwickeln sich von der Basis aus mehrtriebig. Sie können sommergrüne Arten wie Liguster, Kornelkirsche und Weißdorn, aber auch Immergrüne wie Buchs und immergrüne Berberitzen verwenden.

Pflanzschnitt

Sommergrüne Heckenpflanzen wachsen meist aufrecht und verzweigen sich nur in den oberen Bereichen, wenn sie nicht scharf geschnitten werden. Später verdicken die Triebe an der Basis stark, bilden keine Seitentriebe mehr aus und verkahlen. Um dem vorzubeugen, müssen diese Sträucher nach dem Pflanzen beziehungsweise nach der Herbstpflanzung im zeitigen Frühjahr unbedingt auf eine Höhe von 20–30 cm über dem Boden zurückgeschnitten werden. Der Schnitt im Sommer beschränkt sich auf das Stutzen zu stark wachsender Seitentriebe. Auch im zweiten Winter ist ein starker Rückschnitt notwendig, um eine gute Verzweigung im unteren Bereich der Hecke zu erzielen. Diesmal kürzt man die Pflanzen im Spätwinter etwa um die Hälfte ein. Falls nötig kürzt man auch die Seitentriebe im Sommer mehrmals ein.

Zeichnung 1: *Erziehungsschnitt einer Hecke: Bei der Pflanzung, die in der Regel im zeitigen Frühjahr durchgeführt wird, müssen die Sträucher stark zurückgeschnitten werden (siehe Detail).*
Zeichnung 2: *Während des Sommers kann man die Sträucher seitlich etwas einkürzen, damit sie sich besser verzweigen.*
Zeichnung 3: *Zu Beginn des zweiten Frühjahrs wird die Hecke nochmals um die Hälfte eingekürzt.*

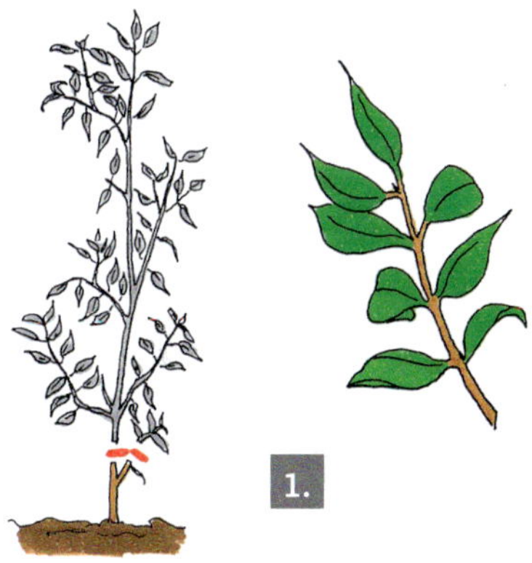

1.

Heckenpflanzen müssen, sofern sie wurzelnackt gepflanzt wurden, nach der Pflanzung immer stark zurückgeschnitten werden. Der Rückschnitt sollte etwa zwei Drittel der Pflanzenhöhe betragen.

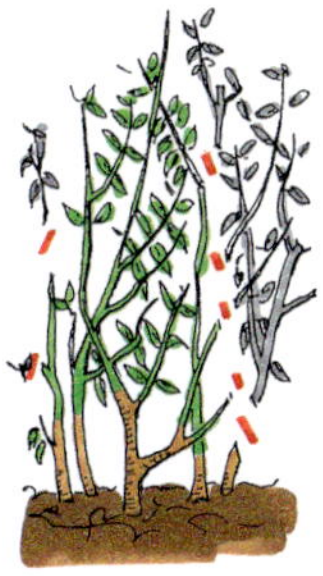

2.

3.

Streng geschnittene Hainbuchenhecke.

Diese Kornelkirschhecke sollte zweimal pro Jahr geschnitten werden.

Wichtig ist nun, dass die Hecke bereits in Trapezform geschnitten wird, damit sie im unteren Bereich nicht verkahlt.
Die immergrünen Sträucher pflanzt man am besten im späten Frühling und kürzt sie etwa um ein Drittel ein. Im zweiten Jahr nach dem Pflanzen sollen sie zur Frühlingsmitte um ein Drittel zurückgeschnitten werden. Wichtig ist auch in diesem Fall, bereits die junge Hecke in Trapezform zu schneiden.

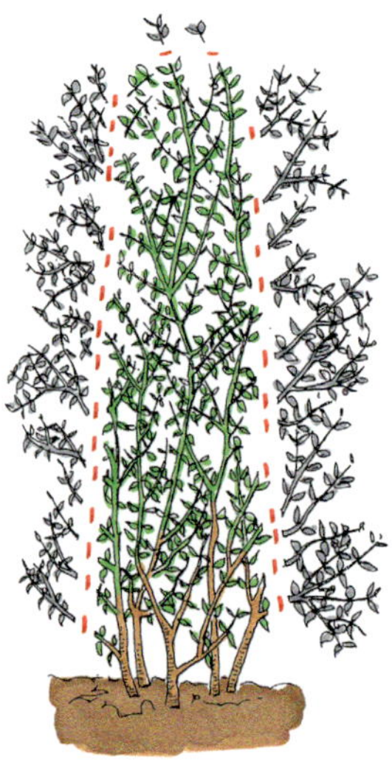

Stutzen Sie ab dem zweiten Jahr die Seitentriebe der Hecke ein- bis zweimal pro Jahr.

Erhaltungsschnitt

Hat die Hecke erst einmal die gewünschte Form und Größe erreicht, soll dieser Zustand durch geeignete Schnittmaßnahmen so lange wie möglich erhalten werden. Beim Schneiden der senkrechten Seiten werden immer nur die letztjährigen Triebe bis auf wenige Zentimeter zurückgeschnitten. Sie verzweigen sich dadurch wieder und bilden somit nach außen hin eine sehr dichte Wand. Insgesamt sollte jedoch etwa 25–30 cm unter der gewünschten Höhe geschnitten werden, da diese Differenz durch den neuen Austrieb schnell wieder wettgemacht wird. Damit Sie Schräge und Höhe leichter eingehalten können, spannen Sie sich am besten eine Schnur als Vorlage zwischen zwei Führungsstangen.

Die Kornelkirschhecke muss unten breiter als oben sein.

Der Erhaltungsschnitt erfolgt in zwei, gelegentlich auch drei Durchgängen. Schneiden Sie die sommergrünen Sträucher das erste Mal im Spätwinter, die immergrünen möglichst spät zur Frühjahrsmitte. Der zweite Schnitt erfolgt dann bei den sommergrünen je nach Klima und Höhenlage etwa Mitte bis Ende Juni. Nötigenfalls können Sie Sträucher, besonders die starktriebigen, im Sommer noch ein weiteres Mal schneiden. Bei den immergrünen Sträucher warten Sie mit dem zweiten Schnitt bis zur Sommermitte, da sie nach dem Schnitt nicht mehr durchtreiben sollen.

Schnitt der Kornelkirschhecke im Sommer.

Schmales Heckenelement aus Feld-Ahorn zwischen kleinkronigen Bäumen.

Links: Ungünstige Form der Schneeballhecke, die unteren Bereiche verkahlen zusehends.
Mitte: Günstige Form der Schneeballhecke, da die Bereiche an der Basis durch die Trapezform besser belichtet werden.
Rechts: Die Feuerdornhecke fruchtet auch als geschnittene Hecke.

Verjüngungsschnitt

Bei regelmäßiger Pflege und entsprechender Düngung bleiben Hecken viele Jahre hindurch gesund und in gutem Zustand. Irgendwann ist dann der Zeitpunkt gekommen, wo dem seitlichen Ausbreitungsdrang der Hecke Einhalt geboten werden muss. Denn die Hecke wird trotz regelmäßiger Schnittmaßnahmen mit zunehmendem Alter immer breiter.

Links: Hecke aus Prager Schneeball nach dem Erhaltungs- und Verjüngungsschnitt im April.
Unten links: Dieselbe Hecke sechs Monate später, aufgenommen im September desselben Jahrs.
Unten rechts: Hecken aus Prager Schneeball, zwei Jahre nach starkem Verjüngungsschnitt.

Oben: Hecken aus Prager Schneeball nach dem Verjüngungsschnitt.
Unten: Diese Hecke aus Prager Schneeball wurde nur eingekürzt. Sie wird oben noch stärker durchtreiben und an der Basis verkahlen.

Links: Vernachlässigte Hecken lassen sich durch einen radikalen Rückschnitt neu aufbauen. Rechts: Regeneration im Folgejahr nach dem radikalen Rückschnitt.

Regeneration beim Prager Schneeball nach fachlich richtigem Verjüngungsschnitt.

Das Einkürzen in der Höhe wird meist als weniger unansehnlich empfunden, da sich die Hecke im oberen Bereich von Natur aus rascher und besser regeneriert als seitlich, insbesondere im basisnahen Bereich. Bei Arten wie Liguster, Kornelkirsche und einigen anderen werden sich die Pflanzen aus Adventivknospen (schlafenden Knospen) an der Triebbasis erneuern. Aber nicht alle Arten reagieren so. Die Verjüngung einer formal geschnittenen Hecke ist mitunter schwierig oder bringt nicht immer den gewünschten Erfolg. Durch die jährlichen Schnitte verzweigen sich die Triebe nur im äußeren Bereich, hier aber so dicht, dass praktisch kein Licht mehr in das Innere der Hecke fällt. Ist die Hecke breit genug, so ist es nicht unbedingt notwendig, dass sie nach englischem Vorbild außen absolut dicht und perfekt ist, da dies auf Kosten der Regeneration der Knospen im Heckeninneren der Hecke geht.

Der Verjüngungsschnitt dieser Hecken erfolgt wie der normale Verjüngungsschnitt der jeweiligen Art. Beim Liguster oder der Kornelkirsche kürzt man die Haupttriebe auf 40–60 cm ein und entfernt alle schwachen und abgestorbenen Triebe. Dieselben Schnittmaßnahmen werden auch bei immergrünen Hecken aus Buchs, immergrünen Berberitzen oder Prager Schneeball durchgeführt. Die Hecke muss dann in den folgenden zwei bis drei Jahren neu aufgebaut werden. Starker Wuchs wird dabei etwa um ein Drittel schwach, schwacher Wuchs dagegen stark etwa um

Diese Forsythienhecke wurde falsch geschnitten. Deshalb verkahlt sie im unteren Bereich stark.

Sie können das völlige Verkahlen im Heckeninneren verhindern, wenn Sie vor dem eigentlichen Heckenschnitt jeweils ein Fünftel bis ein Viertel der Triebe im oberen Bereich so weit einkürzen, dass geringfügige Lücken entstehen. Diese Lücken werden nicht sehr stören und sich sehr rasch schließen, da hier die Regeneration besonders schnell erfolgt. Damit hat die Pflanze die Möglichkeit, sich bei einem starken Rückschnitt sehr rasch aus diesen in „Warteposition" befindlichen Knospen zu erneuern.

Diese Thujenhecke wurde lange nicht geschnitten und dann, als sie zu breit wurde, ins alte Holz zurückgeschnitten. Die Kahlstellen werden sich kaum mehr schließen.

die Hälfte eingekürzt. Eine stark verjüngte Hecke ist erst dann wieder voll funktionsfähig, wenn der unbedingt notwendige, darauf folgende Aufbauschnitt abgeschlossen ist und die gewünschte Höhe und Form wieder erreicht sind. Erst danach wird wieder der regelmäßige Erhaltungsschnitt durchgeführt.

Sommer- und immergrüne Laubbäume

Für hohe Hecken und Sichtschutzhecken werden in der Regel baumartig wachsende Gehölze wie Hainbuche, Feld-Ahorn, Rot-Buche oder Stechpalme verwendet. Sie sind sehr langlebig, müssen aber regelmäßig relativ stark geschnitten werden, wenn sie ihre Form behalten sollen. Diese Gehölze besitzen in der Regel einen durchgehenden Stamm, der sich von der Basis an seitlich gut beastet.

Pflanzschnitt

Für diese Hecken verwendet man sogenannte Heister. Das sind baumförmig wachsende Gehölze mit durchgehendem Haupttrieb und seitlicher Verzweigung bis zu Basis. Im Hausgarten werden für hohe Hecken vor allem Hain-

Zeichnung 1: *Ab dem dritten Jahr beginnt der Erhaltungsschnitt. Die Seitentriebe sind bereits gut verzweigt. Nun wird die Hecke regelmäßig geschnitten, zum Beispiel im zeitigen Frühjahr.*
Zeichnung 2: *Baumartige Gehölze für hochwachsende Hecken oder Baumhecken werden im Herbst oder Frühjahr gepflanzt.*
Zeichnung 3: *Nach der Pflanzung der Heister, die bis zur Basis dicht verzweigt sind, werden die Leittriebe und die kräftigen Seitentriebe um etwa ein Drittel eingekürzt. Schneiden Sie die junge Hecke zweimal im Jahr, damit sie sich gut verzweigt. Kürzen Sie die kräftigen Seitentriebe und die Leittriebe im zweiten Frühjahr wieder um ein Drittel ein.*

1.

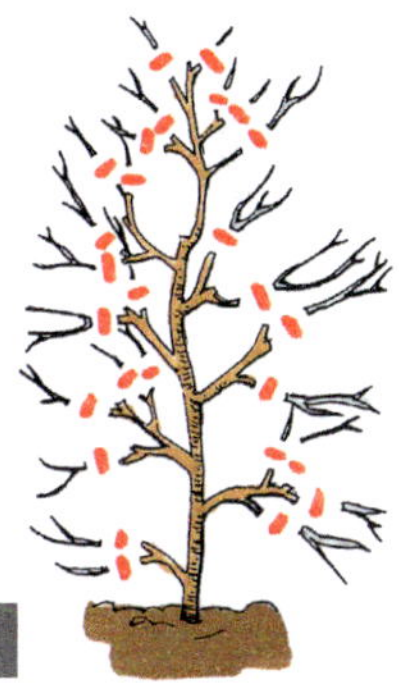

2.

3.

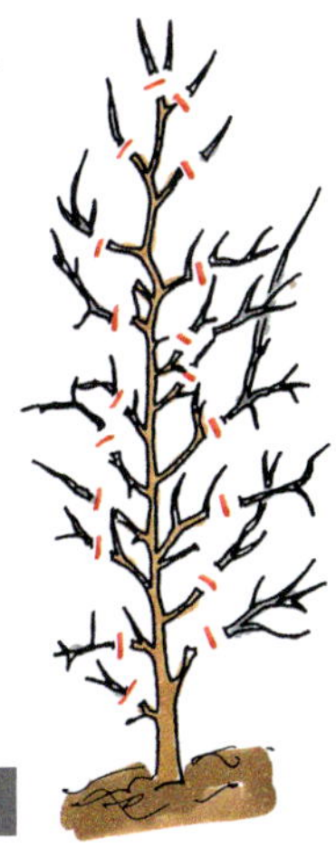

buchen gepflanzt. Setzen Sie diese am besten zur Zeit des Knospenschwellens, also im späten Frühjahr kurz vor dem Laubaustrieb. Kürzen Sie beim Pflanzschnitt den Haupttrieb sowie alle kräftigen Seitentriebe um ein Drittel ein. Auch im zweiten Winter kürzen Sie starke Seitentriebe wieder um ein Drittel ein und stutzen die übrigen vorjähren Triebe. Ist das Grundgerüst einmal etabliert, sollten auch die unteren Teile der Hecke seitlich dicht und gut verzweigt sein. Ab dem folgenden Jahr müssen die Seiten regelmäßig geschnitten werden. Dabei ist es wichtig, dass die Hecke unten breiter und nach oben hin schmal zulaufend formiert ist, damit sie an der Basis nicht verkahlt. Bis die Hecke die gewünschte Höhe erreicht hat, wird die Oberseite nur leicht gestutzt.

Erhaltungsschnitt

Hainbuchen behalten ihre rostbraunen Blätter den ganzen Winter hindurch. Sie sind sehr starkwüchsig und benötigen, damit sie nicht zu breit und ausladend werden, einen Schnitt im Frühjahr und einen zweiten im Juni. Bei Rot-Buchen reicht es, wenn man sie einmal in der zweiten Sommerhälfte stark zurückschneidet. Da bei hohen Hecken sehr große Flächen bearbeitet werden müssen, wird man in der Regel auf elektrische Heckenscheren zurückgreifen. Arbeiten Sie mit diesen Geräten niemals über Schulterhöhe, sondern nehmen Sie Steh- oder Trittleitern zur Hilfe.

Verjüngungsschnitt

Einige dieser Arten wie Hainbuche, Rot-Buche, Weißdorn und Stechpalme vertragen einen Verjüngungsschnitt noch recht gut. Die sommergrünen Hecken verjüngt man am besten im Winter, die immergrünen im späten Frühjahr. Die Verjüngung muss unbedingt schrittweise erfolgen. Vor Beginn eines solch großen Eingriffs sollten Sie darauf achten, dass die Pflanzen in der Saison davor gut gedüngt und ausreichend bewässert wurden. Verjüngen Sie im ersten Jahr nur eine Seite der Hecke, indem Sie alle Äste bis knapp zum Hauptstamm hin zurückschneiden. Die zweite Seite wird dagegen wie beim regelmäßigen jährlichen Erhaltungsschnitt geschnitten. Die Hecke benötigt eine volle Saison, bis sie sich von

Oben: Geschnittene Baumwände und formale Elemente aus Linden und Feld-Ahorn. Unten: Geschnittene Baumwände oder Baumhecke aus Hainbuchen.

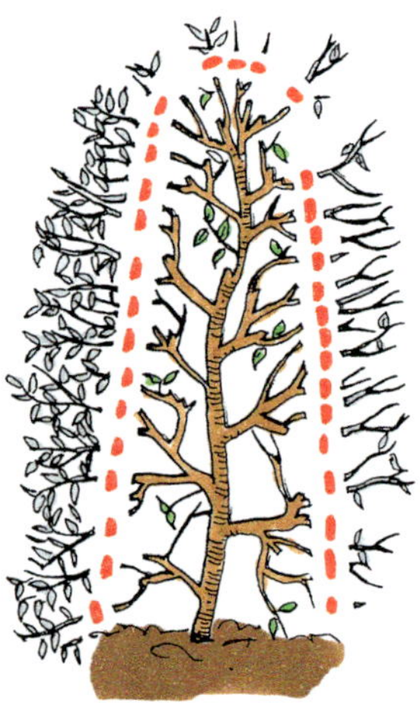

Es empfiehlt sich, die Hecke im Sommer zu schneiden. Dies hat den Vorteil, dass sie nicht so stark nachwächst. Insbesondere Buchen und Hainbuchen behalten ihr hübsches rostbraunes Laub den ganzen Winter über, wenn sie in der zweiten Sommerhälfte geschnitten wurden.

Geschnittene Baumwände oder Baumhecke aus Linden.

dieser Maßnahme erholt hat. Im folgenden Winter wird derselbe starke Rückschnitt an der zweiten Hälfte vorgenommen. Bei entsprechend guter Nährstoffversorgung (zusätzlicher Düngung) und ausreichender Bewässerung werden die Pflanzen mit einem kräftigen neuen Austrieb reagieren.

Koniferenhecken

Hecken aus immergrünen Nadelgehölzen haben den Vorteil, dass sie sehr dicht wachsen und das ganze Jahr über einen Sichtschutz bieten. Dafür sorgen sie nur für wenig Abwechslung im Verlauf der Jahreszeiten. Wählen Sie vor allem schmal aufrecht wachsende Sorten. Das erspart Ihnen später viel Schnittarbeit. Bedenken Sie auch schon bei der Anlage, dass Koniferen mit Ausnahme der Eibe weder eine starken Rückschnitt noch einen Verjüngungsschnitt vertragen. Geschnittene Hecken aus Lebensbäumen, Scheinzypressen und anderen Nadelbäumen benötigen unbe-

Ganz links: Überalterte Hainbuchenhecke nach starkem Verjüngungsschnitt. Links: Detail der überalterten Hainbuchenhecke.

dingt einen trapezförmigen Querschnitt, da sie sonst im unteren Bereich bald stark verkahlen.

Pflanzschnitt

Da Koniferen ausnahmslos mit Ballen oder im Container gehandelt werden, erübrigt sich ein Pflanzschnitt im engeren Sinne. Die Leittriebe werden prinzipiell nicht eingekürzt, zu stark wachsende Seitentriebe nur vorsichtig eingekürzt. Im Folgejahr bleibt der Leittrieb ebenfalls ungeschnitten, die Seitentriebe werden nun soweit eingekürzt, dass sich langsam die gewünschte Form einstellt. Auch hier gilt wieder: Unten muss die Hecke breiter sein und sich nach oben hin verjüngen. Erst wenn die vorgesehe Höhe erreicht ist, wird die Hecke auch in der Höhe beschnitten.

Als Pflanzware für Koniferen- und immergrüne Laubgehölzhecken wird ausschließlich Container- oder Ballenware verwendet. Deshalb entfällt hier der Pflanzschnitt im eigentlichen Sinne. Kürzen Sie nur zu stark wachsende Triebe leicht ein, der Leittrieb bleibt ungeschnitten.

Erhaltungsschnitt

Den Erhaltungsschnitt können Sie im späten Frühjahr kurz vor dem Austrieb oder besser noch im Frühherbst von Ende August bis Anfang September durchführen. Die Pflanzen sollten dann nicht mehr durchtreiben. Nur bei sehr starkwüchsigen Arten wie der Leylandzypresse sind ein Frühjahrs- sowie ein Spätsommerschnitt unerlässlich. Eiben und eventuell einige Wacholderarten vertragen einen stärkeren Schnitt gut. Bei allen anderen Arten muss man beim Schneiden sehr behutsam vorgehen und darf niemals bis ins alte Holz schneiden. Denn diese Schnittstellen werden sich nicht mehr regenerieren.

Verjüngungsschnitt

Ein Verjüngungsschnitt ist bei Nadelgehölzen nicht zielführend, da sie sich nach einem Rückschnitt ins alte Holz nicht mehr regenerieren. Eine Ausnahme bildet die Eibe, bei der man

Das Innere einer alten Eibenhecke, die immer nur an der Außenseite geschnitten wurde.

Man kann mit einem vorbeugenden Schnitt verhindern, dass Koniferenhecken zu sehr in die Breite wachsen und im Inneren verkahlen. Schneiden Sie dazu im späten Frühjahr vor dem Austrieb oder im Spätsommer jeden vierten bis fünften Trieb etwa 10–15 cm hinter die vorgesehene Breite zurück. Da nun etwas Licht in die Hecke eindringen kann, verjüngt sich diese von innen her sukzessive. Dadurch kann die Breite bei Bedarf auch etwas stärker reduziert werden.

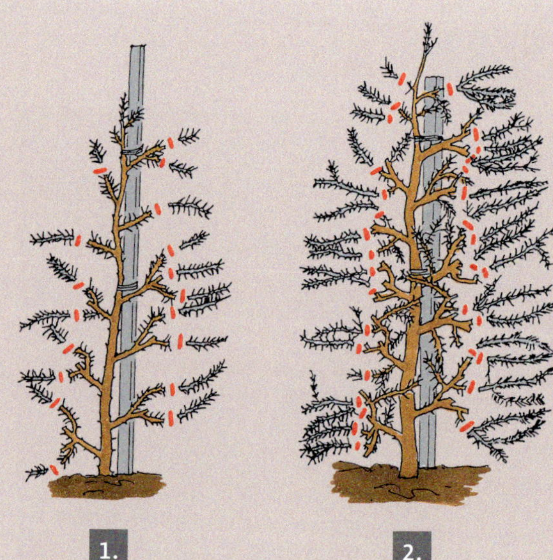

Zeichnung 1: *Ab dem zweiten Sommer können Sie bereits mit der Formierung der Hecke beginnen. Kürzen Sie alle Triebe so ein, dass die Hecke unten breiter als im oberen Bereich ist. Der Leittrieb bleibt ungeschnitten, bis die gewünschte Höhe erreicht ist.*
Zeichnung 2: *Hat die Hecke die gewünschte Höhe erreicht, kürzen Sie auch den Leittrieb ein. Die Seiten der Hecke werden nun regelmäßig geschnitten, bei starkwüchsigen Arten zweimal pro Jahr. Der erste Schnitt erfolgt zu Sommeranfang, der zweite im Spätsommer.*

Diese Eibenhecke wurde in ihrer Höhe stark eingekürzt.

Regeneration zwei Jahre nach dem Schnitt der Eibenhecke.

sogar alte Hecken noch recht gut verjüngen kann, auch wenn sie dann über mehrere Jahre einen unschönen Anblick bieten. Dafür bekommen Sie so für die nächsten Jahrzehnte wieder eine dichte, gut aufgebaute Hecke, die bald nach der Verjüngung ihre Funktion wieder voll erfüllen wird. Gehen Sie hier wie bei den hohen Laubgehölzhecken vor. Schneiden Sie im ersten Jahr Mitte des Frühlings eine Seite der Hecke bis nahe zur Hauptachse zurück. Auch in der Höhe sollte die Hecke bei dieser Gelegenheit entsprechend eingekürzt werden. Bis zum Herbst werden sich zahlreiche junge Triebe aus Adventivknospen entwickeln und die zurückgeschnittene Heckenhälfte anfangs zaghaft, später etwas rascher erneut begrünen. Erst wenn die geschnittene Seite wieder entsprechend zugewachsen ist, was mitunter bis zu zwei Jahre dauern kann, wird die andere Heckenseite auf die gleiche Weise verjüngt. Bis sich die Hecke wieder voll regeneriert hat, können sechs bis acht Jahre vergehen.

Sogar noch sehr alte Eiben regenerieren sich auch aus dem alten Holz wieder zufriedenstellend.

Links: Eiben treiben auch aus dem alten Holz wieder willig durch.
Oben: Muss eine alte Eibenhecke verjüngt werden, so schneidet man zuerst eine Seite stark zurück. Erst wenn sich diese Seite regeneriert hat (etwa zwei Jahre später), erfolgt derselbe Schnitt auf der zweiten Seite.

Diese Thujenhecke hat sich viele Jahre nach dem starken seitlichen Rückschnitt ins alte Holz nicht mehr regeneriert.

So können manche Arten gefördert, andere in ihrem Ausbreitungsdrang durch Schnittmaßnahmen etwas gebremst werden. Der Schnitt sollte immer ein leichter Auslichtungsschnitt sein, damit längerfristig eine Überalterung der Hecke verhindert beziehungsweise verzögert wird. Damit bleiben die oberen Bereiche locker und es gelangt genügend Licht ins Strauchinnere, wodurch sich diese von innen heraus erneuern können. In Einzelfällen wird man auch regelmäßig den einen oder anderen Trieb an der Basis herausnehmen müssen.

Blütenhecken und freiwachsende Hecken

Blütenhecken und freiwachsende Hecken unterscheiden sich von den Formhecken dadurch, dass sie wesentlich weniger geschnitten werden und sich die einzelnen Pflanzen besser entfalten können. Diese Hecken können entweder aus einer einzigen Art wie Flieder oder Spiersträucher oder aus unterschiedlichen Gehölzarten zusammengesetzt sein.

Erhaltungsschnitt

Hecken, die aus einer einzigen Art bestehen, bilden einen Übergang zu den Formhecken. Sie unterscheiden sich aber im Schnittzeitpunkt und in der Intensität der Schnittmaßnahmen. Spierstrauchhecken werden zum Beispiel nach der Blüte mit der Heckenschere zurückgeschnitten, wobei aber nicht auf deren Wuchsform Rücksicht genommen wird. Niedrige Hecken des sommerblühenden Japanischen Spierstrauchs kürzt man vor dem Austrieb ein. Dabei werden alle Pflanzen mit der Heckenschere etwa um die Hälfte bis zwei Drittel zurückgeschnitten. Fliederhecken lässt man viele Jahre über unbeschnitten, da sie mit zunehmendem Alter immer schöner werden. Nehmen Sie lediglich nach der Blüte einen vorsichtigen Auslichtungsschnitt vor.
In den Gärten bestehen Blütenhecken meist aus unterschiedlich hohen, freiwachsenden Ziersträuchern, die entsprechend ihrer natürlichen Wuchsform wachsen. Achten Sie bei der Artenauswahl darauf, dass die verschiedenen Arten gut zueinander passen, und halten Sie die entsprechenden Pflanzabstände ein, damit sich die Hecke optimal entwickeln kann. Zu dicht gepflanzte Hecken bringen immer eine problematische Pflege mit sich. Die Schnittmaßnahmen bei Blütenhecken dienen nicht dazu, einzelnen Pflanzen eine bestimmte Form zu verleihen, sondern dazu, eine harmonische Einheit zu erzeugen. Man schneidet die Gehölze in der Blütenhecke, damit sie reich blühen und die Hecke nicht zu groß wird.
Im Wesentlichen werden die Sträucher einer freiwachsenden Blütenhecke so geschnitten, wie man auch die Einzelsträucher schneiden würde. Der Schnitt wird hier jedoch weniger stark ausfallen. Gleichzeitig beeinflussen die Nachbarpflanzen den Schnitt jeder einzelnen Pflanze.

Verjüngungsschnitt

Eine vernachlässigte Blütenhecke lässt sich zwar verjüngen, aber dadurch werden Funktion und Optik über Jahre gestört. Dazu setzt man alle Pflanzen im Spätwinter auf den Stock, das heißt, alle kräftigen Triebe werden etwa 20–50 cm über dem Boden zurückgeschnitten. Bis diese Hecke wieder einigermaßen ihre ursprüngliche Form erreicht und die Pflanzen erneut blühen, vergehen viele Jahre. Da ist es meist besser, wenn man die Hecke vollständig rodet und nach entsprechender Bodenvorbereitung mit jungen, blühwilligen Sträuchern neu anlegt.
Blütenhecken, die nur aus einer Gehölzart bestehen, haben deutlich bessere Chancen, sich nach einem im Spätwinter durchgeführten Verjüngungsschnitt wieder zu regenerieren. Eine verjüngte Spierstrauchhecke benötigt mindestens zwei Jahre, bis sie wieder blüht. Eine auf den Stock gesetzte Fliederhecke braucht etwa drei Jahre, bis sie wieder einigermaßen entwickelt ist und erneut voll blüht. Auch hier ist eine Nachbehandlung des Neuaustriebs im Folgejahr nach dem Verjüngungsschnitt notwendig.

Formschnitt

Der Formschnitt ist die Kunst, Bäume und Sträucher in eine geometrische Form zu bringen oder Figuren aus ihnen zu formen. Dies ist eine sehr alte Technik, die bereits im alten Rom angewandt wurde und insbesondere in den Gärten des 16. und 17. Jahrhunderts zu finden war. Heute sieht man solche Gehölze vor allem in historischen Gartenanlagen, aber auch in vielen Gärten Großbritanniens ist die Verwendung formaler Gehölze sehr beliebt. Neben den geometrischen Figuren kann man auch sehr viele kunstvoll geschnittene Figuren (Topiary) bestaunen. Aber auch in Mitteleuropa werden geometrische Formen immer beliebter. Nicht nur als Blickfang in privaten Gärten, auch in der modernen Gartengestaltung sind Hecken, Kugeln und andere formale Elemente in großem Stil in Verwendung. Einige Baumschulen haben sich mittlerweile auf die Produktion von Formgehölzen spezialisiert.

Pflanzenauswahl

Die wichtigste Eigenschaft der Formschnittgehölze besteht darin, dass sie kleinblättrig und immergrün sind. Darüber hinaus müssen sie unter mitteleuropäischen Klimabedingungen ausreichend winterhart sein und einen regelmäßigen Schnitt gut vertragen. Auch dürfen sie im Sommer keine langen oder dicken Triebe bilden. Diesen Anforderungen entsprechen bei uns nur der Buchsbaum, der Liguster und die Eibe. Im Mittelmeerraum können hingegen auch Gehölze wie die Echte Zypresse, der Lorbeerbaum und die Stein-Eiche verwendet werden. Die typischen Formschnittpflanzen wachsen sehr langsam, so dass es Jahre dauert, bis man sie in die gewünschte geometrische Form gebracht hat. Für komplizierte geometrische Formen oder Topiary sind viel Geduld, Zeit und Liebe zum Detail erforderlich.

Formal geschnittene Elemente in Drummond Castle.

Formgehölze werden in Baumschulen kultiviert und zu Figuren erzogen.

mit der Heckenschere. Bei einfachen Formen kann der regelmäßige Schnitt dauerhaft ohne Schablone durchgeführt werden. Für komplizierte Formen verwendet man hingegen besser selbst gebastelte Schablonen aus Draht und Holzstäben, die über die Pflanzen gestülpt werden. So lassen sich die Formen perfekt nachschneiden. Schablonen für Kugeln schneiden Sie halbkreisförmig und fixieren diese mit einem Stab im Zentrum der Pflanze, so dass sie sich um die Pflanze drehen lässt. Komplizierte Figuren hingegen werden durch Schnitt und Erziehung auf einem Stützgerüst geformt, das in der Pflanze verbleibt und von dieser überwachsen wird, wo-

Pflanzschnitt und Formen gestalten

Die zu Formen erzogenen Kunstwerke bestehen normalerweise aus einer einzigen Pflanze, die sich bereits im frühen Jugendstadium sehr stark verzweigt. Die Formung der Pflanzen erfolgt nach und nach durch den Schnitt

Der Baumschuler zeigt, wie man Formgehölze mit der Schere richtig schneidet.

Auch Formgehölze in größeren Gefäßen lassen sich in die Gestaltung einbinden.

Hainbuchenbögen und formierte Kiefern für formale Gartengestaltungen.

Um Formgehölze zu schneiden, stülpen Sie ein Gerüst aus Holzstäben mit Maschendraht über die Pflanze, die Sie formieren beziehungsweise schneiden möchten. Schneiden Sie alle Triebe, die über das Gerüst hinauswachsen, im Sommer ab.

Bei komplizierten Formen stellen Sie ein dreidimensionales Gerüst her, das der angestrebten Form entspricht. Stutzen Sie die Triebe mehrmals, damit sich ein dichter Wuchs entwickelt. Schneiden Sie im Sommer zumindest ein- bis zweimal.

Bei der Formierung von Tierfiguren wie Vögeln etc. werden zuerst dreidimensionale Gerüste hergestellt und in der Pflanze fixiert. In den folgenden Jahren bindet man dann die Triebe an das Gerüst. Für einen dichten, der gewünschten Form gemäßen Wuchs entspitzen Sie die Triebe oder stutzen diese mit einer Schere. Die Pflanzen müssen im Sommer ein- bis zweimal nachgeschnitten werden, damit sie die gewünschte Form beibehalten.

durch ein genaues Nachschneiden der Formen möglich wird.

Pflege und Schnitt bei Formgehölzen

Voraussetzung dafür, dass die Formgehölze gesund und vital bleiben, ist eine ausreichende Bewässerung und eine ausgewogene Düngung. Daneben ist es auch wichtig, diese grünen Kunstwerke vor Konkurrenz durch andere Pflanzen im Garten zu schützen. Das gilt sowohl für Wurzelkonkurrenz als auch für Beschattung und betrifft besonders Kletterpflanzen wie Efeu und andere stark wuchernde Pflanzen. Aber auch größere Mengen nassen Schnees können ernsthafte Schäden verursachen und müssen deshalb rechtzeitig entfernt werden.
Der Schnittzeitpunkt für die Formgehölze ist der gleiche wie

*Rechts: In japanischen Gärten werden diverse Sträucher und Bäume zu Formen geschnitten.
Unten: Eiben und Buchs als formale Elemente beziehungsweise geschnittene Hecke.*

Oben: Eine „Mauer“ mit Zinnen aus geschnittenen Eiben.
Rechts: Etwas unregelmäßig geformte Eibenelemente in einem englischen Garten.

bei den verwendeten Gehölzarten. Dieser fällt beim Buchs wie bei Eiben in die zweite Sommerhälfte. Der Schnitt erfolgt am besten mit einer Heckenschere, die auch elektrisch sein darf. Zum Schneiden von weichen Buchsbaumtrieben können Sie auch sogenannte Schafscheren verwenden. Schneiden Sie nach Möglichkeit immer bei bewölktem, kühlem Wetter und vermeiden Sie heiße, sonnige Sommertage. Durch den Schnitt werden die bislang geschützten Blättchen freigestellt und es dauert einige Tage, bis sich diese an die neue Situation angepasst haben.
Zum Schnitt von Liguster: siehe Seite 151 f.

Schneiden Sie vorsichtig und kontrollieren Sie während des Schnitts immer wieder, ob die gewünschte Form auch eingehalten wird. Es ist besser, später noch einmal nachzuschneiden, denn ein durch voreilige Schnitte verursachtes unschönes Loch benötigt unter Umständen Jahre, bis es wieder einigermaßen zugewachsen ist.

Formierte Buchselemente in Tiergestalt (Topiary).

Schling- und Kletterpflanzen schneiden

Kletterpflanzen sind ausgesprochen praktische, attraktive Zierpflanzen, da man mit ihnen die Höhe, also die „dritte Dimension“ des Gartens begrünen kann. Sie haben von Natur aus auf der Suche nach Licht und Luft einen Habitus entwickelt, der sie auch unter schwierigen Bedingungen konkurrenzfähig macht. Dazu besitzen sie speziell angepasste Blätter, Triebe oder Ranken, mit denen sie sich an anderen Pflanzen, Rankgerüsten, Baumstämmen oder Felsen festhalten und an diesen hochklettern können. Sie wachsen sehr rasch und erfüllen häufig schon nach wenigen Jahren die ihnen zugedachte Funktion vollständig. Mit ihnen lässt sich der Eindruck eines fertigen Gartens recht schnell erzielen. Sie sind aber auch in der Lage, kahle und unschöne Stellen rasch zu verdecken. Kletterpflanzen fügen sich gut in schon bestehende Anlagen ein. Dies kann an einer Hausmauer, an Pergolen, Laubengängen, Pfeilern, Bögen oder anderen hochragenden Strukturen im Garten sein. In jedem Fall stellen sie einen außergewöhnlichen Blickfang im Garten dar.

Einteilung der Kletterpflanzen

Schling- und Kletterpflanzen können auf unterschiedlichste Art und Weise in die Höhe wachsen beziehungsweise klettern. Dementsprechend müssen auch die Stützhilfen angepasst sein, damit die Pflanzen optimal wachsen können und Schnitt- und Pflegeaufwand möglichst gering zu halten sind.

Haftwurzel- und Haftscheibenkletterer benötigen keine Kletter-

Sprossbürtige Haftwurzeln bei der Trompetenwinde.

Haftscheiben bei der Dreilappigen Jungfernrebe 'Veitchii'.

Kletterpflanzen wird oft nachgesagt, dass sie Gebäude oder Stützvorrichtungen schädigen. Dieses Risiko ist sehr gering, wenn man die richtige Pflanze für den richtigen Standort wählt. Die Kletterhilfen müssen ausreichend stabil sein, die zu begrünenden Mauern dürfen keine Risse oder schadhaften Stellen sowie lockeren Verputz aufweisen. Vorsicht sollte man bei stark windenden Klettergehölzen wie dem Blauregen walten lassen. Hier können alte Pflanzen unter Umständen Eisenstangen oder Regenrinnen einschnüren und verbiegen.

hilfe. Efeu, Kletter-Hortensie und teilweise die Trompetenwinde können mit Hilfe ihrer sprossbürtigen Wurzeln die meisten Oberflächen wie Fels, Baumrinden oder nackte Maueroberflächen ohne weitere Stützhilfen erklettern oder überwachsen. Gleiches gilt für die Jungfernrebe und den Wilden Wein mit ihren Haftscheiben. Sie sind sehr hübsch, aber auch sehr starkwüchsig und können Probleme verursachen, wenn sie zum Beispiel ein Gebäude unkontrolliert überwachsen. Insbesondere Fenster, Türen und Regenrinnen müssen laufend kontrolliert und notfalls regelmäßig freigeschnitten werden.
Schlingpflanzen wie Blauregen, Kiwi und Pfeifenblume schlingen sich mit ihren Sprossen um jede erreichbare Stützhilfe. Sie benötigen ein mehr oder minder massives Klettergerüst. Den schwächer wachsenden Arten wie dem schlingenden Wohlriechenden Geißblatt sind Spaliere, Drähte oder weitmaschige Gitter eine ideale Stützhilfe.
Kletterpflanzen, die mit Hilfe von Blattranken, Blattstielranken oder umgebildeten Sprossranken die Höhe erklimmen, bevorzugen einen feinen Maschendraht oder zumindest eng verlaufende Spanndrähte, damit sie ihren typischen Wuchs voll entfalten können. Diese Rankpflanzen benötigen auf jeden Fall eine möglichst dünne Rankhilfe. Nur die jungen Ranken sind in der Lage, sich um das Gerüst zu wickeln, ältere verholzen. Werden diese einmal losgelöst, können sie sich nicht mehr verankern. Zu dieser Gruppe zählen unter anderem die Waldreben, aber auch Weinreben und die Rostrote Rebe.
Kletter- und Ramblerrosen sowie der Winter-Jasmin gehören zu den Spreizklimmern. Diese haben keine speziellen Organe ausgebildet, mit deren Hilfe sie klettern können. Rosen halten sich mitunter mit ihren Stacheln fest. Insgesamt benötigen die Vertreter dieser Gruppe aber ein Stützgerüst. Die Triebe müssen zusätzlich in regelmäßigen Abständen festgebunden werden, wenn sie dauerhaft klettern sollen. Ohne Klettergerüst eignen sich diese Pflanzen vorzüglich zur Begrünung von Mauerkronen, über die sie elegant hinunterwachsen.

Allgemeines zu Kletterhilfen

Viele Kletterpflanzen sind sehr langlebig. Auf jeden Fall wachsen sie mehrere Jahre an einer Mauer oder einer anderen Rankhilfe. Während dieser Zeit wird es voraussichtlich sehr schwierig sein, Instandhaltungsarbeiten durchzuführen, ohne dabei die Pflanzen zu beschädigen. Deshalb ist es wichtig, dass Hausmauern zum Beispiel von innen her trocken sind und der Putz keine Risse aufweist. Muss die Wand gestrichen werden, dann dürfen Sie keine selbsthaftenden Kletterpflanzen verwenden. Die trockenen Haftorgane bleiben am Putz haften und sind nur äußerst schwer zu entfernen.
Spaliere oder Maschengeflechte sollten immer einen kleinen Abstand (etwa 15–20 cm) von der Mauer aufweisen, damit den Pflanzen ausreichend Spielraum zur Entfaltung bleibt und eine gute Luftzirkulation möglich ist. Damit wird das Auftreten von Krankheiten wie Mehltau etc. reduziert.
Holzzäune und -gerüste müssen mit einem pflanzenverträglichen, giftfreien Schutzanstrich versehen werden. Alle Drähte und Bauteile, die zur Befestigung verwendet werden, müssen auf Dauer korrosionsresistent sein und auf jeden Fall älter als die Pflanzen werden können.
Achten Sie darauf, dass das Gerüst stabil und solide genug ist, um das Gewicht der ausgewachsenen Kletterpflanze auszuhal-

Links: Die Waldreben zählen zu den Blattstielrankern.
Rechts: Das Geißblatt schlingt sich um einen Draht.

Rankgerüste für Kletterrosen (Spreizklimmer) können sehr vielgestaltig sein.

ten. Besonders schön kommen blühende Kletterpflanzen wie Blauregen auf Bögen und Pergolen zur Geltung. Die attraktiven Blüten wirken am schönsten, wenn sie frei hängen können. Achten Sie darauf, Höhe und Breite der Bögen möglichst großzügig zu bemessen. Denn hat sich die Pflanze erst einmal der Kletterhilfe bemächtigt, wird der Platz unter dem Bogen stark reduziert.

Auch aus gestalterischer Sicht sollten Sie bezüglich der Rankgerüste einige Überlegungen anstellen. Steht die Konstruktion gestalterisch im Vordergrund oder wird diese später ohnehin von der Kletterpflanze völlig überwachsen und verdeckt? Welche Gerüstart, welche Form und welches Material passen zu Haus und Umgebung?

Moderne Gestaltung mit Kletterpflanzen.

Schnitt und Erziehung bei Kletterpflanzen

Die frühzeitige Erziehung von Kletterpflanzen ist von grundlegender Bedeutung für deren langfristige Entwicklung. Sie sollen viele kräftige Triebe hervorbringen, die den zur Verfügung stehenden Platz bestmöglich nutzen und flächig überwachsen. Dazu müssen bereits die Triebe der Jungpflanzen sorgfältig ausgerichtet und entsprechend festgebunden werden.

> Es gibt zahlreiche Kletterpflanzen, die später ohne Schnitt auskommen und trotzdem lange vital bleiben. Diese eignen sich zur Begrünung von (Haus-)Mauern und hohen Bäumen, wo sich später eine regelmäßige Pflege ohnehin schwierig gestaltet. Dazu zählen Efeu und Wilder Wein. Auch wenn hier keine weiteren Schnittmaßnahmen durchgeführt werden, bleibt das Freischneiden von Fenster- und Türrahmen trotzdem unumgänglich.

Blühende Kletterpflanzen benötigen einen regelmäßigen Schnitt, damit Vitalität und Blühwilligkeit erhalten bleiben. Bezüglich des Schnittzeitpunkts gelten dieselben Empfehlungen wie bei den Sträuchern. Schneiden Sie bei jenen Kletterpflanzen, die im Frühling oder Frühsommer blühen, die alten Vorjahrestriebe heraus, sobald diese abgeblüht sind. Bei den meisten, insbesondere den im Sommer blühenden Klettergehölzen, erfolgt der Schnitt vor dem Austrieb im Frühjahr. Auf Besonderheiten bei einzelnen Arten wird später bei der detaillierten Beschreibung eingegangen. Der Schnitt dient auch dazu, zu große und wuchernde Kletterpflanzen in ihrem Ausbreitungsdrang zu bremsen. Im Rahmen des Erhaltungsschnitts sollten aus der vorgegebenen Wuchsform stark herauswachsende Triebe frühzeitig eingekürzt werden. Dadurch werden ein kompakter Wuchs gefördert, die Standfestigkeit erhöht sowie die Gefahr von Schäden durch Schnee und heftige Stürme verringert. Langlebige Arten lassen sich durchaus erfolgreich verjüngen, während die eher kurzlebigen besser durch kräftige Jungpflanzen ersetzt werden.

Schnitttechniken

Je nach Art und Wüchsigkeit der Kletterpflanzen wird man zum Schneiden eine Baum- oder Heckenschere verwenden. Klettergehölze wie Wein oder Blauregen, die dicke Triebe bilden, müssen mit der Baumschere geschnitten werden, da jeder Kurztrieb beim Schneiden mit besonderer Sorgfalt behandelt und auf bestimmte Augen eingekürzt werden muss. Andere Arten wie das Wohlriechende Geißblatt oder der Schling-Flügelknöterich, die eine Vielzahl dünner, schlingender Triebe aufweisen, können mit der Heckenschere gestutzt werden. Hier jeden einzelnen Trieb gezielt zu stutzen, wäre arbeitstechnisch viel zu aufwändig und ist auch unnötig.

Einen Korrekturschnitt, der die Wuchsform etwas verbessern beziehungsweise den Wuchs bei sommergrünen Kletterpflanzen etwas eindämmen soll, führen Sie am besten während der Ruheperiode durch. Immergrüne schneiden Sie besser im späteren Frühjahr, da bei diesen die Schnittstellen durch den bald folgenden Austrieb rasch überwachsen werden. Kletterpflanzen, die wegen ihrer schönen Blüte verwendet werden, schneiden Sie artspezifisch und in Abhängigkeit vom Alter des blühfähigen Holzes entweder im Frühjahr oder gleich nach der Blüte. Bei manchen Arten wie dem Blauregen sind sogar zwei Schnitte notwendig.

Routineaufgaben

Die Vielzahl unterschiedlichster Kletterpflanzen verlangt detailliertes Wissen über die jeweilige Pflanze. Dennoch gibt es zahlreiche Arbeiten, die regelmäßig durchgeführt werden sollten, unabhängig davon, um welche Gehölzart es sich dabei handelt.

Regelmäßige Schnittarbeiten

Alle abgestorbenen, beschädigten oder kranken Pflanzenteile müssen sofort entfernt werden. Geben Sie abgeschnittene, kranke Pflanzenteile nicht auf den Kompost, sondern verbrennen Sie diese nach Möglichkeit. Desinfizieren Sie das verwendete Werkzeug, um eine Übertragung der Krankheiten auf andere Pflanzen zu verhindern. Schneiden Sie auch die abgeblühten Triebe heraus. Manche Gehölze wie Kletterrosen oder einige Clematissorten blühen dadurch länger. Auch wenn ein Säuberungsschnitt, bei dem alles Verblühte und Verwelkte entfernt wird, nicht unbedingt notwendig ist, so wird doch der Zierwert der so behandelten Pflanze damit erhöht. Schneiden Sie aber bei Kletterpflanzen, die Früchte tragen sollen, die abgeblühten Triebe nicht.

Erziehung der Triebe

Kletterpflanzen sollen in bestimmter Art und Weise die Klettergerüste beranken und müssen deshalb schon als junge Pflanze geleitet und festgebunden werden. Auch Pflanzen, die eine Mauer begrünen sollen, müssen frühzeitig geleitet werden, damit sie den ihnen zugedachten Platz entsprechend ausfüllen und nicht nur mit einigen Trieben nach oben wachsen. Generell müssen die jungen Triebe von Anfang an so gut wie möglich waagrecht ausgebreitet oder aufgefächert werden, damit eine flächige Bedeckung der Rankhilfen erfolgt. Kürzen Sie in eine falsche Richtung oder zu stark einseitig wachsende Triebe regelmäßig ein.

Diese Ussuri-Scheinrebe (Ampelopsis brevipedunculata) wurde vorbildlich am Rankgitter gezogen.

Bindungen und deren Kontrolle

Binden Sie alle Kletterpflanzen, die sich nicht von alleine festhalten können, regelmäßig auf. Binden Sie bei blühenden Kletterpflanzen möglichst viele Triebe waagrecht, da dies die Blütenbildung merklich stimuliert.

Wenn die Trompetenwinde nicht entsprechend angebunden wird, kann sie unter Umständen Zäune stark schädigen.

Die Bindungen sollten immer die Form einer Achterschlaufe aufweisen, da die Pflanze dadurch gegenüber der harten Oberfläche des Rankgerüsts etwas abgepuffert ist. Bei sehr dünntriebigen Kletterpflanzen ist eine Kontrolle der Bindungen nicht erforderlich. Anders ist die Situation bei dick- und starktriebigen Arten wie Trompetenwinde oder Blauregen. Überprüfen Sie hier die Bindungen regelmäßig. Sind die Schnüre nicht zu fest oder zu locker und noch intakt? Die starktriebigen Gehölzarten vergrößern ihren Stammumfang jedes Jahr beträchtlich. Dadurch kann es zum Einschneiden oder Abschnüren kommen, was eine Beschädigung der Pflanze zur Folge hat. Lösen Sie diese Bindungen daher rechtzeitig. Zum Binden sollte man Schnüre aus Jute oder anderen verrottbaren Materialien verwenden. Kunststoff- oder andere unverrottbare Schnüre sind ungeeignet.

Soll eine größere Fläche bewachsen werden, dann sollten Kletterpflanzen an waagrechten Drähten oder Gerüsten angebunden werden.

Schnitt der Kletterpflanzen von A bis Z

Bei den laubzierenden Kletterpflanzen beschränken sich die Schnittmaßnahmen meist auf den Pflanzschnitt, das Entfernen abgestorbener Pflanzenteile sowie das Reduzieren übermäßigen Wachstums. Die blütenzierenden Kletterpflanzen benötigen darüber hinaus einen differenzierten Erhaltungsschnitt, dessen Ausführung von der jeweiligen Pflanzenart und ihrer Blütezeit abhängig ist.

Actinidia; Strahlengriffel, Kiwi

Meist winterharte, sommergrüne Schlingpflanzen mit wechselständigen, länglichen bis mehr oder minder herzförmigen Blättern. Ihre Blüten sind zweihäusig verteilt, weshalb man eine Befruchtersorte hinzupflanzen muss, wenn man auf die Früchte Wert legt. Es sind im Wesentlichen sehr starkwüchsige Pflanzen, die viel Platz und ein kräftige Rankgerüst benötigen.

Kolomikta-Strahlengriffel *Actinidia kolomikta*

Bis 3 m hoch wachsender, schlingernder Kletterstrauch mit wechselständigen, sommergrünen Blättern. Bei den männlichen Pflanzen ist die vordere Blatthälfte im Austrieb weiß bis hellrosa, später auch dunkelrosaviolett gefärbt. Mitunter kann auch die gesamte Blattspreite eingefärbt sein. Diese auffällige, schwachwüchsige Pflanze eignet sich nur für windgeschützte Lagen.

Erziehungsschnitt: Schneiden Sie die jungen Pflanzen in etwa 30–40 cm Höhe auf kräftige Augen zurück, damit sie sich von der Basis her kräftig verzweigen. Wählen Sie danach fünf bis sieben kräftige Triebe aus, die Sie nach und nach am Gerüst aufbinden. Kürzen Sie während der Wachstumsperiode im Frühsommer die kräftigen Seitentriebe um zwei Drittel, die schwächeren auf ein bis zwei Augen ein. Entfernen Sie bei dieser Gelegenheit auch alle sehr schwachen Triebe, die für den Aufbau der Pflanze ungeeignet sind.

Erhaltungsschnitt: Entfernen Sie vor dem Austrieb im zeitigen Frühjahr alle abgestorbenen, beschädigten oder kranken Pflanzenteile. Kürzen Sie schlecht platzierte oder aus der gewünschten Form herausragende Triebe ein. Solange die Pflanze noch nicht vollständig etabliert ist, kürzen Sie die Seitentriebe um zwei Drittel ein, um den Wuchs anzuregen. Ist die Pflanze einmal etabliert und nimmt den ihr zugedachten Platz vollständig ein, dann kürzen Sie die Seitentriebe etwa um ein Drittel ein, um sie in ihrer optimalen Größe zu erhalten. Entfernen Sie von Zeit zu Zeit auch einen der älteren Haupttriebe an der Basis.

Verjüngungsschnitt: Ist die Pflanze bereits stark gewachsen und entwickelt sich eher gestrüppartig, so dass ein regulärer Schnitt nicht mehr möglich ist, dann verjüngen Sie sie durch einen kräftigen Rückschnitt bis zum Grundgerüst. Sie wird sich wieder gut regenerieren.

Schmückt Hauswände oder Pergolen: der Blauregen (Wisteria floribunda, hier die Sorte 'Multijuga', siehe Seite 265 ff.).

Der buntlaubige Kolomikta-Strahlengriffel sollte ebenfalls aufgebunden werden.

Scharfzähniger Strahlengriffel, Minikiwi *Actinidia arguta*, Echte Kiwi, Kiwifrucht, Chinesische Stachelbeere *Actinidia deliciosa*

Schnittmaßnahmen: Siehe Seite 344 ff.

Akebia; Klettergurke, Akebie

Starkwachsende, sommer- oder halbimmergrüne, schlingende Sträucher mit handförmig zusammengesetzten Blättern und violettbraunen bis purpurfarbenen Blüten. Nach langen, heißen Sommern entwickeln sich ab August bis Oktober die etwa 10 cm großen, auffällig purpurvioletten oder hellvioletten Früchte. Sie benötigen kräftige Klettergerüste oder Rankhilfen.

Fingerblättrige Akebie *Akebia quinata*

Die als Jungpflanze frostempfindliche Akebie bevorzugt warme, vollsonnige Standorte und nahrhafte, lehmige Böden.

Sie wächst 6–10 m hoch, ist linkswindend und trägt aus fünf eiförmigen Teilblättchen handförmig zusammengesetzte Blätter. Ihre rosafarbenen oder violettbraunen Blüten erscheinen an den vorjährigen Trieben, duften fein und öffnen sich im Mai. Sie eignet sich bevorzugt zur Begrünung von Pergolen, Zäunen, Lauben, Spalieren und Mauern.
Erziehungsschnitt: Schneiden Sie die jungen Pflanzen in etwa 30–40 cm Höhe auf kräftige Augen zurück, damit sie sich von der Basis an kräftig verzweigen. Wählen Sie danach fünf bis sieben der jungen, kräftigen Sprosse aus und binden Sie diese nach und nach am Gerüst an, bis sie selbst zu schlingen beginnen. Kürzen Sie bei Bedarf im Frühsommer die kräftigen Seitentriebe um zwei Drittel.
Erhaltungsschnitt: Entfernen Sie nur vertrocknete oder abgestorbene Pflanzenteile im zeitigen Frühjahr vor dem Austrieb. Weitere Schnittmaßnahmen sind nicht notwendig. Ist die Pflanze bereits stark entwickelt, kürzen Sie sie nach der Blüte um etwa ein Drittel ein.
Verjüngungsschnitt: Ein gezielter Auslichtungsschnitt ist bei der Akebie nicht möglich, da ihre Triebe sehr stark miteinander verschlungen sind. Vor allem wenn die Pflanze an der Basis verkahlt, ist ein Verjüngungsschnitt angebracht. Schneiden Sie die Pflanze entweder auf ein kräftiges Gerüst zurück oder nötigenfalls sogar 30–50 cm über dem Boden ab. Auch wenn sich im oberen Bereich des Rankgerüsts wulstartige Köpfe aus den dicht miteinander verschlungenen Trieben gebildet haben, schneiden Sie diese soweit heraus, dass sich der neue Zuwachs wieder entsprechend entwickeln kann.

Fingerblättrige Akebie.

Ussuri-Scheinrebe im Fruchtschmuck.

Ampelopsis; Scheinrebe

Sommergrüne, mit dem Wein verwandte, verholzende Pflanze mit gefiederten oder gelappten Blättern. Aus den unscheinbaren Blüten entwickeln sich dekorative, schön gefärbte Beeren. Die Scheinrebe eignet sich zur Begrünung von Zäunen, Pergolen oder Mauern.

Ussuri-Scheinrebe
Ampelopsis brevipedunculata

Starkwüchsige Schlingpflanze mit dreilappigen, weinähnlichen Blättern. Die Blüten sind unscheinbar, jedoch entwickeln sich im Herbst daraus äußerst dekorative, blaue bis türkisfarbene, erbsengroße Früchte.
Erziehungsschnitt: Kürzen Sie die Triebe nach dem Pflanzen ein, damit sie sich an der Basis gut verzweigen. Leiten Sie die Triebe an die Kletterhilfe und binden Sie sie dort so an, dass das Rankgerüst vom neuen Wuchs möglichst vollständig ausgefüllt wird. Setzen Sie diese Maßnahmen die nächsten zwei bis drei Jahre fort.
Erhaltungsschnitt: Ist das Gerüst einmal aufgebaut, dann kürzen Sie die Seitentriebe auf zwei bis drei Knospen ein. Auf diese Weise wird die Bildung von Blütentrieben angeregt und die Pflanzen bleiben über viele Jahre hindurch vital und wüchsig. Wächst die Scheinrebe an einer Hausmauer, dann achten Sie darauf, dass Dachrinnen und -ziegel nicht beschädigt werden.
Verjüngungsschnitt: Ist es unbedingt notwendig, die Pflanzen einmal stark zurückzuschneiden, so ist dies ohne weiteres möglich.

Schneiden Sie die Pflanze etwa 30 cm über dem Boden zurück und bauen Sie die gewünschte Wuchsform mit dem neuen Austrieb wieder auf.

Riesenblättrige Scheinrebe
Ampelopsis megalophylla
Starkwüchsige Schlingpflanze mit bis zu 50 cm großen, gefiederten Blättern. Die Blütenstände sind reich verzweigt, ihre kreiselförmigen Früchte zuerst dunkelpurpurn, später schwarz gefärbt. **Schnittmaßnahmen:** Siehe *Ampelopsis brevipedunculata*.

Aristolochia; Pfeifenblume, Osterluzei

Starkwüchsige, sommergrüne, linkswindende Pflanze mit großen, herzförmigen Blättern und pfeifenartigen, purpurbraunen Blüten.

Amerikanische Pfeifenblume
Aristolochia macrophylla
Starkwüchsiger, an geeigneten Standorten bis 10 m hoch windender Strauch mit auffallend glatten, dunkelgrünen Trieben und wechselständigen, großen, herzförmigen Blättern. Bevorzugt halbschattige bis schattige Standorte, bei ausreichender Bodenfeuchte auch für sonnige Lagen. **Erziehungsschnitt:** Nach dem Einpflanzen leiten Sie die kräftigen Triebe zur Kletterhilfe und binden Sie dort fest. Entfernen Sie schwache Triebe an der Basis. **Erhaltungsschnitt:** Entfernen Sie im Spätwinter die schwachen Triebe. Lange Triebe kürzen Sie auf zwei bis drei kräftig entwickelte Knospen ein. Abgesehen davon sind keine Schnittmaßnahmen notwendig. Werden die Pflanzen zu groß, schneiden Sie sie im zeitigen Frühjahr kräftig zurück.
Verjüngungsschnitt: Überalterte oder längere Zeit nicht geschnittene Pflanzen lassen sich durch einen kräftigen Rückschnitt gut verjüngen und neu aufbauen. Schneiden Sie dazu kurz vor dem Austrieb alle Triebe knapp über dem Boden zurück. Die alten, abgeschnittenen Strünke treiben zwar nicht mehr aus. Die Pflanzen regenerieren sich aber von der Basis aus wieder gut.

Campsis; Trompetenwinde, Trompetenblume

Kräftig wachsende, sommergrüne Kletterpflanzen mit gegenständigen, gefiederten Blättern und sprossbürtigen Haftwurzeln. Die endständigen Büschel orangefarbener bis roter, trompetenförmiger Blüten erscheinen vom Hochsommer bis zum Herbst an den diesjährigen Trieben. Vollsonnige, warme, geschützte Lagen werden bevorzugt und bringen reichen Blütenschmuck hervor. Sie benötigen einen regelmäßigen Schnitt vor dem Austrieb im Frühjahr. Gelegentlich treiben sie Wurzelausläufer, die man, falls sie unerwünscht sind, am besten an der Entstehungsstelle ausreißt. Nicht abschneiden, dadurch wachsen sie nur noch stärker.

Rechts: Große Trompetenwinde am Zaun.
Unten: Die Amerikanische Pfeifenblume zählt zu den laubzierenden schlingenden. Kletterpflanzen.

Amerikanische Trompetenwinde *Campsis radicans*
Die Trompetenwinde ist ein starkwachsender Kletterstrauch mit sprossbürtigen Haftwurzeln. Da die Pflanze mit zunehmendem Alter und mit den überhängenden Blütentrieben ein beachtliches Gewicht entwickelt, reichen die Haftwurzeln nicht aus, um sie dauerhaft und zuverlässig zu tragen. Sie benötigt deshalb ein kräftiges, gut verankertes Klettergerüst. Diese Art schmückt sich ab dem Hochsommer mit orangefarbenen bis scharlachrote röhrig glockigen Blüten. Die Sorte 'Flava' blüht gelb.
Erziehungsschnitt: Es ist wichtig, ein kräftiges, verholztes Gerüst aufzubauen, dessen jährlich neugebildete Seitentriebe die Blüten tragen. Schneiden Sie deshalb nach dem Pflanzen die Triebe auf etwa 15 cm zurück, damit sich kräftige Neutriebe entwickeln, die später das Gerüst der Pflanze aufbauen werden. Lassen Sie einen oder zwei Triebe stehen. Entfernen Sie die übrigen an der Basis. Leiten Sie die verbliebenen Triebe nun an das Klettergerüst heran und binden Sie sie fest. Lassen Sie jedes Jahr etwa 1 m des Zuwachses der Haupttriebe stehen. Kürzen Sie jedoch vor dem Austrieb im Frühjahr alle seitlichen vorjährigen Triebe auf ein bis zwei Knospenpaare ein. An deren Enden werden sich im Sommer die Blütenbüschel entwickeln.
Erhaltungsschnitt: Ist das Gerüst einmal aufgebaut, dann kürzen Sie alljährlich im zeitigen Frühjahr vor dem Austrieb alle vorjährigen Triebe auf ein bis zwei Knospenpaare ein. Nur so wird die Trompetenwinde zuverlässig und reichhaltig blühen. Sind nach mehreren Jahren durch das kräftige Einkürzen der Seitentriebe verzweigte, wulstartige Köpfe entstanden, dann schneiden Sie diese bis auf einen an deren Basis wachsenden Jungtrieb zurück. Schwache und kranke Triebe sowie abgetrocknete Zapfen aus dem Vorjahr entfernen Sie vollständig.
Verjüngungsschnitt: Die Trompetenwinde spricht auch auf einen kräftigen Rückschnitt gut an. Ist ein Hauptspross beschädigt oder bereits zu stark, dann kürzen Sie diesen vor dem Austrieb auf einen kräftig entwickelten Jungtrieb oder auf 30–50 cm über dem Boden ein. Bauen Sie mit diesem jungen Trieb ein neues Gerüst auf.

Austrieb der Trompetenwinde nach dem Schnitt auf zwei bis drei Augenpaare im zeitigen Frühjahr.

Große Trompetenwinde 'Mme. Galen' *Campsis × tagliabuana* 'Mme. Galen'
Diese Sorte wächst mit 4 m Höhe wesentlich schwächer als die Art und bildet kaum sprossbürtige Haftwurzeln aus. Ihre orange-scharlachroten Blüten sind breit trichterförmig und wesentlich auffälliger.
Schnittmaßnahmen: Siehe *Campsis radicans.*

Celastrus; Baumwürger

Starkwachsende, sommergrüne, schlingende Kletterpflanzen, die vorwiegend blattzierend sind. Die tiefgelben Früchte springen im Herbst auf und geben die Samen mit ihrem roten Samenmantel frei. Der Baumwürger ist zweihäusig. Legen Sie Wert auf Früchte, dann müssen Sie gleichzeitig weibliche und männliche Exemplare pflanzen. Diese sind gut winterhart und benötigen viel Platz. Am besten lässt man sie in alte Bäume oder an starken Klettergerüsten hochwachsen.

Der Baumwürger ist eine stark wuchernde Kletterpflanze.

Rundblättriger Baumwürger
Celastrus orbiculatus
Der bis zu 12 m hoch wachsende, zweihäusige Baumwürger ist durch seine mattgrünen, eirundlichen Blätter, die sich im Herbst leuchtend gelb verfärben, ein auffälliger Kletterstrauch. Seine Blüten sind grünlich und eher unscheinbar. Jedoch stellen die tiefgelben Früchte mit den rot ummantelten Samen, die bis in den Winter hinein haften, eine auffallende Zierde dar. Der Baumwürger ist ein anspruchsloser, anpassungsfähiger Kletterstrauch zur Berankung größerer Flächen oder Klettergerüste.
Erziehungsschnitt: Führen Sie nach dem Einpflanzen die Triebe sukzessive an das Klettergerüst heran und binden Sie diese fest. Schwache und beschädigte Triebe entfernen Sie.
Erhaltungsschnitt: Sind die Pflanzen einmal etabliert, dann benötigen sie keine regelmäßigen Schnittmaßnahmen. Schlecht platzierte Triebe und solche, die weit aus der Pflanze herausragen, entfernen oder kürzen Sie ein. Ein zu kräftiger Schnitt geht auf Kosten der Blüten beziehungsweise des Fruchtschmucks.
Verjüngungsschnitt: Obwohl bei entsprechender Verwendung ein Rückschnitt in der Regel nicht notwendig ist, ist dieser möglich. Die Pflanzen reagieren gut darauf und treiben wieder willig aus, wenn man die alten Äste auf 40–50 cm zurückschneidet.

Clematis; Waldrebe, Clematis

Clematisarten und deren Hybriden zählen zu den am häufigsten verwendeten Klettergehölzen unter mitteleuropäischen Klimabedingungen. Es sind meist reich und lange blühende Kettersträucher, die sich unter natürlichen Standortbedingungen mit Hilfe von Fiederblattranken an den Ästen und Trieben von Bäumen und Sträuchern festhalten und somit dem Licht entgegenwachsen. Sie benötigen ein Klettergerüst mit dünnen Drähten, Geflechten oder Gittern, an dem sie sich festranken können. Auf diese Weise können sie auf Lauben, Zäune und Wände hinaufwachsen. Sie eignen sich aber auch zum Überwachsen von Baumstümpfen oder Ähnlichem.
Damit sich Clematis dauerhaft wohl fühlen, sind einige Punkte zu beachten. Schon bei der Pflanzung ist darauf zu achten, dass der Fuß der Pflanze beschattet ist, zum Beispiel durch Stauden. Die oberen Pflanzenteile sollten hingegen eher sonnig stehen.
Dem Blühverhalten entsprechend werden Clematis drei verschiedenen Schnittgruppen zugeordnet. Die erste Gruppe umfasst die Frühjahrsblüher, die in der Regel nicht geschnitten werden, da sie am vorjährigen Holz blühen. Zur zweiten Gruppe der Frühsommerblüher zählen vor allem die großblumigen Hybriden, die entweder einmal am alten Holz blühen oder einen zweiten Blütenflor am neuen Trieb hervorbringen. Die Vertreter der dritten Gruppe blühen ausschließlich am diesjährigen Trieb und werden im Frühjahr vor dem Austrieb stark zurückgeschnitten.
Clematistriebe bilden immer ein Gewirr von ineinander verschlungenen Zweigen, weshalb ein gezielter Auslichtungsschnitt in der Regel kaum durchgeführt werden kann. Ihre Triebe sind sehr brüchig und können nur im Sommer im noch unverholzten Zustand in eine bestimmte Richtung gelenkt werden. Oftmals, besonders bei den großblumigen Hybriden, vertrocknen Triebe plötzlich. Hier ist besondere Vorsicht geboten. In diesem Falle ist die Pflanze beziehungsweise der vertrocknete Trieb von der Clematiswelke befallen. Hierbei handelt es sich um einen Pilz, der in die Leitungsbahnen hineinwächst, diese verstopft und den befallenen Trieb somit von der Wasserzufuhr abschneidet. Schneiden Sie derartig verwelkte Triebe sofort direkt am Boden heraus und entsorgen Sie diese. Sie gehören auf keine Fall auf den Kompost. Durch optimale Wasser- und Nährstoffversorgung lässt sich die Gefahr eines Befalls deutlich verringern.
Einige Clematisarten blühen auch ohne regelmäßigen Schnitt Jahr für Jahr. Die meisten Arten verkahlen jedoch mit zunehmendem Alter an der Basis. Ohne Schnitt blühen sie dann lediglich noch an den äußeren Triebenden. Darunter befindet sich nur mehr ein Gewirr von vergreisten Trieben und blühfaulem Holz. Deshalb ist ein regelmäßiger Schnitt unum-

Die von der Clematiswelke befallenen Triebe müssen gründlich entfernt und das verwendete Werkzeug anschließend desinfiziert werden.

gänglich, dessen Ausführung von der jeweiligen Art beziehungsweise Sorte abhängt.
Erziehungsschnitt: Der Pflanz- und Erziehungsschnitt ist für alle Clematisarten und -sorten gleich und wird deshalb den Schnittmaßnahmen der speziellen Gruppen vorangestellt. Achten Sie schon beim Einkauf darauf, dass die leicht brechenden Triebe nicht geknickt oder abgebrochen sind. Beim Pflanzen ist es wichtig, dass das erste Knospenpaar der Sträucher unter der Erde zu liegen kommt. Dadurch ist dieses geschützt und die Pflanze kann sich regenerieren, falls die oberirdischen Triebe erfrieren oder abgebrochen sind. Schneiden Sie die junge Pflanze knapp über dem ersten über dem Boden befindlichen Knospenpaar zurück. Dadurch verzweigt sich die Pflanze gut und verkahlt später nicht so leicht. Wurden die Pflanzen erst später im Frühsommer im bereits blühenden Zustand gekauft, unterbleibt dieser sehr wichtige Pflanzschnitt zumeist, muss dann jedoch spätestens im Frühjahr nach der Pflanzung nachgeholt werden. Leiten Sie die jungen, noch unverholzten Triebe auf das Klettergerüst und binden Sie die Triebe bei flächigen Gerüsten möglichst waagrecht an.

Schnittgruppe 1

Zu dieser Gruppe zählen die am vorjährigen Holz blühenden Arten und Sorten. Beispiele dafür sind die Berg-Waldrebe (*Clematis montana*) und die heimische Alpen-Waldrebe (*Clematis alpina*). Diese Arten sowie deren Sorten blühen ab Mai. Sie wachsen und blühen viele Jahre hindurch auch ohne regelmäßigen Schnitt.
Erhaltungsschnitt: Um eine gute Verzweigung an der Basis der Pflanzen zu erreichen, kann man die Triebe gegen Ende des zweiten Winters um die Hälfte einkürzen, wenn die Frostgefahr vorüber ist. Wichtig ist dabei, dass man immer auf ein kräftig entwickeltes Knospenpaar einkürzt. Auch erfrorene oder im Winter beschädigte Sprosse werden zu diesem Zeitpunkt entfernt. Solange die Pflanzen reich

1.

__Zeichnung 1:__ Bei den Vertretern der Schnittgruppe 1 erfolgt die Blütenbildung ausschließlich am vorjährigen Holz. Die Blüten entstehen unmittelbar am vorjährigen Trieb. Danach bilden sich neue Triebe, die wiederum bereits die Knospenanlagen für die Blüten im nächsten Jahr entwickeln.
__Zeichnung 2:__ Pflanzschnitt bei der Schnittgruppe 1: Kürzen Sie, falls das überhaupt notwendig ist, sofort nach der Blüte Ende Mai die älteren Triebe auf gut entwickelte Knospen ein.
__Zeichnung 3:__ In der Regel werden die Clematisarten der Schnittgruppe 1 nicht geschnitten. Alternativ kann man aber gleich nach der Blüte im Mai die abgeblühten Triebe bis auf wenige Augenpaare einkürzen. Dieser Schnitt hält die Pflanze etwas kompakter und verjüngt sie gleichzeitig mäßig.

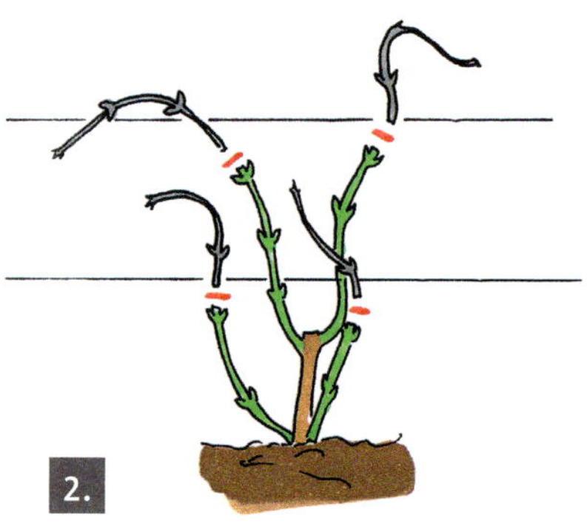
2.

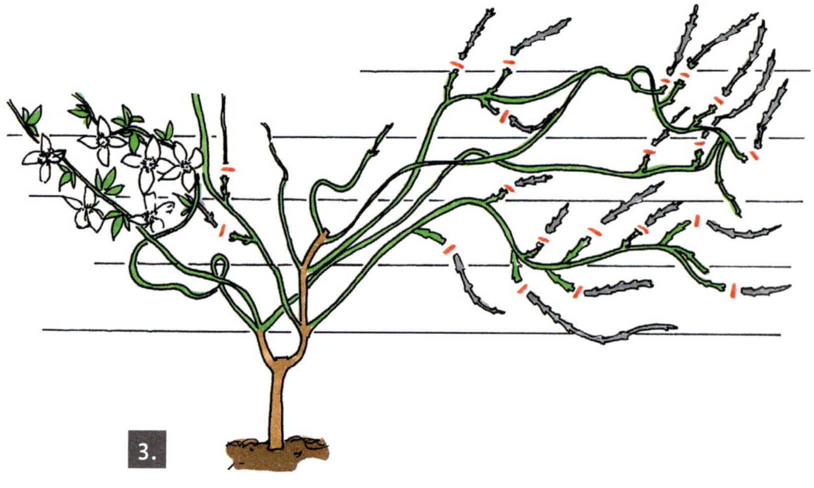
3.

Alpen-Waldrebe 'Blue Princess'.

Blühende Berg-Waldrebe.

blühen und ausreichend Platz zur Verfügung steht, ist ein Erhaltungsschnitt nicht nötig. Erst wenn die Pflanze zu groß wird oder zu vergreisen droht, ist ein Schnitt anzuraten. Schneiden Sie die Pflanze dann unmittelbar nach der Blüte etwa um die Hälfte zurück. Möchten Sie von vornherein verhindern, dass die Pflanzen zu groß werden, dann können Sie bereits von Anfang an direkt nach der Blüte einen leichten Rückschnitt vornehmen. Allerdings entwickeln sich gerade diese Clematis ohne Schnitt viele Jahre hindurch besonders schön.
Verjüngungsschnitt: Vergreiste oder vernachlässigte Pflanzen lassen sich gut verjüngen, indem man sie sofort nach der Blüte bis auf ein Gerüst von etwa 60–100 cm Höhe oder bis in Bodennähe zurückschneidet. Es kann zwar passieren, dass die alten Triebe vollständig absterben, aber die Sträucher regenerieren sich aus Bodentrieben. Sie können diesen Verjüngungsschnitt auch im Spätwinter vor dem Austrieb durchführen. Dann verzichten Sie allerdings ganz auf die Blüte in der laufenden Saison. Dafür wird das Wachstum nach dem Rückschnitt etwas stärker ausfallen und die Pflanzen blühen bereits im folgenden Frühjahr, wenn sie ausreichend gewässert und mit Nährstoffen versorgt wurden.

Schnittgruppe 2

Zu dieser Gruppe zählen die großblumigen Clematis-Hybriden, die im Frühsommer am vorjährigen Trieb und im späten Sommer bis Frühherbst ein zweites Mal am diesjährigen Zuwachs blühen. Werden die Pflanzen entsprechend diesem Wuchs- und Blühverhalten geschnitten, können sich die beiden Blühpha-

Blüte der Clematis-Hybride 'Dr. Ruppel'.

Regeneration bei Clematis macropetala 'Markham's Pink' nach starkem Verjüngungsschnitt nach der Blüte.

sen durchaus überschneiden. 'Dr. Ruppel', 'Nelly Moser' oder 'The President' sind bekannte Sorten dieser Gruppe.

Erhaltungsschnitt: Durch den Schnitt sollen bei bereits etablierten Pflanzen ein Gerüst aus altem Holz erhalten und gleichzeitig die Bildung von blütentragenden Neutrieben angeregt werden. Schneiden Sie im Frühjahr vor dem Austrieb alle schwachen oder beschädigten Triebe bis zum Ansatz oder bis zum Boden zurück. Lassen Sie jedoch ein gut verteiltes Gerüst aus alten Trieben stehen. Kürzen Sie diese nur um ein Viertel ihrer Länge ein. Achten Sie darauf, dass die Triebe des Gerüsts in der Höhe etwas versetzt eingekürzt werden, damit die Blüten später locker über die ganze Pflanze verteilt sind. Sie können die abgeblühten Triebe nach der ersten Blüte einkürzen, dadurch einen neuen Austrieb anregen und so eine zweite Blüte erhalten. Meist entwickeln sich aber bereits während der ersten Blüte unterhalb der Blütentriebe Neutriebe, die dann unter Umständen beim Schnitt verloren gehen.

Eine weitere Möglichkeit besteht darin, vor allem bei dicht gewachsenen und weniger oft geschnittenen Pflanzen, diese im Frühjahr vor dem Austrieb kräftiger ins alte Holz zurückzuschneiden. Dies erfolgt oft auch aus Unkenntnis der Gruppenzugehörigkeit. In diesem Fall entfällt der erste Blütenflor oder ist zumindest stark reduziert. Dafür wird die zweite Blüte umso reicher ausfallen.

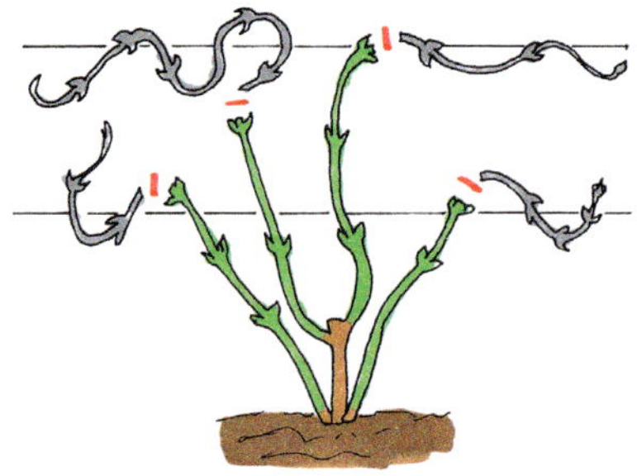

Pflanzschnitt bei der Schnittgruppe 2.

Im zweiten Jahr entwickeln sich erste Blüten im Spätsommer bis Herbst.

Unmittelbar nach der Blüte oder im zeitigen Frühjahr vor den Austrieb wird ein Teil der Triebe eingekürzt, einzelne Triebe werden an der Basis herausgenommen. Bei der Schnittgruppe 2 bleibt ein Teil der vorjährigen Triebe ungeschnitten (erster Blütenflor), die restlichen werden vor dem Austrieb leicht eingekürzt. An diesen entwickeln sich die Neutriebe, die den zweiten Blütenflor bringen.

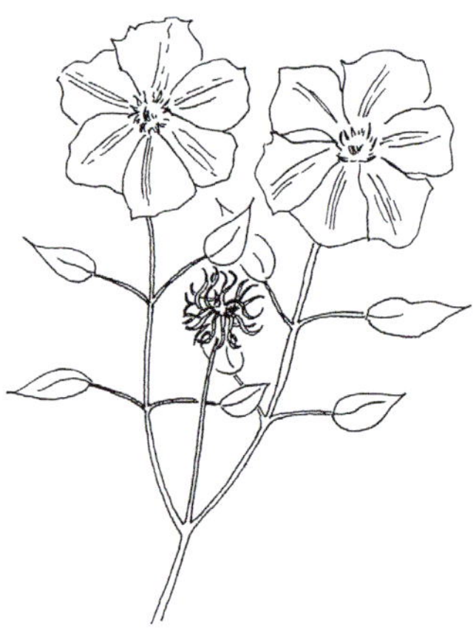

Bei den Sorten der Schnittgruppe 2 werden die ersten Blüten an den vorjährigen, die zweiten Blüten an den diesjährigen Neutrieben gebildet.

Verjüngungsschnitt: Da auch die Sorten dieser Gruppe sehr stark wachsen und mit zunehmendem Alter ein Gewirr von ineinanderverwachsenen Trieben bilden, ist ein starker Rückschnitt ins alte Holz in vier- bis fünfjährigen Abständen empfehlenswert. Auch in diesem Fall wird der erste Blütenflor entfallen, der zweite jedoch reichlich ausfallen.

Schnittgruppe 3

Vertreter dieser Gruppe sind die Italienische Waldrebe (*Clematis viticella* und deren Sorten) sowie die Gruppe der Mongolischen Waldreben (*Clematis-tangutica-*

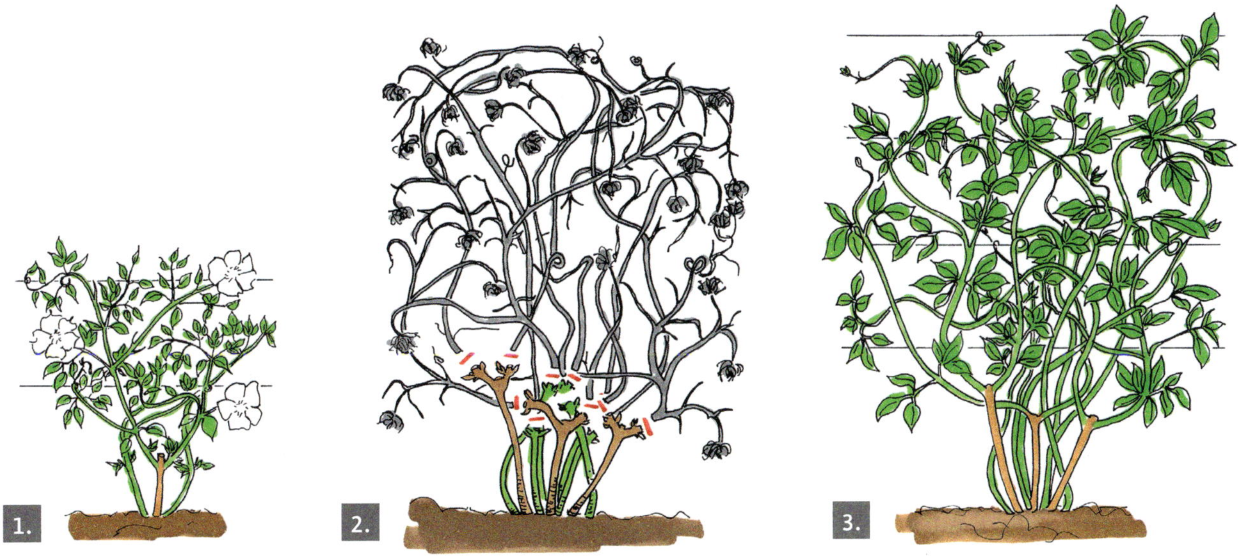

1. 2. 3.

__Zeichnung 1:__ Pflanzschnitt bei der Schnittgruppe 3, die Pflanzen blühen noch im selben Jahr.
__Zeichnung 2:__ Die Vertreter der Schnittgruppe 3 werden entweder bereits im Spätherbst oder im zeitigen Frühjahr stark zurückgeschnitten. Man kann auf etwa 30 cm über dem Boden auf kräftige Augen schneiden oder belässt ein niedriges Gerüst aus den stärksten Trieben, schneidet aber alles Übrige weg.
__Zeichnung 3:__ Sie bilden bis zum Frühsommer die blütentragenden Triebe.
__Zeichnung 4:__ Bei den Vertretern der Schnittgruppe 3 erfolgt die Blütenbildung ausschließlich an den diesjährigen, neugebildeten Langtrieben.

4.

Rechts oben: 'Betty Corning' nach dem Schnitt im zeitigen Frühjahr.
Rechts: Blüte der Italienischen Waldrebe 'Betty Corning'.

Gruppe) und die Sorten der *Clematis-texensis*-Gruppe. Auch einige Vertreter der 'Jackmannii'-Gruppe werden mit mehr oder weniger geringen Abweichungen dieser Schnittgruppe zugeordnet. Sie blühen ausschließlich am diesjährigen Wuchs, je nach Sorte von Frühsommer bis in den Spätsommer hinein. Da sie sich von der Basis aus kräftig regenerieren, können sie alljährlich stark zurückgeschnitten werden. Sie benötigen den regelmäßigen Rückschnitt unbedingt, da ansonsten die Blühfreudigkeit stark nachlässt oder ganz verloren geht.
Erhaltungsschnitt: Der Rück-

schnitt kann bereits im Spätherbst oder im zeitigen Frühjahr durchgeführt werden, wenn die Knospen zu schwellen beginnen. Schneiden Sie alle kräftigen Triebe auf ein Augenpaar etwa 15–30 cm über dem Boden zurück. Entfernen Sie alle abgestorbenen Triebe, die keine Knospen aufweisen, sowie alle schwachen und beschädigten Zweige.
Verjüngungsschnitt: Da die Pflanzen ohnehin jährlich bis knapp über dem Boden zurückgeschnitten werden und sich die Pflanzen aus jungen Basistrieben regenerieren, erübrigt sich ein Verjüngungsschnitt.

Fallopia; Flügelknöterich

Sehr starkwüchsige und äußerst anspruchslose Schlingpflanze mit auffälligem Blüten- und Fruchtschmuck, die zur Begrünung extrem trockener Standorte oder solcher mit schlechten Bodenbedingungen verwendet wird.

Schling-Flügelknöterich
Fallopia baldschuanica
Außerordentlich rasch- und starkwachsender, windender Kletterstrauch, der an Kletterhilfen bis 15 m hoch wächst. Seine langen Triebe sind oft weit überhängend. Auffällig sind seine am

Clematis 'Summersnow' im zeitigen Frühjahr nach erfolgtem Rückschnitt.

Rechts: Clematis 'Summersnow' in voller Blüte.
Unten: Mongolische Waldreben im Spätsommer mit Fruchtschmuck.

Mongolische Waldrebe 'Golden Tiara' im zeitigen Frühjahr nach kräftigem Rückschnitt.

Nach kräftigem Rückschnitt im Spätherbst treibt die Italienische Waldrebe an der Basis wieder stark aus.

Rand gewellten Blätter und die weißen, aufrechten Blütenrispen von Juli bis September, die an den diesjährigen Trieben gebildet werden.

Erziehungsschnitt: Schneiden Sie bei der Pflanzung die Sträucher um die Hälfte zurück, dann wird sich diese starkwüchsige Schlingpflanze gut verzweigen und gleich von Anfang an breit aufrecht wachsen. Leiten Sie die jungen Triebe zur Rankhilfe und binden Sie sie dort fest.

Erhaltungsschnitt: Einzelne Triebe einzukürzen oder die Pflanze auszulichten, ist nicht möglich. Sie können die Pflanze aber von Anfang an jährlich im Frühjahr vor dem Austrieb mit einer Heckenschere auf 50–80 cm über dem Boden einkürzen. Dadurch wird der ungestüme Wuchs der Pflanze etwas gebremst. Wenn sich die Pflanze allerdings großflächig entfalten soll, dann ist ein regelmäßiger Schnitt nicht erforderlich. Schneiden Sie in diesem Fall den Schling-Flügelknöterich alle vier bis fünf Jahre auf 50–80 cm über dem Boden zurück.

Verjüngungsschnitt: Ist der Schling-Flügelknöterich einmal verkahlt oder zu groß geworden, dann schneiden Sie ihn vor dem Austrieb bis knapp über dem Boden zurück. Die Pflanze wird sich sehr rasch regenerieren und bald erneut ihre ursprüngliche Größe erreichen.

Hedera; Efeu

Immergrüne, kriechende oder mit Haftwurzeln kletternde, dekorative Kletterpflanzen, die vorwiegend wegen ihres Laubs angepflanzt werden. Efeu ist sehr anpassungsfähig und wächst auch noch im tiefen Schatten. Er verträgt allerdings auch Sonne. Nur bei starkem Frost und direkter Wintersonne kann es zu Frostschäden kommen. Die jungen Pflanzen mit ihren gelappten Blättern bilden sprossbürtige Haftwurzeln aus, mit denen sie sich an rauen Oberflächen gut festhalten können. Sie benötigen daher kein Klettergerüst. Nur auf Glas und Metallflächen sowie mit Schutzanstrichen versehenen Flächen finden die Haftwurzeln keinen Halt. Alte Exemplare weisen ungelappte Blätter auf und bilden keine sprossbürtige Wurzeln mehr. Sie können nicht mehr klettern, sondern wachsen mit ihren dicken Trieben eher strauchförmig. Dafür entwickeln sich nun im Herbst Blütenstände, die blauschwarzen Früchte reifen im folgenden Frühjahr. Efeu ist eine sehr problemlose Kletterpflanze, die kaum einen Schnitt erfordert.

Gewöhnlicher Efeu *Hedera helix* und Sorten

Efeu kann bis 20 m hoch an Mauern, Bäumen und anderen Rankgerüsten emporwachsen. Mitunter werden nicht nur Wände, sondern ganze Gebäude von Efeu überwachsen. Wichtig ist in diesem Fall, dass Regenrinnen und Fensterrahmen freigeschnitten beziehungsweise vom Efeu freigehalten werden. Voraussetzung, dass Efeu auf Mauern überhaupt wachsen darf, ist ein einwandfreier, fester Verputz ohne Risse. Insgesamt ist Efeu gut schnittverträglich.

Erziehungsschnitt: Schneiden Sie nach dem Pflanzen nur schwache und beschädigte Triebe zurück. Leiten Sie die jungen Triebe mit Hilfe von Stäben zur Wand oder zur Kletterhilfe. So können Sie die ersten Triebe gezielt in eine bestimmte Richtung lenken und die Pflanzen finden mit ihren Haftwurzeln schneller Halt. Sie können die ersten Triebe auch waagrecht herunterbinden. Damit bilden sich von Anfang an viele aufrecht wachsende Triebe, die auch eine größere Fläche schnell überwachsen.

Erhaltungsschnitt: Der Erhaltungsschnitt beschränkt sich auf das Freischneiden von Fenstern und Regenrinnen sowie bei sehr

Schling-Flügelknöterich am Zaun als Hecke geschnitten.

alten Pflanzen das Einkürzen überlanger Blütentriebe oder unerwünschter Triebe. Führen Sie diese Schnittmaßnahmen bereits im zeitigen Frühjahr durch, da Vögel gerne im Efeu nisten und diese sonst gestört würden. Soll Efeu eine bestimmte Form auf einem Gerüst einnehmen, dann sollten Sie zur Förderung der Verzweigung die Triebe regelmäßig einkürzen oder pinzieren und anbinden. Beim Pinzieren werden die noch jungen, unverholzten Triebe mit den Fingerspitzen abgeknipst.
Verjüngungsschnitt: In der Regel ist es nicht nötig, Efeu zu verjüngen, da er meist flächig und dicht wächst und auch an der Basis kaum verkahlt. Sollte ein stärkerer Rückschnitt (zum Beispiel durch notwendig gewordene Sanierungsmaßnahmen an einer Mauer) dennoch erwünscht sein, so lässt sich dieser problemlos durchführen. Schneiden Sie Efeu aber nicht knapp über dem Boden ab, sondern lassen Sie etwa ein 1 m langes Sprossstück stehen.

Die Kletter-Hortensie kann zwar mit sprossbürtigen Wurzeln an rauen Oberflächen emporklettern, benötigt aber dennoch ein Klettergerüst.

Kolchischer Efeu *Hedera colchica*

Ist dem Gewöhnlichen Efeu sehr ähnlich, unterscheidet sich von diesem aber durch größere, weniger auffällig gelappte Blätter.
Schnittmaßnahmen: Siehe *Hedera helix*.

Hydrangea; Hortensie

Neben strauchförmig wachsenden Hortensien gibt es auch kletternde Arten.

Kletter-Hortensie *Hydrangea anomala* subsp. *petiolaris*

Langsam wachsender Kletterstrauch mit sprossbürtigen Wurzeln, der bis zu 10 m an Mauern oder auf Bäume hinauf beziehungsweise flächig am Boden wachsen kann. Er bevorzugt halbschattige Standorte und mäßig feuchte, gut mit Nährstoffen versorgte Böden. Die Blütenknospen sitzen am Ende vorjähriger Triebe, die sich entlang der Haupttriebe bilden, und sind somit schon im Herbst der vorjährigen Saison vorgebildet. Man erkennt sie daran, dass sie bereits angeschwollen und somit deutlich größer als die Blattknospen sind. Die cremeweißen Blüten entfalten sich in großen Schirmrispen von Juni bis Juli. Kletter-Hortensien benötigen nur wenig Schnitt, sobald sie einmal etabliert sind.
Erziehungsschnitt: Ein Erziehungsschnitt ist bei der anfangs nur langsam wachsenden Kletter-Hortensie nicht notwendig. Binden Sie die jungen Triebe an die Kletterhilfe oder Mauer, denn es kann zwei bis drei Jahre dauern, bis sie Haftwurzeln ausbilden und selbstständig klettern. Diese Maßnahme ist wichtig, da die Triebe erst dann klettern, wenn sie einmal Halt gefunden haben.
Erhaltungsschnitt: Kürzen Sie nur die überlangen Triebe auf ein kräftiges Auge ein. Es dauert einige Jahre, bis die Pflanze den ihr zugedachten Raum ausfüllt. Schneiden Sie möglichst wenig, denn die abgeblühten Blüten- beziehungsweise Fruchtstände wirken den Winter hindurch sehr dekorativ. Man kann die Blütenstände schon nach der Blüte auf eine darunterliegende, kräftig entwickelte Knospe zurückschneiden. Besser ist es aber, diesen Schnitt erst im folgenden Frühjahr vor dem Austrieb durchzuführen.
Verjüngungsschnitt: Sollte es einmal notwendig sein, die Pflanze stark zurückzuschneiden, so ist dies kein Problem. Die Kletter-Hortensie verträgt einen kräftigen Rückschnitt gut. Schneiden Sie dazu die Pflanze vor dem Austrieb im Frühjahr auf das Gerüst zurück. Sie verzichten dann allerdings in dieser Saison auf Blüten.

Jasminum; Jasmin

Kletter- und Schlingpflanzen mit verholzten Sprossen, gegenständigen, meist geteilten Blättern und häufig stark duftenden Blüten.

Winter-Jasmin *Jasminum nudiflorum*

Etwa 3 m hoher und ebenso breit wachsender Spreizklimmer mit langen, grünen, bogig überhängenden Trieben und dreizähligen Blättchen. Kann an Mauern, Bäumen oder Gerüsten hochgezogen oder auch als Strauch kultiviert werden. Die primelgelben Blüten erscheinen an den blattlosen vorjährigen Trieben je nach Witterung bereits ab Dezember bis März. Sehr anpassungsfähige und anspruchslose Pflanze für vollsonnige bis leicht beschattete Standorte. Sollte unbedingt in regelmäßigen Abständen geschnitten werden, da sich im

Inneren viel altes und abgestorbenes Holz ansammelt.
Erziehungsschnitt: Schneiden Sie nach dem Auspflanzen die Triebe um zwei Drittel zurück, damit sich die Pflanze von der Basis aus kräftig entwickelt und gut verzweigt. Binden Sie die Triebe sukzessive an ein Klettergerüst, um aus den Zweigen ein gut verteiltes Gerüst zu bilden.
Erhaltungsschnitt: Kürzen Sie die abgeblühten, vorjährigen Triebe direkt nach der Blüte auf drei bis fünf Augenpaare bis zu den Gerüsttrieben ein. Binden Sie die neuen Triebe bei Bedarf wieder in das Gerüst ein. Schneiden Sie in mehrjährigen Abständen auch den einen oder anderen Gerüsttrieb bis auf einen jungen, kräftigen Trieb nahe der Basis zurück.
Verjüngungsschnitt: Wurde der Winter-Jasmin regelmäßig geschnitten, dann lohnt sich ein Verjüngungsschnitt, der in mehrjährigem Turnus durchgeführt werden kann. Dabei werden die Pflanzen auf 60–80 cm über dem Boden zurückgeschnitten. Alte, niemals oder nur selten geschnittenen Pflanzen regenerieren sich nicht besonders gut und sollten besser durch junge, kräftige Pflanzen ersetzt werden.

Lonicera; Geißblatt, Heckenkirsche

Sommergrüne, halb- oder immergrüne Schlinggehölze mit verholzten Trieben. Ihre weißen, gelben, orangefarbenen oder roten Blüten sind meist trichterförmig und öffnen sich zweilippig. Einige Arten schmücken sich mit leuchtend roten, orangefarbenen oder schwarzen Beeren. Sie bieten sich für die Begrünung von Zäunen, Spalieren, Mauern oder Pergolen an. Insgesamt sind die Geißblattarten sehr anspruchslose Schlinger, die auch noch im Halbschatten gut gedeihen.

Wald-Geißblatt
Lonicera periclymenum

Mittelstark wachsende, 3–6 m hoch schlingende, rechtswindende Kletterpflanze mit sommergrünen, gegenständigen Blättern. Die Blätter sind im Gegensatz zu denen von *Lonicera caprifolium* immer frei und auch an der Triebspitze nicht miteinander verwachsen. Die röhrigen, gelblich weißen oder rosaweißen Blüten erscheinen in kopfigen Blütenständen zu sechst bis acht von Mai bis Juni (Juli) und duften stark. Es gibt einige Sorten mit abweichenden Blütenfarben.
Erziehungsschnitt: Schneiden Sie die Sträucher nach dem Pflanzen um zwei Drittel zurück, damit sich kräftige Triebe von der Basis aus entwickeln. Leiten Sie die kräftigen Triebe zum Gerüst und binden Sie diese an. Sobald sie selbst zu ranken beginnen, ist ein weiteres Anbinden nicht mehr nötig.
Erhaltungsschnitt: Da die Sprosse dicht ineinander verschlungen wachsen, ist ein gezielter Schnitt meist nicht möglich. Die Blüten entwickeln sich meist an Verzweigungen der vorjährigen, aber auch an diesjährigen Trieben. Wenn möglich, kürzen Sie die verblühten Triebe im Sommer um ein Drittel ein und ent-

Damit der Winter-Jasmin dicht wächst, sollte man ihn nach der Blüte leicht zurückschneiden.

Beim Geißblatt schlingen sich die Triebe ineinander, weshalb ein exakter Schnitt kaum möglich ist. Die Blüten werden an den Neutrieben vorjähriger Triebe und an den Enden diesjähriger Triebe gebildet. Lassen Sie deshalb das Gerüst der dicken Triebe unbeschnitten, kürzen Sie aber die vorjährigen, verblühten Seitentriebe kräftig ein. Zur Verjüngung können Sie die Pflanzen im zeitigen Frühjahr etwa 50 cm über dem Boden zurückschneiden.

Bei den schwachwachsenden Geißblattsorten werden die Blüten ebenfalls an kurzen Seitentrieben der vorjährigen Triebe gebildet. Hier kann man aber viel genauer schneiden, da diese Sorten nicht so sehr ineinander verschlungen sind. Kürzen Sie alle vorjährigen Seitentriebe des Gerüsts auf zwei bis drei Knospenpaare ein. Diese werden nach dem Austrieb im Frühsommer reichlich Blüten hervorbringen.

spitzen Sie die Triebe, wenn diese ihre endgültige Höhe erreicht haben. Steht nur wenig Platz zur Verfügung, dann schneiden Sie die Seitentriebe auf zwei bis drei Augen zurück. Bei ausreichendem Pflanzangebot müssen die Sträucher nicht geschnitten werden. Der Pflegeschnitt kann auch im Spätwinter durchgeführt werden. Dabei werden alle vorjährigen abstehenden Triebe auf wenige Knospenpaare eingekürzt, das Gerüst aus älteren Sprossen bleibt erhalten.

Verjüngungsschnitt: Geißblätter sprechen auf einen Verjüngungsschnitt gut an. Dieser ist empfehlenswert, wenn die Pflanzen an der Basis verkahlen. Zur Verjüngung kürzen Sie alle kräftigen Triebe auf 50–60 cm über dem Boden ein, alle dünnen, vertrockneten und beschädigten Triebe entfernen Sie ganz. Die Pflanzen regenerieren sich normalerweise aus der Basis heraus gut und lassen sich wieder zu blühfreudigen Sträuchern aufbauen.

Wohlriechendes Geißblatt, Jelängerjelieber *Lonicera caprifolium*
Ähnelt dem Wald-Geißblatt, aber die obersten Blattpaare an den Triebspitzen sind miteinander verwachsen. Seine in sechszähligen Wirteln angeordneten Blüten sind innen weiß, außen gelblich weiß überlaufen und duften stark.
Schnittmaßnahmen: Siehe *Lonicera periclymenum.*

Heckrott-Geißblatt, Feuer-Geißblatt *Lonicera × heckrottii*
Ähnelt dem Wald-Geißblatt, wächst jedoch etwas schwächer und blüht reicher sowie intensiver purpurrot gefärbt.
Schnittmaßnahmen: Siehe *Lonicera periclymenum.*

Tellmann-Geißblatt, Gold-Geißblatt *Lonicera × tellmanniana*
Mäßig stark wachsende, sommergrüne, schlingende Kletterpflanze mit in Quirlen angeordneten, gelborangefarbenen Blüten, die sich im Juni entfalten.
Schnittmaßnahmen: Siehe *Lonicera periclymenum.*

Geißblatt 'Dropmore Scarlet' *Lonicera × brownii* 'Dropmore Scarlet'
Anfangs schwach, später mittelstark wachsender, sommergrüner, schlingender Kletterstrauch. Die obersten Blattpaare sind stängelumfassend und miteinander verwachsen. Seine leuchtend roten bis orangeroten Röhrenblüten sitzen in mehreren Quirlen übereinander. Sie erscheinen in großer Anzahl von Juni bis September.
Schnittmaßnahmen: Siehe *Lonicera periclymenum.*

Japanisches Geißblatt *Lonicera japonica*
In milden Wintern immergrüner, sonst wintergrüner, starkwüchsiger, schlingender Kletterstrauch.

Unten links: Das Wohlriechende Geißblatt blüht an den kurzen Seitentrieben der vorjährigen Zweige.
Unten rechts: Das Japanische Geißblatt regeneriert sich nach starkem Rückschnitt wieder sehr rasch.

Seine weißen bis cremefarbenen, intensiv duftenden Blüten erscheinen paarweise an den diesjährigen Trieben von Juni bis zum Herbst.
Erziehungsschnitt: Kürzen Sie die jungen Pflanzen um zwei Drittel ein, damit sich kräftige Neutriebe zum Aufbau eines Gerüsts entwickeln. Leiten Sie diese an das Klettergerüst.
Erhaltungsschnitt: Schneiden Sie die stark ineinander verschlungenen Triebe, die ohnehin meist stark vom Rankgerüst überhängen, vor dem Austrieb im Frühjahr mit einer Heckenschere bis auf die Haupttriebe zurück. Während des Sommers kürzen Sie überlange Triebe ein und dünnen zu dichten Wuchs aus.
Verjüngungsschnitt: Schneiden Sie alle Triebe auf eine Höhe von 50–60 cm über dem Boden zurück. Entfernen Sie abgestorbene und schwache Triebe ganz. Die Pflanzen regenerieren sich nach diesem Schnitt wieder sehr schnell.

Henrys Geißblatt *Lonicera henryi*

Immergrüner, starkwüchsiger, windender Kletterstrauch mit länglich lanzettlichen Blättern, purpurroten Blüten von Juni bis August und schwarzen, blau bereiften Früchte.
Erziehungsschnitt: Siehe *Lonicera japonica.*
Erhaltungsschnitt: Sind die Schnittmaßnahmen zur Erziehung abgeschlossen, muss nur noch wenig geschnitten werden. Entfernen oder kürzen Sie lediglich überlange, weit abstehende und überalterte Triebe vor dem Austrieb im Frühjahr ein.
Verjüngungsschnitt: Siehe *Lonicera japonica.*

Parthenocissus; Jungfernrebe, Wilder Wein

Kräftig wachsende, sommergrüne Kletterpflanzen mit Haftscheiben, dreilappigen oder fünfzähligen Blättern und intensiver Herbstfärbung. Anpassungsfähige Kletterpflanzen mit großem Platzbedarf zur Begrünung von Wänden, Mauern, Zäunen, Böschungen. Gedeihen auch noch im Halbschatten gut.

Wilder Wein, Gewöhnliche Jungfernrebe *Parthenocissus quinquefolia*

Sommergrüner, raschwüchsiger, mittels Haftscheiben kletternder Strauch, der bis 15 m hoch werden kann. Seine fünfzähligen Blätter sind im Herbst leuchtend rot gefärbt. Die weißlichen, dennoch unscheinbaren Blüten entwickeln sich an älteren Pflanzen und öffnen sich im Juli und August. Im Herbst trägt er blauschwarze, kugelige Beeren.
Erziehungsschnitt: Benötigt keinen Pflanzschnitt. Binden Sie die Triebe an die Rankhilfe oder leiten Sie diese mit Hilfe von Stäben zur Wand. Die Pflanzen werden die Wand sehr rasch begrünen. Schneiden Sie, wenn die Pflanze den ihr zugedachten Raum ausgefüllt hat, die überzähligen Triebe am besten im Sommer, da damit das Wachstum etwas gebremst wird. Entfernen Sie auch Triebe, die sich vom Rankgerüst oder der Mauer gelöst haben. Achten Sie darauf, Regenrinnen und Fensterrahmen frei zu halten beziehungsweise diese rechtzeitig freizuschneiden.
Verjüngungsschnitt: Sollte es notwendig sein, lässt sich der Wilde Wein gut verjüngen. Schneiden Sie alle Triebe, auch die bereits dickeren und verholzten, auf etwa 50–70 cm über dem Boden zurück. Die Pflanzen werden sich wieder regenerieren, wenn auch der eine oder andere zurückgeschnittene Strunk absterben wird.

Wilder Wein zur Zeit der Herbstfärbung. Nach starkem Rückschnitt im zeitigen Frühjahr entwickeln sich im gleichen Jahr noch meterlange Triebe.

Dreilappige Jungfernrebe 'Veitchii' ***Parthenocissus tricuspidata*** **'Veitchii'**
Ist das asiatische Gegenstück zum Wilden Wein aus Nordamerika. Starkwüchsiger Selbstklimmer mit kurzen, stark verzweigten Haftscheibenranken. Die sommergrünen, wechselständigen Blätter sind eiförmig, ungelappt bis dreilappig, die juvenile Form ist dreizählig. Die Blätter verfärben sich im Herbst leuchtend scharlachrot bis dunkelkarminrot. Unscheinbare Blüten im Sommer werden von schwarzen, blau bereiften Beeren im Herbst abgelöst.
Schnittmaßnahmen: Siehe *Parthenocissus quinquefolia.*

Oben: Die Dreilappige Jungfernrebe kann ganze Hauswände zuwachsen, ein Schnitt ist nicht erforderlich.
Rechts: Das Spaltkölbchen wächst mäßig stark, die überhängenden Triebe im oberen Bereich sollten von Zeit zu Zeit entfernt werden.

Schisandra; Spaltkölbchen

Sommergrüne, der Minikiwi ähnliche Schlingpflanze mit duftenden Blütentrauben und perlschnurartig aufgefädelten Früchten. Zur Begrünung von Pergolen, Zäunen und Mauern in geschützten, halbschattigen Lagen.

Chinesisches Spaltkölbchen ***Schisandra chinensis***
5–7 m hoch windender Schlingstrauch mit verkehrt eiförmigen Blättern. Die etwa 1,5 cm breiten, weißlichen Blüten sind eher unscheinbar und sitzen an der Basis junger Triebe. Sehr auffällig sind die scharlachroten Früchte, die in 10 cm langen, perlschnurartig angeordneten Trauben im Herbst erscheinen.
Erziehungsschnitt: Wählen Sie die vier bis sieben kräftigsten Triebe aus und leiten Sie diese an das Gerüst oder die Kletterhilfe, wo Sie sie anbinden.
Erhaltungsschnitt: Sind die Pflanzen einmal gut entwickelt, dann sind die langen Triebe meist überhängend und nehmen den weiter unten liegenden, blütentragenden Triebe das Licht weg. Kürzen Sie die nach außen wachsenden, überlangen Triebe auf zwei bis drei Augen ein, damit die Bildung weiterer blütentragender Triebe angeregt wird.
Verjüngungsschnitt: Das Verjüngen des Spaltkölbchens sollte über mehrere Jahre verteilt werden, damit die Blüten- und Fruchtbildung erhalten bleibt. Schneiden Sie nach Möglichkeit jedes Jahr einen der alten Triebe an der Basis heraus und leiten Sie dafür einen jungen, kräftig entwickelten Ersatztrieb an dessen Stelle in die entstandene Lücke.

Vitis; Weinrebe, Rebe

Zu dieser Gattung zählen neben der Weinrebe noch zahlreiche sommergrüne Arten mit verholzenden Trieben. Es sind Rankenkletterer mit meist großen, gelappten Blättern und teils prächtiger Herbstfärbung. Es gibt auch Arten, die dekorative Trauben mit bitteren oder essbaren Früchten hervorbringen. Die meisten Reben bevorzugen einen warmen, sonnigen Standort.

Rostrote Rebe *Vitis coignetiae*
Starkwüchsiger, bis 8 m hoch wachsender Kletterstrauch mit rostbraunfilzigen Trieben und 20–30 cm breiten, schwach gelappten oder drei- bis fünflappigen Blättern. Die Blätter sind im Herbst prächtig gelborange bis leuchtend rot gefärbt. Daraus entstehen schwarze, bis 1 cm große Früchte.
Erziehungsschnitt: Kürzen Sie die jungen Pflanzen um ein Drittel und erziehen Sie daraus zwei bis drei kräftige Triebe, die Sie wiederum möglichst waagrecht an die Kletterhilfe führen. Ziel ist eine gleichmäßige Abdeckung des Klettergerüsts mit der Rebe. Leiten Sie auch in den folgenden zwei bis drei Jahren die Triebe wieder so in das Klettergerüst, das es vollständig bewachsen wird. Achten Sie darauf, dass der Zuwachs pro Jahr nur etwa 1 m beträgt, damit auch entsprechendes Seitenholz gebildet wird.
Erhaltungsschnitt: Ist das Gerüst einmal aufgebaut, dann kürzen Sie bei einem beschränkten Platzangebot die Seitentriebe im Winter auf zwei bis drei Knospen ein. Zu stark wachsende Seitentriebe können Sie auch im Sommer auf ein Auge einkürzen. Steht ausreichend Raum zur Verfügung oder wächst Ihre Rebe in größere Bäume hinein, dann erübrigt sich ein Erhaltungsschnitt.
Verjüngungsschnitt: Reben können über viele Jahre hindurch wachsen und benötigen in der Regel kaum einen Verjüngungsschnitt. Ist er doch einmal angebracht, da zum Beispiel eine Mauer saniert oder der als Rankhilfe dienende Baum geschnitten werden muss, dann lässt sich diese Rebe problemlos verjüngen. Schneiden Sie die Pflanze knapp über dem Boden zurück und erziehen Sie aus den kräftigen neuen Austrieben ein neues Gerüst.

Wisteria; Blauregen, Glyzine, Wisterie

Sommergrüne, sehr starkwüchsige und bis 8 m hoch windende Kletterpflanzen mit wechselständigen, unpaarig gefiederten Blättern. Die weißen, violettblauen oder hellrosafarbenen Schmetterlingsblüten erscheinen in bis zu 50 cm langen, hängenden Trauben im Mai. Sie entwickeln sich an Kurztrieben am ausgereiften, alten Holz. Allerdings benötigen Blauregen mindestens sieben bis acht Jahre, bis sie das erste Mal blühen.
Es sind frostharte, aber wärmeliebende Kletterpflanzen, die sonnige Standorte in geschützter Lage mit reichem Blütenschmuck danken. Stickstoffhaltige Böden führen zu verstärktem vegetativem Wachstum, das auf Kosten der Blütenbildung geht. Mitunter können sie durch ihre schlingenden, verholzten Triebe Dachrinnen und Regenrohre zusammendrücken oder Geländer verbiegen. Diese attraktiven Blütenpflanzen benötigen Mauern, Zäune, sehr stabile Pergolen oder Bögen, an denen die Blütentrauben malerisch herabhängen. Blauregen lassen sich auch an der Wand als Spalier oder als Hochstamm erziehen. Um den Blütenflor zu erhalten, ist ein rigoroser Schnitt der blütentragenden Kurztriebe in zwei Schritten (im Sommer und im Winter) notwendig.

Japanischer Blauregen *Wisteria floribunda*
Rechtswindender Blauregen mit violetten, bis 50 cm langen Trauben. Die Blüten öffnen sich vom Ansatz zur Spitze hin sukzessive und erscheinen mit den Blättern.
Erziehungsschnitt: Meist sind die Pflanzen veredelt. Achten Sie deshalb bei der Pflanzung darauf, dass die Unterlage nicht durchtreibt und entfernen Sie die Wildtriebe notfalls. Der Erziehungsschnitt ist davon abhängig, ob der Blauregen an einer Pergola, als Spalier an einer Wand oder als Hochstamm gezogen werden soll. In allen Fällen ist es wichtig, ein Gerüst aus einem oder wenigen Trieben aufzubauen, welches lebenslang erhalten bleibt und an dem dann die blütentragenden Kurztriebe erzogen

Die Rostrote Rebe lässt man einfach wachsen, wenn das Gerüst aufgebaut ist. Ist der Platz nicht ausreichend, dann kann man die Seitentriebe jeweils im Winter stark einkürzen.

werden. Denn die Blütenknospen sitzen an der Basis der vorjährigen Triebe. Es dauert mindestens drei bis vier Jahre, bis ein entsprechendes Gerüst aufgebaut ist, unabhängig davon, welche Wuchsform gewählt wurde. Lässt man den Blauregen ohne Erziehung wachsen, dann werden sich die Triebe wirr ineinander verschlingen, so dass ein Schnitt unmöglich wird.

Erziehung an einer Pergola oder einem Bogen: Erziehen Sie nur einige wenige Hauptäste und binden Sie diese an der Kletterhilfe fest. Winden sich die Triebe um das Gerüst, dann lösen Sie sie und binden sie ebenfalls fest. Kürzen Sie den Verlängerungstrieb jedes Jahr im Spätsommer oder Winter auf etwa 1 m ein. Durch den dadurch entstehenden Saftstau wird die Pflanze zur Bildung von Seitentrieben angeregt.

Erziehung als Spalier: Kürzen Sie die Jungpflanze auf etwa 70–90 cm bei einem kräftigen Auge ein. Entfernen Sie die Seitentriebe und binden Sie den Leittrieb an einem Pfahl an. Lassen Sie im Sommer nur zwei Seitentriebe stehen und leiten Sie diese in einem Winkel von 45° am Spalier hoch. Kürzen Sie dessen Seitentriebe auf etwa 10–15 cm ein. Schneiden Sie den Leittrieb im Winter des zweiten Jahres etwa 70–80 cm über der Verzweigung ab, kürzen Sie die Seitenäste um ein Drittel und binden Sie diese herab. Im Sommer des nächsten Jahres schneiden Sie den Leittrieb wieder und leiten nun das nächste Seitenastpaar im Winkel von 45° nach oben. Kürzen Sie alle Seitentriebe auf 15 cm ein. Entfernen Sie überflüssigen und unerwünschten Wuchs an der Basis und am Haupttrieb. Folgen Sie diesen Schnittregeln auch im dritten Jahr.

Erziehung zum Hochstamm: Wählen Sie ein Pflanze mit kräftig ausgebildetem Stamm. Kürzen Sie den Leittrieb um etwa ein Drittel auf ein kräftig entwickeltes Auge ein. Entfernen

Ganz oben: Diese weiße Blauregensorte bedeckt die ganze Hausmauer, sie wurde bereits im vorangegangenen Sommer stark geschnitten.
Oben: Die jungen Blauregenpflanzen müssen an einem Gerüst hochgezogen werden.
Links: Der Blauregen entwickelt seine Blütenrispen an der Basis vorjähriger Triebe.

Sie alle Seitentriebe und binden Sie diesen an einer stabilen Stütze (Pfahl) fest. Kürzen Sie im folgenden Sommer den Leittrieb erneut auf ein kräftiges Auge ein. Lassen Sie die oberen Seitentriebe stehen, die mittleren kürzen Sie auf ein Drittel, die unteren bis in etwa 30 cm Höhe entfernen Sie ganz. Schneiden Sie im darauf folgenden Winter den Leittrieb kurz unterhalb der Schnittstelle vom letzten Sommer ab. Alle Seitentriebe kürzen Sie nun auf zwei bis drei kräftige Augen ein. Im folgenden Sommer pinzieren Sie den Leittrieb nochmals, die Seitentriebe kürzen Sie wieder um ein Drittel oder die Hälfte ein. Dies ist wichtig, da dadurch das Dickenwachstum und eine weitere Verzweigung der Seitentriebe angeregt werden. Im darauf folgenden Winter kürzen Sie wieder alle Triebe auf zwei bis drei kräftige Knospen ein. Erst im nächsten Sommer schneiden Sie dann die unteren Seitentriebe bis auf den Stamm zurück. Entfernen Sie ebenfalls alle neuen Triebe, die sich später hier entwickeln sollten. Die Seitentriebe im Kronenbereich kürzen Sie wiederum um die Hälfte bis zwei Drittel ein.

Erhaltungsschnitt: Bei etablierten Pflanzen ist das Ziel des Erhaltungsschnitts, die Ausbreitung der Pflanze einzuschränken und die Bildung von möglichst vielen blühenden Kurztrieben zu fördern. Dazu werden alle Kurztriebe in zwei Schritten eingekürzt. Schneiden Sie im Sommer, etwa zwei Monate nach der Blüte, alle Seitentriebe auf etwa 30–50 cm zurück. Sollten daraus neue Triebe entstehen, brechen Sie diese aus, bevor sie verholzen. Dadurch wird das Wachs-

1.

2.

3.

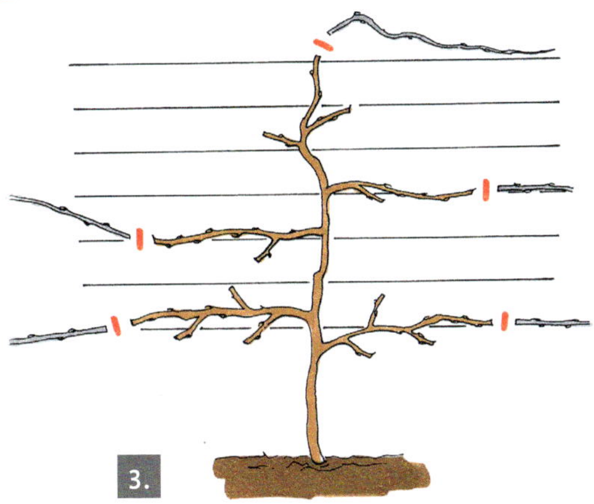

4.

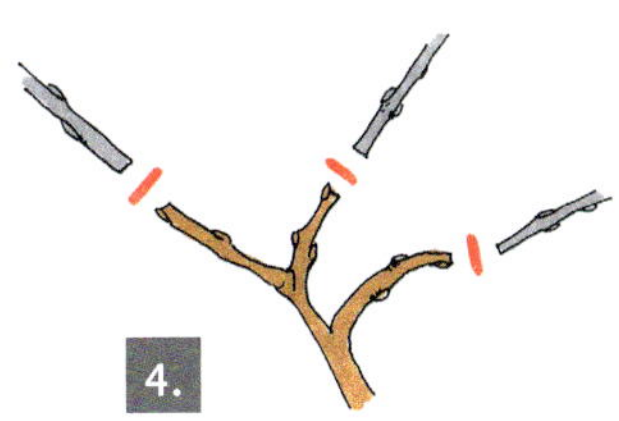

Zeichnung 1: *Nach dem Pflanzschnitt wird beim Blauregen im ersten Sommer der oberste Trieb als Stammverlängerung gezogen. Befestigen Sie die beiden nächstgelegenen Seitentriebe zunächst in einem Winkel von 45° und binden Sie sie später waagrecht. Sie bilden die ersten beiden Spalierarme.*
Zeichnung 2: *Nachdem im Winter die Triebspitzen leicht eingekürzt wurden, erfolgt zwischen Früh- und Hochsommer der nächste Schnitt. Der oberste Seitentrieb wird wieder zur Stammverlängerung, die darunter liegenden werden wieder als Spalierarme zuerst im 45°-Winkel, später waagrecht gebunden.*
Zeichnung 3: *Ab dem dritten Winter sind bereits zwei Etagen waagerecht gebunden, die unterste ist mittlerweile mit kurzen Blütenholz ausgestattet. Kürzen Sie wiederum die waagrechten Spalierarme um ein Drittel ein, die Stammverlängerung ziehen Sie so lange weiter, bis die gewünschte Etagenzahl erreicht ist.*
Zeichnung 4: *An den ältesten Etagenarmen können Sie bereits mit dem Fruchtholzschnitt beginnen. Kürzen Sie dazu die für das Gerüst nicht mehr benötigten Triebe im Sommer auf 20–30 cm ein. Im folgenden Frühjahr kürzen Sie diese Triebe nochmals auf etwa 10 cm oder sechs bis acht Augen ein. Aus den an der Basis dieser Triebe sitzenden Augen werden sich Blütenstände entwickeln.*

Zeichnung 1: *Pflanzschnitt bei der Erziehung zum Hochstamm: Pflanzen Sie einen jungen Blauregen mit kräftig ausgebildetem Stamm und binden ihn an eine stabile Stütze. Entfernen Sie alle Seitentriebe und kürzen Sie den Leittrieb etwa um ein Drittel auf ein kräftig entwickeltes Auge ein.*
Zeichnung 2: *Kürzen Sie im ersten Sommer den Leittrieb erneut auf ein kräftiges Auge ein und die mittleren Triebe auf ein Drittel ein, entfernen Sie die unteren bis etwa 30 cm über dem Boden.*
Zeichnung 3: *Erziehungsschnitt: Kürzen Sie im folgenden Winter den Leittrieb erneut ein und schneiden sie die Seitentriebe nun auf zwei oder drei kräftige Augen zurück.*
Zeichnung 4: *Kürzen Sie nun den Leittrieb im Sommer in der gewünschten Höhe. Schneiden Sie auch die Seitentriebe wieder um ein Drittel oder die Hälfte zurück.*

1.

2.

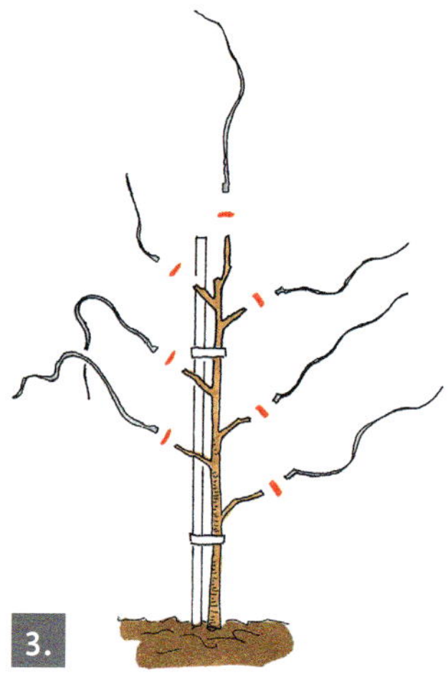
3.

4.

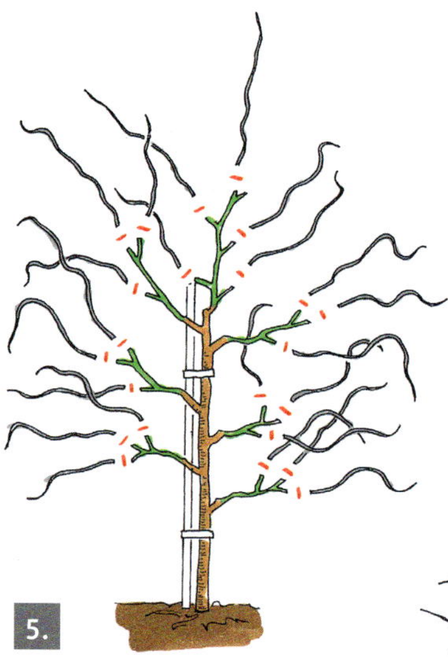
5.

Zeichnung 5: *Im Winter des dritten Jahrs schneiden Sie die von den Haupttrieben ausgehenden Seitentriebe und die von den Seitentrieben ausgehenden Zweige auf die letzen zwei bis drei Augen zurück, um die Bildung von blütentragenden Kurzsprossen anzuregen. Kürzen Sie die unteren Triebe am Stamm nur ein, dadurch wird der Stamm gestärkt.*
Zeichnung 6: *Im Sommer des dritten Jahrs wird der Hochstamm fertig erzogen. Kürzen Sie nun jene Triebe, die die Krone des Hochstamms bilden, um die Hälfte bis zwei Drittel ein. Dadurch werden eine gute Verzweigung sowie die Bildung von kurzem Blütenholz stimuliert. Schneiden Sie die unteren Seitentriebe sowie alle neuen Triebe, die sich von jetzt an am Stamm entwickeln, ganz weg.*

6.

tum gebremst und die Bildung von Blütenknospen angeregt. Der zweite Schnitt steht im darauf folgenden Winter an. Kürzen Sie die im Sommer schon einmal zurückgeschnittenen Kurztriebe auf zwei bis drei Knospen ein. Die an der Basis der Kurztriebe sitzenden Blütenknospen lassen sich leicht von den Blattknospen unterscheiden, da sie nun größer und dicker sind als diese. Im Laufe der Jahre entwickeln sich verdickte „Köpfe", an deren Kurztriebe sich die meisten Blütenknospen bilden. Lässt die Blühwilligkeit nach, so schneidet man nach und nach die ältesten Verzweigungen mit den „Köpfen" heraus und zieht ersatzweise neue blühwillige Kurztriebe heran.

Verjüngungsschnitt: Blauregen sind an sich sehr langlebige KletTersträucher. Bei einem regelmäßigen Rückschnitt erübrigt sich ein Verjüngungsschnitt. Dieser kann, falls er unbedingt notwendig ist, schrittweise über mehrere Jahre hinweg erfolgen. Schneiden Sie dabei immer nur einen der Haupttriebe heraus und binden Sie dafür einen geeigneten Ersatztrieb in das Gerüst ein. Im Notfall kann man den Blauregen auch fast bis zur Basis zurückschneiden und dann von Anfang an neu formieren.

1.

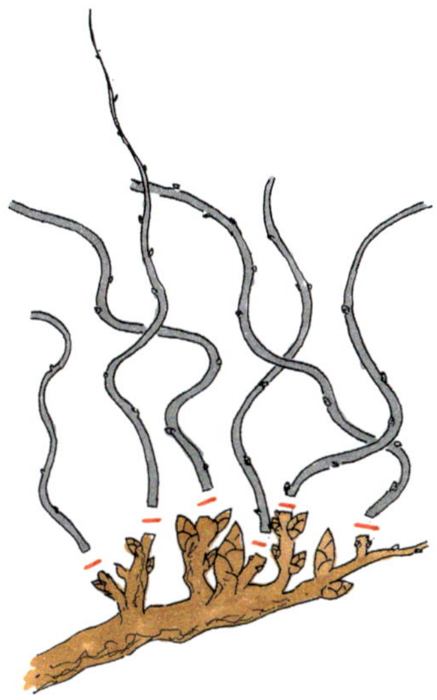
2.

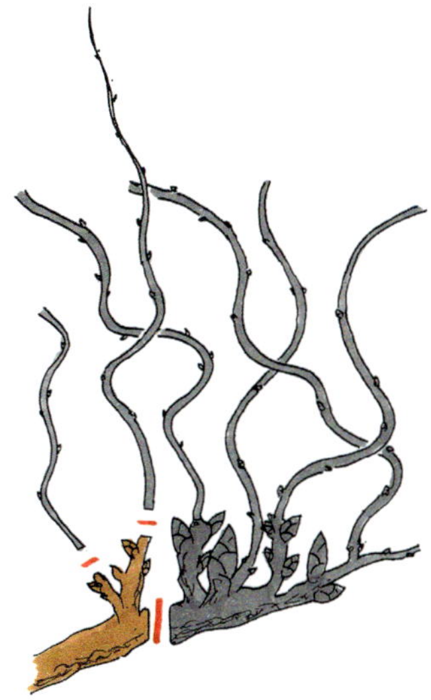
3.

Zeichnung 1: *Der Erhaltungsschnitt beim Blauregen: Sind Hauptachse und Verzweigungen entsprechend entwickelt, schneiden Sie diese alljährlich Ende Juli auf die gewünschte Länge. Alle für das Gerüst nicht benötigten Seitentriebe kürzen Sie ebenfalls Ende Juli/Anfang August auf etwa 30 cm ein. Entwickeln sich nochmals neue Triebe, brechen Sie diese aus, bevor sie verholzen. Durch diesen Schnitt wird die Bildung von Blütenknospen angeregt.*

Zeichnung 2: *Kürzen Sie im zeitigen Frühjahr vor dem Austrieb die bereits im vorigen Sommer eingekürzten Triebe nochmals auf etwa 10 cm oder sechs bis acht Augen ein.*

Zeichnung 3: *Haben sich im Laufe der Zeit alte, verdickte Köpfe mit Blütenholz gebildet, dann schneiden Sie nach und nach die ältesten Verzweigungen heraus.*

Die Blütenrispen knapp vor deren Entfaltung, man sieht die Schnittstellen noch gut.

Der Blauregen ist ein sehr starker Schlinger und kann bei unsachgemäßer Anbindung sogar das Klettergerüst beschädigen.

Rosen schneiden

Rosen zählen eigentlich zu den Sträuchern und Kletterpflanzen. Sie sind in ihrem Erscheinungsbild aber derart vielfältig und stellen auch eine überaus bedeutende Pflanzengruppe dar, so dass sie hier als eigene Kategorie behandelt werden. Rosen unterscheiden sich in ihren Wuchs- und Blüheigenschaften so sehr, dass man sie in verschiedene Gruppen einteilt. Es gibt Zwergrosen, die Wuchshöhen von kaum 30 cm erreichen, andere wie einige Ramblerrosen können wiederum bis zu 20 m lange Triebe hervorbringen. Manche Arten und Sorten blühen geradezu spektakulär, aber nur einmal im Sommer, dies üblicherweise am alten Holz. Andere wiederum remontieren, blühen also ein zweites Mal, oder bringen gleich mehrere Blütenflore über den ganzen Sommer verteilt hervor. Während Wildrosen recht schlicht blühen, schmücken sich die gezüchteten Sorten oft mit halb- oder dichtgefüllten Blüten. Auch was die Verwendung betrifft, sind Rosen ungemein vielfältig. Sie lassen sich beispielsweise für eine Gruppenpflanzung in traditionellen Rosenbeeten einsetzen. Wildrosen können auch als Hecken wachsen und Kletterrosen werden so erzogen, dass sie Bögen, Wände, Pergolen, Zäune oder Pfeiler bedecken und mit ihrer Blütenpracht schmücken. Rosen sind Stimmungsmacher in Garten, ob das nun die historischen Rosen mit ihren dichtgefüllten Blüten und dem intensiven Duft sind oder die schlichten Wildrosen mit ihrem zierlichen Laub und den zahllosen, meist kleinen Einzelblüten. Besonders die modernen Kletterrosen und Rambler machen bei entsprechender phantasievoller Verwendung den Garten zu einem erlesenen Kleinod.

Grundlegende Schnitt- und Pflegemaßnahmen

Der Rosenschnitt zielt in erster Linie darauf ab, ihre Gesundheit und Wuchskraft zu erhalten. Bei Rosen ist es besonders wichtig, abgestorbene, beschädigte oder kranke Pflanzenteile regelmäßig zu entfernen, da sie sehr anfällig für verschiedene Krankheiten sind. Da sie oft in größeren Gruppen verwendet werden, ist die Ausbreitungsgefahr von Krankheiten umso größer. Obwohl Rosen auch ohne unser Zutun blühen würden, gelingt es erst durch korrekte Schnittmaßnahmen, die Blütenfülle zu steigern, da nur junge, kräftig entwickelte Triebe die schönsten Blüten hervorbringen. Zwar sind bei allen Rosen gewisse Routineaufgaben gleich, dennoch ändert sich die Schnittmethode mit der jeweiligen Rosengruppe, dem Standort und den klimatischen Verhältnissen. Viele bekannte und beliebte Rosensorten sind wesentlich krankheitsanfälliger als die Wildformen. Der Erhaltungs- und Pflegeschnitt führt zu einem lockeren, offenen Sprossaufbau,

Abgestorbenes Holz muss entfernt werden.

Dicke, alte, abgestorbene Triebe entfernt man an der Basis mit einer Astschere.

wodurch einerseits die Belichtung innerhalb der Pflanzen verbessert wird, andererseits das Abtrocknen beschleunigt und damit die Gefahr von Pilzinfektionen stark vermindert wird. Ein korrekt durchgeführter Schnitt führt auch dazu, dass zwischen jungem und altem Holz ein Gleichgewicht hergestellt wird, die Rose somit optimal blüht und ihre Lebensdauer bei guter Gesundheit meist deutlich verlängert wird. Fachgerecht durchgeführte Schnittmaßnahmen sind aber nur eine von mehreren Maßnahmen, die die Rosen zur ihrer optimalen Entwicklung benötigen. Erziehungs- und Schnittmaßnahmen müssen unbedingt durch Pflegemaßnahmen wie Düngung und Pflanzenschutz ergänzt werden.

Bei Rosen spielt der Schnitt eine besondere Rolle, da sie sich laufend erneuern. Dabei verlieren die alten, blütentragenden Triebe nach und nach ihre Blühfreudigkeit und Vitalität. Sie sterben ab und werden sukzessive durch kräftige, neue Triebe aus der Basis ersetzt. Der regelmäßige Schnitt beschleunigt diesen natürlichen Vorgang und hilft der Pflanze, sich immer in optimaler Verfassung zu präsentieren.

Einkauf und Pflanzung

Rosen sind üblicherweise veredelt, das heißt, sie bestehen aus zwei Pflanzenteilen. Die Wurzeln gehören der Unterlage an, während alle oberirdischen Pflanzenteile der Edelsorte zuzurechnen sind. Mittlerweile werden immer öfter auch wurzelecht vermehrte Rosen angeboten. Dies spielt bei den Pflegearbeiten eine wichtige Rolle.
Der Großteil der Rosen wird heute noch als wurzelnackte Pflanze verkauft, auch wenn die Containerrose in zunehmendem Maße an Bedeutung gewinnt. Achten Sie beim Kauf auf die Qualität der Pflanzen. Rosen der Güteklasse A müssen drei kräftig

Containerrosen sind Rosen, die im Freiland veredelt und kultiviert und dann wurzelnackt eingetopft wurden, um den Verkaufszeitraum zu verlängern. Diese Rosen können jederzeit gepflanzt werden, solange der Boden nicht gefroren ist. Bei diesen Rosen wurde der Pflanzschnitt bereits beim Eintopfen durchgeführt, so dass Sie beim Pflanzen nur mehr verletzte oder kranke Triebe sowie eventuell verblühte Blüten entfernen müssen.

entwickelte Edeltriebe aufweisen. Die traditionelle Pflanzzeit für wurzelnackte Rosen beginnt etwa in der Herbstmitte und erstreckt sich bis zum Frühjahrsbeginn. Pflanzen Sie die Rosen so früh wie möglich, da sich so die Wurzeln vor dem Austreiben bereits entwickeln und der Pflanze damit das Anwachsen erleichtern. Vor dem Pflanzen müssen Wurzeln und oberirdische Pflanzenteile eingekürzt werden. Bei einer Herbstpflanzung kürzt man die Triebe nur wenig ein und führt den Pflanzschnitt dann erst nach dem Winter durch. Bei der Frühjahrspflanzung kann der Schnitt sofort erfolgen. Der Pflanzschnitt selbst variiert leicht innerhalb der verschiedenen Rosengruppen.
Wurzelechte Rosen unterscheiden sich von veredelten Rosen dadurch, dass sowohl Wurzeln als auch oberirdische Pflanzenteile der Edelsorte angehören. Diese Rosen wurden meist durch Stecklinge, seltener durch In-vitro-Methoden vermehrt. Sie besitzen ein feiner verzweigtes Wurzelsystem und werden ausschließlich als Containerpflanze verkauft. Bei der Pflanzung sind sie wie die veredelten Containerpflanzen zu behandeln.
Eine sehr wichtige Pflegemaßnahme, die bei der Pflanzung, aber auch später regelmäßig erfolgen muss, ist das Anhäufeln der Rosen im Winter. Daneben

Links Containerrose, rechts wurzelnackte Rose.

Rosenveredlungen im Verkaufseinschlag.

ist auch ein leichter Winterschutz aus Tannen- oder Fichtenreisig angebracht. Insbesondere die Veredlungsstelle der Stämmchen muss vor Frost geschützt werden.

Schnittzeitpunkt

Bei fast allen Rosen sollte gelegentlich während der Ruhephase kurz vor dem Austrieb ein vorsichtiger Verjüngungsschnitt durchgeführt werden. Dabei entfernt man einen der älteren, wenig ertrag- und blühreichen Haupttriebe ganz oder kürzt diesen auf einen Jungtrieb ein, falls nahe der Basis des alten Stamms bereits ein kräftiger Jungtrieb vorhanden ist.

Der optimale Schnittzeitpunkt hängt vom Blühverhalten der jeweiligen Rose ab. Einmalblühende Rosen (hauptsächlich Wildrosen, einige alte Gartenrosen und Rambler) blühen von Mai bis Juni, sie sollten direkt nach der Blüte zurückgeschnitten beziehungsweise ausgelichtet werden. Öfter blühende Rosen schneidet man dagegen unter mitteleuropäischen Klimaverhältnissen erst kurz vor Beginn des Knospenschwellens etwa Mitte bis Ende März. Damit wird das Risiko starker Frostschäden minimiert. Nur in Gebieten mit milden Wintern kann bereits im Herbst oder früher im Winter geschnitten werden, da hier die Gefahr von Spätfrösten gering ist.

Schnittgrundlagen

Der Schnitt muss so durchgeführt werden, dass die Wunde schnell verheilt. Dadurch wird eine In-

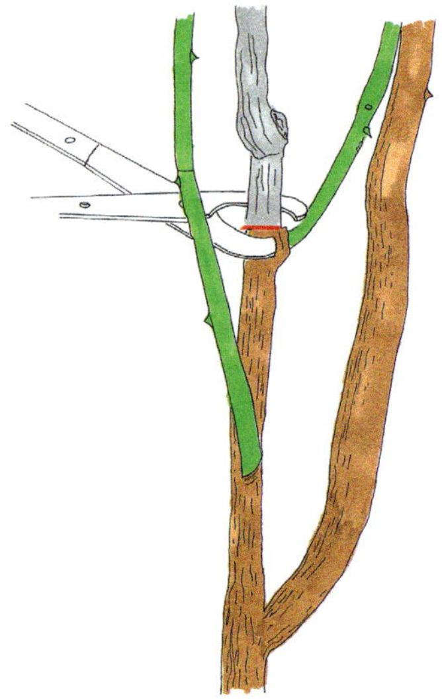

Entfernen Sie ältere Triebe entweder an der Basis oder etwa 5 mm oberhalb eines kräftig entwickelten jungen Triebs. Lassen Sie niemals Zapfen stehen, denn diese trocknen zurück und stellen Eintrittspforten für Krankheiten dar.

Links ein gesunder, rechts ein kranker Rosentrieb.

Schneiden Sie immer etwa 5 mm oberhalb einer Knospe. Der Schnitt sollte schräg geführt werden, wobei das untere Ende des Schnitts der Knospe gegenüberliegen sollte. Verwenden Sie nur Gartenscheren mit scharfer Klinge, damit die Triebe nicht gequetscht werden.

Links: Wichtig ist das Anhäufeln und die Versorgung mit Nährstoffen (verrotteter Pferdemist). Rechts: Winterschutz bei Hochstammrosen mit Jutesäcken.

fektionsgefahr verringert und gleichzeitig das Wachstum in die richtige Richtung gefördert. Verwenden Sie nur scharf geschliffenes Werkzeug (Baumschere, Astschere und kleinzähnige Säge mit gebogenem Sägeblatt), denn lediglich so ist ein sauberer Schnitt garantiert. Schneiden Sie immer bis ins gesunde, lebende Holz zurück. Das Mark an der Schnittstelle muss weiß oder grünlich weiß sein und darf keinesfalls bräunlich verfärbt sein. Alle Rosen haben wechselständige Knospen. Schneiden Sie schräg über einer gesunden Knospe, die in die Richtung weist, in welche der neue Trieb wachsen soll. Im Regelfall wird dies ein nach außen gerichtetes Auge sein, damit die Mitte des Strauchs offen bleibt. Eine Ausnahme bilden Rosen mit bogig überhängenden Trieben, bei denen nach innen oder oben wachsende Triebe erwünscht sind. Hier wird dementsprechend auf eine nach innen gerichtete Knospe geschnitten.

Schneiden Sie immer 5–8 mm oberhalb einer Knospe in einem leicht schrägen Winkel von der Knospe weg. Dadurch kann das Wasser vom Auge wegfließen. Schneiden Sie zu knapp an der Knospe, könnten Sie diese beim Schnitt beschädigen. Wird der Schnitt zu weit vom Auge entfernt gesetzt, bleibt ein zu langes Triebstück stehen und der Trieb wird absterben.

Zwischen der Wurzel und dem Sprosssystem befindet sich die Veredlungsstelle. Oberirdisch sind von links nach rechts zu sehen: Blütenstand, Trieb ohne Blütenknospen (Blindtrieb), Blütenstand, darunter ein Fruchtstand mit Hagebutten. Am Gerüst steht ein zurückgetrockneter Aststummel. Aus der Wurzel (Unterlage) entspringt ein Trieb (Durchtrieb der Unterlage), der unbedingt an der Basis entfernt werden muss.

Bei allen Rosen sollten regelmäßig Schnitt- und Pflegmaßnahmen durchgeführt werden. Schneiden Sie kranke, verletzte oder abgestorbene Triebe bis ins gesunde Holz heraus. Abgestorbenes Holz erkennt man leicht an der Braunfärbung, auch kranke Triebe sind bräunlich verfärbt. Entfernen Sie auch schwache und dünne Triebe, da sie keine Blüten hervorbringen werden. Gelegentlich bilden Rosen auch Triebe ohne endständige Blütenknospen aus, was wahrscheinlich auf einen im Winter aufgetretenen Frostschaden zurückzuführen ist. Kürzen Sie diese blinden Triebe auf eine gut entwickelte, tiefer liegende Knospe ein. Diese wird dadurch zum Wachstum angeregt und später wahrscheinlich sogar eine Blüte hervorbringen. Kreuzen oder reiben sich Triebe aneinander, dann kürzen Sie einen Trieb bis auf den Haupttrieb zurück oder entfernen Sie diesen vollständig. Schneiden Sie bei einmalblühenden Rosen die verwelkten Blüten heraus. Aber Vorsicht: Wildrosen und manche andere Rosensorten werden wegen ihrer dekorativen Hagebutten gepflanzt. Hier dürfen Sie die verwelkten Blüten nicht entfernen. Anders ist die Situation bei öfterblühenden Rosen. Bei diesen wird durch das Entfernen der verwelkten Blüten die Bildung neuer Triebe angeregt, die einen zweiten oder gar dritten Blütenflor ermöglichen. Schneiden Sie jedoch nicht nur die verwelkten Blüten heraus, sondern setzen Sie den Schnitt oberhalb der zweit- oder drittuntersten Knospe an, damit sich auch kräftige neue Triebe entwickeln.

Treten bei veredelten Rosen Ausläufer oder Wurzelschösslinge auf, dann entfernen Sie die Erde bis zur Ansatzstelle des Ausläufers. Reißen Sie diesen, indem Sie ihn leicht drehen, mit einem kräftigen Ruck heraus und bedecken Sie die Wurzeln wieder mit Erde. Schneiden Sie die Wildtriebe niemals bodeneben oder höher ab, da sie dann nur noch stärker wachsen und mitunter die Edelsorte verdrängen. Meist erkennt man diese Wildtriebe daran, dass sich ihre Blätter und Triebe deutlich von denen der Edelsorte unterscheiden. Kronenveredelte Stammrosen können auch an den Stämmen Wildtriebe bilden. Diese müssen ebenfalls entfernt beziehungsweise sorgfältig auf den Stamm zurückgeschnitten werden.

Binden Sie die langen Triebe der Kletterrosen und Rambler an Gerüsten, Drähten oder anderen

Ausläuferbildung (Unterlage) bei einer Strauchrose.

Erscheint bei veredelten Rosen neben der Pflanze ein meist kräftiger Trieb, dann treibt die Unterlage durch. Legen Sie die Austriebsstelle frei und reißen Sie den Wildtrieb ab.

Bei Rosenhochstämmen wird der Stamm von einer starkwüchsigen Unterlage gebildet. Entfernen Sie immer alle Triebe, die sich am Stamm unterhalb der Veredlungsstelle entwickeln.

Rankhilfen fest, damit sie vor Windschäden geschützt sind und sie ihre Blütenpracht besser zur Schau stellen können. Schnittholz, insbesondere das von kranken Pflanzen, sollte besser verbrannt oder entsorgt, aber keinesfalls auf den Kompost gegeben werden, um die Ausbreitung von Krankheiten zu verhindern.

Ramblerrose: Das Waagerechtbinden der Triebe ist eine wichtige Pflegearbeit bei Kletterrosen.

Edelrosen

Edelrosen beziehungsweise Teehybriden gehören zur Gruppe der sogenannten modernen Rosen, die sich durch große, gefüllte Blüten auszeichnen und vom Sommer bis zum Frühherbst mehrfach blühen. Sie werden etwa 90–150 cm hoch, gelegentlich auch höher. Ihr besonderes Erkennungsmerkmal ist die am Ende eines jeden Triebs meist einzeln sitzende, große, wohlgeformte Blüte. Die kräftig wachsenden Sträucher wirken elegant, sind aber oft etwas krankheitsanfällig, weshalb entsprechende Schnitt- und Pflegemaßnahmen unerlässlich sind.

Pflanzschnitt

Veredelte, wurzelnackte Pflanzen werden in der Baumschule meist recht früh im Herbst gerodet und dann in einen sogenannten Einschlag gegeben, wo sie bleiben können, bis sie verkauft werden. Während des Transports zum Kunden kommt es oft zu leichten Verletzungen. Schneiden Sie deshalb vor dem Pflanzen beschädigte Triebe weg und entfernen Sie unausgereiftes Holz. Der Wurzelschnitt wird schon bei der Pflanzung, der eigentliche Pflanzschnitt unabhängig vom Pflanzzeitpunkt (Herbst oder Frühjahr) erst im Frühjahr durch-

Blüte einer Edelrose.

geführt. Kürzen Sie alle kräftigen Triebe auf etwa 15 cm ein. Dabei sollten zwei bis vier gesunde, kräftige Knospen verbleiben. Entfernen Sie alle schwachen und beschädigten Triebe. Wenn Sie die Triebe beim Pflanzschnitt nicht so stark einkürzen, dann wachsen sie später sehr sparrig, verkahlen an der Basis und bauen eine unschöne Wuchsform auf.

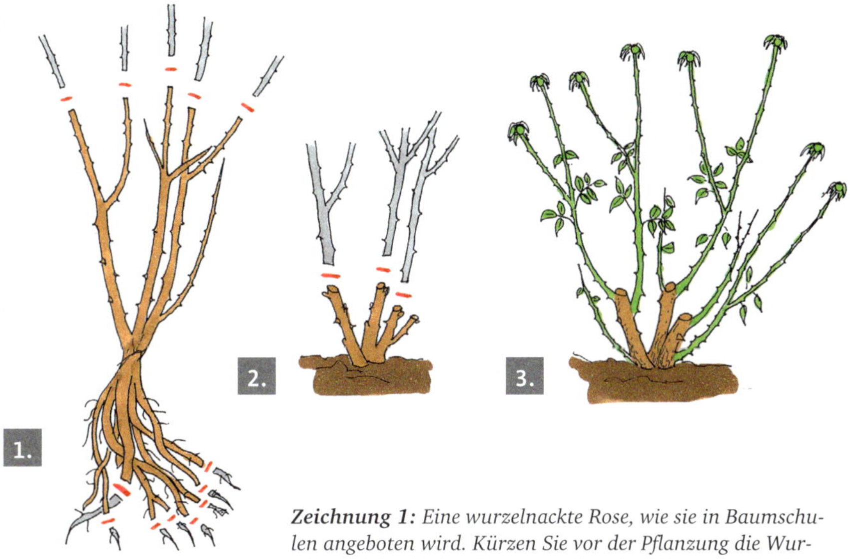

Zeichnung 1: Eine wurzelnackte Rose, wie sie in Baumschulen angeboten wird. Kürzen Sie vor der Pflanzung die Wurzeln. Bei der Herbstpflanzung schneiden Sie nur beschädigte und unverholzte Triebe zurück und kürzen die langen Triebe etwas ein.
Zeichnung 2: Warten Sie mit dem eigentlichen Pflanzschnitt bis zum Spätwinter oder zeitigem Frühjahr. Bei der Frühjahrspflanzung wird der Pflanzschnitt gleich ausgeführt. Kürzen Sie dabei die kräftigsten drei Triebe auf ein gut entwickeltes, nach außen gerichtetes Auge etwa 15 cm über dem Boden oder drei bis fünf Augen ein.
Zeichnung 3: Aus diesen Augen entwickeln sich dann die neuen Triebe, die das Gerüst der Rose bilden.

Bei einem Einschlag handelt es sich um einen geschützten oder überdachten Bereich, in dem die Pflanzen schräg nebeneinander etwa einen Spatenstich tief in ein dafür vorbereitetes Beet gelegt werden. Anschließend bedeckt man die Wurzeln mit lockerem, durchlässigem Substrat, beispielsweise ein Torf-Sand- oder Sägespäne-Sand-Gemisch.

Erhaltungsschnitt
Ende Spätherbst können Sie alle langen, verblühten und unausgereiften Triebe um etwa ein Drittel einkürzen. Der eigentliche Pflegeschnitt erfolgt erst im Frühjahr, etwa zu Beginn des Knospenschwellens. Kürzen Sie alle im Winter beschädigten Triebe bis ins gesunde Holz zurück. Entfernen Sie alle schwachen und abgestorbenen Triebe ganz. Alle Zweige, die nach innen wachsen, sowie sich kreuzende Triebe entfernen Sie ebenfalls. Beim Rückschnitt der Rosen werden alle kräftigen Triebe auf etwa drei bis vier Augen eingekürzt. Schneiden Sie aber schwache Triebe kräftiger zurück als starke. Entfernen Sie bei älteren Pflanzen auch regelmäßig einen oder zwei der alten Triebe direkt an der

Blüten der Edelrose 'Queen Elisabeth'.

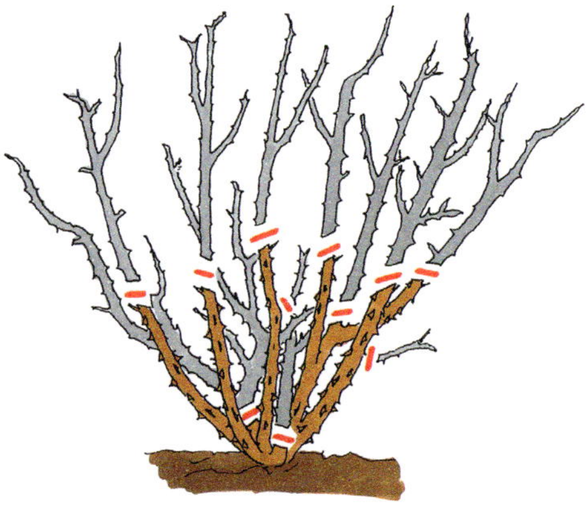

Beim Erhaltungsschnitt werden alle kräftig entwickelten vorjährigen Triebe der Edelrose auf etwa zwei bis drei Augen eingekürzt. Alle dünnen und schwachen sowie beschädigten oder kranken Triebe werden ganz entfernt. Bei älteren Pflanzen wird auch der eine oder andere ältere Trieb weiter zur Basis hin eingekürzt.

Schneiden Sie bei Edelrosen die verwelkten Blüten bis auf die nächstgelegene, gut entwickelte und nach außen weisende Knospe zurück.

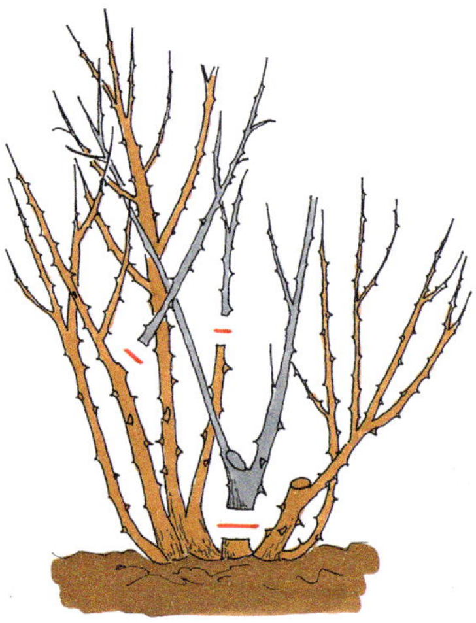

Links: Sind die Rosenstöcke bereits älter und hat sich viel altes, unproduktives Holz gebildet, ist ein vorsichtiges Verjüngen angebracht. Schneiden Sie in diesem Fall alljährlich ein oder zwei der ältesten Haupttriebe bis zur Basis heraus. Entfernen Sie sich kreuzende, beschädigte oder zu dicht stehende Triebe.
Rechts: Zuletzt schneiden Sie die kräftigen Triebe auf zwei bis drei Augen zurück.

Basis. Ältere Triebe erkennt man leicht an den „Stufen", da sie bereits drei- oder viermal zurückgeschnitten wurden.
Im Sommer sollten Sie alle abgeblühten Blüten oder Blütenstände auf eine gut entwickelte Knospe, etwa die zweite oder dritte unterhalb der Blüte, zurückschneiden. Dadurch wird verhindert, dass kräftezehrende Früchte und Samen gebildet werden, andererseits stellen vermodernde Blütenblätter einen Infektionsherd für Krankheiten dar.

Beetrosen

Beetrosen, also Floribunda- und Polyantharosen, gehören ebenfalls zur Gruppe der modernen Rosen. Sie zeichnen sich durch

Blütenstand der Beetrose 'Bernsteinrose'.

die große Zahl der meist weniger stark gefüllten Blüten aus. Sie blühen mehrfach vom Sommer bis zum Frühherbst. Meist erreichen sie Wuchshöhen von etwa 90–120 cm und sind damit etwas niedriger als die Teehybriden. Auch wenn die Einzelblüten weniger elegant sind, so wirken sie doch durch ihre große Anzahl. Sie sitzen am Ende eines jeden Triebs. Der Blütenreichtum der Beetrosen ist enorm, ihre Blühdauer sehr lange. Darüber hinaus sie sind meist starkwüchsiger, kräftiger entwickelt und gesünder als Teehybriden.

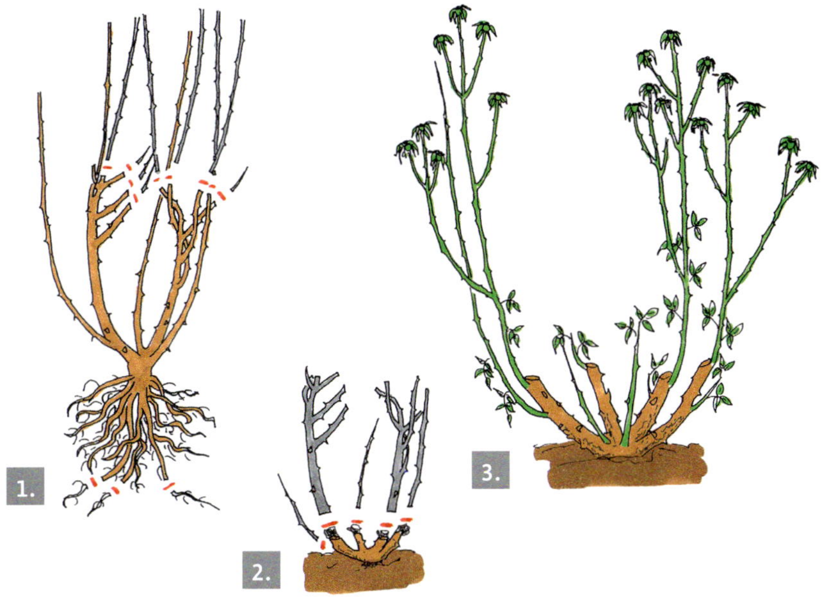

Zeichnung 1: *Die Wurzeln der Beetrosen sind wie bei den Edelrosen einzukürzen. Bei einer Herbstpflanzung werden nur schwache, beschädigte und unausgereifte Triebe entfernt. Kürzen Sie kräftige Triebe lediglich schwach ein.*
Zeichnung 2: *Der eigentliche Pflanzschnitt erfolgt erst im Spätwinter oder im Zuge der Frühjahrspflanzung. Dazu kürzen Sie die vorhandenen drei bis vier gut entwickelten Triebe auf drei bis fünf Augen ein. Wichtig ist dabei, dass das oberste Auge nach außen gerichtet ist.*
Zeichnung 3: *Aus den daraus wachsenden Trieben entwickelt sich dann das Gerüst der Rose.*

Pflanzschnitt

Kürzen Sie bei der Herbstpflanzung die Wurzeln ein und schneiden Sie die Triebe nur leicht zurück. Der eigentliche Pflanzschnitt erfolgt erst im Frühjahr. Entfernen Sie alle kranken, beschädigten, abgestorbenen und schwachen Triebe. Auch die nach innen wachsenden und sich kreuzenden Triebe sollten eingekürzt oder entfernt werden. Im Vergleich zu den Teehybriden können die Triebe etwas länger bleiben. Jedoch ist ein Rückschnitt der verbleibenden kräftigen Triebe auf 15–20 cm über dem Boden ebenfalls notwendig, bei dem drei bis fünf Knospen stehen bleiben.

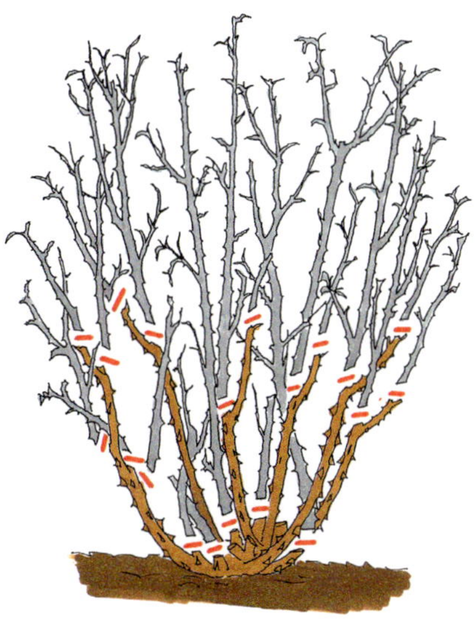

Schneiden Sie alle kranken und schwachen Triebe bis zur Basis oder zu gesunden Trieben zurück. Entfernen Sie sich reibende, kreuzende oder zu dicht stehende Triebe. Kürzen Sie zuletzt die verbleibenden vorjährigen Triebe auf drei bis vier kräftige Knospen ein, wobei die oberste Knospe nach außen gerichtet sein soll.

Erhaltungsschnitt

Kürzen Sie vor dem Winter unausgereifte und lange Triebe ein. Beim Schnitt im Frühjahr gehen Sie wie bei den Teehybriden vor. Entfernen Sie überaltertes Holz, kranke und beschädigte sowie sich kreuzende und nach innen wachsende Triebe. Kürzen Sie die verbleibenden kräftigen Triebe zumindest um ein Drittel. Dabei sollten drei bis fünf Knospen am eingekürzten Trieb verbleiben. Bei sehr vieltriebigen Rosenbüschen schneiden Sie jeweils einen bis zwei Triebe an der Basis heraus. Kürzen Sie die Seitentriebe stärker auf etwa 10–15 cm ein. So ist gleichzeitig eine kontinuierliche Verjüngung gewährleistet. Starkwüchsige Sorten sollten Sie weniger stark zurückschneiden, da dadurch die Triebe mit Blütenbildung gefördert werden.
Die Schnittmaßnahmen im Sommer beschränken sich auf das Entfernen der abgeblühten Rosen. Schneiden Sie aber unbedingt den gesamten Blütenstand heraus, nicht nur einzelne Blü-

Älteres Exemplar der Beetrose 'Betty Prior' vor dem Schnitt.

Älteres Exemplar der Beetrose 'Betty Prior' nach dem Schnitt.

Schneiden Sie bei Beetrosen die verwelkten Blütenstände bis auf die nächstgelegene, gut entwickelte und nach außen weisende Knospe zurück.

ten. Dadurch wird die Pflanze zu neuer Triebbildung und damit zu einer weiteren Blütenproduktion angeregt. Auf diese Weise ist ein Blütenflor den ganzen Sommer hindurch garantiert. Bei diesen büschelblütigen Rosen fällt auf, dass an den Trieben, die viele Blüten getragen haben, oftmals keine Knospen zu sehen sind. Schneiden Sie in diesem Fall trotzdem auf die gewünschte Höhe zurück. Es werden wahrscheinlich schlafende Knospen austreiben. Bleibt nach dem Austrieb dennoch ein abgetrockneter Zapfen stehen, schneiden Sie diesen weg.

Zwergrosen

Die zierlichen Zwerg- beziehungsweise Miniaturrosen haben ähnlich wie die Beet- oder Edelrosen Blüten oder Blütenbüschel, nur in wesentlich verkleinerter Form. Ihre zahlreichen Triebe sind meist sehr dünn und zierlich. Sie erreichen Wuchshöhen von etwa 20–40 cm. Schneiden Sie diese Rosen beim Einpflanzen kräftig auf etwa 5–8 cm zurück. Auch wenn sie einmal etabliert sind, benötigen sie einen stärkeren Rückschnitt, damit sie wieder zuverlässig blühen. Wichtig ist dabei, den abgestorbenen und kranken Wuchs zu entfernen und zu dichten auszudünnen. Aufgrund des feinen Astgewirrs schneidet man Zwergrosen – je nach Wüchsigkeit der Pflanzen – auf 10–15 cm zurück. Lässt die Wuchsleistung und Blühwilligkeit nach, dann führen Sie einen stärkeren Verjüngungsschnitt durch. Lassen Sie nur die kräf-

Zwergrose als Topfrose.

tigen Stämmchen stehen und kürzen Sie diese um etwa zwei Drittel ihrer Länge ein.

Stammrosen

Stammrosen sind keine eigene Rosengruppe im eigentlichen Sinne. Bei ihnen werden Miniatur-, Beet-, Edel- oder Kletterrosen auf eine starkwüchsige Unterlage in einer Höhe zwischen etwa 60 und 140 cm veredelt, Miniaturstammrosen erreichen im Allgemeinen eine Höhe von nur 30 cm. Meist werden zwei bis drei Augen eingesetzt, damit sich eine gleichmäßige Krone entwickeln kann. Stammrosen sind für exponierte Standorte ungeeignet und benötigen grundsätzlich einen Stützpfahl. Dieser muss bis zur Veredlungsstelle reichen, darf diese aber nicht verletzen. Je nach Sorte ist der entsprechende Schnitt durchzuführen. Beim Schnitt der Stammrosen gelten dieselben Regeln wie bei der jeweiligen Rosengruppe, die als Edelreis gewählt wurde. Schnittwunden am Kronenansatz sind unbedingt zu vermeiden, da diese in die Veredlungsstelle hineintrocknen und darüber hinaus als Eintrittspforten für Krankheiten dienen könnten.
Der Schnitt selbst schützt die Pflanzen davor, kopflastig zu werden. Er sorgt für eine ausgeglichene Form und steigert dabei gleichzeitig die Quantität sowie Qualität der Blüten. Der Schnittzeitpunkt hängt davon ab, ob es sich um einmal oder öfter blühende Sorten handelt. Bei zweiteren wird der Schnitt in der Ruhephase vor dem Austrieb im Frühjahr durchgeführt, dagegen schneidet man die einmalblühenden gleich nach der Blüte. Die sogenannten Trauerrosen stellen eine Besonderheit

Stammrosen nach dem Schnitt.

Stammrose 'Schneewittchen'.

unter den Stammrosen dar. Hier werden Reiser von Kletterrosen mit biegsamen Trieben (Ramblerrosen) auf Stämme in etwa 140–180 cm Höhe veredelt. Diese Triebe entwickeln sich zu malerischen Blütenkaskaden. Verwendet man dazu noch schirmförmige Drahtgestelle, dann breiten sich die Triebe sehr gleichmäßig über diese aus. Während der ersten Jahre nach dem Pflanzen lässt man die Trauerrosen im Gegensatz zu Beet- und Edelrosen am besten unbeschnitten, damit sie ihre typische Form entfalten können. Entfernen Sie nur beschädigte Triebe und kürzen Sie schwache Triebe auf ein kräftiges Auge ein.
Trauerrosen blühen erst am zweijährigen Holz, weshalb man die meisten verblühten Triebe bereits im Spätsommer bis knapp über der Veredlungsstelle zurückschneiden sollte. Kräftig wachsende Rambler können jedes Jahr so viele neue Triebe entwickeln, dass man alle verblühten Äste auf einen neuen Basaltrieb zurückschneiden kann. Haben sich nicht genügend Erneuerungstriebe gebildet, wie dies bei weniger starkwüchsigen Sorten der Fall ist, dann lässt man jeden zweiten oder dritten älteren Trieb stehen und kürzt deren Seitentriebe auf etwa 15 cm ein. Mitunter sollte dieser Schnitt auch nur jedes zweite Jahr durchgeführt werden. Dies hängt von der Wuchsdichte der Krone ab. Schneiden Sie auf nach oben oder nach außen gerichteten Triebe oder Knospen. Dadurch erreicht man ein stufenweises, kaskadenartiges Herabfallen der Blütentriebe.
Bei Stammrosen fallen auch alle üblichen Routinearbeiten an. Achten Sie bei ihnen besonders auf die Wildtriebbildung aus dem Wurzelbereich. Es können aber auch Wildtriebe am Stamm entstehen. Entfernen Sie diese sofort.

Strauchrosen

Die umfangreiche Gruppe der Strauchrosen umfasst Rosensorten mit sehr unterschiedlichem Wuchs- und Blühverhalten. Man kann sie grob in vier Gruppen einteilen:

- Wildrosen und verwandte einmalblühende Sorten,
- historische oder Alte Gartenrosen, die bereits vor dem 19. Jahrhundert kultiviert wurden,
- moderne Strauchrosen, die im 20. Jahrhundert gezüchtet wurden sowie
- Kleinstrauch- oder Flächenrosen.

Entsprechend ihres unterschiedlichen Wuchs- und Blühverhaltens muss auch der Pflegeschnitt differenziert ausfallen. Prinzipiell werden Strauchrosen wesentlich schwächer geschnitten als Edel- und Beetrosen. Auch beim Pflanzschnitt sollte man hier vorsichtiger vorgehen. Kürzen Sie die Wurzeln etwa um ein Drittel ein, entfernen Sie beschädigte Wurzeln ganz. Die Triebe sollten nur vorsichtig geschnitten werden. Kürzen Sie nur die Triebspitzen ein und entfernen Sie bei dieser Gelegenheit insbesondere beschädigte und unausgereifte Teile.

Links: Hochstammrose 'Super Excelsa' zur Blütezeit. Unten: Hochstammrose 'Super Excelsa' nach dem Schnitt im späten Frühjahr.

Wildrosen und verwandte Wildrosen-Hybriden

Wildrosen sind jene Arten, die frei in der Natur vorkommen und züchterisch nicht bearbeitet wurden. Ihre Blüten sind meist ungefüllt. Sie blühen nur einmal und fruchten dafür mehr oder minder reich. Bei einigen Arten entwickelt sich sogar ein beachtlicher Fruchtschmuck. Die meisten Wildrosen wie Hunds-Rose, Apfel-Rose oder Chinesische Gold-Rose blühen am vorjährigen Trieb, weshalb sie im Spätwinter oder zeitigen Frühjahr nicht geschnitten werden sollten. Pflanzen Sie diese so, dass sie sich für längere Zeit ungestört entwickeln können. Stellen Sie den Sorten so viel Raum zur Verfügung, wie sie entsprechend ihrer Wuchsstärke und ihres Habitus' brauchen. Diese Rosen benötigen anschließend nur wenig Schnitt. Der Aufbauschnitt wird in der Ruhephase im Spätwinter durchgeführt und besteht vorwiegend darin, die überlangen Triebe leicht einzukürzen und ungünstig platzierte Triebe zu entfernen. Bei bereits etablierten älteren Pflanzen nehmen Sie im Frühjahr nur beschädigte, kranke und teils abgestorbene Triebe heraus. Korrigieren Sie bei Bedarf die Wuchsform. Schneiden Sie dabei die stärkeren Triebe schwächer, die schwachen Triebe um zwei Drittel zurück. Die einzelnen Triebe bleiben etwa fünf bis sechs Jahre vital, dann beginnen sie zu vergreisen. Entfernen Sie insbesondere ältere Triebe mit nachlassender Blühfähigkeit und fördern Sie die Bildung kräftiger Neutriebe aus der Basis.
Beim Auslichten der Wildrosen werden einzelne ältere Triebe an der Basis entfernt oder auf einen kräftigen Trieb nahe der Basis eingekürzt. Man kann diesen Auslichtungsschnitt entweder im Frühjahr vor dem Austrieb durchführen, wenn die Triebe gut sichtbar und leichter zu entfernen sind. Gleichzeitig werden dabei aber auch viele Blütentriebe entfernt. Deshalb ist es sinnvoller, diesen Schnitt erst nach der Blüte Ende Mai bis Mitte Juni durchzuführen. Die Pflanzen werden noch ausreichend durchtreiben und sich gut regenerieren. Entfernen Sie nach Möglichkeit alle Triebe, die älter als vier bis fünf Jahre sind. Die zwei- bis dreijährigen Triebe können leicht eingekürzt werden, falls dies notwendig erscheint. Einjährige Triebe und Bodentriebe bleiben unbeschnitten. Sowohl beim Frühjahrsschnitt als auch beim Erhaltungsschnitt nach der Blüte verzichtet man auf einen Teil des Fruchtschmucks. Um ein Vergreisen der Flaschen-Rose (*Rosa sweginzowii* 'Macrocarpa') zu verhindern, die vorwiegend wegen des reichen Fruchtschmucks gepflanzt wird, sollten Sie regelmäßig einen leichten Auslichtungsschnitt durchführen. Dieser ist dem bei Ziersträuchern, die am vorjährigen Holz blühen, vergleichbar.
Rosen mit starker Tendenz zur Wurzelausläuferbildung wie Bibernell-Rose, Kartoffel-Rose und Essig-Rose werden etwas differenzierter geschnitten. Sie können mitunter am diesjährigen Trieb blühen. Meist erfolgt die Blütenbildung aber am vorjährigen Holz. Bei diesen Arten ist ein Schnitt nach der Blüte meist nicht sinnvoll, da sie sehr dicht-

Chinesische Gold-Rose.

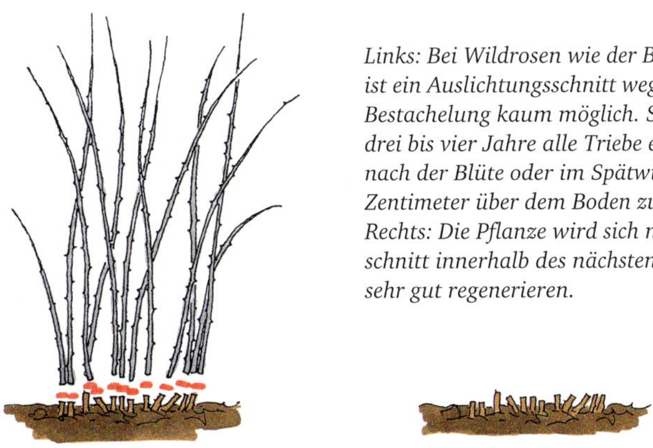

Links: Bei Wildrosen wie der Bibernell-Rose ist ein Auslichtungsschnitt wegen der dichten Bestachelung kaum möglich. Schneiden Sie alle drei bis vier Jahre alle Triebe entweder gleich nach der Blüte oder im Spätwinter wenige Zentimeter über dem Boden zurück.
Rechts: Die Pflanze wird sich nach dem Rückschnitt innerhalb des nächsten Jahrs wieder sehr gut regenerieren.

Austrieb und Blüte bei Bibernell-Rosen nach kräftigem Rückschnitt im Winter.

läufertreibende Rose besser alle drei bis vier Jahre wenige Zentimeter über dem Boden zurück. Sie wird sich sehr rasch wieder regenerieren und wesentlich reicher blühen als zuvor. Dies entspricht einem Verjüngungsschnitt und wird die Rose lange Zeit jung und vital erhalten.

Historische und Alte Rosen

Zu den Alten oder historischen Gartenrosen zählen vor allem Alba-, Damaszener-, Moos- und Provence-Rosen. Es handelt sich

triebig wachsen und/oder sich wenig verzweigen. Kürzen Sie bei der Kartoffel-Rose die älteren Triebe auf basisnahe Triebe zurück und entfernen Sie die älteren Triebe regelmäßig direkt an der Basis. Bei der Bibernell-Rose kann man auch einzelne ältere Triebe an der Basis herausnehmen, was aber aufgrund der starken Bestachelung sehr mühsam ist. Schneiden Sie diese aus-

Rechts: Flaschen-Rose.
Unten links: Die Kartoffel-Rose vor dem Schnitt.
Unten rechts: Die Kartoffel-Rose nach dem Schnitt.

Der Pflanzschnitt ist bei historischen Rosen derselbe wie bei Strauchrosen. Kürzen Sie ein Jahr nach der Pflanzung zu Frühjahrsbeginn die langen, neuen Triebe auf ein Drittel. Seitentriebe der Langtriebe, die bereits geblüht haben, schneiden Sie auf 10–15 cm zurück. Abgestorbenes, krankes und schwach entwickeltes Holz wird entfernt.

Schneiden Sie die alten Haupttriebe nach der Blüte um ein Drittel zurück. Kürzen Sie die Seitentriebe bestenfalls etwa um ein Drittel auf ein gut entwickeltes, nach außen gerichtetes Auge oder einen bereits gut entwickelten Trieb. Schneiden Sie auch alle Triebe heraus, die sich zu Boden neigen.

hierbei um Rosensorten, die bereits im späten 19. Jahrhundert gezüchtet und kultiviert wurden. Sie gehören wie die Wildrosen der Gruppe der einmalblühenden Rosen an. Im Gegensatz zu den Wildrosen haben sie meist stark gefüllte, intensiv duftende Blüten, die sich meist erst später im Juni/Juli entfalten. Manche Moos-Rose bringt gelegentlich noch eine zweite Blüte hervor. Die Blüten entwickeln sich an den Seitentrieben der zwei- und mehrjährigen Triebe, weshalb sie erst geschnitten werden sollten, wenn ihre Sommerblüte vorüber ist.

Der Pflanzschnitt erfolgt wie bei den übrigen Strauchrosen. Dabei werden die Triebe nur leicht eingekürzt. Hat sich die Rose einmal etabliert, dann entfernen Sie nur den abgestorbenen, beschädigten oder kranken Wuchs sowie sich kreuzende Triebe. Überlange, oft dünne Triebe sollten Sie bereits im Herbst einkürzen. Beim Erhaltungsschnitt nach der Blüte im Sommer kürzen Sie die Haupttriebe um etwa ein Drittel ein. Die Seitentriebe schneiden Sie auf etwa 15–20 cm zurück.

Rosa gallica 'Versicolor'.

'Prosperity' zur Blütezeit.

'Prosperity' nach leichtem Schnitt im Winter.

Entfernen Sie im Abstand von mehreren Jahren jeweils einzelne alte, nur mehr schwach blühende Triebe an der Basis, so dass damit sukzessive eine leichte Verjüngung der Sträucher einhergeht.
Bei den Sorten der Gallica-Gruppe (*Rosa gallica* und Hybriden) werden beim Pflanzschnitt nur die überlangen Triebe eingekürzt. Sind die Sträucher sehr dichttriebig entwickelt, dann entfernen Sie gleichzeitig auch einen oder zwei Triebe an der Basis. Nehmen Sie bei bereits etablierten Pflanzen im Spätwinter alle abgestorbenen, beschädigten und kranken Triebe heraus. Nach der Blütezeit sollten die Sträucher ausgelichtet werden. Schneiden Sie die Seitentriebe bis zum Haupttrieb oder einer gut entwickelten Knospe nahe des Haupttriebs zurück. Entfernen Sie gleichzeitig alle ein bis drei Jahre einige der alten Triebe an der Basis. Alte oder über längere Zeit vernachlässigte Gallica-Rosen lassen sich gut verjüngen, indem man im Spätwinter alle Triebe mit Ausnahme der kräftigsten jungen entfernt. Die Pflanzen reagieren auf diesen Verjüngungsschnitt mit einem kräftigen neuen Austrieb und reicher Blüte in den Folgejahren.

Moderne Strauchrosen

Zu dieser Gruppe zählen Rosen, die in den letzten 100 Jahren gezüchtet wurden. Sie unterscheiden sich von den Edel- und Beetrosen durch den wesentlich stärkeren Wuchs, der von den Wildrosen stammt, haben mit diesen aber die meist gefüllten, remontierenden Blüten gemeinsam. Sie wachsen meist buschig aufrecht und erreichen dabei Wuchshöhen von 1,5–2 m. Ihre Blüten entwickeln sich am Seitenholz zweijähriger Triebe sowie an kräftigen neuen Trieben, die während des Frühsommers heranwachsen. Der Erhal-

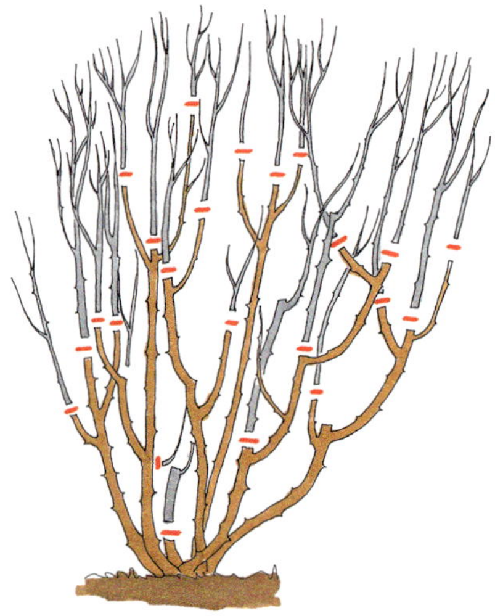

Schnitt einer etablierten modernen Strauchrose: Schneiden Sie im Spätwinter sich kreuzende, zu dicht stehende sowie kranke oder beschädigte Triebe heraus. Kürzen Sie auch einen oder zwei ältere Triebe auf darunter befindliche jüngere Triebe ein oder entfernen Sie diese ganz. Die abgetragenen vorjährigen Triebe kürzen Sie auf fünf bis acht Augen ein, wobei das oberste nach außen weisen soll.

Rechts: Rosa × centifolia 'Major' zur Blütezeit.
Unten: Rosa × centifolia 'Major' nach dem Auslichtungsschnitt.

Strauchrose 'Angela' vor dem Schnitt im Spätwinter.

Strauchrose 'Angela' nach dem Schnitt im Spätwinter.

tungsschnitt erfolgt im zeitigen Frühjahr. Entfernen Sie krankes und totes Holz und schneiden Sie überalterte oder vergreiste Triebe bodennah heraus. Etwa fünf bis acht kräftige Grundtriebe sollten das Gerüst aufbauen. Kürzen Sie diese etwa um ein Drittel ihrer Länge ein. Schwächere Triebe nehmen Sie um die Hälfte zurück. Damit die Sträucher nicht verkahlen, sollten die seitlich stehenden Grundtriebe etwas kürzer geschnitten werden als die Mitteltriebe. Kürzen Sie die Seitentriebe der Gerüsttriebe ebenfalls bis auf fünf bis acht Knospen ein.

Kleinstrauch- und Flächenrosen

Die Vertreter dieser Gruppe werden in verschiedene Wuchsgruppen unterteilt. So gibt es klein und kompakt wachsende Sorten, stärkerwüchsige, aufrechte bis ausladende Sorten und solche mit 1–2 m langen Jahrestrieben. Einfach blühende und einmalblühende Sorten sind ebenfalls darunter wie solche mit einem zweiten Blütenflor oder gar Dauerblüher, die den ganzen Sommer über immer wieder neue Blüten hervorbringen. Diese Kleinstrauch- und Bodendeckerrosen werden immer in Gruppen oder flächig gepflanzt.

Diese Rosen werden fast ausschließlich im Container herangezogen und das ganze Jahr angeboten. Mittlerweile werden sie oft auch wurzelecht vermehrt, so dass bei ihnen alle aus der Basis oder dem Boden wachsende Triebe sortenecht sind und nicht entfernt werden dürfen.

Ein Pflanzschnitt ist in der Regel nicht erforderlich. Eventuell beschädigte Triebe sollten entfernt werden.

Der Erhaltungsschnitt bei den einmalblühenden Flächenrosen, meist Abkömmlinge von *Rosa wichuraiana,* die mit den Ramblerrosen verwandt sind, beschränkt sich auf ein Minimum. Sie sollten im Sommer nach der Blüte leicht zurückgeschnitten werden, damit sie sich nicht zu stark ausbreiten. Ist ein stärkerer Rückschnitt erforderlich, dann schneiden Sie alle älteren Triebe im Frühjahr oder nach der Blüte an der Basis heraus. Ist der Platz begrenzt, dann kürzen Sie die Triebe im Frühjahr auf 30–50 cm ein. Allerdings wird dann der

Moderne Strauchrose 'Angela'.

Einige moderne Strauchrosen wie 'Fritz Nobis', 'Nevada' oder 'Marguerite Hilling' dürfen im Frühjahr nicht stark geschnitten werden, da sie ihre Blüten vorwiegend an neuen Trieben bilden, die sich entlang der vorjährigen Triebe entwickeln. Bei diesen Rosen werden im Frühjahr vor dem Austrieb eventuell einzelne unproduktive alte Triebe an der Basis entfernt. Abgesehen davon kürzen Sie ausschließlich die Spitzen der seitlichen Verzweigungen der zwei- und mehrjährigen Triebe leicht ein.

Links: Strauchrose 'Marguerite Hilling' zur Blütezeit.
Rechts: Strauchrose 'Marguerite Hilling' nach dem Schnitt im Juni.

Blütenflor entsprechend schwächer ausfallen.
Die niedrig wachsenden, sich ausbreitenden, modernen öfter- oder dauerblühenden Kleinstrauchrosen werden kaum höher als 60 cm. Auch hier erübrigt sich der Pflanz- sowie der Aufbauschnitt bei Containerpflanzen. Entfernen Sie jedoch beim Erhaltungsschnitt der bereits etablierten Rosen alle abgestorbenen oder kranken Triebe und kürzen die Haupttriebe ein. Lichten Sie auch das Innere des Strauchs aus, damit die Pflanzen nicht zu dicht werden. Generell gibt es dann mehrere Möglichkeiten. Entweder Sie lassen die Pflanzen für etwa zwei bis drei Jahre ungeschnitten und kürzen dann im zeitigen Frühjahr alle kräftigen, entwickelten Triebe um zwei Drittel ein und entfernen die schwachen, kranken und abgestorbenen Triebe ganz. Dieser im zwei- bis dreijährigen Turnus durchgeführte Schnitt verursacht den geringsten Pflegeaufwand. Oder Sie kürzen alle kräftigen Triebe jedes Jahr etwa um ein Drittel, die schwächeren um die Hälfte. Einen oder zwei der alten Triebe entfernen Sie in

Rechts: Kleinstrauchrose 'Pink Meidilland' zur Blütezeit.
Ganz rechts oben: Kleinstrauchrose vor dem Schnitt.
Ganz rechts unten: Kleinstrauchrose nach dem Schnitt.

mehrjährigen Abständen an der Basis. Eine dritte Möglichkeit gibt es bei wurzelechten Rosen. Diese können Sie einige Jahre ohne Schnittmaßnahmen wachsen lassen und dann im zeitigen Frühjahr mit der Heckenschere etwa 20–30 cm über dem Boden abschneiden. Auf diese Weise geschnittene Rosen werden sich ebenfalls gut regenerieren.

Kletterrosen

Mit Kletterrosen lassen sich Mauern, aber auch verschiedene Arten von Klettergerüsten, Zäunen, Rosenbögen, Säulen, Pergolen begrünen und mit einem prächtigen Blütenschmuck versehen. Sie können sogar in Bäume hinklettern, wobei durchaus Wuchshöhen von 10–15 m möglich sind. Man unterscheidet dabei zwei grundlegend unterschiedliche Rosengruppen: Moderne Kletterrosen haben etwas steife Triebe, gefüllte Blüten und blühen meist lange. Ramblerrosen zeichnen sich durch lange, biegsame Triebe, kleinere Blütenbüschel und meist nur einen, dafür aber überreichen Blütenflor aus. Dementsprechend unterschiedlich sind auch die Schnittmaßnahmen für diese beiden Gruppen. Ziel des Schnitts ist es, eine kräftig entwickelte, wohlgeformte Pflanze zu erhalten, die jedes Jahr viele neue gesunde, blühende Triebe trägt.

Voraussetzung für eine optimale Entwicklung ist eine Kletterhilfe oder ein Rankgerüst. Dessen querverlaufende Rankhilfen

Ramblerrose zur Blütezeit.

Ramblerrose an der Basis mit zahlreichen dünnen Trieben.

Links: Moderne Kletterrose zur Blütezeit.
Oben: Moderne Kletterrose an der Basis mit wenigen starken Trieben.

Das Pflanzloch der Rosen sollte mindestens 30 cm von der Wand entfernt sein, so dass sich die Wurzeln von der Wand weg entwickeln und nicht durch den Regenschatten der Hausmauer zu trocken stehen.

(Holzlatten, kräftige verzinkte Spanndrähte usw.) sollten in Abständen von je 30 cm übereinander angebracht werden. Von Beginn an werden die Haupttriebe als Fächer erzogen und die mehr oder weniger biegsamen Triebe waagrecht an das Gerüst gebunden. Bei beiden Gruppen sollten möglichst viele Triebe waagrecht gebunden werden, da sich dann besonders viele Blüten entwickeln. Lässt man diese Rosen hingegen lediglich in die Höhe wachsen, dann blühen sie nur an den Triebenden.
Damit die Kletterrosen gesund bleiben, sollten sie niemals direkt an einer Wand, sondern immer mit etwas Abstand zu dieser gezogen werden. So wird eine gute Durchlüftung gewährleistet und ein Krankheitsbefall vor allem mit Mehltau weitgehend verhindert.

Moderne Kletterrosen

Die modernen Kletterer sind genau genommen nur starkwüchsige Strauch- oder Edelrosen mit kräftigen, dicken Trieben, gefüllten Blüten und einem bis lange in den Sommer hinein anhaltenden Blütenflor. Oft handelt es sich dabei um Mutanten von Teehybriden oder Floribunda-Rosen. Ihre eher steifen Triebe müssen unbedingt möglichst fächerförmig festgebunden oder an einem Gerüst gezogen werden. Meist begrünen diese Rosen Zäune, Mauern oder auch Hauswände. Die Blüten entwickeln sich an kurzen Seitentrieben älterer, mehrjähriger Triebe. Die Regeneration mittels junger, kräftiger Triebe erfolgt meist weiter oben am alten Holz, seltener an der Basis.

Pflanz- und Aufbauschnitt

Kletterrosen werden sowohl wurzelnackt als auch im Container angeboten. Bei wurzelnackten Pflanzen kürzen Sie die kräftigen Wurzeln um ein Drittel ein und entfernen alle beschädigten oder vertrockneten Teile. Die langen Triebe, meist sind es drei bis vier, kürzen Sie nur wenig ein. Entfernen Sie unausgereifte, beschädigte oder kranke Pflanzenteile. Die Triebe binden Sie nach Möglichkeit geneigt oder waagrecht. Versuchen Sie aber nicht, unbiegsame Triebe mit Gewalt herunterzubinden. Setzt später das Wachstum ein, ohne dass sich die Haupttriebe verzweigen, dann kürzen Sie diese auf das nächste darunterliegende kräftige, nach außen weisende Auge ein, um eine Verzweigung beziehungsweise die Bildung von Seitentrieben anzuregen.
Binden Sie die Haupttriebe von Anfang an gleichmäßig in Form eines Fächers am Klettergerüst fest. Die Seitentriebe binden Sie nach und nach horizontal am Gerüst fest. Beginnen Sie mit dem Festbinden möglichst im unteren Bereich der Pflanze. Die neuen Triebe aus den waagrecht wachsenden Zweigen werden immer nur nach oben wachsen. Lücken im unteren Bereich lassen sich daher später kaum noch schließen. Solange die Triebe noch jung und biegsam sind, lassen sie sich gut führen, lenken und nach Bedarf anbinden, so dass ein optimal strukturiertes Gerüst entsteht. Bis dieses fertig aufgebaut ist, sind nur geringe Schnittmaßnahmen notwendig. Es werden nur abgestorbene, dürre oder kranke Pflanzenteile, eventuell auftretende Wildtriebe sowie die

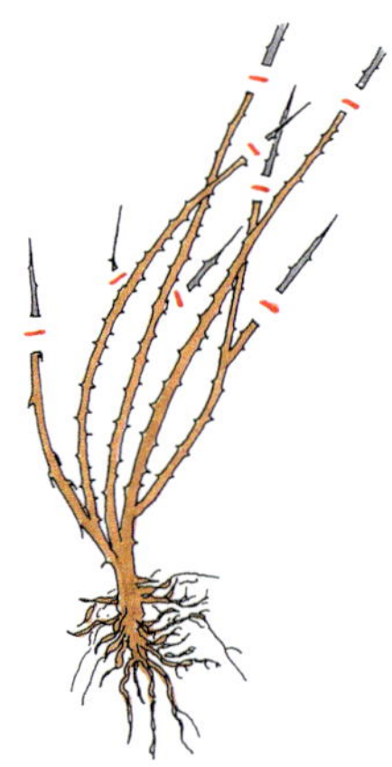

Links: Kürzen Sie beim Pflanzen die kräftigen Wurzeln ein. Die Triebe sollten nur leicht eingekürzt werden, wobei insbesondere schadhafte Triebspitzen bis auf gesunde Augen zurückgenommen werden. Unten: Binden Sie bei frisch gepflanzten Kletterrosen die Triebe im schrägen Winkel an das Klettergerüst. Kürzen Sie im Spätwinter die Langtriebe nur wenig ein, damit sie sich verzweigen. Entfernen Sie auch alle beschädigten und abgestorbenen Pflanzenteile. Alle neugebildeten Triebe sollten dann möglichst waagerecht gebunden werden.

Zeichnung 1: Pflegeschnitt bei Kletterrosen im Sommer: Kürzen Sie nach dem Abblühen im Frühsommer alle verblühten Triebe um zwei Drittel auf ein gut entwickeltes Auge. Ist das alte Holz unproduktiv geworden, können Sie dieses bereits jetzt auf einen tiefer ansetzenden, jungen Trieb zurückschneiden.
Zeichnung 2: Detail des Pflegeschnitts bei modernen Kletterrosen im Sommer.
Zeichnung 3: Detail des Pflegeschnitts bei modernen Kletterrosen im Sommer.

1.

2.

3.

abgeblühten Blütenbüschel bei remontierenden Rosensorten entfernt. Diese Schnittmaßnahmen werden jeweils bei Bedarf durchgeführt.

Erhaltungsschnitt

Ist das Gerüst der Kletterrose einmal aufgebaut und ist der vorgesehene Platz ausgefüllt, beginnt man mit der Verjüngung der Zweige. Dies ist wichtig, um für die kräftigen Jungtriebe Raum zu schaffen. Der Schnitt nach der Blüte beschränkt sich auf das Einkürzen abgeblühter Seitentriebe. Kürzen Sie die langen Gerüst- und Seitentriebe nur, wenn sie über den vorgesehenen Platz hinauswachsen. Der Erhaltungsschnitt an entwickelten Pflanzen erfolgt dann im Frühjahr vor dem Austrieb. Entfernen Sie alle kranken, schwachen und beschädigten Triebe. Kürzen Sie alle abgeblühten Seitentriebe der Gerüstäste auf drei bis fünf Knospen ein. Lassen Sie aber vorjährige Triebe im unteren Bereich unbeschnitten und binden Sie diese waagrecht. Lässt die Blühwilligkeit der Haupttriebe nach, dann schneiden Sie diesen auf einen tiefer liegenden, jungen, kräftig entwickelten Trieb zurück. Erst wenn der ganze Ast unproduktiv wird, schneiden Sie ihn an der Basis heraus, um einen neuen Wuchs anzuregen.

Verjüngungsschnitt

Wurde eine Kletterrose lange Zeit nicht geschnitten oder wirkt sie insgesamt überaltert (die Basis ist dann meist verkahlt und bringt keinen Jungwuchs mehr hervor), dann ist ein Verjüngungsschnitt angebracht. Schneiden Sie dazu pro Jahr ein Drittel der Haupttriebe etwa 30 cm über dem Boden zurück. Dies wird den Austrieb der schlafenden Knospen an der Basis anregen. Ist dies, wie das bei manchen Sorten völlig normal ist, nicht der Fall, dann nehmen Sie die verbleibenden Triebstücke an der Basis ganz heraus. Hier hilft nur eine Vorpflanzung mit einer dicht und buschig, jedoch niedrig

Austrieb bei einer modernen Kletterrose nach dem Schnitt im Winter.

bleibenden Pflanze, um die kahle Basis zu verdecken.
Ist die Kletterrose gut entwickelt, ist der vorhandene Platz gut ausgefüllt und sind die Triebe dabei aber vorwiegend im oberen Bereich angesiedelt, so dass die Pflanze kopflastig ist, dann besteht Handlungsbedarf. Kürzen Sie in diesem Fall die Haupttriebe soweit ein, dass etwa ein Drittel des vorgesehenen Raumangebots frei bleibt. Schneiden Sie alle Seitentriebe um jeweils zwei Drittel ihrer ursprünglichen Länge auf ein gesundes, kräftiges Auge zurück.

Ramblerrosen

Im Unterschied zu den modernen Strauchrosen bauen Ramblerrosen kein dauerhaftes Astgerüst auf, sondern bringen an der Basis regelmäßig neue biegsame, oft mehrere Meter lange Triebe hervor. Sie sind in ihrem Wuchs- und Blühverhalten ihren Vorfahren wie *Rosa multiflora, Rosa wichuraiana* und anderen Wildarten sehr ähnlich. Die langen Triebe entwickeln im ersten Jahr meist noch keine Blüten. Erst im Folgejahr blühen sie dann am vorjährigen Holz. Die Blüte ist sehr üppig, aber auf einen Flor begrenzt. Der Erhaltungsschnitt erfolgt hier im Wesentlichen im Sommer nach der Blüte. Aufgrund der Starkwüchsigkeit benötigen Rambler viel Platz. Zwar blühen sie auch ohne besonderen Rückschnitt recht schön, um sie aber als Blickfang zu platzieren, müssen sie unbedingt geschnitten und auf entsprechenden Kletterhilfen gezogen werden. Sie bieten sich besonders für die Begrünung freistehender Strukturen wie Zäune an, da sie häufig etwas mehltauanfällig sind und bei dieser Verwendungsart gut belüftet und weniger anfällig für Krankheiten sind. Ähnliches gilt, wenn man sie in alte Bäume hineinwachsen lässt. Auch Rosenspiralen, Rosengirlanden oder Dreifüße sind Kletterhilfen, die den Ansprüchen der Ramblerrosen entgegenkommen und diese optimal zur Geltung bringen.

Pflanz- und Aufbauschnitt

Rambler benötigen im Vergleich zu modernen Kletterrosen einen stärkeren Pflanzschnitt, da bei ihnen der Wuchs an der Basis von Anfang an gefördert werden soll. Der Schnitt der Wurzeln erfolgt wie üblich durch Einkürzen der kräftigen Wurzeln und Entfernen beschädigter Teile. Beim Pflanzschnitt werden alle schwachen, abgestorbenen oder geschädigten Triebe entfernt. Die kräftigen Haupttriebe kürzen Sie auf etwa 40 cm über dem Boden ein. Binden Sie diese fächerförmig am

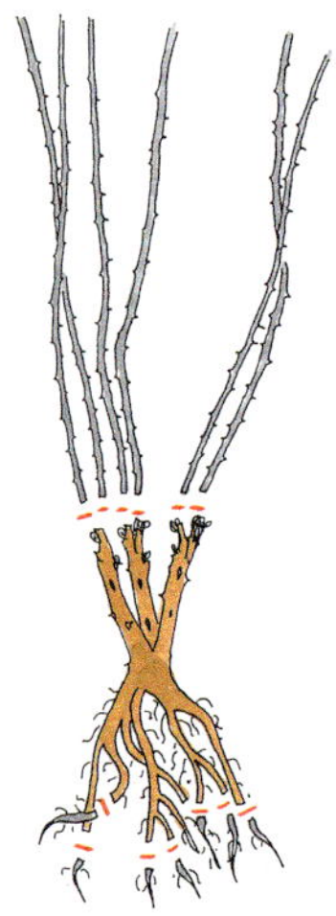

Kürzen Sie bei Ramblerrosen alle langen Wurzeln ein. Die langen, dünnen Triebe kürzen Sie auf etwa 30–40 cm ein.

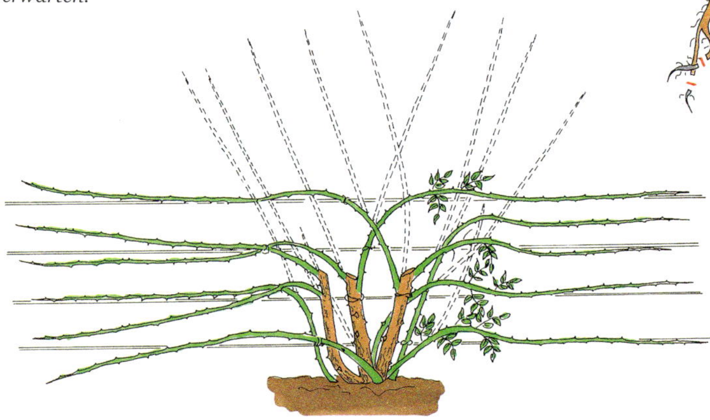

Binden Sie die an der Basis und unterhalb der Schnittstellen neugebildeten Triebe möglichst waagerecht an das Klettergerüst. Bei den Ramblerrosen sind in diesem Jahr noch keine Blüten zu erwarten.

'Rambling Rector', Austrieb im späten Frühjahr.

Trieberneuerung an der Basis ist erwünscht und sollte unbedingt gefördert werden. Schneiden Sie deshalb nach der Blüte im Sommer etwa jeden dritten Haupttrieb (immer den ältesten) an der Basis heraus. Entfernen Sie diese aber portionsweise, um die übrigen Triebe nicht zu verletzen. Die Triebe können etwa zwei bis drei Jahre lang ausreichend Blütentriebe bilden, bis sie erschöpft sind. Kürzen Sie bei diesen Trie-

Links: 'Rambling Rector' zur Blütezeit Mitte Juni.
Unten: 'Rambling Rector' wurde nach dem Abblühen Ende Juni kräftig zurückgeschnitten.

Klettergerüst fest und binden Sie alle daraus wachsenden Seitentriebe nach und nach möglichst waagrecht am Gerüst an.

Erhaltungs- und Verjüngungsschnitt

Lassen Sie die Rambler wachsen, bis der ihnen zugeteilte Raum ausgefüllt ist. Zu dichter Wuchs wird gleich nach der Blüte im Sommer ausgedünnt. Ist die Pflanze einmal etabliert, wird sie an der Basis sehr viele junge, kräftige Triebe entwickeln. Diese

Links: Der Erhaltungsschnitt erfolgt bei Ramblerrosen in erster Linie gleich nach der Blüte. Schneiden Sie die abgetragenen Langtriebe bis auf jüngere Neutriebe zurück, die sich inzwischen im basisnahen Bereich gebildet haben. Entfernen Sie einen oder zwei Triebe direkt an der Basis, damit sich auch von dort aus neue Langtriebe bilden.
Unten: Detail zum Schnitt der Ramblerrose nach dem Abblühen im Sommer: Entfernen Sie die abgetragenen Langtriebe bei Verzweigungen mit jüngeren Trieben. Schwache Leittriebe und Seitentriebe, die bereits geblüht haben, aber erhalten bleiben sollen, schneiden Sie auf 15 cm zurück.

Bei modernen Kletterrosen mit biegsamen Trieben, die am vorjährigen Holz blühen und im Sommer einen zusätzlichen Blütenflor hervorbringen, schneiden Sie immer die ältesten abgeblühten Langtriebe nach dem Abblühen an der Basis heraus. An den verbliebenen Langtrieben kürzen Sie die abgeblühten Blütenstände auf 10–15 cm ein. Die verbliebenen älteren Triebe kürzen Sie auf kräftige Jungtriebe im unteren, basisnahen Teil ein. Sind noch keine Triebe vorhanden, schneiden Sie die alten Triebe auf 30–50 cm über dem Boden zurück. Wichtig ist das Waagerechtbinden der neuen Triebe, auch jener, die sich aus der Basis heraus neu bilden.

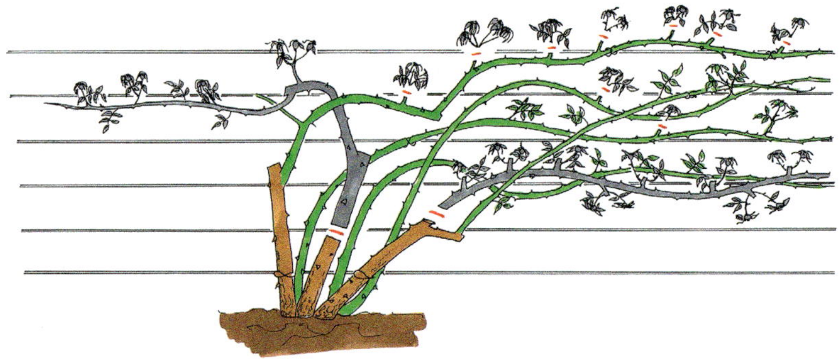

Detail zu den modernen Kletterrosen mit biegsamen Trieben: An den verbliebenen Langtrieben kürzen Sie die abgeblühten Blütenstände auf 10–15 cm ein.

ben alle abgeblühten Seitentriebe etwa um zwei Drittel ein, um sie zur Bildung von Blütentrieben für das nächste Jahr anzuregen. Haben sich im unteren Bereich der Haupttriebe kräftige Neutriebe entwickelt, dann können Sie einzelne Haupttriebe auch bis zu diesen Jungtrieben zurücknehmen. Erst wenn man die Triebe über zwei bis drei Jahre belässt, werden sich die Rambler zu langlebigen Attraktionen entwickeln.
Eine weitere Möglichkeit des Erhaltungsschnittes besteht darin, alle abgeblühten Triebe bodennah zu entfernen. Auch diesen Schnitt vertragen die Rambler recht gut. Auf diese Weise lässt sich die Ausbreitung der Rambler auf einen kleineren Raum begrenzen. Gleichzeitig entspricht diese Schnittart einem Verjüngungsschnitt. Bei stärkeren Schnittmaßnahmen ist es sehr wichtig, die Pflanzen anschließend gut zu wässern und ausreichend mit Nährstoffen zu versorgen.
Es gibt auch einige moderne Kletterrosen mit dünnen biegsamen Trieben, die sich von der Basis heraus erneuern. Diese sind den Ramblerrosen ähnlich, wachsen aber wesentlich schwächer und bringen einen weiteren Blütenflor hervor beziehungsweise sind öfterblühend. Sorten wie ‘Super Excelsa’ oder ‘Super Dorothy’ sind Beispiele dafür. Behandeln Sie diese im Wesentlichen wie die Ramblerrosen. Der Erhaltungsschnitt wird hier ebenfalls im Sommer nach der Blüte durchgeführt. Schneiden Sie bei gut etablierten Pflanzen auch hier nur etwa jeden dritten bis fünften Trieb (immer die ältesten) an der Basis heraus. Einen Teil der verbleibenden kür-

Damit Kletterrosen so üppig blühen, sollten sie regelmäßig geschnitten werden.

Schneiden Sie etwa jeden dritten der älteren, bereits abgeblühten Triebe an der Basis heraus.

Seitentriebe, die keine Blüten tragen, kürzen Sie um etwa zwei Drittel ein, um die Bildung von Blütentrieben für das folgende Jahr anzuregen.

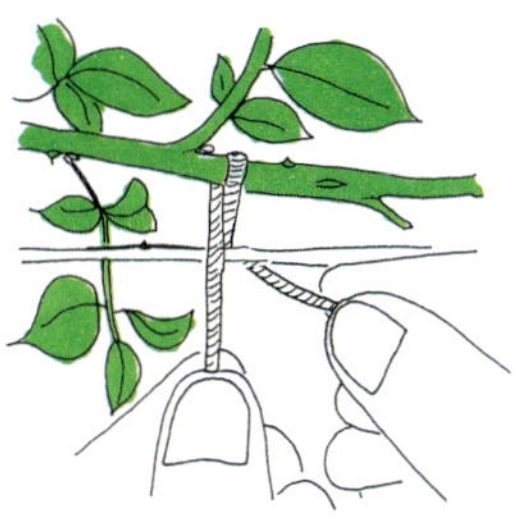

Binden Sie alle neugebildeten Triebe während der Wachstumsphase locker an das Klettergerüst.

Kletterrose 'Rosemarie Viaud' (rosa) und 'Crimson Rambler' (rot) zur Blütezeit.

zen Sie auf kräftige Jungtriebe ein, die sich im unteren, basisnahen Bereich entwickelt haben. Sind noch keine jungen Verzweigungen vorhanden, können Sie diese Triebe auf etwa 30–50 cm über dem Boden einkürzen. An den jüngsten, bereits abgeblühten Trieben kürzen Sie alle Seitentriebe auf etwa 10–15 cm ein, um auch hier die Bildung neuer Blütentriebe für das nächste Jahr zu stimulieren. Das Waagerechtbinden der neuen Triebe sollte laufend durchgeführt werden. Wird bei vernachlässigten Pflanzen ein Verjüngungsschnitt notwendig, dann schneiden Sie alle alten Triebe an der Basis heraus. Lassen Sie die jungen Triebe an der Basis aber ungeschnitten. Den eben beschriebenen Verjüngungsschnitt können Sie bei Bedarf bei dieser Rosengruppe auch alle vier bis fünf Jahre durchführen.

Obstgehölze schneiden

Obstgehölze sollen in erster Linie zahlreiche, geschmacklich gute Früchte tragen. Sie sind darüber hinaus teilweise überaus attraktive Blütenbäume für den Hausgarten. Um hohe und qualitativ gute Erträge zu gewährleisten, sind sorgfältig durchgeführte Erziehungs- und Schnittmaßnahmen erforderlich.

Das Interesse, Obst im eigenen Garten zu produzieren, hat in den letzen Jahren stark zugenommen. Die Ursache liegt nicht nur darin, dass man wieder mehr frische und geschmackvollere Früchte möchte. Auch der anhaltende Trend zu biologisch einwandfreien, chemisch unbehandelten Lebensmitteln trägt sicher dazu bei. Und auch wenn die Gärten durchweg kleiner geworden sind, muss man heute nicht mehr auf Obstbäume verzichten. Denn durch jahrelange Züchtungsarbeit ist es inzwischen gelungen, schwachwüchsige Obstunterlagen heranzuziehen, die die Wuchskraft der Obstbäume auch ohne besondere Schnittmaßnahmen in Zaum halten. Damit stehen Ihnen sogenannte „Zwergbäume" zur Verfügung. Eigentlich ist diese Entwicklung den kommerziellen Obstbauern zu verdanken. Denn sie waren es, die nach kleinen kompakten Baumformen verlangten, die frühzeitig fruchten, hohe Erträge bringen und gleichzeitig leicht zu beernten sind, ohne dass ein hoher Schnittaufwand entsteht. Es ist mittlerweile also möglich, auch im kleinsten Garten zumindest zwei bis drei unterschiedliche Obstarten oder -sorten zu pflanzen.

Einteilung der Obstarten

Obstgehölze lassen sich anhand ihrer Früchte verschiedenen Gruppen zuordnen. Dabei unterscheidet man Kernobst, Steinobst, Schalenobst und Beerenobst. Arten, die nicht in diese Kategorien passen, werden als sonstiges Obst zusammengefasst.

Kernobst

Beim Kernobst sind die Samen (Kerne) von einem pergamentartigen Gehäuse umgeben. Als Frucht wird der fleischig aufgewölbte Blütenboden, der das Kerngehäuse umgibt, verzehrt. Zum Kernobst zählen neben Apfel und Birne auch Quitte und Mispel.

Steinobst

Beim Steinobst ist der harte Kern von einem saftigen Fruchtfleisch umgeben. Neben Süß-Kirschen zählen auch Sauer-Kirschen, Zwetschen, Aprikosen, Renekloden, Mirabellen, Pfirsiche und Nektarinen zum Steinobst.

Beerenobst

Als Beerenobst werden strauchförmig, ausnahmsweise auch kletternd wachsende Arten bezeichnet, denen vor allem kleine, rundliche, weiche Früchte gemeinsam sind. Die Früchte sind – botanisch betrachtet – jedoch nicht immer Beeren. Viele Vertreter der Rosengewächse wie Himbeeren und Brombeeren mit ihren Sammelfrüchten sowie Apfelbeere gehören zu dieser Gruppe, aber auch Johannisbeeren, Stachelbeeren sowie Heidelbeeren, Preiselbeeren und Kiwis sind Beerenobst. Hätten Sie gedacht, dass unter den Gemüsen Tomate und Kürbis „Beerenfrüchte" sind?

Schalenobst

Schalenobst ist eine handelsübliche Sammelbezeichnung für essbare Nüsse und Kerne. Die Früchte besitzen eine Fruchtwand, die nicht verzehrt werden kann. Ihr Kern (Samen) ist jedoch essbar. Neben Walnuss und Haselnuss zählen auch Esskastanien, Mandeln und Pistazien hierzu.

Sonstige Obstarten

Indianerbananen, Feigen, Dreiblatt-Zitronen und Jujuben sind nur einige Arten, die hier als „besondere Obstarten" bezeichnet werden. Maibeeren und Kiwibeeren sind wenig bekannt und werden deshalb ebenso als besondere Obstarten geführt.

Was Sie unbedingt beachten sollten

Bevor Sie ein Obstgehölz kaufen, sollten Sie einige Überlegungen anstellen, die über Ihre persönlichen Obstvorlieben hinausgehen: Wie viel Raum steht zur Verfügung und wie groß darf das Gehölz werden? Wie viel Zeit möchten Sie für Schnitt- und Pflegearbeiten aufwenden? Welche speziellen Ansprüche an Boden und Klima stellt die ausgewählte Art? Sind die Wachstumsbedingungen geeignet, das Gehölz ausreichend mit Nährstoffen und Wasser zu versorgen? Wie anfällig ist die gewählte Art für Schädlinge und Krankheiten und welche Bekämpfungsmaßnahmen können auf Sie zukommen? Denken Sie auch daran, dass zahlreiche Arten und Sorten auf bestimmte Pollenspender angewiesen sind, damit sie Früchte ansetzen.

Baumformen und Unterlagen

Obstbäume lassen sich mit wenigen Ausnahmen nicht sortenrein aus Samen ziehen, und auch eine Vermehrung durch Stecklinge ist nicht möglich oder zielführend. Deshalb werden Obstbäume bereits seit Jahrhunderten durch Veredlung vermehrt. Die Wurzel beziehungsweise die Veredlungsunterlage entscheidet über die Wuchsstärke und die zukünftige Größe des Obstbaums. So können Sie in Abhängigkeit von der Unterlage ein und dieselbe Obstsorte entweder als kleines Bäumchen von kaum 2 m Höhe oder als großen Baum von 6–10 m Wuchshöhe ziehen. Die Entscheidung für eine bestimmte Unterlage wirkt sich ganz wesentlich auf den Erziehungs- und Erhaltungsschnitt aus und beeinflusst auch den Platzbedarf, die Bodenpflege, die Düngung, den Fruchtertrag und die Lebenserwartung.
Schwachwachsende Spindelbäume und Büsche kommen zwar mit einem geringen Standraum zurecht, benötigen aber ihr Leben lang einen Stützpfahl. Sie besitzen nur einen sehr kleinen Wurzelstock, der eine intensive Bodenpflege und Düngung erfordert, gleichzeitig aber keinerlei Wurzelkonkurrenz durch andere Pflanzen duldet. Die Bäume fruchten bereits nach zwei bis drei Jahren, sind im Gegenzug aber sehr kurzlebig. Sie sind bereits nach etwa 15–20 Jahren erschöpft und müssen dann ersetzt werden. Sie benötigen einen regelmäßigen Schnitt, wenn sie laufend qualitativ hochwertige Früchte liefern sollen.
Starkwachsende Hochstämme hingegen brauchen mindestens fünf bis zehn Jahre, bis die Erziehung abgeschlossen ist. Sie fruchten erst nach vielen Jahren zum ersten Mal. Dafür nimmt der Fruchtertrag mit zunehmendem Alter zu. Diese Bäume müssen später nicht jedes Jahr geschnitten werden und haben eine wesentlich höhere Lebenserwartung. Allerdings benötigen sie sehr viel Platz, weshalb man

Damit Aprikosen (Marillen) so üppig blühen und fruchten, benötigen sie mildes Klima und durchlässigen Boden.

bei der Verwendung von Hochstämmen einen Standraum von zumindest 30–50 m^2 einplanen sollte.

Kern- und Steinobst sowie Walnuss und Feige werden in der Baumschule in verschiedenen Baumformen herangezogen. **Hochstämme** (H) werden mit einer Stammhöhe von (160–) 180 cm angeboten. Sie sind üblicherweise auf Sämlingsunterlagen veredelt und sehr standfest. Hochstämme fruchten erstmals nach etwa sechs bis sieben Jahren, erreichen Kronendurchmesser von mehr als 8 m und können 6–10 m hoch werden. Sie sind für den normalen Hausgarten zu groß, eignen sich aber gut für Nachpflanzungen in alten Obstgärten und auf Streuobstwiesen. **Halbstämme** (HH) haben eine Stammhöhe von (100–)120 cm. Sie werden auf Sämlingsunterlagen oder starkwüchsige, vegetativ vermehrte Unterlagen veredelt. Sie weisen ebenfalls eine sehr gute Standfestigkeit auf. Der Ertrag setzt etwa nach vier Jahren ein. Die Bäume werden etwa 6 m hoch und entwickeln kräftige Kronen mit Kronendurchmesser von 4–6 m. Der empfohlene Pflanzabstand beträgt etwa 5 × 5 m. Halbstämme eignen sich gut als Solitärbaume oder zur Anlage von kleineren Obstanlagen. Gelegentlich werden Obstbäume als **Viertel- oder Niederstamm** angeboten. Dabei handelt es sich um Bäume mit einer Stammhöhe von 80–100 cm, die auf mittelstarkwachsende, vegetativ vermehrte Unterlagen veredelt wurden.
Bei **Büschen** (Bu) beziehungsweise Buschbäumchen beträgt die Stammhöhe (40–)60 cm. Durch die Verwendung schwachwüchsiger Unterlagen fruchten sie oft schon im ersten oder

Rechts: Apfelspindelbüsche.
Unten: Apfelhochstamm.

zweiten Jahr. Sie erreichen je nach Erziehung Wuchshöhen von 3 m und Kronendurchmesser bis 4 m, woraus Standweiten von 3–4 m resultieren. Aufgrund der schwachwüchsigen Unterlage weisen sie keine hohe Standfestigkeit auf, benötigen eine dauerhafte Stütze, optimale Bodenverhältnisse und eine gute Nährstoffversorgung. Sie sind verhältnismäßig kurzlebig. Buschbäume sind die wichtigste Baumform vor allem für kleinere Hausgärten.
Spindelbüsche (SpB) beziehungsweise Formobstgehölze sind mit einer Stammhöhe von 30(–40) cm die kleinsten Obstbäume. Da sie auf sehr schwachwüchsigen Unterlagen veredelt sind, fruchten sie meist bereits im Pflanzjahr. Sie werden bis 2 m hoch und meist als Spindel, Spalier oder anderes Formobst gezogen. Darüber hinaus bietet sich diese Wuchsform auch für die Kübelkultur auf Balkon und Terrasse an.

Beerenobst wird je nach Artenzugehörigkeit unterschiedlich erzogen.
Johannisbeeren, Stachelbeeren und Heidelbeeren werden als **Büsche** (Bu) gehandelt und üblicherweise als freiwachsende Sträucher erzogen.
Vor allem Stachelbeeren, aber auch Johannisbeeren werden auch als Stämmchen oder **Hochstämmchen** (HH) mit einer Stammhöhe von 90 cm angeboten. Sie benötigen zeitlebens einen stützenden Pfahl.
Als **Spalier** kommen Himbeeren und Brombeeren, gelegentlich auch Heidelbeeren in Frage. Sie werden ausschließlich als Containerpflanzen gehandelt.
Weinreben und Kiwipflanzen sind starkwachsende **Kletterpflanzen**, die ein entsprechendes Klettergerüst benötigen.

Grundlagen und Begriffe des Obstgehölzschnitts

Wer Obstbäume in seinem Garten pflanzt, möchte eine möglichst reiche Ernte einbringen, die aber vor allem qualitativ hochwertig sein soll. Doch nicht immer ist eine reiche Ernte mit guter Qualität verbunden. Besonders bei Apfelbäumen kommt es oft vor, dass sie zwar sehr viele Früchte tragen, diese jedoch klein bleiben und auch von minderer Qualität sind. Das liegt daran, dass der Baum die Vielzahl der Früchte nicht ernähren konnte. Geschmack und Qualität leiden ebenfalls, wenn die Früchte nicht genügend Sonne erhalten. Auch ist die Lagerfähigkeit stark eingeschränkt, wenn die Früchte im Schatten heranreifen. Um all dies zu vermeiden, sind entsprechende Schnittmaßnahmen notwendig, die ein ausgewogenes Gleichgewicht zwischen Wuchs und qualitativ gutem Fruchtertrag herstellen. Dazu muss man wissen, wie der Baum wächst und wo er blüht und fruchtet.

Kronenelemente, Triebe und Knospen

Der durch Schnitt und Formierung erzogene Obstbaum besteht aus Stamm und Krone mit Ästen, Zweigen, Trieben und Knospen, die sich zu Blättern respektive Blüten und Früchten entwickeln.

Kronenelemente

Der **Stamm** bildet zusammen mit den Ästen das tragende Gerüst. Er stellt die Verbindung zwischen den unterirdischen (Wurzeln) und oberirdischen Organen (Krone) dar. Der Stamm kann von der in Bodennähe aufveredelten Edelsorte oder der Veredlungsunterlage gebildet werden. Wenn zwischen Unterlage und Edelsorte eine Unverträglichkeit besteht, wie das zum Beispiel bei einigen Birnensorten der Fall ist, dann wird auf die Unterlage zunächst eine verträgliche Sorte als „Stammbildner“ und darauf erst in Kronenhöhe die gewünschte Edelsorte veredelt. In diesem Fall wird der Stamm also nicht von der Edelsorte gebildet.
Die **Krone** bildet das tragfähige Gerüst, das für eine optimale Belichtung sorgt und in der Lage ist, die Früchte zu tragen, ohne dass der Baum unter der Last zusammenbricht.
Äste sind mehrjährige, verholzte große „Verzweigungseinheiten“, die einen beträchtlichen Teil der Pflanze ausmachen und mit den dünneren Zweigen besetzt sind. Man unterscheidet zwischen Leitästen und Fruchtästen.
Die **Stammverlängerung** (Verlängerung des Stamms beziehungsweise der Hauptachse) entwickelt sich wegen ihrer aufrechten Stellung etwas stärker als die Seitenäste. Sie fehlt bei der Hohlkrone, bei Spindelbäumen trägt sie keine Seitenäste, sondern nur Fruchtäste.

Leitastverteilung bei Obstbäumen: Eine Leitastanordnung auf gleicher Höhe (Quirlbildung) ist ungünstig.

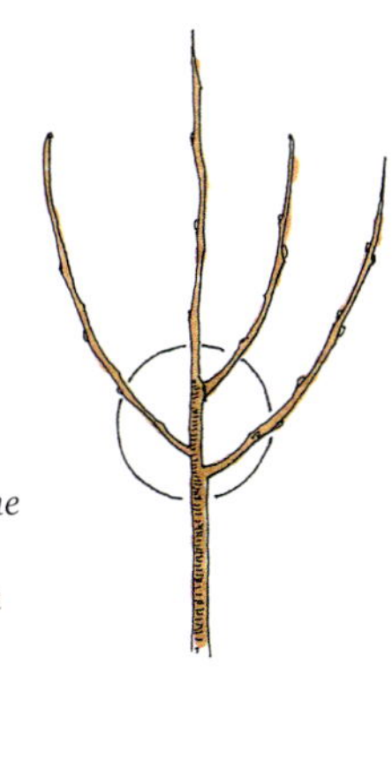

Optimal ist eine Verteilung in Abständen von 30–40 cm.

Die Seitenäste werden als **Leitäste** bezeichnet und sind für den Aufbau der Krone maßgeblich und meist etwas steiler gestellt als die Fruchtäste. Sie sitzen optimalerweise alle 30–40 cm an der Stammverlängerung. Eine Leitastanordnung auf gleicher Höhe (Astquirl) ist sehr ungünstig, da dadurch die Gefahr von Astbrüchen stark erhöht wird.

Die **Fruchtäste** sind den Leitästen untergeordnet und weisen einen etwas flacheren Winkel auf. Dadurch werden sie in ihrer vegetativen Entwicklung gegenüber den Leitästen gehemmt und bilden vorwiegend Zweige mit Blütenknospen.

Zweige sind ein-, zwei- oder mehrjährige, beblätterte oder verholzte Sprosse, die mehr oder weniger verzweigt und schwächer als Äste sind. Die Abgrenzung zu den Ästen ist jedoch nicht eindeutig. Einjährig bedeutet, dass sie in der letzten, vergangenen Vegetationsperiode gebildet wurden. Sie werden deshalb gelegentlich auch als vorjährige Triebe bezeichnet.

Triebe

Triebe sind im Gegensatz zu Zweigen diesjährige, beblätterte oder verholzte Sprosse. Sie werden auch noch nach dem Laubfall im Herbst des Jahres, in dem sie gebildet wurden, als Triebe bezeichnet. Tragen diese Triebe vorwiegend vegetative Sprossanlagen, also Blattknospen, nennt man sie Holztriebe. Wurden anstelle der Blattknospen jedoch eine oder mehrere Blütenknospen gebildet, dann spricht man von Fruchttrieben.

Holztriebe sind durch ein stärkeres Wachstum und längere Internodien gekennzeichnet als Fruchttriebe. Man bezeichnet sie deshalb auch als Langtriebe.

Langtriebe sind Triebe, die in der Jugend- und Entwicklungsphase dem Kronenaufbau dienen. Sie entstehen meist aus Knospen im Spitzenbereich der Triebe, aber auch aus älteren Ästen und Stämmen. Alle Triebe, die nach einem Verjüngungsschnitt oder einem Astbruch entstehen, entwickeln sich zu Langtrieben.

Aus den Langtrieben bauen sich Stamm, Haupt- und Nebenäste auf.

Wasserschosse entstehen aus schlafenden Knospen beziehungsweise Adventivknospen an den Gerüstästen im Inneren der Krone. Sie sind durch den vergeilten Wuchs und die langen Internodien leicht zu erkennen und zeigen bei älteren Bäumen einen notwendigen Verjüngungsschnitt an. Wasserschosse bilden sich auch nach einem kräftigen Auslichtungsschnitt an jüngeren Bäumen. Sie müssen dann stark reduziert und die verbleibenden Triebe so zur Fruchtholzbildung angeregt werden.

Kurztriebe entstehen aus Seitenknospen der Langtriebe. Aus ihnen entwickelt sich das sogenannte Fruchtholz. Beim Kernobst unterteilt man die Kurztriebe in Fruchtruten, Fruchtspieße und Ringelspieße. Aus den Ringelspießen entwickelt sich später bei Äpfeln und Birnen das Quirlholz. Bei Süß- und Sauer-Kirschen bezeichnet man diese fruchttragenden Kurztriebe als Bukettzweige.

Fruchtholz kann unterschiedlich lang sein. Man unterscheidet langes Fruchtholz mit über 10 cm Länge und kurzes Fruchtholz unter 10 cm Länge.

Fruchtruten zählen zum langen Fruchtholz und sind sowohl beim Kernobst als auch beim Steinobst anzutreffen. Meist sind die längeren Triebe etwas gebogen. Beim Kernobst ist die Terminalknospe immer eine Blütenknospe, seitlich darunter sitzen Blatt- oder Holzknospen. Beim Steinobst dagegen stehen endständig immer Holz- oder Triebknospen. Hier sind die Blütenknospen seitenständig angeordnet.

Fruchtspieße bestehen aus 1–3 cm langem kurzem Fruchtholz, das beim Kernobst eine endständige Blütenknospe aufweist.

Ringelspieße zählen zum mehrjährigen kurzen Fruchtholz und entwickeln sich aus Fruchtspießen. Sie weisen nur einen geringen Jahreszuwachs auf und erscheinen durch die zahlreichen, dicht übereinanderliegenden Blattnarben, die von den Blattro-

Triebformen beim Apfel.

Fruchtkuchen beim Apfel.

Triebformen bei Obstbäumen:.

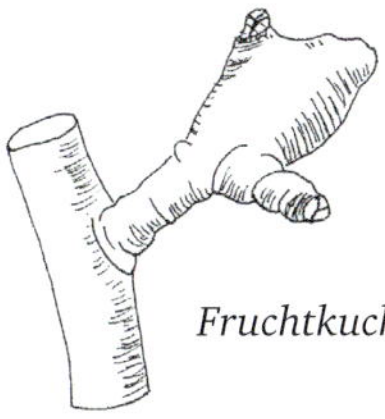

Fruchtkuchen.

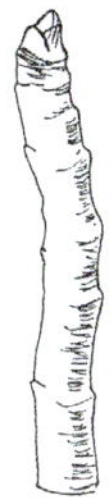

Ringelspieß.

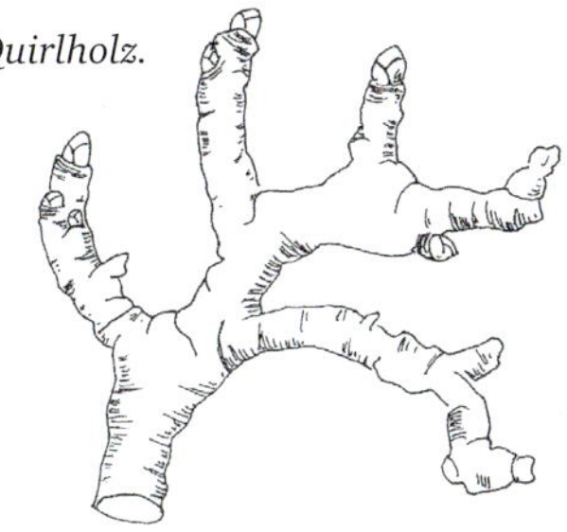

Quirlholz.

Holzknospe.

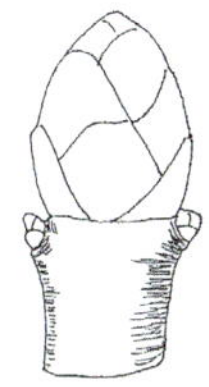

Blütenknospe als Hauptknospe mit zwei Seitenknospen.

setten herrühren, wie geringelt. Sie entwickeln eine endständige Blütenknospe, bei mangelhafter Ernährung allerdings nur eine Blattknospe.

Fruchtkuchen treten nur beim Kernobst und hier bevorzugt bei der Birne auf. Es handelt sich dabei um besonders deutlich entwickelte, fleischig verdickte Blütentriebe, die als Speicherort für Bildungsstoffe dienen. Aus den Fruchtkuchen entwickelt sich laufend kurzes Fruchtholz, weshalb es beim Schnitt geschont wird.

Quirlholz ist älteres, stark verzweigtes Fruchtholz, das nur beim Kernobst auftritt. Mit zunehmendem Alter muss das Quirlholz verjüngt werden.

Bukettriebe sind das wichtigste Fruchtholz beim Steinobst, vor allem bei Kirschen. Sie entsprechen den Ringelspießen beim Kernobst, besitzen jedoch zahlreiche Blütenknospen, die am Ende des kurzen Triebs gehäuft auftreten. Sie besitzen eine endständige Holzknospe, aus der sich die (sehr kurze) Triebverlängerung bildet, um die immer wieder seitliche Blütenknospen entstehen. Auf diese Weise können die Bukettriebe oft viele Jahre alt werden.

Wahre Fruchttriebe treten ausschließlich beim Steinobst und besondere beim Pfirsich als wichtigste Fruchtholzart auf. Es handelt sich dabei um Langtriebe mit stark gemischter Knospenstellung. Diese bringen neben Früchten auch eine ausreichende Anzahl neuer Triebe mit vielen Blättern hervor, die für die Ernährung der Früchte sorgen.

Falsche Fruchttriebe kommen ebenfalls beim Pfirsich vor. Sie sind schlecht ernährt und bringen fast nur Blütenknospen hervor. Da diese Fruchttriebe keine beblätterten Triebe bilden, die die Früchte ernähren könnten, werden sie beim Schnitt auf kurze Stummel zurückgeschnitten (Ersatzzapfen). Aus ihren Basisknospen können sich im nächsten Jahr wieder wahre Fruchttriebe entwickeln.

Bukettriebe bei der Kirsche.

Falsche und wahre Fruchttriebe beim Pfirsich.

Vorzeitige Triebe entstehen häufig beim Pfirsich. Dabei treiben Holzknospen, die im laufenden Jahr gebildet wurden, noch aus. Gelegentlich können vorzeitige Triebe auch bei sehr streng formiertem Spalier- und Formobst auftreten.

Knospenformen

Das Erkennen der unterschiedlichen Knospenformen ist für den fachgerechten Obstbaumschnitt überaus wichtig. Nur wenn Sie die Knospen unterscheiden können, werden Sie den Wuchs beziehungsweise die Fruchtbildung entsprechend fördern können.

Die **Terminal- oder Gipfelknospe** ist die wichtigste Knospe. Sie dient dem Aufbau des Astgerüsts beziehungsweise der Verlängerung der Hauptsachse. Beim Kernobst und den Kernobstverwandten kann bei bereits entwickelter Krone die Terminalknospe auch als Blütenknospe entwickelt sein.

Blatt- oder Triebknospen können entweder an der Spitze von

Trieben, vor allem von Langtrieben, stehen, sich aber auch seitlich am Trieb in den Blattachseln entwickeln. Sie sind schlank und spitz, sitzen oberhalb der Blattnarben und sind nach dem Laubfall im Herbst deutlich sichtbar. Es gibt beim Kernobst auch Triebknospen, die über mehrere Jahre hindurch nicht austreiben. Diese werden als schlafende Knospen bezeichnet. Erst wenn der Trieb oder Ast verloren geht, treiben diese Knospen aus.

Blatt- oder Übergangsknospen sind im Entstehen begriffene Blütenknospen, die in ihrer Entwicklung stecken geblieben sind. Sie kommen nur beim Kernobst vor und sitzen immer endständig an kurzen Trieben. Nach dem Austrieb bildet sich eine Blattrosette, die – sofern sie gut ernährt wird – eine endständige Blütenknospe ausbildet. Da sich aus der ursprünglichen Blattknospe im Folgejahr eine Blütenknospe entwickelt, nennt man diese Übergangsknospen.

Neben- und Beiknospen sitzen beim Kernobst links und rechts der Triebknospen. Sie treiben aus, wenn die Hauptknospe beschädigt ist oder nach Frösten nicht mehr austreibt. Bei Pfirsich, Aprikose und Zwetsche sind diese Nebenknospen auch deshalb wichtig, da sie als Blütenknospen angelegt sein können. Sie treiben vor oder mit den Hauptknospen aus.

Blütenknospen sind an ihrer rundlichen, dickbauchigen Form gut zu erkennen. Sie entwickeln sich bereits im Laufe des vorangegangenen Vegetationsjahres und sind im Herbst deutlich von den Blattknospen zu unterscheiden. Sie können entweder seitlich an Langtrieben, an Kurztrieben (Kernobst) oder an Bukettzweigen (Kirsche) sitzen. Beim Kernobst können sie sich auch an der Triebspitze befinden.

Adventivknospen sind zunächst nicht sichtbar, da sie erst gebildet werden, wenn ein sehr großer Wundreiz vorliegt. Hat man beim Verjüngen keine Möglichkeit, Stämme und Äste auf einen Seitentrieb abzuleiten und schneidet deshalb in einen Bereich zurück, in dem keine Knospen mehr sichtbar oder vorhanden sind, dann entwickeln sich aus dem Kambium an der Schnittstelle neue Triebknospen, die sofort austreiben und neue Triebe und Äste bilden.

Entwicklungsstadien

Bei allen Obstbäumen gibt es drei wesentliche Entwicklungsstadien, die sich bei den einzelnen Baumformen abhängig von der Art und Sorte lediglich in ihrer Dauer unterscheiden: das Jugendstadium, das Ertragsstadium und das Altersstadium.

Jugendstadium

Das Jugendstadium ist durch ein starkes vegetatives Wachstum gekennzeichnet. In dieser Zeit wird das Kronengerüst aufgebaut, die Fruchtbildung spielt noch keine Rolle. Dieses Stadium beträgt bei Sorten mit schwachwüch-

Jungbaum.

Natürliche Kronenentwicklung in Abhängigkeit vom Altersstadium:

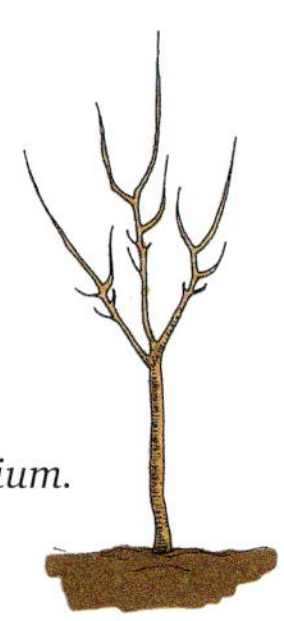

Jugendstadium.

Ertragsstadium.

Altersstadium.

sigen Unterlagen nur ein bis zwei Jahre, bei starkwüchsigen Sämlingsunterlagen kann es durchaus sechs bis acht Jahre und länger dauern, bis das Gerüst des Hochstamms entsprechend aufgebaut ist. Die Triebe wachsen vorwiegend aufrecht bis schräg aufwärts. In dieser Phase werden der Pflanzschnitt und der Erziehungsschnitt durchgeführt.

Ertragsstadium

Dieses Stadium ist durch hohe Erträge und ein ausgewogenes Triebwachstum geprägt. Die Kronenentwicklung ist im Wesentlichen abgeschlossen. Der Baum befindet sich im physiologischen Gleichgewicht. Die Leitäste wachsen weiterhin schräg aufrecht, während die fruchttragenden Äste mehr oder minder waagrecht bis leicht schräg nach oben wachsen. Es werden nun sowohl zahlreiche, qualitativ hochwertige Früchte als auch die notwendigen neuen Triebe gebildet. Diese Phase sollte so lange wie möglich ausgedehnt werden. Dazu ist ein ausgewogener Erhaltungs- und Pflegeschnitt notwendig. Wird dieser Schnitt nicht regelmäßig durchgeführt, kommt es unweigerlich und verfrüht zu einem Nachlassen der Triebkraft und einer Überalterung des Fruchtholzes.

Altersstadium

Ist das Altersstadium erreicht, dann lässt die Triebkraft nach, die Anzahl der Früchte reduziert sich, die Früchte bleiben kleiner und lassen in der Qualität nach. Die Triebe weisen kaum mehr Zuwachs auf, viele Triebe sind nun zumeist waagrecht oder abwärts gerichtet. Es werden kaum noch Triebknospen und nur noch wenige Blütenknospen gebildet. Ist es erst einmal so weit, dann sollte man den Baum roden und durch einen jungen, wüchsigen ersetzen. Bei wertvolle Sorten oder ganz besondere Bäumen kann sich jedoch ein Verjüngungsschnitt durchaus lohnen. Dieser sollte über einen Zeitraum von mindestens zwei bis drei Jahren erfolgen, da die Krone meist neu aufgebaut werden muss.

Wachstumsgesetze

In Abhängigkeit von der Triebstellung und der Rangordnung innerhalb des Kronensystems werden bestimmte Zonen in ihrem Wuchs gefördert oder gehemmt. Dementsprechend spricht man von Spitzen-, Oberseiten-, Scheitelpunkt- oder Basisförderung. Diese Gesetzmäßigkeiten sind unbedingt zu beachten, denn sie bestimmen den fachlich richtig durchgeführten Obstbaumschnitt.

Spitzenförderung

Jene Knospe, die am höchsten Punkt steht, wird am kräftigsten austreiben. Dies ist besonders bei jungen Bäumen der Mittelleit-

Spitzenförderung bei einem jungen Apfelbaum.

Obstbaum im Ertragsstadium.

Altersstadium.

trieb. Der Neutrieb wird hier am aufrecht stehenden Zweig den stärksten Zuwachs verzeichnen. Gleichzeitig wird das Wachstum der tiefer liegenden Knospen gehemmt. Die Förderung der Triebspitze gilt nicht nur für den Haupttrieb, sondern auch für die Knospen an benachbarten Trieben. Überragt beispielsweise die Endknospe eines Seitentriebs die Stammverlängerung, so wird diese in der Regel stärker austreiben und zu einem Konkurrenztrieb für den Leittrieb oder die Stammverlängerung heranwachsen.

Links: Oberseitenförderung beim Apfel.
Unten: Oberseitenförderung beim Pfirsich.
Rechts: Die Scheitelpunktförderung wird zur Verjüngung von Fruchtästen ausgenutzt.

Oberseitenförderung

Bei waagerechter Triebstellung oder flach gebundenen Ästen werden die Knospen entlang der gesamten Trieboberseite gefördert. Es bilden sich auf der gesamten Trieblänge zahlreiche schwache, kurze Triebe. Die Triebverlängerung fällt deutlich schwächer aus als bei steil stehenden Trieben. Die Knospen auf der Zweigunterseite werden stark gehemmt und treiben in der Regel nicht aus. Bei der Erziehung von Obstbäumen nutzt man diese Gesetzmäßigkeit aus, indem man einjährige Langtriebe waagerecht bindet und damit die Bildung von Kurztrieben und Blütenknospen fördert. Die Oberseitenförderung nimmt mit zunehmendem Alter ab, was sich in einer verminderten Fruchtbildung äußert.

Scheitelpunktförderung

Bei bogenförmigen Trieben, die sich unter anderem auch bei zunehmendem Kronenalter durch das Gewicht der Früchte entwickeln, entstehen in der Scheitelpunktzone aufrecht wachsende Triebe. Der kräftigste dieser Triebe übernimmt die Führung und hemmt die anderen in ihrer vegetativen Entwicklung, wodurch sich diese nun zu Fruchttrieben mit Blüten entwickeln. Dadurch entsteht ein sogenannter Fruchtbogen. Der stärkste Trieb dieses Fruchtbogens verjüngt sich an seinem Scheitelpunkt erneut, so dass wiederum ein Fruchtbogen entsteht. Die Scheitelpunktförderung ist im Hinblick auf laufende Verjüngungsmaßnahmen und die Fruchtholzverjüngung von besonderer Wichtigkeit.

Zeichnung 1: *Wirkung des Lang- und Kurzschnitts: diesjähriger Trieb am Ende der Vegetationsperiode.*
Zeichnung 2: *Dieser Trieb wurde im Winter nicht eingekürzt. Es entwickeln sich eine schwache Triebverlängerung und mehrere kurze Triebe an der Triebspitze.*
Zeichnung 3: *Der Trieb wurde im Winter etwa um ein Drittel eingekürzt. In der Folge bilden sich eine kräftige Triebverlängerung und wenige gut entwickelte Triebe unterhalb des Mitteltriebs.*
Zeichnung 4: *Der Trieb wurde im Winter etwa um zwei Drittel eingekürzt. Daraufhin bilden sich nur zwei bis drei sehr kräftig entwickelte Triebe.*

Zeichnung 5: *Starkwachsende Bäume wie diese Birne müssen schwach oder wenig geschnitten werden.*
Zeichnung 6: *Die Leittriebe und der Mitteltrieb werden nur geringfügig eingekürzt, von den restlichen Trieben werden nur bei Bedarf und so wenige wie möglich entfernt. Um das Wachstum zu bremsen, ist es in diesem Fall besser, die Triebe nach Möglichkeit waagerecht zu stellen.*

Basisförderung

Neigt sich ein Trieb nach unten, was oft durch einen starken Fruchtbehang ausgelöst wird, oder wird dieser bewusst nach unten gebunden, so dass er unterhalb der Waagerechten steht, dann werden die Knospen an der Basis des Triebs in ihrer Wuchskraft gefördert und zu starker Triebbildung angeregt. Auch diese Triebe sind für die Verjüngung der Krone von wesentlicher Bedeutung.

Gesetze der Schnittwirkung

Jeder Obstbaumbesitzer sollte wissen, wie seine Gehölze auf Schnittmaßnahmen reagieren. Durch einen starken Rückschnitt wird die Anzahl der verblieben Knospen stark reduziert. In der Folge werden sich nur wenige, dafür aber sehr kräftige Neutriebe entwickeln. Dies ist für den Pflanzschnitt sowie den Verjüngungsschnitt älterer Bäume wichtig.
Ein schwacher Rückschnitt führt dazu, dass zahlreiche Knospen verbleiben. Aus diesen werden sich viele, dafür aber verhältnismäßig schwache Neutriebe entwickeln. Durch den schwachen Schnitt wird also die Bildung starker Holztriebe verhindert, gleichzeitig die Entstehung von erwünschtem Fruchtholz gefördert.
Schneidet man jedoch innerhalb einer Krone einen Teil der Triebe stark, den anderen Teil schwach zurück, dann tritt wieder das Gesetz der Spitzenförderung in Kraft. Die Triebe des schwach geschnittenen Kronenteils werden stark gefördert, da ihre Knospen höher liegen als die des stark zurückgeschnittenen Kronenteils. Beim Pflanzschnitt junger Obstbäume ist es besonders wichtig, die zum Aufbau von Leitästen gedachten Triebe in der gleichen Höhe zu schneiden. Ihre obersten Knospen müssen sich in der „Saftwaage" befinden, also auf gleicher Höhe angeordnet sein. Nur unter dieser Bedingung werden sich die Triebe im folgenden Jahr gleich lang und gleich stark entwickeln. Die Gesetzmäßig-

Links: Bäume mit sehr schwachem oder unzureichendem Wachstum, kombiniert mit übermäßiger Blütenknospenbildung, benötigen einen starken, kräftigen Rückschnitt.
Rechts: Leitäste, Stammverlängerung und Seitenäste werden bis in das alte Holz zurückgeschnitten, darauf reagiert der Baum wieder mit der Bildung kräftiger Langtriebe.

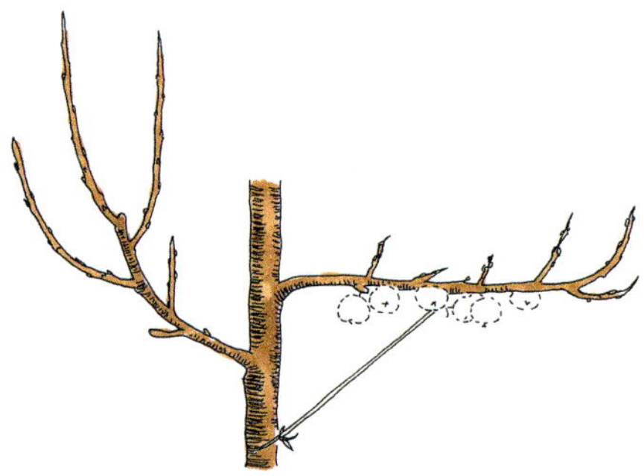

Um die frühzeitige Bildung von Blütenknospen anzuregen, werden die Jungtriebe von Apfel und Birne waagrecht heruntergebunden.

keiten der Saftwaage macht man sich in der Praxis zunutze. So werden an jungen Apfelbäumen bereits einjährige Triebe waagrecht gebunden. Diese Triebe werden sehr rasch Blüten bilden und fruchten. Ein aufrecht wachsender, nicht herabgebundener Trieb reagiert dagegen mit starker Triebbildung und zeigt keinen Fruchtansatz.

Alter und Schnittmaßnahmen

Wie bei allen anderen Gehölzen gibt es auch bei Obstgehölzen vier verschiedene Schnittmaßnahmen, und zwar Pflanzschnitt, Erziehungsschnitt, Erhaltungsschnitt und Verjüngungsschnitt.

Pflanzschnitt

Dieser erfolgt nach dem Auspflanzen. Dabei wird der Wurzelverlust bei wurzelnackten Gehölzen ausgeglichen, der beim Roden der Pflanzen in der Baumschule entstanden ist. Auch die spätere Form des Baums wird mit dem Pflanzschnitt bereits festgelegt.

Erziehungsschnitt

Dieser Schnitt wird während der ersten drei bis vier Jahre nach dem Auspflanzen durchgeführt. Dies ist der Zeitraum mit starkem Triebwachstum, in dem die Form der späteren Krone festgelegt wird. Da beim Erziehungsschnitt ein kräftiger Zuwachs erwünscht ist, wird dieser im Spätwinter oder zeitigen Frühjahr durchgeführt. In dieser Phase können zwar schon Früchte gebildet werden, aber die Blüten- und Fruchtbildung sind jetzt noch zweitrangig.

Erhaltungsschnitt

Der Erhaltungsschnitt erfolgt, wenn das Gerüst und die Krone des Baums bereits aufgebaut sind. Ziel ist es nun, die Bildung von Trieben anzuregen, die möglichst hochwertige Früchte hervorbringen. Im Gegensatz zum Erziehungsschnitt geht es nun darum, möglichst viel gutes Fruchtholz zu erhalten und ein übermäßiges Wachstum zu bremsen. Vergreiste Fruchttriebe werden nach und nach ersetzt. Kleine Baumformen wie Spindelbäume benötigen einen jährlichen Schnitt, während bei größeren Baumformen mit älteren Rundkronen ein Erhaltungsschnitt in zwei- bis dreijährigen Abständen ausreicht. Allerdings gilt auch hier: Je regelmäßiger Sie schneiden, umso leichter und einfacher wird der Schnitt durchzuführen sein.

Verjüngungsschnitt

Insbesondere bei älteren Obstgehölzen, die nicht regelmäßig geschnitten wurden, vergreisen die Fruchttriebe. Aber auch das Kroneninnere weist viel vertrocknetes, verkahltes oder unproduktives Holz auf. Beim Verjüngungsschnitt werden vergreiste Triebe entfernt und der Baum zur Bildung von neuem Wuchs angeregt. Nach einem Verjüngungsschnitt ist in den folgenden zwei bis drei Jahren eine Nachbehandlung der Krone notwendig.

Schnittzeitpunkt

Der Schnittzeitpunkt ist sehr stark von der Obstart, der Wuchsform und dem aktuellen Zustand des Obstgehölzes abhängig. Man unterscheidet prinzipiell zwischen Winterschnitt und Sommerschnitt.

Winterschnitt

Durch den Winterschnitt wird das Wachstum am stärksten angeregt. Während dieser Zeit befindet sich das Gehölz jedoch in Winterruhe und ist nicht in der Lage, die Schnittstellen zu verschließen, da jetzt kein Wundgewebe gebildet werden kann. Deshalb kommt der Winterschnitt vor allem für robuste Obstgehölze wie Apfel und Birne in Frage. Alle übrigen Obstarten schneidet man im zeitigen bis späten Frühjahr. Beim Formobst beschränkt sich der Winterschnitt auf ein vorsichtiges Auslichten, da die wesentlichen Schnittmaßnahmen bereits im Sommer durchgeführt werden.

Sommerschnitt

Der Sommerschnitt beruhigt das Wachstum und ist für die Pflanzen besser verträglich als ein Winterschnitt. Vor allem das Steinobst wie Pfirsich und Aprikose, aber auch die Walnuss vertragen einen Schnitt im Winter nicht, sondern trocknen an den Schnittstellen bis in den Hauptast hinein zurück. Diese Obstarten, aber auch Kirschen und Zwetschen, schneidet man daher im Sommer zwischen Juli und Mitte September. Frühreifende Arten und Sorten wie Sauer-Kirschen schneidet man gleich nach der Ernte. Bei einem Schnitt bis etwa Mitte Juli bilden sich bis zum Winter noch Triebe mit Blütenknospen für das folgende Jahr. Schneidet man diese Bäume erst nach Mitte August, dann treiben sie zwar nicht mehr aus, die Wunden werden aber noch vor dem folgenden Winter verschlossen. Bei Formobstbäumen ist neben dem Winterschnitt unbedingt ein Sommerschnitt notwendig, da nur dieser das Wachstum bremst und die Bildung von Blütenknospen stark fördert.

Schnitt und Erziehung beim Kernobst

Die Erziehung der verschiedenen Baumformen und deren Schnitt werden am Beispiel des Apfelbaums ausführlich beschrieben. Im Wesentlichen ist der Kronenaufbau bei allen Kernobstarten sehr ähnlich, Wüchsigkeit und endgültige Wuchshöhe können innerhalb der Kernobstarten aber stark voneinander abweichen. Da es bei Birnen, Quitten und Mispeln zudem auch weniger unterschiedlich stark wachsende Unterlagen gibt, werden diese Obstarten gesondert behandelt.

Apfel (Malus domestica)

Innerhalb des Kernobstes werden beim Apfel die unterschiedlichsten Baumformen verwendet. Sie reichen vom schwachwüchsigen Spindelbusch bis zum starkwüchsigen Hochstamm. Dies wurde vor allem durch die zahlreichen Unterlagentypen mit ihren verschiedenen Wuchseigenschaften ermöglicht. Sämlingsunterlagen sind sehr starkwüchsig und wurden früher für die Erziehung von Hochstämmen verwendet. Für Hochstämme und Halbstämme werden heutzutage vorwiegend die ebenfalls starkwachsenden Typenunterlagen A 2 oder M 11 verwendet. M 26 dient als schwachwüchsige Unterlage für Büsche, die nicht standfesten Typenunterlagen M 27 sowie M 9 verwendet man als Unterlagen für noch kleineren Baumformen wie Spindeln.

Halb- und Hochstämme
Halb- und Hochstämme erhält man in der Regel als zweijährige, wurzelnackte Pflanzen beziehungsweise Containerpflanzen mit Stamm und bereits entwickelter, allerdings ungeschnittener Krone. Ihre Pyramidenkrone wird durch entsprechende Schnittmaßnahmen erzielt.
Pflanzschnitt: Bei wurzelnackten Pflanzen ist ein Wurzelschnitt notwendig, bei dem verletzte und beschädigte Wurzeln entfernt und die restlichen gesunden Wurzeln eingekürzt werden. Die Krone eines Jungbaums besteht meist aus sechs bis acht Ästen. Von diesen wählt man drei bis vier als Leittriebe aus, die im geeigneten Abstand von etwa 30–

Junger Apfelbaum vor dem Pflanzschnitt.

Junger Apfelbaum nach dem Pflanzschnitt.

40 cm zueinander am Stamm entspringen. Der Mitteltrieb bleibt erhalten, alle übrigen Triebe werden an der Ansatzstelle entfernt. Nun gilt es, die verbliebenen Triebe zu Leittrieben zu erziehen. Dazu werden diese in einem Winkel von etwa 45° durch Aufbinden oder Abspreizen formiert. Anschließend kürzen Sie sie etwa um die Hälfte bis zwei Drittel auf eine nach außen gerichtete Knospe ein. Wichtig ist dabei, dass das Prinzip der Saftwaage eingehalten wird. Der Mitteltrieb wird ebenfalls geschnitten. Er bleibt jedoch etwa 10 cm länger als die Leittriebe. Das ist wichtig, damit die Krone später nicht überbaut wird, also kein Ungleichgewicht zwischen oberen und unteren Astpartien entsteht und sich die Kronenmitte nicht übermäßig hoch entwickelt.

Erziehungsschnitt: Dieser wird in den folgenden drei bis vier Jahren durchgeführt. Im ersten Winter nach der Pflanzung werden die Leitäste durch entsprechendes Aufbinden oder Abspreizen weiter formiert. Entfernen Sie alle Konkurrenztriebe an den Leit- und Nebenästen, lassen Sie aber Kurztriebe, sofern diese nicht zu zahlreich sind, stehen.

Mehrjähriger Apfelbaum vor dem Erziehungs- und Erhaltungsschnitt.

Mehrjähriger Apfelbaum nach dem Erziehungs- und Erhaltungsschnitt.

Kürzen Sie die Leitäste wieder ein. Beachten Sie dabei weiterhin das Prinzip der Saftwaage. Der Mitteltrieb wird ebenfalls eingekürzt. Achten Sie hier aber darauf, dass ein Jahr auf das linke, im folgenden Jahr auf das rechte außenstehende Auge eingekürzt wird. Triebe, die nicht zur Leitasterziehung benötigt werden, binden Sie waagrecht herunter. Führen Sie diese Schnitte auch im dritten und vierten Jahr durch, wobei nun neben den Leitästen Langtriebe zu Nebenästen formiert werden. Kürzen Sie die Leittriebe nur mehr um ein Drittel ihrer Länge ein. Entfernen Sie zu dicht stehende Triebe. Inzwischen haben sich aus den waagerecht gebundenen Langtrieben mit Blütenknospen besetzte Fruchtruten gebildet, während sich aus den im Jahr zuvor waagrecht gestellten Langtrieben (Nebenästen) entlang der Leitäste Fruchtäste mit Fruchtholz entwickelt haben. Zur

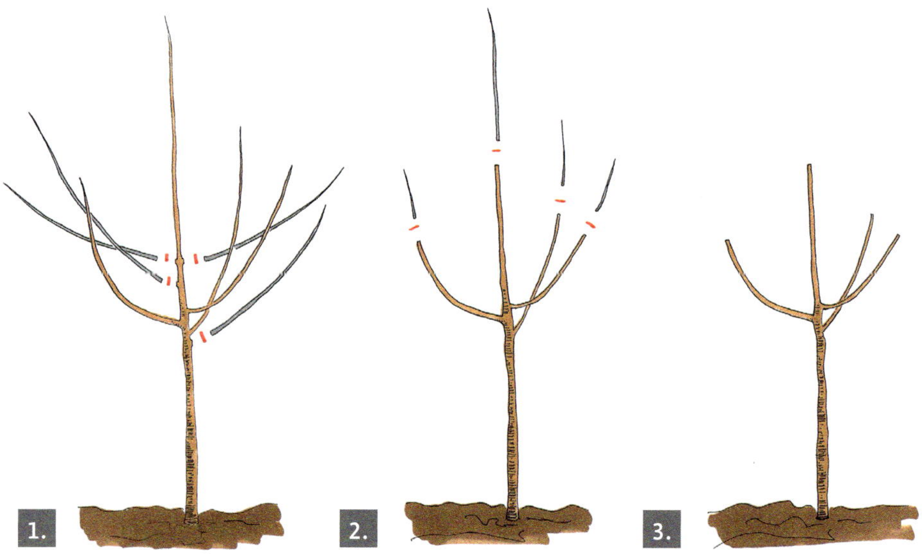

__Zeichnung 1:__ Pflanzschnitt bei Kernobsthalb- und Hochstämmen: Nach dem Wurzelschnitt wird die Krone formiert. Entfernen Sie dazu zuerst alle schwachen, ungünstig platzierten und überzähligen Triebe am Stamm.
__Zeichnung 2:__ Die verbleibenden, 30–40 cm voneinander entfernten Leittriebe werden unter Einhaltung der Saftwaage um die Hälfte oder zwei Drittel eingekürzt, der Mitteltrieb bleibt etwa 10 cm länger.
__Zeichnung 3:__ Der Jungbaum nach erfolgtem Pflanzschnitt.

Fruchtholzerziehung werden jene Langtriebe verwendet, die für den Kronenaufbau nicht benötigt werden, aber in der Krone genügend Raum zur Verfügung haben. Sie werden immer in einem flacheren Winkel als die Leitäste heruntergebunden, wodurch die Bildung von Blütenknospen angeregt wird. Beim Binden muss unbedingt darauf geachtet werden, dass die Schlaufen des Bindematerials nicht zu eng sind und sich bei Belastung zusammenziehen oder den Trieb später einschnüren. Diese Triebe dürfen nicht geschnitten oder eingekürzt werden. Binden Sie sie nicht zu weit unter die Waagerechte, da es sonst zur Scheitelpunktförderung kommt. Und dann würden am Scheitelpunkt anstelle von Blütenknospen wieder Triebknospen gebildet werden.

Erhaltungsschnitt: Nach etwa fünf Jahren sind der Kronenaufbau und damit auch der Erziehungsschnitt bei den meisten Obstarten abgeschlossen. Eine Ausnahme bilden eventuell sehr starkwüchsige Apfelsorten, deren Kronen noch weitere ein bis zwei Jahre erzogen werden müssen. Bei allen anderen Arten und Sorten lässt nun das starke Längenwachstum zugunsten der Fruchtholzentwicklung nach und es setzt die Fruchtbildung ein. Nun werden nur noch unterschiedlich stark wachsende Triebe in ihrer Wuchsleistung korrigiert.

Ab jetzt gilt es, das physiologische Gleichgewicht zwischen Trieberneuerung und Fruchtbildung mit Hilfe des jährlichen Erhaltungsschnitts möglichst lange zu erhalten. Auch die Alternanz kann mit Hilfe des Erhaltungsschnitts abgeschwächt werden. Ein wesentlicher Unterschied zum Erziehungsschnitt besteht darin, dass die Leitäste nun nicht mehr eingekürzt, sondern auf tiefer liegende Seitenäste abge-

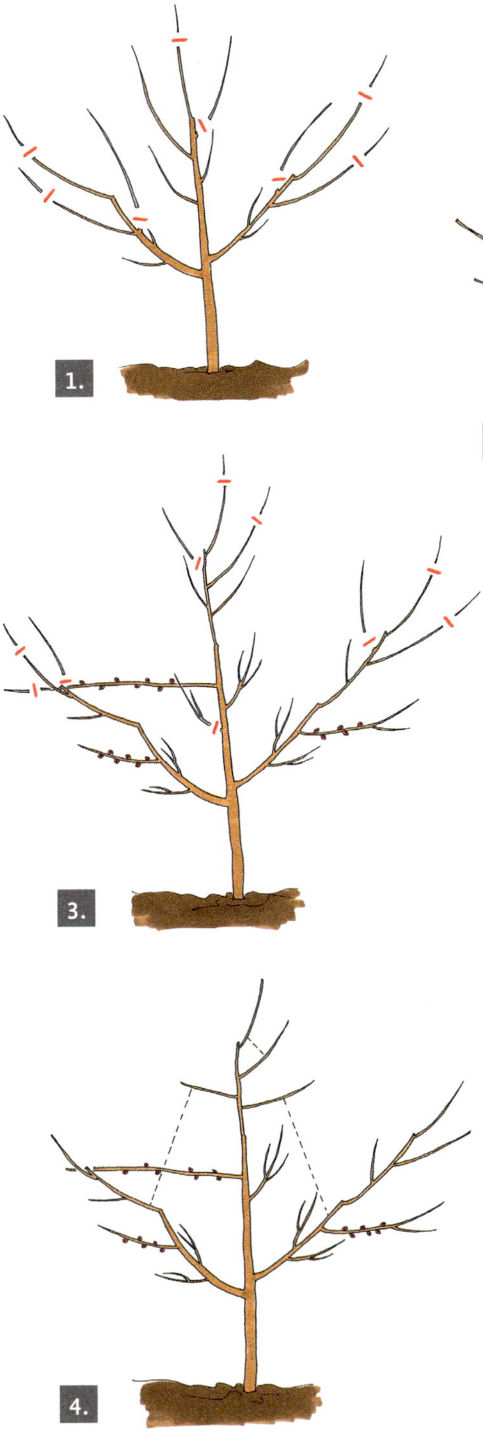

Zeichnung 1: Jungbaum im zweiten Standjahr vor dem Schnitt. Die vorgesehenen Schnittstellen sind markiert. ***Zeichnung 2:*** *Derselbe Baum nach dem Schnitt: Der Mittelast bleibt länger, die Langtriebe wurden als zukünftige Leitäste leicht nach unten gebunden. Baum im vierten Jahr nach dem Schnitt: Mittelast und Leittriebe sind entwickelt.* ***Zeichnung 3:*** *Inzwischen haben sich bereits Nebenäste gebildet. Im mittleren Kronenbereich haben sich mittlerweile Fruchtruten, im unteren Kronenbereich Fruchtäste entwickelt. Die vorgesehenen Schnittstellen sind markiert.* ***Zeichnung 4:*** *Im fünften Standjahr wird die Krone ausgelichtet, Mittel- und Leitäste werden nur mehr leicht eingekürzt und freigestellt. Das Ziel des Schnitts liegt nun in der Erziehung von möglichst zahlreichen Fruchtruten und gut verteiltem Fruchtholz. Diese Abbildung zeigt den Baum nach dem Schnitt.*

Als Alternanz bezeichnet man das Phänomen, dass sich Jahre mit sehr hohen Erträgen mit solche abwechseln, die kaum Erträge bringen. Die Stärke der Alternanz ist sortenabhängig. Sie kommt besonders beim Apfel, seltener auch bei Birnen und Pflaumen vor.

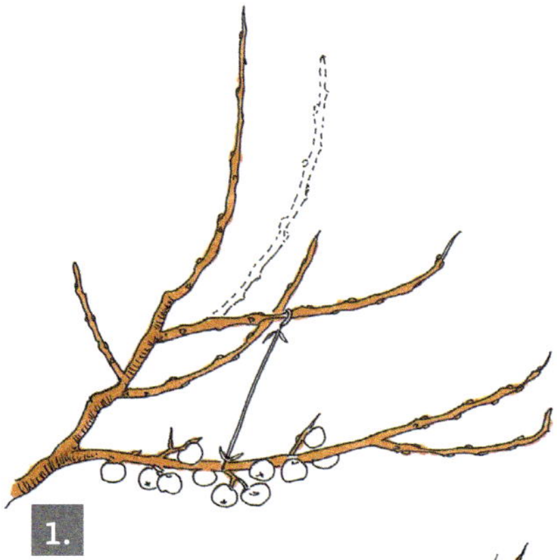

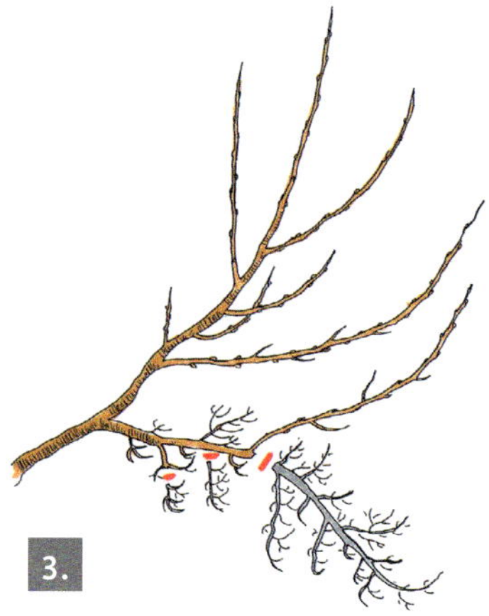

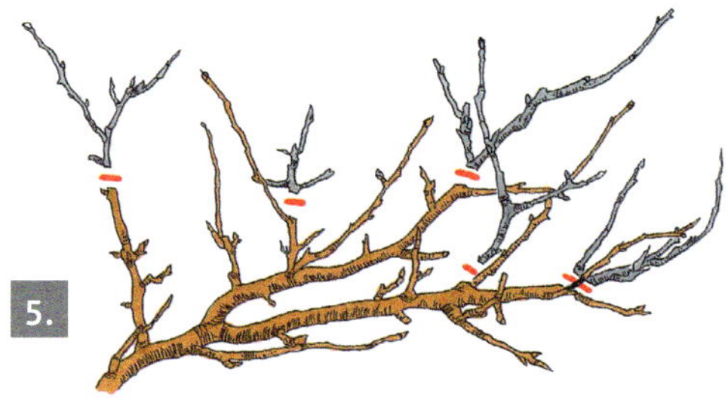

Zeichnung 1: *Damit die jungen, aufrecht stehenden Triebe frühzeitig in die Ertragsphase übergehen, bindet man sie in leicht schrägem Winkel herunter. Achten Sie darauf, dass Schnur oder Bindegarn nicht einschneiden.*
Zeichnung 2: *Ein kräftig entwickelter Trieb wird an der markierten Stelle auf einen tiefer stehenden, schwächer entwickelten Seitentrieb abgeleitet.*
Zeichnung 3: *Rotation des Fruchtholzes: Das Fruchtholz wird ständig erneuert. Im Jugendstadium wachsen die Triebe nach oben, setzen dann nach und nach Früchte an und werden durch deren Gewicht nach unten gedrückt. Daraufhin entspringen an den Trieboberseiten neue, junge, nach oben wachsende Triebe. Dieser Vorgang wiederholt sich regelmäßig. Entfernen Sie das unterste, drei- bis vierjährige, abgetragene Holz. Der auf dessen Oberseite entstandene „Reiter" entwickelt nun neues, leistungsfähiges Fruchtholz. Darüber befinden sich zwei Triebe, die das zukünftige Fruchtholz bilden werden. Der längste Trieb bildet die Leitastverlängerung.*
Zeichnung 4: *Abgetragenes, inzwischen leicht nach unten hängendes Fruchtholz wird an der markierten Stelle auf jüngere, ertragreiche Triebe abgeleitet.*
Zeichnung 5: *Fruchtender Seitentrieb eines Spindelbaums im Ertragsstadium: Das abgetragene alte Fruchtholz muss an den markierten Stellen regelmäßig verjüngt werden, damit der Baum nicht frühzeitig vergreist.*

leitet werden. Damit gelingt es, die Krone in ihrem Höhenwachstum einzugrenzen. Auch wird die Bildung von leistungsfähigem Fruchtholz sowie von Trieben gefördert, die später für die Erneuerung des Fruchtholzes notwendig sind. Achten Sie besonders auf das Auslichten der äußeren Kronenteile, damit die Früchte im Kroneninneren gut belichtet werden und ausreifen können. Lichten Sie dazu den Mittelast und die Leitäste aus. Entfernen Sie Konkurrenztriebe, die nach innen gerichtet sind. Nach innen stehende Kurztriebe werden belassen, nur zu dicht stehende entfernt man. Nach und nach wird es notwendig werden, bereits abgetragenes Fruchtholz auf junge Fruchttriebe abzuleiten. Man bezeichnet dies als Fruchtholzrotation. Zu dicht stehendes, vor allem altes Fruchtholz (Quirlholz) wird ausgelichtet, abgetragenes entfernt. Da sich nur an jungem Fruchtholz gut entwickelte, große Qualitätsfrüchte bilden, muss dieses laufend erneuert werden. Werden die Fruchtäste im oberen Kronenbereich zu dick (mehr als ein Drittel der Dicke der Leitäste), dann werden diese ebenfalls entfernt und durch junge, kräftige Fruchttriebe ersetzt.

Soll der Wuchs weiterhin gebremst werden, ist der Sommerschnitt einem Winterschnitt vorzuziehen. Bei bereits schwach wachsenden Bäumen kann auch im Winter geschnitten werden, besonders wenn die Neutriebbildung gefördert werden soll.

Auslichtungsschnitt: Ist eine gut gepflegte Krone bereits älter, gut entwickelt und mit sehr vielen Fruchtästen besetzt, dann sollte man diese auslichten. Entfernen Sie die alten, mit viel Quirlholz besetzten Fruchtäste beziehungsweise schneiden Sie sie bis auf die an diesen senkrecht gebildeten Neutrieben zurück. Sie werden sich zu neuem Fruchtholz entwickeln. Schneiden Sie alle zu dicht stehenden Äste und Triebe sauber auf Astring heraus. Dieser Auslichtungsschnitt wird bevorzugt im Winter oder zeitigen Frühjahr durchgeführt.
Ein Auslichtungsschnitt kann auch an älteren, oft etwas vernachlässigten Bäumen erfolgen, bei denen ein Verjüngungsschnitt noch nicht erforderlich ist. Meist ist dies bei zu dicht gewachsenen Baumkronen an Hochstämmen der Fall. Anzeichen, die für einen Auslichtungsschnitt sprechen, sind unter anderem ein Nachlassen der Wuchsleistung, ein unausgeglichener Kronenaufbau oder eine zu starke Mitteltriebförderung, eine Überbauung der Krone oder einfach ein zu groß gewordener Baum. In den meisten Fällen ist die Fruchtbarkeit dann auch stark vermindert oder die Fruchtqualität ist schlecht.
Bevor man ans Schneiden geht, sollten Sie sich überlegen, welche Äste als Leitäste in Betracht kommen. Die Krone sollte wieder aus einem mit Seitenästen garnierten Mittelast und drei bis vier Leitästen aufgebaut sein.
Da hier bereits sehr große Eingriffe vorgenommen werden, wird dieser Schnitt vorwiegend in den späten Wintermonaten zur Zeit der Saftruhe durchgeführt. Der erste Schritt besteht darin, alle zu dicht stehenden, sich kreuzenden oder überbauenden Äste am Mittelast und an den Leitästen mit einer scharfen Säge zu entfernen. Dann fol-

Auslichtungs- und Erhaltungsschnitt an einem gut gepflegten, mehrjährigen Apfelbaum: Entfernen Sie die alten, mit viel Quirlholz besetzten und meist schon nach unten übergeneigten Fruchtäste bei gut entwickelten, jungen, aufrecht wachsenden Neutrieben, die sich inzwischen an den waagerechten Fruchtästen gebildet haben. Schneiden Sie auch zu dicht stehende Äste und Triebe aus dem Kroneninneren auf Astring heraus.

Bei Sorten, die an Kurztrieben fruchten, sollen durch den Schnitt möglichst viele Kurztriebe mit Blütenknospen zur Bildung von Früchten angeregt werden. Kürzen Sie dazu im Spätwinter die schwachen Leitäste um ein Viertel ihrer Länge. Die restlichen jungen Triebe kürzen Sie auf vier bis sechs Augen. Lichten Sie das alte, zu dicht stehende Fruchtholz im Kroneninneren aus. Kurze, gut platzierte Triebe bleiben unbeschnitten.

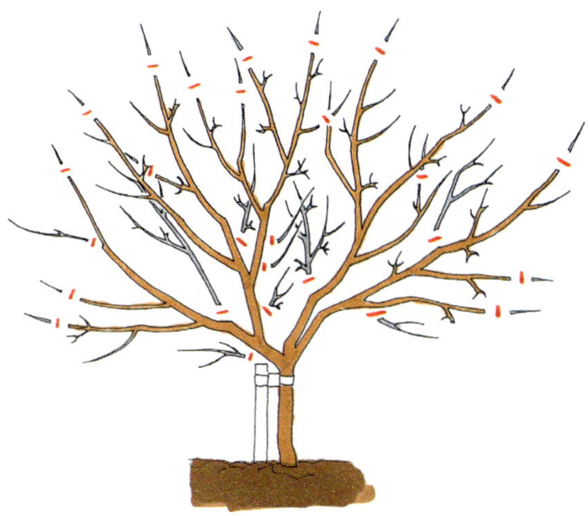

Bei Sorten, die an Langtrieben fruchten, soll der Schnitt die Bildung möglichst vieler junger Langtrieben forcieren. Schneiden Sie ältere, abgetragene Langtriebe auf einen jungen Trieb oder eine Blütenknospe zurück. Entspitzen Sie die Leitäste, damit sich diese unter dem Gewicht der an den Triebspitzen wachsenden Früchte nicht allzu sehr herabneigen. Entfernen Sie auch ältere, abgetragene größere Äste aus dem Kroneninneren, damit auch dieser Kronenteil genügend belichtet wird. Bei diesen Sorten sind größere Abstände zwischen den Trieben typisch.

gen zu dicht stehende und in die Krone hineinwachsende Äste. Besonders der innere Kronenbereich ist stark auszulichten. Bei Gabelungen mit gleich starken Ästen lassen Sie nur den günstiger platzierten, nach außen gerichteten Teil stehen. Aufrecht stehende Wasserschosse, die sich inzwischen zu Ästen entwickelt haben, schneiden Sie heraus. Nach dem Schnitt sollte die Baumkrone erneut eine ausgeglichene Form aufweisen. Die Leitäste müssen wie bei einem junge Baum wieder einigermaßen auf eine Schnittebene (Saftwaage) gebracht werden.
Ist der grobe Auslichtungsschnitt erfolgt, kommt noch die Feinarbeit. Dabei werden noch zu dicht stehendes, altes Fruchtholz entfernt sowie das Quirlholz ausgelichtet. Damit wird gleichzeitig die erwünschte Bildung von Neutrieben angeregt.
Verjüngungsschnitt: Es gibt auch hier einen fließenden Übergang vom starken Auslichtungsschnitt zum Verjüngungsschnitt. Mit zunehmendem Alter lässt besonders bei reichtragenden Obstbäume die Neutriebbildung und die Ertragsfähigkeit stark nach. Aber auch Störungen des physiologischen Gleichgewichts oder ein stärkerer Astbruch können eine Verjüngung des Baums notwendig machen. Der Verjüngungsschnitt wird während der Saftruhe im Winter durchgeführt. Nehmen Sie zunächst einen Auslichtungsschnitt wie oben beschrieben vor. Kürzen Sie die Leitäste um etwa ein Drittel oder die Hälfte ein. Beachten Sie dabei, dass die Schnittstellen der abgeschnittenen Äste nicht größer als maximal 10 cm im Durchmesser sein sollten. Genauso kürzen Sie die Nebenäste und stärkeren Fruchtäste ein. Versuchen Sie aber, diese nach Möglichkeit abzuleiten. Zuletzt wird noch der Mittelast so weit zurückgenommen, dass die verjüngte Krone wieder die Form einer flachen Pyramide erhält.

Spindelbusch und Spindel

Spindelbüsche sind kegelförmig wachsende Bäumchen, die auf eine schwach- oder mittelstarkwachsende Unterlage veredelt

Links: Alter, vergreister Apfelbaum vor dem Verjüngungsschnitt ...
Rechts: ... und nach dem Verjüngungsschnitt.

Apfelbaum im Ertragsstadium vor dem Erhaltungsschnitt.

Apfelbaum im Ertragsstadium nach dem Erhaltungsschnitt.

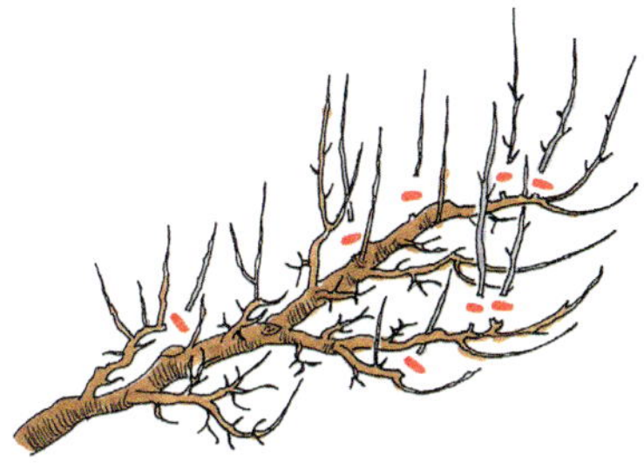

Zeichnung 1: *Verjüngung eines vernachlässigten Apfelbaums über zwei Jahre: Der Baum weist vor dem Schnitt einen hohen Totholzanteil auf. Schneiden Sie im Winter zuerst das tote, kranke und beschädigte Holz heraus. Entfernen Sie die zu dicht stehenden Äste oder kürzen Sie diese auf einen Ersatztrieb ein. Schneiden Sie auch sich kreuzende Äste heraus. Der Baum wird auf diesen Schnitt mit dem Austrieb zahlreicher kräftiger Jungtriebe reagieren.*
Zeichnung 2: *Derselbe Baum zwei Jahre später: Das Gerüst besteht nun wieder aus kräftigen, gut verteilten Leitästen und zahlreichen jungen Langtrieben sowie einigen wenigen Fruchtruten. Nun kann wieder der Erhaltungsschnitt zur Umstellung von Wachstum auf Ertrag einsetzen. Kürzen Sie die neuen Langtriebe ein, um die Bildung von Fruchtholz zu fördern. Damit das Gleichgewicht wieder hergestellt wird, schneiden Sie die kräftigen Triebe nur leicht und die schwachen Triebe dafür stärker zurück. Entlang der Leittriebe haben sich nun gut platzierte Fruchtäste und Fruchtruten mit genügend Raum für die weitere Entwicklung gebildet.*
Zeichnung 3: *Nach einem starken Verjüngungsschnitt an einem überalterten Fruchtast haben sich an dessen Oberseite zahlreiche, dicht beieinander stehende, aufrecht wachsende Jungtriebe gebildet. Um das Gleichgewicht wieder herzustellen, entfernen Sie die zu dicht stehenden markierten Triebe vollständig auf Astring. Kürzen Sie die verbliebenen, gut verteilten Triebe nicht ein.*

sind. Sie benötigen zeitlebens einen starken Stützpfahl und sind vor allem für kleine Gärten sehr interessant, da man mit ihnen mehrere Obstbäume auf kleinstem Raum anpflanzen kann.
Pflanzschnitt: Bei der Pflanzung werden unterhalb einer Stammhöhe von 40–60 cm alle Seitentriebe entfernt. Von den darüber befindlichen Trieben werden alle bis auf drei bis vier möglichst waagrecht stehende ebenfalls weggeschnitten. Die verbleibenden Seitentriebe werden etwa um die Hälfte auf eine nach unten gerichtete Knospe eingekürzt. Dabei ist zu beachten, dass die untersten Zweige am längsten, die obersten am kürzesten sind. Der Mitteltrieb soll den obersten Seitentrieb um maximal drei bis fünf Augen überragen. Das fertig geschnittene Bäumchen sollte eine Kegelform aufweisen.
Erziehungsschnitt: Der Mitteltrieb wird in den folgenden Jahren jeweils etwa um die Hälfte eingekürzt. Konkurrenztriebe und -knospen werden entfernt. Die endgültige Höhe des Spindelbuschs soll auf 2 m, maximal 2,5 m begrenzt werden. Bereits im Sommer werden die Seitentriebe waagerecht oder leicht ansteigend heruntergebunden, aber nicht mehr eingekürzt. Sie sollen immer zu Fruchtästen, aber nie zu Leitästen werden. Neugebildete Seitenäste mit steilem Abgangswinkel werden entfernt, die übrigen ebenfalls heruntergebunden, sofern ausreichend Platz vorhanden ist. Die Abstände zwischen den Fruchtästen sollten zumindest 50 cm betragen, damit die Krone immer locker bleibt und eine entsprechend gute Fruchtqualität gewährleistet ist.
Erhaltungsschnitt: Beginnt das Bäumchen einmal zu fruchten, wird der Schnitt vor allem auf eine Fruchtholzrotation abzielen beziehungsweise wird dieser sukzessive in einen leichten Verjüngungsschnitt übergehen. Es werden nun jedes Jahr einige der drei- bis vierjährigen Fruchtäste entfernt, die mittlerweile weitgehend erschöpft sind. Schneiden Sie diese dabei auf tiefer liegende, mit Blütenknospen besetzte Triebe oder bis knapp zum Stamm zurück, lassen dabei aber einen Stummel von etwa 2,5 cm stehen, aus welchem sich wieder ein neuer Seitentrieb entwickeln kann.
Verjüngungsschnitt: Dieser entfällt bei Spindelbüschen, da schon so laufend eine Verjüngung stattfindet. Überalterte Spindelbüsche tauscht man besser gegen kräftig entwickelte Jungbäume aus, die bereits in

Junger Spindelbaum.

den folgenden zwei bis drei Jahren wieder einen hohen Fruchtertrag bringen.

Spindelbäume oder Schlanke Spindel

Dies ist eine weitere Variante der schwachwüchsigen, besonders kleinkronigen Obstbäume, die zeitlebens einen kräftigen Stützpfahl benötigen. Sie unterscheiden sich von den Spindelbüschen oder Spindeln dadurch, dass sie nur noch aus einer Stammverlängerung mit seitlich ansetzendem schwachem Fruchtholz bestehen. **Pflanzschnitt:** Als Pflanzware werden meist einjährige Veredlungen mit vorzeitigen Seitentrieben verwendet. Sie werden im ersten Jahr kaum geschnitten. Nur zu dicht stehende Triebe werden entfernt. Binden Sie die Seitentriebe flach herunter. Weisen die jungen Bäumchen keine Seitentriebe auf, werden sie bei

Zwergpyramiden

Zwergpyramiden sind von der Wuchsgröße etwa mit Spindelbüschen vergleichbar. Ihr Astgerüst entspricht jedoch einem Halbstamm mit Mittelast und drei bis vier Leitästen. Sie werden weitgehend wie Formobst geschnitten, wobei bei ihnen zwischen Hoch- und Spätsommer alle Seitentriebe auf wenige Blätter eingekürzt werden.

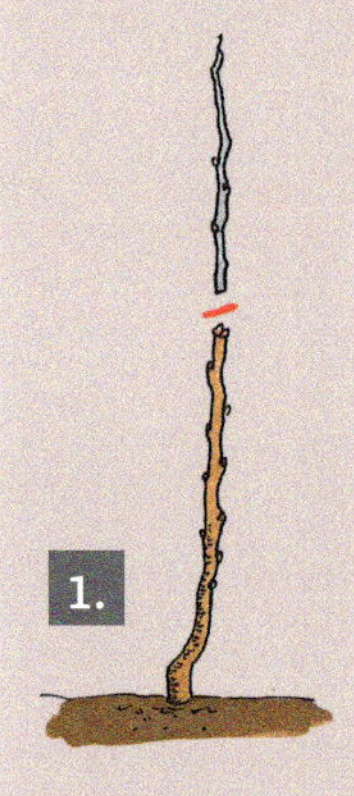

***Zeichnung 1:** Zwergpyramiden erziehen: Pflanzen Sie einen unverzweigten Jungbaum im Spätherbst oder zeitigen Frühjahr. Schneiden Sie den Baum im Spätwinter auf etwa 50 cm über dem Boden auf ein kräftig entwickeltes Auge zurück.*
***Zeichnung 2:** Bis zum folgenden Winter hat sich bereits eine verzweigte Krone gebildet. Kürzen Sie den vorjährigen Zuwachs auf 20–25 cm ein. Gehen Sie die folgenden Jahre ebenso vor, bis der Baum eine Höhe von etwa 210 cm erreicht hat. Kürzen Sie dann den Leittrieb alljährlich im späten Frühjahr auf seine ursprüngliche Länge ein. Belassen Sie am Stamm etwa fünf Seitenzweige, die Sie auf nach unten weisende Augen etwa 20 cm vom Stamm entfernt zurückschneiden.*

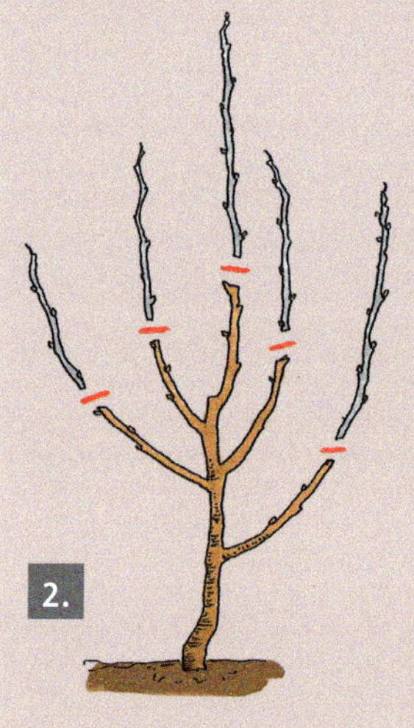

***Zeichnung 3:** Beginnen Sie parallel dazu bereits im späten Sommer des zweiten Jahrs mit dem Schnitt auf Fruchtholz. Dieser als „Lorette-Schnitt“ bekannte Sommerschnitt zwingt die Pflanze dazu, auf kleinstem Raum möglichst früh kurzes Fruchtholz zu bilden. Die Leittriebe bleiben unbeschnitten. Die Seitentriebe kürzen Sie auf drei Blätter, Seitentriebe zweiter Ordnung auf ein Blatt oberhalb der basalen Blattrosette ein.*
***Zeichnung 4:** Führen Sie den Lorette-Schnitt auch im dritten Sommer durch. Kürzen Sie die Seitentriebe wieder auf drei Blätter, die Seitentriebe zweiter Ordnung auf ein Blatt oberhalb der Blattrosette ein. Kürzen Sie nun auch die Leitäste auf sechs Blätter oberhalb der basalen Blattrosette ein. Der Winterschnitt beschränkt sich darauf, zu dichtes Fruchtholz auszulichten.*

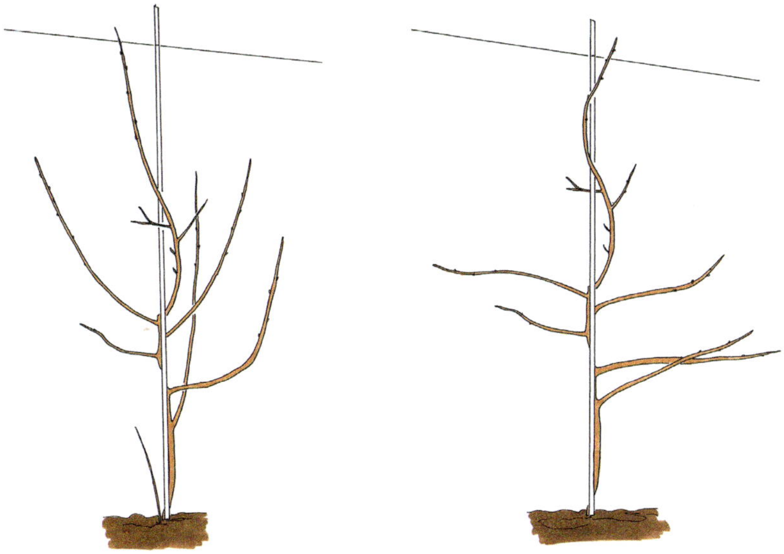

Links: Spindelbaum nach dem ersten Standjahr mit entwickelter Krone vor der Formierung.
Rechts: Derselbe Baum nach der Formierung: Der Mitteltrieb wurde leicht wellig angebunden und damit zu vermehrter Seitentriebbildung angeregt. Die steil stehenden einjährigen Langtriebe wurden nicht eingekürzt, sondern waagerecht gebunden, damit die Bildung von Blütenknospen induziert wird.

Links: Ein Apfelspindelbaum im dritten Standjahr vor dem Schnitt.
Rechts: Derselbe Baum nach dem Schnitt: Alle unter die Waagerechte gebogenen Triebe und Zweige sowie die aufrecht stehenden „Reiter" (Wasserschosse) wurden entfernt. Die Formierung zur spitzkegeligen Spindelform erfolgte durch Ableiten der im oberen Kronenbereich befindlichen Triebe und Zweige.

etwa 1 m Höhe eingekürzt und damit zur Bildung von Seitentrieben angeregt.

Erziehungsschnitt: Bereits im Sommer werden neugebildete Triebe mit steilem Winkel sowie Konkurrenztriebe in der Spitzenregion im unverholzten, grünen Zustand entfernt. In den folgenden Jahren wird der Mitteltrieb etwa 30 cm über dem obersten Seitentrieb eingekürzt. Alle anderen Triebe werden waagerecht gebunden. Bei dieser Formierung beginnen die Bäume bereits sehr früh zu fruchten. Aufgrund des rasch ansteigenden Fruchtertrags kommt es allerdings auch sehr früh zur Alterung des Fruchtholzes. Bereits ab dem vierten Standjahr werden daher Verjüngungsmaßnahmen der Fruchtäste und -triebe notwendig. Die nach dem dritten Jahr abgetragenen Fruchtäste werden auf einen jungen Trieb direkt in Stammnähe oder auf einen Aststummel zurückgeschnitten, der wiederum neues Fruchtholz produziert. Praktisch gibt es bei Spindelbäumen außer der Triebverlängerung nur einjährige Triebe, die sich direkt am Stamm entwickeln, zweijährige mit Blütenknospen und dreijähriges, fruchtendes Holz.

Verjüngungsschnitt: Dieser entfällt, da laufend eine Verjüngung stattfindet.

Erhaltungsschnitt bei Spindelbaum im Ertragsstadium.

Spalier- und Formobst

Spalierbäume sind streng geformte Obstbäume mit einem Mitteltrieb und meist mehreren Etagen horizontal angebundener Äste. Diese zum Formobst zählenden Bäume benötigen neben dem Erziehungsschnitt unbedingt einen regelmäßigen Sommerschnitt. In kleinen Hausgärten,

vor allem in schmalen Reihenhausgärten, haben sich freistehende Kernobstspaliere (Obsthecken) gut bewährt. Apfelbäume stehen dabei auf schwachwachsenden Unterlagen, Birnbäume auf schwachwachsenden Quittenunterlagen. Der große Vorteil dieser Wuchsform liegt darin, dass sich diese schmalen Spaliere an Grundstücksgrenzen oder entlang von Gartenwegen unterbringen lassen. Sie müssen auf einem System aus Pfosten und Drähten erzogen werden. Dabei sollte der Abstand zwischen den Drähten etwa 50–60 cm betragen.

Pflanzschnitt: Schneiden Sie den frisch gepflanzten, unverzweigten Jungbaum auf die oberste von drei gut ausgebildeten Knospen zurück. Der Austrieb der obersten Knospe wird zur Stammverlängerung, die aus den beiden darunterliegenden Knospen wachsenden Neutriebe werden die untersten Seitenäste bilden. Diese werden im der ersten Vegetationsperiode in einem Winkel von 45° schräg nach oben angebunden, um das Wachstum nicht allzu sehr zu bremsen, und erst im Herbst waagerecht gebunden. Wird ein junger Baum mit bereits entwickelten Seitentrieben gepflanzt, muss dieser bereits am Gerüst formiert werden. Schneiden Sie alle Seitentriebe, die nicht für den Aufbau des Gerüsts benötigt werden, auf kleine Zapfen zurück. Die Triebe für die seitlichen Äste der untersten Etage binden Sie waagrecht an das Gerüst an und kürzen diese auf 60 cm ein. Den Mitteltrieb schneiden Sie 60–80 cm oberhalb der ersten Etage oder fünf

Bei der Pflanzung eines unverzweigten Jungbaums im Spätherbst oder zeitigen Frühjahr wird dieser etwa 40 cm über dem Boden auf die oberste von drei gut entwickelten Knospen zurückgeschnitten.

bis sechs Knospen oberhalb der geplanten zweiten Etage zurück und binden diesen senkrecht an einem der Pfeiler an.

Erziehungsschnitt: Entfernen Sie die am Mitteltrieb gebildeten neuen Seitentriebe bis auf zwei, die Sie für die zweite Etage benötigen. Binden Sie den Mitteltrieb sowie die beiden ausgewählten Seitentriebe in einem Winkel von etwa 45° auf. Sie werden erst im nächsten Winter wieder waagerecht angebunden. Die zwischen den Etagen und an den Haupttrieben wachsenden Jungtriebe kürzen Sie auf sechs Blätter ein, sobald diese zehn Blätter entwickelt haben. Die obersten Knospen dieser Triebe treiben nochmals aus. Kürzen Sie diese auf zwei Blätter ein, sobald sie wieder zehn Blätter gebildet haben. Fahren Sie damit fort, bis die gewünschte Etagenzahl erreicht ist.

Erhaltungsschnitt: Die Seitenarme des Spaliers haben nach Abschluss des Erziehungsschnitts entsprechend viel Fruchtholz gebildet. Entfernen Sie im späten Frühjahr alle zu kräftigen, stark aufrecht wachsenden Triebe an

Detail eines Zweigs mit Früchten an jungem Apfelspalier.

Rechts: Spalier- und Formobst beim Apfel: Detail.
Links: Fächerartig erzogene Birnen an einer wärmespeichernden Mauer.

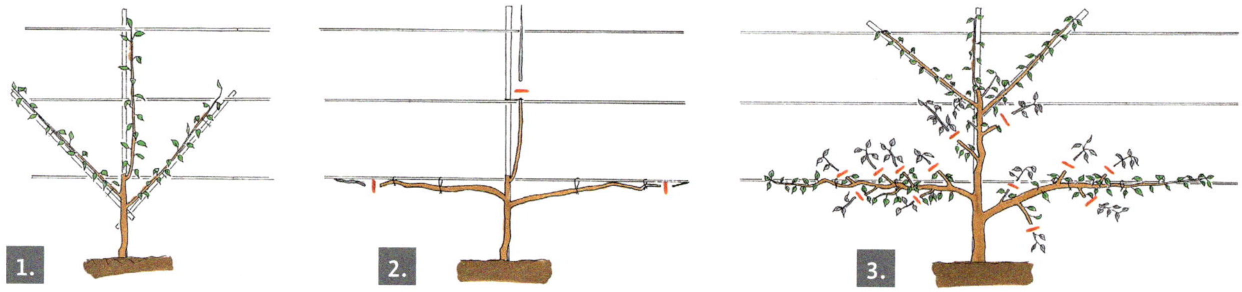

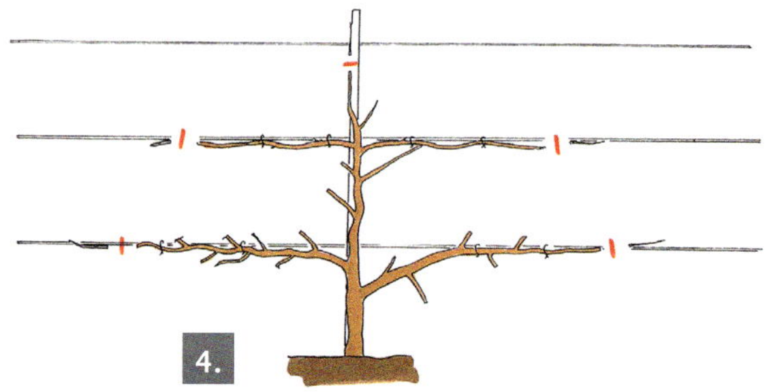

Zeichnung 1: *Im Sommer werden die neuen Triebe an das Gerüst angebunden. Der Mitteltrieb wird senkrecht befestigt, die zwei Seitentriebe vorerst schräg in einem Winkel von 45°.*
Zeichnung 2: *Im Spätherbst des ersten Jahrs werden die nun bereits gefestigten Seitentriebe vorsichtig abgesenkt und waagerecht gebunden. Sollten die Seitenleittriebe schwach entwickelt sein, kürzen Sie diese etwa um ein Drittel ein. Den senkrecht gebundenen Mitteltrieb schneiden Sie auf das oberste von drei gut entwickelten Augen etwa 50 cm oberhalb der untersten Zweigetage zurück. Die übrigen Seitentriebe kürzen Sie auf drei Augen ein.*
Zeichnung 3: *Im Sommer des zweiten Jahrs binden Sie den Mitteltrieb weiter senkrecht an. Wie bereits bei der ersten Etage binden Sie nun auch die beiden Seitentriebe der zweiten Etage vorerst im 45°-Winkel an das Gerüst. Seitentriebe, die sich an den bereits horizontal gebundenen Spalierarmen entwickeln, kürzen Sie im Sommer auf drei Blätter oberhalb der basalen Blattrosetten ein.*
Zeichnung 4: *Im Spätherbst des zweiten Jahrs senken Sie die zwei oberen Arme des Spaliers vorsichtig herab und befestigen diese waagerecht am Gerüst. Sie können schwachwachsende Spalierarme wieder um ein Drittel kürzen. Der Mitteltrieb wird 50 cm über der letzten Etage oberhalb von drei gut ausgebildeten Augen einkürzen.*

den Etagen und am Stamm. Sind alle Etagen ausgebildet, werden auch der Leittrieb entfernt und zu lange Horizontaläste eingekürzt. Dann folgt der Sommerschnitt. Seitenzweige, die länger als 25 cm sind und das Triebwachstum abgeschlossen haben, werden auf drei Blätter oberhalb der basalen Blattrosette, schwache Seitentriebe auf ein Blatt zurückgeschnitten. Dieser Schnitt erfolgt in der Regel zwischen Anfang und Mitte August. Sollten die obersten Knospen der derart zurückgeschnittenen Triebe nochmals austreiben, dann kürzen Sie diese nach dem Triebabschluss wieder auf ein oder zwei Blätter ein. Nach einigen Jahren wird das sich nun bereits mehrfach verzweigten Fruchtholz nur mehr gering wachsen und vorwiegend Blütenknospen ausbilden. Ein Schnitt nach etwa Mitte August ist nicht sinnvoll, da er keine Auswirkungen mehr auf die Blütenbildung hat, sondern nur noch das Wachstum bremst.

Verjüngungsschnitt: Dieser beschränkt sich beim Spalier-

Erhaltungsschnitt am entwickelten Spalier: Kürzen Sie im Spätsommer die neuen Seitentriebe der waagerechten Spalierarme auf drei Blätter über der basalen Blattrosette ein. Alle vorjährigen Seitentriebe kürzen Sie auf ein Blatt über der Verzweigung ein. Entfernen Sie darüber hinaus auch alle kräftigen, aufrecht wachsenden und zu dicht stehenden Triebe vollständig an der Basis. Der Leittrieb wird entfernt, sobald alle Etagen ausgebildet sind und das Spalier die gewünschte Höhe erreicht hat. Beim folgenden Winterschnitt wird nur zu dicht stehendes Fruchtholz ausgelichtet.

obst vorwiegend auf die Verjüngung des Fruchtholzes. Die verzweigten Fruchttriebe können zwar mehrere Jahre alt werden, doch sollten sie entfernt werden, bevor sie vergreisen. Lichten Sie zu dichtes Fruchtholz aus. Kürzen Sie vergreiste Quirle, die kaum noch Blütenknospen bilden, etwa um ein Viertel bis zur Hälfte ein. Führen Sie diesen Schnitt im Spätwinter oder Frühjahr durch. Dadurch ist die Bildung von kräftigen Neutrieben gewährleistet. Diese werden, wie vorhin beschrieben, im Sommer wieder ein- bis zweimal eingekürzt.

Birne (Pyrus communis)

Im Wesentlichen werden bei Birnen dieselben Baumformen wie bei Äpfeln herangezogen. So gelten auch die gleichen Schnittregeln. Birnen blühen allerdings etwas zeitiger. Für Halbstämme und Hochstämme werden Birnensämlinge als Unterlage verwendet. Birnenbüsche und -spindeln sowie Formobstbäume werden auf die deutlich schwächer wachsende Quitte A veredelt. Sehr schwachwüchsige Unterlagen wie bei den Äpfeln gibt es bei Birnen nicht. Zwischen einigen Birnensorten und der Quittenunterlage treten Unverträglichkeiten auf. In diesem Fall wird entweder eine Zwischenveredlung mit einer quittenverträglichen Birnensorte durchgeführt oder gleich ein Stammbildner einer ebenfalls quittenverträglichen Birnensorte dazwischengeschaltet. Ein weiterer wichtiger Unterschied zu Apfelbäumen besteht darin, dass die Triebe der Birnbäume wesentlich steiler aufrecht wachsend. Diese Tatsache in Kombination mit dem deutlich stärkeren Wachstum verleitet manchen Gartenbesitzer dazu, Birnen noch stärker zu schneiden, was den gegenteiligen Effekt hat.
Das Auslichten des Fruchtholzes und das gelegentliche Entfernen größerer, verzweigter Fruchttriebe sollte im Winter erfolgen, um Platz für neuen Wuchs zu schaffen und die Bildung junger Triebe zu fördern. Soll der Wuchs gebremst werden oder werden Formobstbäume geschnitten, ist ein Sommerschnitt wesentlich besser.

Erziehungsschnitt bei Pyramidenkronen: Bei der Erziehung einer Pyramidenkrone besteht das Gerüst wieder aus einem Mitteltrieb und drei kräftigen Seitentrieben als Leittriebe. Um das starke Wachstum von Anfang an etwas einzudämmen, spreizen Sie die steil stehenden Leittriebe schon bei Jungbäumen in einem flachen Winkel von etwa 45° an der Basis ab. Bei älteren Bäumen können Sie denselben Effekt er-

Alter Birnbaum nach starkem Auslichtungsschnitt.

Oben: Mehrjähriger Birnbaum vor ...
Unten: ... und nach dem Erziehungs- und Erhaltungsschnitt.

zielen, indem Sie steil stehende Triebe auf flachere Seitentriebe ableiten. Entfernen Sie alle nicht unbedingt benötigen, bereits an der Basis steil stehenden Seitentriebe. Gehen Sie so auch mit steil stehenden Trieben im Kroneninneren sowie mit Konkurrenztrieben vor. Entfernen Sie Fruchtholz, das älter als fünf Jahre ist, und ersetzen Sie es durch jüngere Triebe.

Erhaltungsschnitt des Fruchtholzes: Birnbäume blühen wie Äpfel an zweijährigen Trieben und am älteren Holz. Mitunter entstehen aber auch an einjährigen Trieben, die kürzer als 20 cm sind, Blüten. Fruchten die Pflanzen erst einmal, dann wird laufend neues Fruchtholz gebildet. Ab dem vierten bis fünften Jahr haben sich bereits stark überhängende Verzweigungen entwickelt und die Blütenbildung lässt dann stark nach. Dieses Fruchtholz wird rasch zu dicht, wenn es nicht regelmäßig ausgelichtet wird. Am Scheitelpunkt dieses überhängenden Fruchtholzes entspringen meist Jungtriebe. Ab dem zweiten Jahr tragen auch sie bereits Blütenknospen und dienen dann als Ersatz für das verjüngte Fruchtholz. Anders als Äpfel bilden Birnen auch langes Fruchtholz und Jungtriebe, die nicht unmittelbar am Gerüst austreiben. Fördern Sie diese Jungtriebe, indem Sie überalterte Fruchttriebe etwa nach vier bis fünf Jahren entfernen.

Verjüngungsschnitt: Wurde bei Birnbäumen längere Zeit kein Erhaltungsschnitt durchgeführt, so dass sich besenartige Kronen entwickelt haben, ist ein kräftiger Auslichtungs- oder Verjüngungsschnitt unausweichlich. Auch hier ist es besonders wichtig, die besenartigen Verzweigungen der überalterten Frucht- und Gerüsttriebe auf schräg nach außen wachsende Jungtriebe abzuleiten. Der Mitteltrieb wird von

Stark vergreiste Birnenspindel.

Kräftiger Austrieb eines alten Birnbaums nach starkem Auslichtungsschnitt.

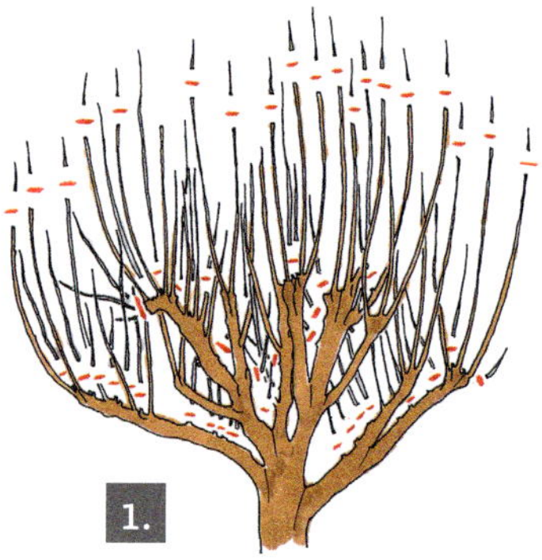

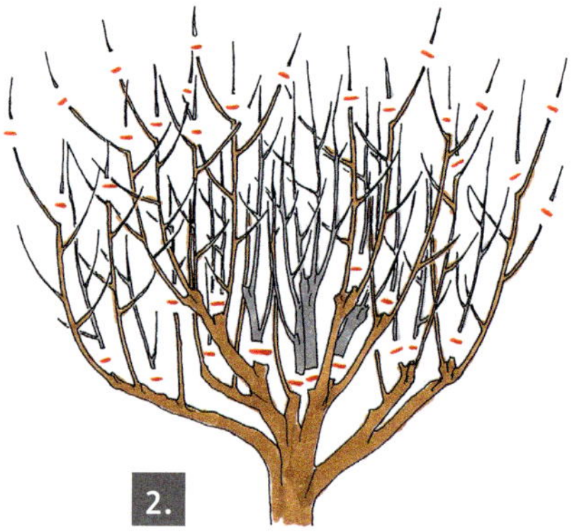

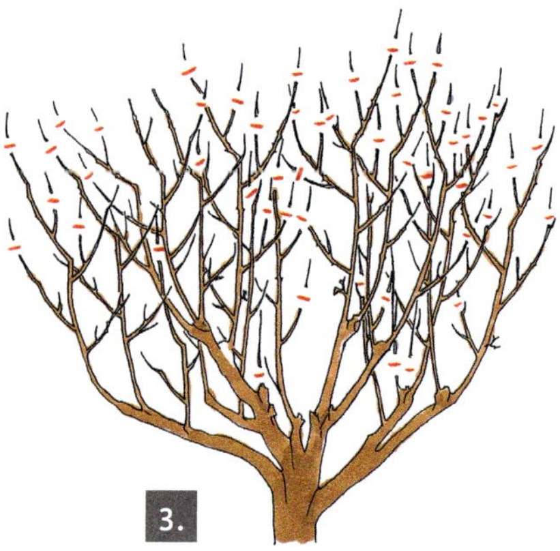

Zeichnung 1: *Ein zu starker Rückschnitt der Birne im Vorjahr hat dazu geführt, dass sich eine Vielzahl wuchernder, unverzweigter Triebe gebildet hat, die senkrecht nach oben wachsen und um das einfallende Sonnenlicht wetteifern. Entfernen Sie zumindest jeden zweiten Trieb und entspitzen Sie die verbliebenen, damit sie sich verzweigen. Schneiden Sie auch alle Triebe am Stamm und im unteren Kronenbereich heraus.*

Zeichnung 2: *Entfernen Sie im zweiten Jahr die Hälfte der aufrecht wachsenden Triebe, achten Sie aber darauf, dass vor allem die gut platzierten erhalten bleiben. Leiten Sie die verbliebenen Triebe auf seitwärts nach außen gerichtete schwächere Triebe ab. Ist die Krone insgesamt noch zu dicht, entfernen Sie auch größere Abschnitte aus der Kronenmitte. Achten Sie aber darauf, dass die Astringe der entnommenen Äste nicht beschädigt werden.*

Zeichnung 3: *Im dritten Jahr erfolgt der Korrekturschnitt, der wieder ein ausgewogenes Gleichgewicht innerhalb der Krone herstellen soll. Entfernen Sie die starkwüchsigen aufrechten Triebe, die sich an den Schnittstellen gebildet haben (Wasserschosse). Mittlerweile sollten bereits wieder einige Triebe mit Blütenknospen vorhanden sein. Kürzen Sie die Triebe innerhalb der Krone ein, damit die Bildung von neuem Fruchtholz angeregt wird. Von nun an können Sie wieder regelmäßig den Erhaltungsschnitt durchführen.*

steil stehenden Konkurrenztrieben freigeschnitten. Schneiden Sie dann alle zu dicht und steil stehenden, überzähligen, ein- und mehrjährigen Triebe heraus. Lange Fruchttriebe können Sie auf näher am Gerüst stehende und nach außen gerichtete Seitentriebe ableiten. Durch den kräftigen Schnitt treiben an sowie unterhalb der Schnittstellen drei oder mehrere kräftige Jungtriebe aus Adventivknospen aus. Nach kräftigen Eingriffen in das alte Kronengerüst ist also eine entsprechende Nachbehandlung wichtig. Entfernen Sie vor allem die steil stehenden, belassen Sie aber flach stehende Triebe. Es sollte nicht mehr als ein Trieb an der Schnittsstelle verbleiben. Dieser entwickelt sich zu einem Fruchttrieb, wenn er frei steht und ausreichend belichtet ist.

Quitte (Cydonia oblonga)

Quitten sind wegen ihrer filzigen, aromatischen Früchte bekannt. Quittenbäume wachsen schwächer als Äpfel und Birnen und bilden selten schöne Baumkronen aus. Ihre Blütenknospen sitzen an den vorjährigen und älteren Trieben. Sie werden bereits im Herbst des Vorjahres angelegt und öffnen sich am Ende eines kurzen Triebs knapp nach dem Austrieb. Nach etwa fünf Jahren nimmt die Vitalität des Fruchtholzes ab, das dann ersetzt werden sollte. Im Wesentlichen gelten bei der Quitte die gleichen Schnittregeln wie bei Apfel und Birne. Quittensorten werden auf die arteigene Unterlage Quitte A veredelt.

Erziehungsschnitt: Quitten können als Büsche mit kurzem astfreiem Stamm oder als Halb- oder Hochstamm mit Pyramidenkrone erzogen werden. Bei der Erziehung von Stämmen belässt man einen Mitteltrieb und drei bis vier kräftige Seitentriebe. Kürzen Sie die ersten vier bis fünf Jahre die Leittriebe und den Mitteltrieb um etwa ein Drittel ein, bis das Kronengerüst entsprechend gestärkt und aufgebaut ist. Achten Sie darauf, immer auf ein nach außen gerichtetes Auge zu schneiden. Quitten neigen dazu, ihre Triebe kreuz und quer in die Krone hineinwachsen zu lassen. Achten Sie deshalb darauf, dass die Krone ihren lockeren Aufbau behält. Entfernen Sie die kreuz und quer in die Krone wachsenden Triebe, auch wenn es sich dabei um Fruchttriebe handelt.

Erhaltungsschnitt: Lichten Sie zu dicht stehendes Fruchtholz aus und entfernen Sie ältere, abgetragene Fruchtäste, um Platz für neue Triebe zu schaffen. Entfernen Sie auch in mehrjährigen Abständen ältere Äste im unteren Kronenbereich und solche, die in die Krone hineinwachsen. Lichten Sie einen Teil des verzweigten Fruchtholzes und aufrecht wachsende Triebe in mehrjährigem Turnus aus, indem Sie diese auf zwei bis drei Knospen zurückschneiden.

Verjüngungsschnitt: Bei älteren Quittenbäumen kommt es vor, dass sich die Gerüstäste senken oder an den Spitzen besenartige

__Zeichnung 1:__ Kürzen Sie beim jungen, zweijährigen Quittenbaum im Spätwinter die Leittriebe auf die Hälfte des vorjährigen Triebs auf nach außen weisende Augen ein. Ungünstig platzierte und schwache Seitentriebe reduzieren Sie auf zwei bis drei Augen.

__Zeichnung 2:__ Im Winter der folgenden ein bis zwei Jahre nehmen Sie den vorjährigen Zuwachs wieder um ein Drittel bis um die Hälfte zurück. Entfernen Sie wieder schlecht platzierte und schwache Triebe.

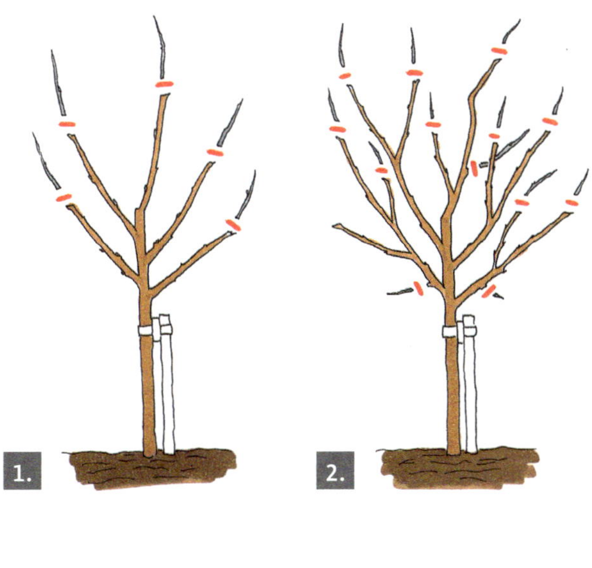

Fruchtender Quittenbaum.

Verzweigungen entstehen. Leiten Sie die alten Äste auf jüngere ab. Schneiden Sie den besenartigen Wuchs bis auf einige wenige Triebe heraus. Es ist vor allem bei älteren Bäumen wichtig, auch die Fruchttriebe auszudünnen und überalterte auf jüngere umzulenken sowie die Fruchttriebe in Gerüstnähe zu erneuern. Vermeiden Sie starke Eingriffe, da diese den besenartigen, dichten Wuchs, der der Quitte zueigen ist, umso stärker fördern. Trotz dieser Eingriffe werden Quittenbäume immer etwas sparrig wachsen und unordentlich aussehen.

Mispel (Mespilus germanica)

Mispeln besitzen kreiselartige, bräunliche Früchte mit etwas eigenem Geschmack. Sie werden erst nach dem ersten Frost oder nach längerer Lagerung weich und essbar. Der früher häufig verwendete Weißdorn verliert wegen der hohen Feuerbrandanfälligkeit als Unterlage für Mispeln zunehmend an Bedeutung, so dass sie mittlerweile zumeist ohne Unterlage gezogen werden.

Erziehungsschnitt: Ihrer natürlichen Wuchsart entsprechend werden Mispeln als Halb- oder Hochstamm mit Hohlkrone erzogen. Über einem astfreien Stamm von 1–1,2 m baut sich das Gerüst der Krone meist ohne größere Eingriffe auf. Die Krone ist meist breiter als hoch.

Erhaltungsschnitt: Nachdem das Astgerüst einmal ausdifferenziert ist, sind kaum mehr Schnittmaßnahmen notwendig. Von Zeit zu Zeit sollten Sie einen Teil des älteren, abgetragenen Fruchtholzes entfernen.

Verjüngung: Mispeln vertragen keinen Verjüngungsschnitt. Auf starke Eingriffe reagieren sie mit der Bildung zahlreicher besenartiger, senkrechter Triebe, die die Krone und ihr Erscheinungsbild sehr stark beeinträchtigen.

Schnitt und Erziehung beim Steinobst

Obwohl der Erziehungsschnitt beim Steinobst ähnlich verläuft wie beim Kernobst, gibt es doch einige Abweichungen. Der Erhaltungsschnitt unterscheidet sich deutlich, da Blüten- und Fruchtbildung beim Steinobst, vor allem bei Sauer-Kirsche und Pfirsich, anders verlaufen. Ein grundlegender Unterschied besteht darin, dass die Triebe beim Steinobst immer mit einer Triebknospe abschließen. Das

Fruchtender Mispelbaum.

gilt auch für Fruchtspieße. Die Blütenknospen sind also immer als Seitenknospen ausgebildet. Beim Steinobst gibt es kein verzweigtes Quirlholz wie bei Apfel und Birne. Lediglich Zwetschen bilden verzweigte Fruchtspieße und Kirschen sogenannte Bukettriebe. Sauer-Kirsche und Pfirsich nehmen bezüglich der Blütenknospen eine Sonderstellung ein. Bei diesen Arten werden Blütenknospen nur am vorjährigen Trieb gebildet. Anschließend verkahlen diese Triebe und wachsen ausschließlich an der Spitze weiter. Deshalb ist hier ein Schnitt unmittelbar nach der Ernte unerlässlich.

Einige Vertreter des Steinobstes wie Pfirsich, Nektarinen und Aprikose sind sehr wärmebedürftig beziehungsweise kälteempfindlich, was einen Einfluss auf den Schnitt und den Schnittzeitpunkt hat.

Eine weitere Eigenschaft besitzen die *Prunus*-Arten. Sie produzieren nach Verletzungen einen Pflanzensaft, der an der Luft zu einer Art „Gummi" erhärtet und im Wasser quellfähig ist. Oft kommt es bei Verletzungen, Schnittwunden oder bei Krankheitsbefall zu dieser Gummiausscheidung, dem sogenannten Gummifluss, der zu einer Verzögerung der Wundheilung führt und den Befall mit Wundparasiten fördern kann. Deshalb wird der Erziehungsschnitt zwar im Frühjahr durchgeführt, alle anderen Schnittmaßnahmen erfolgen aber von August bis September in noch belaubtem Zustand. Die Schnittwunden verheilen dann besser und eine mögliche Gummiflussbildung wird weitgehend verhindert oder zumindest stark reduziert.

Süß-Kirsche (Prunus avium)

Die meisten Süß-Kirschen sind selbstunfruchtbar, fruchten also nur, wenn ein geeigneter Pollenspender in unmittelbarer Nähe wächst. Für Kirschenhoch- und -halbstämme werden als Unterlagen neben starkwüchsigen Kirschensämlingen auch die etwas schwächer wachsenden vegetativ vermehrten Unterlagen F12/1 sowie die Stein-Weichsel verwendet. Veredlungen auf diesen Unterlagen sind aber insgesamt für den kleinen Garten zu starkwüchsig. Hier kommen vorwiegend Kirschbäume in Frage, die auf schwachwüchsigen Unterlagen wie 'Colt', 'Gisela' oder Weiroot-Unterlagen veredelt sind. Sie lassen sich als Busch, Spindel und Fächer heranziehen.
Pflanzschnitt: Süß-Kirschen werden nach Möglichkeit bereits im Spätherbst oder sehr zeitig im Frühjahr gepflanzt. Der Pflanzschnitt sollte immer im Frühjahr erfolgen. Ähnlich wie beim Kernobst lässt man für eine Pyramiden- oder Rundkrone einen Mitteltrieb und drei bis fünf Seitentriebe stehen.
Erziehungsschnitt: Dieser erfolgt immer im Frühjahr. Mitteltrieb und Leittriebe werden dabei nur in den ersten zwei bis drei Jahren leicht eingekürzt. Der Mitteltrieb neigt dazu, Triebquirle zu bilden. Brechen Sie entweder die entsprechenden Knospen unterhalb der Mittelknospe rechtzeitig aus oder entfernen Sie diese Konkurrenztriebe möglichst bald. Leiten Sie die Leitastverlängerungen ab dem dritten oder vierten Jahr auf nach außen gerichtete Seitentriebe ab, damit die von Natur aus sehr starkwüchsigen Kirschbäume nicht zu hoch werden. Kürzen Sie die Langtriebe nicht ein, da sich dort nur besenartige Verzweigungen anstelle der gewünschten neuen Triebe bilden.
Der Erziehungsschnitt bei Kirschenfächern erfolgt zur Zeit des Knospenschwellens im Frühjahr. Um sie in ihrem Wuchs zu bremsen, werden die Fächer im Sommer zweimal geschnitten. Der erste Schnitt erfolgt vom

Rechts: Erziehungsschnitt bei jungem Kirschbaum.
Unten: Bukettzweige bei der Süß-Kirsche.

Spätfrühjahr bis Frühsommer, der zweite gleich nach der Ernte. Ist das Gerüst einmal aufgebaut, kürzen Sie die Triebe, um die Bildung von Fruchtholz anzuregen und entfernen Sie gelegentlich ältere Triebe.

Erhaltungsschnitt: Die Blütenknospen entstehen an der Basis starker, vorjähriger Langtriebe, entlang schwächerer zweijähriger Langtriebe und an den Bukettzweigen. Dies sind mehrere Jahre alte Triebe, die kaum einen vegetativen Zuwachs aufweisen, aber Jahr für Jahr zahlreiche Blütenknospen bilden und deshalb beim Schnitt besonders geschont werden müssen. Der Erhaltungsschnitt sollte nur mäßig ausfallen und unmittelbar nach der Ernte im Sommer durchgeführt werden. Sowohl steil stehende Triebe als auch Konkurrenztriebe zu den Gerüstästen werden entfernt. Ebenso verfährt man mit größeren Astpartien, die ungünstig oder zu dicht stehen. Wichtig ist dabei, dass die Krone immer locker aufgebaut ist, genügend Licht in die Kronenmitte eindringen kann und die Bäume nach Regenfällen schnell abtrocknen können. Dadurch wird das Auftreten von Krankheiten wie Monilia und Schrotschusskrankheit weitgehend verhindert.

Verjüngungsschnitt: An alten Kirschbäumen bildet sich oft Totholz und die Gerüstäste wie auch die Fruchttriebe hängen häufig über. Eine Verjüngung ist möglich und sollte im Sommer bis etwa Anfang September durchgeführt werden. Der günstigste Zeitraum ist zweifellos der Sommer unmittelbar nach der Ernte. Die Schnittwunden verheilen dann besser und die Gefahr der Gummiflussbildung ist sehr stark vermindert. Lichten Sie die Triebenden stark aus. Achten Sie dabei darauf, dass keine zu großen Wunden entstehen. Ist es unbedingt notwendig, größere Äste zu entfernen, dann leiten Sie diese möglichst nahe am Gerüst auf einen Seitentrieb um. Ist kein Seitentrieb vorhanden, dann schneiden Sie größere Äste nicht direkt am Gerüst, sondern lassen Sie einen Zapfen nahe beim Gerüst stehen. Dieser wird wieder austreiben, so dass der Baum im Inneren der Krone nicht verkahlt. Treibt dieser Zapfen nicht aus, lassen Sie ihn noch ein bis zwei Jahre stehen. Bis dahin hat sich der Baum am Gerüst weitgehend abgeschottet, so dass der Zapfen nun auch am Gerüst problemlos vollständig entfernt werden kann.

Sauer-Kirsche, Weichsel (Prunus cerasus)

Sauer-Kirschen sind zwar sehr nah mit Süß-Kirschen verwandt, ihr Blüh- und Fruchtverhalten ist aber deutlich anders. Deshalb werden bei ihnen auch andere Schnittmaßnahmen notwendig. Man unterscheidet zwei verschiedene Wuchsformen: 'Köroszer Weichsel' und ähnliche Sorten weisen einen eher aufrechten Wuchs mit etwas größeren Kronen auf. Ihre Triebe tendieren weniger stark zum Verkahlen. Bei Sorten wie der beliebten 'Schattenmorelle' verkahlen die Zweige hingegen sehr rasch und die Bäume bilden viele Peitschentriebe mit hängendem Wuchs aus.

Für die Anzucht von Sauer-Kirschen werden ebenfalls die starkwüchsigen Unterlagen der Süß-Kirschen verwendet. Es kommen aber auch virusfreie Selektionen der Stein-Weichsel sowie die schwachwüchsige Kirschenunterlage Weiroot zum Einsatz.

Im Gegensatz zu Süß-Kirschen entwickeln sich die Blütenknospen bei Sauer-Kirschen in großer Zahl an den Langtrieben. Die abgetragenen Triebe verkahlen und wachsen nur am Triebende weiter. Dadurch kommt es zum typischen Wuchs mit überhängenden Zweigen. Aus diesem Grund ist ein intensiver Fruchtholzschnitt unbedingt erforderlich. Damit soll einerseits der Verkahlung der abgetragenen Zweige entgegengewirkt, andererseits die Bildung möglichst vieler einjähriger Triebe angeregt werden. In den ersten vier bis fünf Jahren benötigen Sauer-Kirschen einen Stützpfahl, der jedoch nicht in die Krone hineinreichen darf.

Pflanzschnitt: Dieser wird bei der Sauer-Kirsche nur mäßig stark ausfallen. Man schneidet lediglich den Mitteltrieb zurück und erzieht die Krone erst in den folgenden Jahren. Wählen Sie eine Stammhöhe zwischen 50 und 60 cm, um die Bäume niedrig zu

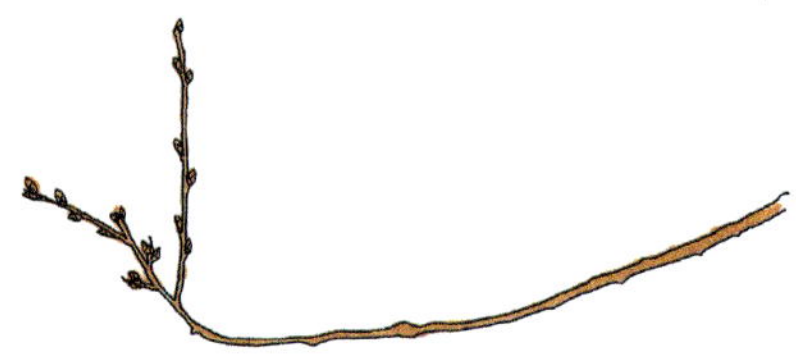

Verkahlter Fruchttrieb bei der Sauer-Kirsche als Folge eines falschen beziehungsweise unterlassenen Schnitts.

Spitze Knospen sind immer Triebknospen.

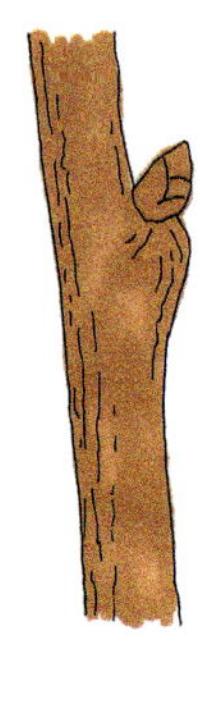

Dagegen sind Blütenknospen bauchig und abgerundet.

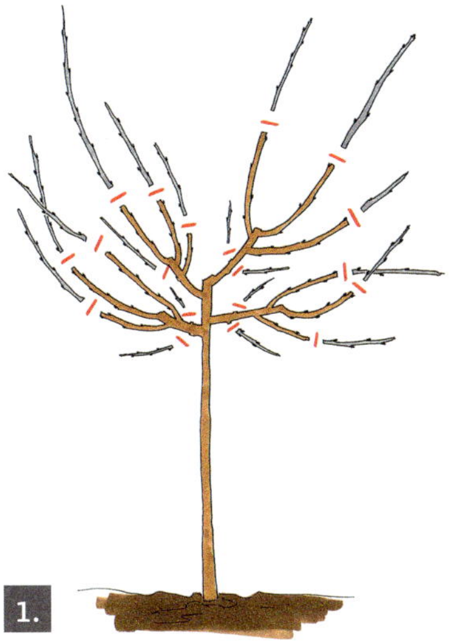

1.

2.

Zeichnung 1: *Busch der Sauer-Kirsche: An den Primärästen haben sich im zweiten Standjahr bereits zahlreiche junge Triebe entwickelt. Belassen Sie pro Primärast drei bis vier dieser Triebe, die Sie zurückschneiden, und zwar schwache um zwei Drittel, starke um die Hälfte. Alle nicht benötigen Triebe werden ganz entfernt.*
Zeichnung 2: *Bereits nach dem dritten Standjahr werden fruchtende Triebe unmittelbar nach der Ernte um etwa ein Viertel auf starkwüchsige, neugebildete Triebe eingekürzt.*

halten. Die für den Kronenaufbau nicht benötigten Triebe werden entfernt.
Erziehungsschnitt: Im zweiten Standjahr werden aus der großen Anzahl der Triebe drei bis vier Leittriebe bestimmt und etwa um ein Drittel (Mitteltrieb und starkwüchsige Leittriebe) oder die Hälfte (schwachwüchsige Leittriebe) zurückgeschnitten.
Erhaltungsschnitt: Bei aufrecht wachsenden Sorten müssen die Leitäste in den folgenden Jahren eingekürzt werden, damit sich genügend Seitentriebe entwickeln. Besenartiger Austrieb nach dem Rückschnitt wird bis auf einen nach außen stehenden Trieb entfernt. Dies erfolgt vorrangig im August. Der bei den eher aufrecht wachsenden Sorten mit geringerer Tendenz zur Verkahlung durchgeführte mäßige jährliche Auslichtungsschnitt kann durch einen Verjüngungsschnitt in drei- bis vierjährigen Abständen ersetzt werden.
Vorrangiges Ziel beim Erhaltungsschnitt ist es, jährlich viele einjährige Jungtriebe möglichst nahe am Gerüst zu erhalten. Entfernen Sie zuerst alle steil stehenden sowie die Konkurrenztriebe an den Spitzen der Leitäste. Schneiden Sie dann bei Sorten wie der 'Schattenmorelle' nach der Ernte alle abgetragenen Fruchttriebe bis auf die Basisknospen zurück. Unterlässt man diesen Schnitt, dann treiben sie nur an der Spitze weiter, was zu langen, peitschenartigen Trieben führt. Im Laufe weniger Jahre kommt es so zu einer starken Verkahlung der Äste im gesamten Kronenbereich. Durch den Schnitt wird jedoch das Fruchtholz ständig erneuert, so dass Sie qualitativ hochwertige Früchte ernten können. Dafür lohnt sich

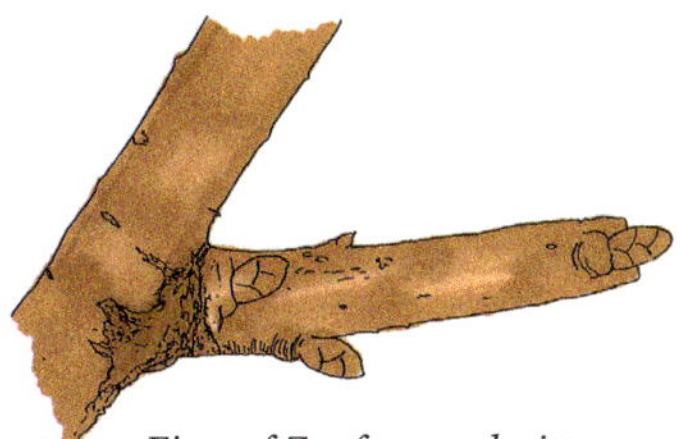

Ein auf Zapfen geschnittener junger Trieb der Sauer-Kirsche.

Aus den Knospen dieses Zapfens entwickeln sich zwei Jungtriebe.

Einer davon wird später wieder auf Zapfen geschnitten, der zweite bleibt unbeschnitten und bildet Blüten.

Blühende junge Sauer-Kirsche.

Sind die Sauer-Kirschen bereits älter, werden größere Eingriffe notwendig. Kürzen Sie dann im Spätsommer drei oder vier Jahre alte Triebe auf kräftig entwickelte junge Triebe ein.

Sauer-Kirsche als Spalierbaum vor dem Formierungsschnitt.

Der Spalierbaum nach dem Formierungsschnitt im zeitigen Frühjahr: Zu dicht stehende und überzählige Triebe wurden entfernt, aufrecht wachsende auf seitwärts gerichtete abgeleitet.

Schnitt eines vierjährigen Zweigs der Sauer-Kirsche: Die Leitastverlängerung sowie die Seitentriebe erster und zweiter Ordnung werden angeschnitten (eingekürzt), um die Bildung von einjährigen Trieben, die im Folgejahr blühen und fruchten, zu fördern.

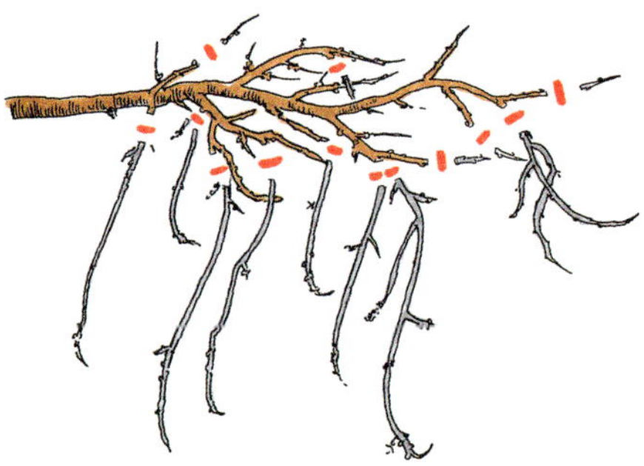

Rückschnitt eines verkahlten Zweigs der 'Schattenmorelle': Die langen, verkahlten Ruten treiben nicht mehr aus und werden bis zum Ansatz weggeschnitten. Die übrigen Jungtriebe werden ebenfalls bis auf gesunde, zur Triebbildung befähigte Knospen zurückgenommen.

auch der hohe Schnittaufwand. Lassen Sie pro 10 cm Gerüstastlänge maximal drei 20–30 cm lange einjährige Triebe stehen. Alle übrigen jungen, zu dicht stehenden oder nach außen gerichteten Triebe werden im Frühjahr auf zwei Knospen eingekürzt (Ersatzzapfen). Aus diesen entwickeln sich im folgenden Jahr wieder leistungsfähige Jungtriebe mit vielen Blütenknospen.

Verjüngungsschnitt: Werden Sauer-Kirschen länger als drei Jahre nicht geschnitten, dann beginnen sie schnell zu vergreisen und verkahlte, schleppenartig überhängende Triebe zu bilden. Sie vertragen eine Verjüngung gut. Lenken Sie die vergreisten Gerüsttriebe und auch drei bis vier Jahre altes Holz auf jüngere Seitentriebe um. Sind keine Seitentriebe mehr vorhanden, dann schneiden Sie die Gerüsttriebe wie auch die schleppenartig ausgebildeten Seitentriebe bis auf kurze Zapfen nahe am Gerüst zurück. Diese treiben dann wieder aus und die Krone lässt sich damit erneuern. Bei älteren Bäumen sollte der Verjüngungsschnitt etappenweise über zwei bis drei Jahre erfolgen.

Zwetschen, Pflaumen, Mirabellen und Reneklode (Prunus domestica)

Der Gerüstaufbau bei Zwetschen und deren Verwandten ist ähnlich wie beim Kernobst. Sie entwickeln ihre Blütenknospen bevorzugt an den zwei- bis mehrjährigen Fruchtästen. Nur bei wenigen neueren Sorten bilden sich Blüten bereits auch an einjährigen Trieben. Nach etwa vier bis fünf Jahren ist das Fruchtholz erschöpft und die Fruchttriebe beginnen zu vergreisen. Deshalb ist es wichtig, die Bildung von neuem Fruchtholz stets zu fördern. Starke Eingriffe mit großen Schnittwunden vertragen Zwetschenbäume nicht.

Früher wurden Zwetschen und ihre Verwandten vorwiegend auf starkwüchsige Unterlagen wie ‘Brompton’ und Sämlinge der Myrobalane (*Prunus cerasifera*) sowie auf ‘INRA GF’-Typen veredelt. Mittlerweile stehen mit ‘St. Julien A’, ‘Pixy’ und ‘INRA GF 655/2’ auch schwächerwachsende Unterlagen zur Verfügung. Dadurch sind nun die etwas kleineren Baumformen mit geringerem Schnittaufwand auch für kleinere Gärten interessant.

Pflanzschnitt: Die Pflanzung kann zwischen Spätherbst und zeitigem Frühjahr erfolgen. Der Pflanzschnitt sollte jedoch immer erst im folgenden Frühjahr durchgeführt werden. Der Aufbau des Gerüsts erfolgt ähnlich wie beim Apfelbaum. Neben dem Mitteltrieb belässt man etwa vier Seitentriebe, die zu Leitästen erzogen werden. Bei Zwetschen und ihren Verwandten bilden sich häufig steil aufrecht stehende Konkurrenztriebe zum Leittrieb. Diese müssen unbedingt entfernt werden, da es ansonsten später zu Problemen und zum Ausbrechen von Kronenteilen kommen kann. Kürzen Sie die Gerüsttriebe etwa um ein Drittel auf ein nach außen weisendes Auge ein.

Erziehungsschnitt: Zwetschenbäume tendieren dazu, zahlreiche Wasserschosse zu bilden. Entfernen Sie diese nach Möglichkeit im grünen, noch unverholzten Zustand Ende Mai/Anfang Juni oder im August/September. Entfernen Sie im Sommer überzählige Seitentriebe, damit sich eine ausgewogene Krone entwickeln kann. Zu Beginn des folgenden Frühjahrs sollten Sie etwa bis zu acht kräftige, nach außen wachsende Seitentriebe der Leitäste für den Aufbau der Krone auswählen. Diese kürzen Sie wieder etwa um die Hälfte

Zeichnung 1: *Die Pflanzung junger Zwetschenbäume sollte noch im Spätwinter erfolgen, der Pflanzschnitt jedoch erst zu Frühlingsbeginn. Binden Sie den jungen Baum an einen Stützpfahl fest und kürzen Sie die Triebspitze auf das oberste von etwa fünf gut entwickelten Augen ein. Kürzen Sie die Seitentriebe auf 8–10 cm ein.*

Zeichnung 2: *Im ersten Sommer werden sich vier bis fünf Basisäste aus den obersten Knospen entwickeln. Lassen Sie diese ungeschnitten, kürzen Sie aber die schon zu Frühlingsanfang eingekürzten und sich unterhalb der Krone entwickelnden Seitentriebe wieder auf maximal vier bis fünf Blätter.*

Zeichnung 3: *Zu Beginn des zweiten Frühjahrs wählen Sie nun vier der gut platzierten und in flachem Winkel ansetzenden Äste für das Astgerüst aus. Kürzen Sie jeden dieser Äste etwa um die Hälfte bis zwei Drittel auf ein nach außen gerichtetes Auge ein. Entfernen Sie alle Seitentriebe, auch jene, die bis jetzt am Stamm zur Stammverstärkung belassen wurden.*

Zeichnung 4: *Im dritten Standjahr haben sich die vier Gerüstäste gut verzweigt. Wählen Sie nun aus diesen Verzweigungen wiederum etwa acht kräftige, nach außen wachsende Triebe zweiter Ordnung für den Kronenaufbau aus. Kürzen Sie bei diesen wieder die Hälfte bis zwei Drittel des Vorjahrszuwachses auf nach außen gerichtete Augen ein.*

Zeichnung 5: *Kürzen Sie nun alle Seitentriebe auf der Bauminnenseite auf etwa 10 cm ein. Die im äußeren Kronenbereich befindlichen Seitentriebe können unbeschnitten bleiben, sie werden im folgenden Jahr blühen. Bei schwachwachsenden Sorten kann man die Leittriebe auch noch im Folgejahr im späten Frühjahr einkürzen. Damit die Krone des ausgewachsenen Baums nicht zu dicht wird, kürzen Sie auch einzelne Triebe im der Kronenmitte ein.*

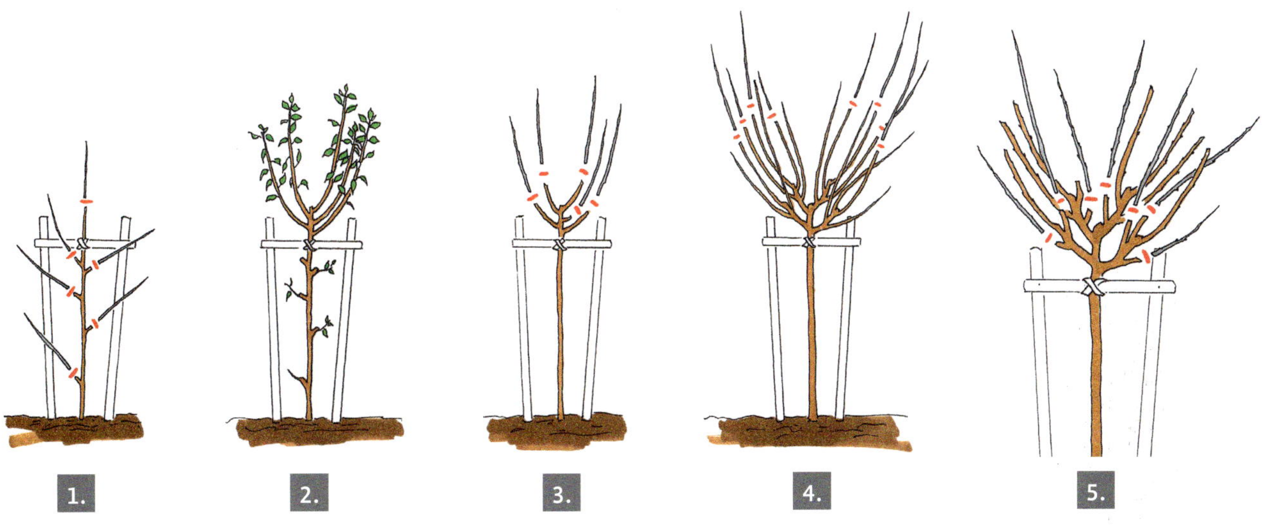

des vorjährigen Zuwachses auf ein nach außen gerichtetes Auge ein. Die übrigen, nicht benötigten Triebe im Kroneninneren schneiden Sie auf etwa 10 cm zurück.

Erhaltungsschnitt: Lichten Sie im Sommer nach der Ernte die Gerüst- und Fruchttriebe innerhalb der Krone aus, um die Größe und Form des Zwetschenbaums zu erhalten. Entfernen Sie steil stehende und in das Kroneninnere hineinwachsende Triebe. Fruchtäste, die sich zu Konkurrenztrieben entwickeln könnten, lenken Sie am besten auf zweijährige Seitentriebe mit Blütenknospen ab oder schneiden Sie diese auf Zapfen in Gerüstnähe zurück. Auch Fruchttriebe, die durch abgetragenes oder hängendes Fruchtholz erkennbar sind, werden auf jüngere Triebe abgeleitet und damit erneuert. Achten Sie immer darauf, dass auf Triebe abgeleitet wird, die zumindest zwei Jahre alt sind und bereits Blütenknospen tragen.

Verjüngungsschnitt: Ein Verjüngungsschnitt sollte möglichst vermieden werden. Wurde der Erhaltungsschnitt aber mehrere Jahre lang nicht durchgeführt, kann man trotzdem einen Verjüngungsschnitt vornehmen.

Oben: Alter, vergreister Zwetschenbaum.
Links: Fruchttriebe der Zwetsche.
Rechts: Blühender junger Zwetschenbaum.
Unten: Blühender Zwetschentrieb.

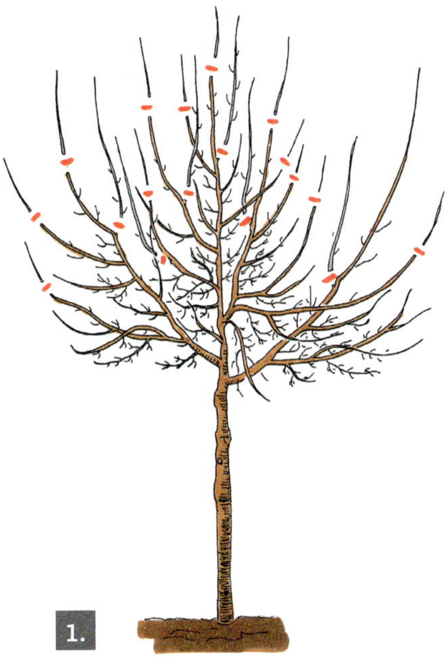
1.

2.

3.

Zeichnung 1: *Erziehungs- und Aufbauschnitt an einem fünfjährigen Zwetschenbaum: Entfernen Sie alle Konkurrenztriebe sowie zu dicht stehende Langtriebe. Kürzen Sie dann die Leitastverlängerung und die übrigen stärkeren Seitentriebe zweiter und dritter Ordnung ein, um eine schnelle Vergreisung im Kroneninneren zu verhindern.*
Zeichnung 2: *Zweig eines fünfjährigen Zwetschenbaums: Die vorgesehenen Schnittstellen sind markiert. Der Leittrieb wird eingekürzt und freigestellt, die Seitentriebe zweiter und dritter Ordnung werden eingekürzt beziehungsweise nach Möglichkeit auf schwächere Seitentriebe abgeleitet.*
Zeichnung 3: *Etwa vierjähriger Zwetschenhalbstamm nach Rückschnitt und Formierung: Dieser junge Baum hatte nach dem Schnitt im Vorjahr sehr stark durchgetrieben und zahlreiche, nach oben strebende Triebe gebildet. Es wurden alle Konkurrenztriebe entfernt, die Leitäste beziehungsweise Gerüsttriebe eingekürzt, der Mitteltrieb blieb etwa 20 cm länger. Da auch die Gerüsttriebe stark aufrecht wuchsen, wurden diese mit Stäben in einen flacheren Winkel gespreizt.*

Entfernen Sie zuerst alle steil stehenden Äste. Die Schnittstellen sollten dabei nicht größer als der halbe Durchmesser des verbleibenden Hauptastes sein. Achten Sie also darauf, dass keine zu großen Schnittstellen entstehen und lassen Sie bei dickeren Ästen etwa 10 cm lange Zapfen stehen. Sonst könnte es passieren, dass sich an den Schnittstellen Pilze ansiedeln und das Holz des Hauptasts zerstören. Nach ein bis zwei Jahren können Sie die Zapfen dann problemlos am Stamm entfernen. Überhängende und vergreiste Triebspitzen erneuern Sie durch Umlenken auf weiter innen in der Krone liegende jüngere Äste. Vergreistes Fruchtholz kürzen Sie bis zu einem jungen Trieb nahe des Gerüsts ein.

Aprikose, Marille (Prunus armeniaca)

Aprikosenbäume bevorzugen ein warmes, mildes Klima ohne Spätfröste, trockene Lagen (Weinbauklima) sowie durchlässige, kalkhaltige Böden. Trotzdem wird die Aprikose auch in den Alpenländern kultiviert, allerdings nur als Spalier an süd- und westseitigen Hauswänden. Aufgrund des mikroklimatisch bevorzugten Standorts werden unter diesen Bedingungen sogar gute Erträge von hervorragender Fruchtqualität, allerdings mit etwas verspätetem Erntetermin erzielt. Wichtig ist vor allem, dass die Bäume vor kalten Winden und Regen geschützt stehen.
Die bevorzugten Baumformen sind Buschbäume mit Stammhöhen von 60–100 cm, aber auch Spaliere. Als Unterlagen wird die Zwetschenunterlage 'St. Julien A' verwendet. Die Aprikose fruchtet am vorjährigen, also einjährigen Langtrieb sowie an Fruchtspießen und Fruchtholz des zwei- und dreijährigen Holzes. Von Zeit zu Zeit ist bei der Aprikose eine Verjüngung angebracht.
Pflanzschnitt: Bei Buschbäumen erfolgt der Pflanzschnitt spät im Frühjahr ähnlich wie beim Apfel

Mehrjährige Fruchttriebe.

mit einer Stammverlängerung und vier bis fünf gleichmäßig verteilten Seitenleitästen. Ziel ist, diese mit Fruchtästen, Zweigen und Fruchtholz zu garnieren.

Erziehungsschnitt: Dieser ist besonders wichtig, da ungeschnittene Bäume innerhalb von wenigen Jahren verkahlen. Zu Beginn des zweiten Standjahres werden zwischen Spätwinter und kurz vor der Blüte alle Seitenleittriebe um die Hälfte auf ein nach außen gerichtetes Auge eingekürzt. Konkurrenztriebe und starke, nach innen wachsende Triebe bricht man am besten noch unverholzt aus. Zu Beginn des dritten Standjahres werden im Frühjahr die nun acht bis zehn nach außen gerichtete Seitenleitäste wieder um die Hälfte bis zu zwei Drittel des vorjährigen Zuwachses eingekürzt. Seitentriebe im äußeren Kronenbereich, die für das Astgerüst nicht benötigt werden, belässt man, da sie im folgenden Jahr blühen werden. Seitentriebe im Kroneninneren werden hingegen auf etwa 10 cm eingekürzt. Dieser Schnitt wiederholt sich in den folgenden Jahren. Nach etwa fünf Jahren ist dann ein tragfähiges Astgerüst aufgebaut. Durch den mehrmaligen Rückschnitt hat sich der Baum gut verzweigt und wurde zur Fruchtholzbildung angeregt.

Erhaltungsschnitt: Laufende Schnittmaßnahmen bestehen im Entfernen von Konkurrenztrieben und ins Kroneninnere wachsenden Trieben. Um einer Überalterung und Vergreisung vorzubeugen, wird jeweils nach der Ernte im Sommer ein Teil des abgetragenen Fruchtholzes herausgeschnitten. Dadurch wird die Bildung neuer Triebe und damit neuen Fruchtholzes angeregt. Der knapp vor dem Austrieb durchgeführte Winterschnitt beschränkt sich dadurch meist auf das Entfernen von Totholz und – sofern es notwendig ist – auf einen leichten Korrekturschnitt.

Bei Aprikosenspalieren ist nach dem Aufbau des Astgerüsts ein regelmäßiger Sommerschnitt nötig. Kürzen Sie dabei die einjährigen Triebe leicht ein, um ein gutes Verhältnis von Blättern und Früchten zu erzielen. Entlang der Leit- und Fruchtäste sollten in Abständen von etwa 10–15 cm Fruchttriebe vorhanden sein.

Die überzähligen kürzt man auf ein Auge ein. Daraus entwickeln sich Jungtriebe, die im folgenden Jahr blühen und ein Vergreisen entlang der Leitäste verhindern.

Da die Aprikose im letzten Drittel der einjährigen Langtriebe blüht,

Junger, blühender Aprikosenbaum.

Links: Junger Aprikosenbaum vor dem Schnitt: Die seitlichen Äste wurden heruntergebunden beziehungsweise heruntergespreizt.
Rechts: Derselbe Aprikosenbaum nach dem Schnitt im späten Frühjahr: Der Leittrieb wurde freigestellt und eingekürzt. Alle aufrecht wachsenden, überzähligen Seitentriebe wurden auf ein Auge eingekürzt. Daraus entwickeln sich in diesem Jahr Jungtriebe, die im folgenden Jahr blühen. Die restlichen einjährigen Blütentriebe wurden eingekürzt, um ein günstiges Verhältnis zwischen Blättern und Früchten herzustellen.

kann man durch das Pinzieren der Triebe die Blütenbildung in das unterste Drittel des Triebs verlagern. Dazu kürzt man sie, sobald sie im Mai oder Juni zehn bis zwölf Blätter entwickelt haben, auf vier bis acht Blätter ein. Bei einem erneuten Austrieb im August kürzen Sie diese noch einmal auf zwei Blätter ein.

Verjüngungsschnitt: Lässt die Triebkraft nach und entsteht kaum mehr neuer Zuwachs, ist ein Verjüngungsschnitt angebracht. Dieser wird am besten gleich nach der Ernte durchgeführt. Dazu werden größere Gerüstäste stark eingekürzt und das überalterte Fruchtholz entfernt. Wichtig ist eine sorgfältige Nachbehandlung, bei der man die Schnittwunden glatt nachschneidet und bei großen Schnittwunden eventuell ein Wundverschlussmittel ausbringt, um das Auftreten von Krankheiten zu verhindern.

Pfirsich und Nektarine (Prunus persica)

Pfirsich und Nektarine sind nahe miteinander verwandt und weichen in ihren Wuchseigenschaften stark von den übrigen Steinobstarten ab. Sie blühen und fruchten ausschließlich am vorjährigen Holz. Sie überaltern und vergreisen sehr rasch, wenn sie nicht laufend durch kräftigen Schnitt zu neuer Triebbildung angeregt werden. Hier bestehen also Ähnlichkeiten zur Sauer-Kirsche. Um richtig schneiden zu können, sollten Sie unbedingt die unterschiedlichen Triebarten kennen (siehe Seite 298 ff.).

Pfirsiche stammen ursprünglich aus China und benötigen ein warmes Klima sowie warme, durchlässige Böden. Sie vertragen im Gegensatz zu Aprikosen keine kalkhaltigen Böden. Optimal ist ein pH-Wert zwischen 6 und 6,5. Bei höherem Kalkgehalt und damit höheren pH-Werten

Früchte an mehrjährigen Fruchttrieben.

Früchte an vorjährigem Fruchttrieb.

Fruchtmumien bei der Aprikose müssen entfernt werden.

Pfirsichbaum nach dem Pflanzschnitt.

treten Chlorosen auf. Pfirsichbäume werden als Busch oder auf einem niedrigen Stamm mit Hohlkrone, in kälteren Regionen auch als Spaliere an geschützten Hausmauern gezogen. Meist werden Sämlingsunterlagen verwendet, die für leichte Böden empfehlenswert sind. Für schwerere Böden sind 'INRA GF 655/2' und 'Brompton' geeignet.

Pflanzschnitt: Die Pflanzung sollte möglichst zu Beginn der Vegetationsruhe oder im späten Frühjahr erfolgen, der Pflanzschnitt in jedem Fall erst im Frühjahr. Pfirsichbäume werden in der Regel ohne Leittrieb gezogen. Die Krone wird aus drei bis vier Leitästen, die sich in der Saftwaage befinden müssen, aufgebaut.

Erziehungsschnitt: Beim Erziehungsschnitt werden die Leitastverlängerungen jährlich auf 40 cm eingekürzt. Man sollte dabei jedoch auf die Einhaltung der Saftwaage achten und auf eine nach außen gerichtete Knospe schneiden. Dieser Schnitt wird drei bis vier Jahre lang durchgeführt. An den Leitästen werden nach und nach je zwei bis drei Fruchtäste herangezogen. Schneiden Sie vorzeitige Triebe, die ins Kroneninnere wachsen, heraus und kürzen Sie die, die nach außen wachsen, auf zwei bis drei Augen ein.

Erhaltungsschnitt: Entfernen Sie im Frühjahr totes und schadhaftes Holz sowie zu dicht wachsende Triebe. Der eigentliche Schnitt des Pfirsichs wird entweder bereits im Spätsommer gleich nach der Ernte oder aber im späten Frühjahr knapp vor dem Austrieb durchgeführt. Dabei wird abgetragenes Fruchtholz ganz entfernt. Schneiden Sie die wahren Fruchttriebe auf fünf bis sechs Knospenpaare zurück, die falschen Fruchttriebe auf zwei Augen. Sie bilden dann wahre Fruchttriebe für die nächste Saison. Entfernen Sie zu dicht stehende Triebe. Das Auslichten überflüssiger und zu starker Jungtriebe erfolgt normalerweise schon frühzeitig, wenn die Triebe noch weich und unverholzt sind.

Links: Junger, einjähriger Pfirsichbaum vor dem Pflanzschnitt: Der Pfirsich bildet keinen durchgehenden Mittelstamm, weshalb man am besten eine Hohlkrone erzieht. Beim Pflanzschnitt wird der Stamm in etwa 60 cm Höhe auf die am günstigsten platzierten Seitentriebe zurückgeschnitten. Diese Seitentriebe werden bis auf fünf oder sechs Augen eingekürzt. Entfernen Sie die restlichen, nicht benötigten Triebe.
Rechts: Derselbe Baum nach dem Pflanzschnitt.

Pfirsichbaum nach dem Erhaltungsschnitt im Sommer, aufgenommen im Spätwinter.

Mustergültig geschnittener Pfirsichfächer.

Verjüngungsschnitt: Wurde der Schnitt etwas vernachlässigt oder sind die Bäume bereits älter und treiben vorwiegend im äußeren Kronenbereich aus, dann sollte ein kräftiger Verjüngungsschnitt durchgeführt werden. Schneiden Sie dazu dickere Triebe bis ins alte Holz zurück. Schonen Sie dabei aufrecht wachsende Triebe beziehungsweise leiten Sie diese ab und bauen damit die Krone

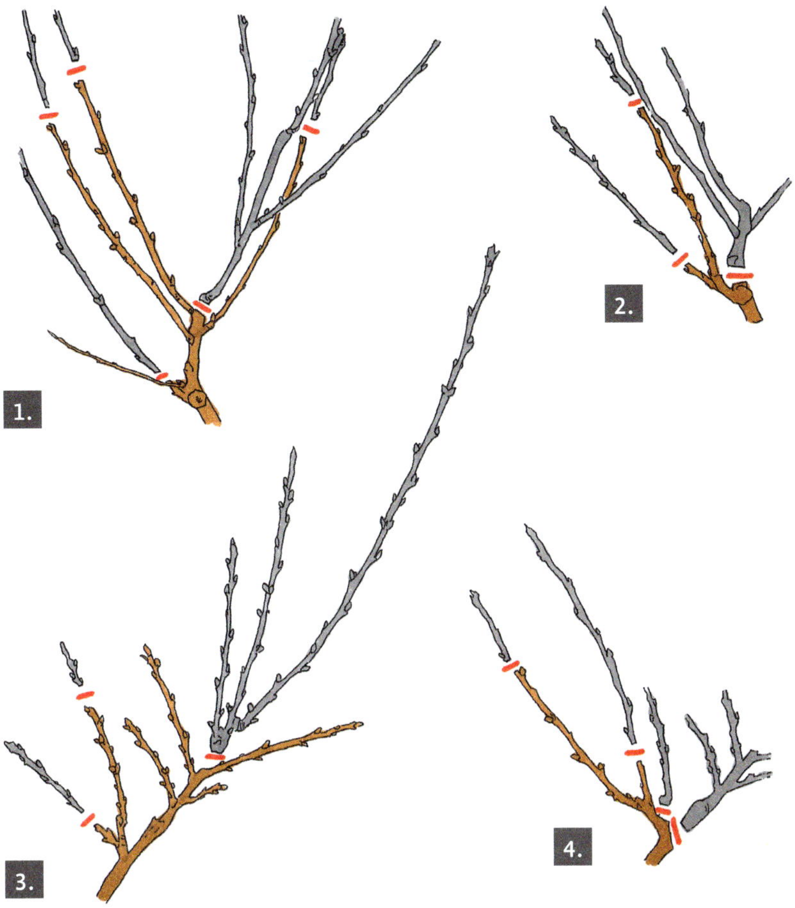

Zeichnung 1: Erhaltungsschnitt beim Pfirsich: Die abgetragenen Triebe werden bis zu den jungen, zukünftigen Blütentrieben zurückgeschnitten. Diese werden nur leicht eingekürzt. Der linke Zweig wird auf zwei Knospen eingekürzt.
Zeichnung 2: Aus diesem wachsen bis zum Sommer wieder zwei neue Triebe. Einer davon wird wieder auf zwei Augen, der zweite als Fruchttrieb nur leicht eingekürzt.
Zeichnung 3: Das Detail zeigt ebenfalls einen Zweig vor und nach dem Schnitt. Die kräftigen Langtriebe an der Triebspitze werden bis auf junge Blütentriebe zurückgeschnitten. Der untere linke Zweig entstand aus einem Trieb, der im Vorjahr auf zwei Augen geschnitten wurde. Einer davon wird als Blütentrieb für das aktuelle Jahr nur wenig eingekürzt, der andere wieder auf zwei Augen zurückgeschnitten.
Zeichnung 4: Was daraus im folgenden Jahr entsteht und wie diese Triebe dann geschnitten werden, ist hier zu sehen.

neu auf. Wichtig ist, dass alle Triebe etwa in derselben Höhe eingekürzt werden. Nach dem Schnitt, der wegen der besseren Wundheilung und um Gummifluss zu vermeiden, bereits im Spätsommer durchgeführt werden sollte, ist ein sorgfältiges, glattes Nachschneiden der Wundränder notwendig.

Fächerbaum eines Pfirsichs im dritten Jahr: Das Astgerüst des Fächerbaums ist bereits gut entwickelt. Junge Triebe sollen so erzogen werden, dass sie den vorhandenen Platz ausfüllen. Im Sommer werden alle jungen Seitentriebe, die nicht mehr für das Gerüst benötigt werden, auf etwa 50 cm eingekürzt und festgebunden. Sie werden im nächsten Jahr blühen und fruchten. Der Erhaltungsschnitt erfolgt wie bei den Bäumen auch im Sommer nach der Ernte. Dabei werden die abgetragenen Triebe bis auf den basalen Ersatz- oder Reservetrieb entfernt.

Schnitt und Erziehung beim Beerenobst

Schnitt und Erziehung fallen bei den verschiedenen Beerenobstarten und -sorten recht unterschiedlich aus. Bei Johannisbeeren, Stachelbeere, Jostabeere und Kulturheidelbeere ist ein entsprechender Aufbau der Sträucher notwendig. Darüber hinaus ist auf eine ständige Fruchtholzerneuerung zu achten, damit Fruchtqualität und Ertrag langfristig erhalten bleiben. Bei Himbeeren und Brombeere handelt es sich um sogenannte Halbsträucher, die an Drahtgerüsten gezogen werden. Bei ihnen werden die abgetragenen Fruchtruten oder Ranken jedes Jahr ganz entfernt. Nur die im Vorjahr gewachsenen einjährigen Jungruten bleiben und fruchten. Weinreben und Kiwis sind Kletersträucher, die an einem Gerüst gezogen werden und deren Fruchtholz laufend erneuert werden muss.

Rote und Weiße Johannisbeeren (Ribes rubrum)

Johannisbeeren zählen zu den am häufigsten in Gärten gepflanzten Beerensträuchern. Man muss Rote beziehungsweise Weiße und Schwarze Johannisbeeren getrennt behandeln, da sie unterschiedliche Wuchs- und Blüheigenschaften aufweisen. Rote und Weiße Johannisbeeren fruchten bevorzugt an der Basis einjähriger Seitentriebe von zweijährigen und älteren Trieben. Ziel des Schnitts ist deshalb, die Sträucher zur Bildung von möglichst viel Fruchtholz anzuregen. Man belässt beim Schneiden der Triebe jeweils kurze Zapfen oberhalb der Augen, da diese sonst vertrocknen könnten.

Pflanzschnitt: Als Pflanzware werden meist drei- bis fünftriebige Sträucher verwendet, die vorwiegend zu Büschen erzogen werden. Sie können jedoch auch an einem Drahtgerüst in Form einer Hecke oder als Halb- und Hochstämmchen kultiviert werden. Zur Erziehung von Büschen pflanzt man die jungen Sträucher etwa 10 cm tiefer, als sie bei der Anzucht im Freiland oder im Container standen, damit sie sich später gut aus der Basis heraus erneuern. Die Triebe werden auf eine Länge von 15–20 cm eingekürzt.

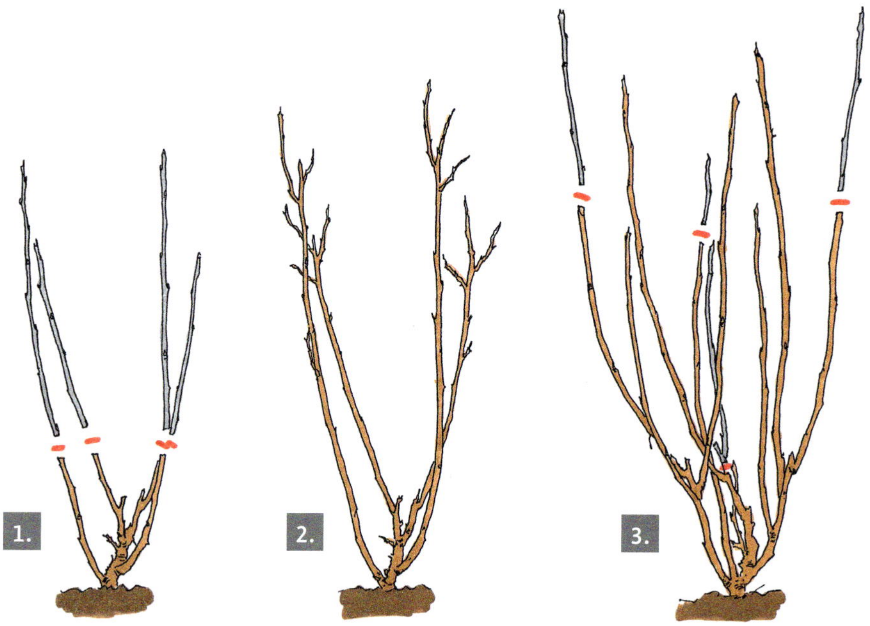

Zeichnung 1: *Pflanzschnitt und Entwicklung bei Johannisbeeren: die ungeschnittene Pflanze.*
Zeichnung 2: *Wird die Pflanze nicht kräftig zurückgeschnitten, verzweigen sich die ungekürzten Triebe nur kümmerlich unterhalb der Triebspitzen und verkahlen an der Basis.*
Zeichnung 3: *Schneidet man die junge Pflanze wie in der Zeichnung 1 markiert, dann entwickelt sich ein gut verzweigter Strauch mit kräftigen Jungtrieben. Diese müssen im folgenden Jahr wie markiert gekürzt werden. Um ein kräftiges Gerüst aufzubauen, könnten nun die übrigen Triebe, mit Ausnahme der drei eingekürzten, ebenfalls entfernt werden.*

Fruchtender junger Strauch der Roten Johannisbeere.

Erziehungsschnitt: Dieser erfolgt über einen Zeitraum von drei bis vier Jahren und wird mit etwa sieben bis acht Trieben abgeschlossen. Verwenden Sie nur die kräftigen Triebe. Schwache und überzählige Triebe werden bodennah entfernt. Bei starkwachsenden Sorten werden die Verlängerungstriebe etwa um die Hälfte eingekürzt. Die Seitentriebe kürzt man auf drei bis fünf Knospen oder auf 5–15 cm ein.

Erhaltungsschnitt: Ab dem vierten Standjahr werden die ältesten Triebe, die mittlerweile eine dunkle, fast schwarze Farbe angenommen haben, entweder direkt am Boden oder oberhalb

Nur junge und fachgerecht geschnittene Sträucher der Rote Johannisbeere bringen große, volle Fruchttrauben.

Links: Ein vierjähriger Trieb, der in einem zu dichten Strauch gewachsen ist, nur sehr schwache Jungtriebe bildet und damit auch kaum fruchtet.
Rechts: Ein gut belichteter zweijähriger Trieb wird dagegen reichlich Früchte bringen und bei entsprechendem Schnitt und guter Belichtung auch noch einige Jahre fruchten.

eines kräftig entwickelten Stammaustriebs entfernt. Als Ersatz wurden bereits Bodentriebe nachgezogen oder Sie verwenden die an der Basis wachsenden Stammaustriebe zur Verjüngung der Fruchttriebe. Alle dünnen und schwachen Bodentriebe werden regelmäßig entfernt, so dass der Strauch aus nie mehr als acht bis maximal zehn Trieben beziehungsweise verzweigten Stämmchen besteht. An den zwei- bis dreijährigen Trieben entfernen Sie alle Seitentriebe, die sich bis 30 cm über dem Boden gebildet haben. Die übrigen Seitentriebe kürzen Sie auf drei bis fünf Knospen ein. Führen Sie diesen Schnitt im Spätwinter oder im zeitigen Frühjahr durch.

Verjüngungsschnitt: Johannisbeeren reagieren auf einen Verjüngungsschnitt mit kräftigem neuem Austrieb, falls die Sträucher nicht bereits stark überaltert, sondern nur vernachlässigt sind. Schneiden Sie in diesem Fall alle schwachen Triebe bodennah heraus. Kräftige Triebe können Sie auf eventuell vorhandene kräftig entwickelte Basistriebe älterer Triebe zurückschneiden. Nach dem erneuten Austrieb entfernen Sie alle schwachen und überzähligen Triebe und bauen den Strauch neu auf, indem Sie wieder sechs bis acht kräftige Triebe belassen.

Vernachlässigter Strauch der Roten Johannisbeere nach dem Schnitt.

Hecken

Rote und Weiße Johannisbeeren lassen sich auch als Hecke an einem Drahtgerüst kultivieren. Dabei werden die Sträucher mit drei bis fünf Trieben erzogen. Schneiden Sie nach der Pflanzung die Triebe nur leicht zurück. Der Erhaltungsschnitt beschränkt sich auf das Einkürzen der Seitentriebe auf drei bis fünf Knospen.

Stämmchen

In kleinen Gärten sind auch Johannisbeerstämmchen sehr beliebt. Die Stämmchen werden von der Unterlage, der Gold-Johannisbeere (*Ribes aureum*), gebildet und sind entweder 40–50 cm (Fußstämmchen) oder 80–90 cm (Hochstämmchen)

Oben: Vernachlässigter Strauch der Roten Johannisbeere.
Unten: Früchte an einem vernachlässigten Strauch der Roten Johannisbeere.

Johannis- und Stachelbeersträucher sind in Hausgärten meist zu dicht und enthalten zu viele alte, unproduktive Triebe. Lichten Sie diese Sträucher so aus, dass nicht mehr als acht bis zehn oder maximal zwölf Haupttriebe erhalten bleiben. Das Fruchtholz darf nicht älter als drei, maximal vier Jahre sein. Bei Johannisbeersträuchern tragen nur die jungen Triebe die größten und am besten schmeckenden Beeren.

Links: Um die Pflege der Johannisbeersträucher zu erleichtern, kann man Büsche auf kurzen Stämmchen erziehen. Beim Pflanzschnitt zwischen Mitte Herbst und Frühlingsbeginn kürzen Sie vier Äste um die Hälfte auf nach außen wachsende Augen ein. Entfernen Sie alle Seitentriebe bis auf eine Höhe von etwa 10–15 cm.
Rechts: Im zweiten Jahr kürzen Sie wieder die Leittriebe und die für das Astgerüst benötigten Triebe um die Hälfte auf nach außen weisende Augen ein. Die übrigen Seitenäste kürzen Sie auf ein Auge ein. Entfernen Sie Triebe unterhalb des Astgerüsts sowie Stockausschläge.

hoch. Bodentriebe sind auch hier als Wildtriebe zu betrachten und immer gleich zu entfernen. Die Stämmchen sind sehr schwach und benötigen daher zeitlebens einen Pfahl. Kronenbäumchen werden ähnlich wie kleine Pyramidenbäumchen mit Stammverlängerung und vier bis fünf Leitästen erzogen. Kürzen Sie die Leittriebe jedes Jahr kräftig ein, um den Wuchs zu fördern. Schneiden Sie die Seitentriebe, die das Fruchtholz darstellen, auf drei Augen zurück. Bei den Stämmchen stehen keine basalen bodennahen Erneuerungstriebe zur Verfügung. Daher müssen die Leittriebe ab dem vierten Jahr durch kräftige basale Neutriebe, die direkt über der Veredlungsstelle entstehen, ersetzt werden. Die Krone soll nie aus mehr als sechs Leit- oder Hauptästen bestehen. Überzählige Triebe an der Basis der Veredlungsstelle müssen laufend entfernt werden. Kontrollieren Sie regelmäßig die Anbindung am Stützpfahl, da die Stämmchen bei Sturm oder schwerem Fruchtbehang leicht abbrechen können.

Schwarze Johannisbeere (Ribes nigrum) und Jostabeeren (Ribes × nidigrolaria)

Schwarze Johannisbeersträucher wachsen deutlich stärke als Rote und Weiße Johannisbeeren. Im Unterschied zu diesen werden die Blüten und Früchte bei Schwarzen Johannisbeeren an den vorjährigen Langtrieben sowie an kurzen Fruchtsprossen der älteren Triebe gebildet. Deshalb werden die Triebverlängerungen nach dem Pflanzschnitt nicht mehr eingekürzt. Wich-

Links: Spindelbäumchen der Roten Johannisbeere.
Rechts: Früchte der Schwarzen Johannisbeere.

Früchte der Jostabeere.

tigste Schnittmaßnahme ist das Auslichten der Bodentriebe und das Entfernen der schwachen, hängenden Seitentriebe. Dieselben Schnittmaßnahmen gelten für die starkwüchsige Jostabeere, eine Hybride aus Schwarzer Johannisbeere und Stachelbeere.

Pflanzschnitt: Dieser erfolgt ähnlich wie der Roten Johannisbeere. Als Pflanzware werden meist zweijährige Sträucher mit drei bis fünf kräftig entwickelten Trieben verwendet. Kürzen Sie diese nach der Pflanzung auf etwa 20–30 cm über einem kräftigen Auge ein.

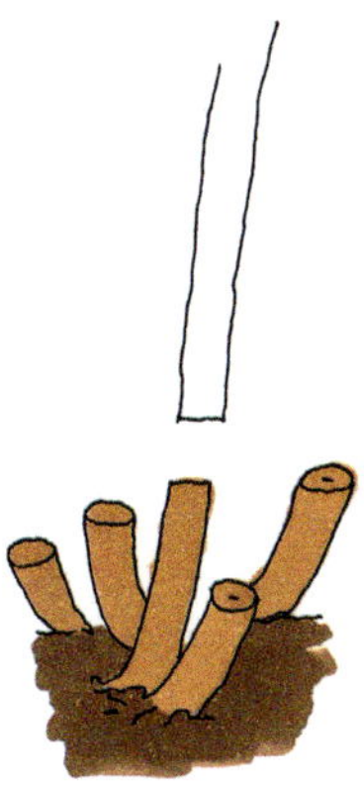

Pflanzschnitt bei Schwarzen Johannisbeeren: Pflanzen Sie die Sträucher etwa 5 cm tiefer, als sie vorher standen. Schneiden Sie zwischen Spätherbst und Frühjahrsbeginn alle Triebe etwa 10 cm über dem Boden zurück. Daraufhin wird ein kräftiger Austrieb erfolgen.

Erziehungsschnitt: Dieser beschränkt sich auf das Auslichten zu dicht stehender und schwacher Triebe. Der fertige Strauch sollte nicht mehr als acht bis zehn verzweigte Äste aufweisen. Die Seitentriebe und Triebverlängerungen werden nicht eingekürzt.

Erhaltungsschnitt: Um eine gute Qualität und entsprechende Ernten zu erzielen, sollten die fruchttragenden vorjährigen Triebe auf älterem, also zwei- bis dreijährigem Holz stehen. Triebe, die drei bis vier Jahre und älter sind, werden laufend auf tiefer stehende, kräftig entwickelte Seitentriebe abgeleitet. Fehlen diese, schneiden Sie die alten, abgetragenen Triebe bodennah zurück und erziehen einen oder zwei neue Triebe als Fruchttriebe. Verfahren Sie ebenso mit Ästen oder Stämmen, deren Triebstärke stark nachgelassen hat. Die vorjährigen (einjährigen) Triebe dürfen nicht eingekürzt werden, da an diesen die Blüten sitzen.

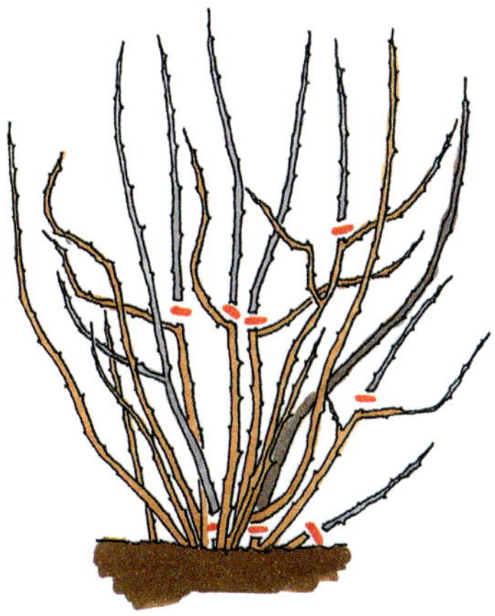

Beginnen Sie nach der ersten Ernte mit dem regelmäßigen Erhaltungsschnitt. Entfernen Sie gleich nach der Ernte alle kranken, beschädigten, schwachen und nahe am Boden wachsenden Triebe. Der Hauptschnitt erfolgt im Spätherbst oder zu Frühlingsbeginn. Entfernen Sie jeweils ein Drittel der ältesten Triebe an der Basis oder schneiden Sie diese bis zu einem starkwüchsigen Trieb zurück. Es sollen sich möglichst viele Langtriebe bilden.

Verjüngungsschnitt: Schwarze Johannisbeeren reagieren auf einen Verjüngungsschnitt mit einem kräftigen neuen Austrieb, vorausgesetzt, die Sträucher sind nicht bereits stark überaltert, sondern nur vernachlässigt. Schneiden Sie in diesem Fall das triebschwache Holz bodennah heraus. Sind kräftig entwickelte Basistriebe vorhanden, schneiden Sie die alten Triebe auf diese zurück. Nach dem erneuten Austrieb entfernen Sie alle schwachen und überzähligen Triebe und bauen den Strauch neu auf, indem Sie wieder sechs bis acht kräftige Triebe belassen.

Vernachlässigter Strauch der Schwarzen Johannisbeere vor dem Schnitt im Winter.

Vernachlässigter Strauch der Schwarzen Johannisbeere nach dem Schnitt im Spätwinter.

Stachelbeere (Ribes uva-crispa)

Stachelbeeren lassen sich ähnlich wie Johannisbeeren als Büsche, Fußstämmchen, Hochstämmchen oder als Hecke erziehen. Im

Hausgarten werden Stämmchen den Büschen meist bevorzugt, da sie leichter zu pflegen und abzuernten sind. Die Schnittmaßnahmen sind ähnlich wie bei Roter und Weißer Johannisbeere, mit denen sie verwandt sind. Stachelbeeren wachsen allerdings schwächer. Ein regelmäßiger Schnitt ist für einen guten Ertrag und eine hohe Fruchtqualität von entscheidender Bedeutung.

Pflanzschnitt: Kürzen Sie beim Pflanzschnitt drei bis fünf kräftige Triebe auf 20–30 cm ein und entfernen Sie die überschüssigen Triebe bodennah.

Um Stachelbeerbüsche zu erziehen, entfernen Sie bis in etwa 15 cm Höhe vom Boden alle Seitenzweige an der Basis der jungen Pflanze. Darüber lassen Sie vier gut verteilte Seitenäste stehen, kürzen diese etwa um die Hälfte auf ein nach außen gerichtetes Auge ein.

Erziehungsschnitt: Der fertige Strauch sollte etwa sieben bis acht Triebe verschiedenen Alters besitzen und eine flach pyramidale Krone aufweisen. Kürzen Sie die Leitäste jährlich im Spätwinter um ein Drittel ihrer Länge ein. Die Seitentriebe sollten etwas länger als bei den Johannisbeeren sein und werden auf drei bis sieben Augen zurückgeschnitten.

Erhaltungsschnitt: Schneiden Sie das ältere, schwache Holz immer möglichst nahe an der Pflanzenbasis heraus, um die Bildung kräftiger neuer Jungtriebe anzuregen. Stachelbeersträucher tendieren dazu, viele Seitentriebe zu bilden, dadurch dicht zu werden und im Inneren leicht zu verkahlen. Daher ist ein Auslichten zu dichter Sträucher besonders wichtig. Kürzen Sie die Leittriebe leicht ein und reduzieren Sie die Seitentriebe auf drei bis sieben Augen. Je weniger Augen Sie stehen lassen, desto weniger, aber größere Früchte werden Sie erhalten. Treiben die Sträucher nur mehr schwach durch oder hängen die Zweige bereits über, dann werden sie auf tiefer liegende kräftige Jungtriebe zurückgeschnitten oder aus kräftig entwickelten Basistrieben neu erzogen. Auch von Mehltau befallene Triebspitzen werden immer gleich entfernt.

Fuß- und Hochstämmchen werden wie Rote-Johannisbeer-Stämmchen behandelt. Auch bei dieser Wuchsform ist es wichtig, die Krone licht zu halten und jährlich einen kräftigen Erhaltungsschnitt durchzuführen.

Verjüngungsschnitt: Stachelbeeren lassen sich gut verjüngen, solange sie noch nicht stark vergreist sind. Schneiden Sie alte

Auch im dritten Jahr nach der Pflanzung kürzen Sie während der Ruheperiode den vorjährigen Zuwachs der Leittriebe um die Hälfte ein. Krankes, abgestorbenes und zu dicht stehendes Holz wird entfernt. Seitentriebe, die im vorigen Sommer geschnitten wurden, kürzen Sie auf zwei Augen ein.

Im darauf folgenden Herbst oder Winter schneiden Sie wieder alle Leittriebe sowie alle für das Astgerüst benötigten Sprosse um die Hälfte zurück. Überzählige sowie unterhalb des Astgerüsts entwickelte Triebe und Stockausschläge entfernen Sie.

Kürzen Sie bei Stachelbeerbüschen die jungen Seitentriebe etwa Anfang bis Mitte Juni auf fünf Blätter ein. Dadurch wird die Pflanze besser belichtet und eine eventuell notwenige Krankheitsbekämpfung erleichtert. Bei Büschen ist der Sommerschnitt vorteilhaft, bei Schnurbäumchen unerlässlich.

Spindelbäumchen der Stachelbeere.

Triebe bodennah heraus. Sind kräftige entwickelte Basistriebe vorhanden, schneiden Sie die alten Triebe auf diese zurück. Nach dem erneuten Austrieb entfernen Sie alle schwachen und überzähligen Triebe und bauen den Strauch neu auf, indem Sie wieder sechs bis acht kräftige Triebe belassen.

Kultur-Heidelbeere (Vaccinium corymbosum)

Die Wildform der Kultur-Heidelbeere stammt aus Nordamerika. Die bei uns verwendeten Sorten können zu Sträuchern von 1,5–2 m Höhe heranwachsen und fruchten sehr reich. Im Gegensatz zu den heimischen Heidelbeeren enthalten die Früchte einen farblosen, nichtfärbenden Saft. Die Verwendung von Kultur-Heidelbeeren ist nur auf stark sauren Böden mit einem pH-Wert von 4,2–5,5 möglich. Am besten eignen sich durchlässige, saure Böden. Reine Moorböden sind hingegen nicht optimal, da hier die Triebe aufgrund der fortwährenden Feuchtigkeit nur mangelhaft abschließen und so eine erhöhte Frostanfälligkeit aufweisen. Ihre Blüten und Früchte werden am vorjährigen Holz gebildet.

Pflanzschnitt: Die jungen, meist mehrtriebigen und bereits verzweigten Sträucher werden als Containerpflanzen angeboten und benötigen keinen Pflanzschnitt.

Erziehungsschnitt: Auch ein Erziehungsschnitt erübrigt sich weitgehend.

Erhaltungsschnitt: Etwa ab dem dritten oder vierten Standjahr beginnt man mit dem Auslichtungsschnitt. Dazu werden die abgetragenen Äste während der Vegetationsruhe im Winter oder zeitigen Frühjahr entfernt. Schneiden Sie die Triebe vollständig bodennah heraus oder leiten Sie sie auf einen jungen, kräftigen Seitentrieb ab. Eine laufende Fruchtholzerneuerung ist sehr wichtig. Allerdings dürfen die vorjährigen Triebe dabei nicht geschnitten werden, da sich hier die Blütenknospen befinden. Erwachsene Sträucher sollten nicht mehr als sechs bis acht kräftige, davon zumindest zwei bis drei reichverzweigte, zweijährige Triebe aufweisen. Die Sträucher sollen locker und licht aufgebaut sein, damit sich die Beeren gut entwickeln und ausreifen. Beim ständigen Auslichtungs- und Verjüngungsschnitt werden etwa ein Drittel der Äste sowie überschüssige Bodentriebe entfernt.

Verjüngungsschnitt: Zu hoch gewachsene oder überalterte Sträucher vertragen einen radikalen Verjüngungsschnitt.

Gut entwickelter Strauch der Kultur-Heidelbeere.

Schnitt an einer jungen Pflanze: KulturHeidelbeeren fruchten an den Spitzen junger Langtriebe und später auch an deren Verzweigungen. Kürzen Sie im zeitigen Frühjahr nur die längsten Triebe um ein Drittel ein, wenn sich diese nicht genügend verzweigen. Entfernen Sie krankes und beschädigtes Holz. Beginnen Sie nach einigen Jahren, abgetragene Triebe sowie abgetragenes Fruchtholz zu entfernen.

Etablierte Sträucher benötigen jährlich im Spätwinter einen vorsichten Auslichtungsschnitt. Entfernen Sie abgestorbenes und krankes Holz. Nehmen Sie auch ein bis drei der ältesten, bereits wenig fruchtenden Triebe an der Basis heraus oder kürzen diese bis auf junge, starkwüchsige Jungtriebe ein. Lichten Sie älteres Seitenholz im oberen Strauchbereich vorsichtig aus, damit die Pflanze auch im Inneren gut belichtet bleibt.

Schneiden Sie dabei alle Triebe auf das Astgerüst in etwa 30–50 cm Höhe zurück. Die Sträucher werden stark durchtreiben und zahlreiche neue Triebe bilden. Eine Nachbehandlung ist unbedingt notwendig. Dabei werden alle überzähligen und zu dicht stehenden Triebe entfernt. Die Sträucher werden neu aufgebaut und etwa ab dem dritten Jahr wieder reich fruchten.

Himbeere (Rubus idaeus)

Himbeeren sind Halbsträucher, die einen Pflanzschnitt und einen regelmäßigen Auslichtungsschnitt benötigen. Sie haben ähnlich wie Brombeeren die Eigenart, dass ihre Ruten im ersten Jahr wachsen, im zweiten Jahr blühen und fruchten und dann absterben. Dementsprechend einfach ist der Schnitt dieser Sträucher. Es gibt neben den einmaltragenden auch zweimaltragende Sorten, die oft als Herbsthimbeeren bezeichnet werden. Himbeeren werden meist an einem Drahtgerüst, seltener an einem Pfahl kultiviert.

Pflanzschnitt: Beim Pflanzschnitt werden die Ruten der Jungpflanzen auf 30–40 cm zurückgeschnitten. Durch den Pflanzschnitt angeregt, treiben sie dann aus den an den Wurzeln befindlichen Adventivknospen neue Ruten.

Erziehungs- und Erhaltungsschnitt: Binden Sie die neuen Jungtriebe an die gespannten Drähte an. Im Herbst schneiden Sie die alten Triebe bodennah weg. Die neuen Triebe bleiben unbeschnitten. Im Folgejahr blühen und fruchten die im Vorjahr gebildeten Triebe, während zahlreiche neue Bodentriebe heranwachsen. Entfernen Sie von den neugebildeten Jungruten die schwachen und überschüssigen bereits ab Ende Mai, wenn diese etwa 30 cm lang sind. Binden Sie die übrigen Jungtriebe wieder an das Drahtgerüst. Im Herbst beziehungsweise sofort nach der Ernte werden die alten abgetragenen Triebe bodennah abgeschnitten. Von den Jungtrieben belässt man etwa zehn bis zwölf Ruten pro

Links: Pflanzen Sie die jungen Himbeerschösslinge etwa 8 cm tief, breiten Sie die Wurzeln gut aus und schneiden Sie jede einzelne Rute 20–30 cm über dem Boden oberhalb einer Knospe zurück. Rechts: In der ersten Vegetationsperiode wachsen die Triebe, ohne zu blühen. Binden Sie die jungen Ruten etwa 8–10 cm voneinander entfernt an das Drahtgerüst an.

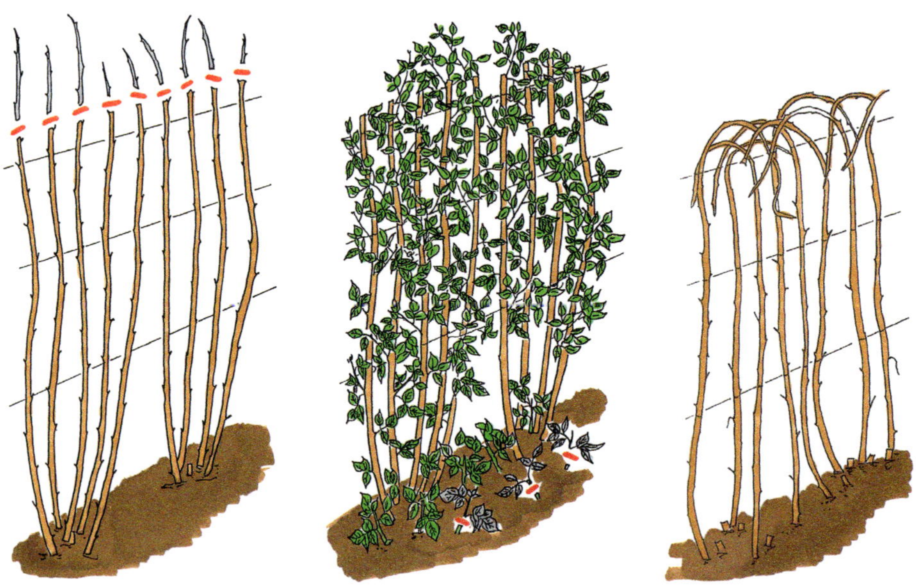

Links: Im ersten Winter kürzen Sie die Ruten in 150 cm Höhe ein, schwache und abgestorbene entfernen Sie. Mitte: Die vorjährigen Ruten der Himbeere blühen und fruchten nun. Gleichzeitig entwickeln sich an der Basis zahlreiche junge Ruten. Entfernen Sie die überzähligen jungen Ruten, so dass die verbleibenden einen Abstand von 10 cm haben. Rechts: Ab Mitte des zweiten Jahrs schneiden Sie alle abgetragenen Ruten am Boden heraus. Die neuen, langen Jungruten kürzen Sie wieder bei 150 cm und biegen diese um. Sie werden im nächsten Jahr blühen und fruchten.

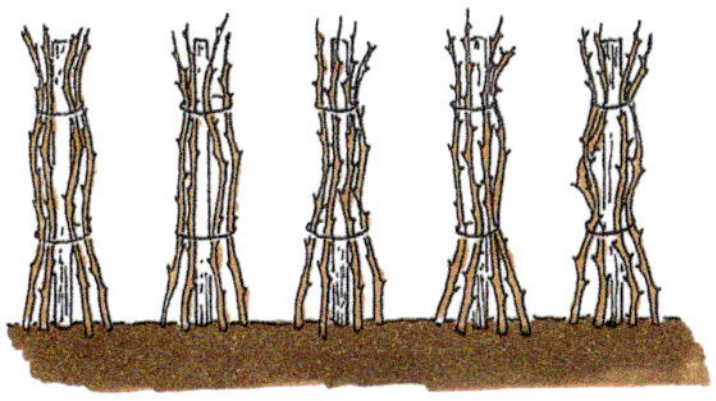

Himbeerenruten benötigen ein Stützgerüst. Folgende Möglichkeiten bieten sich an: Die Ruten werden an Einzelpfähle mit Draht festgebunden.

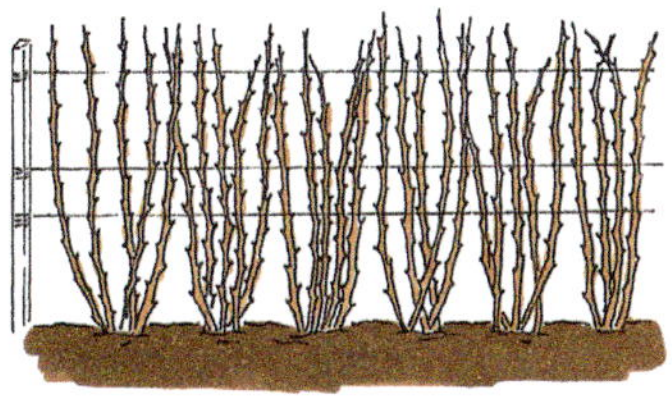

Die Ruten werden an einem einfachen Drahtrahmen fixiert.

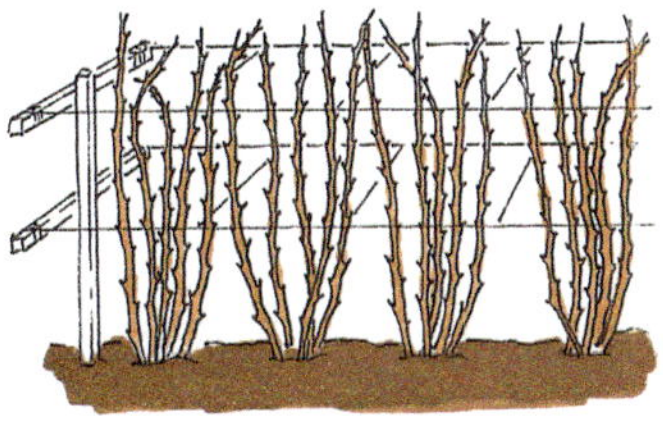

Sie können auch in einem doppelten Drahtrahmen kultiviert werden, müssen hier aber nicht festgebunden werden. Spannen Sie jeweils zwei parallelverlaufende Drähte in 75 und 150 cm Höhe in einem Abstand von 60 cm. Fixieren Sie die parallelverlaufenden Drähte mit querverlaufenden Verbindungen aus Draht oder Bast und binden Sie hier die Ruten fest.

laufenden Meter. Die restlichen, vor allem die schwachen und außerhalb der Reihe wachsen-

Schnittmaßnahmen an einer gut etablierten Himbeerpflanze: Entfernen Sie nach der Ernte oder spätestens im Herbst die alten, abgetragenen Ruten an der Basis. Die jungen werden im nächsten Jahr blühen und fruchten.

den, werden ebenfalls entfernt. Wachsen die verbliebenen einjährigen Jungruten sehr stark und über den obersten Draht hinaus, kürzen Sie diese im folgenden Frühjahr ein.

Zweimaltragende Himbeeren setzen an den Spitzen der diesjährigen neuen Ruten im Herbst Blüten und Früchte an. Die tiefer liegenden Triebabschnitte blühen erst im nächsten Jahr. Schneiden Sie bei diesen Sorten die abgetragenen vorjährigen Triebe nach der Ernte bodennah weg und kürzen die bereits abgetragenen

Spitzen der diesjährigen Triebe. Diese fruchten dann im Folgejahr, allerdings eher schwach. Deshalb wird dieser Schnitt kaum durchgeführt. Vielmehr nutzt man heutzutage bei diesen Sorten vorwiegend den späten Erntetermin. Sie werden daher

Herbsthimbeere im Winter vor dem Schnitt.

Oben: Himbeerstrauch im Spätwinter mit vorbildlicher Zweiganordnung.
Links: Himbeerstrauch im Spätherbst nach dem Sommerschnitt.

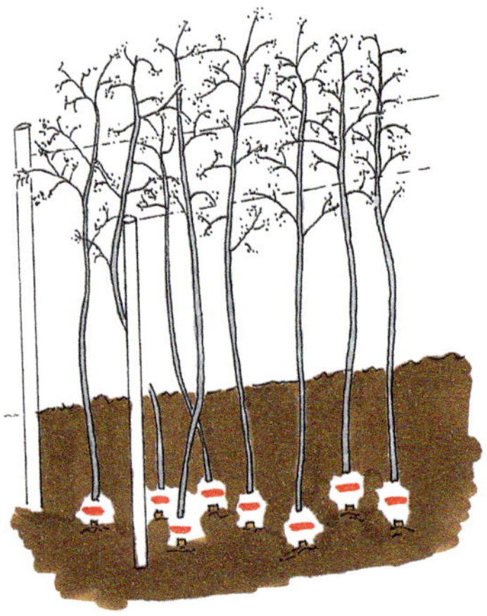

Zweimal- oder herbsttragende Himbeeren tragen ihre Blüten und Früchte am diesjährigen Trieb. Daher werden bei diesen Sorten alle Triebe im zeitigen Frühjahr bodennah entfernt. Sie müssen nicht aufgebunden werden. Es reicht, wenn sie durch die gespannten Drähte hindurchwachsen.

meist auch als „Herbsthimbeeren“ bezeichnet und unter diesem Namen in den Baumschulen angeboten. Nach der Ernte oder im Winter werden alle Ruten bodennah entfernt. Dadurch wachsen die neuen Triebe im Frühjahr deutlich kräftiger und fruchten bereits ab Mitte August bis in den Herbst. Wegen der deutlich kürzeren Ruten von kaum 80–100 cm Länge benötigen diese Sorten kaum eine Unterstützung.
Verjüngungsschnitt: Dieser erübrigt sich, da ohnehin alle alten, vorjährigen, abgetragenen Ruten entfernt werden.

Brombeeren (Rubus fruticosus)

Brombeeren blühen und fruchten wie Himbeeren an den vorjährigen Ruten und sterben danach ebenfalls ab. Sie wachsen jedoch wesentlich stärker als Himbeeren und sind auch etwas frostempfindlicher. Sie sind für eine Bodenabdeckung mit organischen Mulchmaterialien sehr dankbar. Jahrestriebe von 3–4 m und mehr sind keine Seltenheit. Sie entwickeln sogenannte Geiztriebe und benötigen ein starkes Drahtgerüst, das aus Spanndrähten in 60 cm, 90 cm und 180 cm Höhe bestehen sollte. Ein Pflanzabstand von etwa 3–4 m ist günstig. Brombeeren können auf unterschiedliche Weise gezogen werden. Neben der Erziehung als Fächer bei schwächerwachsenden Sorten kommt noch die Palmettenerziehung für mittelstarkwachsende Sorten in Betracht. Bei dieser werden ein bis zwei Drittel der Trieblänge von der Basis an V-förmig angebunden und die oberen ein bis zwei Drittel an den Drähten waagerecht angeheftet. Bei starkwachsenden Sorten ist auch noch die Schlingwanderziehung möglich, bei der die langen Ranken wellenförmig an den Drähten formiert werden.
Pflanzschnitt: Die Jungpflanze bleibt unbeschnitten. Aus den Adventivknospen im Wurzelbereich entwickeln sich in der Regel im ersten Jahr ein bis drei neue Ruten. Verteilen Sie diese gleichmäßig am Gerüst und binden Sie sie fest.
Erziehungs- und Erhaltungsschnitt: Im Rahmen des Erziehungsschnitts werden bereits im Sommer die aus den Blattachseln der starkwüchsigen Ruten wachsenden vorzeitigen Triebe auf zwei bis drei Augen eingekürzt, sobald sie etwa 30 cm lang sind. Im folgenden Jahr entwickeln sich weitere Bodentriebe, die wiederum am Gerüst gleichmäßig verteilt und angebunden werden. Die ebenfalls wieder vorzeitigen Geiztriebe kürzen Sie im Juni auf etwa vier bis fünf Blätter ein, damit die Pflanzen übersichtlicher bleiben. Die Triebe aus dem ersten Jahr bringen nun die ersten Früchte. Führen Sie den Erhaltungsschnitt dann im späten Frühjahr nach den starken Frösten durch. Die bereits im vorigen Sommer eingekürzten Geiztriebe werden dabei noch mal auf ein bis drei Augen eingekürzt. Schneiden Sie die Hauptruten zurück, wenn sie überlang entwickelt oder zurückgetrocknet sind. Die abgetragenen Ruten des Vorjahrs belässt man den Winter über an den Spanndrähten, da sie ein guter Winterschutz für die frostempfindlichen Jungtriebe sind. Schneiden Sie sie erst im Frühjahr ganz weg. Dieser Schnitt wiederholt sich in den folgenden Jahren. Dabei sollte die ent-

Der Seitentrieb der Brombeere wurde im zeitigen Frühjahr auf zwei Blätter eingekürzt.

Aus den Augen an der Basis dieser Blätter entwickeln sich bis zum Frühsommer kurze Triebe, die an den Spitzen blühen und fruchten.

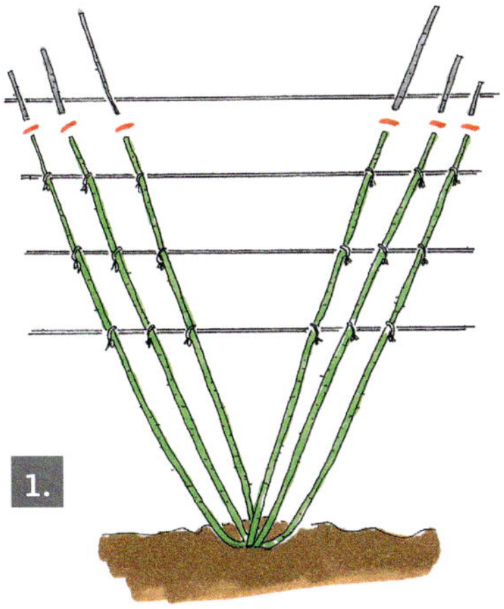

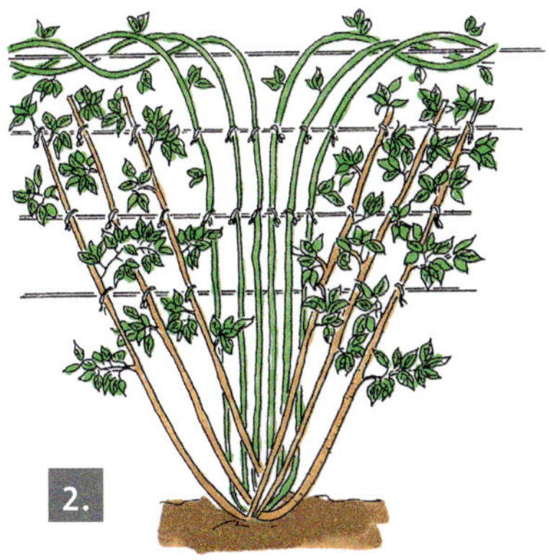

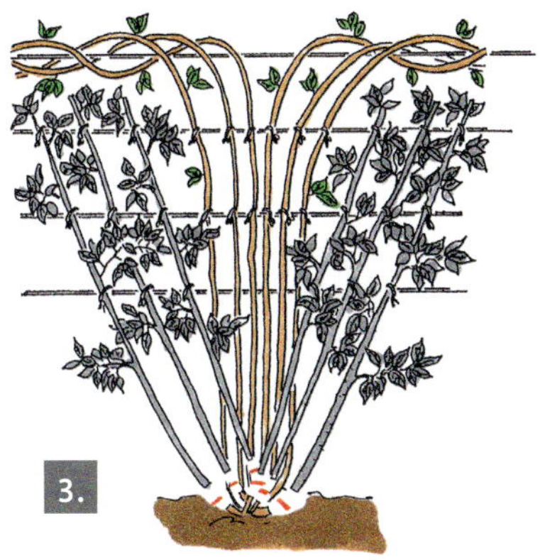

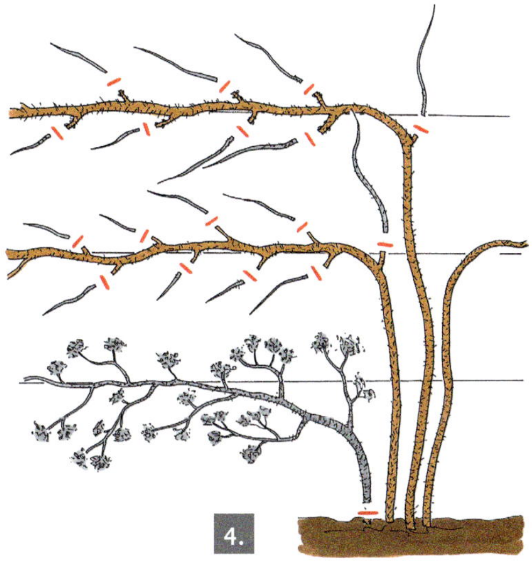

Zeichnung 1: *Ziehen Sie im ersten Sommer nach der Pflanzung die Ruten fächerförmig oder verteilen Sie diese gleichmäßig V-förmig nach links und rechts. Kürzen Sie alle Ruten im Herbst oder Frühjahr auf etwa 170 cm ein.*
Zeichnung 2: *Ab dem zweiten Jahr blühen und fruchten die Ruten aus dem Vorjahr. Die jungen Ruten ziehen Sie in der Mitte hoch und binden sie an den obersten Drähten an.*
Zeichnung 3: *Entfernen Sie im Herbst nach der Ernte die abgetragenen zweijährigen Ruten. Verteilen Sie nun die vorjährigen Ruten wieder V-förmig am Gerüst und binden sie an.*
Zeichnung 4: *Brombeeren bilden im ersten Jahr 3–5 m lange Ruten, an denen im selben Jahr noch bis zu 1 m lange Seitentriebe entstehen. Sie werden im zweiten Jahr blühen und fruchten. Entspitzen Sie die Triebe im August, damit sie gut ausreifen. Entfernen Sie nach der Ernte die abgetragenen Ruten am Boden. Schneiden Sie entweder noch im Spätsommer oder im nächsten Frühjahr vor dem Austrieb die Seitentriebe der langen Ruten auf zwei bis drei Knospen zurück. Binden Sie die Triebe anschließend in das Gerüst ein.*

wickelte Pflanze aus je vier bis sechs kräftigen Ruten aufgebaut sein. Überzählige Bodentriebe werden entfernt, Geiztriebe eingekürzt und im jeweils folgenden Frühjahr wieder auf eine bis drei Knospen zurückgenommen.

Verjüngungsschnitt: Dieser erübrigt sich, da ohnehin alle alten, vorjährigen, abgetragenen Ruten entfernt werden.

Weinrebe (Vitis vinifera)

In wärmeren Gebieten werden gerne Weinreben im Garten kultiviert, meist als Wandspalier oder als Laube. Auch wenn die Fruchtgewinnung im Hausgarten nicht unbedingt im Vordergrund steht, so wird man ohne Schnitt nicht auskommen. Meist werden Tafeltrauben gepflanzt. Bei diesen muss man einerseits das Wachstum unter Kontrolle halten, andererseits möchte man

Links: Brombeerstrauch nach dem Schnitt im Spätsommer, aufgenommen im Winter. Die Seitentriebe des vorjährigen Triebes wurden eingekürzt.
Rechts: Fruchtbildung an den Verzweigungen der vorjährigen Triebe.

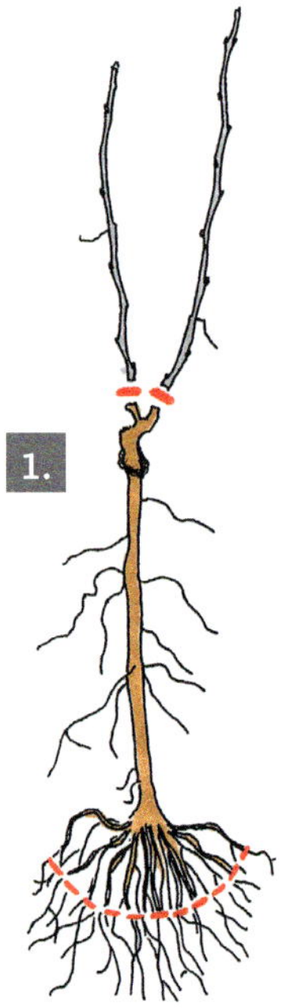

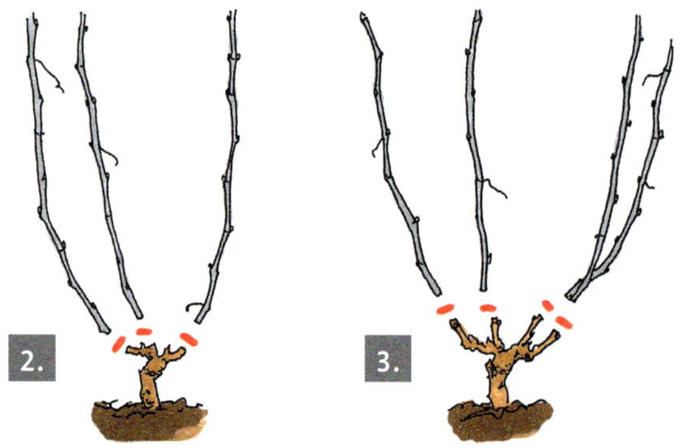

Zeichnung 1: *Pflanzschnitt bei der Weinrebe: Entfernen Sie bei der einjährigen Veredlung alle Wurzeln, die sich entlang des Triebs gebildet haben, und kürzen Sie die Wurzeln an der Basis der Pflanze ein. Schneiden Sie die oberirdische Veredlung auf eine Knospe zurück.*
Zeichnung 2: *Kürzen Sie im Winter des zweiten Jahrs die Triebe ebenfalls wieder auf eine Knospe ein.*
Zeichnung 3: *Im dritten Jahr werden nun die Triebe auf je zwei Knospen zurückgeschnitten, schwache Triebe werden entfernt.*

auch eine qualitativ gute Ernte erzielen. Deshalb ist eine Erziehung an Stützhilfen aus kräftigen Pfählen und Drähten wichtig. Weinreben blühen und fruchten an diesjährigen Jungtrieben, die aus dem vorjährigen Holz entspringen.

Pflanzschnitt: Pflanzen Sie Wein am besten im Spätherbst oder Frühwinter. Schneiden Sie die Pflanzen noch im Spätherbst auf zwei Augen zurück, da die Triebe bereits im zeitigen Frühjahr nach Schnittmaßnahmen zu bluten beginnen. Entfernen Sie den schwächeren der zwei Triebe, die sich im Frühjahr bilden. Den stärkeren ziehen Sie an einem Stab an das Gerüst hoch und binden ihn dort an.

Erziehungsschnitt: Kürzen Sie den Trieb im zweiten Jahr knapp oberhalb der Höhe ein, in der der unterste Draht gespannt ist. Aus den Trieben, die aus den zwei obersten Augen hervorgehen, formieren Sie dann den ersten Schenkel der Weinrebe. Heften Sie die noch grünen Triebe zuerst schräg aufwärts gerichtet an, da sie beim Waagerechtbinden leicht brechen könnten. Die restlichen Triebe brechen Sie aus. Im Jahr darauf, wenn sich das Stämmchen bereits kräftig entwickelt hat, können die beiden verbliebenen Triebe am untersten Draht waagerecht gebunden und auf vier bis sechs Augen eingekürzt werden. Der Haupttrieb wird, von den waagerecht gebundenen Schenkeln ausgehend, auf etwa sieben Knospen verlängert und auf den nächsten querverlaufenden Draht hochgezogen und angebunden. Auch an der Haupttriebverlängerung lassen Sie wieder die zwei aus den obersten Augen hervorgegangenen Triebe, die Sie entsprechend anheften und, sobald sie verholzt sind, waagerecht binden. Alle überzähligen Triebe werden ausgebrochen. Ab dem vierten bis fünften Jahr beginnen Sie mit der Erziehung des Fruchtholzes.

Zeichnung 1: *Der Haupttrieb der jungen Pflanze wird im Herbst oder Winter des Pflanzjahres auf zwei Drittel des Vorjahreszuwachses, Seitentriebe auf eine Knospe eingekürzt.*
Zeichnung 2: *Im Spätherbst oder Winter des zweiten Standjahrs erfolgt der nächste Schnitt. Kürzen Sie den Stamm um zwei Drittel, die Seitentriebe auf eine Knospe ein.*
Zeichnung 3: *Während der nächsten Vegetationsperiode kürzen Sie wieder den Leittrieb ein sowie die Seitentriebe auf sechs Blätter. Fruchten die Seitentriebe bereits, kürzen Sie diese auf zwei Blätter hinter den Blütenständen.*

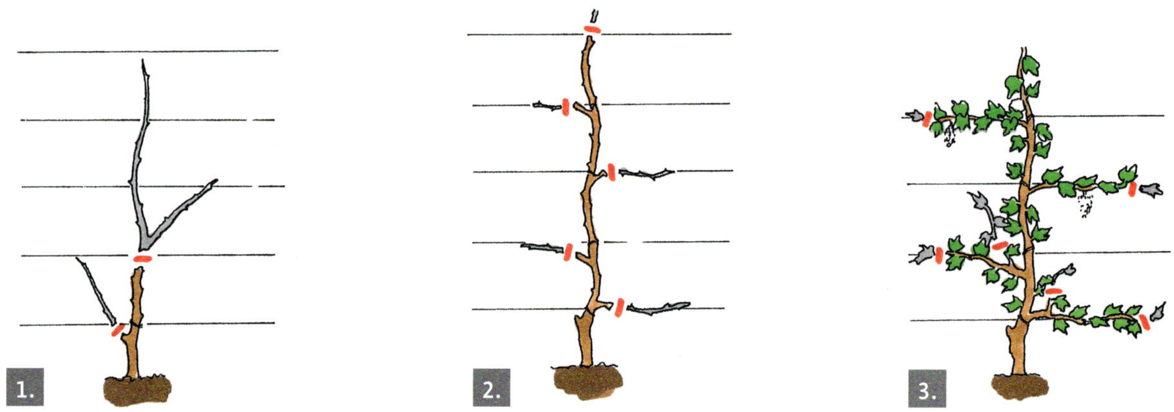

Erhaltungsschnitt: Der Haupttrieb kann 6–8 m und länger werden und bildet viele Jahre hindurch das Gerüst. Die vom Haupttrieb ausgehenden Seitentriebe bilden die Fruchttriebe. An den waagrecht gebundenen Zweigen belassen Sie anfangs etwa sechs bis acht Augen. Diese Triebe kürzen Sie im Winter auf zwei kräftig entwickelte Augen ein. Alle schwachen und überzähligen Triebe werden entfernt. Aus den zwei Augen entwickeln sich dann zwei neue Triebe, in deren unteren Bereich sich bereits Trauben bilden. Sind an diesen Trieben bis etwa Ende Juli 10–15 Blätter vorhanden, kürzen Sie die Triebe auf drei bis vier Blätter über der letzten Traube ein. Dadurch wird das Triebwachstum etwas gebremst. Die etwa im August dennoch neu aus den obersten Knospen entstehenden Triebe brechen Sie aus.
Im folgenden Frühjahr verlängern Sie wieder den Haupttrieb und die waagerecht gebundenen Arme um jeweils sechs bis acht Augen. Von den beiden im Vorjahr aus dem Zapfen gewachsenen Ruten schneiden Sie den oberen weg, den unteren kürzen Sie wieder auf zwei Knospen ein. Auf diese Art und Weise entstehen wieder zwei fruchttragende Triebe. Würde man beide Triebe auf zwei Knospen einkürzen, entstünden immer dichtere Verzweigungen. Deshalb entfernen Sie an den mehrjährigen Haupttrieben den äußeren immer ganz und kürzen den näher am Haupttrieb stehenden auf zwei Knospen ein. Durch diesen als Wech-

Beim etablierten Spalier lassen Sie nur je einen Sommertrieb pro Zapfen wachsen. Schwächere Triebe kürzen Sie auf zwei bis drei Blätter ein. Sommertriebe vorsichtig anbinden, auf zwei Blätter hinter den Blütenständen einkürzen. Nicht fruchtende Sommertriebe kürzen Sie auf sechs bis acht Blätter ein. Geiztriebe werden auf ein Blatt zurückgenommen, alle Ranken entfernt.

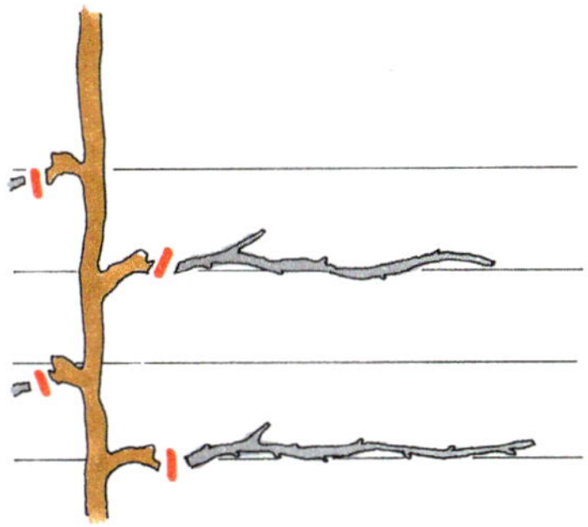

Im Winter kürzen Sie die Stammverlängerung und lassen nur wenige Zentimeter des vorjährigen Wuchses stehen. Kürzen Sie außerdem alle Sommertriebe des Vorjahrs auf zwei Augen ein.

Links oben: Weinrebe vor dem Schnitt.
Links unten: Detail der Weinrebe vor dem Schnitt.
Rechts unten: Erhaltungsschnitt bei der Weinrebe.

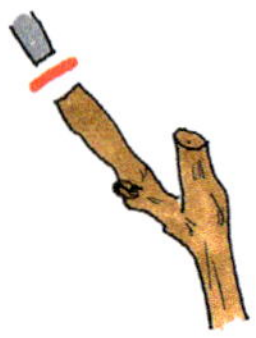

Der Wechselschnitt bei der Weinrebe im Zweijahresrhythmus: Der abgetragene Trieb wird im Winter auf zwei Knospen eingekürzt.

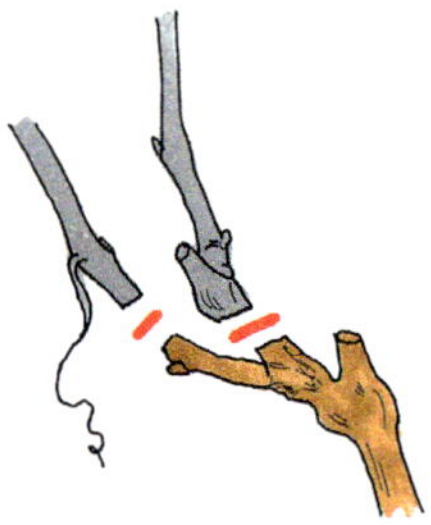

Beide Knospen haben ausgetrieben und werden im nächsten Winter wie folgt geschnitten: Der hintere Trieb wird entfernt, der vordere wieder auf zwei Knospen geschnitten.

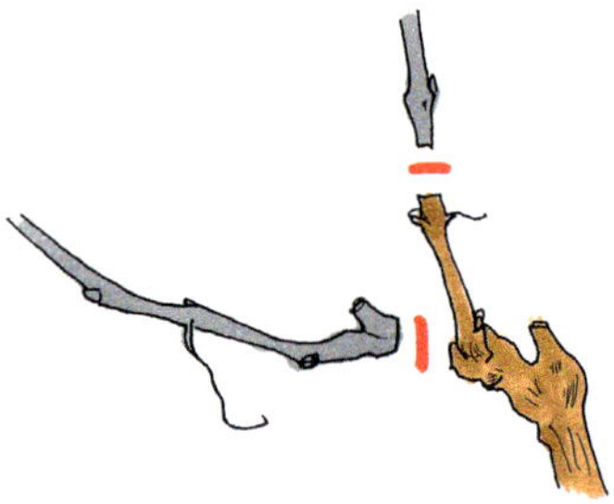

Aus Letzterem entwickelten sich wieder zwei Triebe. Nun wird beim nächsten Schnitt im darauf folgenden Winter der vordere Trieb entfernt, der rückwärtige wieder auf zwei Augen eingekürzt.

selschnitt bezeichneten Schnitt werden immer wieder nur zwei fruchttragende diesjährige Triebe gebildet.

Verjüngungsschnitt: Die Zapfen, die jedes Jahr neue Triebe bilden, könnten theoretisch zeitlebens bleiben. Aber nach vielen Jahren treiben sie nur noch schwach aus. Dann ist es Zeit, diese Zapfen im Sinne einer Fruchtholzverjüngung wegzuschneiden und aus einem neuen, dem Gerüst näher gelegenen Teil durch den beschriebenen Wechselschnitt wieder einen neuen Zapfen heranzuziehen. Wichtig ist bei Weinreben, dass sie nie zu dicht wachsen und durch ein Gewirr nichtfruchtender Ruten geschwächt werden.

Schnitt bei besonderen Obstarten

Minikiwi, Kiwiberry (Actinidia arguta) und Echte Kiwi, Kiwifrucht (Actinidia deliciosa), jeweils in Sorten

Beide Kiwiarten sind starkwüchsige Schlinggehölze mit Trieblängen von bis zu 9 m, die ohne Schnittmaßnahmen nicht zu kultivieren sind. Sie benötigen ein robustes Klettergerüst. Die Kiwifrucht stammt ursprünglich aus China und braucht einen warmen Standort im Weinbauklima, nach Möglichkeit in ost- oder westseitiger Lage. Ihre kleinfruchtige Verwandte, die in Wildobst-Katalogen meist als Minikiwi, gelegentlich aber auch als Kiwiberry oder Strahlengriffel zu finden ist, kommt aus Nordostasien und ist wesentlich frosthärter. Allerdings kann auch sie unter Spätfrösten leiden und in kalten Regionen reifen ihre Früchte nicht mehr aus.

Blühender Trieb der Minikiwi.

Verjüngungs- und Erhaltungsschnitt bei der Weinrebe.

Nach mehreren Jahren entwickeln sich an der Rebe durch den alljährlich durchgeführten scharfen Rückschnitt wulstige Aststummel. Nehmen Sie diese, sobald sie sich wie beschrieben entwickelt haben, was nach etwa fünf bis sieben Jahren der Fall sein wird, auf junge Neutriebe an der Stammbasis zurück.

Bei einem Kiwispalier wird der Stamm in den ersten beiden Standjahren senkrecht erzogen. Im Frühsommer pinzieren Sie die Triebspitzen, die über den obersten Draht hinauswachsen. Dadurch wird die Bildung von Seitentrieben gefördert.

Die Seitentriebe binden Sie horizontal in das Gerüst ein und pinzieren die Triebspitzen, sobald der verfügbare Raum ausgefüllt ist. Kürzen Sie die Seitentriebe im Sommer auf fünf Blätter ein.

Kiwipflanzen fruchten etwa ab dem dritten Standjahr. Kürzen Sie nun alle fruchtenden Seitentriebe auf sechs Blätter hinter der letzten Frucht ein.

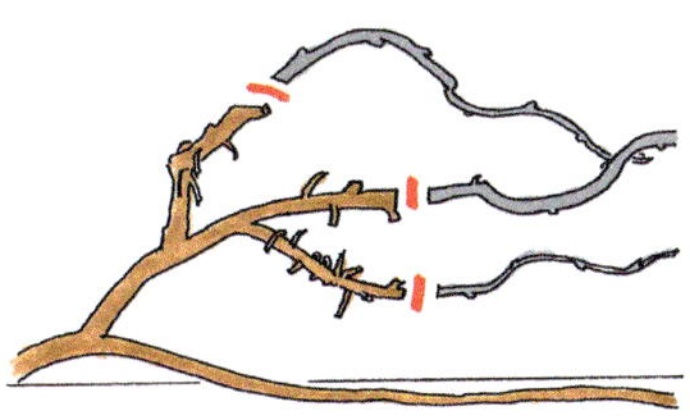

Schneiden Sie ab dem dritten Winter alle abgetragenen Seitentriebe auf zwei Knospen hinter der Stelle, wo sich die letzte Frucht befand. Schneiden Sie bei älteren Pflanzen auch einen Teil der dreijährigen, abgetragenen Seitenäste auf Adventivknospen zurück.

Kiwis sind zweihäusig, so dass man zumindest eine männliche Pflanze für die Bestäubung von etwa sieben bis zehn weiblichen Pflanzen benötigt. Sie blühen an diesjährigen Trieben, die sich aus den Knospen der vorjährigen Kurztriebe entwickeln. Deshalb zielt der Schnitt darauf ab, diese Kurztriebe möglichst zu schonen, ihre Bildung zu fördern und die starkwüchsige Pflanze möglichst übersichtlich zu halten. Im Wesentlichen gelten für beide Arten dieselben Schnittregeln. Inzwischen gibt es mit den Sorten 'Issai' und 'Vitikiwi' auch zwei selbstfruchtbare Sorten.

Pflanzschnitt: Kürzen Sie bei der Pflanzung im Spätherbst den meist einzigen vorhandenen Trieb auf etwa 30 cm ein. Versorgen Sie die Pflanze am besten mit einem Winterschutz.

Erziehungsschnitt: Binden Sie den sich nun aus dem obersten Auge entwickelnden Leittrieb an das Klettergerüst und lassen Sie ihn aufwärts wachsen. Formieren Sie die Seitentriebe in entsprechender Höhe am Gerüst und binden Sie diese waagerecht an. Sind diese waagerechten Triebe etwa 1 m lang, schneiden Sie die Spitzen ab und ziehen nach dem Austrieb die Leittriebverlängerung weiter. An den waagerechten Trieben entwickeln sich nur senkrechte Kurztriebe. Lassen Sie von diesen in Abständen von je 50 cm einen Kurztrieb stehen und entspitzen Sie diese, sobald sie fünf Blätter gebildet haben. Alle übrigen Triebe, die sich an den Kurztrieben und den Gerüsttrieben gebildet haben, entfernen Sie.

Erhaltungsschnitt: Entfernen Sie alle geschädigten oder erfrorenen und überlangen Triebe. Im folgenden Jahr fruchtet die Kiwi an den Kurztrieben und der Basis ihrer Seitentriebe. Entspitzen Sie die Seitentriebe, wenn sich nach der Frucht weitere sechs bis sieben Blätter gebildet haben. Nichtfruchtende Triebe kürzen Sie ebenfalls auf fünf bis sechs Blätter ein. Schneiden Sie gleich nach der Ernte oder im folgenden Frühjahr die abgetragenen Triebe auf zwei Augen nach der letzten Frucht zurück. Nach etwa drei Jahren schneiden Sie das abgetragene Fruchtholz entweder auf einen jüngeren Trieb nahe dem Haupttrieb oder, wenn kein Trieb vorhanden ist, auf ein schlafendes Auge zurück. Erziehen Sie aus diesem neuen Trieb wieder einen Fruchttrieb, indem Sie ihn auf fünf Blätter einkürzen.

Verjüngungsschnitt: Ein kräftiger Verjüngungsschnitt kann notwendig werden, wenn die Pflanzen zurückgefroren sind oder die Haupttriebe bereits

Fruchtender Trieb der Minikiwi.

Abgetragener Fruchttrieb der Minikiwi vor dem Schnitt. Die Schere zeigt die Position, an der der abgetragene Fruchttrieb entfernt wird.

starke Vergreisungssymptome aufweisen. Dies kann bei den waagerechten Fruchttrieben nach etwa fünf bis sieben Jahren der Fall sein. Kürzen Sie diese vor dem Austrieb im späten Frühjahr auf kräftige, nahe dem Haupttrieb entspringende Seitentriebe ein. Schneiden Sie die Seitentriebe auf etwa 1 m zurück und binden Sie sie in die entstandenen Lücken ein. Sie werden zwar stark bluten, aber ein Rückschnitt im Winter würde der frostempfindlichen Pflanze noch mehr schaden. Die Seitentriebe des neuen Jungtriebs werden dann an ihrer Basis wieder Früchte bilden. Dann erfolgt wieder der oben beschriebene Sommerschnitt.

Kupfer-Felsenbirne (Amelanchier lamarckii 'Ballerina')

Beschreibung: Siehe Seite 93.
Erziehungsschnitt: Fruchtgehölze werden üblicherweise als Containerpflanzen angeboten. Ein Pflanzschnitt beschränkt sich auf das Entfernen schwacher, kranker und abgeknickter Zweige. In den nächsten vier bis fünf Jahren ist kein weiterer Schnitt notwendig.
Erhaltungsschnitt: Bevor die Triebe an der Basis zu dick werden und kein neuer Austrieb an der Strauchbasis erfolgt, sollten Sie jeweils ein bis zwei der älteren Triebe an der Basis entfernen. Dadurch können sich die jungen Triebe entsprechend entwickeln und die Pflanzen blühen und fruchten weiterhin regelmäßig.
Verjüngungsschnitt: Ist an Pflanzen, die zwecks Fruchtgewinnung kultiviert werden, nicht erfolgversprechend.

Apfelbeere (Aronia × prunifolia in Sorten)

Beschreibung: Siehe Seite 94. Diese Art ist identisch mit *A. melanocarpa*, nur sind bei *A. × prunifolia* die Früchte größer und nicht glänzend.
Erziehungsschnitt: Schwache und verletzte Triebe entfernen. Es bilden sich neue kräftige Triebe an der Strauchbasis.
Erhaltungsschnitt: Schneiden Sie nach etwa vier bis fünf Jahren entweder nach der Ernte oder vor dem Austrieb im zeitigen Frühjahr jeweils einzelne Triebe auf tiefer liegende jüngere Triebe zurück, bzw. entfernen Sie die jeweils ältesten Triebe an der Strauchbasis. Dadurch bleiben die Pflanzen etwa 1,5 m hoch und blühen und fruchten regelmäßig und reichlich.
Verjüngungsschnitt: Überalterte Pflanzen regenerieren sich nur sehr schlecht. Deshalb ist es ratsam, diese zu roden und durch junge gesunde Pflanzen zu ersetzen.

Indianerbanane, PawPaw (Asimina triloba in Sorten)

Die Indianerbanane ist ein kleiner Baum von tropischem Aussehen mit sehr großen Blättern und leuchtend gelber Herbstfärbung. Besonders interessant sind ihre dem Aussehen nach mangoähnlichen, exotisch schmeckenden Früchte für den Frischverzehr. Sie ist der einzige bei uns winterharte Vertreter der ansonsten nur in den Tropen und Subtropen heimischen Familie der Sauersackgewächse und stammt aus dem südöstlichen Nordamerika. Aus ihren rot- bis kastanienbraunen Blüten entwickeln sich zwischen Mitte September bis Mitte Oktober jeweils mehrere Früchte in Fruchtverbänden.

Ihre Blüten sind zwittrig, aber selbststeril, weshalb man zwei verschiedene Sorten pflanzen muss, damit sie Früchte ansetzen. Ausnahmen sind die Sorten 'Sunflower', 'Prima' und 'Overleese', sie benötigen keine Befruchter.
Die Vermehrung der Indianerbananen (Sorten) erfolgt durch Veredelung auf arteigene Sämlinge. Letztere benötigen nach einer Kalt-/Warm-Behandlung der Samen etwa zwei Jahre, bis diese als Unterlage verwendet werden können. Die jungen Bäume (Veredelungen) benötigen meist 3–4 Jahre, bis sie das erste Mal blühen, und nach weiteren ein bis zwei Jahren setzen sie erstmals Früchte an.
Erziehungsschnitt: Indianerbananen werden bislang ausschließlich als Container- oder Topfpflanzen kultiviert und benötigen deshalb bei der Pflanzung keinen Schnitt. Es ist jedoch darauf zu achten, dass die langen Wurzeln nicht verletzt werden und die Pflanzen die ersten zwei Jahre leicht beschattet und feucht gehalten werden. In den ersten Jahren nach der Pflanzung ist kein Schnitt notwendig. Die Pflanzen bilden von Natur aus einen durchgehenden Leittrieb. Erst ab einer Höhe von circa

Fruchtverband (Cluster) der Indianerbanane mit vier Einzelfrüchten.

Wegen der schweren Früchte mussten die Triebe dieser Indianerbanane gestützt werden. Dies kann durch rechtzeitige Schnittmaßnahmen verhindert werden.

2 m werden zu dicht stehende und steil aufrecht wachsende Triebe entfernt. Die Seitentriebe sollten rund um den Stamm in einem Winkel von 45°–60° vom Stamm abstehen, ihr Abstand untereinander sollte etwa 25 cm betragen. Entfernen Sie alle bodennahen Triebe bis auf eine Stammhöhe von etwa 40 cm.
Erhaltungsschnitt: Dieser beschränkt sich im Wesentlichen auf das Entfernen von kranken und gebrochenen Trieben sowie etwaiger Ausläufer. Führen Sie folgende Schnittmaßnahmen durch, damit die Ernte der Früchte auch langfristig erleichtert wird, die Pflanzen nicht allzu sehr in die Breite wachsen und deren Äste wegen der schweren Früchte nicht brechen. Entfernen Sie die unteren Äste bis auf eine Höhe von circa 50–70 cm. Weil die Früchte immer an den äußeren, meist etwas dünneren Triebenden sitzen, werden die Triebe immer mehr durchhängen. Um das zu verhindern, ist es ratsam, die Zweige jeweils auf eine Länge von etwa 1,2–1,5 m vom Stamm weg einzukürzen. Außerdem ist es empfehlenswert, das Höhenwachstum durch entsprechende Schnittmaßnahmen einzugrenzen, damit die Bäume nicht höher als 2,5–3 m werden. Die Früchte bei höher wachsenden Bäumen zu ernten, ist sehr mühsam und mitunter gefährlich (Absturzgefahr).
Verjüngungsschnitt: Diesbezüglich gibt es noch keine verlässlichen Erfahrungen. Rein theoretisch kann man ältere Indianerbananen (falls die Sorte nicht den Wünschen entspricht) oder Sämlingspflanzen ähnlich wie andere Obstbäume auch umveredeln. Dafür müssten die Bäume jedoch geköpft werden und die Edelreiser in den Stamm hinein veredelt werden.

Koreanische Berberitze (Berberis koreana in Sorten)

Beschreibung: Siehe Seite 96. Diese Berberitze wird vor allem zur Fruchtgewinnung herangezogen.
Erziehungsschnitt: Kürzen Sie die Triebe der jungen Containerpflanzen bei der Pflanzung etwa um ein Drittel ein, entfernen Sie schwache Triebe. In den folgenden Jahren sind keine Schnittmaßnahmen notwendig.
Erhaltungsschnitt: Berberitzen weisen ein mesotones Verzweigungsmuster auf. Sie können die langen, überhängenden Triebe mit den Früchten zur Erntezeit bis auf die inzwischen an der Oberseite der Triebe gebildeten neuen Triebe zurückschneiden. Ältere, also 3–4-jährige Triebe entfernen Sie an der Strauchbasis. Alternativ könnten Sie auch etwa die Hälfte der Triebe nach der Blüte wie oben beschrieben zurückschneiden. Dadurch verlieren sie zwar die Hälfte der fruchtenden Triebe, dafür sind die neuen Triebe aber im nächsten Jahr optimal entwickelt.
Verjüngungsschnitt: Ist zwar möglich, bei der Verwendung als Fruchtstrauch aber nicht zielführend.

Zitronenquitte (Chaenomeles japonica 'Cido')

Beschreibung: Siehe Japanische Scheinquitte, Seite 107.
Erziehungsschnitt: Wegen des schwachen Wuchses ist ein Erziehungsschnitt nicht notwendig. Entfernen Sie nur zu schwache, vertrocknete oder geknickte Triebe.
Erhaltungsschnitt: Entfernen Sie von Zeit zu Zeit einige der zu dicht stehenden Triebe. Dadurch fällt es leichter, die Früchte im Inneren des Strauches zu ernten, gleichzeitig erfolgt so eine regelmäßige leichte Verjüngung.
Verjüngungsschnitt: Ist zwar möglich, für die Fruchtgewinnung aber nicht sinnvoll.

Kornelkirsche, Dirndlstrauch (Cornus mas in Sorten)

Prächtig blühender Großstrauch bis kleiner Baum mit bis zu 3,5 cm großen herb-sauren roten Früchten im Spätsommer, die sich zu zahlreichen köstlichen Produkten verarbeiten lassen.
Beschreibung und Schnittmaßnahmen: Siehe Seite 112/113.
Erziehungsschnitt: Pflanzen Sie am besten zwei- bis dreijährige Veredelungen. Wenn Sie eine Strauchform wünschen, dann kürzen Sie die junge Pflanze etwa um ein Drittel ein. Erziehen Sie im folgenden Jahr 3–5 kräftige Triebe zu einem Astgerüst, der unterste Trieb sollte circa 50 cm über dem Boden ansetzen. Bevorzugen Sie die Baumform,

dann stäben Sie den Haupttrieb und entfernen etwaige Nebentriebe. Kappen Sie nach mehreren Jahren den Haupttrieb in der gewünschten Höhe, wo sich die Krone entwickeln soll.
Erhaltungsschnitt: Ist in der Regel nicht notwendig, aber ein leichter Auslichtungsschnitt kann jederzeit durchgeführt werden. Bei Bedarf ist auch ein Einkürzen der Triebe bei einer Verzweigung in Stammnähe möglich.
Verjüngungsschnitt: Ist möglich, aber die Krone muss dann neu aufgebaut werden.

Weißdorn-Arten (Crataegus sp.)

Benötigen auch als Fruchtsträucher und -bäume keine besonderen Schnittmaßnahmen.

Korallen-Ölweide (Elaeagnus umbellata in Sorten)

Anspruchsloser 3–4 m hoher und ebenso breiter Strauch mit silbrigen Blättern und kleinen roten oder gelben Beerenfrüchten (mit silbrigen Schüppchen – Pünktchenbeere!), die leicht säuerlich schmecken und verarbeitet einen leichten Marzipangeschmack entfalten.

Detail der Korallen-Ölweide mit Blüten.

Erziehungsschnitt: Kürzen Sie beim Pflanzen die Triebe ein, damit sich kräftige neue Triebe entwickeln, die später zum Aufbau des Astgerüstes dienen. Ziehen Sie die 3–5 der kräftigsten Triebe hoch und entfernen Sie die restlichen. Daraus wird sich ein günstiges Astgerüst entwickeln.
Erhaltungsschnitt: Ein regelmäßig durchgeführter leichter Auslichtungsschnitt sowie das Entfernen von zu dicht stehenden und sich kreuzenden Trieben ist anzuraten. Werden die Sträucher zu groß und breit, so kann man die Triebe bei einer Verzweigung um ein Drittel der Astlänge einkürzen. Man verliert dadurch aber einen Teil des Fruchtbehanges.
Verjüngungsschnitt: Ist möglich, die Pflanzen regenerieren sich gut, die Krone muss aber die folgenden Jahre über neu aufgebaut werden.

Feige (Ficus carica in Sorten)

Damit die ursprünglich aus Südwestasien stammenden und schon lange im Mittelmeerraum kultivierten Feigenbäume bei uns in Mitteleuropa wachsen und fruchten, benötigen sie ein besonders mildes, warmes Klima mit heißen Sommern. Diese Bedingungen herrschen vorrangig in Gebieten mit Weinbauklima. Aber auch Standorte mit besonders günstigem Kleinklima wie sonnige Innenhöfe, geschützte südseitige Lagen vor Mauern etc. kommen in Frage.
Feigen werden vegetativ mittels Steckhölzern vermehrt und bei uns im Freien strauchförmig kultiviert. An ungünstigen Standorten kann man sie auch als Spalier an geschützten Wänden ziehen, damit die Früchte sicher ausreifen. Die Pflanzung junger Sträucher sollte zwischen April und Juni erfolgen, damit die Pflanzen vor Spätfrösten geschützt und sich trotzdem vor dem Winter gut akklimatisieren können. Optimal sind kalkreiche Böden mit einem pH-Wert zwischen 7 und 8.

Tipp: Wenn Sie eine Feige pflanzen und auch Früchte ernten möchten, dann sollten Sie unbedingt eine selbstfruchtbare (parthenocarpe) Sorte wählen. Alle anderen Pflanzen (z. B. Sämlinge (Mitbringsel) aus dem Urlaub bilden keine Früchte aus, denn bei uns fehlt diesen Pflanzen der Bestäuber (Feigengallwespe).

Feigenbaum als Fächer erzogen: Pinzieren Sie zwischen Früh- und Hochsommer etwa bei jedem zweiten Seitenzweig am Gerüst die Triebspitzen.

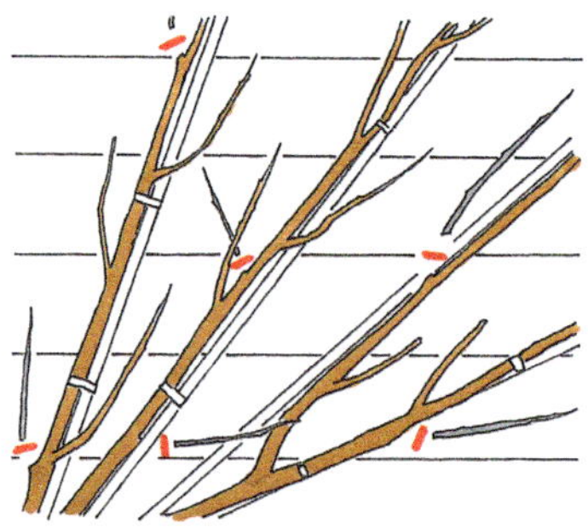

In den gemäßigten Breiten entwickeln sich in der Nähe der Spitze junger Sprosse kleine Früchte, die im folgenden Jahr ausreifen, sofern sie den Winter überdauern. Kürzen Sie im Spätherbst etwa die Hälfte der Triebe, die im Sommer gefruchtet haben, auf 3 cm ein. Von den übrigen Trieben lassen Sie so viele stehen, dass sie in Abständen von 20–30 cm festgebunden werden können.

Feigenspalier nach dem Schnitt.

Erziehungsschnitt: Als Pflanzmaterial sollten zweijährige Pflanzen mit drei bis vier kräftigen Seitentrieben verwendet werden, die in einer Höhe von etwa 50–90 cm am Stamm gleichmäßig verteilt sind. Kürzen Sie diese nach der Pflanzung um die Hälfte ein. Für die Erziehung eines Strauches wird eine Stammhöhe von 45–60 cm angestrebt. Das Astgerüst wird ähnlich wie bei Apfelbüschen mit sechs bis acht Hauptästen formiert.
Erhaltungsschnitt: Schneiden Sie alle frostgeschädigten Triebe großzügig bis auf das gesunde Holz zurück. Meist wachsen Feigenbäume oder -sträucher recht ungleichmäßig, so dass ein regelmäßiger Schnitt notwendig ist. Dient der Feigenbaum eher als Zier- oder Gestaltungselement, dann kann man im zeitigen Frühjahr einen leichten Auslichtungs- beziehungsweise Korrekturschnitt durchführen. Möchte man allerdings den Fruchtertrag des Feigenbaumes optimieren, dann sind vorab einige Dinge zu beachten. Man unterscheidet nämlich zwischen einmal pro Saison tragenden Herbstfeigen (Unifera, z. B. 'Pastilière'), und je zweimal pro Saison tragenden Hausfeigen (Bifera, dazu zählen die meisten bei uns angebotenen Sorten wie 'Brown Turkey', 'Dalmatie', 'Madeleine de deux Saisons' etc.).
Bei den Herbstfeigen bilden sich die Früchte an den neuen Trieben. Hier schneidet man im April/Mai konkurrierende Zweige und Wassertriebe heraus (Auslichtungsschnitt), Ausläufer werden entfernt.
Bei den Hausfeigen gestaltet sich der Erhaltungsschnitt etwas komplizierter. Im April/Mai entfernt man etwa ein Drittel des einjährigen (vorjährigen) Holzes, insbesondere betrifft das die Endtriebe sowie konkurrierende und nach innen wachsende Zweige. Im Sommer (August/September) wird ein zweites Mal geschnitten. Jetzt werden die langen Mitteltriebe auf 5–6 Blätter zurückgeschnitten, damit den im Herbst heranreifenden Feigen genügend Licht und somit Energie zur Ausreifung zur Verfügung steht.
Verjüngungsschnitt: Durch den relativ kräftigen Auslichtungsschnitt erübrigt sich bei Feigenbäumen ein Verjüngungsschnitt. Frieren die Sträucher nach extremen Winterfrösten doch einmal fast bis knapp über dem Boden zurück, dann entfernen Sie alle geschädigten Pflanzenteile. Feigen treiben anschließend erneut willig aus, erziehen Sie durch entsprechenden Schnitt wieder ein übersichtliches Astgerüst.

Sanddorn (Hippophae rhamnoides in Sorten)

Anspruchsloser, bedornter großer Strauch mit Wurzelausläufern, silbrigen Blättern und leuchtend orangen, sehr sauren, Vitamin-C-haltigen Früchten.
Beschreibung und Schnittmaßnahmen: Siehe Seite 138.

Mehrjähriger Sanddornstrauch mit optimalem Fruchtbehang.

Walnuss (Juglans regia)

Pflanzen Sie nur veredelte Walnussbäume. Diese blühen und fruchten wesentlich früher als Sämlinge, die dafür viele Jahre benötigen. Auch können bei Sämlingen Fruchtform und -größe variieren, so dass man im Voraus nie weiß, wie die Früchte ausfallen werden. Die endgültige Größe der Bäume hängt von der verwendeten Unterlage ab: Auf Walnuss veredelte Bäume werden wesentlich größer als auf Schwarznuss veredelte. Die weiblichen Walsnussblüten entwickeln sich am Ende eines kurzen, beblätterten Triebs, der sich im Frühjahr aus der Gipfelknospe eines Langtriebs entwickelt hat. Die männlichen Blütenkätzchen sitzen seitlich am Ende des vorjährigen Triebs.

Pflanzschnitt: Walnüsse werden meist als mehrjährige Pflanzen mit einem Stamm und einigen Kronentrieben angeboten. Wählen Sie die kräftigsten Triebe aus und erziehen Sie diese zu Leittrieben. Schneiden Sie die überzähligen Triebe weg. Belassen Sie dabei jedoch alle Triebe, die kürzer als 30 cm sind. Da frisch gepflanzte Nussbäume im ersten und zweiten Jahr nur wenig wachsen, wird der Aufbauschnitt erst später durchgeführt. Der Schnitt sollte im späten Sommer erfolgen, da die Bäume bei Schnittmaßnahmen im Winter oder Frühjahr stark bluten.

Erziehungsschnitt: Ein Rückschnitt der Leittriebe ist meist nicht nötig, da sich die Walnuss auch ohne Schnitt ausreichend verzweigt. Wichtig ist, dass die Krone gleichmäßig aufgebaut ist. Nur vereinzelt müssen zu dicht stehende Triebe entfernt oder eingekürzt werden.

Erhaltungsschnitt: Im späten Frühjahr werden regelmäßig nur vertrocknete, beschädigte oder zurückgefrorene Triebe entfernt. Führen Sie davon abgesehen in etwa dreijährigen Abständen einen leichten Auslichtungsschnitt durch, bei dem Sie zu dicht stehende Äste sowie abgetragene und nach unten hängende Astpartien entfernen.

Verjüngungsschnitt: Walnussbäume sprechen auf einen Verjüngungsschnitt gut an. Allerdings sollte man diesen nur durchführen, wenn er unbedingt notwendig ist, weil der Baum beispielsweise nach extrem kalten Wintern starke Frostschäden aufweist oder die Krone aus Platzgründen zurückgenommen werden muss. Entfernen Sie nur solche Äste, deren Durchmesser weniger als 10 cm beträgt. Schneiden Sie diese möglichst auf Astverzweigungen oder Seitenäste zurück. In den Folgejahren nach einem Verjüngungsschnitt sind zu dicht stehende Neuaustriebe wieder zu entfernen und allzu lange Triebe einzukürzen oder durch Binden in die gewünschte Lage zu bringen.

Maibeere, Haskap, Kamtschatka-Beere (Lonicera caerulea var. kamtschatica in Sorten)

Kleiner bis 1,5 m hoher Strauch, auch für kalte Gebiete, mit länglich walzenförmigen blauen Früchten, die bereits Anfang Juni reifen und im Geschmack etwas an Kulturheidelbeeren erinnern.

Erziehungsschnitt: Bei der Pflanzung von Containerpflanzen nur schwache und vertrocknete Triebe entfernen. Darüber hinaus sind keine Maßnahmen notwendig.

Erhaltungsschnitt: Ist in den ersten drei bis fünf Jahren nicht notwendig. Dann alljährlich jeweils einige der ältesten, inzwischen nicht mehr ausreichend fruchtenden Triebe bodennah herausnehmen. Damit können sich neue Triebe von der Basis heraus entwickeln.

Verjüngungsschnitt: Ist bei der Verwendung als Fruchtstrauch bei überalterten Pflanzen nicht sinnvoll.

Dreiblatt-Zitrone, Winterharte Zitrone (Poncirus trifoliata)

Wegen seiner großen grünen Dornen etwas bizarr wirkender Strauch von 3–4 m Wuchshöhe. Aus den schönen, bis zu 5 cm großen weißen duftenden Blüten entwickeln sich 4–5 cm große kugelige, samtig behaarte gelbe, ebenfalls duftende Früchte mit stark säuerlichem, bitterem Fruchtfleisch. Die Früchte sind nicht für den Rohgenuss geeig-

Die Früchte der Maibeeren sitzen an der Basis der diesjährigen Triebe.

Detail der Dreiblatt-Zitrone mit Früchten.

net, Fruchtsaft und Likör weisen eine extrafeine, leicht bittere Note auf.
Erziehungsschnitt: In den ersten fünf bis sechs Jahren erzieht man die Pflanzen mit einem Leittrieb. Entfernen Sie ab einer Wuchshöhe von etwa 1,8–2 m alle seitlichen Triebe vom Boden bis zu einer Höhe von zumindest 1 m. Dies erleichtert später Ernte und Bodenpflege.
Erhaltungsschnitt: Entfernen Sie weiterhin alle unterhalb von 1 m am Stamm entwickelten Triebe. Da die Pflanzen mitunter recht sparrig wachsen, ist ein Korrekturschnitt angebracht, damit die Pflanzen in Form bleiben. Ein Auslichten zum Zwecke einer erleichterten Ernte ist nicht sinnvoll, da man die reifen Früchte am besten durch Schütteln von den Sträuchern erntet.
Verjüngungsschnitt: Ist wahrscheinlich möglich, es gibt diesbezüglich aber kaum Erfahrungen.

Weingarten-Pfirsich (Prunus persica)

Gegenüber Krankheiten wenig empfindlicher, kleiner, wärmeliebender, oft kurzlebiger Baum mit überaus aromatischen Früchten, die eine etwas pelzige Fruchtschale haben.
Beschreibung und Schnittmaßnahmen: Siehe Pfirsich, Seite 329ff. Weingarten-Pfirsiche werden durch Samen vermehrt. Üblicherweise werden Weingarten-Pfirsich-Bäume gar nicht geschnitten. Durch den Schnitt erhält man jedoch etwas größere Früchte.

Korea-Kirsche, Filz-Kirsche, Japanische Mandel-Kirsche (Prunus tomentosa)

Anspruchsloser, kältetoleranter mittelhoher Strauch mit überaus reicher Blüte Ende März. Anfang Juli reifen die sehr schmackhaften roten Weichselkirschen.
Beschreibung und Schnittmaßnahmen: Siehe Seite 169.

Japanische Weinbeere (Rubus phoenicolasius)

Mittelgroßer Strauch mit Tendenz zur Ausläuferbildung und auffällig rot beborsteten überhängenden Trieben. Die im Juli bis August reifenden himbeerartigen orangeroten Früchte schmecken angenehm säuerlich.
Schnittmaßnahmen: Wie bei den Himbeeren, siehe Seite 338ff.

Schwarzer Holunder (Sambucus nigra in Sorten)

Mehrstämmiger Großstrauch mit stark duftenden Blüten und schwarzen, stark färbenden Früchten, roh ungenießbar, verarbeitet ein traditionelles Lebens- und Hausmittel.
Beschreibung und Schnittmaßnahmen: Siehe Seite 179f.

Ebereschen-Arten und deren Hybriden (Sorbus sp.)

Benötigen auch als Fruchtsträucher und -bäume keine besonderen Schnittmaßnahmen.

Chinesische Brustbeere, Jujube, Chinesische Dattel (Ziziphus jujuba 'Lang', 'Dongzao')

Großer Strauch bis Kleinbaum mit leicht bedornten Trieben, glänzend eiförmigen Blättern und 3–5 cm großen oliven- bis birnenförmigen, zur Reife braunen Früchten, die roh wie ein grüner Apfel, gedünstet wie Datteln schmecken.
Erziehungsschnitt: Bei der Pflanzung nur schwache und vertrocknete Triebe entfernen. Erziehen Sie eine mehrtriebige Krone ab einer Stammhöhe von 60–80 cm.
Erhaltungsschnitt: Weitere Schnittmaßnahmen sind nicht zwingend notwendig. Man kann aber die jungen Triebe im Spätherbst oder im zeitigen Frühjahr um ein Viertel bis ein Drittel einkürzen, dann werden die Früchte etwas gleichmäßiger und größer.
Verjüngungsschnitt: Hierzu gibt es noch keine Erfahrungen, scheint aber nicht zielführend zu sein.

Detail der Jujube mit Fruchtbehang.

Service

Schnittkalender

	JAN		FEB		MÄR		APR	
Apfel, Zier- (*Malus* sp.), Seite 158		Schnittzeit	Kernschnittzeit	Kernschnittzeit	Schnittzeit			
Bartblume, Clandon- (*Caryopteris × clandonensis*), Seite 102					Kernschnittzeit	Schnittzeit		
Berberitze, China-Sauerdorn (*Berberis julianae*), Seite 204				Schnittzeit	Kernschnittzeit	Kernschnittzeit		
Blauraute, Silber-Perovskie (*Perovskia atriplicifolia*), Seite 160					Schnittzeit	Kernschnittzeit		
Blauregen, Japanischer (*Wisteria floribunda*), Seite 265				Schnittzeit	Kernschnittzeit	Schnittzeit		
Deutzie, Maiblumenstrauch (*Deutzia*), Seite 122				Schnittzeit	Schnittzeit			
Eibisch, Echter Rosen- (*Hibiscus syriacus*), Seite 136					Kernschnittzeit	Kernschnittzeit	Schnittzeit	
Felsenbirne, Kupfer- (*Amelanchier lamarckii*), Seite 93				Schnittzeit	Schnittzeit			Kernschnittzeit
Fingerstrauch, Gewöhnlicher (*Potentilla fruticosa*), Seite 165					Kernschnittzeit	Kernschnittzeit	Schnittzeit	
Flieder, Gewöhnlicher (*Syringa vulgaris*), Seite 189				Schnittzeit	Schnittzeit	Schnittzeit		
Forsythie, Garten- (*Forsythia × intermedia*), Seite 130						Schnittzeit	Kernschnittzeit	Schnittzeit
Geißblatt, Wald- (*Lonicera periclymenum*), Seite 261					Schnittzeit	Kernschnittzeit	Kernschnittzeit	
Ginster, Besen- (*Cytisus scoparius*), Seite 119				Schnittzeit	Schnittzeit			Schnittzeit
Hartriegel, Tatarischer (*Cornus alba*), Seite 109				Kernschnittzeit	Kernschnittzeit	Schnittzeit		
Hasel, Gemeine (*Corylus avellana*), Seite 114			Schnittzeit	Kernschnittzeit				
Hortensie, Garten- (*Hydrangea macrophylla*), Seite 138				Schnittzeit	Kernschnittzeit	Schnittzeit		
Hortensie, Rispen- (*Hydrangea paniculata*), Seite 139				Schnittzeit	Kernschnittzeit	Schnittzeit		
Johannisbeere, Blut- (*Ribes sanguineum*), Seite 173				Schnittzeit	Schnittzeit			Schnittzeit
Johanniskraut, Großblumiges (*Hypericum* 'Hidcote'), Seite 143					Schnittzeit	Kernschnittzeit		
Kirsche, Lorbeer- (*Prunus laurocerasus*), Seite 217						Schnittzeit	Schnittzeit	
Kolkwitzie (*Kolkwitzia amabilis*), Seite 147					Schnittzeit	Schnittzeit		
Mandelbäumchen (*Prunus triloba*), Seite 168								Schnittzeit
Perückenstrauch, Europäischer (*Cotinus coggygria*), Seite 117					Kernschnittzeit	Schnittzeit	Schnittzeit	
Pfeifenstrauch, Falscher Jasmin (*Philadelphus coronarius*), Seite 162				Schnittzeit	Schnittzeit			
Quitte, Zier-, Scheinquitte (*Chaenomeles*), Seite 105							Schnittzeit	Schnittzeit
Ranunkelstrauch, Kerrie (*Kerria japonica*), Seite 146				Kernschnittzeit	Schnittzeit	Schnittzeit		
Rhododendron, Catawba- (*Rhododenderon catawbiense*), Seite 220					Schnittzeit	Kernschnittzeit	Schnittzeit	
Schneeball, Gewöhnlicher (*Viburnum opulus*), Seite 194					Kernschnittzeit	Schnittzeit	Schnittzeit	
Schönfrucht, Liebesperlenstrauch (*Callicarpa bodinieri*), Seite 99					Schnittzeit	Kernschnittzeit		
Sommerflieder, Schmalblättriger (*Buddleja alternifolia*), Seite 97								
Sommerflieder, Schmetterlingsstrauch (*Buddleja davidii*), Seite 98					Schnittzeit	Kernschnittzeit	Schnittzeit	
Spierstrauch, Belgischer (*Spiraea × vanhouttei*), Seite 182					Schnittzeit	Schnittzeit		
Spierstrauch, Japanischer (*Spiraea japonica*), Seite 184				Schnittzeit	Kernschnittzeit	Schnittzeit		
Trompetenwinde (*Campsis radicans*), Seite 252					Schnittzeit	Kernschnittzeit	Schnittzeit	
Waldrebe, Großblumige (*Clematis-Hybriden*), Seite 255					Schnittzeit	Kernschnittzeit	Kernschnittzeit	
Waldrebe, Italienische (*Clematis viticella*), Seite 256				Kernschnittzeit	Schnittzeit			
Weide, Hänge-Kätzchen- (*Salix caprea* 'Pendula'), Seite 177						Schnittzeit	Schnittzeit	Kernschnittzeit
Weigelie (*Weigela*), Seite 199				Kernschnittzeit	Schnittzeit	Schnittzeit		

Kernschnittzeit   Schnittzeit

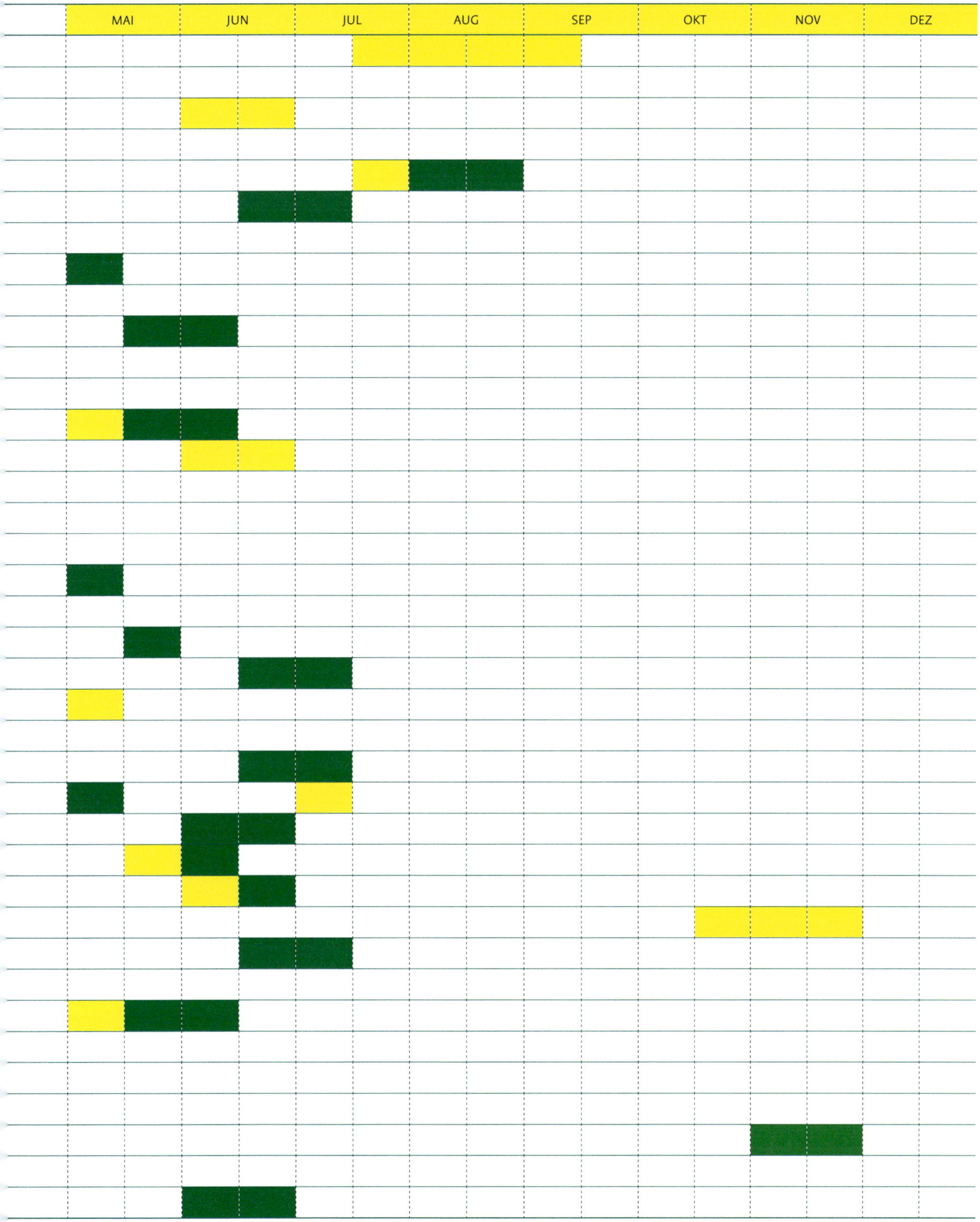
MAI
JUN
JUL
AUG
SEP
OKT
NOV
DEZ

Glossar

Ableiten, umleiten, umlenken: Zurückschneiden eines älteren, langen, verzweigten Triebs auf einen tiefer wachsenden jungen Seitentrieb, der nun die neue Triebverlängerung bildet.

Adventivknospe: Diese entwickeln sich nach starker Verjüngung, an Wunden oder bei Astbruch nach Bildung von Wundkallus. Bei Himbeere und Brombeere entstehen sie an den Wurzeln und bilden Schösslinge.

Alternanz: Man spricht bei Obstbäumen von Alternanz, wenn sich Jahre mit sehr starkem Fruchtansatz mit solchen mit sehr geringem Fruchtansatz abwechseln. Sie tritt vor allem bei bestimmten Apfelsorten auf.

Astring: Verdickung an der Triebbasis. Beim Entfernen von Ästen muss der Astring belassen werden, damit die Wunden zügig verheilen.

Auf den Stock setzen: Rückschnitt aller Triebe knapp über dem Boden. Diese Schnittmaßnahme wird vor allem bei Wildgehölzen bei starker Vergreisung oder als extensive Pflegemaßnahme angewandt.

Auslichten: Entfernen einzelner, zumeist der ältesten Triebe bei Sträuchern. Dient der Erhaltung eines lockeren, lichten Wuchses und der regelmäßigen Verjüngung (Erhaltungsschnitt) der Sträucher.

Ballerinas: Ballerinasorten entwickeln an der Stammverlängerung nur kurze Triebe und Zweige, jedoch keine Seitenäste, und bilden dadurch säulenartige Kronen.

Bluten: Bezeichnet das Austreten des Pflanzensafts an den Schnittstellen nach dem Frühjahrsschnitt, vor allem bei Birken, Ahorn etc.

Bodentrieb: Bei Sträuchern junger, direkt aus der Erde wachsender Jungtrieb.

Edelsorte: Oberirdischer Teil eines veredelten Gehölzes. Die Edelsorte liefert die gewünschten Früchte bei Obst- und Ziergehölzen beziehungsweise Blüten bei Ziergehölzen.

Einschlag: Fläche in der Baumschule, in der die Pflanzen vorübergehend bis zum Verkauf oder den Winter über eingelagert werden. Dabei werden die Wurzeln der Pflanzen 15–20 cm tief in die Erde gebracht.

Formschnitt: Regelmäßiger Schnitt von Gehölzen mit dem Ziel, entweder architektonische oder andere phantasievolle Formen (zum Beispiel Topiary) zu erhalten. Dazu ist ein mehrmaliger Schnitt während der Wachstumsperiode notwendig.

Freistellen des Leitriebs: Befinden sich an der Basis des Leittriebs weitere Triebe, die zu Konkurrenztrieben heranwachsen könnten, so werden diese entfernt.

Füll- und Decksträucher: Dies sind Sträucher, die wegen ihrer Anspruchslosigkeit beziehungsweise ihrer guten Anpassungsfähigkeit an unterschiedliche Boden- und Lichtverhältnisse für die Bepflanzung schwieriger Standorte sowie für Gruppenpflanzungen verwendet werden.

Fußstämmchen: Wie das Hochstämmchen, nur ist das Stämmchen hier lediglich 40–50 cm hoch, darüber setzt die flache Krone an.

Geiztrieb: Vorzeitige Verzweigungen im oberen Bereich der diesjährigen Brombeerruten.

Gerüst: Der Stamm und die Äste, aus denen sich der Baum oder ein Gehölz aufbaut. Die Elemente des Gerüsts tragen die Blüten- beziehungsweise Fruchttriebe. Große Sträucher, vor allem aber Bäume besitzen ein langlebiges Gerüst.

Hochstämmchen: Erziehungsform beim Beerenobst, wobei das Stämmchen von etwa 90 cm Höhe entweder von der Sorte oder einer fremden Unterlage gebildet wird. Am oberen Ende des Stämmchens wird die Beerenobstsorte mit sechs bis acht flach wachsenden Seitentrieben als Busch erzogen.

Internodien: Stängelabschnitt zwischen zwei Blättern oder Blattpaaren.

Kambium: Dünne Wachstumsschicht zwischen Rinde und Holzteil. Das Kambium produziert neues Gewebe für das Dickenwachstum von Trieben und Wurzeln und ist für die Bildung von Wundgewebe nach Verletzungen und Schnittmaßnahmen verantwortlich.

Konkurrenztrieb: Ein oder mehrere Austriebe, die an der Basis oder direkt hinter dem Spitzentrieb wachsen. Sie wachsen ähnlich stark wie der Spitzentrieb und können diesem Konkurrenz machen.

Mitteltrieb: Die Verlängerung des Stamms bei Bäumen oberhalb der ersten Seitenäste.

Pinzieren: Ausknipsen der Spitzen junger, unverholzter Triebe mit den Fingerspitzen.

Remontieren: Manche Pflanzen haben die Fähigkeit, nach der eigentlichen Hauptblüte eine schwächere Nachblüte hervorzubringen. Diese wird deutlich gefördert, wenn man die abgeblühten Blütenstände gleich nach der Hauptblüte abschneidet.

Saftdruck: Die im Winter festgelegten Reservestoffe werden mit Beginn der Wachstumsphase im Frühjahr mobilisiert und gemeinsam mit den Wachstumshormonen im aufsteigenden Wasserstrom zu den Orten des Bedarfs transportiert. Da dieser Transport aktiv erfolgt und der aufsteigende Saftstrom unter Druck steht, spricht man von Saftdruck.

Schösslingssträucher: Sträucher, die zahlreiche, aber in der Regel kurzlebige Triebe aus dem Boden an der Strauchbasis bilden.

Sommerschnitt: Schnitt der Gehölze im belaubten Zustand bis etwa Anfang September. Dieser wird durchgeführt, um das Wachstum der Gehölze zu beruhigen. Der Sommerschnitt ist für die Gehölze verträglicher als ein Winterschnitt, da die Wunden relativ rasch verheilen können.

Sorte: Auslese, die durch eine vegetative Methode (Veredlung oder durch Stecklinge) weiter vermehrt wird. Dadurch bleiben die inneren (genetischen) Eigenschaften und äußeren Merkmale von Pflanze zu Pflanze identisch.

Spindelbaum oder Schlanke Spindel: Ähnelt der Spindel, jedoch mit begrenztem Kronendurchmesser von etwa 1,25 m. Sie besteht nur mehr aus einer Stammverlängerung mit seitlich ansetzendem schwachem Fruchtholz. Voraussetzung für die Erziehung Schlanker Spindeln sind schwachwüchsige Unterlagen.

Spindelbusch oder Spindel: Diese Baum- und Kronenform besteht aus einer Mitteltrieb mit seitlichen, möglichst flach verlaufenden Fruchtästen. Sie wird bei Äpfeln und Birnen, neuerdings auch bei Zwetschen, Kirschen und Aprikosen verwendet.

Stammbildner: Als Alternative zur Zwischenveredlung bei einer Unverträglichkeit zwischen Unterlage (zum Beispiel Quitte) und Edelsorte (zum Beispiel Birne) bietet sich eine normale Veredlung (Okulation) mit einer unterlagenverträglichen Sorte als Stammbildner an. Auch bei Obstsorten, die von sich aus keinen kräftigen, geraden Stamm bilden, wird ein Stammbildner dazwischen geschaltet. Dabei wird zuerst auf die Unterlage (zum Beispiel Quitte) eine unterlagenverträgliche Sorte (zum Beispiel quittenverträgliche Birnensorte) am Wurzelhals veredelt (okuliert). Nach dem Austrieb im folgenden Frühjahr lässt man diese als Stammbildner wachsen und okuliert dann im Sommer (oder im darauf folgenden Frühjahr als Reiserveredlung) die gewünschte Edelsorte als Kronenveredlung am oberen Ende des Stammbildners. Bei dieser Methode benötigt die Anzucht des Halb/Hochstamms ein Jahr länger als bei einer reinen Zwischenveredlung.

Tafeltrauben: Werden im Gegensatz zur Weintraube, die verarbeitet wird, frisch verzehrt. Sie sollen lockerbeerig, die Beeren saftreich, zartschalig sowie von gutem Geschmack und arm an Kernen sein. Auch eine frühe Reife ist erwünscht.

Überbauung: Ungleichgewicht zwischen oberen und unteren Astpartien. Durch das stärkere Wachstum der triebbegünstigten Spitzenregion erfolgt eine Benachteiligung tiefer liegender Kronenteile durch Lichtmangel.

Unterlage: Diese bildet den Wurzelstock bei einer veredelten Pflanze. Die Unterlage muss mit der Edelsorte nahe verwandt sein, damit beide gut zusammenwachsen.

Veredlung: Ein Triebstück oder eine Knospe werden auf den Wurzelstock einer Unterlage aufgesetzt. Die beiden Kambien verbinden sich miteinander (verwachsen).

Vergreisung: Im Laufe des natürlichen Alterungsprozesses lassen Wachstum, Blühwilligkeit und Fruchtbildung nach. Es bilden sich dann nur noch starke Verzweigungen und kurze Jungtriebe.

Verkahlen: Verzweigen sich bei Bäumen und Sträuchern im oberen Bereich die Triebe mehr und mehr, gelangt kein Licht mehr in das Gehölzinnere. Triebe im inneren und unteren Bereich sterben ab, bei Sträuchern werden auch keine neuen Bodentriebe mehr gebildet.

Wildtrieb: Austrieb des Wurzelstocks der Unterlage bei veredelten Gehölzen. Die Wildtriebe müssen entfernt werden.

Zwiesel: Gabelung zweier relativ gleichberechtigter Stämmlinge, von denen der steiler stehende bei Laubgehölzen bruchanfällig ist.

Zwischenveredlung: Wird durchgeführt, wenn es zwischen der Unterlage (zum Beispiel Quitte) und der Edelsorte (zum Beispiel Birne) zu einer Unverträglichkeit kommt. Bei einer Zwischenveredlung (Nicolieren) überbrückt das Nicolierplättchen, im Beispiel also eine quittenverträgliche Birnensorte, die Unverträglichkeit.

Zum Weiterlesen

Literatur

Bärtels, A.: Enzyklopädie der Gartengehölze. 2. Auflage, Verlag Eugen Ulmer, Stuttgart, 2014.

Bärtels, A. & Kaiser, K.: Clematis. Verlag Eugen Ulmer, Stuttgart, 2004.

Beccaletto, J. & Retournard, D.: Obstgehölze erziehen und formen. Verlag Eugen Ulmer, Stuttgart, 2007.

Beltz, Heinrich: Taschenatlas Formgehölze schneiden. 2. Auflage, Verlag Eugen Ulmer, Stuttgart, 2015.

Bruns Pflanzen: Sortimentskatalog. Bruns-Pflanzen-Export GmbH & Co. KG. Bad Zwischenahn.

Funke, W.: Der Obstgehölzschnitt. 10. Auflage, BLV Verlagsgesellschaft, München, 2014.

Heinzelmann, R., Nuber, M.: 1x1 des Obstbaumschnitts. 4., akt. Auflage, Verlag Eugen Ulmer, Stuttgart, 2020.

Heinzelmann, R.: 1x1 des Ziergehölzschnitts. Verlag Eugen Ulmer, Stuttgart, 2016.

Koch, H.: Gehölzschnitt. Das Schneiden der Ziergehölze in Garten und Park. 7. Auflage, Verlag Eugen Ulmer, Stuttgart, 1990.

Pardatscher, G.: Der Winterschnitt von Obst- und Ziergehölzen. 5., akt. Auflage, Verlag Eugen Ulmer, Stuttgart, 2011.

Pirc, A. & H.: Besondere Obstarten. Anbau und Rezepte von Indianerbanane, Jujube, Apfelbeere & Co. L. Stocker Verlag, Graz, 2021.

Pirc, H.: Ahorne. Verlag Eugen Ulmer, Stuttgart, 1994.

Pirc, H.: Bäume von A–Z, Erkennen und verwenden. 2. Auflage, Verlag Eugen Ulmer, Stuttgart, 2012.

Pirc, H.: Enzyklopädie der Wildobst- und seltenen Obstarten. 2. Auflage, L. Stocker Verlag, Graz, 2021.

Prat, J.-Y. & Retournard, D.: ABC des Gehölzschnitts. 5. Auflage, Bassermann Verlag, München, 2016.

Schmid, H.: Obstbaumschnitt. 10., akt. Auflage, Verlag Eugen Ulmer, Stuttgart, 2020.

Strauss, E. & Novak, R.: Obstbau-Praxis. 2. überarbeitete Auflage, Österreichischer Agrarverlag, Klosterneuburg, 1997.

Zeitschriften

Gartenpraxis: Verlag Eugen Ulmer, 70599 Stuttgart

Kraut und Rüben: DLV GmbH, 80797 München

Mein schöner Garten: Burda Senator Verlag, 77652 Offenburg

Garten und Haus: Österreichischer Agrarverlag, A-1140 Wien

Schweizer Garten: Fischer Media, CH-3084 Wabern

Grünes Tirol: Hrsg: Verband der Tiroler Obst- und Gartenbauvereine „Grünes Tirol", A-6020 Innsbruck

Hilfreiche Adressen

Bezugsquellen für Gehölze

Bund Deutscher Baumschulen, BDB, Kleine Präsidentenstraße 1, 10178 Berlin, www.bund-deutscher-baumschulen.de

JardinSuisse, Unternehmerverband Gärtner Schweiz, Bahnhofstrasse 94, CH-5000 Aarau, www.jardinsuisse.ch

Bund Österreichischer Baumschul- und Staudengärtner, Schauflergasse 6, A-1015 Wien, www.baumschulinfo.at

Anbieter von Baumschnittkursen

Schnittkurse veranstalten Volkshochschulen, Obst- und Gartenbauvereine und Kleingartenvereine, www.gartenbauvereine.de

Bildungsstätte Gartenbau Grünberg, Gießener Straße 47, D-35305 Grünberg, www.bildungsstaette-gartenbau.de

Höhere Bundeslehr- und Forschungsanstalt für Gartenbau, Grünbergstraße 24, A-1130 Wien, www.gartenbau.at

In Städten/Gemeinden: Garten- und Umweltämter, auch Baumschulen

Sachwortregister

Register deutscher Pflanzennamen

Register der botanischen Pflanzennamen

Danksagung

Ich möchte hiermit allen Mitarbeitern danken, die mir bei der Herstellung der Schnittabfolge-Bilder behilflich waren. Mein Dank gilt Frau Sigrun Künkele für die äußerst angenehme Zusammenarbeit, sie hat das Manuskript mit dem nicht ganz einfachen Thema in sehr kompetenter Weise bearbeitet. Frau Katrin Kleinschrot hat das Bildmaterial fachkundig in den Text eingearbeitet, ihr gilt ebenso mein Dank. Frau Karin Wachsmuth möchte ich ebenfalls herzlich danken, sie hat das Buchprojekt „Gehölzschnitt" hinsichtlich Koordination und Inhalt betreut und dafür gesorgt, dass aus dem umfangreichen Bild- und Textmaterial ein ansprechendes Gesamtwerk entstanden ist. Frau Carolin Witte danke ich für die Betreuung der vorliegenden 4. Auflage.

Bildquellen

botanikfoto/Steffen Hauser: Seite 10
GAP Photos/Clive Nichols: Seite 26/27
GAP Photos/S & O: Seite 314
mauritius images: Seite 1, 56
Alle anderen Fotos stammen vom Autor.

Die Illustrationen auf dem Cover, dem Vor- und Nachsatz und im Innenteil wurden alle von Inga Koch nach Angaben des Autors angefertigt.
Die Gestaltung der Vor- und Nachsätze wurde von Michaela Mayländer ausgeführt.

Bibliografische Information der Deutschen Nationalbibliothek
Die Deutsche Nationalbibliothek verzeichnet diese Publikation in der Deutschen Nationalbibliografie; detaillierte bibliografische Daten sind im Internet über http://dnb.d-nb.de abrufbar.

Wollgrasweg 41, 70599 Stuttgart (Hohenheim)
E-Mail: info@ulmer.de
Internet: www.ulmer.de
Lektorat: Dr. Sigrun Künkele, Karin Wachsmuth
Herstellung: Judith Schumann
Umschlaggestaltung: Michaela Mayländer, Stuttgart, www.sistermic.de
Satz: r&p digitale medien, Echterdingen
Druck und Bindung: Firmengruppe APPL aprinta Druck, Wemding
Printed in Germany

FSC www.fsc.org MIX Papier | Fördert gute Waldnutzung FSC® C004592

ISBN 978-3-8186-1501-7

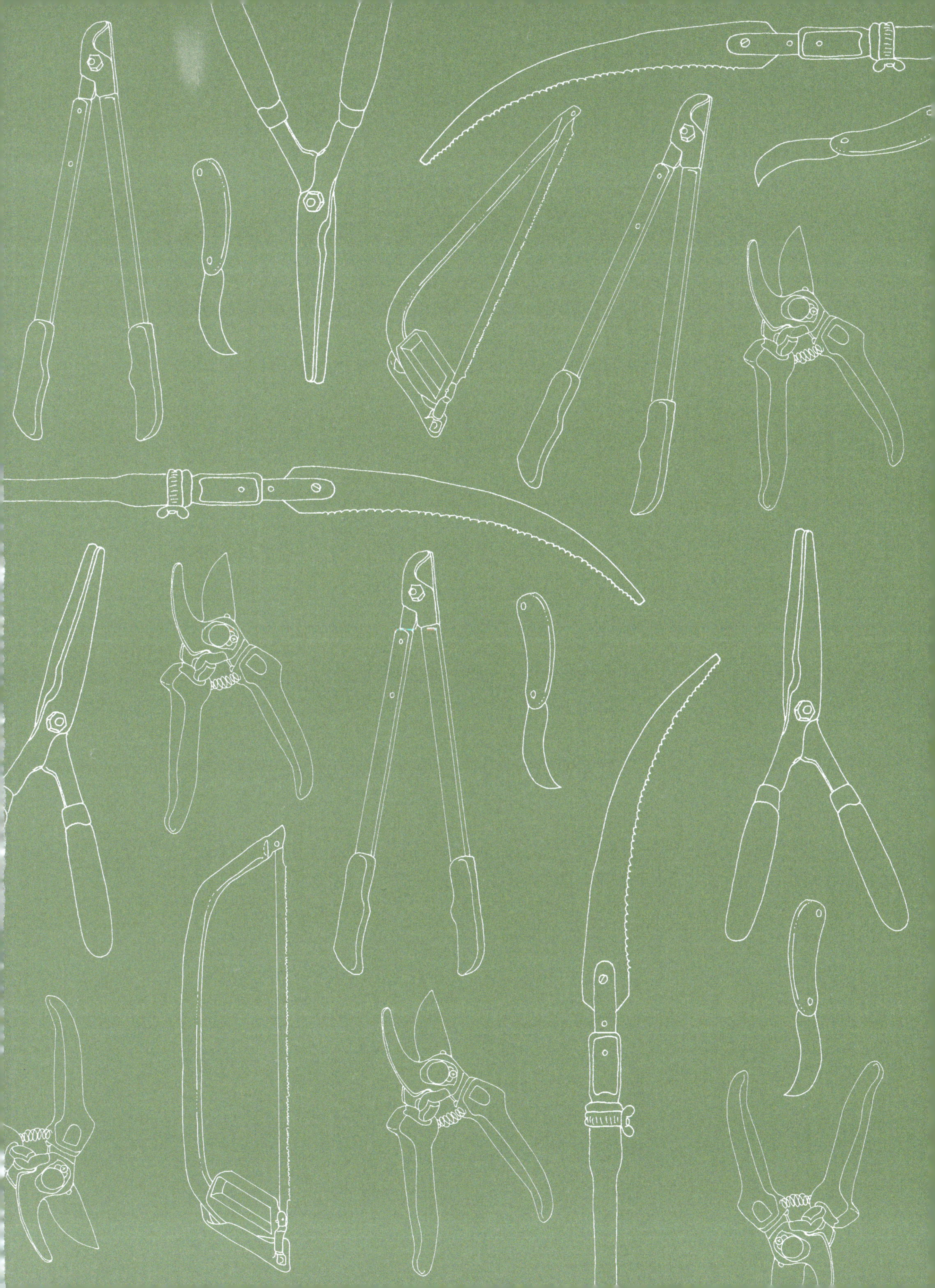